Boris Dreyer (Hg.)

Die Fridericiana Alexandrina Navis (F.A.N.)

Gefördert durch das Bundesministerium für Bildung und Forschung und die Hochschulrektorenkonferenz im Rahmen der gemeinsamen Initiative „Kleine Fächer-Wochen an deutschen Hochschulen“.

GEFÖRDERT VOM

Bundesministerium
für Bildung
und Forschung

HRK

Boris Dreyer (Hg.)

Die Fridericiana Alexandrina Navis (F.A.N.)

Ein Römerboot auf dem Prüfstand bei Bau und Test für Wissenschaft und Öffentlichkeit

Zum Jubiläum der Friedrich-Alexander-Universität Erlangen-Nürnberg

wbg Academic

Die Deutsche Nationalbibliothek verzeichnet diese Publikation
in der Deutschen Nationalbibliographie; detaillierte bibliographische
Daten sind im Internet über www.dnb.de abrufbar

wbg Academic ist ein Imprint der wbg

Die Herausgabe des Werkes wurde durch die
Vereinsmitglieder der wbg ermöglicht.
Satz und eBook: Satzweiss.com Print, Web, Software GmbH
Umschlagsabbildung: Foto © Georg Pohlein, FAU, Jungfernfahrt der F.A.N.
Gedruckt auf säurefreiem und
alterungsbeständigem Papier
Printed in Germany

Besuchen Sie uns im Internet: www.wbg-wissenverbindet.de

ISBN 978-3-534-40668-5

Elektronisch ist folgende Ausgabe erhältlich:
eBook (PDF): 978-3-534-40669-2

Inhalt

Einen ausführlichen Pressespiegel mit zahlreichen Artikeln über die F.A.N. finden Sie online unter: www.wbg-wissenverbindet.de

Vorwort

Wissenschaft und Öffentlichkeit

Ein römisches Boot nachbauen – Wieso? Das ist bereits geschehen und diese Boote sind auch getestet worden. Warum also der Aufwand, warum öffentliche Gelder aufwenden? … Das mögen sich einige gefragt haben, als bekannt wurde, dass ein Römerboot anlässlich des 275. Jubiläums der FAU gebaut werden soll.

Ungewöhnlich ist das Projekt in der Tat, in dem nicht nur renommierte Institute der Universität – die Strömungswissenschaften, die graphische Datenverarbeitung, das Institut für Kunststofftechnik, der Lehrstuhl für Fertigungstechnologie, die Sportwissenschaften, die Sportmedizin, die Ur- und Frühgeschichte, und diese unter der Leitung eines Althistorikers – in einer ungewöhnlichen Konstellation zusammenarbeiten. Die Universität präsentiert sich also in ihrer vollen Schlagkraft und mit ihrem Renommee als Volluniversität, also mit einem Alleinstellungsmerkmal, das ihresgleichen sucht.

Kooperationspartner brauchte das Projekt auch von auswärts, so beispielsweise die Vorgänger aus Regensburg und Trier, die Denkmalpflege Bayerns, das „kelten römer museum manching", welches das „Wrack 2" beherbergt, welches wir nachgebaut haben, das Antike Schifffahrtsmuseum in Mainz, den Bezirk Mittelfranken. Aber nicht nur Fachleute waren engagiert. Neben den Sponsoren – der Sparkasse Erlangen, der Firma Heitec und Würth – neben universitätsnahen Stiftungen – zuvorderst der Universitätsstiftung, aber auch der Schweiger Stiftung, der Prellstiftung, dem Studienfonds der FAU, der Vinzl-Stiftung, der Forschungsförderung der FAU – haben sich Studierende aller Fakultäten am Bau beteiligt, teilweise einzeln, teilweise in für den Bootsbau ausgelegten Seminaren. W- und P-Seminare der Gymnasien sowie Mittelschulen der Region waren tätig und auch jüngere Klassen beteiligt, selbst Kinder im Vorschulalter.

Aber der Bau hätte nicht funktioniert, wenn sich nicht auch freiwillige Helfer der Region, Ingenieure, Pfleger, Ärzte – noch tätig oder in Pension – am Bau beteiligt hätten und noch immer beteiligen. Damit war das Bauprojekt ein Projekt der ganzen Region und ist es noch, ein wahrer „Botschafter der Universität in die Region und darüber hinaus". Alle ließen sich vom Gedanken der „Geschichte zum Anfassen" elektrisieren, auch von den Ereignissen nach dem Bau, als sich das Boot auf den Weg bis zum Schwarzen Meer machte. Neben den wissenschaftlichen Untersuchungen zum Rudern und Segeln und zur Bemalung hat die F.A.N. aber auch künftig eine Funktion bei der Heranführung der breiten Öffentlichkeit an die römische Vergangenheit auf hohem Niveau, bislang dabei betreut durch den Verein EGEA (Erlebnis Geschichte und Experimentelle Archäologie: www.egea-ev.de). So wird das Boot weiterhin der Öffentlichkeit (für Schulen, Vereine und Firmen) zur Verfügung stehen, gefördert durch die Gemeinde Gunzenhausen und durch den Zweckverband Altmühlsee, sowie durch Sponsoren, wie den Bezirk Mittelfranken und die Sparkasse Gunzenhausen. Hier wird am Altmühlsee, der zwar nicht antik ist, aber doch in der Nähe des ehemaligen Numeruskastells Gunzenhausens liegt, nördlich des bis ins 3. Jahrhundert existierenden rätischen Limes eine Bootshalle entstehen, als ein neues Zentrum römischer Aktivitäten vor Ort und auf dem Altmühlsee. Hier wird das Boot ein ideales Testgelände für wissenschaftliche Untersuchungen haben und der Öffentlichkeit zur Verfügung stehen, wenn das Boot nicht auf die Reise geht – nach Erlangen oder weiter: Seit dem 01.07.2020 wird ein weiterer Bootsbau von der EU im Interreg Programm „Living Danube Limes" alimentiert. Dabei ist die FAU der westlichste Partner von 19 weiteren Institutionen entlang der Donau, unter der Leitung der Donau Universität Krems. In zwei Jahren wird am Altmühlsee die spätantike Lusoria „Danuvina Alacris" (ein weiteres Patrouillenschiff) entstehen und dann auf Reise zu den Partnern entlang der Donau gehen, erneut bis zum Schwarzen Meer. Viel Spaß also, Fun, mit der F.A.N., jetzt auch in der gedruckten Form, die die Hochschulrektorenkonferenz ermöglicht hat, und über die Homepages (www.egea-ev.de) und den sozialen Medien (Instagram: @roemerbootfau; Facebook: @roemerbootFAN). Denn es bleibt spannend. Eben noch kaum dem „Untergang" entgangen, hatte doch der gefährliche Zaunblättling die F.A.N. Anfang des Jahres 2021 befallen, wird die F.A.N. – restauriert – auf der Consumenta in Nürnberg Anfang Oktober 2021 auftreten und Teil einer National Geographic Dokumentation (die im März 2022 ausgestrahlt wird) sein.

Erlangen, September 2021 Boris Dreyer

Danksagung

Wir danken folgenden Personen, die sich an unterschiedlicher Stelle in das Bootsprojekt in ganz selbstloser Weise eingebracht und es unterstützt haben:

Wolfgang Albig, Lore Baehr, Rolf Baßler, Vigdis Bettschnitt, Anette Binder, Nicole Böse, Daniel Burmann, Eva-Maria Christ, Peter Clement, Tobias Esch, Norbert Essler, Robert Fischer, Karl-Heinz Fitz, Petra Gehr, Bernhard Gatternig, Constantin Gläser, Joachim Gmehling, Jorge Leon Gonzales, Robert Gruber und Familie, Achim Grünberg, Simon Hamper, Rudolf Herzig, Alexander Hilverda, Edgar Hofmann, Joachim Hornegger, Florian Janik, Guido Köstermeyer und das Platzwartteam der FAU, Bärbel Kopp, Richard Krammer, Susanne Langer, Rainer Lex, Katrin Lindner, Blandina Mangelkramer, Sabine Mardin, Heribert Mayr, Arno Merkle, Marion Merklein, Boris Mijat, Carsten und Doris Mischka, Kathrin Möslein, Lukas Müller, Stefan Lange und Michael Miller mit dem Werkstattteam der FAU, Mathias Orgeldinger, Regine Oyntzen, Peter Pauls, Hans-Werner Ratjes, Jörn Rüggeberg, Margit und Peter Schedel, Gerhard Scherger, Andrea, Christof und Norbert Schindler, Esther und Stefan Schnetz, Christina Sponsel-Schaffner, Georg Schweiger, Susanne Stadtnyk, Brigitte und Norbert Thumann, Julian Thünnesen, Thorsten Uthmeier, Joachim Walther, Santtu Weniger, Helmut Wening, Bernd Wessolowski, Christian Zens.

Einleitung

Das nördliche Alpenvorland kam im Jahr 15 v. Chr. unter römische Herrschaft. Zwischen 12 und 8 v. Chr. eroberte Drusus und nach dessen Tod Tiberius die Gebiete bis zur Elbe. Das eroberte Gebiet wurde vom Rhein aus bei Xanten und Mainz sowie entlang der Flussläufe (etwa an der Lippe und bei Markbreit) gesichert. Bei der Eroberung und Sicherung der Germania Magna spielten die Flussläufe, die Nordseeströme Rhein, Ems, Weser, Elbe und ihre Nebenflüsse (insbesondere Lippe und Main) sowie die Donau und die entsprechenden Nebenflüsse eine wichtige Rolle. Ein Straßennetz sollte dieses Flusssystem auf Dauer ergänzen. Damit reagierte Augustus auf die Warnungen Caesars vor der Eroberung und Kontrolle eines infrastrukturell nicht erschlossenen Gebietes.

Auch in den teilweise relativ gut überlieferten Germanicusfeldzügen der Jahre 12–16 n. Chr. nutzte der römische Oberbefehlshaber gerade die Flüsse, um mit größeren und kleineren Transport- und Versorgungsschiffen die Germanen durch große Umfassungsunternehmungen im Rücken zu fassen. Beinahe, so Tacitus, wäre Germanicus auch auf diese Weise die Rückeroberung geglückt.

Mit dem Rückzug auf den Rhein und die Donau im Jahre 17 n. Chr. und mit dem sukzessiven Ausbau des obergermanischen und rätischen Limes von der Mitte des ersten bis zum Ende des zweiten Jahrhunderts nahm die Bedeutung der Binnenschifffahrtsstraßen aber nicht ab, sie wandelte sich. Entlang der „nassen Grenzen" wurde u. a. mit schnellen Patrouillenbooten die Grenze kontrolliert, aber auch entlang der Nebenflüsse von Donau und Rhein in einem Glacisbereich das nördliche bzw. östliche Vorfeld der beiden Flüsse überprüft, ob nicht gefährliche Machtkonzentrationen in der Nähe der Grenzen drohten. Denn das war eine Maxime römischer Politik gegenüber der Germania Magna, sowohl diplomatisch als auch militärisch präventiv auch nur temporäre überregionale germanische Machtkonzentrationsprozesse zu verhindern. An Rhein und Donau ging man zu einer linearen Dislokation der römischen Truppen über, ebenso entlang des angesprochenen Limes. Die zunächst temporären Lager (aus Holz) wurden spätestens im zweiten Jahrhundert zunehmend durch Steinlager ersetzt. Die lineare Kontrolle mit einer räumlich begrenzten Vorfeld-Politik wurde – von Ausnahmen abgesehen – zur Routine, der die vielen, auch navalen Stationen dienten, die sich entlang der Flusslinie von Rhein und Donau etablierten. Einer dieser Stationen an einem Nebenfluss der Donau war auch der Fundort der Wracks, die wir uns zum Ziel gesetzt haben nachzubauen.

Die Donaugrenze kontrollierte man zunächst nur durch wenige, meist kleine Lager. Kaiser Claudius (41–54 n. Chr.) veranlasste dann aber einen systematischen Ausbau der Grenzlinie: Er zog im Hinterland stationierte Truppen zur Donau vor und ließ entlang des Flusses zahlreiche neue Kastelle errichten, so auch in Oberstimm (Markt Manching).

Das Kastell von Oberstimm kontrollierte den Verkehr an einem wichtigen Verkehrsknotenpunkt zu Lande, nahe der Donau und übernahm Versorgungsaufgaben für andere Militärlager. Hierfür stand der Garnison ein Schiffsanleger an einem Nebenfluss der Donau, an der heute nicht mehr im alten Bett fließenden Brautlach/Breitlach, zur Verfügung.

Die Wracks, nach denen die F.A.N. gebaut wurde, wurden bei diesem heute nicht mehr oberirdisch sichtbaren Zufluss der Donau gefunden. Sie lagen aufgelassen und als Verstärkung des Schiffsanlegers am Ostufer der Breitlach direkt (30 m) vor dem Westtor des Kastells von Oberstimm, das seit frühclaudischer Zeit eine wichtige Rolle gespielt hat. Direkt südlich des Kastells verlief die Donausüdstraße von West nach Ost, die bei Oberstimm von einem aus dem Alpenvorland nach Norden verlaufenden Verkehrsweg gekreuzt wurde. Bei der Entwicklung des Limes erfüllte Oberstimm südlich der Donau von Anfang an (auch nach der Innenbebauung zu schließen) eine Versorgungsfunktion (Hallenbauten). In zwei Hauptphasen umfasste das nur nach Westen mit einem einfachen Graben bewährte Kastell eine Fläche von 132,5 x 109 m, also 1,4 ha in vorflavischer Zeit ab den 40er Jahren, die unter Domitian um 80 n. Chr. auf 153 x 109 m (also 1,66 ha) nach Osten erweitert wurde. Die Innengebäude wurden seit der flavischen Zeit teilweise aus Stein gebaut. Das Lager war von Gräben sowie einer Holz-Erde-Mauer umgeben. Die Innenbauten folgten einer streng rechtwinkeligen Ausrichtung. Südlich des Lagers entstand ein Lagervicus, der auch nach dem Ende des Kastells bis ins 3. Jahrhundert Bestand hatte, was sich insbesondere durch die wenige hundert Meter entfernten Nekropole erschließen lässt[1]. Mit dem Ausbau der Grenzanlagen nördlich der Donau verlor das Kastell an Bedeutung. Um 120 n. Chr. zog das Militär aus Oberstimm ab.

Die Namen der in Oberstimm stationierten Verbände sind nicht überliefert. Die zahlreichen Ställe sowie Funde von Pferdeskeletten und -geschirren lassen aber vermuten, dass das Kastell von einer teilberittenen Einheit mit etwa 500 Mann besetzt war.

Im Jahre 1986 untersuchten Archäologen das westliche Umfeld des Römerkastells von Oberstimm (Markt Manching). Dabei stießen sie auf die Überreste der oben bereits angesproche-

---

[1] Ich danke für die bis 2019 aktualisierten Untersuchungen Herrn Pircher, der mir Einblick in seine Masterarbeit gewährte: Ripa Danuvii Raetiae et Norici. Eine kritische Beurteilung des Donaulimes in Bayern und Österreich, Masterarbeit Innsbruck 2017, S. 117–124; s. auch die Bestandsaufnahme von W. David und D. Burger über Manching und Oberstimm, in: S. Matesic – S. Sommer (Hg.), Am Rande des Römischen Reiches. Ausflüge zu Limes in Süddeutschland. Beiträge zum Welterbe Limes, Landshut 2015, S. 154–161.

nen, hölzernen Uferbefestigung mit Anlegestelle. Die als Nebenfluss der Donau dort in der Römerzeit entlang fließende Brautlach konnten noch größere Schiffe befahren.

Überraschend entdeckten die Archäologen auch zwei römische Schiffswracks in erstaunlich gutem Erhaltungszustand. 1994 konnten das Bayerische Landesamt für Denkmalpflege und die Römisch-Germanische Kommission die noch vorhandenen Hölzer bergen. Anschließend erfolgte im Römisch-Germanischen Zentralmuseum Mainz die Konservierung. Seit 2006 sind die einzigartigen Wracks im „kelten römer museum manching" zu besichtigen.

Intensive archäologische und naturwissenschaftliche Untersuchungen konnten viele Fragen zu den Oberstimmer Schiffswracks klären: Sie bestehen aus einem tragenden Skelett aus Eiche und einer Beplankung aus Kiefer. Die Kiefernhölzer hatten die antiken Bootsbauer unter Wasserdampf gebogen und – ähnlich wie heute noch bei Holzdielen üblich – in Nut-Feder-Technik, die im Mittelmeergebiet heimisch war und dort schon lange ausgeübt wurde, zueinander mit glatter Außenhaut (kraveel) verbunden. Ursprünglich waren sie annähernd 16 m lang, mittschiffs 2,7 m breit und etwa 2,2 t schwer (leer).

Die Schiffe ließen sich sowohl rudern als auch (vermutlich hilfsweise) segeln. Sie dienten dem römischen Militär für Patrouillenfahrten, Gefechte und den Geleitschutz von Frachtschiffen. Die Altersanalysen der Hölzer ergaben, dass die Schiffe vor 100 n. Chr. entstanden sein müssen. Schon um 118 n. Chr. hat man sie wieder ausgemustert und wohl absichtlich versenkt. Der Grund dafür ist unklar. Bis in die mittlere Kaiserzeit sind Boote dieser Bauart nachweislich entlang der Nordgrenze in Nutzung gewesen. Etwa zweihundert Jahre später sind sie durch Boote mit der Bezeichnung Lusoria, die in einer ganz anderen, nämlich gallo-römischen Bautradition stehen, ersetzt worden. Aber das ist eine andere Geschichte …

Der Nachbau des Wracks 2 von Oberstimm dient auf der einen Seite der wissenschaftlichen Erprobung der Einsatzareale des Bootes im Binnenschifffahrtsbereich, d. h. als Patrouillenboot, als Geleitschutz für Transporte und (in Masse) zum Truppentransport. Auf der anderen Seite hatten der Bau und die Tests anlässlich des 275. Jubiläums der Friedrich-Alexander-Universität nicht nur viele Institute fakultätsübergreifend, sondern auch in der gesamten Metropolregion von den fränkischen Seen im Süden bis Bamberg im Norden die Bevölkerung in ihren Bann gezogen.

Diese beiden Aspekte, für die wir auch von der Hochschulrektorenkonferenz gefördert wurden (Wissenschaft und Wissenschaftsvermittlung), sollen in diesem Band angesprochen sein und es soll gezeigt werden, dass Wissenschaft und öffentliches Interesse Hand in Hand gehen können.

Die Aufsätze starten daher mit dem Bautagebuch von Boris Dreyer. An diesen Beitrag finden sich angedockt weitere Beiträge der mit unterschiedlichen Themen am Bau beteiligten Personen – der Wissenschaftlerinnen und Wissenschaftler, Studierenden, Freiwilligen. Es handelt sich dabei um Beiträge zum Spleißen von Vigdis Bettschnitt und Constantin Gläser, zur Fertigung der Eisennägel von Marion Merklein und ihren Mitarbeiterinnen und Mitarbeitern, zur Erörterung der Belege zu einem Bugruder von Bernd Preiß sowie zum Bau der Bilgepumpe von Dietmar Lehne und zum Bug- und Heckschmuck (Akroteria) von Stefan Schnetz. Diese Beiträge, die über Alternativen zur Bauausführung und Details des Baus berichten, zeugen von der vielfältigen Beteiligung von Freiwilligen und Fachleuten und von der breiten Wirkung der Arbeiten in die Gesellschaft. Wissenschaft muss nicht isoliert und gesellschaftsfern ablaufen. Sie kann viele interessieren. Das gilt auch für die Beiträge von Eva-Maria Christ, von Susanne Meißner, von Helmut Klemm und Maximilian Ulm, die von der Beteiligung von Kindern und Schülerinnen und Schülern unterschiedlichen Alters und verschiedener Schularten berichten. Mit den Aktivitäten um den Bootsbau verbunden sind die Schilderungen von Peter Clement, Boris Dreyer und Alexander Hauenstein über Bau und Test eines Katapultes und von Dietmar Drummer und Andreas Wörz sowie von Benedikt Buchmüller über die Fertigung eines 1:20-Ausdrucks sowie über die Entwicklung eines 1:20-Holzmodells der F.A.N.

Die wissenschaftlichen Grundlagen und Bedingungen der Rekonstruktion insbesondere in den Teilen, in denen unser Vorbild in Manching keine Informationen mehr hergibt, behandelt Timm Weski, während Ronald Bockius sich mit den Problemen des Techniktransfers beschäftigt, die für die Oberstimmer Boote zu beachten sind. Eng mit dem Original verbunden sind auch die neuen Analysen zur Datierung der Eiche und der Kiefer von Wrack 1 und 2 in Oberstimm durch Franz Herzig. Einen thematischen Komplex bilden die Beiträge, die sich der enkaustischen Malerei widmen, die bei der F.A.N. zum ersten Mal zur Anwendung gekommen ist. Hier ist zunächst Jan Hochbruck zu nennen, der die erste Bemalung Anfang 2018 nach umfangreichen Vortests vornahm. Die unweigerlich auftretenden Defizite (zumindest vor dem Hintergrund der „Versprechungen" von Plinius dem Älteren hinsichtlich der Zuverlässigkeit der Bemalung) haben dann Markus Speck, Maike Schmädecker und Christoph Krekel aufgegriffen, praktische Alternativen entwickelt und eine Bestandsaufnahme zu unseren Kenntnissen über die enkaustische Malerei an Schiffen geliefert, während Claus Christian Carbon sich mit der scheinbaren Widersprüchlichkeit der aus der Antike überlieferten Wirkungsabsicht der Schiffsbemalung beschäftigt.

Das nächste Themencluster geht von den Berichten von Boris Dreyer und Mathias Orgeldinger über die Aktionen der F.A.N. im Jubiläumsjahr aus, die in der Schwarzmeerfahrt, vom Universitätsbund der FAU unterstützt, kulminierten. Dazu gehören die Erlebnisberichte von Carl-Heinz Hüssen, der als ehemaliger Ausgräber über den Besuch auf der F.A.N. in Ingolstadt im Juli 2018 schwärmt, und Margit Schedel, die aus ihrer Sicht die Schwarzmeerfahrt beschreibt. Auch nach der Schwarzmeerfahrt hat es Besucherfahrten gegeben: Oberleutnant Rönitz berichtet über die Teambuildingaktion mit der Wehrtechnischen Dienststelle der Bundeswehr in Manching, Maximilian Ulm referiert über die Testfahrten des Forchheimer P-Seminars und Christof Schindler stellt eine Feriengruppenbetreuung dar.

Aber die Fahrten und die anschließenden Aktionen hatten immer auch einen wissenschaftlichen Zweck. Bernhard Gatternig und Julian Thünnesen vom strömungswissenschaftlichen Lehrstuhl der FAU haben gleichsam den Staffelstab von den bewährten Testern der Regina, Rhenana und Victoria, Moritz Günther und Christopher Warwrzyn, die die F.A.N. noch am Anfang mit ihren Apparaturen im Juli 2018 evaluiert haben, übernommen und die Tests weitergeführt, bis in den Juli des Coronajahrs 2020. Daraus ist ein gemeinsamer Artikel (mit Boris Dreyer) entstanden, der die F.A.N. mit verschiedenen Riemen, Rudern und Segeln unter die Lupe nimmt. Auch der „Faktor Mensch", d. h. die Ruderer sind von Wolfgang Kemmler medizinisch getestet worden, damit die Leistungsfähigkeit des Bootes über das Hauptantriebsmittel, die Riemen, angemessen eingeschätzt werden kann. Hier sind noch keine endgültigen Ergebnisse zu erwarten, aber neue Aspekte für künftige Forschungen können formuliert werden. Schön aber ist, dass selbst mit geringen monetären Mitteln die Tests doch schon einige Korrekturen zum bisherigen Bild bieten können. In die Zukunft schaut auch der Beitrag von Darius Rückert, Marc Stamminger und Bernhard Gatternig. Hier wird die Entwicklung eines 3D-Computermodells der F.A.N. mit der doppelten Bestimmung dargestellt, erstens als virtuelle Anschauungsobjekt (insofern wieder öffentlichkeitswirksam) und zweitens Grundlage der numerischen Tests des Bootes am Computer der Strömungswissenschaftler. So kann wie durch die Tests der 1:10-Modelle im Wasser- und Windkanal der FAU letztlich viel Geld gespart werden, indem am PC die ideale Konfektionierung der nicht im Original erhaltenen Teile der Replik ermittelt wird, etwa der Riemen, der Steuer und der Segel.

Ebenfalls in die Zukunft weisen will die Forschungsskizze, die Alexander Land und Boris Dreyer entwerfen und die am Beispiel des Verzichts des Kaisers Tiberius 16 n. Chr. auf Eroberungen im rechtsrheinischen Raum die (etwa für Epochen wie das Mittelalter gut etablierte) Forschungsperspektive über den Zusammenhang zwischen historischen Entscheidungen und klimatischen und infrastrukturellen Bedingungen aufzeigt.

Um das Gemeinschaftserlebnis von Bau und Test in der Region einzufangen, haben Boris Dreyer und Doris Mischka eine Ausstellung entworfen, bei der die einzelnen Bauphasen sowie die Tests durch informationsbegleitete Praxis-Tische nachvollzogen werden können, wobei auch die F.A.N. in den Wintermonaten – während der Reparaturarbeiten – Teil der Ausstellung sein kann.

Das Gemeinschaftserlebnis lässt auch eine Auswahl von Presseartikeln im Pressespiegel wiederentstehen, die der Verlag im Online-Bereich neben anderen ergänzenden Bild- und Filmsequenzen zur Verfügung stellt. Die mediale Rezeption von Bau und Reisen der F.A.N. sucht ihresgleichen und zeugt von dem Erfolg der Wissenschaftskommunikation.

Nicht zuletzt aus der Resonanz resultierte dann auch ein Projekt, das von der EU unterstützt und von der Universität Krems (mit insgesamt 19 Partnern entlang der Donau) geleitet wird. Mit dem Projekt soll die gemeinsame römische Vergangenheit im Donauraum von Deutschland im Westen und dem Schwarzmeer im Osten bewusst gemacht werden. In diesem Rahmen wird die „Danuvina Alacris", eine spätantike Lusoria, entstehen, die möglichst nahe an römischen Handwerksbedingungen (von der FAU) gebaut und dann (teilweise mit der F.A.N.) gemeinsam – sozusagen symbolisch für das gesamte zeitliche Spektrum römischer Schifffahrt auf der Donau – erneut auf große Fahrt zum Schwarzen Meer gehen soll. Darüber berichtet der Artikel von Anna Maria Kaiser, Rafaella Woller, Marc Jelusic und Boris Dreyer. Es bleibt spannend …

Geleitworte

Liebe Leserin, lieber Leser,

der originalgetreue Nachbau eines Römerbootes an der FAU – als im Zuge der Planungen zum 275. Jubiläum unserer Universität diese Idee an mich herangetragen wurde, war ich einerseits elektrisiert. Was für eine Chance! In einem solchen Projekt ließe sich nicht nur die wissenschaftlichen Erkenntnisse unserer Althistorikerinnen und -historiker ganz anschaulich sichtbar machen, beim Bau selbst könnten verschiedene Disziplinen unserer FAU fächer- und fakultätsübergreifend ihr Know-how einbringen: von der Strömungsmechanik über die Materialwissenschaften bis hin zu den Sportwissenschaften. Diese ideale Gelegenheit, die Schlagkraft unserer Volluniversität zu demonstrieren, konnte sich die FAU nicht entgehen lassen. Andererseits hatte ich Respekt vor dem Aufwand, der auf die Universität zukommen würde – an Arbeitsleistung wie an Mitteln. Aber die FAU wäre nicht die FAU, wenn sie sich durch mögliche Widrigkeiten von einem innovativen Vorhaben abbringen ließe. Den Ausschlag gab schließlich die Aussicht, durch den Nachbau von Originalvorlagen aus der Gegend und durch eine Öffnung des Bauprozesses für alle interessierten Bürgerinnen und Bürger eine ganze Region zu begeistern und an die FAU zu binden: Kinder im Vorschulalter, Schülerinnen und Schüler, Studierende aller Fächer und Freiwillige aus ganz Franken. Und so fiel im Winter 2017 der Startschuss für den Bau der Fridericiana Alexandrina Navis, kurz F.A.N.

Mit dem programmatischen Namen nach der Alma Mater haben der Entstehungsprozess bis hin zur Schiffstaufe, die wissenschaftlichen Tests des Bootes sowie die Fahrten bis ans Schwarze Meer allen Beteiligten viel Freude gemacht – und neue Erkenntnisse gebracht. Mich freut, dass diese gemeinschaftliche Leistung jetzt auch durch die Veröffentlichung eine Form gewinnen wird, die uns alle bleibend nicht nur an dieses einmalige Stück erlebter Geschichte, sondern auch an den 275. Geburtstag unserer FAU im Jahr 2018 erinnert, weil Bau und Fahrten das Jubiläumsjahr stark geprägt haben. Daher möchte ich bei dieser Gelegenheit an das stille und gleichwohl effektive Engagement unserer universitären Verwaltung, unserer Marketingabteilung und unserer FAU-Juristinnen und -Juristen erinnern, die viele „moderne" Hürden gemeistert hat, mit denen die Römer sicherlich nicht zu kämpfen hatten, so dass die am Bau und an den Tests aktiv Beteiligten den Rücken frei hatten.

Ich möchte aber auch dankbar erinnern, dass viele Sponsoren und universitätsnahe Stiftungen den Bau finanziell unterstützt und so letztlich erst ermöglicht haben. Hier sind zuvorderst die Sparkasse Erlangen und die Heitec AG zu nennen, aber auch prominent und mit mehrfachen Donationen unser Universitätsbund Erlangen-Nürnberg, der 2018 sein 100. Jubiläum gefeiert hat. Hinzu kommen mit erheblichen Summen die Luise-Prell-Stiftung, die Dr. German Schweiger-Stiftung, der Sonderfonds für wissenschaftliche Arbeiten an der FAU – und, nicht zu vergessen, die Spenden vieler Privatpersonen: Auch ihnen möchte ich herzlich danken.

In die Zukunft blickend freut es mich sehr, dass die F.A.N. nun am Rätischen Limes bei Gunzenhausen – am Altmühlsee – eine dauerhafte Bleibe finden wird und von dort aus hoffentlich noch lange mit wissenschaftlichen und pädagogischen Aktivitäten in die Region ausstrahlen, Besucherinnen und Besucher erfreuen und im Rahmen des neuen EU Interreg-Programms „Living Danube Limes" ein neues Schwesterschiff bekommen wird – aber das ist eine andere Geschichte. Zunächst wünsche ich Ihnen eine interessante Lektüre – und sollten Sie Ihre Wege nach Franken führen: Planen Sie doch einen Besuch bei der F.A.N. ein.

Prof. Dr. Joachim Hornegger

Liebe Leserin, lieber Leser,

im Jahr 2018 konnte unsere Friedrich-Alexander-Universität ihr 275. Jubiläum feiern. Sicherlich gab es viele spannende Veranstaltungen in diesem Jahr, auf die wir auch heute noch stolz sein können. Aber es gab auch ein ganz besonders herausragendes Ereignis nämlich das Römer-Boot, die Fridericiana Alexandrina Navis. Es ist Herrn Professor Dreyer und seinen Studentinnen und Studenten und Mitarbeiterinnen und Mitarbeitern zu verdanken, dass dieses Römer-Boot nach Originalfunden in Oberstimm bei Manching nachgebaut werden konnte. Es war für alle Beteiligten ein großartiges Erlebnis, die entsprechenden Bäume im Buchenbühler Forst auszusuchen, diese zu fällen, zu bearbeiten und dann Stück für Stück dieses Boot nachzubauen. Aber nicht nur der Prozess des Baus des Bootes war für alle Beteiligten spannend. Auch für die Öffentlichkeit war die Jungfernfahrt auf dem „Erlanger Meer", nämlich dem Dechsendorfer Weiher ein großartiges Erlebnis und zwar sowohl real als auch virtuell über die Medien.

Für mich als Vorsitzenden des Universitätsbunds gab es dann noch eine Steigerung, nämlich selbst auf einer Teilstrecke der Donau bei der Fahrt zum Schwarzen Meer mit dabei sein zu dürfen.

Gemeinsam mit den Sponsoren des Bootes nämlich der Firma Heitec und der Sparkasse Erlangen war es mir vergönnt, ein Stück Wegs durch die wunderschöne österreichische Wachau zu rudern. Dieses Erlebnis ist unauslöschlich und wird mir immer in lebhafter Erinnerung bleiben.

Herrn Professor Dreyer und seinem Team ist es – was ich allerdings nicht verschweigen möchte auch mit Unterstützung des Universitätsbunds – gelungen, eine bleibende Erinnerung an das 275. Jubiläum unserer Friedrich-Alexander-Universität zu schaffen.

Ich hoffe und bin auch zuversichtlich, dass es Herrn Professor Dreyer auch noch gelingen wird mit studentischer Unterstützung das Römer-Boot auf einem Teilstück der Regnitz auf Erlanger Stadtgebiet weiter verkehren zu lassen!

Prof. Dr. Siegfried Balleis

Liebe Leserin, lieber Leser,

„Wissen in Bewegung": unter diesem Jubiläumsmotto der Friedrich-Alexander-Universität Erlangen-Nürnberg wurde ein Teil unserer Heimatgeschichte in Form des römischen Patrouillenboots „*Fridericiana Alexandrina Navis*" zum Leben erweckt.

Es hat uns als Forstbetrieb Nürnberg der Bayerischen Staatsforsten und als Forstamt Erlangen sehr gefreut, dass wir uns an diesem Projekt beteiligen durften. Die Holzspenden für das Boot aus den umliegenden Wäldern des Forstbetriebs Nürnberg, in Summe vier stattliche Eichen, zwei Fichten, eine Tanne und 23 Kiefern, lassen darauf schließen, welche Bedeutung der Rohstoff Holz für die damaligen Bevölkerung hatte.

Weniger Holz nutzen als nachwächst, also die Grundidee der Nachhaltigkeit, war den Römern jedoch völlig unbekannt. Für sie war der Wald in erster Line ein Rohstofflager von scheinbar unbegrenzter Kapazität. Daher wurden in den dauerhaft römisch besetzten Gebieten südlich des Limes die Wälder stark zurückgedrängt. Um diesen Fehler nicht zu wiederholen, haben wir viele Wälder, zum Beispiel unseren Nürnberger Reichswald als Bannwald vor Rodung geschützt. Der Walderhalt alleine wird jedoch den heutigen Ansprüchen der Gesellschaft an den Wald nicht mehr gerecht. Daher haben wir Förster den Gedanken der Nachhaltigkeit auf alle Waldfunktionen, sprich auf die vielfältigen Ansprüche der Gesellschaft an den Wald ausgedehnt. Dabei geht es uns darum, diese Anforderungen nicht nur mittel- oder langfristig, sondern dauerhaft, eben „nachhaltig", zu erfüllen. Dazu gehört es selbstverständlich auch, den ökologischen Bau-, Werk- und Brennstoff Holz in unseren wunderschönen Wäldern umweltverträglich zu nutzen.

Als Vorlage für die F.A.N. dienten zwei römische Wracks, die bei Manching ausgegraben wurden, zeitlich sind Sie auf etwa 100 Jahre n. Chr. zu datieren. Anhand dieses Beispiels ist schön zu sehen, wie langfristig Kohlenstoff durch verbautes Holz gespeichert werden kann. Wenn die Fridericiana Alexandria Navis auch noch die nächsten 1900 Jahre überdauert, wie ihre beiden Vorgängerinnen aus der Römerzeit, hat sie damit auch noch einen ordentlichen Beitrag zum Klimaschutz geleistet.

Wir können hoffen, dass die Erfolgsgeschichte der F.A.N. weitergeht und sie auch in Zukunft den folgenden Generationen als Inspirationsquelle dient. Die zahlreichen Fahrten der F.A.N. in heimischen Gewässern, die freundschaftliche Regatta gegen die Lusoria von Regensburg, aber auch Ferntörns beispielsweise ans Schwarze Meer haben bewiesen, dass das Motto „Wissen in Bewegung" bestens umgesetzt werden konnte.

Für alle künftigen Fahrten der FAN wünschen wir gutes Gelingen und stets eine Handbreit Wasser unterm Kiel!

Ltd. FD Dr. Peter Pröbstle
Amt für Ernährung, Landwirtschaft und Forsten Fürth-Erlangen

Johannes Wurm
Forstbetrieb Nürnberg der Bayerischen Staatsforsten

Liebe Leserin, lieber Leser,

für unsere Sparkasse gehört es zu ihrem Grundverständnis, sich in der Region zu engagieren und einen Teil ihres Gewinns für gemeinnützige Zwecke einzusetzen. Dieses Verständnis besteht schon sehr, sehr lange und geht zurück auf die Gründungsgeschichte der Sparkassen. Sparkassen wurden vor rd. 200 Jahren gegründet, um allen Menschen Gelegenheit zu geben, finanzielle Vorsorge zu treffen und am Geldverkehr zu partizipieren. Jung und Alt. Stadt und Land. Sozial Benachteiligte und Wohlhabende. Aus den erwirtschafteten Erträgen wird das Gemeinwohl unterstützt.

Wir führen diese, zutiefst der Nachhaltigkeit verpflichtete, Tradition mit unserem gesellschaftlichen Engagement bis heute fort. Die im Wettbewerb erwirtschafteten Überschüsse bilden die Grundlage für diese Unterstützung. Förderschwerpunkte sind die Bereiche Bildung, Kultur, Soziales, Sport, Umwelt, Forschung und Wissenschaft.

Die Universität Erlangen-Nürnberg ist die bedeutendste Bildungseinrichtung in Nordbayern und damit auch in unserer Region. Sie liefert einen wichtigen Beitrag für die hohe Standortqualität. Auch viele Unternehmen profitieren von gut ausgebildeten Studierenden und den Forschungsergebnissen. Gleichzeitig entsteht im Umfeld der Universität eine lebhafte Existenzgründerszene, die sehr positiv für unsere Region ist. Von daher ist unsere Unterstützung hier sehr gut angelegt und trägt auch in der Zukunft Früchte. Unser Engagement kommt somit nicht nur der Universität zu Gute, sondern auch allen Menschen in unserer Metropolregion.

Unsere Sparkasse unterstützt die Universität auch über den Universitätsbund schon seit sehr vielen Jahren. Der Universitätsbund als Zusammenschluss der Freunde und Förderer der Friedrich-Alexander-Universität und Mittler zwischen der Universität und der Wirtschaft hat nach meiner Einschätzung eine sehr hohe Bedeutung für die Unterstützung von Forschung und Lehre – und damit auch für unsere Region.

Darüber hinaus fördern wir auch einzelne Projekte. Hierzu gehört auch das Projekt zum Bau eines römischen Patrouillenboots nach dem Vorbild zweier in der Nähe von Ingolstadt gefundener Bootswracks. Das Projekt hat fachübergreifend verschiedene Bereiche der Universität zusammengebracht und ist auch nach Fertigstellung für die Vermittlung von Wissen und als Botschafter der Universität vorgesehen. Über das Projekt ist es hervorragend gelungen, Geschichte lebendig zu machen. Dies verdeutlicht auch dieses sehr gelungene Buch über die Entstehung und Nutzung des Römerbootes.

Die Sparkasse wünscht dem Römerboot allzeit eine Handbreit Wasser unter dem Kiel.

Johannes von Hebel
Leiter der Sparkasse Erlangen Höchstadt Herzogenaurach

Liebe Leserin, lieber Leser,

der 12. Mai 2018 – ein Datum, das mir auch heute noch gut in Erinnerung ist. Der seit einem Jahr laufende Bootsbau der Friedrich-Alexander-Universität Erlangen-Nürnberg, der lokal und regional ein großes Echo erfuhr, lief erkennbar einem Höhepunkt zu: Die Taufe unter dem programmatischen Namen Fridericiana Alexandrina Navis und die Jungfernfahrt krönten ein Jahr großer Anstrengungen. Der Bau des antiken Bootes war eine beeindruckende Gemeinschaftsleistung, an der unter der Leitung von Professor Boris Dreyer neben vielen verschiedenen Instituten und Fachleuten auch und insbesondere viele Erlanger Bürgerinnen und Bürger und Studierende mitwirkten. Der Anklang in der Bevölkerung, als die F.A.N. das erste Mal im Main-Donau-Kanal bei der Brücke am Büchenbacher Damm „in See" stach, war überwältigend. An beiden Ufern und auf der Brücke sammelten sich die Schaulustigen. „Erlangen hat ein neues Wahrzeichen" titelte eine Zeitung.

Auch für mich war es eine tolle Erfahrung, im Römerboot zu sitzen und für ein paar Runden zum Takt des Bootsführers zu rudern, bevor das Boot dann auf dem Kanal auf seine zweitägige Jungfernfahrt von Erlangen aus bis in den Süden Nürnbergs fuhr. Gerne denke ich an diesen Tag zurück.

Der Bau des Römerbootes als Geschenk zum 275-jährigen Jubiläum unserer Universität ist ein schöner Beweis, was eine Gemeinschaftsanstrengung mit Beteiligung einer breiten Öffentlichkeit zu leisten vermag und was für eine Anziehungskraft entfaltet werden kann. Wissenschaftliche Tests und Analysen haben bereits vorher und – wie ich weiß – in der Zeit danach stattgefunden. Bei einer Fahrt auf der Donau bis zum Schwarzen Meer, dort, wo das Boot auch vor zweitausend Jahren gefahren ist, wurde das Gemeinschaftswerk einer eingehenden Anwendungsbeobachtung unterzogen. Wissenschaftlich relevante Themen, Forschung, Experimente müssen also nicht in engen Zimmern, Labors und hinter Bücherwänden stattfinden und nur in kleinen Zirkeln diskutiert werden. Hier findet gelebte Geschichte statt. Hier können wir hautnah erleben, was römische Bauingenieurskunst zu leisten im Stande war.

Das Römerboot ist zu unserem, zu einem Erlanger Boot geworden: Sponsoren aus der Stadt und der Region haben den Bootsbau unterstützt und neben universitätsnahen Stiftungen auch private Stifter, Erlanger Bürgerinnen und Bürger. Selbst das Holz stammt aus der Erlanger Umgebung.

Die Friedrich-Alexander-Universität ist ein wichtiger Teil und Partner unserer Stadt mit einer langen Tradition. Der große Erfolg des 275. Jubiläums, das durch den Römerbootsbau und -test ein prominentes Gesicht erhalten hat, war daher auch für die Stadt ein großes Ereignis. Wir hoffen und unterstützen auch weiter die Bemühungen, das Boot in der Region zu etablieren, die Bevölkerung zu erfreuen und Geschichte auf hohem wissenschaftlichem Niveau erfahrbar zu machen. Diesem Ziel dient auch das vorliegende Buch. Auch für die Zukunft wünsche ich der F.A.N. immer mindestens „eine Handbreit Wasser unter dem Kiel".

Dr. Florian Janik
Oberbürgermeister der Stadt Erlangen

Liebe Leserin, lieber Leser,

Bei aller Offenheit für Neues muss ich zugeben, dass ich im Jahr 2018 doch überrascht war, als auf der Zufahrt zum Altmühlsee ein 16 Meter langes Römerboot angefahren wurde. Die Überraschung wich schnell – nicht zuletzt wegen der römischen Geschichte Gunzenhausens. In unserer Stadt befand sich ein römisches Numeruskastell des rätischen Limes, das bis ins 3. Jahrhundert n. Chr. Bestand hatte und wahrscheinlich über die Altmühl versorgt wurde. Der rätische Limes verlief in unmittelbarer Nähe des heutigen Altmühlsees. Inzwischen war das Boot zu verschiedenen Anlässen auf dem Altmühlsee zu sehen, u. a. anlässlich einer gut besuchten Veranstaltung der mittelfränkischen Limesfachberatung im Herbst 2019.

Ich habe mich bezüglich der Suche nach einer ständigen Bleibe stark dafür eingesetzt, dass mit Unterstützung des Bezirks Mittelfranken, des Zweckverbands Altmühlsee und mit Spendengeldern, wie z. B. der Sparkasse Gunzenhausen eine Halle in Gunzenhausen-Schlungenhof – in unmittelbarer Nähe zum Altmühlsee – entstehen kann. So wird es möglich, dass sich das Römerboot für wissenschaftliche Tests auf idealem Terrain befindet. Besucher können das Boot nicht nur besichtigen, sondern Geschichte „erleben" beim selber Rudern oder beim Mithelfen im Team.

Das Römerboot stellt eine weitere touristische Attraktion am Altmühlsee dar. Ich freue mich sehr, dass die Universität Erlangen-Nürnberg rund um das Boot Programme für Schulen, Vereine, Firmen und Gruppen anbietet und den Gästen vermittelt, wie die Römer vor zweitausend Jahren in unserer Gegend auf dem Wasser unterwegs waren.

Inzwischen gibt es neueste Entwicklungen: Am Altmühlsee soll mit Hilfe der EU Interreg Förderung mit dem Titel „Living Danube Limes" in Gunzenhausen ein weiteres Römerboot vom Typ Lusoria entstehen. Nach dem Bau wird das Boot alle EU-Projektpartner entlang der Donau besuchen – bis hin zum Schwarzen Meer. Gunzenhausen ist der westlichste Punkt in diesem Verbund und Ausgangspunkt der Reise. Auch dieses Boot wird schließlich am Altmühlsee Anlaufpunkt für „Geschichte zum Anfassen“ dienen.

Ich wünsche dem Projekt gutes Gelingen und allen Besuchern viele interessante Eindrücke und Erlebnisse rund um die beiden Römerboote.

Mit herzlichen Grüßen aus Gunzenhausen
Karl-Heinz Fitz, Erster Bürgermeister

Kapitel 1: Der Bau der F.A.N.

1 Bautagebuch für die F.A.N.[2]

Boris Dreyer, FAU

1.1 Vor dem eigentlichen Baubeginn (Juni 2016 bis April 2017)

Im Juni 2016 gab es ein Treffen bei der FAU-Marketingabteilung. Hier ging es eigentlich um ein anderes Thema, das Schülerkontaktstudium, doch kam die Frage auf, wie man auch von den Geisteswissenschaften Initiativen und Projekte starten könnte, die auf die Universität insgesamt ausstrahlen. Da war von dem Jubiläumsjahr der Universität und von dem Bau eines Bootes noch nicht die Rede.

Unabhängig davon kam zunächst die Idee des Bootsbaus auf, als der Besuch der Regensburger Lusoria auf dem mittelfränkischen Brombachsee im August gemeldet wurde. Die Vorbereitungen der Marketingabteilung für das Jubiläumsjahr 2018 gaben dann den Anlass zur Verknüpfung. Vorgespräche, besonders mit Frau Ohrmann, Frau Mangelkramer, aber auch mit den Kollegen der Ur- und Frühgeschichte, insbesondere Doris Mischka, folgten.

Der entscheidende Schritt war die Genehmigung durch den Präsidenten der Universität als offizielles Jubiläumsprojekt im Herbst 2016. Dann ging alles recht schnell: Zunächst erfolgte die Suche nach einem Bootsbauer, bis sich einer fand, der zumindest die Holzsuche und den Zuschnitt begleiten wollte. Ronald Bockius aus Mainz fand sich als Ratgeber bereit. Er ist derjenige, der die römischen Boote, die in Mainz und Oberstimm gefunden wurden, herausgegeben hatte. Timm Weski, langjähriger Fachmann der traditionellen Schiffsfahrt aus München, trat hinzu.

Durch Unterstützung derer, die schon zuvor in Regensburg, Hamburg bzw. Trier Römerboote nachgebaut hatten, und durch die Vermittlung des ersten Bootsbauers, der das Holz ausgesucht hatte, kamen wir auf unseren Bootsbauer, Matthias Helterhoff, der die Aufgabe nicht

[2] S. angehängtes Glossar für Fachbegriffe. Dem Bootsbaumeister Matthias Helterhoff danke ich für die Notizen, die ich schon während des Baus einzusehen hatte und die bei der Abfassung des Artikels geholfen haben. Für Hilfen bei der Vermeidung von Fehlern danke ich dem Bootsbaumeister Andreas Gronau, der den Aufsatz geduldig gelesen hat.

zum ersten Mal übernahm und nach dem Bau der Regina, der Victoria und der Rhenana viel Erfahrung einbrachte.

Mit Bezug auf Bockius (2002) gab es folgenden Holzbedarf:

Menge	Länge	Breite	Dicke
Kiefernholz			
Planken			
16 Stück	16 m	400–500 mm	50 mm
Bargholz			
2 Stück	16 m	400–500 mm	110 mm
Schergang			
2 Stück	16 m	400–500 mm	85 mm
Bodenbretter			
60 Stück	1,20 m	200–300 mm	30 mm
Eiche			
Kiel	16 m	145 mm	125 mm
Kielschwein	8 m	220 mm	200 mm
Achtersteven	1,80 m	600 mm	500 mm
Vodersteven			
3 Krummhölzer	1,80 m	400–600 mm	200 mm
Bodenwrangen			
12 Krummhölzer	2,50 m	300–400 mm	95 mm
Auflanger			
24 Krummhölzer	1,20 m	200–300 mm	95 mm
Halbspanten			
26 Krummhölzer	2 m	300–400 mm	95 mm
Ziersteven			
2 Krummhölzer	1,50 m	300–400 mm	200 mm
Trenusbalken	3 m	95 mm	95 mm
Verstärkungen			
2 Krummhölzer	0,80 m	250 mm	95 mm
Weger			
2 Stück	15 m	200 mm	40 mm

Duchten			
9 Stück	3 m	250 mm	65 mm
Ruder			
2 Stück	2,20 m	450 mm	85 mm
Fußbodenunterzüge			
45 Stück	1,50 m	60 mm	40 mm
Stemmbretter			
9 Stück	1,50 m	110 mm	75 mm
Duchtstützen			
8 Stück	0,60 m	70 mm	70 mm
Fichte			
Mast	9,50 m	150 mm	150 mm gerade
Rah	5,50 m	120 mm	120 mm gerade
Riemen			
40 Stück	5 m	115 mm	95 mm

Abb. 1: Fällaktion Dezember 2016

Großzügig wurden die Bäume von den Bayerischen Staatsforsten (Forstbetrieb Nürnberg) auf Veranlassung von Herrn Blank gesponsert. Im Dezember wurde die erste Charge an Bäumen geschlagen. Bei dieser Aktion fielen zwei Eichen, acht Kiefern und eine Tanne von jeweils 16 m. Den Zuschnitt nahm das Sägewerk Hoffmann in Cadolzburg vor, das alle Bohlen auf die maximale Länge von 12,5 m sägte. Die Trocknung erfolgte ab dem 23.12.2016. Eine zweite Fällaktion erfolgte im Februar 2017.

Abb. 2: Pressetermin bei Fällaktion

Beim Fälltermin im Februar wurden 15 Kiefern – astarm und mit leichter Krümmung – mit durchschnittlich 45–50 cm Durchmesser auf 18–20 m niedergelegt. Aus ihnen sollten vornehmlich die 4 cm dicken Planken werden. Auch eine Eiche mit ca. 40 cm Durchmesser auf 16 m astfrei und gerade, wurde gefällt, die für den Kiel vorgesehen war. Hinzu kam eine Eiche mit einem 10 m langem Schaft und etwa 90 cm Durchmesser für die massiven Teile des Bootes (sog. Kielschwein, Steven u. a.) einschließlich der Krone. Weiter wurden zwei Fichten (2x 1m) mit mindestens 10 cm Durchmesser geschlagen und ca. 75 Krummhölzer mit mindestens 15 cm Durchmesser ausgesucht. Der Durchmesser ist wichtig, weil bei der Eiche nur das Kernholz beständig ist. Der Rest (das Splintholz) würde in kurzer Zeit wegfaulen. Die Notwendigkeit, Eiche und Kiefer auf 16 m Länge zu schneiden, erforderten ein spezielles, mobiles Sägewerk, da herkömmliche Sägewerke in der Regel nur auf etwa 12 m schneiden. Thomas Lühring hat mit seinem Sägewerk die notwendigen Voraussetzungen geliefert. Bis Anfang März wurden Krummhölzer aus Eiche und die Stämme an den Bauplatz geliefert. Da die Bauaktivitäten im April starten sollten, war klar, dass das Holz dann nass sein würde. Eiche kann immerhin bei der Trocknung bis zu 17 % verlieren. Bei einem Boot von 15 m Länge, das dicht sein soll, ist das durchaus zu bedenken. Aber der Zeitplan ließ keine anderen Möglichkeiten. Auch die Römer wussten um die Nachteile, nasses Holz zu verbauen, und doch diktierte ihnen die Notlage in der Regel den Zeitplan.

Die Riemen wurden dagegen zusätzlich aus getrockneter, handelsüblich konfektionierter Fichte gebaut. Dollpflöcke, Poller, Holznägel und Federn sollten aus Abschnitten oder auch aus handelsüblicher trockener Eiche gefertigt werden.

Abb. 3: Zeltaufbau 20 x 10 m

Der Bauplatz befand sich – dank der Vermittlung durch Guido Koestmeyer, der für die Sportstätten der FAU zuständig ist – in der Hartmannstraße 120 auf dem Sportplatz der Universität. Dort wurde ein 20 x 10 m großes Bauzelt errichtet. Die Grabungszelte der Denkmalpflege und der Ur- und Frühgeschichte schützten das geschnittene Holz neben dem Bauzelt.

Abb. 4–5: erste Holzlieferung und Zustand nach zweiter Lieferung

Vom 09.–12.03. kam das mobile Spezialsägewerk von Thomas Lühring zum Einsatz, der das angelieferte Holz auf die gewünschte Über-Länge und Dicke zuschnitt. Zwei volle Tage wurde nach dem Aufbau am 09.03. und dem Schälen der Eiche gesägt, von 7 bis 19 Uhr, während zwei Gabelstapler (für 3,3 und 5 t) Stämme und fertige Planken transportierten und aufstapelten. Begonnen wurde nach dem Transport vom Ablade- zum Sägeplatz mit den Kiefern, dann kam die dicke Eiche, aus der Kielschwein, Duchten und Trenusbalken werden sollten, dran und zuletzt die Eiche für den Kiel. Am Sonntag, den 12.03., wurden dann die 65–70 Krummhölzer zugeschnitten. Die Späne wurden vom Nürnberger Zoo abgenommen.

Abb. 6–7: Zuschneiden der Kielschwein-Eiche, Stapeln der gesägten Bohlen

Vom 24.03. bis 01.04. entstand das Zelt von 200 m². Weiter mussten bis zum eigentlichen Baubeginn am 05.04 ein Carport für den Dicktenhobel gebaut und abgedichtet werden, weiter Arbeitsböcke und Werkbänke.

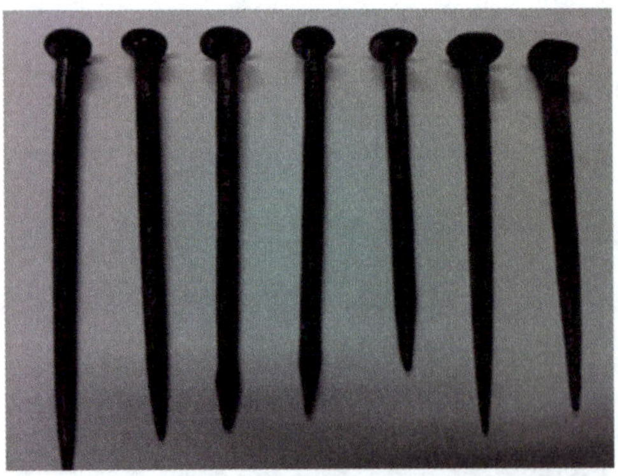

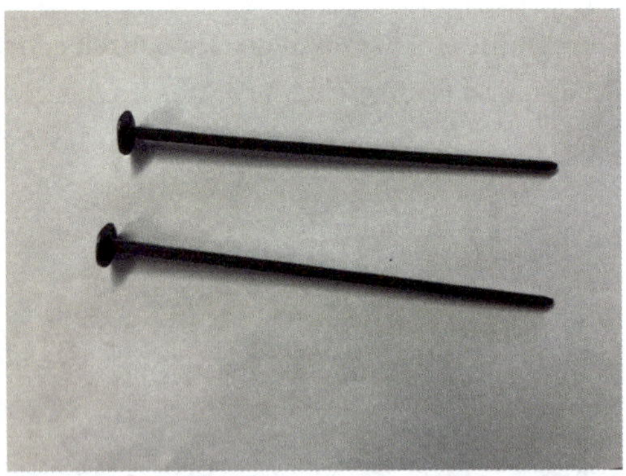

Abb. 8–9: Handgeschmiedete Eisennägel-Typen, teilmaschinell hergestellt Typen

Es sind im Original kaum mehr als 80 Eisennägel unterschiedlicher Größe im Rumpf eingesetzt worden. Gleichwohl mussten auch diese bis Baubeginn für den Nachbau geschmiedet werden – auf der Basis der vorhandenen Analysen der Zusammensetzung des Eisens.[1] Nach eigenen Analysen und auf Vermittlung des Lehrstuhls für Fertigungstechnologie (Kapitel 1,2: Jobst-Kiener-Merklein) sollten durch die Firma Dr. Künzer in der Ludwig Künzel Nagelfabrik e. K. (Arzberg) Eisennägel (Maße: 15 cm lang, 0,5 cm breit bei quadratischem Querschnitt, Kopf ca. 1 cm Durchmesser) hergestellt werden. Neben diesen teilmaschinell hergestellten Nägeln sind auch Nägel (Maße: 15 cm lang, Kopf 1,5 cm Durchmesser, Schaft 0,7 cm, spitz zulaufend) in Handarbeit hergestellt worden.

Durch Brünierung sollten die Nägel möglichst lange dem Feuchtigkeitseinfluss trotzen. Immerhin gibt auch Vegetius (4,34) den Rat, die Nägel nicht aus reinem Eisen zu schmieden, da sie durch Rost beschädigt würden. Vegetius empfiehlt Kupfer. In Oberstimm allerdings wurde Eisen genommen, das auch Rost zeigte. Korrosion im Salzwasser ist auch bis zu einem gewissen Grad erwünscht gewesen, da sie für Haftung im Holzverbund sorgte.

In vorliegenden Fall wurden die Eisennägel von der Firma Guggenberger Anfang April verkupfert, also durch Galvanisierung mit zyanistischem Kupfer abgeschlossen. Damit die Schicht den Einschlag übersteht, sind sie bis zu einer Schicht von 50 my galvanisiert worden. Lediglich am Nagelkopf kann dann noch Abrieb entstehen, was man durch Hartgummihämmer vermeiden kann. Danach wurden die Nägel noch „geschwärzt", d. h. mit Schwefelleber schwarz gefärbt, was den natürlichen Prozess beschleunigt. Das ist der beste Schutz gegen Korrosion (Oxydation) – nach der Feuerverzinkung von Stahl, die allerdings zu aufwendig wäre und sich von den historischen Vorbildern allzu weit entfernen würde.

Vor dem Baubeginn mussten auch Werkzeuge und Materialien beschafft werden: Der Werkstattwagen des Erlanger „Arche Bauernhofs" unterstützte dabei; z. T. wurden sie auch von der Firma Würth gespendet. Schulen der Region halfen im Rahmen eigener praktischer Kurse dabei, viele der insgesamt 700 Holznägel und der über 1000 Holznieten zu fertigen.

Ebenfalls wurden Bootsmodelle im Maßstab 1:10 im Strömungskanal der Universität getestet. Dadurch sollten frühzeitig Konstruktionsalternativen für den Bau im 1:1-Maßstab ausgemacht werden. Von den Holzmodellen im Maßstab 1:10, die Wolfgang Stiglat (†) aus Balsa-Holz gefertigt hat und die im Nachhinein nach der 1:1-Replik enkaustisch bemalt wurden, hat das erste einen konkaven Bug mit der charakteristischen Spitze, das zweite zum Vergleich einen dem Heck ähnlichen, runden Bug. Beide Versionen wurden mit dem Gewicht der Besatzung, der Rah und des Masts maßstabgetreu belastet (Kapitel 5,1: Thünnesen-Gatternig-Günther-Wawrzyn-Dreyer) und dann vom Wasser in verschiedenen Geschwindigkeiten im Kanal angeströmt und getestet. Außerdem sollte mit den Modellen das Vorhaben einer Öffent-

---

1 Chr. Schäfer, Lusoria. Ein Römerschiff im Experiment, Hamburg 2008, S. 25–27.

lichkeit anschaulich demonstriert werden können. Insbesondere für letzteren Zweck wurden im Maßstab 1:100 (!) und 1:20 Modelle im 3D-Drucker erstellt (Kapitel 1,10: Drummer-Wörz). Grundlage waren 2D- und 3D-CAD-Modelle, die uns von R. Bockius zur Verfügung gestellt und dann für die Anwendung bearbeitet wurden. Auf dieser Grundlage entstand auch ein Holzmodell zum Basteln (Kapitel 1,11: Buchmüller).

In dieser Phase wurde außerdem das Wrack 2 im „kelten römer museum manching" vom Lehrstuhl für Digitale Graphik der FAU im Februar 2017 aufgenommen (Kapitel 5,3: Stamminger-Rückert-Gatternig-Dreyer), das zusammen mit einer späteren Aufnahme der 1:1 Replik für Publikums-Demonstrationen aufbereitet und dann für die Simulationsprogramme der Strömungswissenschaftler konfektioniert wurde (Kaptiel 5,3: ebd.).

Abb. 10: Wrack 1 und (im Vordergrund) Wrack 2 im „kelten römer museum manching"

Seit Dezember 2019 haben wir begonnen, Freiwillige anzuwerben, sollte doch auf ihren Schultern die tagtägliche Arbeit ruhen. Sehr erfolgreich waren in diesem Sinne die Kickoff-Veranstaltungen. Freiwillige kamen schließlich aus der Region von Schwabach und Roth im Süden bis Forchheim im Norden. Darunter waren pensionierte Ingenieure, Landwirte, Ärzte, Informatikerinnen, aber auch noch beruflich aktive Krankenpfleger, um nur einige zu nennen und das breite Spektrum der Beteiligten zu kennzeichnen. Viele davon sind bis heute dem Bootsbau und der F.A.N. treu geblieben. Zu den Unterstützern gehören aber auch die Erlanger und Nürnberger Rudervereine, insbesondere der Erlanger Ruderverein e. V. und der Erlanger Wanderruderverein Franken e.V.

Abb. 11–12: Freiwilligenwerbung

Studierende haben im Rahmen ihrer Seminare am Bau mitgewirkt. Und auch Gymnasien haben mit ihren W- und P-Seminaren den Bau unterstützt (Kapitel 1,8: Meißner). Daneben haben Praxisseminare von Mittelschulen Planken gehobelt oder Holznägel gedreht (Kapitel 1,9: Klemm). Diese Entwicklung setzte sich nach dem Bootsbau fort (Kapitel 4,8: Ulm).

Abb. 13: Studierende beim Bootsbau

Auch jüngere Klassen kamen und Kinder im Vorschulalter haben sich beteiligt. Hier hat sich die FAU-„Vorzeitkiste", die im Seminar für Ur- und Frühgeschichte für die Öffentlichkeitsarbeit mit Kindern und Jugendlichen entstanden ist, für die Betreuung engagiert und bewährt, so dass sich die Kinder insbesondere um das Drehen von Hanfseilen, die später zwischen die Planken eingeschlagen werden, oder auch das Drechseln von Eichendübeln für die Arretierung der Federn zwischen den Planken gekümmert haben (Kapitel 1,7: Christ). Um die älteren Schüler*innen, die in Klassenverbänden den Bootsbau besuchten, kümmerte sich dagegen Georg Hamper und seine Agentur „Tausendsass".

Abb. 14: Kinder beim Boys Day drechseln Holznägel, Frühjahr 2017

In Bremen wurde derweil von der Firma Techau – abgestimmt auf die Maße des Bootes – ein Trailer gebaut. Schließlich hatte er eine Länge von 12,5 m und eine Breite von 2,5 m. Ende 2017 war er fertig und wurde am 24.12. abgeholt.

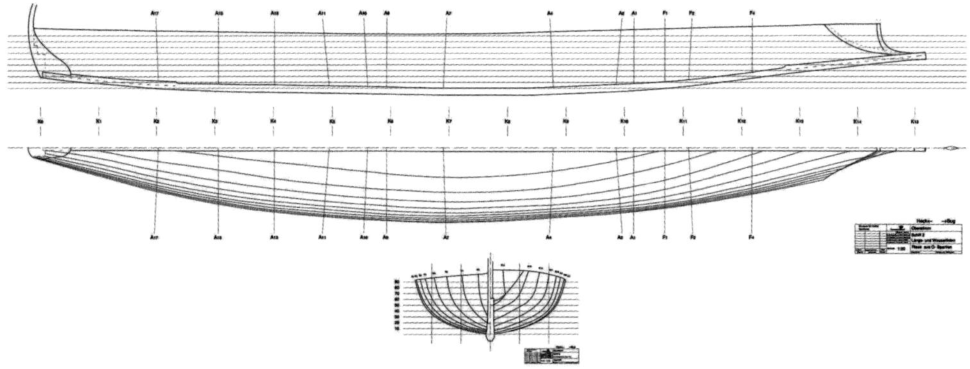

Abb. 14a: Spanten-, Längs- und Wasserlinienriss von Oberstimm 2. Diese Linienrisse sind die Grundlagen moderner Bootsbauer für den Bau. Der Spantenriss (unten Maßstab 1:10) bietet den Blick links vom Heck aus, rechts vom konkaven Bug bis zum Hauptspant K7 in der Mitte. Der Wasserlinienriss (Mitte) die Ansicht von oben, der Längslinienriss die Ansicht von der (Steuerbord-) Seite (oben, beide Maßstab 1:20)

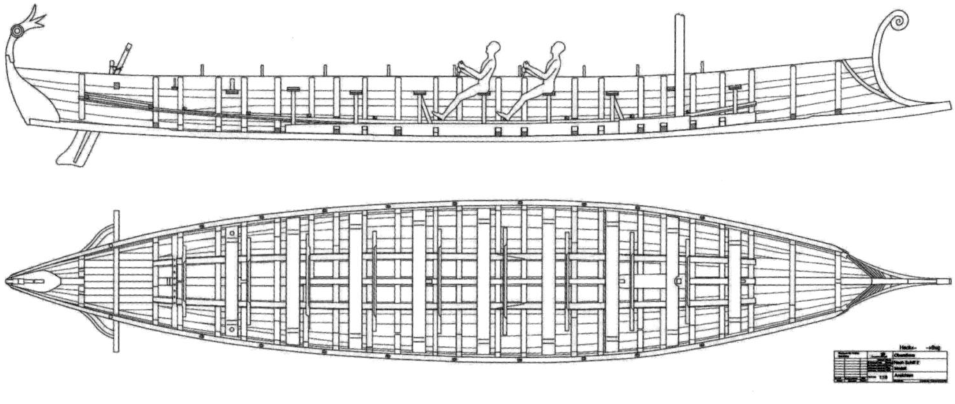

Abb. 14b: rekonstruierte Ansicht von Oberstimm 2, von oben und von der (Steuerbord-) Seite (Maßstab 1:10)

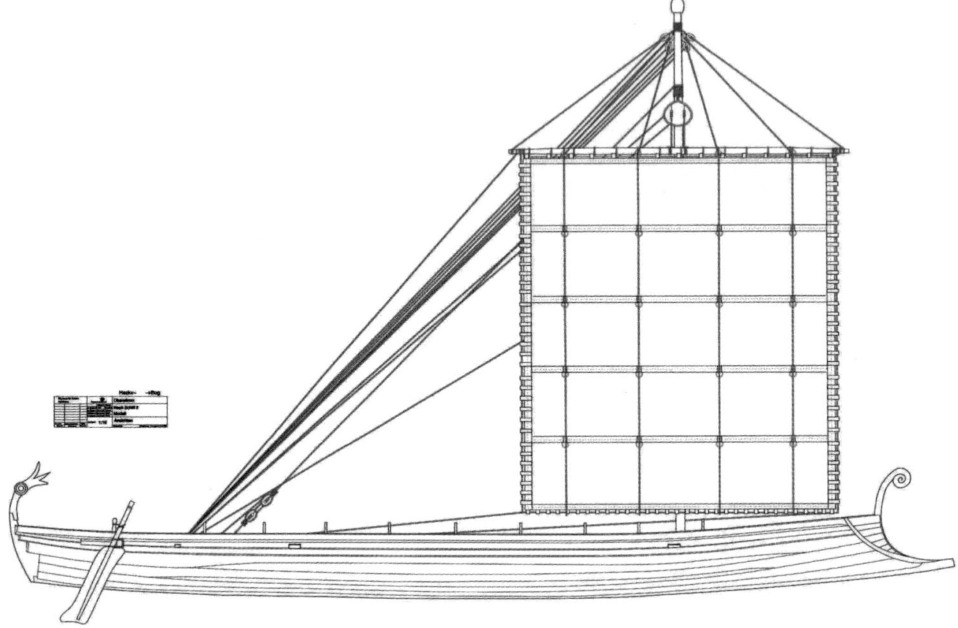

Abb. 14c: rekonstruierte Ansicht von Oberstimm 2 mit Rah (Maßstab 1:10).

1.2 Der Bau (April 2017 bis April 2018)

Am 24.04.2017 begann der Bau in der Hartmannstrasse im Zelt unter der Leitung der Bootsbauer Matthias Helterhoff und Falk Andraschko. Mit Unterstützung von Timm Weski und Roland Bockius, die Arbeitsaufträge und Rekonstruktionsvorschläge gaben, sowie mit der wohlwollenden Begleitung der Vorgänger aus Regensburg, Trier und Hamburg waren von Anfang an unsere Ansprüche auf ein gesteigertes Maß an Authentizität ausgerichtet. Genau wie durch das originale Wrack 2 vorgegeben, wurde erstmalig mit Kiefern für die Planken und mit Eiche für die robusten Teile des Bootes gearbeitet.

Parallel zu den Rekonstruktionsarbeiten wurden auch Eichen und Kiefern der Wracks in Oberstimm untersucht. In einem Workshop, an dem Dr. Th. Westphal (Curt-Engelhorn-Zentrum Archäometrie Mannheim), Dr. A. Land (Molekulare Botanik Univ. Hohenheim) und Dr. R. Herzig (Bayerisches Landesamt für Denkmalpflege) teilnahmen, wurden Möglichkeiten erarbeitet, den in Manching präsentierten Wracks und den Holzfragmenten in Hohenheim, die bei den Baggerarbeiten, die zum Fund führten, angefallen waren, neue Erkenntnisse abzuringen (Kapitel 2,2: Herzig).

Weiter ist erstmalig die originale Riemenaufhängung umgesetzt worden (Kapitel 1,3: Bettschnitt-Gläser, Kapitel 5,2: Kemmler-Gatternig-Dreyer). Auch für den Achter- und Vordersteven wurden neue Akroteria gewählt (Kapitel 1,5: Schnetz). Von Anfang an sollte nicht nur auf ein Segel gesetzt werden, vielmehr die Möglichkeiten ausgelotet werden, die Besegelung, die im Original nicht erhalten, aber wahrscheinlich ist, zu optimieren. Daher sollten nicht mehr – wie bisher – nur eine Rah, sondern auch weitere, belegte Segeltypen, wie die Spriet, für das Boot angefertigt werden. Die Größe der Segel und die Takelage lassen sich, da diese für die Antike nur auf Reliefs oder Mosaiken belegt sind und letztere und letztere von unkundiger Hand entworfen wurden, über Handbücher für die traditionelle Schifffahrt erschließen (Kapitel 2,1: Weski). Neben dem Entwurf der Segel durch einen Segelmacher (Lahmeyer) für die Replik sollen aber darüber hinaus mit nummerischen Tests der Strömungswissenschaftler sowie durch Tests in Wasser- und Windkanal weitere Alternativen (an Gattungen und Größe) ermittelt werden (Kapitel 5,3: Stamminger-Rückert-Gatternig-Dreyer).

Ein wichtiger neuer Aspekt ist aber die Bemalung, die nach Plinius enkaustisch war. Hier hat Jan Hochbruck aus Köln in mehreren Vorträgen einige Vorstellungen dargelegt und dann während des Baus auch Tests mit dieser Art der Bemalung vorgenommen. Darauf aufbauende Tests dauern noch bis heute an (Kapitel 3,1-3: Hochbruck, Speck-Schäfer, Krekel-Schmädecker).

Schon während des Baus sollte das Boot vom Schifffahrtsamt in Nürnberg, das uns aber in allen Belangen entgegenkam, abgenommen werden. Den Abschluss der behördlichen Überprüfungen bildet letztlich die Verleihung der „TÜV – Plakette“ im Frühjahr 2019, um den Besucherverkehr unter sicheren Bedingungen gestalten zu können.

1.3 Erster Bauabschnitt

20.04.–28.04. Helling, Schnürboden und Mallenbau, Kielzuschnitt mit Nuten, Steamkiste

Nachdem bis zum 24.04. die Arbeitsmaterialien besorgt, die Stomzufuhr sichergestellt und auch die Kanthölzer für die Pallung vor Ort waren, wurde der Mallenriss vorbereitet. R. Bockius’ Rekonstruktionszeichnung von 2002 wurde im Maßstab 1:10 als Vorlage ausgedruckt und aufgehängt.

Abb. 15: Mallenbau mit Bayerischem Rundfunk

Abb. 16: Mallenbau und Planken

Für unseren Bau waren 14 Spantschablonen zur Formgebung der späteren Plankengänge nötig, welche später nach der Anpassung der Spanten wieder aus der fertigen Rumpfschale herausgeschlagen wurden. Die Mallspanten wurden 1:1 aus dem Spantenplan übernommen. Für den Bau von hölzernen Booten muss die Bordwand, die Außenhautstärke – hier 4 cm – beim Aufschnüren von der im Spantenriss angegeben Breite abgezogen werden. Dabei entsteht die sogenannte Mallkante. Sodann wurden die Bohlen für den Mallenbau herausgesucht. Während heute Mallspanten meist aus Holzspanwerkstoff oder Sperrholz hergestellt werden, weil sie sich nicht verziehen und günstiger sind, haben wir auf das geschlagene Massivholz zurückgegriffen.

Abb. 17: Mallengerüst mit Straklatte

Gleichzeitig wurde die Steamkiste unter der Leitung von Stefan Schnetz nach dem Plan des Bootsbauers mit Schülerinnen und Schülern der Eichendorff Mittelschule (Kapitel 1,9: Klemm) angefangen. Die Steamkiste, in der die Planken unter Wasserdampf eingebracht werden sollten, um dann gebogen und an die Mallen angepasst zu werden, sollte 5 m lang, mit einem Innenquerschnitt von 50 x 15 cm ausgestattet sein. Ein Ende wird dann bei dem Einsetzen der Planke fest verschlossen, das andere bleibt offen und wird mit Lappen abgedichtet. Die Nähte der Konstruktion werden mit Baumwollfäden kalfatet. Alle Kiefern-Planken mit 4 cm

Dicke müssen ca. 2 Stunden „kochen", die dickeren Barghölzer und Schergänge 4 Stunden. Der Richtwert ist pro Zoll eine Stunde bei nassem Bauholz.

Abb. 18: Dampfkiste, Bau

Zur Erzeugung des Dampfes diente ein Waschkessel. Der durch Befeuerung erzeugte Wasserdampf wurde in die Steamkiste geleitet, in die dann die Planken vor dem Biegen eingeführt wurden. Es reichte, immer die nur die Enden der Planken einzuführen, da bei der Stammauswahl schon auf eine hinreichende Biegung entlang der Faserung – hier ist der Stamm am festesten – geachtet wurde. So war im Wesentlichen nur noch an den Enden der jeweiligen Planke eine Biegung in der Achse zu erreichen, nachdem sie durch Wasserdampf an den entscheidenden Stellen weich war.

Abb. 19–20: Plankenbiegen im Mai und Juni 2017

Da das Holz noch nass war, hatten wir Probleme bei der Bemessung der Holznieten und Holznägel aus Eiche, d. h. eine Schrumpfung musste eingerechnet werden. Mit Bezug auf die Vorlage[2] mussten wir übermaßig drechseln, sofern die Eiche nass war. Mit einer von der Eichendorffschule angeschafften Drechselmaschine mit Schalenröhren konnte das Eichenholz der Holznieten in den gewünschten Dimensionen von den Schülerinnen und Schülern bequem bearbeitet werden; einige stellte auch Wolfgang Albig für uns her. Später hatten wir unsere eigene Drechselmaschine und fuhren mit der Herstellung fort, den Rest der etwa 700 Nägel ließen wir später aus trockener Eiche herstellen, dann mit den standardisierten Maßen von 24 cm Länge, 3,5 cm Durchmesser am Kopf, 2,2 cm beim Nagelschaft, unten ab 1 cm vor dem Ende zugespitzt bis auf 1,5 cm. Diese fertigen runden Holznägel mussten dann noch durch Achtkant-Matrizen getrieben werden, um dann später besser in den vorgebohrten Löchern zu haften – eine echte Fleißarbeit.

[2] R. Bockius (2002) Tafel 46, Nr. 3.

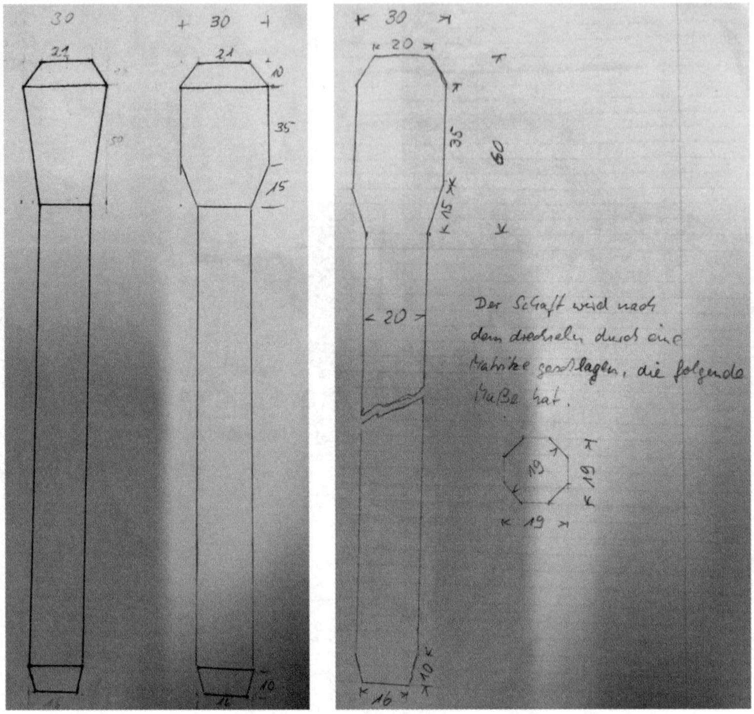

Abb. 21: Maße der Holznägel

Ähnliches galt für die Federn aus Eiche, deren Maße 10 cm hoch, 7 cm breit und etwa 1 cm dick zu sein hatten. Sie mussten in die Nuten der Planken passen, die als winklige Vertiefung auf 7 cm Länge 5 cm tief und 1 cm breit waren und alle 30 cm – soweit nicht andere Konstruktionsteile oder Fehler im Holz (Äste) daran hinderten – in die 4 cm dicken Kiefernplanken gestemmt wurden, damit diese zusammenhielten. Auch die kleinen runden Eichennieten von etwa 1 cm Durchmesser und 6 cm Länge mussten zu hunderten angefertigt werden, um dann die in die Nuten der Planken eingesetzten Federn oben und unten etwa 2,5 cm von den jeweiligen Stößen von der Seite her zu arretieren.

02.05.–12.05. Kielstapelung, Aufstellung und Ausstraken der Mallen

Der Kiel aus Eiche wurde auf eine Länge von 15,7 m zugeschnitten. Der Querschnitt sollte vorne eine trapezoide Form haben: Schließlich war er 9,5 cm hoch, oben 11 cm breit auf 6,5 cm von oben aus. In den letzten 3 cm verjüngt sich der Kiel dann auf 10 cm.

Abb. 22: Kiellegung

Damit vom Steven aus (s. u.) zur Kiel-Oberkante ein harmonischer Übergang mit konkavem Zulauf möglich war, erhielt der Kiel auf 33 cm hölzernes, konisch zur Spitze hin ausgehobeltes Füllmaterial.

Am Heck, beim Übergang zum Achtersteven ist der Kiel nachträglich auf 4 m durch eine Eisenschiene mit 0,5 cm Dicke und 6 cm Breite, verstärkt worden. Diese Schiene wurde zum Achtersteven hin auf etwa 8 cm hochgeführt. Diese Maßnahme diente dem Schutz des Kiels achtern, da von dort ausgehend das Schiff häufig auf den Trailer gezogen wird.

Sodann wurden auf dem auf der Pallung befestigten Kiel die 14 Malle bis auf die letzte und die erste (Steven) aufgestellt. Die Malle wurden mit einer Straklatte gestrakt (Abb. 24), d. h. harmonisiert bzw. stromlinienförmig geglättet, die Helling insgesamt mit Balken und am Zelt stabilisiert. Dann wurden die Mallkanten ausgearbeitet.

Nuten wurden alle 30 cm (vom Mittelpunkt der Nut an) 39mal an jeder Kielseite ausgestemmt. Die vorgefertigten Federn wurden nach vorne leicht angeschärft, abgerundet und auf jede Nut, die jeweils verschiedene Winkel hatten, zugeschnitten und gekennzeichnet.

15.05.–26.05. Achtersteven, Kielplanken

Der Achtersteven wurde aus massiver Eiche ausgearbeitet, auf den Kiel aufgesetzt und mit Zwingen und Balken weiter stabilisiert. Der Achtersteven ist mit 93 cm Höhe (Außenkante) neben dem Kielschwein das massivste Stück des Bootes, auf dem später noch das Akroterion (Kapitel 1,5: Schnetz) mit 170 cm verbracht und verzapft wurde.

Abb. 23: Achtersteven

Um die Planken ab der Kielplanke mit passender Krümmung auszuschneiden, musste ein Ree oder Plankenmodell gepasst werden.

Abb. 24: Ree-Abschnitt: 4,5 m lang, zwischen 13 cm und 7 cm breit, Sticks 27 cm lang, 3,5 cm breit, 1 cm dick; daneben Straklatte 6,20 m lang; 5 cm breit, 2 cm dick

Das Ree ist ein Plankenmodell, das insbesondere beim Plankenbau wichtig ist. Das Ree besteht (bei einer zu fertigenden Planke von 16–18 m) aus vier bis fünf langen, 2 cm dicken Brettern, die ca. 20 cm breit sind. Auf diesen werden keilartige Sticke von 2 cm Breite aufgesetzt. Dieses Ree wird mit den Sticken auf die bereits angebrachte Bohlenplanke gelegt. Die Sticken werden möglichst mit einer markierten Seite an den Mallkanten und auch weitere zwischen den Mallen verbracht. So wird die zu bauende Planke „abgemallt". Mit diesem Ree sucht man die geeignete, noch unbehandelte Bohle, die der Form nach nahekommt. Die Strakpunkte werden auf die Bohle übertragen und alle Punkte ausgestrakt, indem mit einer Straklatte eine harmonische Kurve ermittelt wird. Die auf der Bohle angezeichnete Kurve wird ausgesägt, ohne dass die gekennzeichneten Reepunkte verschwinden, die als Mallkantenmarkierungen dienen und damit die Positionen der Planke (an den Mallen) anzeigen. Die ausgesägte Plankenbohle ist dann jedoch noch nicht genau angepasst. An jeder Mallkante sowie an Vor- und Achtersteven werden die Schmiegen ermittelt. Damit wird die Unterkante der nächsten Planke an die rechtwinklige Oberkante der unteren Planke durch Hobeln angepasst. Dieser Vorgang muss durch mehrfaches Nachjustieren wiederholt werden, bis die Planken genau aufeinander liegen.

Abb. 25: Schmiegebrett

Für die Replik sind insgesamt neun Planken ab dem Kiel notwendig (die Schanzkleider auf dem Schergang eingeschlossen). Die Planken sind nicht von gleicher Dimensionierung und auch steuerbord (stb) und backbord (bb) nicht ganz gleich. Die hier angeführten Maße sind an bb aufgenommen worden und dürfen ähnlich für stb angenommen werden. Es gibt einen Sandgang (oder eine erste Planke), sowie fünf weitere durchgehende Planken, zwei tote Gänge, die also nicht durchgehen, sondern zum Füllen der Kimm zum Hauptspant dienen sowie die Schanzkleider an Bug und Heck. Die Planken haben normalerweise eine Dicke von 4 cm. Eine Sponung (Einlassung) für die Planken hat es nach der Vorlage an Kantspanten und Achtersteven nicht gegeben, auch wurde das Maß von 4 cm zum Ende hin nicht verjüngt. Nur Bargholz und Schergang (s. u.) waren dicker.

Der Sandgang ist in der Mitte 26 cm breit, in den Kiel hinein wurde eine Sponung im Sinne der breiteren Auflage eingebracht. Nach vorne und hinten wird die Plankenbreite schmaler mit bis zu 17 cm an den Enden.

Abb. 26: erste Planke/Sandgang

Dann wurden die zu biegenden Plankenenden in die Steamkiste gesteckt und zwei Stunden[3] unter Dampf gesetzt. Das gilt für alle Planken, die so dick sind: Ist die Planke hinreichend gedämpft, hat man 10 Minuten Zeit, die Planke an den Mallen anzulegen und mit Zwingen zu

[3] Für 4 cm (Kiefer-)Planken gilt also in der Regel pro Inch ca. 1 Stunde.

fixieren. Bis zur endgültigen Befestigung dauert es aber noch: denn es müssen nach der Anpassung an die Schablonen und nach der Trocknung der Planke (jeweils für Bug und Heck) in der neuen Form noch die Kanten der Planken geputzt werden, so dass die Planken gut auf Stoß liegen. Dazu wird die oben aufliegende Planke im Winkel angepasst (s. o.). Die Planke muss nicht nur dafür immer wieder abgenommen werden, sondern auch zum Einstemmen der Nuten. Diese werden dann mit Wurzelteer behandelt, damit sie später – wenn man nicht mehr an sie herankommt – nicht durch Feuchtigkeit verrotten; es folgen die Federn, bevor mit den Eichenbolzen – wie beschrieben – von der Seite her die aufgesetzte Planke an den eingesetzten Federn montiert wird. So erfolgte auch die endgültige Montage der ersten Kielplanke.

Abb. 27: Planke, gehobelt, Nuten gestemmt, Federn eingelassen und mit Wurzelteer bestrichen

Vorher noch wurde die Bugschablone angebracht, übertragen mit einer Live-Schaltung des BR am 23.05. um 14 Uhr wurde damit unter anderem der offizielle Beginn des Baus eingeläutet, zusammen mit dem Präsidenten der Universität, der symbolisch einen Nagel in den Bug des Sporns einschlug. Es folgte ein römisches Trankopfer, eine feierliche Libatio. Vor dem langen Wochenende wurde dann noch die zweite Kielplanke in der Steamkiste vorbereitet und danach an den Mallen gebogen und fixiert.

Abb. 28: offizieller Startschuss Mai 2017

29.05.–09.06. Zweiter Plankengang, erste Bodenwrangen

Die zweite Kielplanke wurde zunächst bearbeitet, die wie die erste an der unteren Plankenseite im Winkel, der auf den Kiel trifft, angepasst wurde. Die insgesamt 38 Taschen für die Federn wurden mit Nutenfräsern ausgearbeitet. Ab dem 06.05. wurden jeweils auf Steuer- und Backbordseite der zweite Plankengang, der erste nach dem Kielgang, fertiggestellt. Der zweite Plankengang hat (bb gemessen) am Ende bei 4 cm Dicke eine Breite von 24 cm mittschiffs und verjüngt sich nach den Seiten bis auf 13 cm an Bug und Heck.

Erste Wrangen wurden zugeschnitten. Wie die Spanten und Auflanger sind die Wrangen Querverstrebungen im Boot, die es zur Seite hin versteifen. Die Wrangen laufen über den Kiel und die Auflanger erstrecken sich mit letzteren überlappend von der Bilge bis zur Bordwand. Die Spanten dagegen gehen am besten vom Kiel durchgehend bis zum Dollbord, wurden aber in der Regel – wie schon in der Vorlage der Replik – in zwei Stücken aneinandergereiht. Sie wurden mit Holznägeln in den oben genannten Maßen befestigt. Die Holznägel wurden von außen nach innen geschlagen, innen aufgekeilt und später entlang der Überstände abgeschnitten. Es folgten im Wechsel immer Spanten bzw. Wrangen und Auflanger in einem Abstand von etwa einem Meter. Insgesamt wurden es jeweils 25 Seitenverstrebungen auf Steuerbord und Backbord verbaut. Hinzu kommen die Hilfspanten (vier im Bug und vier im Heck) zur Befestigung des Schanzkleides, die in Poller auslaufen (s. u.). Die Spanten, die im Abstand von etwa 1 m vom Kiel bis zum Dollbord in zwei Stücken aufeinander folgen, verjüngen sich an den Enden und waren ca. 9 cm hoch und breit. Die Wrangen, die über den Kiel hinweg führen und mit dem Kielschwein verzahnt sind, überlappen sich im Bereich des vierten Plankengangs mit den Auflangern für etwa 10 cm. Diese langen bis zum Dollbord. Wrangen und Auflanger wechseln sich mit den Spanten ab und folgen demnach ebenfalls immer im Abstand von etwa 1 m aufeinander, sind 9 cm hoch, 9 cm breit und verjüngen sich gleichfalls zum Ende. Die Arbeiten an der Konfektionierung und Anpassung von Spanten, Auflangern und Wrangen erstreckten sich bis zum Ende des Jahres.

12.06.–22.06. Dritter Plankengang, Bugsektion, Bodenwrangen

Der dritten Plankengang backbord und steuerbord war der erste tote Gang. Er reicht bis 1,50 m vor dem Kantspanten im Bug und bis 74 cm vor Achtersteven und ist mittig 22 cm breit.

Der tote Gang wurde am Plankenende immer mit mindestens einem Eisennagel auf die untere Planke befestigt. Es mussten auch die Planken dieser Art gepasst, also nach innen für die kraveele Bauweise an die Planke darunter im Winkel ausgehobelt werden.

Der Vorsteven langt mit etwa 80 cm Höhe auf dem Kiel auf, worauf das vordere Akroterion (Kapitel 1,5: Schnetz) angebracht wurde. Die Kantspanten, die sich mit 1,20 m (Innenseite) bis in die Spitze verjüngen, wurden auf den Vordersteven angenagelt. Zum Kielsporn nach vorne hin wurde auf 33 cm Füllmaterial angebracht,[4] das zur Spitze hin konisch zulief. Die Bugbeplankung zwischen Vordersteven und Kantspanten besteht aus sieben Planken, die individuell zugearbeitet wurden und sich nach vorne zum Vordersteven verjüngen. Darüber liegt die entsprechende Partie des Schanzkleides (s. u.), das ebenfalls

[4] Davon ist im Original nichts belegt, s. o. zum Spornzuschnitt.

zum Vordersteven hin schmaler wird. Diese Planken wurden mit jeweils einem Eisennagel an den Steven befestigt.

26.06.–07.07. Bodenwrangen

Es wurden sodann die weiteren Planken auch jenseits der dritten (Planke) verbracht. Dazwischen wurden Bodenwrangen angefertigt und eingepasst, eine Prozedur, die sich über mehrere Bauphasen erstreckte.

Die Planke 4 hat am Ende mitschiffs 24 cm in der Breite, 13 cm noch an Bug und Heck. Der fünfte Plankengang, der zweite Todgang, endet 1,40 m vor den Kantspanten im Bug und 1,75 m vor Achtersteven und ist mittschiffs 21 cm breit. Die Arbeiten an diesen Plankengängen sowie an den Bodenwrangen hielten in dieser und in der folgenden Bauperiode an.

17.07. – 28.07. Bodenwrangen, Bugsektion, Übergabe nach erstem Bauabschnitt

Die individuelle Anfertigung der Planken der Bugsektion sowie der Bodenwrangen waren anspruchsvolle Fleißarbeiten, die sich bis zum Ende des ersten Bauabschnittes erstreckten, teilweise darüber hinaus. Ende Juli wurde das Schiff bis zur fünften Planke fertiggestellt. Damit wurde der Plan übererfüllt.

1.4 Zweiter Bauabschnitt:

August 2017 Holznägel, Liegepallung

Von den 700 Holznägeln sollten die ersten in die an die Bordwand angeschmiegten Wrangen gebohrt werden. Die gedrechselten Nägel waren zuvor durch eine Matrize geschlagen worden (s. o.). Sodann wurden sie vor dem Einschlagen auf 8 cm von der Spitze aus gesehen mit einem 3 mm Bohrer durchbohrt. Mit der Bandsäge wurde von der Spitze aus bis zum Loch ein Schlitz in die Nägel gesägt. Darauf wurden für die Holznägel Löcher mit 16er und 19er Bohrern vorgebohrt. Nachdem die Holznägel, mit Wurzelteer behandelt, von außen nach innen eingeschlagen waren, wurden in die Schlitze innen dünne Holzkeile eingetrieben und die Nägel damit an Position fixiert.

Dann wurde zur Abstützung eine der Schiffsform angepasste Liegepallung nach der vierten und zehnten Mall (von Bug aus) eingebaut (s. u. Abb. 29). Das Gestell wurde mit Bohlen verkleidet. Diese Vorrichtung ersetzte zunehmend die ursprüngliche Pallung, an die der Kiel bislang angeschraubt war.

Der Kielbereich und die Wrangen wurden gut abgesaugt und mit Leinsamenöl und 1 % Sikkativ bestrichen. Immer wieder musste das Schiff zwischendurch mit Lappen und direkt mit Wasser in der Bilge gewässert werden, weil die Planken drohten, im trockenen Zeltklima während des Sommers zu schrumpfen.

September 2017 Sechster Plankengang, Bodenwrangen, Barghölzer

Der sechste Plankengang wurde mittig auf 25 cm, vorne noch 13 cm, hinten 16 cm Breite gehobelt. Wie bei allen anderen Planken wurden alle 30 cm Nuten eingestemmt und mit Wurzelteer behandelte Federn eingelassen, nachdem die sechste Planke im Winkel an die untere angepasst worden war. Auch die Arretierung durch Eichennieten erfolgte auf die beschriebene Weise.

Die nächste große Herausforderung bildeten die Barghölzer, die wesentlich dicker als die normalen Planken sind, das Schiff in die Länge versteifen und einen Schutz zur Seite bieten sollen. Das Bargholz (Scheuerleiste),, der siebte Plankengang, hatte nämlich eine Breite von 9 cm auf eine Höhe von 6 cm. Nach unten verjüngt sich diese Planke bis auf 4 cm. Auf die Kantspanten im Bug und auf den Achtersteven am Heck verengt sich das Bargholz seitlich abfallend ebenfalls auf 4 cm. Mit der Schräge nach unten und 6 cm Scheuerleiste ist das Bargholz insgesamt 10 cm hoch.

Die Barghölzer mussten in der Steamkiste doppelt so lange dem heißen Wasserdampf ausgesetzt werden, also jeweils mindestens vier Stunden. Daraufhin wurde mit Zwingen immer zuerst die Bug-, dann die Heckseite an die Malle angepasst, getrocknet, gehobelt und angeschmiegt. Ansonsten war das Verfahren wie bei den anderen Planken – was das Ausstemmen der Nuten und den Einbau der Federn und Nieten anbelangt.

Oktober 2017 Auflanger und Halbspanten, Beplankung der Bugsektion

Während Mall für Mall (Schablone für Schablone) herausgeschlagen wurde, nahm die Anzahl der dann endgültigen Spanten zu, die an ihre Stelle traten und im Wechsel mit den Wrangen/Auflangern montiert wurden. Die Auflanger sind im Befundkontext von Oberstimm ebenso wie die Wrangen belegt. Gleichfalls wurde nach dem Original in der Bilge zwischen den Sektionen für ein Nüstergatt gesorgt. Im Unterschied allerdings zum Befund ist aber im Sinne der

Stabilität und des visuellen Eindrucks mit größerer Regelmäßigkeit verfahren worden. Aber auch hier hätte man noch weiter gehen können: Gerade im Sinne der Stabilität wären als Spanten Krummhölzer von Vorteil gewesen, die vom Kiel bzw. Kielschwein bis zum Schergang reichen. Derartiges Krummholz hat aber nicht zur Verfügung gestanden. Aber auch die römischen Bootsbauer der Oberstimmer Schiffe verfügten nicht über das Material oder strebten dies gar nicht an, vielmehr arbeiteten sie ebenfalls mit Wrangen im Bilgebereich und Auflangern bis zum Schergang.

Abb. 29: Bugsektion

Die Bugsektion wurde nach immenser Fleißarbeit (von P. Clement) fertiggestellt, mit ihrem konkaven, für die Zeit charakteristischen Zuschnitt. Der konkave Zuschnitt ist am Wrack 2 gut dokumentiert und auch ikonographisch an zeitgenössischen bzw. allgemein römischen Belegen verifizierbar. Die Vorteile im Strömungsverhalten wurde am Lehrstuhl für Strömungswissenschaften der FAU mit 1:10 Modellen gegen solche mit rundem Vordersteven getestet (Kapitel 5,1: Thünnesen-Gatternig-Günther-Wawrzyn-Dreyer).

1.5 Dritter Bauabschnitt

November 2017 Auflanger und Halbspanten, Kielschwein

Fleißarbeit waren ebenfalls die beständigen Arbeiten bei der Anpassung der Auflanger und Halbspanten. Eine neue Herausforderung stellte das Kielschwein aus Eiche dar, das den Kiel verstärken soll. Das Kielschwein besteht aus drei zusammenhängenden Teilen. Vorne war es zunächst auf 1 m Länge 18 cm hoch und 7 cm breit, bis zur Verdickung und Erhöhung am Mastschuh. Auch dieser Teil ist 1 m lang, jetzt aber mit 20 cm in der Höhe und 17 cm in der Breite. Danach verjüngt sich das Kielschwein wieder auf 5,5 m und ist 18 cm hoch und 7 cm breit.

Es wurde aus einem 8 m langen und fast 1 m dicken Eichenstamm herausgearbeitet, der uns von den Bayerischen Staatsforsten zur Verfügung gestellt wurde, aber bereits bei einem Sturm gefallen war. Das war wohl nicht umsonst geschehen, denn der Stamm war nicht mehr ganz gesund. Das merkten wir an dem Achtersteven, dem massivsten Stück neben dem Kielschwein. Das Kernholz bröselte. Auch bei der Anpassung des Kielschweins passierte es, dass das Kielschwein aus einer Höhe von 1 m fiel und brach. Es musste geleimt werden. Später, im Winter des Jahres 2018/9, wurde die gebrochene Stelle durch einen Eisenschuh, den der Schmied Thomas Hürner fertigte, direkt beim Mastschuh geschient. Da der Riss quer durch das Kilschwein lief, wurden zusätzlich zwei weitere eiserne, jeweils 50 cm lange Spangen achterlich eingefügt.

Dezember 2017 Duchten, Schergang

Der Einbau der Duchten und des Schergangs gehört zusammen. Der Schergang folgte als achter Plankengang mit einer Höhe von insgesamt 22,5 cm. Er ist oben 8 cm breit, und zwar auf eine Höhe von 13 cm. Danach verjüngt sich der Schergang in einem 90 ° Winkel auf 4 cm. Der Schergang wird ebenfalls am Heck und Bug auf die „normalen" 4 cm schmaler.

Die Duchten dienen nicht nur als Ruderbänke, sie versteifen das Boot auch quer und bieten auch dem im vorderen Drittel durch den Mastschuh belegten Mast einen Halt in etwa 40 cm Höhe. Sie sind im Original wie in unserer Replik aus Eiche. Eine dieser Duchten dient heute zu einer Datierung des Wracks (1) (Kapitel 2,2: Herzig). Nicht alle Duchten haben dieselben Maße: Die Ducht am Mast, von Achtern aus die zweitletzte, hat eine Mastaussparung und 27 cm breite Sitzfläche. Sie ist durchweg 6 cm dick und hatte Durchlässe im Durchmesser von 2,5 cm für Belegnägel. Diese waren zunächst 27 cm lang, hatten unten einen Durchmesser von

2 cm und waren oben auf 13 cm bis zu 3 cm dick. Später wurden sie durch robustere Exemplare ersetzt und sind nunmehr 32,5 cm lang, hatten einen 2,5 cm Durchmesser auf 16 cm und waren dann für 16,5 cm bis 3,8 cm im Durchmesser oben dicker. Die Löcher wurden dementsprechend in der Ducht vergrößert.

Die restlichen acht Duchten haben siebenmal eine Stütze in der Mitte, die auf den Kiel geht. Lediglich die erste Ducht von Achtern aus gesehen, direkt beim Nagelbrett, verfügt über keine Stütze. Sie alle haben mit folgenden Maßen dieselbe Gestalt: Sie sind jeweils vom Rand aus auf 25 cm Länge 6 cm dick und verjüngten sich dann auf 4 cm im Bereich der Sitzfläche, die 20 cm breit ist.

Die Duchtstützen sind im Querschnitt quadratisch mit 4 cm Seitenläge und sind ca. 45 cm hoch, abhängig von Höhe der Ducht über dem Kiel oder Kielschwein. Die Duchten liegen z. T. auf dem Bargholz und sind darüber in die Bordwand eingelassen oder sind in das Bargholz eingearbeitet.

Bei der Ducht, die den immerhin etwa 9,32 m hohen Fichtenmast abstützt, hat Peter Schedel später zur Erleichterung des Maststellens eine eiserne (nicht historisch belegte!) Hebelvorrichtung entwickelt und mithilfe des Schmieds Thomas Hürner eingebaut. Sie verringert die Gefahren für das Bedienpersonal erheblich, zumal dieses laufend wechselt. Auch nach oben wurden Aussparungen im Schergang eingebaut, die für die Dollen aus Eiche vorgesehen sind, bevor der Schergang mit Zwingen an die Mallschablonen fixiert, getrocknet, abgenommen mit Nuten ausgestattet, gehobelt und dann endgültig mit Dübeln festgemacht wurde.

Januar 2018 Hilfsspanten, Schanzkleid, Fußboden, Kalfaterung/Abdichtung

Während die Außenhülle zunehmend die endgültige Gestalt gewann, wurde auch die Bilgepumpe eingebaut. Anlass zu dieser Maßnahme bot der Kommentar R. Bockius',[5] dass an der tiefsten Stelle des Wracks 2 nachträgliche Bearbeitungsspuren zu erkennen sind. Der Einbau einer Pumpe wurde erwogen. Wir haben auf Anraten von Ronald Bockius hier – ohne allerdings in die Bausubstanz einzugreifen – eine römische Bilgepumpe, die in einem zivilen Schiff belegt ist, eingebaut (Kapitel 1,4: Lehne).

Es wurden die vier Hilfsspanten für die Bug- und Heckerhöhung angepasst. Dieses Schanzkleid hatte die Breite einer normalen Planke. Sie sind nicht im Original erhalten, aber durch Spuren auf dem Schergang der Originale erschließbar und dienten dem Schutz gegen die Gischt. Das Schanzkleid ist vorne stb und bb ca. 2 m lang bis zum Kantspant und 20 cm breit.

---

5 2002, S. 95.

Es wird von dort bis zum Vordersteven auf einer Länge von 1 m schmaler, bis es am Vordersteven nur noch 11 cm breit ist. Am Heck ist das Schanzkleid 3,35 m vom Heck aus zur Mitte lang und 20 cm hoch.

Binnenbords wurden am Schiffsboden auf die Spanten und Wrangen die Weger aus Eiche installiert, auf denen die Grätings (Laufboden s. u.) zu liegen kommen. Die Weger jeweils auf stb und bb dienen als Längsversteifung, sind 12 m lang, 12 cm breit und 3 cm dick. Sie erstrecken sich in der Länge etwa von der ersten bis zur letzten Dolle, also im Areal etwa zwischen den Schanzkleidern.

Um die Bewegungen an Bord zu erleichtern, wurden Grätings als Laufboden im Boot hergestellt. Sie sind für die Oberstimmer Boote nicht erhalten. Ein Laufboden muss aber existiert haben, ähnlich wie in den Mainzer Patrouillenbooten aus der Spätantike. An diesen Laufhorizont wurde auch die erwähnte Pumpe angepasst, die im Unterschied zum festen Einbau einer angenommenen Pumpe in der Vorlage entfernt werden kann.

Die Bodenbretter – die Grätings – sind mit verkürzten weichen Eisennägeln gezimmert und liegen auf den Wegern. Sie lassen sich in 12 Einheiten von etwa 1 m Länge aufgeteilt immer herausnehmen. Um das herausnehmen zu erleichtern, wurden diese Grätings-Einheiten später jeweils in eine bb- und stb-Hälfte aufgeteilt, außer achtern und im Bug. Mittschiffs wurden die Grätings-Einheiten sogar wegen der Pumpe in vier Teile aufgeteilt. Im Bug und Heck gibt es erhöhte Sitz und Ablagegelegenheit, die allerdings fest installiert wurden.

Zur Erleichterung des Ruderns und, um die Bewegungen mit den Beinen zu unterstützen, wurden Stemmbretter auf die Grätings montiert – ähnlich denen, die bei den spätantiken Lusorien belegt sind. Mit Rücksicht auf die unterschiedliche Größe der Rojer kann man die Stemmbretter auf drei Stufen in etwa 10 cm Abstand in die Grätings in vorgesehenen Löchern für die Sticks einlassen. Die Stemmbretter sind 35 cm breit, 6 cm hoch und für die Füße zum Rojer hin mit einem Winkel von 45° versehen.

Noch am Ende dieser Fertigungsperiode setzten die ersten Aktivitäten zur Kalfaterung bzw. Abdichtung der Plankennähte ein – eine Arbeit, die der Bootsbauer unter seine alleinige Regie nahm. Kalfatet wird nicht nur Unterwasserschiff, das mittschiffs max. 50 cm beträgt, da das Kalfat selbst nicht abdichtet, sondern Druck auf die Planken erzeugen soll, so dass sie eng aufeinanderliegen. Das Kalfat sind Hanfseile. Zur Absicherung wird dann außen mit in Leinöl getränkter Kitt aufgetragen, den es so in der Antike natürlich nicht gab. Aber die Dauerhaftigkeit wie etwa auch bei der Versiegelung des Holzes innen und der Riemen (mit Klarlack) war ein Gebot, das uns von den antiken Vorgaben abweichen ließ, da eine längere und sicherere Nutzung garantiert sein sollte, als sie für die Vorlagen wahrscheinlich ist. Gerade aber diese Versiegelung hat dann aber die Verbreitung des Zaunblättlings gefördert, der uns 2021 so große Schwierigkeiten bereitet hat.

Abb. 30: Werg

Den Bereich des Unterwasserschiffs haben wir zum Schutz des Holzes mit einem schwarzen (also der Teerfarbe ähnlichem) Lack bestrichen haben. Historisch war dafür die Außenbemalung (s. u.).

1.6 Vierter Bauabschnitt

Februar 2018 Riemen, Dollpflöcke, Poller, Trenusbalken,

Für die Riemen waren eine kürzere und eine längere Version vorgesehen, um später die Vorteile testen zu können. Ratgeber sind wie beim Rigg und bei der Besegelung alte Handbücher über traditionelle Schifffahrt.[6] Numerisch können später weitere ideale Riemenlängen errechnet werden (Kapitel 5,3: Stamminger-Rückert-Gatternig-Dreyer).

6 Steel (1797), S. 171–174.

Abb. 31–32: Riemen verschiedener Länge

In Oberstimm sind keine Riemen erhalten. Römische bzw. antike Riemen anderer Fundorte sind selten und, wenn erhalten, dann sind sie immer rund mit relativ langen schmalen Riemenblättern (Kapitel 2,1: Weski). Nach diesen Vorgaben sind für die F.A.N. die Alternativen von 4,1 m und 4,7 m Länge gefertigt worden. Im letzteren Fall wurden für die zwei Ruderbänke im Bug und für die Schlagposition 4,4 m lange Ruder wegen des binnenbords vorhandenen Platzes vorgesehen. Auch bei diesen insgesamt etwa 40 Riemen handelte es sich um eine Fleißarbeit. Die Riemen wurden mit Schablonen hergestellt. Die kurzen Riemen von 4,1 m haben Blätter von 1,2 m Länge und 10 cm Breite. Die Blätter verjüngten sich schließlich auf 5 mm Dicke an den Seiten und 1 cm in der Mitte. Der Schaft ist 2,5 m lang und verjüngt sich zum Blatt hin. Der Griff ist 40 cm lang. Die langen Riemen hatten im Falle der 4,4 m ein Blatt von 1,2 m, einen Schaft von 2,8 m und einen Griff von 40 cm. Im Falle der 4,7 m-Riemen verlängerte sich der Schaft auf 3,1 m.

Die 18 Dollpflöcke, die in die eingestemmten rechteckigen Taschen im Schergang eingelassen wurden, sind im Schaft 18 cm hoch und haben einen 3 cm Durchmesser. Insgesamt waren die Pflöcke mit Einsatz 25 cm hoch. Der Einsatz ist 3 cm breit, 7 cm lang und 7 cm tief und wurde mit zwei Eichendübeln von der Seite her fixiert. Da die Riemen vorlich bzw. bugwärts mit einem Stropp (Kapitel 1,3: Bettschnitt-Gläser) nach den Nutzungsspuren an den Wracks historisch korrekt festgemacht werden sollten, wurde dort auf der Schergangoberfläche ein 10 cm breiter Lederschutz angebracht, der über die Dollwand zu den Seiten umgelegt und mit Kupfernägelchen festgemacht wurde. Auch bei den Riemen (s. u.) wurden 10 cm breite Lederringe zum Schutz in der Höhe, in der sie bei Einsatz auf der Dollwand aufliegen, mit Kupfernägeln befestigt.

Im Heck und im Bug wurden je vier Poller (je zwei bb und stb; 7 cm Durchschnitt) zum Festmachen eingebaut. Sie stellten die Verlängerung der Hilfsspanten, die ab Planke 4 ansetzen, dar. Sie halten auch die Schanzkleider und ragen dann noch über diese noch mit 23 cm hinaus. Später kamen „Querpoller“[7] dazu. Sie werden durch die Poller gesteckt, um ein Abrutschen der Taue zu verhindern.

Im Heck wurde – wie im Original belegt – ein Trenusbalken zur weiteren Querversteifung durchgezogen. Der Trenusbalken ist 2,5 m lang, geht auf dem Bargholz/die Scheuerleiste liegend durch die Bordwand und ragt 35 cm darüber hinaus. Er ist 10 cm hoch und breit. Daran wurde außen stb und bb vorlich eine runde Halterung für die Steuerstange (Durchmesser 6 cm) angebracht. Im 90° Winkel wurde etwa 30 cm darüber außenbords im Schanzkleid stb und bb eine weitere runde Halterung montiert. Daran konnte das Steuerruder (s. u.) über Taue mit Kreuzknoten festgezogen und mit einem Keil fest arretiert werden.

Davor wurde in etwa 50 cm Abstand ein Nagelbrett von bb nach stb montiert und in das Bargholz/die Scheuerleiste eingelassen. Es ist 1,7 m lang, 6 cm hoch und 10 cm breit. Für die Belegnägel sind fünf Löcher à 2,5 cm Durchmesser vorgesehen: Aber auch diese oben verdickten Belegnägel von 27 cm Länge wurden später durch robustere mit 32,5 cm Länge ersetzt.

März 2018 Ruderanlage, Mast, Rah, Spriet, Malerarbeit

Die Form und Anzahl der Steuerruder stb und bb ist durch die antike Ikonographie vielfältig vorgegeben (Münzbilder, Trajanssäule, etc.). Unsere Aufgabe war es, auch hier verschiedene Konstellationen in der Praxis auszutesten. Weil das Boot einen geringen Lateranplan hatte und keinen Kiel, der tiefer hinabreichte (wie auf modernen Yachten), war Stabilität etwa unter Segel durch tiefere Steuer (wenn auch im Heck) zu erlangen. Auf der anderen Seite wurde durch längere Steuerruder das Fahren im seichten Gewässer erschwert. Deshalb wurden zwei Versionen gebaut:

---

[7] Die „Querpoller“ 15 cm lang und ca. 2 cm im Durchschnitt, auf einer Seite auf 5 cm auf 3 cm Länge verdickt.

Abb. 33: Versionen der Steuerruder

Beide Versionen waren aus Eiche und hatten einen Stil mit einem Durchmesser von 6 cm. Sie waren ganz oben für die Aufnahme einer Pinne und zur Verhinderung des Durchrutschens dicker; die Blätter der Steuer, deren historische Vorbilder aus mehreren Teilen bestanden, verjüngen sich achtern. Soweit stimmen die Versionen überein, damit sie in die Ruderanlage beim Trenusbalken und am Schanzkleid passen (Abb. 33).

Das kürzere Steuer misst 1,6 m in der gesamten Länge und hat ein Steuerblatt von 72 cm Länge. Wenn das Schiff nicht beladen ist, sind 40 cm unter der Wasserlinie. Das große Steuer misst 2 m Länge und ein Blatt von 1,20 m, wovon in nicht beladenem Zustand 70 cm unter der Wasseroberfläche liegen. Die Blätter der kürzeren und längeren Ruder wurden mit Nut- und Federbauweise zusammengesetzt, die Blätter der längeren Steuerruder aber auch aus einem Stück gefertigt.

Die zwei Ruderpinnen sind 70 cm lang und haben an der Seite, an der sie in das Steuer eingesetzt wird, einen Durchmesser von 2,5 cm. Die Pinne verdickt sich zur anderen Seite bis zu 3,5 cm. Bei Notbetrieb reicht nur ein Steuer, besonders ist dann das längere Steuer vorzuziehen (Kapitel 5,1: Thünnesen-Gatternig-Günther-Wawrzyn-Dreyer).

Wie die Steuerruder so sind auch Mast, Rah und Spriet beim Original nicht erhalten gewesen. Einen Mast hat es gegeben, denn ein Mastschuh ist im Wrack 2 belegt. Die Höhe muss vermutet werden. Hilfestellung geben erneut die alten Handbücher, die für Schiffe dieser Größe (wenn auch für die Hochseeschifffahrt) ideale Masthöhen bestimmen, aber auch divergieren. Dasselbe gilt für Rah und Spriet, die beide in der Antike für die Zeit des Bootes belegt sind.[8] Das Lateiner-Rigg ist (bis vielleicht auf ein einziges unsicheres Beispiel) nicht sicher für diese Zeit belegt, aber natürlich nicht auszuschließen (Kapitel 2,1: Weski). Da ein anderes Rigg vorauszusetzen ist, wurde die Anfertigung des Lateinersegels auf später verschoben.

Der Mast aus Fichte hat unten einen Durchmesser von 15 cm, der sich nach oben auf 9 cm verjüngt; seine Höhe beträgt 9,32 m. Der Masteinsatz für den Mastschuh unten wurde später durch eine Eisenmanschette verstärkt. Der Masteinsatz selbst ist 7 cm breit und 7 cm hoch, hat also einen quadratischen Querschnitt. In der Höhe von 7,5 m befindet sich die Halterung für Wanten. In der Höhe von 9 m ist die Halterung für das Fall mit Doppelblock und für die Stage zu finden. Das Vorstag wurde ebenfalls an Bug und Mastspitze in 9 m Höhe zum Stemmen und Legen des Mastes mit Doppelrolle versehen. Das Achterstag hatte eine einfache Rolle und wird an beiden Borden mit Dreiecksbefestigung belegt.

Abb. 34: Juffern nach antiker Vorlage

8 Steel (1797), S. 83; S. 85–88; S. 170–174; Middendorf (1971), S. 250; S. 397; S. 399.

Zum Maststemmen war zuerst eine Rutsche vorgesehen. Diese wurde später durch eine Kippanlage aus Eisen ersetzt: Damit gewannen wir Stabilität bei Mastlegen und Maststellen zur Seite hin. Zum Heben und Legen sind 6 Leute nötig. Es wurden Maststützen für den Mast im Liegestatus auf den Duchten vorgesehen.

Die Rah aus Fichte ist 6,5 m lang und hat einen Durchmesser von 8 cm an den Enden und 10 cm in der Mitte. Die Sprietspiere ist 6,9 m lang und verjüngt sich im Durchmesser von 5 cm auf 3,5 cm. Da weder am Wrack 1 noch 2 belegt ist, dass eine Sprietspiere am Boden des Bootes angeschlagen wurde (wie es für die Antike bildlich belegt ist: Kapitel 2,1: Weski), wurde das Rigg in diesem Fall so arrangiert, dass das Spriet am Mast angeschlagen wird.

Das Material der Segel ist Duradon und wurde vom Segelmacher Lahmeyer für beide Segel auf 5x5 m Seitenlänge im Sinne der Vergleichbarkeit gefertigt (Abb. 34a).

Die Rah wird über ein Tau (Rack) am Mast mit Webeleinstek und Palstek so befestigt, dass die Rah nahe am Mast hochgezogen wird. Leichtere Läufigkeit wird über aufgezogene Korallen sowie an der „Waage“ mit Klotjes (aus Eisen) gewährleistet. Das Fall wird über eine Doppelrolle am Mast (in etwa 9 m Höhe) mit einer weiteren einfachen Rolle hochgezogen und dann an der Mastducht an einem Nagel belegt.

Das 5x5 m Segel hängt mit Tauringen an der Rah und wird über Gordinge innen und Geitaue außen gerefft bzw. nach dem Hissen an Nägeln der Mastducht belegt. Über die Oberliekstrecker bb und stb an den Enden der Rahspiere laufen die Brassen oben, und am unteren Teil des Segels am Schothorn stb/bb werden die Schoten bedient. Brassen und Schoten werden nach hinten geführt und am Nagelbrett an Nägeln belegt.

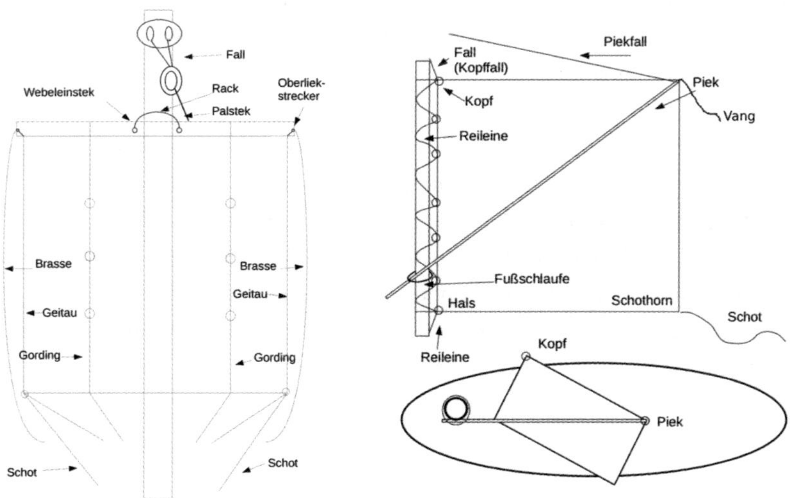

Abb. 34: Zeichnungen für Rah und Spriet.

Mit folgenden Schritten wird das Sprietsegel gehisst: 1) Der Fuß der Sprietspiere ist mit angeschlagenem Segel an der bb-Seite des Mastes abzulegen und mit einer Schlaufe um den Mast locker zu binden, so dass sie über den Fußpunkt am Mast bzw. in die dafür vorgesehene gespleißte Verankerung am Mast gezogen werden kann. Die Schlaufe ist mit Kreuzknoten einschließlich Slip zu binden. 2) Das Segel ist mit dem Piekauge nach achtern zu legen, etwa bei Ducht VII, während das Kopfauge an Steuerbord gelagert wird. 3) Das Piekfall ist am Piekauge achtern mit zwei halben Schlägen anzuknoten und die Sprietbaumnock mit einer Hüsing, die zweimal fest um das Auge zu legen und mit Kreuzknoten mit Slip zu befestigen ist, achtern anzubringen. 4) Das Kopffall, das entlang des Mastes über eine Einzelrolle hochgezogen wird, wird am Kopfauge mit Palstek befestigt. 5) Das Piekfall muss dann dichtgeholt werden, so dass die Spiere senkrecht steht. 6) Die Reileine wird im Palstekauge am Kopf (-auge) mit zwei halben Schlägen befestigt, um den Mast geholt und dann nochmal durch das Auge geführt. Danach wird die Reileine wieder um den Mast geholt und dann durch das nächste Auge im Segel geführt. Dieser Vorgang wiederholt sich bis zum vorletzten Auge im Segel. Es muss dabei beachtet werden, dass Fallen und Reileine klar sind (also nicht verknoten und hängen bleiben können). 7) Nun muss das Kopffall dichtgeholt werden, während das Piekfall gefiert wird. Dabei ist die Reileine zu kontrollieren. 8) Der Baumfuß muss sodann mit der Fußschlaufe über den Fußpunkt angehoben und in das gespleißte Auge gelegt werden. Dann muss das Kopffall dichtgesetzt und die Reileine dichtgeholt, d. h. an den Mast herangezogen werden. Das Ende der Reileine muss durch das unterste Auge am Segel, das Halsauge, geführt, nochmal um den Mast geholt werden, um dann hinter dem Mast über sich selbst gelegt zum Belegnagel geführt zu werden. So wird das Vorliek (die Seite des Segels am Mast) gespannt. 9) Sodann kann die Schot (vom Schothorn unten aus) sowie das Vang (Tau von der Piek der Spiere achtern aus) angeschlagen werden. Mit der Piekfall kann das Segel gespannt werden.

Das Tauwerk sowohl für das laufende und stehende Gut bestand in der Regel aus hanfähnlichem Material von 12 bzw. 16 mm Durchmesser. Im Falle des Ankers sind es 20 mm. Es wurden zwei Stockanker angefertigt, jeweils nach antiken Vorbildern des 2. Jahrhunderts. Ein Anker besteht ganz aus Eisen, ist ca. 35 kg schwer, 1,5 m hoch und der Stock ist 1,1 m lang. Der zweite Anker ist aus Eiche an den Spitzen mit Eisen bewährt, ebenfalls 35 kg schwer und 1,52 m lang. Der Stock aus Eisen beträgt 1 m. Nach modernen TÜV-Vorgaben haben wir nachträglich eine Ankerkette angebracht.

Abb. 35–36: Ankeralternativen.

Das Unterwasserschiff wurde mit Schwarzlack bestrichen, das Schiff oberhalb der Wasserlinie dagegen mit der antiken enkaustischen Technik bemalt (Kapitel 3,1: Hochbruck).

April 2018 Malerarbeit, Takelung, Übergabe am 23.4.

Die Arbeit der enkaustischen Bemalung dauerte etwa zwei Wochen. Als die Bemalung trocken war, wurde das Boot im Dechsendorfer Weiher gewassert. Mit der Takelage wurde bereits, soweit es die Segel, die in Hamburg gefertigt wurden, betraf, im Arbeitszelt begonnen. Fertiggestellt wurde die Takellage dann auf dem Dechsendorfer Weiher. Weiter wurden die stark beanspruchten Stellen, wie die Ruderanlage und die Riemen, sowie die Stellen, an denen die Riemen auf dem Dollbord auflagen, beledert – wie oben dargelegt. Damit war das Boot von 15,7 m Länge, mit 2,1 t Leergewicht, mit einer Höhe von ca. 1,2 m vom Kiel bis zum Schergang und einem Freibord von ca. 50 cm mittschiffs fertig für die Übergabe am 23.05.2018.

Abb. 37–38: Jungfernfahrt Mai 2018.

Parerga

Viele Aktivitäten erwuchsen rund um den Bau. Dazu gehörten auch Aktivitäten einzelner Gruppen, von Schulen etwa, die sich mehr oder weniger eng an den Bau anschlossen. Manche Projekte wurden entwickelt, die der Bevölkerung in der Langen Nacht der Wissenschaften im Jahre 2017 (Kapitel 1,8: Meißner u. a.) oder 2019 vorgestellt wurden. Weitere Gruppen waren mit der Anfertigung von Alternativen zu den Bedienungselementen beschäftigt, die später ausgetestet werden sollten. So wurden zwei verschiedene Anker nach antiker Vorlage hergestellt, zwei verschiedene Steuerlängen, zwei verschiedene Riemenlängen (s. Abb. 31–33 u. 35–36) und verschiedene Segel (Spriet und Rah). Darüber hinaus gab es auch Bauaktivitäten, die sich nur mittelbar mit dem Bootsbau verbinden ließen, wie der Bau der Scorpio, der Standardwaffe einer römischen Legion (Kapitel 1,12: Clement-Hauenstein-Dreyer). Andere Überlegungen gingen den Berichten der Einsatzmöglichkeiten der Boote bei den Offensivkriegen durch Tacitus nach, der für die Manövrierfähigkeit in engen Flusssystemen in Germanien die Vorteile eine Bugsteuerruders anpries (Kapitel 1,6: Preiß). Wenn auch diese Möglichkeiten zwar erwogen, aber nicht verwirklicht werden konnten, so wurde doch – und das gleich in zwei Versionen –

auf die schwachen Indizien möglicher Lenzpumpen im zweiten Wrack von Oberstimm hin und in Rücksprache mit R. Bockius die Drumond-Pumpe für die F.A.N. hergestellt (Kapitel 1,4: Lehne).

Glossar

achtern=hinten

Akroteria=Schmuckaufsätze auf den Steven

Auflanger=die seitliche Verstärkung von der Bilge bis an die Bordwand

bb=Backbord

Bodenwrangen=Seitenverstärkungen Bootsboden (Bilge)

Barghölzer=die seitlichen Verstärkungen am Bootsrumpf stb und bb.

Dollbord=Bordwand

Dollpflöcke=Riemenbefestigung

Duchten= Rudserersitz

Gräting=Laufboden/Bodenbretter

Halsauge=Auge am unteren Teil des Segels

Die Helling/der Helgen=Platz in der Werft, auf dem ein Schiff gebaut wird: besteht aus Helgenbock, Mallspanten und Esel

Hüsing=Garn in Seefahrt, oft mit Wurzelteer getränkt

Klotjes=Ringe zum Umlenken von Tauen

Kopffall=Tau von der obersten Ecke des Segels

Korallen=Holzrollen zum leichteren Aufziehen von Rah entlang des Masts etc.

Kreuzknoten=Knotenart, verhindert Durchrutschen durch Auge, wie auch Achtknoten

Mallenriss=Schablonenplan

Malle=Spantschablonen, die zur Formgebung der späteren Plankengänge dienen=Mallspannten

Nüstergatt=Durchlass durch die Sektionen in der Bilge

Nut- und Feder-Bauweise=Befestigungsart von Planken in kraveeler Bauart

Nut=Federtasche

Pallung=die Bodenstützen für das zu bauende Boot auf dem Trockenen

Palstek=Knotenart zum sicheren Belegen oder Befestigen in der Seefahrt

Piekauge=Auge am außersten Spierenende

Piekfall=Tau vom äußersten Spierenende

Poller=Befestigungsrundhölzer

Rah=Spiere querschiffs

Ree=Schablone für den Plankenbau

Reileine=Enden um den Mast und Segel

Rigg=stehendes und laufendes Gut am Schiff, an den Masten und Bäumen

Sandgang=Kielgang

Schanzkleid=Bug- und Heckerhöhung zum Schutz gegen die Gischt

Schergang=oberster Gang der Außenhaut

Schmiegen=Schrägmaße

Schothorn=hintere untere Ecke eines Segels, reguliert durch das von dort ausgehende Tau (Schot)

Slip=Schlaufe, ermöglicht leichtes öffnen von Knoten

Spiere =Rundholz

Spanten=Querverstrebungen im Boot, die es zur Seite versteifen

Spantenplan=Teil der Bauzeichnung im Bootsbau

Splintholz=Holz um das Kernholz

Spriet=vom Mast ausgehende Spiere für Schratbesegelung

Sprietbaumnok=Ende des Sprietbaums

Steven=Vorder- und Rückseite des Bootes in der nach oben gezogenen Verlängerung des Kiels

stb=Steuerbord

Straklatte=Latte zur Ermittlung einer harmonischen Kurve

Stropp=gespleißter Tauring

Toter Gang=Planke, die nicht von Bug bis Heck reichte, um die Wölbung mittschiffs zu ermöglichen

Vang=Tau von der oberen hinteren Ecke des Segels (Schratbesegelung) ausgehend

Vorliek=die Seite des Segels am Mast

Webeleinstek=Knotenart zum Belegen an Reling oder Poller

Weger=Längsversteifung des Bootes

Literatur

Bockius, R., Die römerzeitlichen Schiffsfunde von Oberstimm (Bayern), Mainz 2002.

Gross, C., Victoria. Bautagebuch einer römischen Flussgaleere, Gutenberg 2012.

Middendorf, F. L., Bemastung und Takelung der Schiffe, Kassel 1971 (Reprint von 1903).

Steel, D., Mast, Yards, Gaffs, Booms, and Oars, as Practised in the Royal Navy, and according to the most Approved Methods in the Merchant-Service, London 1797.

Steel, D., The Elements and Practice of Rigging, Seamanship, and Naval Tactics 2: The Art of Sail-Making, London 1800.

Steel, D., The Elements and Practice of Rigging, Seamanship, and Naval Tactics 3: The Art of Rigging, London 1806.

Abbildungsverzeichnis

Abb. 1, 2, 30, 31. 37: Foto R. Kramer

Abb. 3–7, 11, 12, 14, 15–18, 22, 23, 26, 28: Foto M. Orgeldinger

Abb. 8, 9, 13,19, 20, 24, 25, 27, 29, 32–34: Foto B. Dreyer

Abb. 10: Foto W. David

Abb. 14 a): Linienriss aus Bockius 2002

Abb. 14 b) und c): Rekonstruktionszeichnung aus Bockius 2002

Abb. 21: Skizze M. Helterhoff

Abb. 34a): private Zeichnung

Abb. 38: Foto G. Pöhlein

Annex: Filmmaterial zum Bau der F.A.N. finden Sie unter www.wbg-wissenverbindet.de

2 Nagelherstellung

Andreas Jobst, Christoph Kiener und Marion Merklein, Fertigungstechnologie FAU

Nägel sind Stifte aus Metall oder Holz, die mit einer Spitze und einem abgeflachten Kopf versehen sind, um Bauelemente zu fixieren oder zu verbinden. Sie sind die ältesten bekannten Verbindungselemente und wurden bereits um 5000 v. Chr. verwendet.[1] Die Römer verwendeten beim Bau von Kriegsschiffen Metallnägel zur Befestigung von Planken, wie Funde aus Oberstimm im Landkreis Ingolstadt zeigen[2]. Dabei wurden, wie in Abb. 1 dargestellt, Nägel mit einem rechteckigen Querschnitt von außen eingeschlagen und die innen überstehende Spitze umgebogen. Im Gegensatz zu Holznägeln wurde ein Lösen der Verbindung dadurch effektiv verhindert. Diese Funde geben wichtige Hinweise zur Rekonstruktion der Nagelverbindung.

Abb. 1: Nagel zur Befestigung von Planken aus dem Schiffswrack von Oberstimm, Landkreis Ingolstadt

Zur Gewinnung von Eisen wurde Erz in Rennöfen mit Holzkohle zu sogenannten Luppen verarbeitet. Aufgrund der maximal möglichen Temperatur von 1200°C war das Gießen von Eisen

[1] Elburg (2010).

[2] Bockius (2002).

nicht möglich. Die hergestellten Luppen – schwammartige Brocken aus Eisen und Schlacke – wurden im heißen Zustand ausgeschmiedet. Durch die entstehenden Druckspannungen der einzelnen Hammerschläge wurden sowohl Kohle und Schlacke aus dem Material entfernt als auch die dabei entstehenden Poren geschlossen. Die Zusammensetzung des fertigen Eisenhalbzeugs war dabei stark abhängig vom Produktionsort, also der Zusammensetzung des verwendeten Eisenerzes.[3] Aus den hergestellten Halbzeugen wurden Nägel von spezialisierten Nagelschmieden hergestellt.[4] Dazu wurden mit einzelnen Hammerschlägen durch Freiformschmieden zunächst der Grundkörper des Nagels auf den gewünschten Querschnitt geschmiedet und anschließend der Kopf angestaucht. Zur effizienten Bearbeitung waren auch Ambosse mit einer Kerbe im Einsatz, welche die Negativform des Nagelschafts bildeten.[5] Entsprechende Ambosse sind beispielsweise im Römermuseum Schwarzenacker (Homburg, Saarland) oder im Saalburgmuseum (Bad Homburg vor der Höhe, Hessen) ausgestellt. Um das Eisen verformen zu können, wurde der Schaft im heißen Zustand bei über 1000° C geschmiedet, wodurch eine Verfestigung verhindert wurde. Die Nägel waren nach der Herstellung vergleichsweise weich, dadurch konnten sie einfach umgebogen werden, neigten aber beim Einschlagen zum Ausknicken. Durch die Schiffsfunde von Oberstimm zeigte sich, dass insbesondere Nägel mit rechteckigem Querschnitt, spitz zulaufendem Schaft und großem Kopf verwendet wurden. Der verwendete Werkstoff hatte einen Kohlenstoffgehalt von 0,01 bis 0,4 Gew.-%[6] und weniger als 1 Gew.-% von Legierungselementen.[7]

Da moderne Schiffe i. d. R. aus Metall gefertigt werden, werden diese sogenannten Spiekernägel heute nur noch in Spezialanwendungen eingesetzt. Der heute bekannteste und am weitesten verbreitetste Nageltyp ist der Zimmermannsnagel mit einem glatten zylindrischen Querschnitt, einer kurzen Spitze und einem runden Senkkopf. Weitere Ausführungen für Querschnitt, Schaftoberfläche sowie Kopf- und Spitzenform sind beispielsweise in DIN EN 10230-1 genormt. Diese Drahtstifte werden maschinell als Massenprodukt hergestellt und können dadurch kostengünstig produziert werden. Ausgangsprodukt dafür ist Draht. Im Hochofenprozess wird Stahl mit einer definierten Zusammensetzung zu bis zu 60 t schweren Brammen gegossen, die im heißen Zustand zu Stangen gewalzt werden.[8] Aus diesen Stangen wird der Draht durch Ziehen auf den gewünschten Querschnitt umgeformt.[9] Die Herstellung

3 Blümner (1887).

4 Mutz (1976).

5 Auermann (2004).

6 Schäfer (2008).

7 Aßkamp (2008).

8 Roos (2008).

9 Dietrich (2018).

von Nägeln besteht im Wesentlichen aus zwei Schritten, deren Reihenfolge abhängig von der verwendeten Anlage ist. Die Geometrie der Spitze wird durch die Geometrie des Schneidwerkzeuges beim Abscheren des Drahtes festgelegt. Der Nagelkopf wird durch Stauchen des geklemmten Drahtes oder Halbzeugs ausgeformt. Mit einer rotierenden Drahtstift-Maschine können so beispielsweise in einem kontinuierlichen Prozess bis zu 1000 Nägel pro Minute produziert werden. Bei der Herstellung von Nägeln mit rechteckigem Querschnitt wird zusätzlich noch der Schaft durch Walzen oder Gesenkschmieden umgeformt. Durch die Verarbeitung bei Raumtemperatur wird die Festigkeit des Werkstoffs durch Kaltverfestigung bei der Bearbeitung erhöht.

Diese modernen Herstellungsverfahren bieten eine hohe Reproduzierbarkeit, wodurch alle Nägel eine nahezu gleiche Geometrie, ein homogenes Werkstoffgefüge und gleiche mechanische Eigenschaften haben. Die Oberfläche ist aufgrund der Flächenpressung zwischen Werkzeug und Werkstück glatt und eben. Zu Römerzeiten hergestellte Nägel weisen im Vergleich dazu deutliche Unterschiede auf. Bedingt durch die Zusammensetzung des Halbzeugs unterliegen Gefüge und mechanische Eigenschaften starken Schwankungen. Durch die Verfestigung beim Einschlagen des Nagels und das Anstauchen bei der Herstellung hat der Kopf eine höhere Festigkeit als der Schaft, was sich positiv auf die Belastbarkeit auswirkt. Aus der händischen Herstellung resultieren zudem für moderne Verhältnisse große Abweichungen zwischen den einzelnen Nägeln. Da jedoch beim Schmieden der Nägel vergleichsweise einfache Werkzeuge verwendet wurden, entstanden am Schaft Grate, die im weiteren Verlauf der Bearbeitung wieder zugeschmiedet wurden. Daraus resultiert eine ungleichmäßige Oberfläche, bei der die Erhebungen wie Widerhaken wirken und die Haftung im Holz verbessern.

Die Herstellung von Nagelreplikaten für den Bau der Fridericiana Alexandrina (Navis) erfolgte in einer fakultätsübergreifenden Zusammenarbeit der Professur für Alte Geschichte (Prof. Boris Dreyer) und dem Lehrstuhl für Fertigungstechnologie (Prof. Marion Merklein) der FAU. Basierend auf Werkstoffanalysen von originalen Nägeln aus archäologischen Funden wurde ein niedriglegierter Stahl mit 0,056 Gew.-% Kohlenstoff und etwa 1 Gew.-% Legierungselementen ausgewählt. Die Geometrie des Kopfes entspricht einer flachen 4-seitigen Pyramide mit runder Grundfläche. Der Schaft hat einen quadratischen Querschnitt, der zur Spitze hin von einer Kantenlänge von 4,8 mm auf 3,8 mm zuläuft. Die Länge des Schafts beträgt 16 cm. Die Herstellung der Nägel erfolgte in Zusammenarbeit mit der Nagelfabrik Ludwig Künzel GmbH, Arzberg. Ausgehend von Runddraht wurden auf einer Nagelmaschine der Kopf angestaucht, der Schaft durch mehrere Schläge auf den Rechteckquerschnitt gebracht, die Spitze angeformt und der fertige Nagel vom Draht abgetrennt. Ein Exemplar der replizierten Nägel ist in Abb. 2 dargestellt. Ein Video der Nagelherstellung ist unter www.egea-ev.de in der Rubrik „Videos und Bilder“ zu finden.

Abb. 2: Replik

Abb. 3: QR-Code Videos und Bilder https://www.egea-ev.de/videos-und-bilder/

Abb. 4: QR-Code Nagelherstellung https://www.youtube.com/watch?v=CACqd-zbxdU

Quellen

Video zur Nagelherstellung: https://youtu.be/CACqd-zbxdU.

Auermann, S., Leben der Römer und Germanen, Mannheim 2004.

Aßkamp, R., Projekt Römerschiff – Nachbau und Erprobung für die Ausstellung, Hamburg 2008.

Blümner, H., Technologie und Terminologie der Gewerbe und Künste bei Griechen und Römern IV, Stuttgart 1887.

Bockius, R., Die römerzeitlichen Schiffsfunde von Oberstimm in Bayern, Mainz 2002.

Dietrich, J., Praxis der Umformtechnik – Umform- und Zerteilverfahren, Werkzeuge, Maschinen, Wiesbaden 2018.

Elburg, R., 7000 Jahre alte Holznägel gefunden, Antike Welt 4, 2010, S. 5.

Mutz, A., Römisches Schmiedehandwerk, Pratteln 1976.

Roos, E., Werkstoffkunde für Ingenieure – Grundlagen, Anwendung, Prüfung, Berlin-Heidelberg 2008.

Schäfer, C., Lusoria – Ein Römerschiff im Experiment, Hamburg 2008.

DIN EN 10230-1:2000-01 Nägel aus Stahldraht – Teil 1: Lose Nägel für allgemeine Verwendungszwecke.

Abbildungsverzeichnis

Abb. 1: Foto Dreyer, Jobst (2020)

Abb. 2: Foto Jobst (2020)

Abb. 3: QR-Code Videos und Bilder https://www.egea-ev.de/videos-und-bilder/

Abb. 4: QR-Code Nagelherstellung https://www.youtube.com/watch?v=CACqd-zbxdU

3 Zu den Stropps als Ruderaufhängung an den Oberstimmer Wracks

Vigdis Bettschnitt, Constantin Gläser (Alte Geschichte, FAU)

3.1 Historische Einordnung

Die Nutzung von gespleißten Stropps als Riemenaufhängung kann über verschiedene Befunde belegt werden: Einerseits archäologische, andererseits literarische. Vitruv erwähnt im 1. Jahrhundert v. Chr. in seinem Werk „de architectura" Schlingen oder Schlaufen zur Befestigung der Riemen an den Dollen.[1]

Ein ewiger Fluch der Archäologie ist die Vergänglichkeit organischer Materialien. Tauwerk etwa, das bis in jüngste Zeit meistens aus Hanf oder Pflanzen mit ähnlich hoher Stapellänge und Robustheit hergestellt wurde, verfällt äußerst schnell und kann dann später nicht mehr nachgewiesen werden.[2] Auch bei den Oberstimmer Wracks wurde nur der Bootskörper bis zu den Dollstiften gefunden, weder Riemen noch deren Aufhängung. Die heckseitigen Abnutzungsspuren an den Dollpflöcken von Oberstimm weisen aber auf eine kardanische Anbindung der Riemen.[3]

Die Vorteile sind unmittelbar ersichtlich: man reduziert die Abnutzung der Dollstifte – der Stropp, der deutlich leichter als der Dollenstift zu ersetzen ist, absorbierte die aufgewandte Kraft beim Durchzug des Riemens. So scheint es absolut legitim, diese Methode als die historisch angemessene anzunehmen und experimentell anzuwenden.

3.2 Spleißen generell

Spleißen bezeichnet eine Methode, um Tauwerk dauerhaft miteinander zu verflechten. Der Vorteil eines verspleißten Taues ist minimale Reduzierung der Festigkeit – anders als bei ei-

1 Vitruv X 3,6. Schon Grimm führt ‚Stropp' das lateinische ‚str(u)oppus' zurück.

2 Kapitel 2,1: Weski, s. a. Weski, 2002, S. 84-86.

3 Bockius (2013), S. 37.

nem Knoten. So behält, je nach Art des Spleißes und Sorgfalt bei der Ausführung, ein gespleißtes Seil zwischen 85 bis 100 % der Tragfähigkeit – ein Knoten verringert diese um bis zu 50 %. Ein verspleißtes Tau gewinnt durch Zugbelastung an Festigkeit, durch Reibung werden die verspleißten Enden dauerhaft miteinander verbunden. Grundsätzlich unterscheidet man vier verschiedene Arten. Der Augspleiß, der Endspleiß, der Kurzspleiß und der Langspleiß. Mithilfe eines Endspleiß, auch Rückspleiß genannt, wird – der Name spricht für sich – das Ende eines Taues verspleißt. Kurzspleiß ist eine Verbindung zweier Taue, diese Technik wurde bei der F.A.N. für die Stropps angewandt, wie im Folgenden noch genauer erläutert werden wird. Anders als beim Langspleiß, ist die Verdickung des Taues an den verspleißten Stellen deutlich erkennbar, diese wird beim Langspleiß vermieden, indem Teile des festen Taues entfernt werden und stattdessen die losen Kardeele[4] deren Platz einnehmen. Ein Langspleiß büßt deswegen ein Teil der Festigkeit ein – definitiv ein Nachteil. Prinzipiell benötigt man für den Vorgang des Spleißens keine umfangreichen Hilfsmittel, allerdings erleichtert ein Hohlspieker – auch Marlspieker genannt – die Arbeit deutlich. Je nach Qualität und Dicke des Taues und damit auch der einzelnen Kardeele, ist das Durchführen der Kardeele durch das Tau ohne Hohlspieker fast unmöglich. Mit dem Hohlspieker dagegen können die einzelnen Kardeele des festen Taues aufgebogen und somit eine passende Öffnung für das Durchführen der lockeren Kardeele geschaffen werden.

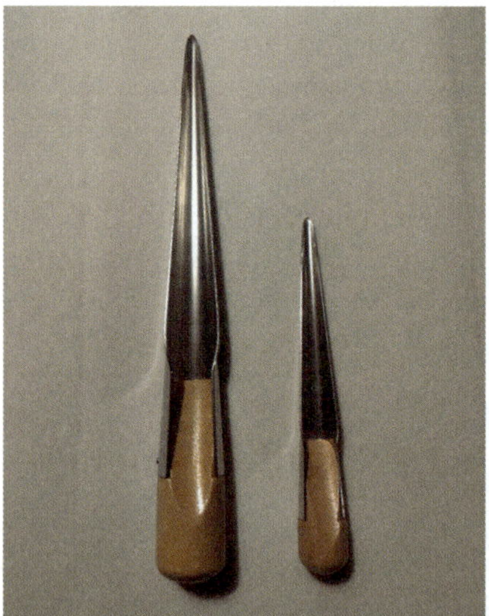

Abb. 1: Hohl- bzw. Marlspieker

4 Die Stränge, aus denen sich ein Seil zusammensetzt.

3.3 Durchführung des Spleißens

Das Herstellen der Stropps brachte eine Anzahl an Herausforderungen mit sich. So galt es zunächst einmal zu bestimmen, welche Länge an Tauwerk für einen einzelnen Stropp benötigt würde. Nach Maßgabe der Riemendurchmesser und der Dollstifte wurde ein Umfang von knapp 50 cm für den Stropp ermittelt. Um die beiden Enden miteinander verspleißen zu können, ist eine gewisse Überlappung unabdingbar, diese sollte am fertigen Stropp 14 cm betragen. Da durch das Spleißen ein wenig an Länge verloren geht, hat es sich in der Praxis als äußerst sinnvoll erwiesen, die Taulänge von 64 cm auf 70 cm aufzurunden.

Abb. 2: Auf die passende Länge zugeschnittenes Stück Tau

Abb. 3: Taustück so ineinander gesteckt, dass die Kardeele wechselnd ineinander greifen

Ist nun die entsprechende Länge an einer längeren Leine abgemessen, sollten möglichst direkt nach dem Abschneiden Maßnahmen getroffen werden, um ein Zerfasern der einzelnen Kardeele zu verhindern, da dies den Spleißvorgang deutlich erschweren würde. Bei Kunstfasertauwerk bietet es sich dazu an, die Enden der Kardeele anzuschmelzen. Da dies bei Naturfasern nicht möglich ist, empfiehlt es sich hier die Enden der Kardeele mit einem Stück Kreppband oder historischer mit einem Takling zu fixieren.

Wenn die Tauenden vor einem Zerfasern gesichert sind, werden zehn Zentimeter von beiden Enden des Taustücks abgemessen und markiert. Auch hier liegt es nahe, die entsprechende Stelle mit Kreppband, einem Stück Schnur oder sonst etwas Vergleichbarem zu umwickeln, damit ein ungewolltes Auftrennen über das gewünschte Maß hinaus verhindert wird. Die so fixierten Enden werden in die einzelnen Kardeele getrennt und so ineinandergesteckt, dass diese eine Art „Verzahnung“ bilden.

Abb. 4: Beginn des eigentlichen Spleißvorgangs

Erst jetzt beginnt das eigentliche Spleißen. Dabei werden die einzelnen Kardeele eines Endes jeweils erst einmal über das jeweils links von ihnen, also entgegen der Schlagrichtung,[5] liegende Kardeel des anderen Endes gelegt und dann mithilfe eines stählernen Hohlspiekers unter dem nächsten hindurch gezogen. Ist das mit allen drei Kardeelen geschehen, werden sie festgezogen. Dies wird nun so oft wiederholt, wie es die Länge der Kardeele erlaubt, mehr als drei Mal insgesamt bringt bei derartig rauem Tauwerk aber kaum zusätzliche Haltbarkeit. Dasselbe wird nun mit den Kardeelen des anderen Endes genauso wiederholt. Die überstehenden Spitzen der Kardeele werden zum Schluss abgeschnitten und bei Kunstfaser mit Hitze verschmol-

5 Der Schlag bezeichnet die Drehrichtung einer Leine.

zen. Bei Naturfaser sind die Enden mit einem Takling zu umwickeln. Bei dieser Methode des Spleißens handelt es sich um einen so genannten „Kurzspleiß“.

Abb. 5: Fertiger Stropp

3.4 Ruderaufhängung der Vorgänger

Die Herausforderung fehlender Funde originaler Riemen und der Riemenaufhängung führte zu einer Bandbreite an verwendeten Riemenaufhängungen bei Nachbauten vergleichbarer Schiffe. Eine geknotete Riemenbefestigung wurde bei der „Regina“ verwendet, bei dem Nachbau der Universität Regensburg. Wesentliches Argument für Knotenbefestigung war die Möglichkeit, diese schnell zu öffnen – gerade beim Anlegen ist das schnelle Einziehen der Riemen extrem wichtig. Der Nachteil: Durch die starke Belastung lösten sich Knoten schlagartig oder lockerten sich mit der Zeit. Als Alternative zur Knotenkonstruktion wurden beim Bau der „Victoria“, dem Schwesterschiff der F.A.N., und bei der „Lusoria Rhenana“ Führungsbrettchen verbaut; diese werden an die Riemen geknotet (Abb. 6). In der Mitte des Brettchens befindet sich ein Loch, dieses wird über die Dolle gestülpt – dadurch ist die Position des Riemens fixiert. Der Vorteil dieser festen Riemenstellung ist eine bessere Kraftübertragung. Damit wollte man auch wegen der simplen Handhabung gerade unerfahrenen Rudermannschaften entgegenkommen. Deutlich sprechen gegen solch eine Lösung die genannten archäologischen Evidenzien.

Abb. 6: Riemenaufhängung der Victoria

3.5 Erfahrung mit der Handhabung im Vergleich zu anderen Lösungen

Die neu entstandenen Stropps vermittelten zunächst einen engen und straffen Eindruck. Damit wurde bereits auf frühere Erfahrungen reagiert: Ursprünglich wurden Stropps mit größerem Durchmesser eingesetzt, die eindeutig gegenüber den ursprünglich eingesetzten (geknoteten) Bändseln (aus Hüsing) im Vorteil waren, weil sie nicht rissen. Die langen Stropps erforderten aber aufgrund des längeren, auf dem Dollbord zurückgelegten Weges beim Pullen nicht nur einen höheren Kraftaufwand. Die Einhaltung eines gleichmäßigen Taktes beim Pullen wurde darüber hinaus erheblich erschwert. Zur Kompensation dieses Problems wurden die Stropps häufig ein oder mehrmals umgeschlagen, bevor sie auf der Dolle eingehängt wurden. Dadurch wurde zwar die Lauflänge auf dem Dollbord signifikant verkürzt. Es verdickten sich aber dadurch die Stropps und beeinträchtigten damit ungleichmäßig die Flexibilität des Riemens bzw. der gesamten Ruderaufhängung oder die Lage des Riemens auf dem Dollbord war nicht mehr optimal für den Rojer bestimmbar – Vorteile, derer man sich nur ungern begab, waren sie doch die erschließbaren Gründe für deren Einsatz bei den Römern. Demgegenüber bieten die straff sitzenden Stropps nun einen großen Vorteil, da auf diese Weise die Kraftübertragung von den Rudernden auf die Riemen am effizientesten erfolgt, wenngleich natürlich auch bei diesen im Lauf der Zeit eine gewisse Dehnung zu erwarten sein wird.

Im Vergleich zu den Riemenaufhängungen der Vorgänger lassen sich folgende Vor- und Nachteile aufzeigen: Die oben geschilderte Aufhängung an einem entsprechend bearbeiteten Holzstück, dem sogenannten „Riemenholz", welches mit Tauwerk an beiden Enden der Ledermanschette an den Riemen angeschlagen ist, ist bei der Germersheimer Lusoria Rhenana und der Victoria zum Einsatz gekommen. Die Riemen, die über ein Loch im Riemenholz an den Dollen eingehängt werden, sind zuverlässig einheitlich und gegen ein Verrutschen entlang ihrer Längsachse gesichert. Dies stellt einen Vorteil gegenüber der Aufhängung mit Stropps, da hier die Riemen verrutschen können und instabiler an den Dollen hängen. Die Fixierung mit Riemenholz kann allerdings auch ein Problem darstellen, da zwar die Riemen gleichsam normiert an den Dollen hängen, die Größe der Ruderer aber notwendig variiert. Das maßgebliche Merkmal der Stroppaufhängung, ihr lockerer Sitz, gestattet es problemlos, die Länge des Hebels und den Winkel beim Pullen zu variieren, wodurch Unterschiede in Körperkraft und -größe bei der Besatzung leichter kompensiert werden können. Bei Riemen mit Riemenholz ist dies ohne langwierigen Einsatz von Werkzeugen nicht möglich. Wie auch bei Reparaturen setzt auch eine Variierung der Riemenhölzer das Ruderboot lange Zeit außer Gefecht, während das Ändern der Hebellänge mit Stropp und auch das Auswechseln nur wenige Handgriffe erfordert und den laufenden Ruderbetrieb kaum bzw. gar nicht beeinträchtigt.

Eine weitere dritte Art der Ruderaufhängung ist bei der Lusoria Regina zu Anwendung gekommen, welche im Grunde einen Kompromiss zwischen Stropp- und Riemenholzaufhängung darstellt. Anstelle des Riemenholzes wird bei der Regina eine kurze Leine eingesetzt, welche ebenfalls an beiden Enden der Manschette angeschlagen wird. So bildet sich an der Manschette entlang eine Schlaufe, an der nun die Dolle eingehängt wird. Ähnlich wie beim Riemenholz ist der Riemen somit nun gegen ein unerwünschtes Herausgleiten gesichert. Die Aufhängung erlaubt dennoch einen gewissen Spielraum bei der Positionierung. Aufgrund der Länge dieser Schlaufe ist jedoch eine gewisse Flexibilität gegeben und weiterhin kann der Riemen an der Dolle umher rutschen. Die Verbindung ist deutlich lockerer als die anderen beiden Optionen und daher weniger effizient hinsichtlich der Kraftübertragung, weiter unsicherer, wenn die Schlaufe geknotet ist.

In praktischer Hinsicht bietet die Stroppaufhängung deutliche Vorteile. Da sie nicht fest am Riemen befestigt ist, ist sie am leichtesten jederzeit austauschbar, sollte entweder der Stropp selbst oder der Riemen beschädigt sein. Darüber hinaus lassen sich die Stropps innerhalb kürzester Zeit auch während der Fahrt nachfertigen. Denn im Notfall wäre die benötigte Länge an

Tauwerk auch von einer anderweitig eingesetzten Leine abzuschneiden, ohne dass die Einsatzfähigkeit des Bootes merklich beeinträchtigt würde.

Quellen:

Vitruv. Inn: Vitruvii De architectura libri decem. Müller-Strübing, H., Rose, V. (Ed.), Leipzig 1867.

Literatur:

Bockius, R., Ruder-„Sport“ im Altertum. Facetten von Wettkampf, Spiel und Spektakel, Mainz 2013.

Weski, T., Rez: R. Bockius, Die römerzeitlichen Schiffsfunde von Oberstimm in Bayern, Skyllis 5, Pretzfeld 2002, 84–86.

Abbildungsverzeichnis:

Abb. 1: Paul, H., Paul, J., Spleißbuch. Das Standardwerk für fachmännisches Spleißen, Bremen 2008, S. 7

Abb. 2–5: V. Bettschnitt, C. Gläser

Abb. 6: Aßkamp, J. / Chr. Schäfer, Projekt Römerschiff. Nachbau und Erprobung für die Ausstellung Imperium, Konflikt, Mythos: 2000 Jahre Varusschlacht, Hamburg 2008, S. 67

4 Der Nachbau historisch belegter nautischer Lenzpumpen

Dietmar Lehne

4.1 Einleitung

Ausgehend von einer auffälligen Besonderheit des Kielschweins von Oberstimm Wrack 2 kann die mögliche Nutzung einer fest installierten Lenzpumpe vermutet werden. Im Wrack 2 wurden im Bereich des Spant 5 eine ebene Abplattung des Kielschweins, sowie korrespondierende Hinweise auf Einbauten – an der tiefsten Stelle des Schiffsrumpfs – in derselben Rumpfsektion aufgefunden, jedoch keine Fragmente einer Pumpe selbst.[1] Die Verwendung einer fest installierten Lenzpumpe im Wrack 2 von Oberstimm ist nicht sicher. Abnehmbare Lenzpumpen sind aber durchaus möglich. Aufgrund der beengten Platzverhältnisse und dem bestimmungsgemäßen Alltagsgebrauch von Fahrzeugen dieses Typs kann die Verwendung eher einfacher und kompakter hydraulischer Apparaturen vermutet werden.

Verfügbare Technologien einfacher Wasserpumpen aus dem in Frage kommenden Zeitraum sind aus einigen anderen antiken Schiffs- und auch Brunnenfunden bekannt.[2] Dazu gehören etwa Funde hölzerner Kolbenpumpen, wie die in Silchester und am Colle Mentuccia/Rom[3] und im Vicus Belgium.[4] Letztere war eine Grundwasserpumpe, die zuerst genannten waren in der Nautik eingesetzt.

---

1 Bockius (2002), S 89–90.

2 Bockius (2007), S. 34.

3 Beltrame / Gadde (2005), S. 83–87, bes. Fig. 15; Ucelli (1950), S. 196–7, Fig. 216.

4 Römisch Germanisches Nationalmuseum, Mainz, Inv.Nr. 85/356.

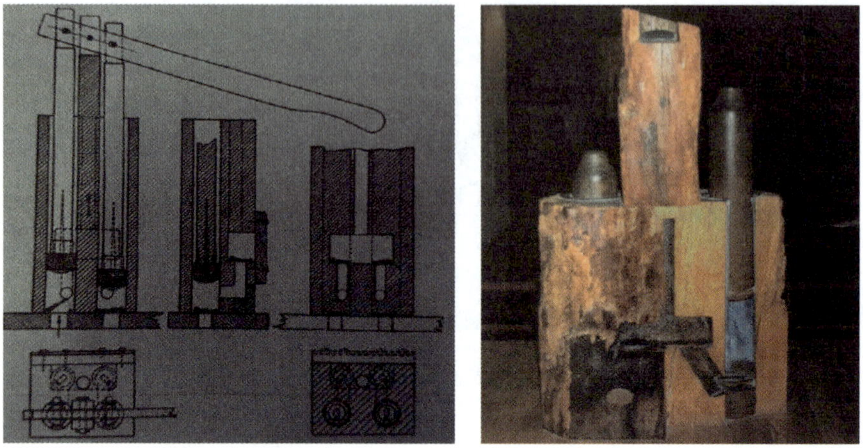

Abb. 1–2: Holzpumpe vom Colle Mentuccia (Rom), Ucelli und Replik Holzpumpe im RGN Mainz

Weiter haben sich auch bronzene Bronzepumpen erhalten, sogar nachweisbar im Kontext der Schifffahrt im Falle der Pumpe aus Dramont im „D" Wrack.[5]

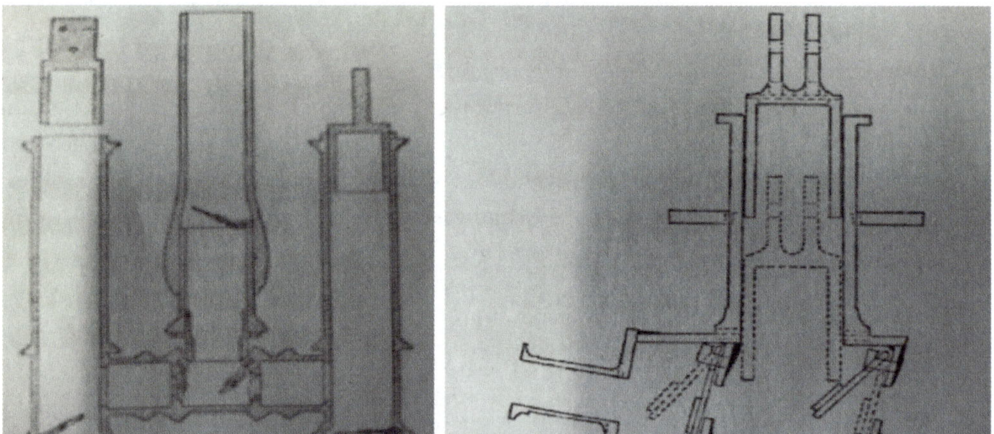

Abb. 3-4: Dramont D – Pumpe aus Bronze

[5] Landels (1978), S. 81–83; Oleson (1984), S. 230–232. Zur Nutzbarkeit von Bronzepumpen auf Schiffen s. ebd. S. 206–207; 219. Dazu und zu weiteren Parker (1992), S. 167–168; 433–434; Casson (1972), S. 176, und Anmerkungen S. 454.

4.2 Bau der Lenzpumpen

Wir haben uns für den Einsatz beider Pumpensysteme entschieden, um Funktionsweise und Leistung der antiken Bauformen anhand maßstabsgerechter Nachbauten im realen Schiffsbetrieb testen zu können.

Da der endgültige Nachweis des Vorhandenseins einer Lenzpumpe bei den Schiffsfunden von Oberstimm nicht geführt werden konnte und wir beim Nachbau von Oberstimm Wrack 2 das Risiko statischer Schwachstellen durch die festigkeitsmindernden Aussparungen für den Einbau einer Lenzpumpe direkt auf dem Kielschwein nicht eingehen wollten, haben wir uns abweichend zu den gefundenen Einbaumerkmalen entschieden, die Pumpennachbauten temporär und gegeneinander auswechselbar auf dem entsprechenden herausnehmbaren Segment des Laufplankenbodens anzubringen (Abb. 5). So können die Pumpen funktionsgerecht eingesetzt und getestet werden, ohne die Steifigkeit des Schiffsrumpfes zu schwächen.

Abb. 5: Aussparung für Pumpen

Wir wählten die Bauweise von Doppelkolbenpumpen, deren Ansaugöffnungen der Einzelzylinder jeweils backbords und steuerbords des Kielschweins nahe zu den unteren Planken des Schiffsbodens angeordnet wurden. Zum wechselseitigen Antrieb der Kolben dient in beiden Fällen ein hölzerner Pumpenstock mit einem mittig gelagerten Schwengel. Die zusammengeführte Auslassöffnung der beiden Zylinder mündet in einem Anschlussnippel, an den ein (einem antiken Textil- oder Lederschlauch nachgebildeter) Gewebe-Flachschlauch zur Ableitung des Bilgenwassers über die Bordwand angeschlossen werden kann.

Aufgrund der beengten Platzverhältnisse auf einem Ruderboot dieser Größenordnung und der zentralen Position einer Lenzpumpe mittschiffs zwischen den vier angrenzenden Ruderplätzen kann geschlossen werden, dass die Lenzpumpe nicht während des Ruderbetriebs, sondern nur während der Ruderpausen betrieben wurde. Möglich ist allerdings auch, dass die

Ruderer der entsprechenden Ducht ihre Tätigkeit für den Lenzbetrieb aussetzten, während die übrigen weiterruderten.

Weiterhin haben wir aufgrund fehlender Indizien für eine Verrohrung und korrelierender Auslassöffnung in der Bordwand beim Oberstimm Wrack 2 geschlossen, dass man zugunsten einer einfachen, aufwands- und kostenreduzierten Bauweise, vermutlich das Bilgenwasser einfach mittels flexibler Schlauchleitung über Bord entsorgt haben könnte.

Solche Schlauchleitung könnte entweder zum Pumpen des Bilgenwassers temporär ausgerollt worden sein (das haben wir für die Variante Holzpumpe nachgebildet) oder aber unterhalb des Laufplankenbodens im Schutz eines Spants innerbords an den Planken nach oben geführt und über Bord geleitet worden sein (das haben wir für die Bronzepumpe nachgebildet).

Beide Pumpentypen können für Testzwecke und den Praxisbetrieb mit dem zugehörigen Laufplankensegment lösbar verbunden werden (z. B. über eine Keilverbindung, s. u. Abb. 15) und können für Ruder-Testfahrten auch komplett aus dem Schiff entfernt werden, damit sie die Bewegungsfreiheit der Ruderer nicht einschränken. Für den Verschluss der Öffnung in den Laufplanken kann dann ein Blinddeckel eingelegt werden (am Ort von Abb. 5).

4.3 Holz-Doppelkolbenpumpe

Die hölzerne Doppelkolbenpumpe besteht aus einem 500x250x200 mm großen Nadelholzblock und enthält zwei durchgehende Zylinderbohrungen mit 60 mm Durchmesser, in denen Kolbenstangen aus Eichenholz mit einer Lederdichtung eingesetzt werden.

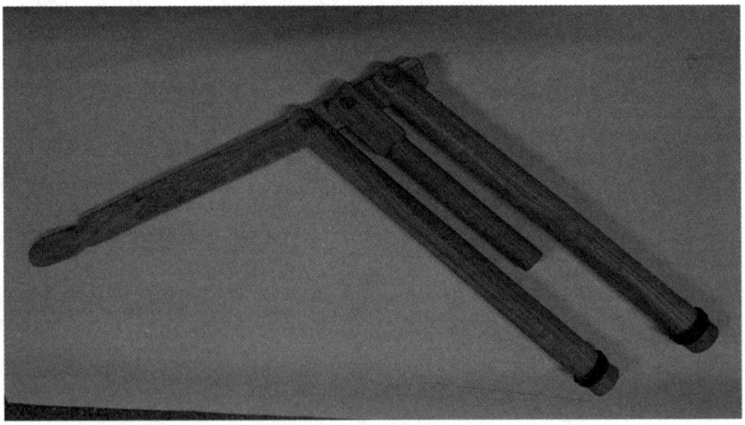

Abb. 6–7: Schwengel mit gegenläufigen Holzkolben vor und nach Montage im Pumpenstock der Holzkolbenpumpe

Während im antiken Fund die Zylinderwandungen mit Blei ausgekleidet waren, haben wir beim Nachbau Aluminiumrohre verwendet, um das giftige Schwermetall zu vermeiden.

Die Kolben werden mittels eines Handschwengels gegenläufig betrieben, der Schwengel ist über einen mittigen Gabelpflock fest mit dem Pumpenstock verbunden. Die Ein- und Auslassventile sind jeweils paarweise als Doppelklappe ausgeführt, die Dichtflächen durch metallische Gewichtsscheiben beschwert. Diese Doppelklappen werden jeweils mit Nägeln in der Mitte des Lappens am Pumpenstock befestigt.

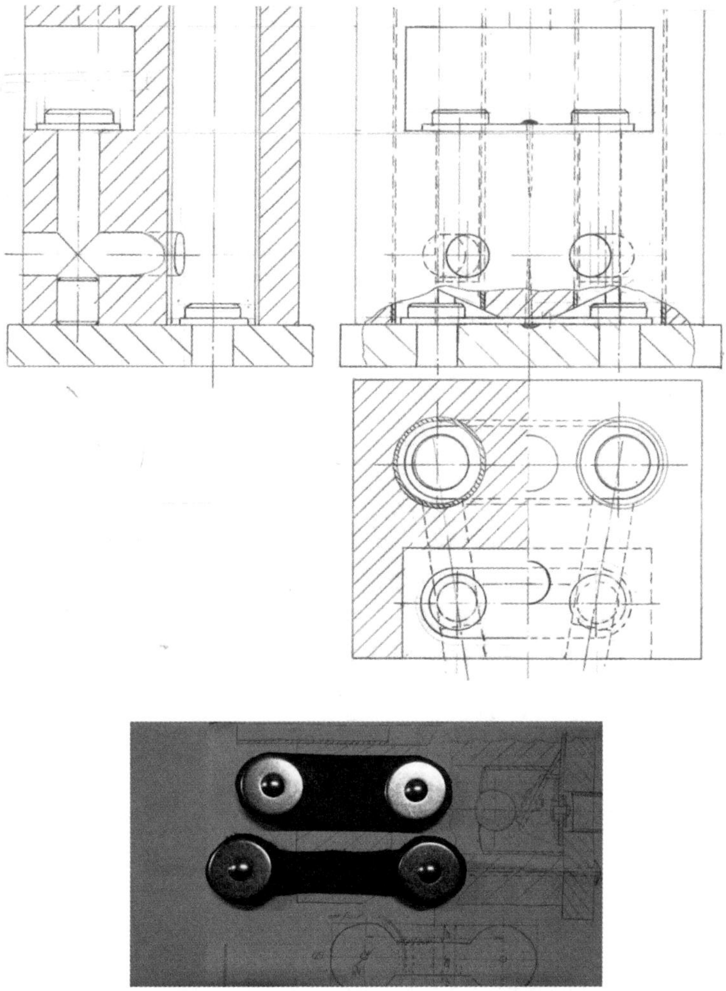

Abb. 8–9: Konstruktionszeichnung mit eingelassener Darstellung der Dichtflächen, mit Metallscheiben beschwert

Aus der nach den Vorlagenskizzen rekonstruierten Geometrie ergibt sich ein Hub von 70 mm je Kolben. Damit bemisst sich der Hubraum zu ca. 0,2 Liter pro Hub pro Zylinder. Bei paarweiser Anordnung und einem für den Praxisbetrieb angenommenen „Arbeitstakt" von 30 Auf- und 30 Abwärtsbewegungen am Pumpenschwengel pro Minute, resultiert eine geometrische Pumpleistung von ca. 121/min. Abhängig von Ventilverlusten und anderen Leckagen sollte sich bei einem angenommenen Wirkungsgrad von 90 % eine reale Pumpleistung in der Größenordnung von ca. 10–11 l/min in der Praxis erzielen lassen.

4.4 Bronze-Kolbenpumpen im Doppelpack

Wir haben uns für den Nachbau von zwei identischen Pumpen des Dramont-D-Typs entschieden, die mittels eines gemeinsamen, mittig zwischen den Pumpen angeordneten Hebelstocks mit Schwengel als Paar gegenläufig betrieben werden.

Dieser Pumpentyp baut wesentlich kompakter als die o. a. hölzerne Ausführung einer Doppelkolbenpumpe. Aus praktischen Erwägungen heraus (Verfügbarkeit/Kosten) haben wir anstelle der im Originalfund verwendeten Kupfer-Zinn-Legierung („Bronze") eine Kupfer-Zink-Legierung („Messing") verwendet.

Weiterhin haben wir, abweichend von der historischen Vorlage, zunächst auf das Verlöten der Bauteile verzichtet und alle Bauteile mit kleinen Schrauben zusammengefügt, um zumindest während der Montage- und Testphasen die Pumpen für Anpassungen, Optimierungen und Reparaturen zerlegbar zu halten.

Dieser Pumpentyp weist horizontal liegende Ventilgehäuse mit schräg unter 20 Grad aus der Senkrechten geschwenkten Klappenventilen aus. Weder Kolben noch Ventilklappen sind im Originalfund mit Dichtungen bestückt, die Bauteile wurden mit nur wenigen Zehntel Millimetern Spiel unter damaligen Randbedingungen sehr präzise hergestellt. Die Verbindungen der Einzelteile des Nachbaus wurden abweichend vom Original nicht verlötet, sondern zur besseren Instandhaltung und Wartung verdeckt verschraubt.

Abb. 10–11: Montierter Pumpenstock mit Schwengel und Keil

Anhand der rekonstruierten Abmaße errechnet sich bei einem Kolbendurchmesser von 45 mm und einem Hub von 125 mm ein Hubraum von ca. 0,2 l pro Hub. Bei paarweiser Anordnung und einem für den Praxisbetrieb angenommenen „Arbeitstakt“ von 30 Auf- und 30 Abwärtsbewegungen am Pumpenschwengel pro Minute, resultiert eine geometrische Pumpleistung von ca.12 l/min. Abhängig von Ventilverlusten und anderen Leckagen sollte sich bei einem angenommenen Wirkungsgrad von 90 % eine reale Pumpleistung in der Größenordnung von ca.10–11 l/min in der Praxis erzielen lassen. Diese Werte entsprechen denen der Holz-Doppelkolbenpumpe. Aufgrund der wesentlich höheren Festigkeiten der metallischen Legierung verglichen mit Holz fällt die Bronzepumpe bei gleichen Förderleistungen deutlich filigraner aus.

Für die theoretischen Betrachtungen wurde für beide Pumpentypen ein gleicher Wirkungsgrad angenommen: Während die Holzpumpe mit den Klappenventilen echte (Leder-) Dichtungen zwischen Kolben und Zylinderrohr und auf den Ventilsitzen besitzt, aber sicherlich rauere und unebenere Ventilsitze aufweist, wurde die Bronzepumpe ohne Dichtungen, sogar mit ca. 0,2 mm Spiel zwischen Kolben und Zylinder entsprechend dem antiken Vorbild gebaut, hat aber relativ ebene und glatte Ventilsitze.

Diese Annahmen basieren auf den zugrundeliegenden Geometrien und einem aus Erfahrung angenommenen Wirkungsgrad. Sie sollen in nachfolgenden Leistungstests durch reale Testmessungen überprüft und präzisiert werden.

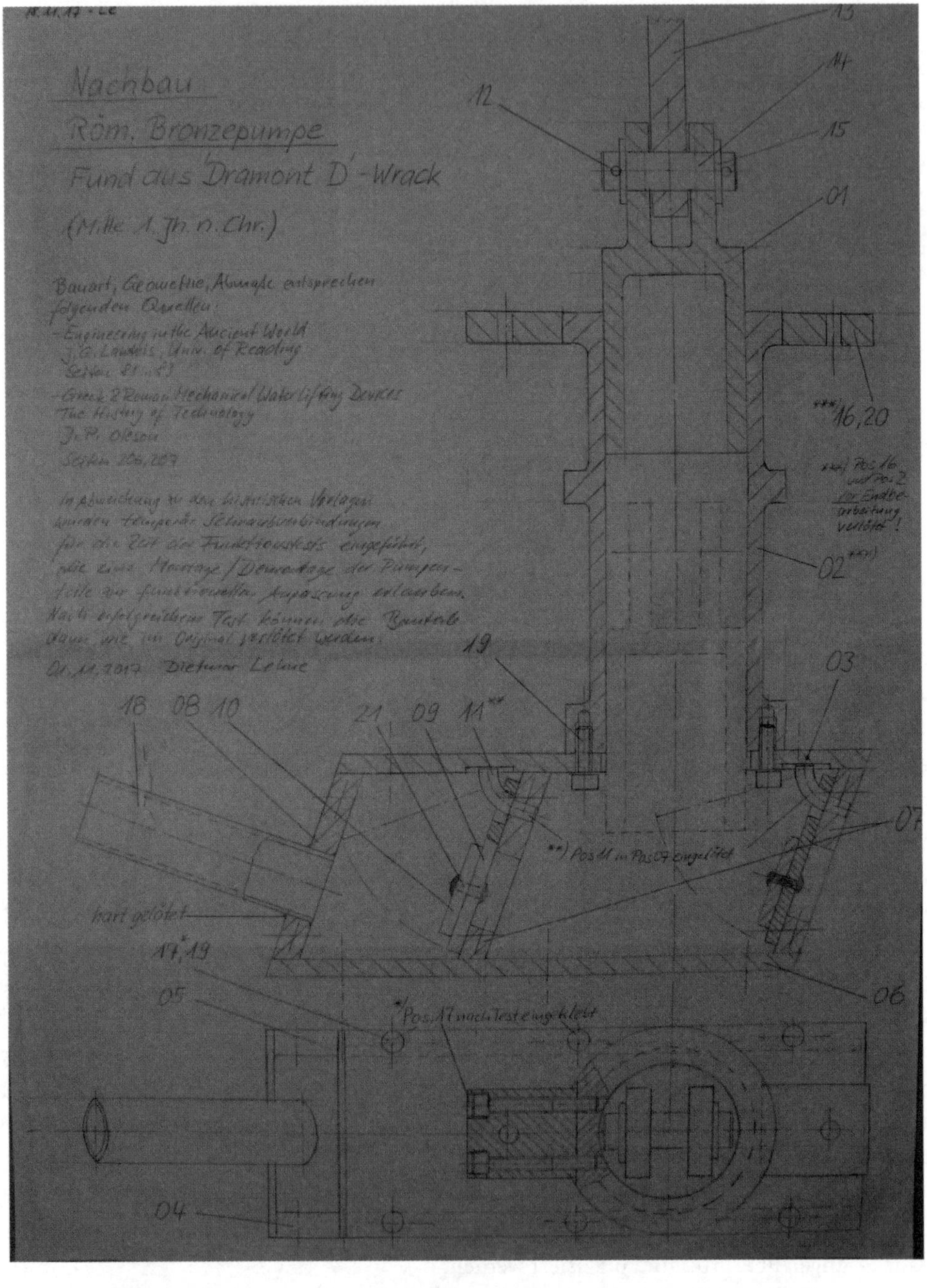

Abb. 12: *Zeichnung für den Nachbau der Pumpe vom Typ Dramont-D*

4.5 Ergebnisse im Testbetrieb

Geometrisch rechnerisches Pumpvolumen:

- *Holzpumpe*: Durchmesser 60 mm – Hub 70 mm = 0,2 l pro Doppelhub).[6]
- *Bronzepumpe*: Durchmesser 45 mm – Hub 125 mm = 0,2 l pro Doppelhub).[7]

Daraus errechnet sich bei theoretisch angenommenen 30 Doppelhüben pro Minute und pro Kolben eine geometrische Pumpleistung von 12 l/min für die jeweilige Doppelkolbenpumpe aus Holz oder Bronze gleichermaßen.

Das im Labor gemessene reale Pumpvolumen pro Minute abhängig von der durch den Pumpenbediener aufgebrachten Leistung (Anzahl Doppelhübe pro Minute) ergab für beide Pumpentypen identische Ergebnisse:[8]

- bei 30 Doppelhüben/Minute „niedrige dauerhafte Pumpleistung" = 10,6 l/min.
- bei 45 Doppelhüben/Minute „mittlere dauerhafte Pumpleistung" = 16,0 l/min.
- bei 60 Doppelhüben/Minute „hohe dauerhafte Pumpleistung" = 21,3 l/min.

Daraus errechnet sich für beide Pumpentypen ein Wirkungsgrad[9] von ca. 90 %; dies bestätigt die vorab angenommenen Erfahrungswerte. Die Verluste von etwa 10 % sind – wie angenommen – auf Leckagen, Ventilspalte und Strömungsverluste zurückzuführen.

[6] 1 Doppelhub = 1x auf und 1x ab je Kolben.

[7] 1 Doppelhub = 1x auf und 1x ab je Kolben.

[8] Dies gilt für die Holz-Doppelkolbenpumpe nur für den „idealen" Feuchtezustand. Die Ergebnisse sind also nur erreichbar, wenn alle Bauteile während der Tests mit den berechneten geometrischen Maßen vorliegen.

[9] Wirkungsgrad = reale Leistung / rechnerische Leistung.

Abb. 13–15: Holz- und Bronzepumpen-Nachbau im Praxistest und die Bronzepumpe eingebaut

4.6 Bewährung im Praxistest

Die Pumpfunktion der Holz-Doppelkolbenpumpe ist aufgrund des hygroskopischen Verhaltens des Werkstoffs Holz sehr stark von der in den Bauteilen enthaltenen Feuchtigkeit abhängig. Für die notwendige Dichtigkeit zwischen Kolben und Zylinderwand und die wirkungsvolle Funktion von Einlass- und Auslassventilen ist eine möglichst gleichbleibende Feuchtigkeit der Holzteile und Lederdichtungen erforderlich. Das lässt sich in der Praxis nur durch entsprechendes Vorwässern der Pumpe vor dem geplanten Betrieb, sowie durch stetigen Gebrauch im

Praxisbetrieb erreichen. Ein mehrtägiges Austrocknen der Pumpe oder ein dauernder Verbleib im Regen führen schnell zum Versagen der Pumpe, wenn Teile ausgetrocknet sind oder die Kolben in den Zylinderrohren bei zu starker Quellung von Holz und Leder feststecken. Die hölzerne Doppelkolbenpumpe ist in der Praxis somit eher für den dauernden Einsatz in einem gleichbleibend feuchten Brunnensumpf geeignet als für die stark wechselnden Bedingungen im Freiklima auf dem Schiffsdeck.

Die zugrundeliegende historische Bauform wurde sowohl in einem Brunnen der römischen Siedlung Vicus Belgium gefunden[10] als auch in Silchester und Colle Mentuccia (1950 in Rom).[11] Ob derselbe Typ ebenfalls auf einem Schiff eingesetzt war, lässt sich nur vermuten (s. Kolbenfund auf einem Wrack bei Grado).[12]

Hierfür ist die Bronze-Doppelkolbenpumpe eindeutig besser geeignet. Sowohl die Dichtheit zwischen Kolben und Zylinder als auch zwischen Ventilklappe und Ventilsitz sind weitestgehend unabhängig von Umwelteinflüssen und sehr wartungsarm. Im Praxisbetrieb hat sich von Zeit zu Zeit die Schmierung der Pumpenteile durch Zugabe von Pflanzenöl von oben in die Ringspalte zwischen Kolben und Zylinder zur Verringerung der Reibung und zur Schmierung der beweglichen Teile bewährt. Sie ist auf der F.A.N. seit 2018 erfolgreich in Betrieb.

4.7 Ergebnis

Zusammenfassend lässt sich feststellen: Die Pumpleistungen und die Effizienz der Bronze- sowie der Holz-Doppelkolbenpumpe sind unter Laborbedingungen vergleichbar. Im Praxiseinsatz unter Freiklima hat sich allerdings nur die Bronze-Doppelkolbenpumpe bestens bewährt.

Literatur

Beltrame, C. / D. Gadde, The Rigging and the 'Hydraulic System', The International Journal of Nautical Archeology 34.1, 2005, S. 79–87.

Bockius, R., Die römerzeitlichen Schiffsfunde von Oberstimm in Bayern. Römisch-Germanisches Zentralmuseum. Monographien Bd. 50, Mainz 2002.

Bockius, R., Schiffahrt und Schiffbau in der Antike. Archäologie Deutschland Sonderheft, Stuttgart 2007.

---

10 1971 bei Wederath im Hunsrück; s. a. Nachbildung im Römisch Germanischen Zentralmuseum in Mainz, Inv. Nr. 85/356.

11 Beltrame – Gadde (2005).

12 Betrame – Gadde (2005).

Bockius, R., Ruder-„Sport“ im Altertum. Facetten von Wettkampf, Spiel und Spektakel. Mosaiksteine. Forschungen am Römisch-Germanischen Zentralmuseum Bd. 10, Mainz 2013.

Casson, L., Ships and Seemanship in the Ancient World, Princeton UP 1971 (ND The Johns Hopkins UP 1995).

Landels, J. G., Engineering in the Ancient World, Berkeley – Los Angeles 1978 (ND 2000).

Oleson, J. P., Greek and Roman Water Mechanical Water-Lifting Devices: The History of a Technology, Toronto 1984.

Parker, A. J., Ancient shipwrecks of the Mediterranean and the Roman provinces, Oxford 1992.

Ucelli, G., Le Navi de Nemi, Rom 1950.

Abbildungsverzeichnis

Abb.1: Ucelli 1950 fig. 216

Abb.2: Römisch Germanisches Nationalmuseum, Mainz, Inv.Nr. 85/356

Abb. 3–4: Landels S. 82

Abb. 5–15: Foto D. Lehne

5 (Tier)Protom für eine Monere mit Ramsporn an Vorder- und Achtersteven

Stefan Schnetz

5.1 Vorwort

Bei den gefunden Wrackteilen aus Oberstimm haben sich keine Bug- oder Achterfiguren erhalten. Die ausgegrabenen Stücke verraten zwar Details über Abmessungen und Bautechnik, jedoch kaum etwas über die Aufbauten und damit das ursprüngliche Aussehen des Bootes in den Jahren um 100 n. Chr. Nur in London und Fechten wurden bisher ähnliche Rümpfe gefunden.[1] So ging es am Anfang darum, sich dem Aussehen der Verzierungen an Bug und Heck über verschiedene Darstellungen aus römischer Zeit zu nähern, um Skulpturen für das Schiff schnitzen zu können. Eine reichhaltige Quelle für Informationen über die Praxis des Schiffbaus in dieser Zeit sind die Darstellungen in der Kunst. Diese Art der Zeugnisse ist aber problematisch. Es gibt zahlreiche mögliche Fehlerquellen bei der Interpretation von Bilddarstellungen – die oft unklare Herkunft, der Erhaltungszustand, der fehlende Kontext und der potenzielle Einfluss des Marktgeschmackes, um nur einige zu nennen. Im Grunde genommen steckt hinter diesen Bildern und dreidimensionalen Darstellungen mehr, als dem Betrachter sofort ins Auge fällt, und wir müssen der Versuchung widerstehen, die Schiffsdarstellungen als Bilder einer objektiven Realität zu sehen. „War in art is not war but art."[2] Schiffsdarstellungen von Moneren finden sich auf Münzen, Fibeln, Mosaiken, Grabmälern und Säulen aus der Zeit um 100 n. Chr. Leider passen keine 1 zu 1 zu den gefundenen Wrackteilen von Nr. 2 aus Oberstimm.

---

[1] Höckmann (1989), S. 334ff.

[2] Hölscher (2003), S. 2.

5.2 Suche nach passenden Vorgängerbeispielen

Bei der Durchsicht der Bilder und Skulpturen wurden folgende Fragen vorab gestellt:

Fragen

Wer war der Auftraggeber für Nr. 2 aus Oberstimm?

Es gibt keine schriftlichen Unterlagen hierfür. Da das Boot relativ schlanke Proportionen aufweist, wohl überwiegend von Riemen angetrieben wurde und das Segel nur als zusätzlichen Antrieb verbaut war, geht man in der Literatur von einer Nutzung und Auftrag durch das Militär aus.[3] Das Boot scheint also für die römische Armee gebaut worden zu sein.

Wer hat das Schiff gebaut?

Die Baumeister aus den Jahren um 100 n. Chr. sind unbekannt. Der Rumpf des Wracks 2 hat eine glatte Oberfläche und wurde in Kraweelbauweise erstellt. Bei der Kraweel- oder auch Karweelbauweise[4] werden die Planken Kante an Kante befestigt. Die Kraweelbauweise stammt aus dem Mittelmeerraum. Man kann deshalb vermuten, dass die Baumeister entweder aus dem Mittelmeerraum stammten oder von Menschen, welche dort gelernt hatten, ihr Wissen übernommen haben (siehe auch O. Höckmann).

Für welche Aufgaben wurde das Schiff gebaut?

Es handelt sich um ein flachbödiges Schiff mit Ramsporn und Kielschwein. Wrack Nr. 2 hat ein Kielschwein[5] und war damit für das Segeln vorgesehen. Dieses Schiff war zwar wohl primär ein Ruderschiff, hatte aber zur Unterstützung zusätzlich möglicherweise ein Rahsegel an einem eigenen Mast. Es lässt sich vermuten, dass es für Erkundung, Überwachung, als Kommunikationsmittel, Truppentransporter oder als Patrouillenschiff eingesetzt wurde. Deshalb wird davon ausgegangen, dass Wrack Nr. 2 im Gegensatz zur nordeuropäischen Entwicklungslinie kein symmetrisches Boot war, Bug und Heck unterschiedlich in Höhe und Form aufgebaut waren.[6]

---

3 Siehe Pferdehirt (2005), S. 15.

4 https://de.wikipedia.org/wiki/Beplankung.

5 Der Kielbalken bzw. das rumpfinnenseitige Kielschwein ist ein stabiler Fußpunkt für den Mast, so dass die wirkenden Gewichts- und Vortriebskräfte gut in den Rumpf eingeleitet werden können.

6 Bockius (2002).

Schiffe bei Nachbarvölkern als mögliche Vorläufer

Flach und schmal mit rechteckigem Segel und Rammsporn war auch die griechische Pentekontere, die ab der archaischen Zeit, also bereits ab 700 Jahre vor Wrack Nr. 2 aus Oberstimm, für die Besiedelung des Mittelmeerraumes verbreitet war.[7]

Bilddarstellungen

In den folgenden Bildsammlungen wurde nach Abbildungen gesucht: Die internationale Bild-Datenbank zur europäischen Schiffsarchäologie NAVIS II des Römisch-Germanischen Zentralmuseum in Mainz, Deutschland. Diese beinhaltet gegenwärtig rund 150 Schiffsdarstellungen (www.rgzm.de). In der Datenbank NAVIS III sind darüber hinaus rund 600 Münzen mit Schiffsdarstellungen der römischen Kaiserzeit öffentlich zugänglich. Rund 1350 Schiffsdarstellungen bietet das Repertorium von I. Pekáry (Pekáry 1999). A. Göttlicher hat bereits 1978 eine größere Sammlung antiker Schiffsdarstellungen veröffentlicht.[8]

Römische Münzen

Einige Münzen aus der frühen Kaiserzeit und davor zeigen Moneren mit Rammsporn, die ein erhöhtes Heck und kleinere Bugfigur aufweisen. In der gesamten späteren römischen Kaiserzeit wurden Schiffe auf den Münzabbildungen als Symbol für militärische Unternehmungen des jeweiligen Kaisers benutzt.[9]

---

7 Die Pentekontere (griechisch πεντηκόντερος „Fünfzigruderer“) war ein antiker griechischer Schiffstyp, bei dem 25 Ruderer auf jeder Seite saßen. Pentekonteren waren etwa 30 bis 40 Meter lang und etwa 4 Meter breit. Sie waren ein verbreiteter Ruderschiffstyp (Langschiff) während der archaischen Zeit Griechenlands. Pentekonteren gehören zu den ersten Schiffen mit einem Rammsporn, https://de.wikipedia.org/wiki/Pentekontere.

8 Zur Quellenlage im Allgemeinen siehe Höckmann (1985), S. 29 ff.

9 Z. B. die Legions-Denare des Marcus Antonius, 32–31 v. Chr., sowie Münzen von Hadrianus 76–138 n. Chr., Marcus Aurelius 121–180 n. Chr., Septimius Severus, Caracalla, Elagabalus, Gordianus III., Gallienus, Postumus, Carausius, Allectus und Constantinus mit seinen Söhnen.

Abb. 1
Römisches Kriegsschiff,
Denar, Hadrian (117–138 n. Chr.), RIC 239 f

Abb. 2
Römisches Kriegsschiff,
Sesterz, Hadrian
Rs.: FELICITATI AVG; COS II PP Galeere
n. r. RIC 706, KM 32.147

Römische Fibeln

Die Schiffsfibel von Zugmantel[10] dürfte dem Schiffstyp von Wrack Nr. 2 entsprechen.

Abb. 3: Schiffsfibel von Zugmantel

10 https://www.ingolstadt.de/stadtmuseum/scheuerer/arch/schfib-2.htm.

Genauso verhält es sich bei der Schiffsfibel[11] aus dem Innenhof der „Münz" in Neuburg an der Donau, die einer Militärstation aus dem 1. Jahrhundert n. Chr. zugeordnet wird.[12]

Römische Gürtelschnallen

Die Römische Kunstindustrie fertigte Militärgürtelschnallen aus Bronze mit Ornamenten und Tiermotiven. Hier war in der runden Form oft das Löwengesicht zu finden, wie auch auf fächerförmigen ausgeprägten Formen Palmetten und Spiralranken.[13]

Römische Reliefs

Im Kunstmuseum Szépmüvészeti Múzeum und in privaten Sammlungen in Spanien sind einige Reliefs, die wohl die Schlacht von Actium (31 v. Chr.) mit detaillierten Schiffsdarstellungen zeigen und ursprünglich aus Avellino in Italien stammen, zu sehen.[14] Hierbei handelt es sich um Boote mit 22 bis 26 Riemen und einem oder zwei Steuerruder, sowie Rammsporn und Tierprotomen an Vorder- und palmenartige Verzierungen am Hecksteven. Man kann Schwan, Widder, Pferd und Schnecken am Bug interpretieren und größere, pflanzenartige Formen am Heck. Allen Darstellungen ist gemeinsam, dass die Schiffe jeweils verziert sind.[15]

Trajanssäule

Auf der Trajanssäule (112/113 n. Chr.) werden Reliefdarstellungen von Heeresbewegungen auf der Donau im ersten Dakerfeldzug dargestellt. Zu sehen sind mehrere Moneren mit Verzierungen und Ramsporn. Diese Darstellungen sind fast zu der gleichen Zeit entstanden wie das Wrack Nr. 2. Das spätrömische Kunstwollen unterscheidet sich von frühen Perioden und den

---

11 https://www.ingolstadt.de/stadtmuseum/scheuerer/arch/schfib-1.htm.

12 Das Bayerische Landesamt für Denkmalpflege unter der Leitung von Dr. Karl Heinz Rieder untersuchte von 1983 bis 1986 den Fundort.

13 Riegl (1901).

14 Schlacht bei Actium (31 v. Chr.) https://twitter.com/carolemadge/status/1036184202348322819: „The reliefs … are on display in the Szépművészeti Múzeum (Museum of Fine Arts) in Budapest and are in a private collection in Spain: https://pbs.twimg.com/media/DmFCYDYXoAEBjIp?format=jpg&name=medium".

15 https://de.wikipedia.org/wiki/Schlacht_bei_Actium#/media/Datei:Schiffsrelief_Palestrina.jpg.

Kunstperioden des Altertums darin, dass man sich nicht mehr mit der zweidimensionalen Ausdehnung zufrieden gestellt sah, sondern die „dreidimensionale vollräumliche Abgeschlossenheit“ der Figuren „vorgeführt sehen wollte“.[16]

Römische Wandmalereien

Die Form des Segels ist für den Gesamteindruck des Schiffes wichtig. Beispiele aus den Jahren 20–15 v. Chr. findet man z. B. im Wandgemälde aus Herodium (Westjordanland), das vermutlich die Schlacht von Actium darstellt.

Nachfolgerbeispiele

Aus Deutschland gibt es erst aus dem 4. Jahrhundert n. Chr. mit den Mainzer Römerschiffen Beispiele. Es handelt sich insgesamt um fünf militärisch genutzte Schiffe aus dem späten 4. Jahrhundert n. Chr.[17]

Auch in London, Vechten, in Zwammerdam, Velsen und in Wanzenau im Elsas wurden Wracks aus späterer Zeit gefunden. Aber auch diese passen nicht zu den Wrackteilen aus Oberstimm und folgen vielfach der nordeuropäischen Entwicklungslinie. Diese Belege sind also kaum für die Rekonstruktion der Bug- und Heckakrotere heranzuziehen, wenn überhaupt solche erhalten geblieben sind.

Festlegen der Höhe der Figur

Nahezu alle Bilddarstellungen von Binnenschiffen zeigen einen in der Seitenansicht keilförmigen Aufbau. Das heißt, dass der Bug optisch niedriger ausgeführt ist als das Heck. Daraus habe ich den Schluss gezogen, dass die Bugfigur kleiner sein muss als die Heckfigur. Dies gibt dem Boot eine optische Vorwärtsbewegung und entspricht der Idee der Nutzung als schnelles Patrouillenboot.

Praktische und technische Überlegungen zu der Nutzung des Hecks als erhöhten Standplatz für das Bedienen der Heckruder führten zu der lichten Höhe, die nötig ist, damit ein Steuer-

16 Riegl (1901), S. 209.

17 https://deacademic.com/dic.nsf/dewiki/903762.

mann unter der Heckfigur sicher agieren kann. Hier wurde eine Körpergröße von 1,8 m angesetzt, um auch mit einem Helm sicher agieren zu können.

Für das Festlegen der Konstruktion wurden verschiedene Formen mit Pappe und Holz als 1:1 Prozessmodell gebaut und auf den Rumpf aufgesetzt.

Vordersteven

Die Figur am Vordersteven sollte als ein vertikales Holzbauelement sicher am Bug befestigt werden. Wie ein Kapitell sollte diese auf einer Basis stehen und optisch aus dem Schiffsrumpf heraus die Bugform verlängern. Die erste Ausrichtung war nach vorne geplant.

5.3 Bugsteven

Galionsfigur oder Krull

In der Konstruktion ging es darum, den Vordersteven mit einer plastischen Figur zu verlängern, also keine Galionsfigur[18] zu schnitzen, die ja vor dem Steven wie ein Balkon gesetzt würde, sondern ähnlich wie bei einer Krull oder einem Bugkopf dem Schiff vorne ein Gesicht zu geben.

Einerseits war hier ein spiralförmiges Motiv, wie bei den Nachbauten der Mainzer Schiffe aus dem 4. Jahrhundert n. Chr. im Hinterkopf, andererseits sollte der Herkunft der Bootsbauer aus dem südlichen Mittelmeerraum in der Motivwahl Rechnung getragen werden.

Modulares Prinzip

Sehr früh war klar, dass wir versuchen wollten, das Aussehen des Schiffes verändern zu können. Es sollten zwei Bugfiguren entstehen, die ausgewechselt werden können. Ohne die bekannte Grundform des Bugs zu verändern, wurde deshalb die Holzkonstruktion am Steven so aufgebaut und angepasst, dass sich die Figuren wechseln lassen und sicher ohne weitere

---

[18] Der Begriff leitet sich vom Galion (spanisch für „Balkon“) ab, dies war ein Vorbau vor dem Vordersteven einer Galeone, der das Bugspriet stützte. Eine Alternative zu Galions*figuren* war und ist die **Krull** – auch **Krullgalion** oder **Bugkopf** –, eine spiralförmige Verzierung ähnlich einer Geigenschnecke.

Befestigung stehen. Auf die Verwendung von Metall für die Befestigung haben wir verzichtet. Wir wollten beide Varianten ausprobieren.

Erster Versuch: Maske

Den Rammsporn zu betonen, indem eine runde Fläche vor den Bug auf den Steven gesetzt wird und nach vorne ausgerichtet ist, war die erste Idee. Es wurden scheibenförmige Bilddarstellungen aus dem Mittelmeerraum um 100 n. Chr. gesucht. Auffällig war hier die häufige Darstellung von Löwengesichtern.

Löwendarstellungen

- Löwenmaske mit Kettenende im Maul[19]
- Römischer Schmuck aus Augst[20]

---

[19] Stupperich (1989), S. 231–248, dort S. 244: „39. Löwenmaske mit Kettenende im Maul (Taf. 44,13–14). Inv.-Nr. 407. Größter Dm 5,1 cm; T. 2,8 cm. Dunkelgrüne Patina. Rostfarbene Rückstände am Rand und an der Schnauze, sonst graubraune Verkrustungen in den Vertiefungen der Maske. Im Inneren rostfarbene Erdreste. Oberfläche stark korrodiert. Die stark vorgewölbte Löwenmaske ist von einer lebhaft bewegten zotteligen Mähne umgeben. Ihr flacher Rand war nach den Rostspuren ursprünglich in einem Eisenrahmen gefaßt. In der Schnauze war ein Eisenring gleich mit festgegossen, dessen quadratische Verankerung man auf der Rückseite noch erkennen kann. Nachdem dieser Ring offenbar verloren gegangen war, hat man unter dem Kinn in den Rand der ersten Mähnenzotteln in neugebohrten Löchern einen neuen Ring aus Bronzedraht befestigt, an dem noch drei s-förmige Glieder einer Kette hängen. Vielleicht waren die Züge der Löwenmaske schon damals so verschwommen, daß man zwischen Schnauze und Mähne nicht mehr recht differenzieren konnte. Die Löwenmaske ist neben dem Gorgeion gerade in der antiken Bronzekunst das häufigste Motiv, um eine scheibenförmige Fläche nicht nur dekorativ, sondern zugleich auch mit einem aussagekräftigen und auch übelabwehrenden Zeichen zu schmücken; zugleich bietet es dem Gorgoneion gegenüber aber noch den Vorteil, daß man es bei höherem Relief funktional zur Befestigung eines Ringes oder, wie hier, einer Kette einsetzen kann. Meist schließt sich die Löwenmaske an den in der spätklassischen Kunst ausgeprägten Typus mit stilisiert wilder Mähne an. Wenn man von einigen Fällen absieht, wo die Maske von einem breiten Ornamentrand umgeben oder nur Mittelpunkt einer größeren Scheibe ist, füllt sie in der Regel das ganze Rund aus. Im vorliegenden Fall ist der schmucklose Rand schon vergleichsweise groß. Vgl. etwa Löwenmasken mit profiliertem Rand wie Brunsmid 255 Nr. 206 (aus Siscia, auch mit Drahtring im Maul); ähnlich aus den Nordwestprovinzen etwa H. Menzel, Die römischen Bronzen aus Deutschland I. Speyer (1960) Nr. 33 Taf. 33 (aus Eisenberg); H. Menzel, Die römischen Bronzen aus Deutschland Iii. Bonn (1986) Nr. 348 f. Taf. 130 (aus Bonn bzw. Cochem); 351 Taf. 131 (aus Köln); M. Grünewald, Römisches Österreich 4, 1976, 71–76 Abb. 3 (aus Waltersdorf an der March); Leibundgut, Avenches Nr. 79 Taf. 54."

[20] Riha (1990), z. B. S. 27.

- Medaillons aus Gold[21]
- Kettenglied[22]
- Kerbschnittbronzen[23]

In Anlehnung an die Darstellungen aus Augst wurde eine Löwenfigur mit rundem, flächigem Gesicht und stilisierten kleinen Körper mit der Motorsäge als 1:1 Modell geschnitten.

Bei dem Aufsetzen der Figur stellte sich heraus, dass diese in der Seitenansicht kaum wahrnehmbar war und aus der Vorderansicht aber kaum größer sein durfte.

Abb. 4: Löwe, ausgeschnitten mit Motorsäge

[21] Solche Medaillons aus Gold sind in Pompeji bekannt; ein ähnliches Stück wie nr. 711 mit Löwenkopf ist dort in Gold ausgeführt und mit einem Medusakopf verziert: Riha (1990), Tafel 31.

[22] Kettenglied: kreisrunde Blechscheibe mit einem gepressten erhabenen Löwenkopf in glatter Einrahmung. Auf einer Seite ein unterhalb der Scheibe aufgenieteter umgebogener Haken. Die gegenüberliegende Seite abgebrochen. Bronze. Dm. 2,8 cm. – Inv. 71.9458. FO: Region 20Z, F K A 2638, s. Riha (1990), S. 70.

[23] Die Germanen übernahmen von den Römern spätestens ab der Völkerwanderungszeit die Löwendarstellungen den römischen Kerbschnittbronzen entsprechend zum Beispiel für ihre Fibeln: Haseloff (1981), S. 7.

Abb. 5: Löwe, ausgeschnitten mit Motorsäge

Die flächig nach vorne ausgerichtete Bugfigur wurde deshalb aufgegeben und nach einem stehenden Vorbild gesucht.

Vorwärts blickende Tiere

Mit Hilfe von Modellen aus Knetmasse und Zeichnungen wurde die Löwenfigur immer weiter gestreckt und mit einem Schwanz zur Unterstützung der Form und einer Schiffsform zur Stabilisierung der Vorderpfoten ergänzt.

Abb. 6: Zeichnung, Modell

5.4 Materialauswahl und Holzsuche

Die im Wrack gefundenen und nachgewiesenen Materialien waren Eiche und Kiefer. Deshalb sollten diese Hölzer auch für den Aufbau verwendet werden. Da sich Nadelhölzer wie Kiefer wegen ihrer ungleichen Materialdichte zwischen Winter- und Sommerjahresring nicht für das Schnitzen eignen (der Winterjahresring ist fest und der Sommerjahresring ist weich), sollten die Figuren aus Eiche entstehen.

Die Figuren sollten der Nutzung entsprechend stabil angebracht und in sich stabil aufgebaut werden. Es stellte sich heraus, dass die geplanten Formen nicht ohne Bruchgefahr erstellt werden können, weil die Holzfasern bei gerade gewachsenen Hölzern[24] angeschnitten werden. Es wurde also die Suche nach krumm gewachsenen Bäumen aus der Region gestartet.

Deutschland ist zwar eines der waldreichsten Länder in Europa, aber der Wald weist doch einen deutlichen Unterschied zu den Wäldern vor 2000 Jahren auf. Die intensive Bewirtschaftung des bayerischen Hochwaldes macht es schwer, überhaupt krumm gewachsene Bäume mit entsprechenden Durchmessern zu finden.

Durch Vermittlung des Forstamtes Erlangen konnten trotzdem einige Bäume gefunden werden. Leider waren die Dimensionen letztendlich nicht ausreichend und die Stücke wiesen nach dem ersten Aufschneiden Faulstellen und gedrehte Wuchsformen auf, die eine Verwendung für die Steven unmöglich machte.

Es entstand die Idee, die geraden Stämme mit Hilfe von Wasserdampf in die gewünschte Form zu biegen. Für die Planken, welche mit Hilfe von Wasserdampf auf die Spanten gebogen werden sollten, war sowieso der Bau einer Dampfkiste geplant. Nicht jedes Holz ist zum Biegen[25] geeignet. Eichenholz bietet sich aber hierbei an. Unsere Vorfahren verwendeten für das Dampfbiegen gespaltenes Holz. Dadurch war das Risiko von Rissen von vornherein verringert, da die gerade Faser damit automatisch gegeben war. Da wir kein überflüssiges Material hatten, mussten wir die bereits vorhandenen Dimensionen nehmen und konnten die Stämme nicht spalten.

---

24 In Deutschland wird Holz in der Praxis über eine Holzhandelssortierung eingeteilt und danach verkauft, s. Bayerische Staatsforsten: https://www.stmelf.bayern.de/wald/waldbesitzer_portal/054770/index.php.

25 Zunächst wird das im Holz enthaltene Lignin derart durch den heißen Dampf gelöst, dass sich die einzelnen Zellen gegeneinander verschieben lassen – denn genau das passiert beim Biegen, https://www.hausjournal.net/holz-biegen.

Biegeversuche

Mit Hilfe eines alten Wurstkessels, den der Archeverein zur Verfügung gestellt hatte und der um ein freistehendes Ofenrohr am Deckel ergänzt wurde, wurde das Wasser erwärmt. Es fehlten uns Darstellungen wie dies vor 2000 Jahren gemacht wurde. Möglicherweise wurde das Wasser direkt unter der Kiste erhitzt, was aber bei uns aus Brandschutzgründen nicht möglich war. Über einen hitzebeständigen Abgasschlauch, welcher mit Verschraubung an dem Deckel des Wurstkessels befestigt wurde, konnte der Wasserdampf bei uns in eine Holzkiste geleitet werden. Diese Dampfkiste wurde mit einem festen und einem mobilen Deckel geschlossen und mit Wolle abgedichtet (Größe 5 m x 50 cm x 15 cm (LxHxB)).

Die Faustregel des Bootsbauers, die besagt, dass pro 2,5 cm Holzdicke eine Stunde Dämpfen nötig ist, hat sich im Nachhinein bestätigt.

Abb. 7: Vorbereitung Biegevorgang

Abb. 8: Befüllen der Dampfbox

Für den Biegevorgang ist je nach Dicke der Eichenbohlen unterschiedlich viel Kraft[26] nötig und das Holz kühlt dabei sehr schnell ab. Deshalb muss das Material zügig aus der Dampfkiste entnommen und der Biegevorgang schnell, zielgerichtet und mit viel Kraft ausgeführt werden. Hier haben bis zu 10 Schüler der Eichendorffschule Erlangen gleichzeitig tatkräftig mit Handschuhen (die Bohlen sind sehr heiß) und Elan geholfen.

Da die Schüler nicht immer verfügbar waren, wurde mit Hilfe von Kettenzug und Ratschen versucht, die Kräfte für die Figurhölzer aufzubringen. Dazu mussten diese auf geraden Unterlagen befestigt und sehr schnell wegen der längeren Vorbereitung außerhalb der Dampfkiste und der damit verbundenen Abkühlung gezogen werden. All unsere Versuche mit dem Kettenzug die Eichenbohlen zu verformen führten zum Bruch der Hölzer. Es lässt sich also festhalten, dass die Muskelkraft von vielen Menschen sich leichter dosieren lässt, als der Kettenzug in unserem Versuchsaufbau. Da wir aber die benötigten Dimensionen nicht erreichen konnten, haben wir uns dazu entschieden, die Hölzer für die Figuren aus Stücken zusammenzusetzen.

Vordersteven

Die Löwenfigur wurde auf einen verleimten Eichenholzblock gezeichnet und mit Schnitzwerkzeug und Klüpfel per Hand herausgearbeitet. Da es sich um relativ frisch geschlagenes Holz ohne Trocknung handelte, ließ es sich einfach und mit geringem Aufwand mit den Schnitzeisen bearbeiten.

Abb. 9: Schnitzen der Bugfigur Löwe

[26] Beim Biegen eines Stabes entstehen folgende Kräfte: Auf der Innenseite wird das Holz komprimiert, auf der Außenseite gestreckt. Damit ist der Radius je nach Wuchs des Baumes begrenzt.

Mit Hilfe eines konischen Holzkeiles, ähnlich einer Schwalbenschwanzverbindung, kann die Basis der Figur sicher auf dem Steven befestigt werden. Damit ist die Figur fest und kann trotzdem mit geringem Aufwand gewechselt werden. Die Basis wurde zudem an die geschwungene und gefaste Form des Stevens angepasst.

Abb. 10: Vorbereitung für Farbkonzept

Abb. 11: Schnecke und Löwe vor dem Fassen

Hecksteven

Der Achter- bzw. Hinter- oder Hecksteven ist die hintere Begrenzung des Schiffsrumpfes. Er schließt das Schiff achtern ab. Hier stand der Rudergänger und möglicherweise der Kommandant des Schiffes. Ziel war es, hier eine geschwungene Figur als Abschluss des Steven zu finden, die eine ähnliche Form hat wie die Schiffe, die auf der Trajansäule zu sehen sind und aus etwa der gleichen Zeit stammen wie Wrack Nr. 2.

Da wir, wie beschrieben, kein gewachsenes Holz mit der richtigen Faserform zur Verfügung hatten, mussten die Dimensionen aus Sicherheitsgründen etwas erhöht und die Länge des Blattwerks gekürzt werden.

Zuerst wurde mit Hilfskonstruktionen aus Pappe die Form der Eichenbalken ermittelt und getestet, ob man sich hier problemlos als Rudergänger bewegen und arbeiten kann. Entstanden ist eine dreiblättrige, fächerförmige Blütenform mit einem Drehpunkt im Kelch unter der man das Ruder gut bedienen kann und die dem Schiff eine optische Vorwärtsbewegung gibt.

Abb. 12: Hecksteven, Pappemodell, Frontansicht

Abb. 13: Hecksteven, Pappemodell, Seitenansicht

Abb. 14: Hecksteven, Einpassen der Eichenform

5.5 Farbe

Das Aussehen des Bootes wird entscheidend mit von der Farbgebung geprägt. Die Entscheidung auf das ganze Boot Farbpigmente mit Bienenwachs als Bindemittel einzubrennen, wurde auch auf die Figuren ausgedehnt. Da es sich bei der Enkaustik um einen relativ dicken Farbauftrag handelt, wurden die Binnenformen der Skulpturen an Bug und Heck stärker voneinander abgesetzt und stärker vertieft ausgeführt. Der Farbauftrag der Enkaustik füllt die Tiefen jeweils auf und macht diese Übergänge weicher.

5.6 Zeitrahmen

Von der Informationsveranstaltung „Nachbau eines römischen Patrouillienbootes" am Mittwoch den 18.01.2017 über den Aufbau des Zeltes am Sportplatz im März 2017 bis zu dem ersten

Slippen des Schiffes im März 2018 haben viele Stunden ihren Platz bei der Planung, der Organisation und der Umsetzung der Bug- und Heckfiguren gefunden. Eine spannende Zeit. Per aspera ad astra.[27]

Literatur

Bockius, R., Die römerzeitlichen Schiffsfunde von Oberstimm in Bayern, Mainz 2002.

Haseloff, G., Die germanische Tierornamentik der Völkerwanderungszeit, Bd. I (Vorgeschichtliche Forschungen Bd. 17), Berlin – New York 1981.

Höckmann, O., Römische Schiffsfunde westlich des Kastells Oberstimm, BRGK 70, 1989, 334ff.

Höckmann, O., Das Lager Alteburg, die germanische Flotte und die römische Rheinschifffahrt, Kjb 31, 1998, S. 336ff.

Pferdehirt, B., Die römische Flotte im Dienst, Antike Welt 36/1, 2005, S. 9–16.

Riegl, A., Die spätrömische Kunst-Industrie nach den Funden in Österreich-Ungarn im Zusammenhange mit der Gesamtentwicklung der Bildenden Künste bei den Mittelmeervölkern, Wien 1901.

Riha, E., Der römische Schmuck aus Augst und Kaiseraugst (Amt für Museen und Archäologie des Kantons Basel-Landschaft, Römermuseum Augst), Augst 1990.

Stupperich, R., Antiken der Sammlung W.W., Boreas 12, 1989, S. 231–248.

Wawrzinek, C., In portum navigare: Römische Häfen an Flüssen und Seen, Berlin – New York 2014.

Abbildungsverzeichnis

Abb. 1: Roman brooches in the form of a ship, Marcus Press, Bavarian Society for Underwater Archaeology, S. 355

Abb. 2: eBay-Artikelnummer:312929012499

Abb. 3: https://www.ingolstadt.de/stadtmuseum/scheuerer/arch/schfib-2.htm

Abb. 4–8, 10–14: Foto S. Schnetz

Abb. 9: Foto B. Dreyer

---

27 „Durch Mühsal gelangt man zu den Sternen“.

6 Bugruder bei antiken Wasserfahrzeugen

Überlieferung, Varianten, Einsatzbereiche

Bernd Preiß

Die Schifffahrt des Altertums kannte die direkte Ansteuerung des Bugs durch Paddel, Riemen oder Bugruderanlagen als Ergänzung zur Hauptsteuereinrichtung am Heck. Erste mitteleuropäische Belege stammen von der Salzach und datieren in das Frühlatène (5./4. Jahrhundert v. Chr.).[1] Noch älter sind Abbildungen auf skandinavischen Felsbildern aus der nordischen Bronzezeit (1800–530 v. Chr.).[2] Bildquellen der Römerzeit behandeln Bugruder selten. Im Fokus der Künstler standen prächtige Seeschiffe, die diese zusätzliche Steuerung nicht benötigten. Überdies dürften Schiffe, die Bugruder nur temporär führten, in der Regel ohne diese abgebildet worden sein. Dennoch finden sich in der Fülle antiker Schiffsdarstellungen auch für Bugruder eindeutige Belege. Schriftlich überliefert sind Bugsteuerungen bei Tacitus und Cassius Dio.[3]

Die Forschung hat der Bugsteuerung bislang wenig Beachtung geschenkt. Am ausführlichsten geht Detlev Ellmers auf das Thema ein. Er beschreibt frühe Belege für Bugruder sowie deren Einsatz bei der antriebslosen Fahrt flussabwärts.[4] Bugruderdarstellungen auf spätetruskischen Urnenreliefs untersuchte Olaf Höckmann.[5] Nur am Rande erwähnt Lawrence Mott Bugruder in seiner umfassenden Untersuchung zu antiken Schiffssteuerungen. Er stellt fest, dass Bugsteuerungen zur Geradeausfahrt von Seeschiffen kaum beitragen konnten und erkennt in mittelalterlichen Bugruderdarstellungen Hilfsriemen für Wendemanöver.[6]

Aufbau und Funktionsweise der Bugruder erschließen sich nur bei den einfachsten Varianten (und auch dort nicht immer). Technische Details komplexerer Anlagen verraten Quellen und archäologische Funde nicht in einen Umfang, der eine zweifelsfreie Rekonstruktion zuließe. Dieses Problem betrifft auch die Erforschung der Heckruder. Deren Montierung am Rumpf – in der Re-

---

1 Ellmers (1989), S. 314.

2 Ellmers (2003), S. 398.

3 Tac. Ann. 2,6,2; Dio h.r. 75,11,3.

4 Ellmers (1989), S. 314–317; auch Ellmers (1969); Ellmers (1978); Ellmers (2003).

5 Höckmann (1985), S. 113–117.

6 Mott (1997), S. 68f.

gel je ein Seitenruder an Back- und Steuerbord – kann bis heute nicht als vollständig geklärt gelten. Die Steuerwirkung der Heckruder wurde, so die Forschung mehrheitlich, mittels Drehung um die Schaftachse erzielt. Dabei wurde das Ruderblatt in einen Winkel zum Schiffsrumpf und zur Strömung angestellt.[7] Morrison/Williams halten neben der Drehung auch eine Lateralbewegung für möglich.[8] Diese war bei Bugrudern der Flussschifffahrt ein wesentliches Funktionsprinzip.

In der vorliegenden Arbeit nicht berücksichtigt sind Vorrichtungen, die die Manövrierfähigkeit in Häfen erhöhten. Hier kamen vor allem die Paddel oder Riemen zum Einsatz, über die die Fahrzeuge ohnehin verfügten. Darüber hinaus mag es weitere Hilfsmittel gegeben haben (z. B. Stakstangen), die jedoch nicht als Bugsteuerungen anzusehen sind.

Gerade für den deutschen Raum wären eingehende Untersuchungen zu Varianten und Einsatzbereichen antiker Bugruder sowie zum Zusammenspiel von Bug- und Heckruder wertvoll. Zum einen könnten sie zum Verständnis des schiffsgestützten Militärengagements der Römer in Germanien beitragen, zum anderen berühren sie die experimentelle Schiffsarchäologie, die in den letzten Jahren in Deutschland einen enormen Aufschwung genommen hat.

6.1 Bugruder im Mittelmeerraum

Die umfassendste schriftliche Überlieferung einer Bugsteuerung findet sich bei Cassius Dio. Zur Strafaktion des römischen Kaisers Septimius Severus gegen Byzantion (Byzanz) in den Jahren 194–196 n. Chr. schreibt er:

> „Die Byzantiner hatten fernerhin fünfhundert Schiffe ausgerüstet (…). Einige Fahrzeuge hatten sogar an beiden Enden Steuerruder, am Hinter- wie am Vorderdeck, und verfügten dementsprechend über eine doppelte Ausstattung mit Steuermännern und Matrosen. Diese Einrichtung verfolgte den Zweck, dass die Besatzung, ohne eine Kehre fahren zu müssen, angreifen und sich zurückziehen und ihre Gegner bei An- und Rückfahrt ausmanövrieren konnte."[9]

Über das Aussehen der Bugruder gibt die glaubhafte Schilderung[10] keine Auskunft. Die doppelte personelle Ausstattung (sicherlich nicht der kompletten Schiffsmannschaft, sondern der

---

[7] Vgl. Casson (1995), S. 224f.

[8] Morrison / Williams (1968), S. 291f.

[9] Dio h.r. 75,11,3.

[10] Dio war Zeitzeuge und stammte aus der Bosporusregion. Vielleicht kannte er die Schiffe aus eigener Anschauung, jedenfalls wird man ausschließen dürfen, dass er groben Fehlinformationen aufsaß.

Seeleute rund um die Ruderbedienung) lässt vermuten, dass die Heckruderanlage gespiegelt wurde. Ein Zusammenspiel von Bug- und Hecksteuerung ist nicht ersichtlich. Interessant wäre die Information gewesen, ob die Mannschaften an den Riemen nach dem Richtungswechsel in Fahrtrichtung blickend weiterruderten oder ob sie sich umdrehten; ersteres hätte nicht die volle Antriebskraft entfaltet, letzteres hätte schiffsbauliche Rücksichten erfordert, zum Beispiel bei der Platzierung von Dollen und Fußstützen.

Die genauen taktischen Hintergründe der Rückwärtsfahrt bleiben diffus. Einen Heckrammsporn erwähnt Dio nicht, es ging also nicht um Angriffsmöglichkeiten über beide Schiffsenden. Die in der Quelle genannte Vermeidung einer Kehre sowie die Vorteile bei An- und Rückfahrt könnten mit den schwierigen Strömungsverhältnissen im Bosporus zusammenhängen: In der Meerenge strömen Wassermassen aus dem Schwarzen Meer mit durchschnittlich 3 Knoten (ca. 1,5 m/s) ins Mittelmeer. In Spitzen werden 8 Knoten erreicht. Mussten sich Schiffe im Verlauf einer Wende quer zur Strömung stellen, trieben sie stark ab – eine gefährliche Situation vor allem für geschlossene Kampfverbände. Die Fähigkeit zur gesteuerten Rückwärtsfahrt entschärfte dieses Problem. Zudem wurden Schiffsverbände in die Lage versetzt, eine Zeit lang mit Front nach Süden in der Strömung stehen zu bleiben. Möglicherweise war dies für die Abwehr von Flottenangriffen aus dem Mittelmeer von Bedeutung. Allerdings findet sich in der Schilderung Dios kein Verweis auf die Strömungsverhältnisse, deshalb müssen diese Zusammenhänge spekulativ bleiben.

Im Gegensatz zu den byzantinischen Schiffen konnten illyrische *Lemboi* (Lemben) des 2. vorchristlichen Jahrhunderts auch achterliche Rammstöße ausführen. Illyrischen Münzen aus dieser Zeit bilden Heckrammsporne ab (Abb. 1).[11] Bugruder sind zwar nicht zu erkennen, aber für die Schiffe vorauszusetzen; Heckruder wären bei einer Rückwärtsfahrt wenig hilfreich, überdies bei einem Rammstoß zu exponiert.

Abb. 1 (links): Illyrische Lembe mit Rammspornen vorne und hinten (Münze 2. Jahrhundert v. Chr., Umzeichnung nach Höckmann (1985), S. 117)

[11] Höckmann (1985), S. 113.

Abb. 2 (VO 34): Volterraner Urnenrelief, 2. Jahrhundert v. Chr. (Volterra, Mus. Guarnacci 268). Links unten ist ein hölzerner Dreiblatt-Heckrammsporn zu erkennen, darüber ein Widderkopf-Obersporn. Der Bug des Schiffes ist nicht abgebildet, Bugruder wären jedoch zu erwarten (Umzeichnung nach Höckmann (2001), S. 273).

Auf spätetruskischen Urnenreliefs des 2. Jahrhunderts v. Chr. aus Volterra sind ebenfalls Heckrammsporne abgebildet, der Quellenwert der Abbildungen ist jedoch beschränkt.[12] Höckmann vermutet auf dem Relief VO 34 (Nummerierung Höckmann) einen hölzernen Dreiblattsporn, der am Heck angebracht ist (Abb. 2).[13] Der Bug ist nicht abgebildet, doch wäre eine Bugsteuerung naheliegend. Auf den Reliefs VO 8, 26 und 56 sind, so Höckmann, Bugruder bzw. deren Befestigungen an der Bordwand dargestellt.[14] Bei VO 26 (Abb. 3) wird das Ruder vom Rudergänger frei vor die Bordwand gehalten, überdies ist eine Person mit geschultertem Ruder am Bug zu sehen. Bei VO 8 und 56 (ohne Abb.) sind Halterungen ohne Ruder zu erkennen. Dies

---

12 Der Quellenwert der Schiffsdarstellungen wird laut Höckmann eingeschränkt durch einige fehlerhafte Details (Lage der Ruder, Montierung des Sporns, Lage von Rah und Segel). Dennoch zeigen die Künstler Kenntnisse von den technischen Gegebenheiten an Ruderschiffen der Römer und ihrer Gegner. Es lässt sich „ein gewisser Realitätsgehalt der Volterraner Urnenreliefs annehmen, der diesen Bildern einen partiellen Quellenwert verleiht" (Höckmann (2001), S. 261).

13 Höckmann 2001, S. 259; 290.

14 Höckmann 2001, S. 254; 256f.; 287–290.

könnte darauf hindeuten, dass die Ruder bei Bedarf vom Heck zum Bug umgesetzt wurden.[15] Genauere Informationen über Funktionsweise und Aufgaben der Bugsteuerungen sind nicht zu gewinnen, ebensowenig über das Zusammenspiel von Bug- und Heckruder.

Für den asiatischen Raum gibt es einen indirekten Hinweis auf Bugsteuerungen. Plinius d. Ä. berichtet über indische Schiffe, die vorne und hinten gleich gebaut waren, um in engen Kanälen längere Strecken rückwärtsfahren zu können.[16] Bugruder oder Halterungen für die Umsetzung von Heckrudern sind nicht erwähnt, aber anzunehmen.

Artemidor von Daldis schreibt, der Platz des Hilfssteuermanns sei auf dem Vordeck.[17] Dies ist kein Beleg für eine Bugsteuerung, unterstreicht aber die Wichtigkeit der Bugposition für die Schiffsführung.

Abb. 3 (VO 26): Das Volterraner Urnenrelief, 2. Jahrhundert v. Chr. (Volterra, Mus. Guarnacci 250) zeigt nach Höckmann ein frei vom Rudergänger gehaltenes Bugruder; zusätzlich ein Mann mit geschultertem Ruder (Umzeichnung nach Höckmann (2001), S. 272).

15 Höckmann 2001, S. 256.

16 Plin. nat. 6,24,82.

17 Artem. 1,35.

6.2 Bugruder auf germanischen Flüssen

In seinen Annalen beschreibt Tacitus eine gewaltige Flotte, mit deren Hilfe der römische Feldherr Germanicus im Jahr 16 n. Chr. acht Legionen mit Nachschub über Nordsee und norddeutsche Flüsse gegen die germanischen Stämme führte. Eine größere Anzahl *(plures)* der Schiffe war ausgerüstet „mit an beiden Enden angebrachten Steuerrudern, um durch umgedrehtes, auf diese Weise rückwärtsgerichtetes Rudern von hier oder von dort (= über Bug oder Heck) anzulanden."[18]

Zweck der Bugruder war also nach Tacitus das Anlanden mit dem Heck voran. Diese Begründung ist kritisch zu sehen. Für die Küsten- und Wattenmeerfahrt lässt sich kein Bedarf für ein heckseitiges Anlanden in einem Umfang erkennen, der schiffbauliche Maßnahmen gerechtfertigt hätte. Bei Flussfahrten war ein Anlanden über das Heck für das anschließende Ablegen zwar grundsätzlich von Vorteil und wohl auch Usus in der römischen Armee, doch in ruhigen Fahrwassern sollte eine Rudermannschaft in der Lage gewesen sein, einen Landeplatz alleine mit Hilfe der Riemen anzusteuern. Bei starker Strömung mögen sich die Dinge schwieriger gestaltet haben, es ist jedoch nicht anzunehmen, dass die beschriebene Bugsteuerung einzig und allein dem feldmäßigen Anlegen bei starker Strömung gedient haben sollte.

Tatsächlich steckt offenbar ein literarischer Zweck hinter der taciteischen Begründung: Die Fähigkeit, sowohl über Bug als auch über Heck anzulanden, war für Tacitus eng mit der barbarischen Schifffahrt verbunden. Die beidseitige Ausrichtung der Boote beschreibt er in Germania, Historien und Annalen mit derart ähnlichen Formulierungen, dass man geneigt ist, das barbarische Element als gemeinsamen Nenner zu betrachten.[19] Offenbar wollte der Geschichtsschreiber in den Annalen auf eine Übernahme barbarischer Techniken im großen Stil durch Germanicus hinweisen.[20] Um diese Botschaft literarisch zu transportieren, griff er mit dem heckseitigen Anlanden eine untergeordnete Funktion der Bugruder heraus.

Der von Tacitus verschwiegene Hauptzweck lag ganz allgemein in der sicheren Schiffsführung auf den nautisch höchst anspruchsvollen germanischen Flüssen. Untiefen, Sandbänke, Inseln, wechselnde Fahrrinnen, jahreszeitliche und witterungsbedingte Veränderungen von

---

18 *(...) utrimque gubernaculis, converso ut repetente (Editionen: repente) remigio hinc vel illinc adpellerent (Tac. Ann. 2,6,2).*

19 Im Zusammenhang mit den Schiffen von Schwarzmeerpiraten berichtet Tacitus in den Historien von Bugen an beiden Schiffsenden und von flexibel einsetzbaren Riemen, die ein beidseitiges Anlanden zuließen: *utrimque prora et mutabili remigio, quando hinc vel illinc adpellere* (Tac. Hist. 3,47,3). *Ganz ähnlich in der Germania: utrimque prora paratam semper appulsui frontem agit (...) et mutabile (...) hinc vel illinc remigium.* (Tac. Germ. 44,2). Zur Annalen-Passage siehe Anm. 18.

20 Vgl. Goodyear (1981), S. 203 sowie Much (1967), S. 494f. Allgemein zur Übernahme barbarischer bzw. keltischer Schifffahrtstechnik durch die Römer Höckmann (1985), S. 136.

Wassertiefe und Fließgeschwindigkeit, gefährliche Stromschnellen sowie komplizierte Strömungsverhältnisse vor allem in engen Krümmungen stellten die Binnenschiffer vor große Herausforderungen.[21] Überdies gefährdete Treibholz die Flussfahrt in einem Maße, das heute nur schwer vorstellbar ist.[22] Bugruder erhöhten die Manövrierfähigkeit und minderten das Havarierisiko.

Eine besondere Schwierigkeit hatte der *proreta* (Bugoffizier) bei der antriebslosen Fahrt flussabwärts (Talfahrt) zu meistern: Rumpf und Ruder wurden nicht angeströmt, koordinierte Lateralbewegungen von Bug- und Heckruder mussten das Fahrzeug parallel versetzen und so die gewünschte Ausweichbewegung vollziehen. Besonders geeignet für kraftvolle Lateralbewegungen waren lange, über die Schiffsenden hinausragende Streichruder. Im Altertum wurden Prahme des Typs Zwammerdam auf diese Weise gesteuert, bis heute wird in der Flößerei so verfahren. Ein beeindruckendes frühneuzeitliches Beispiel zeigt eine Kölner Stadtansicht aus dem Jahr 1531 (Abb. 4): Fünf Mann eines Oberländer Rhein-Frachtschiffes bedienen ein schweres Streichruder (auch „Laffe" oder „Lappen"), das das Fahrzeug von Hindernissen wegschaufelt. Die seitlich angebrachten Senkruder am Heck und die starke Mannschaft an den Riemen sprechen dafür, dass das Frachtschiff auch bei Talfahrt genug eigene Fahrt machte, um auf Drehbewegungen der Heckruder zu reagieren. Streichruder am Bug kamen demnach nicht nur bei der antriebslosen Fahrt zur Anwendung. Für das Alterum geht Ellmers davon aus, dass Bugruder auch bei Riemeneinsatz und unter Segeln genutzt wurden.[23]

Ein wichtiges Bildzeugnis für Bugsteuerungen bei Flussschiffen findet sich auf der Grabsteinrückseite des Binnenschiffers Blussus aus Mainz aus dem 2. Viertel des 1. Jahrhunderts n. Chr. (Abb. 5). Das Blussus-Schiff war ein kombiniertes Fracht- und Reisefahrzeug und entsprang der keltischen Schiffsbautradition. Die sechsköpfige Besatzung bestand aus vier Mann an den Riemen (die beiden backbord sitzenden sind nicht abgebildet) sowie je einem Heck- und einem Bugsteuermann. Damit gehörte das Fahrzeug zu den größeren Flussfrachtschiffen der damaligen Zeit. Die deutliche Herausarbeitung des Bugruders diente dazu, den Verstorbenen durch die Präsentation eines typischen Instruments der Flussfahrt als Binnenschiffer zu kennzeichnen. Die Darstellung unterstreicht die Bedeutung der Bugsteuerung für die Binnenschifffahrt.

---

21 Vgl. Ellmers (1978), S. 10; Konen (2000), S. 45–50; Jäger (1992), S. 143; Bremer (2001), S. 34–37.

22 Plinius berichtet von Eichen, die unterspült und ausgerissen mitsamt Wurzeln und Erdwerk auf germanischen Seen, vielleicht dem Flevosee (heute IJsselmeer), dahintrieben (Plin. nat. hist. 16,5). Tatsächlich stiegen in der Römischen Kaiserzeit (RKZ) die Hochwasser wegen verstärkter Auelehmablagerungen an den Flussufern an und räumten bislang überflutungssichere Waldstücke aus (Jäger (1992), S. 135). Die Archäologie konnte zeigen, dass in der RKZ wesentlich mehr ältere Bäume, darunter 300–400-jährige Eichen, in Flussablagerungen eingebettet wurden (Gerlach (1995), S. 105).

23 Ellmers (1969), S. 86.

Abb. 4: Oberländer Rhein-Frachtschiff 16. Jahrhundert mit mächtigem Bugstreichruder (auch „Laffe“ oder „Lappen“). Ausschnitt aus Anton Woensam, Große Ansicht von Köln, 1531

Abb. 5: Rückseite des Grabsteins des Schiffers Blussus mit der Reliefabbildung eines Flussbootes (1. Jahrhundert n. Chr.; Nachbildung im Museum für Antike Schifffahrt des RGZM, Mainz)

Die Blattgröße des abgebildeten Burgruders liegt zwischen der von Riemen und Heckruder. Die Handhabung erschließt sich nicht sofort. Die Stellung des leicht nach achtern weisenden Ruderblattes deutet auf eine Drehung um die Schaftachse hin, doch sprechen das Fehlen einer Pinne, die Einpunktfixierung des Schaftes am Rumpf, die Armstellung des Steuermannes, der den Ruderschaft mit beiden Händen zu umfassen scheint, sowie die allgemeinen Erfordernisse einer Flussfahrt für eine laterale Ruderbewegung wie bei einem Streichruder. Das Bildzeugnis deutet auf ein multifunktionales Ruder hin, das die Möglichkeiten von Dreh- und Streichruder in sich vereinigte. Geht man noch einen Schritt weiter und kombiniert beide Bewegungsabläufe, gelangt man zu Techniken, die denen des Stoßruderns oder des Wriggens ähneln.[24] Zusammen mit dem Streichruder am Heck[25] war das Blussus-Schiff damit für die Anforderungen von Flussfahrten mit und ohne Antrieb gerüstet.

6.3 Die Oberstimmboote

Die beiden römischen Militärboote, die 1986 nahe des Kastells Oberstimm bei Ingolstadt entdeckt wurden, waren deutlich anders proportioniert als das Blussus-Schiff. Die schlanken und schnellen Oberstimmboote dienten gegen Ende des 1. Jahrhunderts n. Chr. der Patrouille und dem Transport kleiner Truppenkontingente.

Für die Hauptsteuerung waren die Boote sehr wahrscheinlich mit einem gängigen Heckruderpaar ausgerüstet, das analog zu Schiffsfunden aus Mainz an einem Querbalken *(trenus)* aufgehängt war. Dieser Balken ist nicht erhalten, dafür jedoch bei Oberstimm 1 eine zugehörige Balkenpforte im Rumpf. Das Querholz besaß wohl auch eine statische Funktion, die einer Nutzung als Steuerruderbefestigung jedoch nicht entgegenstand.[26]

Für Oberstimm 1 ist eine weitere Balkenpforte im Bugbereich nachgewiesen. Die große Übereinstimmung bei der Anordnung von hinterem und vorderem Querbalken spricht laut Ronald Bockius dafür, dass beide eine Funktionseinheit bildeten. Die Funktion selbst bleibt unklar. Womöglich diente der Querbalken der Rumpfversteifung oder der Aufhängung von Gegenständen, die innerbords zu viel Platz beansprucht hätten; dies ist aber völlig ungewiss.[27] Die Anbringung von Bugrudern wird von Bockius nicht in Erwägung gezogen, aber auch nicht explizit ausgeschlossen. Beim fast baugleichen Boot Oberstimm 2 wird man ebenfalls von ei-

---

24 Zur Evolution der Ruderarten und -techniken sowie zu Überschneidungen siehe allgemein Ellmers (1969), im Hinblick auf das Blussusschiff insbesondere S. 84–89.

25 Länge, Position und Auflage des Heckruders sind typisch für Streichruder, die abgebildete Pinne spricht jedoch dafür, dass zusätzlich auch Drehbewegungen um die Schaftachse ausgeführt werden konnten (vgl. Ellmers (2003), S. 396f.). André Sleeswyk hält es für möglich, dass das Heckruder durch senkrechtes Anbinden am Hecksteven in ein reines Drehruder verwandelt werden konnte. Zwei auf dem Relief erkennbare Einkerbungen am Heck sollen einer entsprechenden Schaftbefestigung gedient haben (Sleeswyk (1982)).

26 Bockius 2002, S. 78f.

27 Bockius 2002, S. 79f.

nem vorderen Querbalken auszugehen haben, auch wenn sich weder Balken noch Balkenpforte erhalten haben.

Archäologisch einigermaßen zuverlässig nachweisen lassen sich also nur Decksaufbauten, die Bugruder hätten tragen können, nicht jedoch Bugruder selbst. Über die Notwendigkeit einer Bugsteuerung kann nur spekuliert werden. Die schnellen und beweglichen Oberstimmboote mit ihren starken Rudermannschaften waren unter Riemenantrieb oder unter Segel in geringerem Maße auf eine Ansteuerung des Buges angewiesen, als beispielsweise das Blussus-Schiff. Antriebslos zu Tal fahren mussten die Boote nur in Strömungen, die so stark waren, dass ein zusätzlicher Antrieb durch Riemen die Bootsgeschwindigkeit über Grund unverantwortlich erhöht hätte. In diesem Fall lag es zumindest nahe, den vorderen Querbalken für die Abstützung eines festmontierten oder improvisierten Bugruders zu nutzen. Sicherheit ist in dieser Frage jedoch nicht zu gewinnen.

6.4 Ergebnisse

Antike Bugruder sind eine unterschätzte nautische Einrichtung. Seekriegsschiffe mit dieser Ausstattung waren zwar die große Ausnahme, doch bei Binnenschiffen waren Steuerungen am Bug sehr viel weiter verbreitet, als die vergleichsweise spärlichen schriftlichen, bildlichen und archäologischen Zeugnisse vermuten lassen.

Im Wesentlichen lassen sich drei Arten von Bugsteuerungen unterscheiden: zum einen Streichruder, die in der Regel mittig montiert waren und nach vorne über den Bug hinausragten. Sie schaufelten die Fahrzeuge von Hindernissen weg, vollzogen also Lateralbewegungen; zum anderen seitlich am Bug angebrachte Multifunktionsruder, die sowohl Lateralbewegungen als auch Drehungen um die Schaftachse zuließen; möglicherweise kombinierten die Rudergänger beides in einer dem Stoßrudern oder dem Wriggen ähnelnden Bewegung. Beide Bugruderarten waren Hilfsmittel für die Vorwärtsfahrt auf Flussrevieren (was eine gelegentliche Nutzung für die Rückwärtsfahrt natürlich nicht ausschließt). Schließlich führte ein sehr kleiner Teil der antiken Seekriegsschiffe Rückwärtsfahrruder am Bug, um spezielle Fahrmanöver auszuführen oder achterliche Rammstöße anzusetzen. Für Vorwärtsfahrten waren diese Ruder weder vorgesehen noch tauglich. In Aufbau und Funktionsweise werden sie den Heckrudern entsprochen haben.

Die Römer übernahmen im Norden des Imperiums barbarische Techniken für die Binnenschifffahrt, darunter Bugruder. Ob auch die Oberstimmboote ständig oder temporär damit ausgestattet waren, ist nicht zu erweisen. Ausgehen darf man lediglich davon, dass die vorderen Querbalken Bugsteuerungen hätten aufnehmen können.

Quellen und Literatur

Quellen

Artemidorus, Oneirocritica, hg. von Daniel Harris-McCoy. Text, Translation, and Commentary, Oxford 2012.

Cassius Dio, Römische Geschichte, hg. von Otto Veh, Bd . . 2, überarb. Aufl. 2012.

Plinius Secundus, Naturkunde, hg. von Kai Brodersen, Buch VI, Geographie Asien, lateinisch-deutsch (Sammlung Tusculum), Zürich/Düsseldorf 1996.

Tacitus, Annalen. Übersetzt und erläutert von Erich Heller (1982), Einsprachige Ausg. München 1991.

Tacitus, Germania, hg. von Rudolf Much: Die Germania des Tacitus, 3., beträchtl. erw. Aufl. von Wolfgang Lange, Heidelberg 1967.

Tacitus, Historien, hg. von Joseph Borst, lateinisch-deutsch (Sammlung Tusculum). 5. durchges. Aufl., München 1984.

Literatur

Bockius, R., Die römerzeitlichen Schiffsfunde von Oberstimm in Bayern, Bonn 2002.

Bremer, E., Die Nutzung des Wasserweges zur Versorgung der römischen Militärlager an der Lippe, Geografische Kommission Westfalen, Münster 2001.

Casson, L., Ships and Seamanship in the Ancient World (1971), Neuauflage Baltimore, Maryland 1995.

Ellmers, D., Keltischer Schiffbau. In: Jahrbuch des Römisch-Germanischen Zentralmuseums (RGZM) 16, 1969, S. 73–122.

Ellmers, D., Binnenschiffahrt. In: Reallexikon der Germanischen Altertumskunde (RGA) 3, 1978, S. 10–18.

Ellmers, D., Die Archäologie der Binnenschiffahrt in Europa nördlich der Alpen. In: Herbert Jankuhn, Wolfgang Kimmig, Else Ebel (Hg.): Untersuchungen zu Handel und Verkehr der vor- und frühgeschichtlichen Zeit in Mittel- und Nordeuropa, Teil V: Der Verkehr. Verkehrsmittel, Verkehrswege, Organisation. Abh. D. Akad. D. Wiss. Göttingen. Phil.-hist. Kl. 3 Folge 180. Göttingen 1989, S. 291–350.

Ellmers, D., Rudereinrichtung. In: Reallexikon der Germanischen Altertumskunde (RGA) 25, 2003, S. 393–403.

Gerlach, R., Die hydrologischen und klimatischen Bedingungen des Wassernetzes im römischen Germanien. In: Archäologisches Korrespondenzblatt, Bd. 95/1, 1995, 97–106.

Goodyear, F., The annals of Tacitus, Vol. 2, Annals 1.55 – 81 and Annals 2, Cambridge 1981.

Höckmann, O., Antike Seefahrt, München 1985.

Höckmann, O., Etruskische Schiffahrt. In: Jahrbuch des Römisch-Germanischen Zentralmuseums Mainz, 48–1, Mainz 2001, S. 227–308.

Jäger, H., Die naturgeographischen Verhältnisse im Gebiet der Germania zur taciteischen Zeit. In: Günter Neumann, Henning Seemann (Hg.): Beiträge zum Verständnis der Germania des Tacitus, Teil II (= Abhandlungen d. Akad. D. Wiss. Zu Göttingen, Phil.-Hist Klasse, Folge 3, 195), Göttingen 1992, S. 124–152.

Konen, H., Classis Germanica. Die römische Rheinflotte im 1.–3. Jahrhundert nach Christus. Pharos, Bd. 15. Univ. Diss., St. Katharinen 2000.

Morrison, J. / R. Williams: Greek Oared Ships, Cambridge 1968.

Mott, L., The Development of the Rudder. A Technological Tale, London 1997.

Much, R., Die Germania des Tacitus. 3., beträchtl. Erw. Aufl., herausgegeben von Wolfgang Lange, Heidelberg 1967.

Sleeswyk, A. W., The rudder of the Blussus ship. In: International Journal of Nautical Archaeology 11/2, 1982, S. 153–154.

Abbildungsverzeichnis

Abb. 1: Höckmann (1985), S. 117

Abb. 2: Höckmann (2001), S. 273

Abb. 3: Höckmann (2001), S. 272

Abb. 4: Ausschnitt aus Anton Woensam, Große Ansicht von Köln, 1531

Abb. 5: Foto B. Preiß

7 Wissenschaftskommunikation für die Kleinsten – Aktionen der AG Vorzeitkiste zum Bau der F.A.N.

Eva-Maria Christ, Ur- und Frühgeschichte, FAU

7.1 Zielsetzung: Wissenschaftskommunikation für kleine Besucher

„FAN dient nicht nur der Forschung, sondern auch einem weiteren wichtigen Ziel: Sie soll für Studierende und auch schon für interessierte Schülerinnen und Schüler das Abenteuer Geschichte greifbar und erlebbar machen" steht in der Projektbeschreibung zum Bau der Fridericiana Alexandrina (Navis). In diesem Sinne fiel die Entscheidung, auch die AG Vorzeitkiste[1] des Institutes für Ur- und Frühgeschichte der FAU Erlangen-Nürnberg „mit ins Boot zu holen". Ihr Beitrag zum F.A.N.-Projekt sollte vor allem jüngeren Besuchern eine Möglichkeit geben, aktiv am Bootsbau teilzuhaben. So sollte die Wissenschaftskommunikation des FAN-Projektes auf eine weitere Zielgruppe ausgeweitet werden.

7.2 Umsetzung: Ein ganzheitliches Konzept zur Interessenförderung auf verschiedenen Stufen

Um die Zielgruppe der Kinder möglichst breit anzusprechen, wählten die Mitarbeiter der Vorzeitkiste den Aktionstag[2] und warben zusammen mit den Mitarbeitern des Institutes für Alte

---

1 Die Vorzeitkiste besteht aus Studierenden sowie Absolventen der Archäologischen Wissenschaften, die ehrenamtlich in den Bereichen Museumspädagogik und Öffentlichkeitsarbeit für die ur- und frühgeschichtliche Institutssammlung arbeiten.

2 Dieses Format der Wissenschaftskommunikation richtet sich an ein breites Publikum und ist auch für Besucher mit einem geringeren Vorwissen und Interesse ansprechend (vgl. Schneider (2012), S. 157–159).

Geschichte weitflächig dafür.[3] Das Konzept für die Aktionstage entwickelten die Vorzeitkistenmitglieder mit Angeboten für Kinder auf unterschiedlichen motorischen, kognitiven[4] und wissenschaftlichen Entwicklungsstufen[5] auf Basis einer ganzheitlichen Pädagogik.

Um einen niedrigschwelligen Einstieg für die allerjüngsten Besucher beziehungsweise einen Erstkontakt mit der Thematik zu gestalten, wurden handlungsorientierte Angebote verschiedener Schwierigkeitsgrade entwickelt. Diese beinhalteten Anknüpfungspunkte zu verschiedenen Themen rund um die F.A.N., sodass sich Kinder auf einem höheren wissenschaftlichen Entwicklungsstand bis hin zu kleinen Experten zusätzlich intellektuell mit dem F.A.N.-Projekt auseinandersetzen konnten. Durch einen hohen Betreuungsschlüssel (maximal 1:4, meist eher 1:3) bestand Raum für (wissenschaftliche) Dialoge auf Augenhöhe. Im Folgenden wird das erarbeitete Konzept anhand von Beispielen aus den Aktionsnachmittagen im Herbst 2017 und Frühling 2018 illustriert.

Die Aktionsnachmittage fanden unter dem Titel „Ein Nachmittag bei den Römern" an der Bootswerft in Erlangen bzw. später am Liegeplatz der F.A.N. am Dechsendorfer Weiher statt. Kinder unterschiedlichster Altersstufen konnten bei einer Expertenführung an und auf der F.A.N. durch Prof. Dr. Dreyer alle Fragen zu Boot, Bau und Besatzung stellen und das Römerboot in Lebensgröße an- und begreifen. Im Anschluss standen verschiedenste Mitmachaktionen der Vorzeitkiste zur Auswahl: Wer aktiv etwas zum Bootsbau beitragen wollte, fertigte Hanfschnüre zur Abdichtung des Bootes oder stellte mit eigener Körperkraft und einem Schlageisen Holzdübel und Verbindungsstifte für die Bootsbauer her. Gespräche ermöglichten einen tieferen Einstieg in das Thema „Bootsbautechniken" bzw. „Holzverarbeitung" sowie über einen Abgleich mit der Gegenwart eine allgemeine Beschäftigung mit dem Thema „Technologischer Fortschritt".

Die Anknüpfung an die Gegenwart und an die eigene Erfahrungswelt der Kinder bietet einen leichten Einstieg in fremde Themen. Die Möglichkeit, eigenes Wissen (als Experte für die

---

3 Den Wunsch, einer möglichst breiten Zielgruppe einen Zugang zur Forschung rund um die F.A.N. zu gewähren, verwirklichten die Museumspädagogen zusammen mit den Mitarbeitern des Institutes für Alte Geschichte durch weit gestreute Werbung an allen Erlanger Schulen und Horten sowie beim Ferienbetreuungsprogramm der Universität.

4 Das Programm war schwerpunktmäßig auf Kinder von der ersten bis zur sechsten Klasse ausgerichtet, berücksichtigte aber auch jüngere Geschwister ab etwa 3 Jahren, die erfahrungsgemäß zu Aktionstagen mitgenommen werden. Eine Beschäftigung auch für die Kleinsten zu bieten, wirkt sich positiv auf die Verweildauer der größeren Geschwister aus.

5 Nach dem Stufenmodell zur kognitiven Technikförderung erfolgt die Steigerung von Fachwissen, Interesse und Motivation zur Beschäftigung mit Wissenschaft in folgenden Stufen: Anfängliches Interesse – Aufgeschlossenheit – Entwicklung von Eigeninitiative/ intrinsischer Motivation – Talentförderung und Entwicklung von Qualifikationen und eines Selbstkonzeptes – Berufliche Orientierung. (Acatech (2011), S. 13–15).

eigene Welt) zur Diskussion beizutragen und zu vergleichen, motiviert Menschen jeden Alters, fremde Themenkomplexe zu erforschen. Einen solchen Gegenwartsbezug erlebten die Kinder am Römerboot auch, indem sie Alltagsgegenstände aus dem Leben der Schiffsbesatzung wie tönerne Faltenbecher, Fibeln (Gewandschließen) und römische Spiele herstellten, mit heutigen Äquivalenten verglichen und ausprobierten.

Abb. 1: Römerbootbesucher bei der Herstellung von Dichtungsschnüren aus Hanf

Für die kleinsten Bootsbesucher entwickelte die Vorzeitkiste als vertrautes Medium Ausmalbögen mit verschiedenen Rekonstruktionsvorschlägen der Rumpfbemalung. Ältere Kinder lernten in Gesprächen beim Ausmalen mehr über Quellen zum Aussehen von römischen Schiffen, Farbherstellung bei den Römern und die abgebildeten Motive.

Beim Töpfern von bootsförmigen Öllampen nach antiken Vorbildern verfestigten die Kinder das in der Expertenführung erworbene Wissen über die verschiedenen Teile eines römischen Bootes. Während des Arbeitens besprachen sie mit den Museumspädagogen Funktionen verschiedener Bootsteile, aber auch die strömungsmechanischen Eigenschaften verschiedener Rumpfformen sowie den Alltag der Besatzung eines römischen Patrouillenschiffes.

Bei allen Mitmachaktionen stand den Kindern frei, ihre Erzeugnisse als Erinnerung mit nach Hause zu nehmen oder ihre Dichtungsschnüre und Holzstifte als Material für die Bootsbauer zu spenden.

Abb. 2: Fertige Erinnerungsstücke zum Mitnehmen: bootsförmige Öllampen, selbst geschlagene Holzstifte und Fibeln aus Draht

7.3 Rückblick: Vom Vergnügen bis zur intrinsischen Motivation für die Kleinen und zur Förderung der Meinungsbildung bei den Großen

Welchen Beitrag zur Wissenschaftskommunikation für die Kleinsten konnte die Vorzeitkiste mit ihrem Programm leisten? Diese Frage lässt sich am Besten in der Rückschau betrachten:

Gute Wissenschaftskommunikation soll sich an Bürger aller Gesellschaftsschichten richten. Ein Versuch, dem nahe zu kommen, lag in den Werbetexten, die nicht nur im universitären Umfeld, sondern auch in allen Schulen und Horten Erlangens verteilt wurden.

Aus den Gesprächen mit den Kindern und ihren Begleitpersonen wurde klar, dass die Aktionsnachmittage trotzdem vor allem von ohnehin schon wissenschaftsinteressierten Familien wahrgenommen wurden. Hier besteht Verbesserungspotential.[6]

6 Eventuell könnten Werbemaßnahmen in der Fußgängerzone mit verschiedenen Hands-On-Angeboten oder einer kurzen Mitmachaktion für Passanten bei einer breiteren Zielgruppe Neugier wecken.

Als positiv zu werten ist allerdings, dass auch Kinder mit wenig eigenem wissenschaftlichen Interesse durch die handlungsorientierten Angebote sowie durch die Möglichkeit, einen günstigen[7] Freitagnachmittag mit ihren Freunden zu verbringen, „angelockt wurden".[8] Zusätzlich fanden sich unter den Besuchern Kinder mit einem anfänglichem Interesse an bzw. einer Aufgeschlossenheit gegenüber den Geschichts- und Archäologischen Wissenschaften bis hin zu kleinen Experten mit einer hohen intrinsischen Motivation und bereits großem vorhandenen Fachwissen.[9] Jeder dieser Besuchertypen fand im Programm der Aktionsnachmittage Ansprache (s. u. Resonanz auf die Aktionsnachmittage). Andere Ziele der Wissenschaftskommunikation sind: Forschungsergebnisse und -fragen ins Bewusstsein der Bürger rücken, Interesse an und Verstehen von wissenschaftlichen Sachverhalten sowie Meinungsbildung fördern, Vergnügen an Wissenschaft wecken, deren Unterhaltungswert steigern und Nachwuchsförderung und -bildung.[10]

Die Resonanz auf die Aktionsnachmittage der Vorzeitkiste deutet einen Erfolg in Bezug auf einige dieser Ziele an. Die Nachmittage waren geprägt von einer hohen Verweildauer der Besucher. Fast alle nutzten den kompletten zeitlichen Rahmen und jedes der Angebote, sodass für sie zumindest für einen Nachmittag lang Vergnügen und Interesse am Forschungsprojekt F.A.N. im Mittelpunkt standen. Einige der Besucher (sowohl Experten als auch Kinder am Beginn der wissenschaftlichen Entwicklung) kamen wiederholt zu den Aktionsnachmittagen, sodass bei diesem Teil von einem nachhaltig geweckten Interesse ausgegangen werden darf. Von der Aufgeschlossenheit und Neugier der Kinder zeugten auch die Gespräche, die zum Teil weit über die anvisierten Themenkomplexe hinausführten. Mit den erwachsenen Begleitpersonen kamen Diskussionen über die Bedeutung von Geschichts- und Archäologischen Wissenschaften, die Wichtigkeit der Erhaltung von und Forschung an Kulturgütern und die allgemeine Praxis der Denkmalpflege in Bayern auf. Viele Fragen der Erwachsenen bezogen sich außerdem auf die Forschungsmethoden der beiden genannten Wissenschaften. Ob die geführten Gespräche zu einer gesteigerten Akzeptanz für die Fächer Archäologie und Geschichte mit ihren Forschungsanliegen geführt haben, ist schwer zu beurteilen. Sicher ist aber, dass sie einen Beitrag zur differenzierten Urteilsbildung bei den Begleitpersonen geleistet haben,

7 Zum Ausgleich der Materialkosten verlangte die Vorzeitkiste 3 Euro pro Kind.

8 Auf museale Kontexte bezogen handelt es sich hier um eher typische „Nichtbesucher" (vgl. Schneider (2012), S. 157).

9 Vgl. hierzu Stufenmodell in Fußnote 2.

10 Vergleiche die Definitionen von P. Weingart und M. Voß (Weingart/Voß (2008)), ergänzt um jene von T. Burns, J. O'Connor und S. Stocklmayer (Burns/O'Connor/Stocklmayer (2003), S. 183).

da gerade auch kritische Themen wie das Verursacherprinzip[11] für Ausgrabungen diskutiert wurden.

Abb. 3: Herstellung von Holzstiften mit Schlageisen und Hammer

Nachwuchsförderung war aufgrund des Formates nur zu einem geringen Teil möglich und bezog sich neben der Wissenserweiterung vor allem darauf, den Kindern mit großem Fachwissen auch in Sachen Ausbildung zum Geschichtswissenschaftler bzw. Archäologen und entsprechenden Berufsmöglichkeiten Rede und Antwort zu stehen.

Zum Abschluss sei noch kurz erwähnt, dass das beschriebene Programm der Aktionsnachmittage in leicht abgewandelter Form im Sommer 2018 bei den Markttagen des Wissens in Erlangen und Nürnberg zum Einsatz kam. Im Vorfeld zu diesen Aktionstagen lernte die Vorzeitkiste studentische Mitarbeiter des Institutes für Alte Geschichte an, um den Betreuungsschlüssel trotz Einsatz der Vorzeitkiste am eigenen Institut und dem für Alte Geschichte hoch zu halten. Hier fand Wissenschaftskommunikation zwischen verschiedenen Wissenschaften

11 Bayern ist eines der Bundesländer, in dem das Verursacherprinzip gilt. Beschädigt oder zerstört ein Bauherr mit seiner Bautätigkeit ein Bodendenkmal, trägt er als Verursacher die Kosten für die archäologische Grabung. Die durch Grabungen zusätzlich entstehenden Kosten „für ein paar Scherben" stoßen nicht überall auf Verständnis.

statt. Von Seiten der Vorzeitkiste möchten wir uns für die Erweiterung unseres Wissens und den Zuwachs an Erfahrung im Rahmen der F.A.N.-Aktionsnachmittage bedanken sowie bei den Althistorikern und den Mitarbeitern „unseres" Institutes für Ur- und Frühgeschichte für ihre Unterstützung.

Literaturangaben

Acatech, Monitoring von Motivations-Konzepten für den Techniknachwuchs (MoMoTech), Acatech berichtet und empfiehlt Nr. 5, Springer 2011.

Burns, T. / J. O'Connor / S. Stocklmayer, Science communication: a contemporary definition, Public Understanding of Science 12, 2003, S. 183–202.

Schneider, B., Wissenschaftskommunikation: Aufmerksamkeit, Lerneffekt, nachhaltiges Interesse und Einbindung. Archäologische Informationen 35, 2012, S. 155–162.

Weingart, P. / M. Voß, Wissenschaftskommunikation, 2008.

https://www.wissenschaftsmanagement-online.de/beitrag/wissenschaftskommunikation-prof-dr-peter-weingart-miriam-vo [28.08.2020].

Abbildungsverzeichnis

Abb. 1–3: Foto S. Kliem

8 Gymnasium Fridericianum Erlangen

P-Seminar 2017/19 und Beteiligung am Bau

Bau eines Römerschiffes

Bericht: Susanne Meißner, Gymnasium Fridericianum Erlangen

8.1 Hintergründe des Projekts F.A.N.

Anlässlich des 275. Jubiläums der Friedrich-Alexander-Universität Erlangen (FAU) wurde das Projekt Fridericiana Alexandrina Navis (F.A.N.) ins Leben gerufen. Unter der Leitung von Professor Boris Dreyer wurde seit Ende 2016 daran geplant. Wie auch die Universität Regensburg, die schon 2004 nach dem Vorbild der Funde in Mainz ein anderes Römerschiff nachbaute, ging FAU daran, ein Replikat nach dem Fund bei Oberstimm bei Manching zu bauen. Auch die Universität Trier baute bereits 2008 ein für militärische Zwecke dienendes Römerschiff namens Victoria.

Die bauliche Leitung bestand aus Matthias Helterhof und Falk Andraschko, beide Bootbauer aus Usedom, die Schüler des Gymnasium Fridericianum, freiwillige Helfer aus der Region und Studenten der FAU beaufsichtigten und anleiteten. So wurde fünf Tage die Woche in zwei Schichten von früh um acht bis abends um fünf Uhr gearbeitet. Die Studenten stammten aus verschiedenen Studiengängen, unter anderem der Fremdsprachendidaktik, der Fertigungstechnik, der Architektur-Fakultät, der Sportwissenschaft und natürlich der Altertumswissenschaften, während die Schüler im Zuge eines von Herrn Prof. Dr. Holzhausen angebotenen P-Seminars an dem Projekt teilnahmen (Abb. 1).

Abb. 1: P-Seminar-Teilnehmer

Ab dem ersten Arbeitstag am 24.04.2017 fand die praktische Durchführung in der Hartmannstraße 120 auf einem Sportplatz der FAU in einem extra hierfür erworbenen Zelt statt.

Der Nachbau dient unter anderem dazu, mehr über Einsatz und Funktion der Beruderung und der Besegelung zu erfahren. Außerdem gibt dies der Universität die Chance, Schnelligkeit und Verhalten des antiken Schiffs in der Strömung zu testen. Insgesamt soll dies die Bedingungen aufzeigen, unter denen die Römer auf den Wasserstraßen Germaniens unterwegs waren.

Bei dem Projekt war es sehr erfreulich, dass das Forstamt Mittelfranken kostenfrei mehrere Bäume zur Verfügung stellte, wie rechts auf dem Bild zu sehen ist.

Nach Fertigstellung der F.A.N. begab sich diese am 18.07.2018 auf ihre etwa einmonatige Jungfernfahrt auf der Donau von Manching bis nach Tulcea in Rumänien. Immer wieder wird sie verschiedenen Tests unterzogen.

8.2 Das Kinderprogramm an der Langen Nacht der Wissenschaft am 21.10.2017

An der Langen Nacht der Wissenschaft hatten Michael Ferreira Giese und ich Station 2 zur Überprüfung der mentalen und physischen Fähigkeiten der Kinder.

Als erstes sollten sie unter Beweis stellen, ob sie denn überhaupt genug Durchhaltevermögen besäßen, um den ganzen Tag zu rudern. Hierfür ließen wir sie Hampelmänner, Schubkarrenrennen und einige andere sportliche Übungen absolvieren. Als sehr motivierend erwies sich hierbei, alle Spiele vorzumachen und uns anschließend zu beteiligen.

Abb. 2: Kinderprogramm auf der Langen Nacht der Wissenschaften

Der nächste Test bestand darin, die Merkfähigkeit der Nachwuchsruderer zu trainieren. Wir legten die auf dem Foto erkennbaren (Abb. 2) altertümlichen Gegenstände auf den Tisch und ließen den Kindern etwas Zeit, sich die Lage und die Anzahl einzuprägen. Nachdem sich die Jungen und Mädchen umgedreht hatten, veränderten wir einige Dinge, die die Kleinen anschließend herausfinden und nennen mussten. Den Schwierigkeitsgrad passten wir dem Alter an. Im Zuge dessen mussten die größeren fünf Unterschiede feststellen, die jüngeren lediglich zwei oder drei.

Als letztes hatten wir noch einen Hindernisparcour aufgebaut, der mit einem „Goldklumpen" auf dem Löffel durchlaufen werden sollte. Dabei musste man erst über einen Holzklotz steigen, dann unter dem Tisch hindurch klettern und anschließend Slalom um die übrigen Hindernisse laufen. Wenn man erfolgreich zurückgekehrt war, bekam man von Michael und mir einen Stempel auf seinen Laufzettel und die Stöcke ausgehändigt, die für die nächste Station gebraucht wurden.

Während mein Partner meist die dritte Station beaufsichtigte und erläuterte, war ich eher für die ersten beiden zuständig.

Alles in allem war es ein gelungener, themenbezogener Nachmittag voller Aktivität, der sowohl den Kindern als auch mir Freude bereitete.

8.3 Exkursion nach Manching ins Kelten-Römer-Museum am 02.02.2018

Gleich nach der Schule ging es an jenem Freitag mit einer kleinen Gruppe, bestehend aus dem Bootsbauer Falk Andraschko, Althistoriker Professor Boris Dreyer, einigen Helfern und mir, nach Manching. Nach langer Fahrt kamen wir an dem riesigen Gebäude in Manching an und durften die Schiffsfunde begutachten. Wir erhielten die Erlaubnis, aus nächster Nähe hinter der Absperrung die Überreste zu betrachten. Hier konnte ich zum Beispiel feststellen, dass nicht nur Holznägel, sondern auch Metallnägel zur Befestigung des Kielschweins verwendet wurden.

Die Wracks stammen aus der Zeit um etwa 100 n. Chr. und fanden als Patrouillenboote, Geleitschutz und auch als Gefechtsboote Einsatz im römischen Militär.

Gefunden wurden die auf die domitianische/trajanische Zeit zurückgehenden Boote in einem bei der Entdeckung 1986 bereits ausgetrockneten Nebenfluss der Donau. Weswegen sie unter Wasser fixiert worden waren, ist ungeklärt. Beide Schiffe sind nicht vollständig erhalten, weshalb viele Vermutungen bezüglich ursprünglichen Aufbaus und Aussehens oberhalb des Dollbords aufgestellt wurden.

Neben den beiden Wracks war ein Teil des Boots in Originalgröße nachgebaut, um sich eine Vorstellung vom ursprünglichen Aussehen der Boote machen zu können. Gemäß der Rekonstruktion hatten die Schiffe eine Länge von 15,7 m und boten für 18–20 Ruderer Platz. Damit entsprechen sie in den Maßen und der möglichen Besatzung dem Nachbau F.A.N. Die Originale erreichten Geschwindigkeiten bis zu 6 Knoten. Mit Segeln und unter Wind waren sie sogar noch schneller.

8.4 Eigener Anteil am Projekt

Als ich das erste Mal Ende August 2017 zum Schiffsbau kam, sah das Boots für mein damals unerfahrenes Auge schon recht fortgeschritten aus (Abb. 3). Ich wurde sogleich eines Besseren belehrt, denn hier fehlten die der Stabilität dienenden Spanten. Diese durfte ich auch in meiner ersten Woche bauen, was sich als eine äußerst schwierige Aufgabe herausstellte.

Abb. 3: Zustand Bau Aug. 2017

Da die Biegung des Rumpfes sich an jeder Stelle unterscheidet, musste ihr jeder Spant separat in feinster Kleinarbeit eingepasst werden. Hierfür verwendet man eine sogenannte Schablone (Abb. 4). Das Holzbrett wird an den markierten Ort angelegt, an dem der Spant einmal sitzen soll, und kleine Holzanzeiger werden an jede durch die Planken bedingte Biegung angeschraubt. Bis die Schablone ein passendes Bild abgibt, müssen die Anzeiger gegebenenfalls mehrfach an- und abgeschraubt werden.

Abb. 4: Arbeiten mit Modell zur Erstellung einer Schablone

Anschließend mussten meine Kollegin und ich im Krummholzlager auf die Suche nach einem passenden Eichenholz gehen (Abb. 5). Dies ist ebenfalls nicht immer leicht, da das Holzstück die richtige Krümmung besitzen muss, keine Risse haben darf und an den Seiten noch etwas Luft haben sollte, um im Notfall Ungenauigkeiten ausgleichen zu können. Außerdem ist das äußere, der Rinde nahe Holz zu weich, als dass wir es hätten verwenden können.

Abb. 5: Modell wird an Eiche angelegt, die zu einer Spante / einem Auflanger werden soll.

Nach dem groben Zuschnitt mit der Kettensäge, mussten wir das ausgewählte Holz einige Male durch den sogenannten Dickenhobel schieben, da das Krummholz zu dick war. Dadurch konnten wir unseren Spant auf die endgültige Stärke von 90 mm hobeln.

Danach zeichneten wir die Krümmung des Bugs, die einmal der Krümmung des Spants entsprechen sollte, mit Hilfe der Schablone an (Abb. 6).

Abb. 6: Die von dem Modell auf die Eiche abgetragenen Punkte werden mit einer Strak-latte harmonisch verbunden.

Anschließend wurde mit dem Elektrohobel die grobe Form angehobelt und mit Beitel und Klopfholz etwas genauer die Form herausgeklopft (Abb. 7). Ich musste genau aufpassen, dass ich nicht über die angezeichnete Linie hinaus Holz abtrug. Sobald ich relativ nahe an der Markierung war, stieg ich auf den Schinder oder den Handhobel um.

Abb. 7: Spant wird ausgearbeitet.

Zwischendrin probierten wir immer wieder aus, ob die Krümmung unseres Spants mit der des Schiffes übereinstimmte. Trotzdem gelang es uns nicht, den Spant passend auszuhobeln und wir mussten mit Hilfe des Parallelpassers, eine Art Zirkel, den Abstand vom Spant zum Bug minimieren.

Schmiegte sich beides nach langer und wiederholter Überarbeitung endlich aneinander, bestand die neue Herausforderung darin, den Spant am Bug zu befestigen. Hierfür brauchte man einerseits ein Loch, das durch die Bordwand und den Spant ging, und andererseits einen Nagel. Die schon gedrechselten Holznägel hatte ich zuvor schon bearbeitet, indem ich an einer bestimmten Stelle ein Loch hineinbohrte, um zu verhindern, dass der Nagel beim späteren Spalten zu weit aufbrach. Das Loch bohrte ich mit Hilfe des sogenannten Schlangenbohrers. Da dieser enorme Kraft hat, war es schwierig den geforderten Winkel von 90° zur Planke zu erreichen. Eine vorherige Anzeichnung war unbedingt nötig.

Bevor der Nagel von außen in den Bug geschlagen werden konnte, mussten alle Kontaktflächen zwischen Spant und Planken und der Nagelschaft mit Wurzelteer angestrichen werden.

Von außen sah das Schiff danach wie auf der Abb. 8 aus. Die Nägelköpfe wurden später noch abgesägt. Überall, wo braune Farbe zu sehen ist, wurde zu viel Wurzelteer aufgetragen.

Abb. 8: Nach Fixierung der Spanten an die Planken mit Eichennägeln

Damit der Nagel nach dem Einschlagen nicht wieder hinausrutschen konnte, schlug ich in das gespaltene Ende des Nagels einen Holzkeil. Den herausragenden Rest sägte ich ab. Schlussendlich befanden sich in jedem Spant mehrere Nägel. Außerdem brach ich noch die scharfen Kanten ab, um das Verletzungsrisiko zu minimieren.

Diese Prozedere des Spantenbauens und -einsetzens sowie Teile davon durchlief wiederholte ich bei einigen Spanten.

Im Oktober setzten wir den herausnehmbaren Fußboden ein. Dazu maßen wir alle benötigten Stücke ab und schnitten das Holz mit Hilfe der Bandsäge in die richtigen Längen.

Im Januar waren wir für das Rollen von Hanfseilen und das anschließende Kalfaten zuständig. Wir separierten große Strünke von Hanffasern und rollten sie dann mit der flachen Hand über ein Tuch, bis sie ein homogenes Seil bildeten (Abb. 9). Mit Hämmern schlugen wir danach die Kalfateisen in die Zwischenritzen der Planken, um die Zwischenräume zu weiten (Abb. 10). Dort drückten wir dann die gedrehten Hanfseile hinein und verschlossen alles mit Polyurethan, einem Kunstoff.

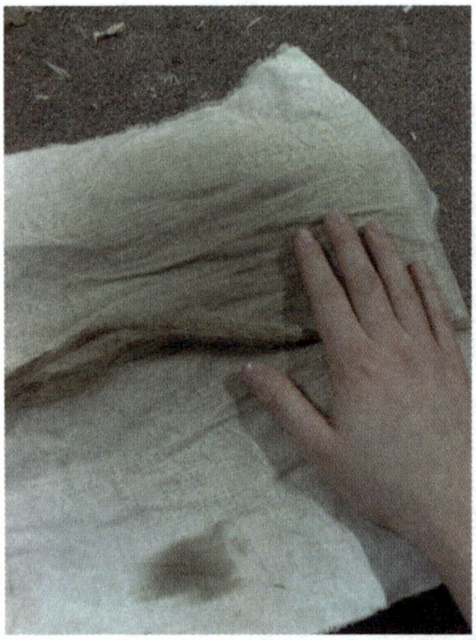

Abb. 9–10: Hanffasern werden zu einem Seil gedreht und dann zwischen die Planken geklopft (Kalfaten).

Am 23.3.2018 fand die Wasserung der F.A.N. am Dechsendorfer Weiher statt. Sie diente dazu, dass sich das Holz des Schiffes voller Wasser sog und damit aufquoll, um somit längerfristig dicht zu werden. Wir alle waren sehr überrascht, dass das Boot bereits eine derartige Dichtigkeit aufwies, dass es nicht unterging. Mit extra hierfür gebackenen „Römerbrot fürs Römerboot" wurde der historische Bezug nochmals unterstrichen. Die Aktion war ein voller Erfolg, der auch sehr medienwirksam war (siehe Anhang).

Am 13.5. fuhren Ian Backes und ich nach Fürth, um die F.A.N. dort anlegen zu sehen. Auch diese Veranstaltung war trotz wechselhaften Wetters gut besucht. Leider kam das Schiff deutlich früher als geplant. Später blieb genug Zeit, sich das Schiff anzusehen und mit Mitarbeitern am Bootsbau zu reden.

8.5 Fazit

Dieses Projekt war wirklich eine wunderschöne Erfahrung für mich. Hier wurden Theorie und Praxis unmittelbar miteinander verbunden.

Die im Zelt aufgehängten technischen Zeichnungen und Baupläne wurden vor Ort in Werkstücke umgesetzt. Ich konnte erleben, wie das Boot Stück für Stück und Spante für Spante wuchs und sich mein Gefühl für Werkzeug und Holz verbesserte. Jetzt kenne ich mich nun mit Hobeln, Schindern, Bandsägen, Bohrern, Hanfseilen und Streichen aus. Sicherlich werde ich von den dazugewonnenen Fähigkeiten in meinem weiteren Leben profitieren.

Die kompetente Anleitung durch die Bootsbauer war Grundlage für den erfolgreichen Ablauf des Projekts, was sich nach der Wässerung am Dechsendorfer Weiher deutlich zeigte: F.A.N. war dicht. Nach dem vielbesuchten Stapellauf begann unmittelbar die Jungfernfahrt über Nürnberg und Fürth Richtung Rumänien.

Interessant war auch der Vergleich unseres Nachbaus mit dem Vorbild des ausgegrabenen Wracks im Museum in Manching.

Als sehr positiv empfand ich, dass die bunte Gruppe aus Studenten, Rentnern, Bootsbauern, Freiwilligen und Schülern es möglich machte, unterhaltsame Diskussionen zu führen und sich so eine breite Meinung zu bilden. Trotz des Altersunterschieds und der verschiedenen Bildung gelang es den Leitern, aus uns ein Team zu formen, was sich an kleinen Grillabenden und der Weihnachtsfeier zeigte.

Wenn man bedenkt, dass viele unserer heutigen Hilfsmittel den Römern nicht zur Verfügung standen, ist es erstaunlich, dass es ihnen trotzdem gelang, solch elegante, schnelle Boote herzustellen.

Zusammenfassend lässt sich sagen, dass durch die Teilnahme an dem Projekt „Bau eines Römerschiffs“ Geschichte für mich tatsächlich erlebbar wurde.

Abbildungsverzeichnis

Abb. 1–10: Foto Susanne Meißner

9 Die Eichendorffschule

Mittelschule Erlangen

Helmut Klemm, Direktor

Es war ein kleiner Beitrag der Eichendorffschule für ein großartiges Projekt der FAU. Als am 12.05.2018 die „Fridericiana Alexandrina Navis" ihre Tauglichkeit auf dem Main-Donau-Kanal unter dem Jubel der zahlreichen Honoratioren und Schaulustigen unter Beweis stellte, waren nicht nur der Althistorische Projektleiter und sein Forscherteam mächtig stolz. Auch an der Mittelschule im Erlanger Stadtteil Bruck klopfte man sich ein wenig auf die schmalen Schultern. Schließlich hatten Schüler der achten Jahrgangsstufe beim Nachbau des antiken Römerbootes mitgeholfen. Über Wochen fanden sich wechselnde Gruppen regelmäßig auf der provisorischen Werft in unmittelbarer Nachbarschaft zum altehrwürdigen Gymnasium Fridericianum ein, um unter der fachmännischen Anleitung professioneller Bootsbauer Hand anzulegen. Aber der Reihe nach.

Natürlich war die Anfrage von Herrn Prof. Dr. Boris Dreyer für uns so überraschend wie anregend. Wie konnten wir als kleine Schule dieses Prestigeprojekt der großen Universität sinnvoll unterstützen? Wir waren in römischer Geschichte nicht besonders bewandert, geschweige denn versierte Bootsbauer. Aber unsere Schüler besuchten das Wahlpflichtfach Technik und verfügten über grundlegende Kompetenzen im Umgang mit dem verwendeten Werkstoff. Das Schleifen von Massivholz und Holzwerkstoffen gehört ebenso zu den Lerninhalten dieses profilbildenden Faches wie das Messen, Anreißen, Trennen oder Fügen in Form von Überplattungen oder Zapfenverbindungen. In vier Unterrichtsstunden pro Woche sammeln Schülerinnen und Schüler der achten Klassen Kompetenzen im Umgang mit verschiedenen Materialien, Maschinen und Werkzeugen. Von der 7. bis zur 10. Klasse erhalten diese jungen Techniker somit eine solide praktische Grundlage für eine spätere Berufsausbildung. Diese Kompetenzen nicht nur im Werkraum der Schule an kleinen, individuellen Werkstücken auszuprobieren, sondern gleichsam in den Dienst einer großen, gemeinsamen Aufgabe zu stellen, darin lag ein Anreiz für die Unterstützung des Projekts. Nicht zu unterschätzen waren der außerschulische Kontext und das außerunterrichtliche Setting. Nicht nur in der Schule und für die Schule lernen wir und schon gar nicht nur für Noten. Vor über zwei Jahren waren unsere Achtklässler noch Halbtagsschüler. Der Schultag war kurz und eng getaktet. Das Projekt musste in den Stundenplan eingepasst werden, manchmal auch umgekehrt.

Unsere Schüler sollten Geschichte hautnah erleben und selbst ein kleines Kapitel Geschichte schreiben. Die Zusammenarbeit mit Jugendlichen anderer Schularten und Studenten, mit Profis und Professoren malten wir uns als ein bereicherndes Element aus. Bereichernd für die Schule im Allgemeinen und die Jugendlichen im Speziellen. Sie sollten über die Arbeit am Römerboot ein historisches und technisches Interesse entwickeln und die Schulfamilie in ihre Erlebnisse und Erfahrungen einbeziehen. Nicht alles ließ sich realisieren, aber die Schüler halfen beim Aufbau des Großzeltes, hobelten Planken, stemmten eifrig Nuten aus, bauten die Steamkiste und leisteten damit einen wichtigen Beitrag, wurde uns zertifiziert. Gerne hätten wir noch mehr gemacht.

Über zwei Jahre nach der Schiffstaufe haben sich die Dinge an der Eichendorffschule grundlegend geändert. Reine Ganztagsschule, das Fach Verantwortung und das Projekt Herausforderung, der Campus Eichendorffschule und unser Wissen um projektorientiertes Lernen haben uns zu einen zeitgemäßen Bildungs- und Kulturort werden lassen. Heute geistern unsere spannenden Gedanken nicht nur durch den Kopf, sondern werden für unsere Kinder und Jugendlichen im Schulalltag erlebbar.

Wir wünschen den Forschern gute Erkenntnisse im Umgang mit dem Boot und der F.A.N. immer eine Handbreit Wasser unter dem Kiel.

10 Ein 3D-Modell des Oberstimmer Wracks 2 als Anschauungs- und Funktionsmodell

Dietmar Drummer, Andreas Wörz (Kunstofftechnik, FAU)

10.1 Ausgangssituation und Aufgabenstellung

Im Rahmen des Projekts zum Nachbau eines Römerboots sollten Anschauungs- und Funktionsmodelle hergestellt werden, die sowohl als Demonstratoren zur Vorstellung des Projekts als auch zur Ermittlung der Strömungseigenschaften im Wasser während der Fahrt genutzt werden können. Grundvoraussetzung hierfür war die detailgetreue Herstellung von skalierten Modellen. Die Generierung der erforderlichen geometrischen Daten des Modells erfolgte mittels des Ansatzes des „Reverse Engineering", bei dem noch vorhandene Fragmente eingescannt und anschließend zu einem 3D-Modell zusammengesetzt werden. Die Ausgangssituation zur Herstellung der Modelle stellte ein 3D-CAD-Datensatz dar. Das Boot sollte skaliert gefertigt werden unter Aufrechterhaltung einer möglichst hohen Detailtreue. Hierbei wurde entsprechend der Anforderungen vorgegangen und auf die Herstellbarkeit, insbesondere von feinen Strukturen, wie beispielsweise der Ruder, geachtet. Die Umsetzung der Modelle erfolgt aufgrund der geringen Stückzahl sowie der komplexen Geometrie des Rumpfes mittels Additiver Fertigung am Lehrstuhl für Kunststofftechnik (LKT) an der Friedrich-Alexander-Universität Erlangen-Nürnberg. Im Folgenden werden die Herausforderungen zur Fertigung des Modells sowie der Verfahrensablauf des selektiven Lasersinters (LS) und die Herstellung des Modells detailliert vorgestellt.

10.2 Besondere Herausforderungen bei der Fertigung

Additive Fertigungsverfahren unterscheiden sich durch den schichtweisen Aufbau von dreidimensionalen Geometrien maßgeblich von konventionellen Fertigungsverfahren, wie dem Spitzgießverfahren. Aufgrund der daraus resultierenden hohen Geometriefreiheit bei der Fertigung und der Möglichkeit, Bauteile mit nahezu beliebiger Komplexität oder Funktionalität zu entwickeln, werden Sie zur Herstellung von individualisierten Kunststoffbauteilen, Prototypen und für Anwendungen in der Kleinserie eingesetzt. Additive Fertigungsverfahren besitzen im Vergleich zu konventionellen Verfahren spezifische Anwendungsfelder und Limitationen, einen verfahrensabhängigen Prozessablauf sowie prozesstypische Bauteileigenschaften, auf die im Folgenden eingegangen werden soll. Für die Fertigung des Römerbootmodells (im Maßstab 1:100) mittels des Verfahrens des selektiven Lasersinterns ergeben sich deshalb besondere Herausforderungen, die thematisch im Rahmen dieses Abschnittes dargelegt werden sollen.

Additive Fertigungsverfahren

Mittels Additiver Fertigungsverfahren werden Bauteile mit nahezu grenzenloser Gestaltungsfreiheit unmittelbar auf der Basis von 3D-CAD-Modellen ohne formgebende Werkzeuge bei kurzer Prozesszeit gefertigt. Die Bauteile entstehen durch das Aneinanderfügen von Volumenelementen des Ausgangswerkstoffes und werden bei den gängigen Verfahren schichtweise generiert. Dies ermöglicht die Herstellung von komplexen Geometrien, wie Hinterschnitten oder Hohlräumen in einem Prozess.

Gemäß der Einteilung der Fertigungsverfahren nach DIN 8580 gehören diese Fertigungsverfahren zur Hauptgruppe Urformen (Zusammenhalt schaffen) oder der Einteilung von Burns folgend, welche zwischen Additiven, Subtraktiven und Formativen Fertigungsverfahren unterscheidet, zu den Additiven Fertigungsverfahren.[1]

Additive Fertigungsverfahren wurden ursprünglich für das Rapid Prototyping zur schnellen und flexiblen Herstellung von Modellen und Prototypen herangezogen. Hierdurch können vor allem in der Produktentwicklung bereits in frühen Entwicklungsphasen grundlegende Bauteileigenschaften des späteren Serienprodukts überprüft und somit kostspielige Fehler vermieden werden.[2] Einen weiteren Anwendungsbereich stellt das Rapid Tooling dar, bei dem Additive Fertigungsverfahren zur Herstellung von Formen oder Werkzeugen für die seriennahe Abformung von kleinen oder mittleren Stückzahlen genutzt werden.[3]

Unter Rapid Manufacturing wird die schnelle, flexible und effiziente Herstellung von seriennahen Bauteilen oder Endprodukten mit Hilfe der Additiven Fertigungsverfahren aus Kunststoff oder Metall verstanden. In den letzten Jahren konnten sich Additive Fertigungsverfahren

---

1 DIN 8580:2003-09; Bruns (1993).

2 Gebhardt (2016); Meindl (2005).

3 Meindl (2005).

immer stärker im Bereich des Rapid Manufacturings etablieren, was die Herstellung von Teilen mit Endbauteileigenschaften beschreibt.[4]

Prozessablauf Additiver Fertigungsverfahren

Der Prozessablauf Additiver Fertigungsverfahren lässt sich in die folgenden Prozessschritte des Preprocessings, Processings und des Postprocessings unterteilen (vgl. Abb. 1). Jeder dieser Prozessschritte hat einen maßgeblichen Einfluss auf die resultierende Qualität der herzustellenden Bauteile.

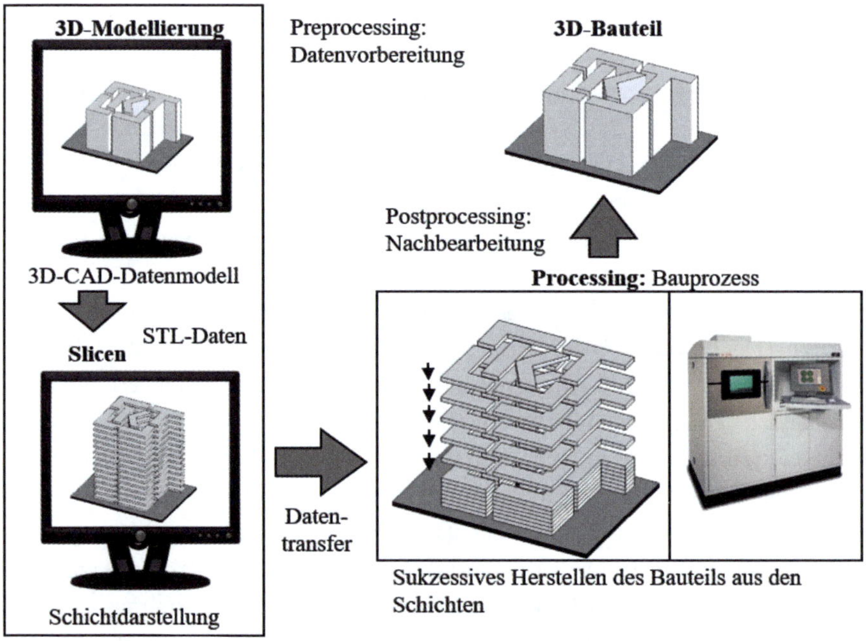

Abb. 1: Prozessablauf zur Bauteilherstellung mittels Additiver Fertigungsverfahren [nach Meindl (2005)]

Beim Preprocessing werden die Geometriedaten, welche zum Beispiel aus der Konstruktion mittels CAD-Software oder aus dem Reverse Engineering generiert werden, für den Verarbeitungsprozess vorbereitet. Das Reverse Engineering beschreibt die Ermittlung bzw.

4 Gebhardt (2016); Fruth / Grezesiak / Junior et al. (2006), S. 50-53.

Digitalisierung von soliden Bauteilen hin zu digitalen Konstruktionsdaten, z. B. mit Hilfe optischer Sensoren zur Geometrieerfassung. Beim Reverse Engineering liegt der Fokus meist auf ästhetischen und funktionalen Geometrien statt auf der Dimensionstreue. Das Reverse Engineering findet beispielsweise Anwendung in der Medizintechnik und in der Ergonomieoptimierung von Produkten. Hierbei werden die Patienten oder die Produktanwender geometrisch digitalisiert, um anschließend beispielsweise eine Prothese oder eine Atemschutzmaske optimal auf die Anatomie einer Person anzupassen. Ein weiteres Anwendungsgebiet besteht in der Rekonstruktion historischer Artefakte und Güter, wobei aus den Geometriedaten digitalisierter Fundstücke die ursprüngliche Geometrie nachempfunden werden kann. Im Rahmen dieses Beitrags erfolgte die Rekonstruktion des Römerboots anhand von Geometriedaten.[5]

Damit aus den 3D-Geometriedaten eine Verarbeitung erfolgen kann, muss der CAD-Datensatz auf das standardisierte STL-Format umgewandelt werden. In diesem Datenformat wird die Oberfläche der 3D-Körper mit Hilfe von Dreiecken beschrieben. Hierbei muss die Größe der Dreiecke fein genug sein, damit die Geometrie mit einer ausreichenden Genauigkeit abgebildet werden kann. Mit der Anlagensoftware wird die Positionierung und Ausrichtung des Bauteils im Bauraum festgelegt und falls notwendig Stützstrukturen zu den Geometriedaten hinzugefügt. Bei vielen Additiven Fertigungsverfahren ist die Positionierung und Ausrichtung der Bauteile im Bauraum entscheidend für die Qualität der resultierenden Bauteileigenschaften und die Größe der fertigbaren Bauteile abhängig von den nutzbaren Bauraumgrößen. Die Anlagensoftware schneidet Geometriedaten in einzelne Schichten entsprechend der vorher definierten Schichthöhe. Dies wird als Slicen bezeichnet. Zusätzlich werden die Pfade definiert, die eine Düse oder ein Laser abtasten muss, um den Bauteilquerschnitt der jeweiligen Schicht herzustellen. Dies wird als Hatching bezeichnet. Hierbei muss berücksichtigt werden, dass für jedes Additive Fertigungsverfahren unterschiedliche Grade an Geometrieauflösung bestehen. Daraus resultiert, dass sehr kleine Geometrien abhängig vom Additiven Fertigungsverfahren nicht mehr abgebildet und entsprechend nicht im Bauprozess berücksichtigt werden können. Anschließend werden jedem Bauteil die verfahrensspezifischen Prozessparameter zugewiesen und der Verarbeitungsschritt folgt. Abschließend beginnt das verfahrensspezifische Postprocessing zur Fertigstellung des 3D-Bauteils. Die Nachbehandlung muss insbesondere bei komplexen und filigranen Geometrien mit großer Vorsicht erfolgen, um das fertiggestellte Bauteil im finalen Arbeitsschritt nicht zu beschädigen. Es dient dem Entfernen von Stützstrukturen und der Einstellung von Oberflächeneigenschaften.

5 Back (2005).

Prozess des selektiven Lasersinterns

Für die Herstellung der Römerbootmodelle wird das Additive Fertigungsverfahren des selektiven Lasersinterns von Kunststoffen ausgewählt, da es neben der Möglichkeit filigrane Bauteile mit guten mechanischen Eigenschaften herzustellen, auch aufgrund der pulverbasierten Fertigung raue Oberflächen realisiert. Die Oberflächenstruktur soll an die ebenfalls raue Oberfläche von aus Holz gebauten Römerbooten hinweisen und bietet vergleichbare Oberflächeneigenschaften für Strömungstests.

Das selektive Lasersintern ist ein bedeutendes zukunftsweisendes Verfahren für die Produktion von Prototypen und Kleinserien. Die Einsatzfelder des Verfahrens sind bereits jetzt breiter als jene konkurrierender Schichtbauverfahren. In den folgenden Abschnitten wird dargestellt, wie die Herausforderung, das Römerboot mittels Lasersintern herzustellen, gelöst wurde. Hierfür wird der Fertigungsprozess, die Modellierung und Aufbereitung der Daten für den SLS-Prozess abgebildet sowie die praktische Herstellung des Römerboots in allen Prozessschritten dargestellt und diskutiert.

10.3 3D-Druck mittels Selektivem Lasersintern

Beim selektiven Lasersintern von Kunststoffen wird ein Bauteil durch das schichtweise Aufschmelzen von Pulverpartikeln generiert. Durch das Aneinanderfügen der jeweiligen Querschnittsflächen wird das Bauteil sukzessive hergestellt. Die Konturierung der Einzelschichtgeometrie erfolgt dabei in der horizontalen x-y-Ebene. Der Aufbau der Anlage sowie die Abfolge der einzelnen Prozessschritte zur Bauteilgenerierung werden im Nachfolgenden dargestellt.

Aufbau SLS Anlage

Im Folgenden werden die wesentlichen Bestandteile der SLS-Anlage genannt und deren Funktion innerhalb der Anlage und dem Prozess kurz erläutert werden:[6]

Laser: Der Laser bringt die zum Aufschmelzen des Kunststoffs benötigte Energie in das Pulverbett ein. Einsatz finden hier hauptsächlich CO_2 Laser, da diese Strahlung eines Wellenlängenbereichs emittieren, die von vielen Polymeren ausreichend absorbiert wird.

---

6 Schmid (2015a).

Scanner: Die beweglichen Spiegel dienen dazu, den Laserstrahl entsprechend der Schichtinformationen aus dem Slicen abzulenken und somit die jeweilige Querschnittsfläche vollständig zu belichten.

Oberflächenheizung: Durch die integrierte Heizung, bei der es sich zumeist um IR-Heizstrahler handelt, kann die Pulveroberfläche homogen auf Bautemperatur geheizt werden.

Feederbehälter: Die Feederbehälter beinhalten das Neupulver, das infolge des Absenkens des Bauraumes aufgetragen werden muss. Zur Bereitstellung des Pulvers ist dieser zusätzlich mit einer in z-Richtung verfahrbaren Plattform am Behälterboden versehen. Der Prozess wird in 0 detaillierter beschrieben.

Bauraum: Hier befindet sich das zu belichtende Pulver und das generierte Bauteil. Wie auch schon die Feederbehälter verfügt der Bauraum über einen Mechanismus der ein Absenken oder Anheben in z-Richtung möglich macht.

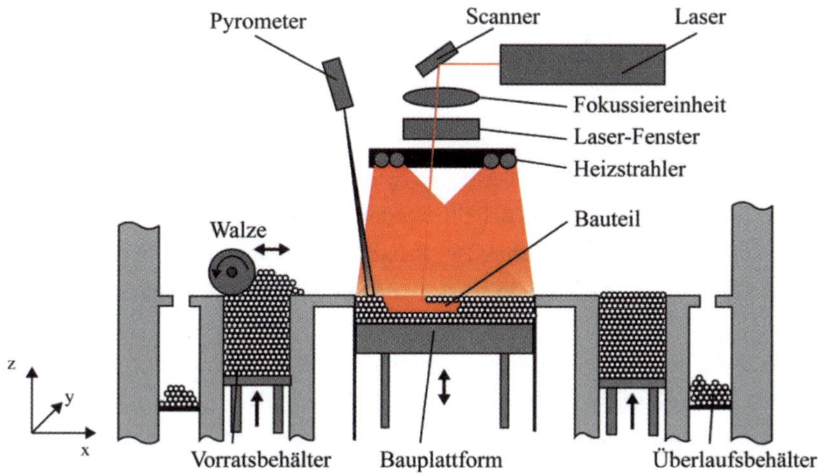

Abb. 2: Schematischer Aufbau einer SLS-Anlage [Launhardt – Wörz – Loderer et al. (2016), S. 217–226]

Prozessablauf

Das selektive Lasersintern als eine Untergruppierung der Additiven Fertigungsverfahren kann nach Schmid als sukzessive Beschichtung eines Bauraumes mit Kunststoffpulver beschrieben werden.[7] In den folgenden Punkten soll auf die Phasen des Fertigungsprozesses detailliert eingegangen werden.

Vorheizphase

Vor dem Beginn des eigentlichen Bauprozesses erfolgt zunächst eine Vortemperierung des Bauraums mittels Infrarotheizungen und damit eine Temperierung des Pulvers innerhalb der Feederbehälter. Ziel hierbei ist es, das Pulver homogen auf eine definierte Temperatur nahe der Schmelztemperatur zu erhitzen, sodass durch den Laser lediglich die Restenergie für den Aufschmelzvorgang bei der anschließenden Belichtung eingebracht werden muss. Ein weiterer wichtiger Effekt der Temperierung ist das Angleichen der Temperatur des aufgeschmolzenen Pulvers auf die Umgebungstemperatur um Verzugseffekte wie Curling durch Temperaturunterschiede bei der Abkühlung im Bauteil zu vermeiden. Bereits im Vorfeld der Aufheizphase wird die Baukammer mit einem Prozessgas, meistens Stickstoff geflutet, um das Pulver während des Aufheizens sowie dem anschließenden Bau- und Abkühlphase vor thermischer Oxidation durch Sauerstoffkontakt zu schützen.[8]

Bauprozess

Im Bauprozess erfolgt die eigentliche Belichtung des Bauteilquerschnitts, die zum Aufschmelzen des thermoplastischen Pulvers führt. Der Prozess kann dabei in die in Abb. 2 dargestellten Prozessschritte Energieeinbringung, Werkstoffkonsolidierung und Materialauftrag unterteilt werden.

Zunächst wird die Bauplattform um eine Schichtdicke, die im vorangegangenen Slicing-Prozess definiert wurde, abgesenkt. Anschließend wird Neupulver gleichmäßig über den Bauraum verteilt aufgetragen. Hierfür wird Pulver durch den Feederbehälter bereitgestellt und mit einem Auftragsmechanismus in Form eines Rakels oder einer Rolle in den Bauraum übertragen. Das so aufgetragene Pulver wird im nächsten Schritt durch eine Infrarotheizung auf die erforderliche Bauraumtemperatur, knapp unterhalb der Aufschmelztemperatur des verwendeten Polymers temperiert. Ist dies erfolgt, belichtet ein Laser den im Slicing definierten Bauteilquerschnitt, wodurch das Kunststoffpulver infolge des Energieeintrags lokal aufschmilzt. Hierfür tastet der Laserstahl, der über einen integrierten Umlenkspiegel per Computerbefehl

7 Schmid (2015a).

8 Kaddar (2010).

gesteuert wird, entsprechend der CAD-Datei den Querschnitt des Bauteils ab. Für die optimale Gestaltung und Auflösung der Querschnittsgeometrie sind eine Vielzahl von Einflussfaktoren wie bspw. die Scanstrategie, der Strahldurchmesser und Korrekturmaßnahmen, wie die Spurbreitenkompensation, zu beachten. Nach Abschluss der Belichtung wird die Bauplattform um eine weitere Schichthöhe abgesenkt und das Neupulver wird aufgetragen und anschließend auf Prozesstemperatur erwärmt. Ist diese erreicht, belichtet der Laserstrahl die nächste Schicht. Dieser Prozess wird so lange wiederholt bis die Bauteilgeometrie vollständig erzeugt ist.

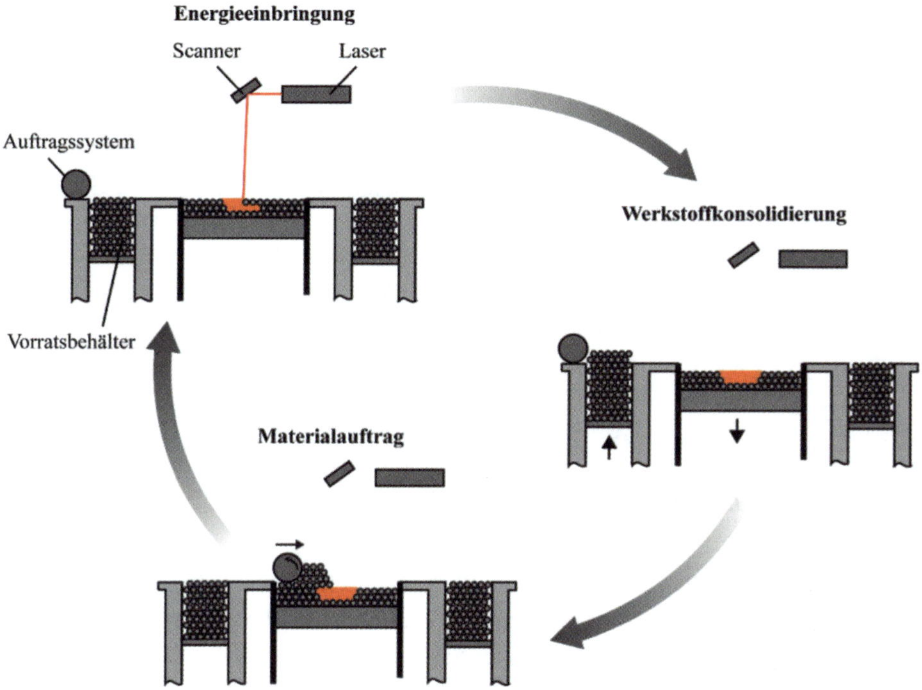

Abb. 3: Verfahrensablauf SLS

Grundlage für den Bauprozess liefert dabei das Modell des quasi-isothermen Laserschmelzens. Laut dieses theoretischen Modells befindet sich das Pulver bei Bauraumtemperatur in einem Zustandsbereich, in dem Schmelze und Feststoff nebeneinander gleichzeitig vorliegen können. Dieser Zustand ist das Zielprozessfenster für die Bauraumtemperatur. Dieser Bereich sollte materialseitig möglichst groß sein und schränkt damit die Auswahl geeigneter Materialien für den Prozess ein.[9]

[9] Drummer / Drexler / Rietzel (2011).

Abkühlphase

Nach der Fertigstellung des Bauteils werden zu dessen Schutz zusätzliche Pulverschichten mit einer kumulativen Dicke von mehreren Millimetern aufgetragen. Dabei ist es entscheidend, das Bauteil sowie das umgebende Restpulver, die jetzt den sogenannten Pulverkuchen bilden, kontinuierlich auf Raumtemperatur abzukühlen. Dies ist nötig, um eine Beschädigung der Bauteile durch unkontrolliertes Schwinden, das durch Kristallisationsprozess induziert wird, zu vermeiden. Hierbei findet der Abkühlprozess entsprechend dem Bauprozess unter kontinuierlicher Spülung mittels Intertgas statt, um eine Oxidation des Pulvers und somit Alterungsprozesse im Material vorzubeugen. Ist der Pulverkuchen auf Raumtemperatur abgekühlt, kann die Entnahme des Bauteils erfolgen. Bei vielen Anlagen finden hierfür angepasste Auspackstationen Einsatz. Der Bauraumbehälter wird in diese eingespannt und das am Bauteil anhaftende Restpulver kann vorsichtig entfernt werden. Im Anschluss an das Auspacken sollte je nach Anwendung noch eine weitere Nachbehandlung in Form von manuellem Schleifen oder Sandstrahlen erfolgen, um verbliebenes stärker anhaftendes Restpulver zu entfernen. Nach Abschluss des Auspackens können die Bauteile noch nachbehandelt werden, um sie gezielt an den jeweils spezifischen Anwendungsfall anzupassen. Hierbei kommen mechanische und chemische Glättungsprozesse aber auch Färbvorgänge zum Einsatz.[10]

10.4 Datenmodellierung und -aufbereitung

Von der Erstellung des 3D-Modells bis zur Fertigung des Römerboots sind mehre Schritte und Technologien im Bereich der Datenaufbereitung notwendig. Mithilfe eines 3D-Scanners wurde das Römerboot in einem ersten Schritt digitalisiert. Die 3D-Scan-Technologie kann dreidimensionale Geometrien und Oberflächen mit einer hohen Detailauflösung und Genauigkeit berührungslos erfassen. Durch diese verfahrensspezifischen Vorteile können historische Modelle digitalisiert und auf einfachste Weise reproduziert werden. Der 3D-Scanner besteht aus zwei Einheiten. Einem Projektor, welcher ein Streifenlichtmuster oder ein stochastisches Muster auf die zu messende Oberfläche projiziert sowie aus mindestens einer Detektorkamera. Während der Messung werden unterschiedliche Muster auf die Oberfläche projiziert und von der Kamera jeweils ein Bild aufgenommen. Für jeden Bildpunkt ergibt sich damit eine zeitliche Folge von unterschiedlichen Helligkeitswerten. Aus diesen Kennwerten können im Anschluss einzelne Oberflächenkoordinaten berechnet wer-

[10] Schmid (2015b).

den. Die Ergebnisdatei eines 3D-Scans besteht aus einer Vielzahl von einzelnen Punkten, einer sogenannten dreidimensionalen Punktewolke. Moderne und hochwertige Scanner erzielen dabei eine Punktgenauigkeit von unter einem Millimeter. Neben der Aufnahme der Oberflächentopologie können durch die Verwendung einer Digitalkamera zusätzliche Informationen wie z. B. die Farbe eines Objektes erkannt und abgespeichert werden. Für die weitere Bearbeitung des Modells ist jedoch ein geschlossenes Modell notwendig. Hierfür wird die Punktewolke über ein sogenanntes Meshing mithilfe von Dreiecken zu einem geschlossenen Modell in das STL-Dateiformat STL überführt. Dies erfolgt üblicherweise in der Software des 3D-Scanners.

Jedes Dreieck wird im STL-Format durch vier Kennwerte beschrieben: einen Normalenvektor, der die Ausrichtung der Dreieckoberfläche angibt, sowie drei Eckpunkte, welche die Lage des Dreiecks im Raum definieren. STL-Dateien können dabei im Allgemeinen aufgrund dieses Aufbaus nicht wie ein Volumenmodell in einem CAD Programm bearbeitet, jedoch durch Manipulation des Netzes bearbeitet werden. Aufgrund der Messgenauigkeit eines 3D-Scanners entstehen bei der Vernetzung sehr kleine Dreiecke und eine daraus folgende große Datenmenge, welche ein Handling der STL-Dateien in nachfolgenden Programmen erschwert. Zur weiteren Aufbereitung des Datenmodells muss aus diesem Grund der Detaillierungsgrad reduziert werden. In diesem Schritt wird die Dreiecksanzahl der einzelnen Flächen reduziert. Hierbei ist darauf zu achten, dass auf Flächen mit Geometrieelementen eine ausreichende Abbildung der Kontur gegeben ist. Ziel ist es, die Anzahl der Dreiecke so groß wie nötig zu wählen, um eine ausreichende Geometrieabbildung zu gewährleisten, jedoch so klein wie möglich, um die Datenmenge zu reduzieren. Mithilfe des aufbereiteten 3D-Modells im STL-Format kann nun das Preprocessing für die Additive Fertigung begonnen werden.

In einem ersten Schritt muss der Ursprung des STL-Modells verändert und auf den Bauraum der Lasersinteranlage angepasst werden. Hierfür gibt es mehrere Programme, wie z. B. Autodesk Netfabb oder Materialise Magics, welche die Maschinendaten der meisten Hersteller bereits eingespeichert haben. Typische Bauraumgrößen in xy-Richtung für das Lasersintern von Kunststoffen betragen 200–700 mm in der Bauraumlänge und 200–500 mm in der Bauraumbreite. Während des Imports der STL-Datei wird diese zudem auf Fehler überprüft. Fehler können unter anderem offene Kanten, unterschiedlich orientierte Dreiecke oder Löcher sein. Hierfür bieten alle kommerziellen Softwarepakete automatische Werkzeuge für die Reparatur einer STL-Datei. Nach Import der STL-Datei wird das Römerboot im Bauraum platziert und auf die passende Größe skaliert (vgl. Abb. 3, links). Dabei ist darauf zu achten, dass keine Konturen den Bauraumrand schneiden und ein Abstand von ca. 5 mm zu jeder Bauraumwand gewährleistet ist.

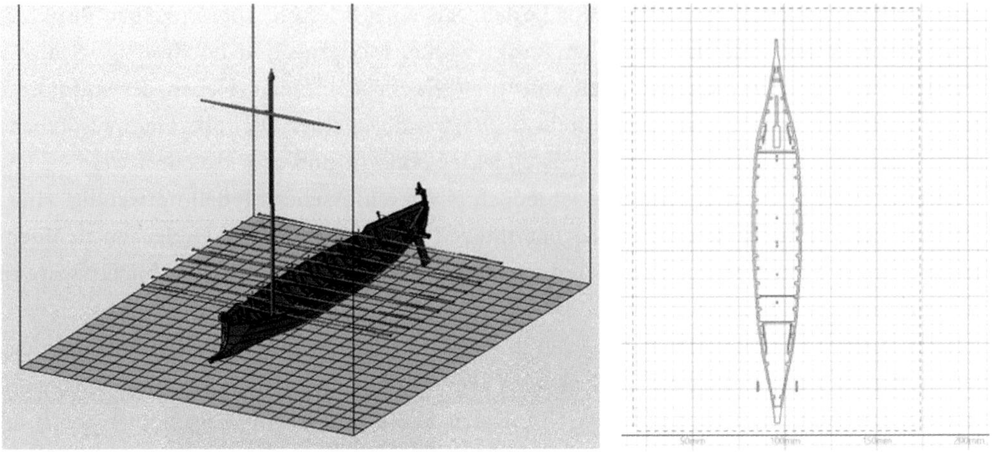

Abb. 4: Im Bauraum platziertes Römerboot (links) und Schichtdaten einer Einzelschicht (rechts)

Für Herstellung des Römerboots im LS-Prozess müssen aus dem 3D-Modell 2D-Schichtdaten generiert werden. Hierfür wird ein Schichtgenerator in der Software verwendet, welcher das Modell in einzelne Schichten in z-Richtung unterteilt (vgl. Abb. 3, rechts). Für die Herstellung des Römerboots wurde eine typische Schichtdicke von 0,1 mm verwendet. In diesem Schritt ändert sich das Dateiformat erneut, im vorliegenden Fall wurde ein Slice Layer Interface (SLI) Format gewählt. Für die weitere Aufbereitung müssen die Schichtdaten in die Anlagensteuerung geladen werden. In dieser Software werden dem Modell weitere Parameter zugeordnet, wie z. B. die Belichtungsparameter (vgl. Abb. 4). Üblicherweise wird das Bauteil dabei in drei Bereiche unterteilt:

Kontur: Der Laser fährt die Außenkontur der Bauteilquerschnittsfläche exakt ab.

Innere Bauteilfläche: der Laser bestrahlt in x oder y-Richtung mit einem definierten Raster.

Belichtungsbereich: Für sehr dünne Stege, bei denen der Laser mit angepassten Belichtungsparametern das Material aufschmilzt.

Nach Einstellung aller Daten wird der Baujobdatensatz an die Anlage gesendet.

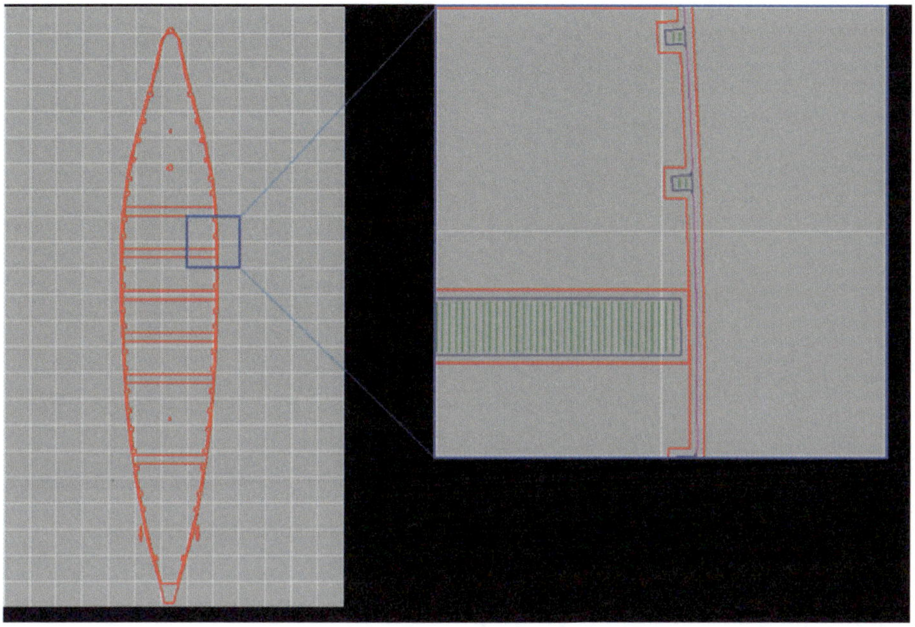

Abb. 5: Römerbootquerschnitt mit zugeordneten Belichtungsparametern

10.5 Fertigung der Römerbootmodelle

Die Fertigung des Römerboot-Modells erfolgt in einer SLS-Anlage Formiga P 110 der Firma EOS GmbH. Nachdem die Daten entsprechend des SLS-Prozesses aufbereitet wurden, wird der Prozess gestartet. Dabei wird eine Bodenschicht generiert und der erste Teilprozess, das Vorheizen wird gestartet. Wichtig hierbei ist, dass der Bauraum sowie das aufgerakelte Pulver auf eine homogene Prozesstemperatur gebracht wird, welche im Prozessfenster des jeweiligen Materials liegt. Für Polyamid 12, welches für die Fertigung des Römerboots verwendet wird, liegt die Bauraum- respektive Prozesstemperatur bei 170 °C. Nach einer Bodenschicht aus unbelichteten Pulverschichten beginnt die Belichtung der Bauteilkonturen mittels des CO_2-Lasers. Während des Belichtens wird der Kunststoff lokal in eine flüssige Schmelze überführt. Die Besonderheit des SLS-Prozesses liegt darin, dass das Material zweiphasig, also als Feststoff und Schmelze gleichzeitig vorliegt, siehe Abb. 5.

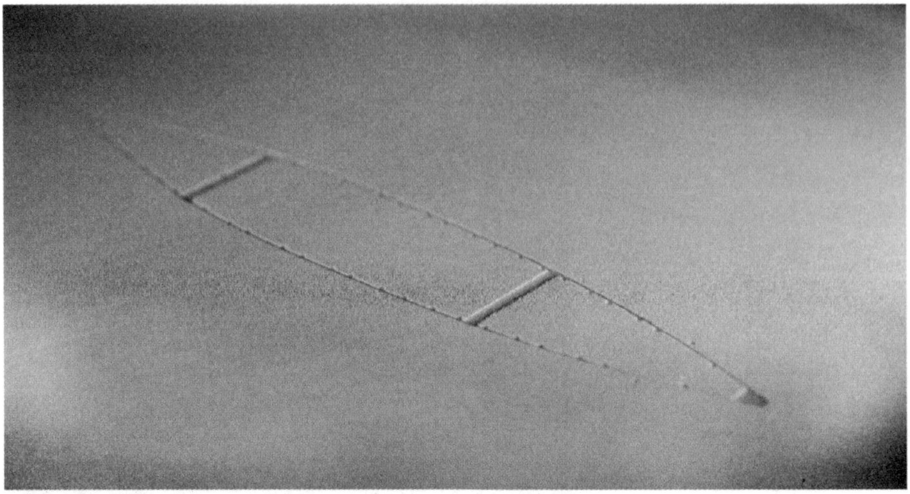

Abb. 6: Belichteter Querschnitt des Römerbootes während des Prozesses

Nachdem eine Pulverschicht mit den entsprechenden Schichtinformationen belichtet wurde, wird mittels eines Rakels eine neue Pulverschicht aufgetragen. Die beschriebenen Prozessschritte werden solange iteriert, bis das Bauteil vollständig ebenenweise hergestellt ist. Durch ein kontrolliertes und langsames Abkühlen wird gewährleistet, dass die Bauteile nicht geschädigt werden. Die Entnahme der Teile, das sogenannte Auspacken, erfolgt schließlich manuell. Die Teile werden aus dem restlichen unverschmolzenen Pulver, dem Pulverkuchen, entnommen und mit einem Pinsel von anhaftendem Pulver gereinigt oder abgesaugt (vgl. Abb. 6). Durch die Skalierung des Römerboots ist beim Auspacken vor allem auf die feinen Strukturen, wie z. B. die Paddel zu achten, um hierbei eine Deformation oder ein Abbrechen dieser zu vermeiden.

Im letzten Schritt wird beim Postprocessing, der Nachbearbeitung, das Römerboot mit Glasperlen gestrahlt, bei dem die Teile gründlich von noch anhaftenden Pulverpartikeln befreit werden (vgl. Abb. 7).

Abb. 7: Auspacken des Römerbootes aus dem Pulverkuchen

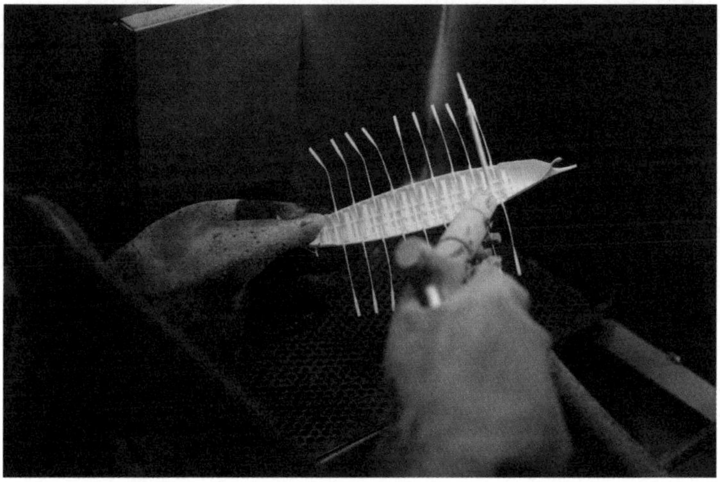

Abb. 8: Strahlen des Römerbootes zur Entfernung von anhaftenden Pulverpartikeln

Innen liegende Kanäle oder Freiräume können dabei mit Druckluft gesäubert werden. Nachdem das Römerboot gründlich gereinigt ist, kann es als Anschauungsobjekt und Modell verwendet werden (vgl. Abb. 8).

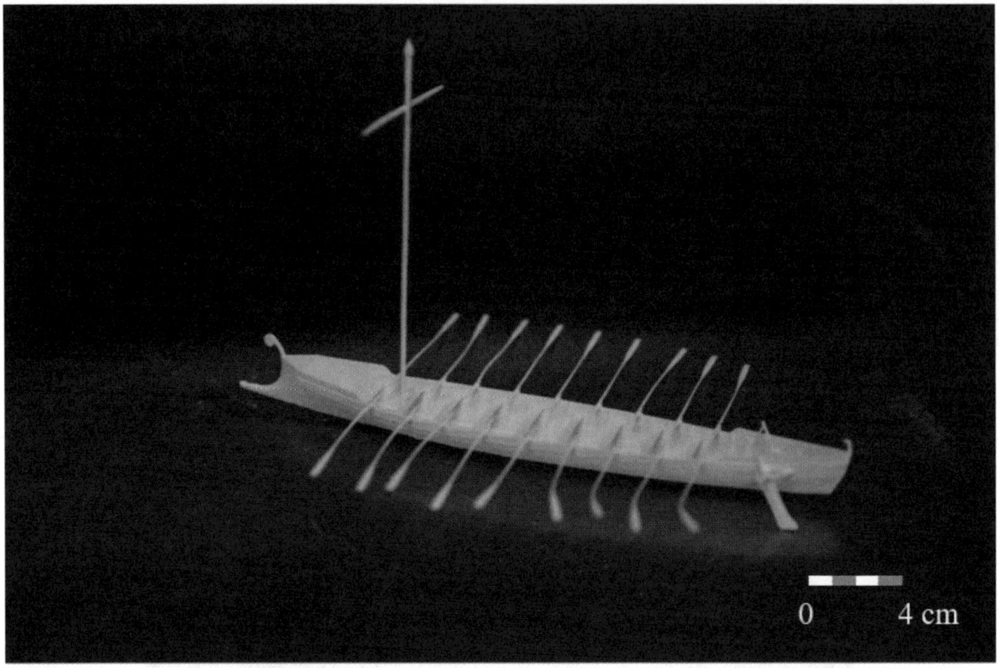

Abb. 9: Lasergesintertes Römerboot als Anschauungsobjekt

Im Rahmen dieses Beitrags wurde der vollständige SLS-Prozess zur Herstellung eines Römerbootes vorgestellt. Das dargestellte Verfahren ermöglicht die detailgetreue Fertigung von komplexen Bauteilen bei gleichzeitig hoher Flexibilität, wodurch ihr Einsatz für die Fertigung von Modellen wie die des Römerboots prädestiniert ist. Zusätzlich eröffnet der SLS-Prozess durch seine exakte, skalierte Nachbildung des Originals Zugang zur Ermittlung von neuen charakteristischen Eigenschaften des antiken Römerboots, indem bspw. das Modell zur Bestimmung von Strömungseigenschaften verwendet werden kann.

Literatur

DIN 8580:2003-09, Fertigungsverfahren – Begriffe, Einteilung (ISO 8037-1:1986).

Back, A., Reverse Engineering als Bindeglied zwischen der virtuellen und der realen Produktentwicklung, Rtejournal, 2, 2005.

Burns, M., Automated Fabrication: Improving productivity in manufacturing, Englewood Cliffs, N.J., 1993.

Drummer, D./ M. Drexler / D. Rietzel, Grundlegende Betrachtungen zur Modellierung transienter thermischer Vorgänge beim selektiven Lasersintern von Thermoplasten, Rtejournal, 8, 2011.

Fruth, C./ A. Grezesiak / V. Junior / M. Eichmann / C. Schmidt, Gefragt: Das zündende Geschäftsmodell, Werkzeug & Formenbau, 11, 2006, S. 50–53.

Gebhardt, A., Additive Fertigungsverfahren – Additive Manufacturing und 3D-Drucken für Prototyping – Tooling – Produktion, 5. Aufl., München 2016.

Kaddar, W., Generative Fertigung mittels Laser-Sintern, Dissertation, Duisburg-Essen 2010.

Launhardt, M./ A. Wörz / A. Loderer / T. Laumer / D. Drummer / T. Hausotte / M. Schmidt, Detecting surface roughness on SLS parts with various measuring techniques, Polymer Testing, 53, 2016, S. 217–226.

Meindl, M., Beitrag zur Entwicklung generativer Fertigungsverfahren für das Rapid Manufacturing, Dissertation, München 2005.

Schmid, M., Additive Fertigung mit Selektivem Lasersintern (SLS) Prozess- und Werkstoffüberblick, Springer Vieweg, Wiesbaden, 2015 (=Schmid 2015a).

Schmid, M., Selektives Lasersintern (SLS) mit Kunststoffen Technologie, Prozesse und Werkstoffe, München, 2015 (=Schmid 2015b).

Abbildungsverzeichnis

Abb. 1–9: Schemata und Fotos von Drummer, Wörz

11 Anfertigung eines Modelles im 3D-Druckverfahren sowie eines Holzbausatzes im Maßstab 1:20 mit zugehöriger Aufbauanleitung[1*]

Benedikt Buchmüller, Nürnberg

11.1 Erzeugung eines originalgetreuen Modells im virtuellen Raum

Die Aufgabe, das Römerboot der FAU, die F.A.N., begleitend zu dem physischen Bau eines originalgetreuen Nachbaus, zuerst als virtuelles dreidimensionales Modell und anschließend als reales Modell im Maßstab 1:20 im 3D-Druckverfahren bereitzustellen, wird im Folgenden näher erläutert und erklärt.

Zur Ausgangslage: Das Römerboot wurde anhand archäologischer Funde rekonstruiert und 2D-Planmaterial zusammengestellt.

Konstruktion dreidimensionaler Punkte

Das vorhandenes Planmaterial wurde anhand von Fotos sowie durch physisches Messen an der bereits bestehenden F.A.N. in einen messbaren, virtuellen Raum gebracht und auf den originalen Maßstab skaliert.

Anhand dieses zweidimensionalen Planmaterials wurden 3D-Punkte erzeugt, welche anschließend auf ein kartesisches Koordinatensystem projiziert wurden. Die 3D-Punkte wurden erst auf der X-Y-Ebene, auf der sich die Longitudinalschnitte des Planmaterials befanden,

1 * Das Modell kann über folgende Adresse bezogen werden: Professur für Alte Geschichte, Kochstr. 4, Postfach 8, 91054 Erlangen.

erzeugt und mittels einer Z-Komponente, welche mithilfe von transversalen 2D-Schnitten, die auf der Y-Z-Ebene des Koordinatensystems lagen, auf eine bestimmte Z-Vektorenhöhe gebracht.

Daraus ergab sich eine 3D-Punktwolke, welche durch die signifikanten Konturpunkte des späteren 3D-Modells definiert wurde. Zusätzlich wurden die im späteren 3D-Modell benötigten Horizontalflächen – zum Bespiel der späteren Kiel, das Mastschwein sowie die Spanten – auf der X-Y-Ebene als 3D-Pfade konstruiert und in die Punktwolke integriert.

Modellierung

Die sich daraus ergebende Masse an 3D-Punktmaterial wurde auf verschiedene virtuelle Ebenen (Layer) verlegt und in Eck-Punkte, Strecken-Punkte sowie Kurve-Punkte (gekrümmte 3D-Pfade) sortiert. Anschließend wurden mit Hilfe von Foto- und Planmaterial die sich im virtuellen 3D-Raum befindlichen Punkte mit Dreiecks-Mesh-Verbindungsknoten miteinander verbunden, so dass ein 3D-Mesh generiert werden konnte. Dabei wurde darauf geachtet, dass alle Bauteile, die ebenso im physischen Modell existieren auch im virtuellen Modell wieder als solide Körper zusammengefasst werden. In diesem Sinne wurde zum Beispiel jede Bug-Planke als eigene 3D-Mesh-Fläche erzeugt.

Abb. 1: Zerlegung des virtuellen 3D-Modells

Das sich ergebende Mesh musste dabei, um ein möglichst genaues Abbild zu schaffen, immer wieder mit dem Bild- sowie dem 2D-Planmaterial abgeglichen werden. An zweifach gekrümmten Flächen mussten die Meshknoten in Nurb-Curves umgewandelt werden. Dies erlaubte den originalgetreuen Nachbau der zweifach gekrümmten Flächen des Schiffs, wie Rumpfwände, Bug oder Heck.

Das resultierende Modell ist ein virtueller Nachbau der Kontur der Flächen ohne Konstruktionsstärke. Dies musste durch verschiedene 3D-Operationen erzeugt werden. Dazu gehörte Extrudieren, Offset- und Boolesche Verfahren. Mit Hilfe dieser Operationen wurden alle Bauteile des virtuellen Modells äquivalent zu dem physischen Modell mit Konstruktionsstärke versehen.

Die sich daraus ergebenden 3D-Elemente wurden anschließend für ein 3D-Druckverfahren aufbereitet. Hierfür wurden alle Bauteile miteinander verschnitten, so dass ein Volumenmodell des kompletten virtuellen Modells entstand. Dabei musste darauf geachtet werden, dass das Mesh des Modells wasserdicht, also ohne Fehlstellen, ist.

Druckverfahren

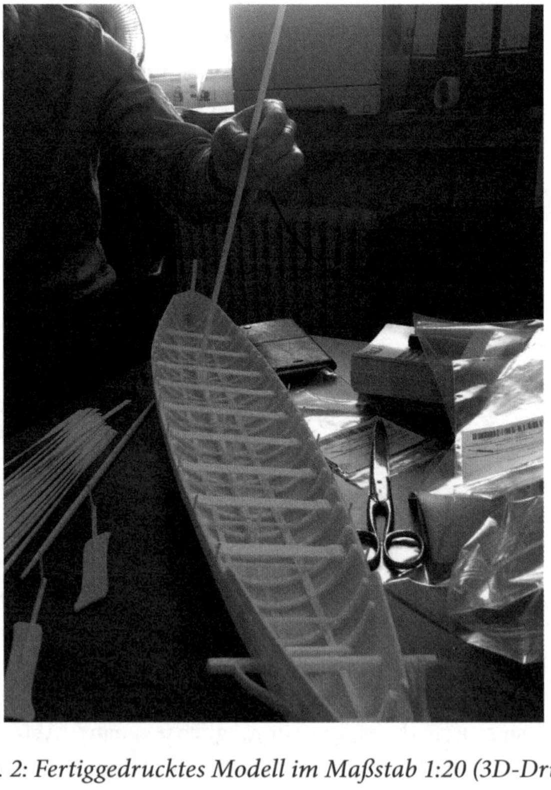

Abb. 2: Fertiggedrucktes Modell im Maßstab 1:20 (3D-Druck)

Für die Herstellung der modellierten Einzelteile wurde das Sinterdruckverfahren (Selektives Lasersintern SLS) gewählt. Um das Modell im Maßstab 1:20 drucken zu können, mussten alle Teile auf die Bauraumgröße der 3D-Druckers angepasst werden. Hierzu wurden Teile durch Boolesche-Operationen wieder von der gesamten Mesh-Struktur abgelöst. So wurde zum Beispiel der Rumpf in der Mitte halbiert, der Mast sowie der Baum abnehmbar gemacht und Ruder wie Riemen extra gedruckt. Nach dem Drucken wurden alle Teile wieder zum gesamten Modell zusammengefügt. Als Übermittlungsdatei an die Laserschneideanlage wurde eine Datei im Stereolithography(.stl)-Format erzeugt.[2]

11.2 Herstellung eines Bausatzes für ein 1:20-Holzmodell

Um die Herstellung eines Bausatzes, der auf einem Stecksystem beruht, ermöglichen zu können, wurden aus den zuvor modellierten Bestandteilen im dreidimensionalen Raum 2D-Elemente generiert. Als Grundlage für den Bausatz wurde das zuvor auch schon für den 3D-Druck generierte virtuelle Modell genommen.

Als Material für den Bausatz wurde 1mm starkes Flugzeugsperrholz für die Rumpfwände und 5 mm starkes Sperrholz für die tragende Konstruktion des Modells gewählt. Als Verfahren wird zur vereinfachten Produktion das Lasercut-Verfahren angewandt. Dieses Verfahren bedingt, dass alle Bauteile bei der Bearbeitung und damit Herstellung der Einzelteile, sich in einem zweidimensionalen Zustand (Holzplatten) befinden. Als Verbindungselemente wurden temporäre Klemmen, Holzleim und Steckverbindungen gewählt.

Generierung zweidimensionaler Elemente aus dem dreidimensionalen Modell

Das virtuelle Modell musste, um eine Bearbeitung ermöglichen zu können, aus einem komplexen, konvexen und konkaven Zustand mit teilweise zweidimensionalen Elementen umgewandelt und teilweise vereinfacht werden. Dazu wurden alle Bauteile in eine, sich in einem kartesischen Koordinatensystem befindliche planare Ebene transformiert. Das virtuelle Modell wurde longitudinal sowie transversal aufgeteilt und zerlegt. Die dadurch entstandenen Schnittflächen wurden vereinfacht und begradigt, so dass die Holzelemente im Laserverfahren bearbeitet werden konnten. So entstand ein Gerippe aus dem Rumpf mit eingeschobenen Spanten.

---

2 Vgl. auch Kapitel 1,10: Drummer-Wörz.

Krümmungen übertragen

Da bei dem physischen Modell nicht alle Teile zweidimensional sind, musste auch in der abstrahierten Steckversion der Rumpf in eine 2-fach gekrümmte Schale umgewandelt werden. Dies geschah über das dreidimensionale Abrollen der im virtuellen Raum gekrümmten Rumpfbretter in eine zweidimensionale Zuschnittform, welche anschließend zweidimensional mittels Laserzuschnitt hergestellt werden kann und beim Zusammenbau des Modelles wieder in seine zweifach gekrümmte Form zurückverformt wird.

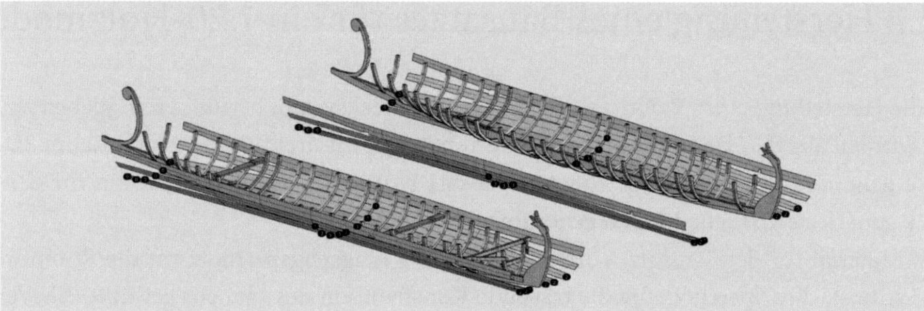

Abb. 3: Abrollen der zweifach gekrümmten Flächen im virtuellen Raum.

Konstruktionsstärke zuweisen

Alle 2D-Schnittelemente wurden nun mit 5 mm Stärke für die Konstruktion, beziehungsweise mit 1 mm für die Rumpfbretter versehen. Dazu wurden alle Elemente, die zuvor in den zweidimensionalen Raum übertragen wurden, mittels Offset-Operationen zu soliden 3D-Elementen modelliert.

Überprüfung der Kollision

Um einem Kollidieren im physischen Zusammenbau vorzubeugen, wurden alle 2D-Elemente im virtuellen Raum wieder als Modell zusammengefügt und auf dreidimensionale Überlagerungen überprüft. Bei Überlagerungen, welche durch die Operationen der Verstärkung entstanden sind, wurden gegebenenfalls die einzelnen Elemente modifiziert, so dass ein kollisionsfreies Zusammenfügen der Elemente im physischen Raum simuliert und sichergestellt wurde.

Konstruktion der Verbindungselemente

Der virtuelle Aufbau des Modells wurde anschließend dazu verwendet, Verbindungselemente zu modellieren. An den Stellen, an denen Elemente später mittels Steckverbindungen zusammengefügt werden sollen, wurden genau dort den einzelnen Elementen jeweils „Abzugskörper" (ein Volumen, welches sich durch seine Geometrie dazu eignet, das zu bearbeitende Volumen zu verdrängen) hinzugefügt, die das jeweilige Element mittels einer Boole-schen-Operation „abzieht" (der „Abzugskörper" verdrängt einen Teil des zu bearbeitenden Volumens), so dass eine überlagernde Verbindung, die sich durch Stecken zusammenfügen lässt, entsteht.

An den Stellen an denen Klebeverbindungen vorgesehen sind, wurden Marker gesetzt, welche im Anschluss als die Stellen zum Auftragen des Klebers dienen sollen.

Erstellung maschinell bearbeitbarer Größen

Die einzelnen, zu fertigenden Teile mussten nun auf den bearbeitbaren Bauraum der Lasercut-Schneidanlage abgestimmt werden. Zuvor wurden alle Elemente mit einer Nummerierung, die eine nachträgliche Sortierung sowie den Abgleich mit einer Bauanleitung ermöglicht, gekennzeichnet. Anschließend wurden alle Teile, welche sich noch im virtuellen Raum zu dem Gesamtmodell gebaut befanden, wieder in den zweidimensionalen Raum übertragen. Alle Teile wurden mit maximalem Platzsparpotential auf der äquivalenten Bauraumgröße der Schneideanlage ausgerichtet und wiederum mit der jeweiligen Nummerierung versehen. Hierzu wurde darauf geachtet, dass alle Teile den Materialstärken entsprechend zusammen auf sogenannte „sheets" angeordnet wurden. Da die Schneidanlage mit 2D-Konturen arbeitet, mussten die Elemente, die schon auf der zweidimensionalen Ebene lagen, aber noch eine Z-Komponente enthielten, mittels Projektion auf eine weitere planare Ebene gebracht werden. Anschließend wurden alle so erzeugten Konturlinien auf Geschlossenheit kontrolliert und Duplikate gelöscht.

Um ein ausstanzbares Muster zu erstellen, wurden alle Konturlinien mit einem Offset versehen, welche anschließend mit Stegen wieder verbunden wurden. Als Übermittlungsdatei an die Laserschneidanlage wurde eine Datei im .dxf-Format erzeugt.

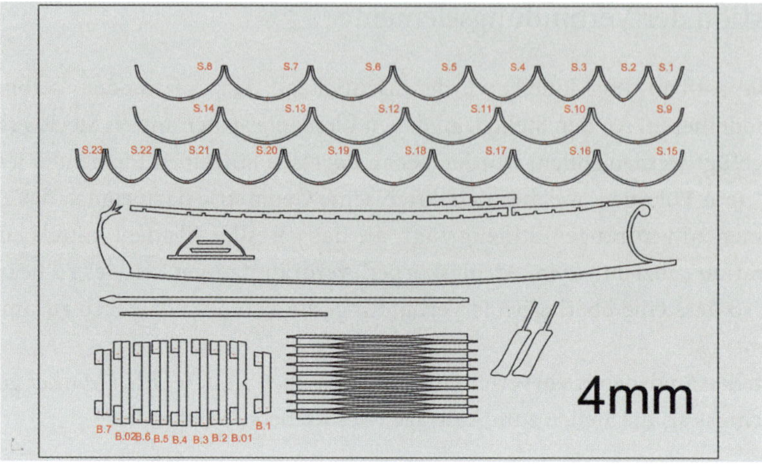

Abb. 4: Anordnung der Bauteile auf den Bauraum der Lasercut-Anlage angepasst.

Testaufbau und Nachjustierung

Um zu testen, ob alle Teile passen und das Modell auch physisch zusammengesetzt werden kann, wurde ein Prototyp gebaut und vorab zusammengesetzt. Dabei wurden alle Schritte dokumentiert und gegebenenfalls Fehlstellen analysiert und im virtuellen Modell nachjustiert.

Abb. 5: Spanten und Kiel im Testaufbau des Prototyps.

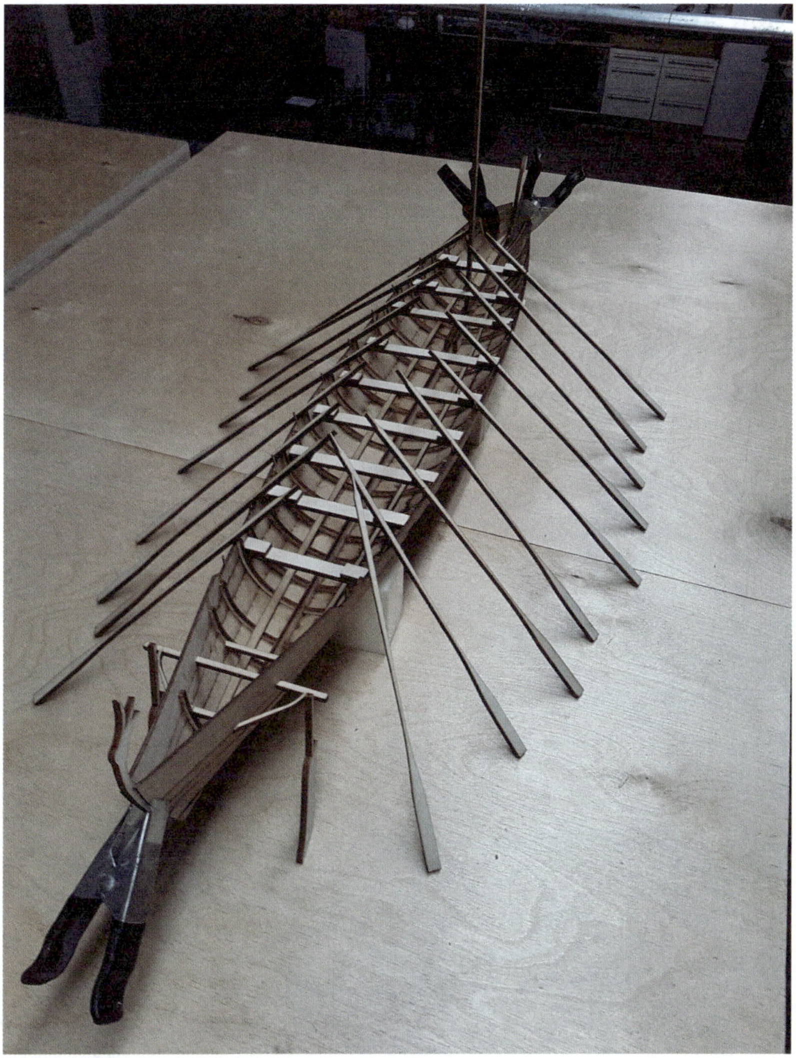

Abb. 6: Fast abgeschlossener Testaufbau des Prototyps.

11.3 Aufbauanleitung

Ziel war es, ein Bauset zu erstellen, und so wurde dem Baustecksystem und dem Baumaterial eine Aufbauanleitung beigefügt, so dass auch Laien davon profitieren können.

Konzeption einer Aufbauanleitung

Um einen sachgemäßen Aufbau des 1:20-Holzmodells zu ermöglichen, wurde eine leicht nachvollziehbare Aufbauanleitung angefertigt. Hierfür wurde eine Erzählmethode konzipiert, die sowohl schriftlich als auch graphisch den Ablauf des Aufbaus des physischen Modells darstellt und in begleitende Schritte aufteilt.

Grafische Aufbereitung

Zur besseren Übersichtlichkeit wurden alle relevanten Schritte des Aufbaus des physischen Modells im virtuellen Raum nachmodelliert und graphisch aufbereitet.

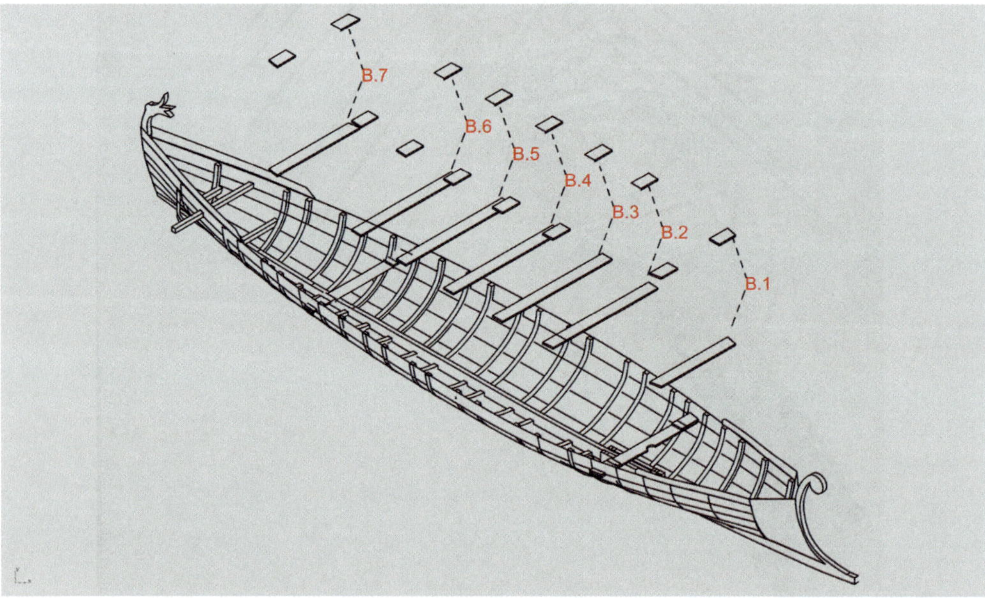

Abb. 7: Erklärung des Einsatzes der Duchten (Ruderbänke) in der Aufbauanleitung.

Annex: Eifrige F.A.N.s haben das Modell weiter ausgestaltet und bemalt:

Abb. 8: F.A.N. II und F.A.N. III, die von Peter Schedel auf der Basis des Modells ausgebaut wurde.

Abbildungsverzeichnis

Abb. 1–7: Fotos und Zeichnungen von B. Buchmüller

Abb. 8: Foto Peter Schedel

12 Ein spätrepublikanischer, frühkaiserzeitlicher Scorpio

P. Clement, Fürth – A. Hauenstein, FAU/Pegnitz – B. Dreyer, FAU

12.1 Einleitung: Scorpiones in der römischen Armee – historische Einordnung

Katapulte entwickelten sich aus den Fernwaffen einzelner Soldaten. Einfache Bögen und Armbrüste wurden Ende des 5. bzw. Anfang des 4. vorchristlichen Jahrhunderts (auf Sizilien) perfektioniert, indem die Katapultgeschütze Torsionsbuchsen aus Sehnen, Haaren oder Hanf erhielten. Im vierten Jahrhundert wurden sie zum Standard, etwa in der Armee Philipps II., der mit Steintorsionsgeschützen Städte wie Olynth (348 v. Chr.) belagerte und schließlich erfolgreich eroberte. Zum Ende des Jahrhunderts und bis zum Anfang des Hellenismus fand sich eine Geschützbatterie in jeder, auch kleineren Stadt (z. B. Rhodos, Pergamon, Metropolis etc.),[1] während die hellenistischen Heere (etwa eines Demetrios „Poliorketes") die Geschütztechnik perfektionierten und ins Gigantische trieben.

Mit dem Aufkeimen der empirischen Wissenschaften nahmen sich im Hellenismus Wissenschaftler der systematischen Erschließung des Belagerungsparks an, darunter Philon von Byzanz. Schriftsteller wie Vitruv und Vegetius, deren Texte für die Rekonstruktion von Geschützen wichtig sind, stehen in einer langen (griechischen) Tradition.[2] Es wurden die Geschütze nach Leistung und Aufbau taxiert.

---

1 Aybek / Dreyer (2011), S. 205–217. – Arsenale und andere Überreste des Belagerungsparks großer Städte sind reichhaltig: Im Falle Numantias in Spanien sind die Bestände der römischen Angreifer erarbeitet. Für Karthago und Pergamon sind jeweils die Bestände der Verteidiger erhalten; vgl. Chaniotis (2005), S. 97–101; Marsden (1969), S. 65–98; 174–198; Bishop / Coulston (2006), bes. S. 58–72; 88–148; 168–198 (für römische Poliorketik der republikanischen Zeit und der Kaiserzeit); vgl. auch Shipley (2000), S. 334–341; Garlan (1974), S. 281–5; Irby-Massie / Kayser (2002), S. 157–63.

2 Philon: Fiorucci (2014), S. 602–604. Das 4. Buch, das auch erhalten ist, handelt über Katapulte. – Vitruv: Albrecht (2012), S. 740–746. Unser Scorpio wird im 10. Buch beschrieben, s. u. – Vegetius: Müller (1997). Im vierten Buch handelt Vegetius über die Belagerung; im fünften, anlässlich der Schilderung der Flotte, geht er auf die Flottenartillerie ein.

Prinzipiell sind Steingeschütze (bis zu 90 kg) auf der einen Seite und Pfeil- und Bolzengeschütze auf der anderen Seite zu unterscheiden. Während die hellenistische Zeit die Technik des Belagerungsparks hinsichtlich Größe und Leistung auf den Höhepunkt führte,[3] war die römische Zeit dadurch gekennzeichnet, dass auch in diesem Bereich Argumente der Effektivität und Reproduzierbarkeit ins Zentrum rückten. Für die römischen Heere im Feld waren eine Anzahl leichterer Geschütze, die Scorpiones, vorgesehen. Eine Legion führte standardmäßig 50–55 Scorpiones (sowie einige wenige andere Katapulte größeren Kalibers etwa für den Abschuss von Steinen bei Belagerungen) mit, von denen nicht immer alle (im Schnitt 10 % Ausfall) einsatzfähig waren. Sie machten eine römische Armee gerade in den germanischen Grenzgebieten technisch überlegen. Der Nachteil bestand in der wetterbedingten Anfälligkeit der Geschützbuchsen mit dem Torsionsmaterial, so dass die technische Überlegenheit des römischen Heeres unter ungünstiger Witterung und wegen der defizitären Infrastruktur (wie etwa beim Untergang der Varusarmee) aufgewogen wurde. Dann agierte die römische Armee unter den auch heute gut bekannten Bedingungen eines asymmetrischen Krieges.[4]

Der Schwäche dieser gerade unter diesen Voraussetzungen effektiven Waffe wurde durch Schutzmaßnahmen für die Torsionsbuchsen begegnet. Im zweiten Jahrhundert, man kann es an der Säule Trajans und Mark Aurels gut nachvollziehen, sind die Buchsen darum durch Metall geschützt. Die Professionalisierung der Einheiten der Artillerie schritt derweil weiter fort. Dabei war die Feldartillerie nur ein kleiner Bestandteil des Geschützparks der Römer, auf diejenigen Geschütze, die zur Belagerung und für den Seekampf vorgesehen waren, kann hier nur hingewiesen werden. Sie hatten aber keine geringe Bedeutung, wie etwa die knappen Ausführungen des Vegetius für den Seekampf im 4. Buch deutlich machten.[5] Hier lag ein Schwerpunkt bei dem Beschuss durch Brandpfeile, die für die beschossenen Schiffe gerade wegen des Dichtungsmaterials, wegen der Holzbeplankung und besonders wegen der Bemalung, die auch aus Wachs bestand, sehr gefährlich werden konnten.

Ab der Spätantike hat man auf die Torsionsartillerie zunehmend verzichtet, um im Großen den Onagern, im Kleinen den Vorformen der Armbrüste den Vorzug zu geben – sicher auch eine Folge der sog. Barbarisierung der römischen Armee.

---

3 Vgl. etwa Lendle (1983).

4 Baatz (1978), S. 1–17; ders. (1999), S. 5–19; Burckhardt (2008); Campbell (1984), S. 765–84; Campbell (2004); Chevedden (1995), S. 131–176; De Vries / Smith (2012); Eich (2014); Gudea / Baatz (1974), S. 50–72; Iriarte (2001/2002), S. 43–46; Marsden (1969); Le Bohec (1993); ders. (2010); Lepper / Frere (1988); Marsden (1969); Marsden (1971); Nemeth / Fodorean (2015); Oldenstein / Gupte (1999); Schramm (1917), S. 718–734; Wilkins (2003); Wilkins (2017).

5 Vegetius 4, 44–46; bes. 44.

12.2 Bootsbau und Scorpio

Im Rahmen unseres Bootsbaus bildete die Ausführung der Idee, einen Scorpio nachzubauen, zunächst nur ein Unternehmen, das sich nur sehr locker mit dem eigentlichen Projekt verbinden ließ. Auf Moneren der Art von Oberstimm oder auch des spätantiken Typs Lusoria ist der effektive Einsatz dieser Waffe, die entweder in massierter Form einer Salve auf größere Entfernung oder durch genauen Einzelbeschuss ihre größte Wirksamkeit entfalten konnte, kaum möglich. Zum einen bietet das Schiff kaum Platz für eine Lafette, die allein einen sicheren, gezielten Einzelabschuss garantiert. Ein mehr oder weniger freihändiger Abschuss (als Cheiroballista) auf unruhigem Fluss ist wenig zielführend, wenn nicht als Teil einer Salve zusammen mit benachbarten Schiffen.

Gleichwohl haben wir es gewagt, weil auch der Direktor des Limeseums in Ruffenhofen, Matthias Pausch, uns großzügig Zugang zu seiner Replik gewährte, von der ausgehend – mithilfe des *Locus Classicus* bei Vitruv und der Funde aus Spanien (Teruel, Ampurias-Emporion) – P. Clement eine Replik baute, die in spätrepublikanischer/frühkaiserzeitlicher Periode im Einsatz war.

Repliken von Scorpiones auch dieses Typs gibt es reichhaltig.[6] Unser Bestreben war es, die Konstruktion auf Leistungsfähigkeit und hinsichtlich der Möglichkeiten des Einsatzes in amphibischen Unternehmungen zu prüfen. Unser Versuch ist als Parergon zum Bootsbau zu verstehen und will gar nicht in Konkurrenz zu den erfolgten Rekonstruktionen und deren Tests treten.

12.3 Der archäologische Befund und der Text des Vitruv als Basis für den Bau

Die republikanischen Funde in Spanien (Teruel, Ampurias / Emporion)[7] und der Fund des Spanngehäuses eines Katapults, vermutlich einer Cheiroballista, aus dem 1. Jahrhundert n. Chr. in Xanten bildeten die Grundlage der Rekonstruktionspläne, die P. Clement im Maßstab 1:1 entworfen hat. Der Geschütztyp von Cremona aus dem 2. Jahrhundert n. Chr. oder Orsova aus dem 4. Jahrhundert n. Chr. entstammen späteren Entwicklungen, die sich schon auf der Hadrianssäule (Anfang 2. Jahrhundert) abzeichnen.[8]

---

6 Z.B. https://www.uni-trier.de/fileadmin/fb3/prof/GES/AG1/Pressespiegel_Geschütz.pdf.

7 Zum Ampurias-Geschütz s. Baatz (1978), S. 1–17; Schramm (1980), S. 40–46; Rispa / Höhn (2016), S. 191–202.

8 Schalles (2005), S. 378–381.

Die Basis für die Rekonstruktion auch auf wesentlich schmalerer materieller archäologischer Quellenbasis bot schon immer Vitruv. Seine Beschreibung hat der Artillerieoffizier Schramm 1917 in den Sitzungsberichten der Akademie in Berlin herausgegeben. Es hat hier wiederholt Probleme hinsichtlich der Interpretation gegeben, ausgehend von den Kaliber- und Maßangaben Vitruvs, der selbst auf der Basis einer breiten griechischen Literatur über Belagerungsgeräte geschrieben hat, aber – wie in der Regel die griechischen Autoren seiner Quellen – ohne praktische Einsatzerfahrung war. So werden sich etliche Unklarheiten erklären lassen, vom Auslöser über die Größenverhältnisse (sie werden in Bezug auf die Geschoss-Maße gesetzt) bis hin zum Schlitten. Neben der mangelnden praktischen Einsatzerfahrung wird bei der erhaltenen Darstellung der antiken Autoren auch die Bestrebung eine Rolle gespielt haben, in den Erörterungen alle möglichen konkreten Fälle zu erfassen.[9] So ist auch der Text des Vitruv als Bauanleitung nur begrenzt zu nutzen. Wir verstehen nämlich den Scorpio als ein Massenprodukt, das ausgehend von normierten Ersatzteilen auf die Größe der Geschützmeister (ballistarius) vor Ort eingestellt wurde, die sie im Gefecht einzusetzen hatten. Sie und die *architecti* hatten für Ausführung und die Einsetzbarkeit die Verantwortung. Darin wurden sie von den Artilleriebesatzungen (mit elf Mann pro Geschütz) unterstützt. Im Gefecht wurde das Geschütz mindestens von zwei, meist von aber vier bis fünf Mann bedient.

Auf der Basis der Bauzeichnungen P. Clements wurde das Material zusammengesucht. Vom Bootsbau war Eiche noch in ausreichendem Maße vorhanden (wenn auch nass). Buche wurde zusätzlich bestellt. Die Buche wurde auf Maß gehobelt, und zwar als Sechskant auf 8 cm Breite und eine Höhe von 90 cm. Die drei Füße zur Stabilisierung wurden aus Eiche mit 46 cm Länge gehobelt, während der Dreieckständer aus Eiche mit 75 cm zugeschnitten wurde.

Der obere Schwenkteil besteht aus vier Teilen, ausnahmslos aus Eiche. Sie wurden mit Bandsäge und Hobelbank ausgesägt, auf Maß gebracht und mit Holzdübeln verzapft.

Die Spannbuchsen wurden mit Eisen verstärkt. Der Rekonstruktions- und Kunstschmied Thomas Hürner aus Cadolzburg hat diese Verkleidung angefertigt, ebenfalls nach den Zeichnungen von Peter Clement. Alle Beschlagteile wurden mit Nägeln am Holzgerüst befestigt.

Die Torsionselemente bestehen aus Hanf bzw. aus Roßhaar. Beide Versionen sollten verglichen werden. Ein Seiler hat zunächst Hanfseile und Rosshaare zu jeweils zwei zusammenhängenden Schlaufen für jede Buchse gespleißt. Geschützbolzen aus Eiche mit geschmiedeten Eisenspitzen wurden nach Befunden aus Dura Europos erstellt, einschließlich der Leitwerke.

---

9 Wie m. E. aus der Einleitung zur Passage deutlich wird: Vitruv X 10,1 „Jetzt werde ich die Erfindungen vorstellen, die zum Schutz im Krieg und zur Gewährung der Sicherheit dienen: die Ausführungen von Scorpiones und Ballistae. Alle Abmessungen dieses Geschützes sind mit der Länge des gesetzten des Pfeiles ins Verhältnis zu setzen, das dieses Geschütz abzuschießen hat“ (Übers. Dreyer).

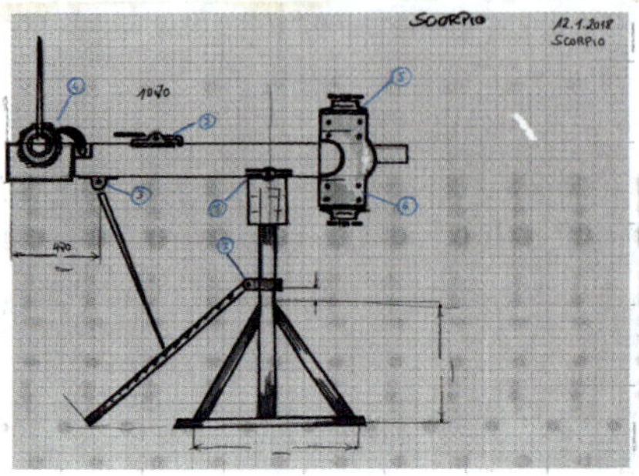

Abb. 1: Übersichtszeichnung

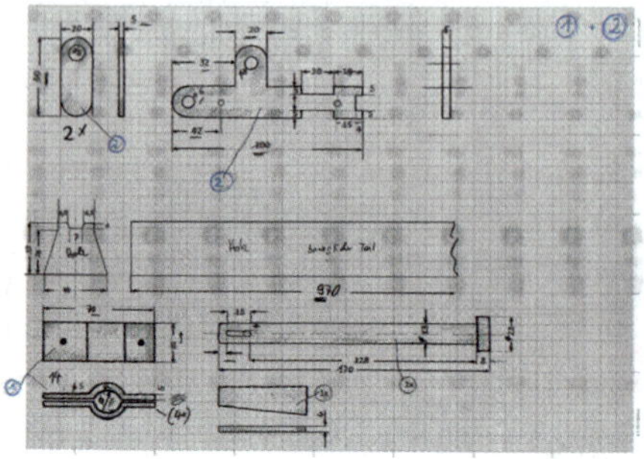

Abb. 2: Detail Nr. 2+3

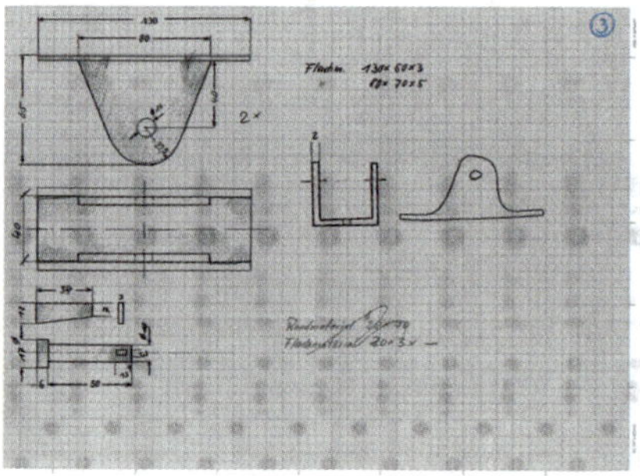

Abb. 3: Detail Nr. 3

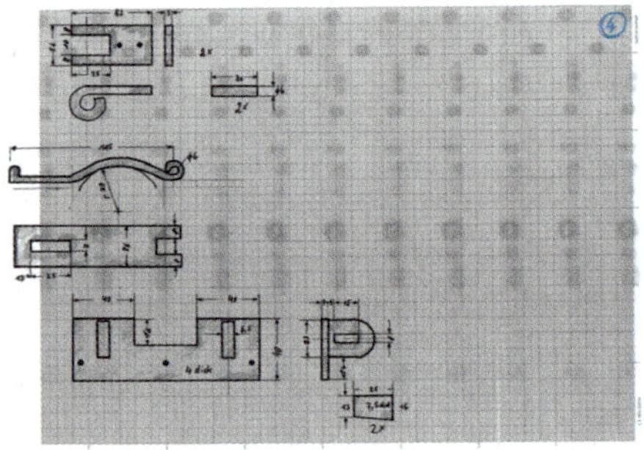

Abb. 4: Detail Nr. 4

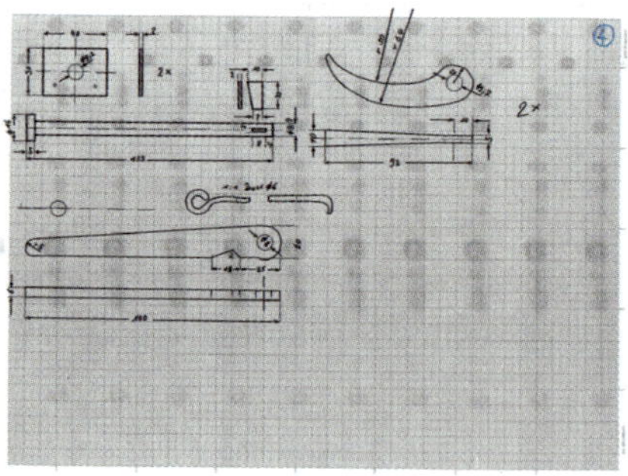

Abb. 5: Detail Nr. 4

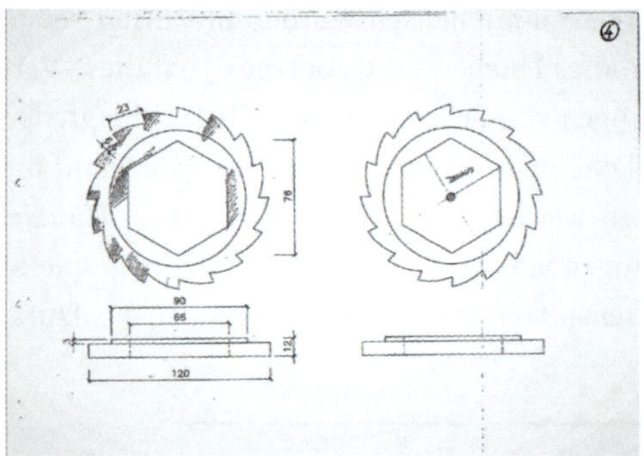

Abb. 6: Detail Nr. 4

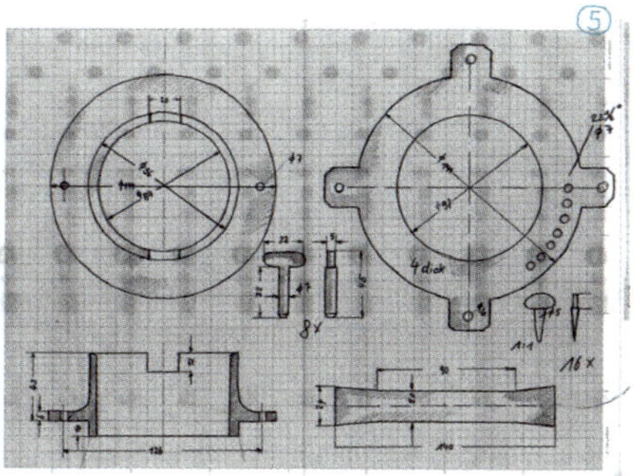

Abb. 7: Detail Nr. 5

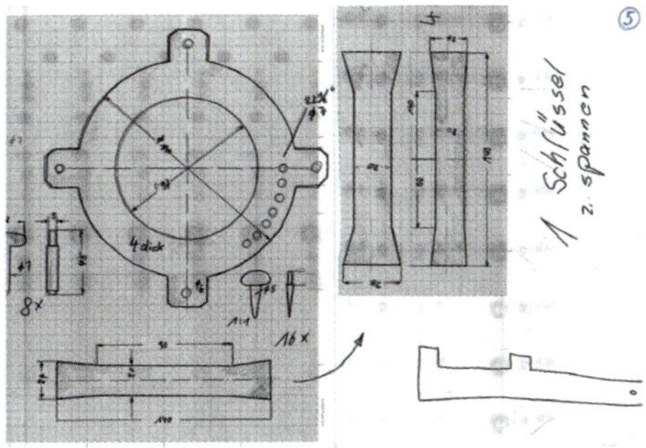

Abb. 8: Detail Nr. 5

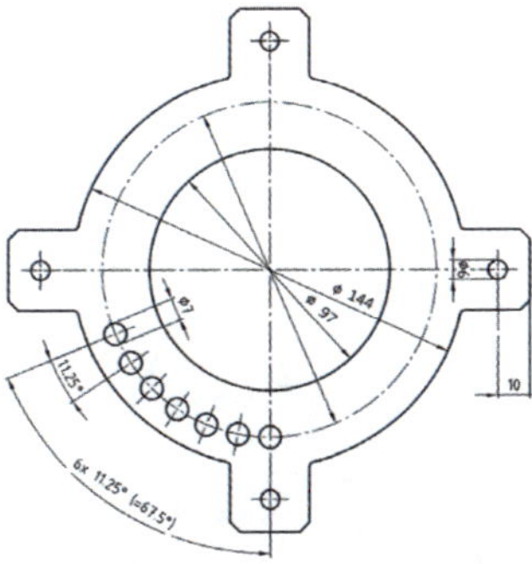

Abb. 9: Detail Nr. 5

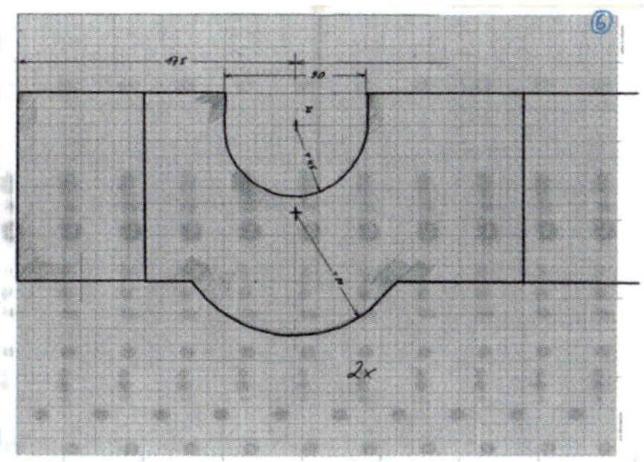

Abb. 10: Detail Nr. 6

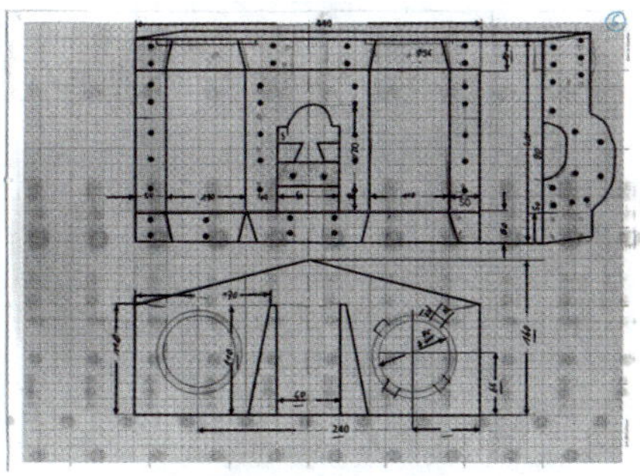

Abb. 11: Detail Nr. 6

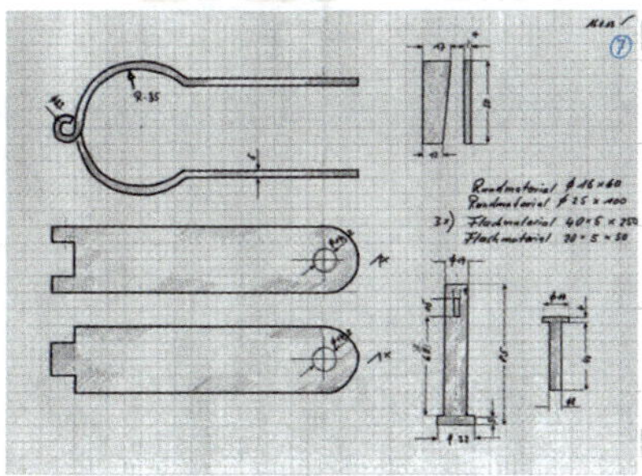

Abb. 12: Detail Nr. 7

Die Maße des hier rekonstruierten Scorpio sind auf ein Kaliber von 8,5 cm zurückzuführen. Der Scorpio hat eine Lauflänge zur Pfeilführung von 70 cm. Während der Tests wurden Sehnen unterschiedlicher Längen verwendet zwischen 1,25 m und 1,43 m. In den beiden Torsionsbuchsen mit einem Gesamtdurchmesser von 8,5 cm werden die Schnüre angebracht, mit deren Hilfe die Wurfarme eingespannt werden können. Die Seile verlaufen senkrecht von oben nach unten über zwei metallene Stifte. Bei den ersten Tests 2018 und auch zunächst im Januar 2021 handelt es sich um ein zusammenhängendes Seil aus Rosshaar, welches mehrmals um die beiden Metallstifte gewickelt wird. Die Wicklung und die gleichmäßige Verteilung in der linken wie auch rechten Torsionsbuchse spielen eine wesentliche Rolle bei der Zugkraft. Für den Aufbau der Zugkraft werden zwischen den Seilen eines Torsionsturm die Wurfarme eingelegt. Hierum schließt sich das Seilwerk. Durch die Verdrehung der Seile kann ein enormer Druck auf die Arme aufgebaut werden. Diesen Druck nutzt das Geschütz, um für eine optimale Wirkung des Bolzens auf große Distanzen die notwendige Zugkraft aufzubauen. Durch die entgegengesetzte Verdrehung mehrerer Seile kann die Tragfähigkeit eines Seiles vervielfacht werden.

Abb. 13: Torsionsspannung

Auf der Abbildung (13) können die linke und die rechte Torsionsbuchse der Rekonstruktion näher betrachtet werden. Diese hat aus der Sicht des Schützen im linken Turm 12 Reihen Seil auf jeder Seite (also 24 Stränge im Gesamten), während im Torsionsturm auf der rechten Seite nur 11 Reihen (22 Stränge) sich aufgrund einer kürzeren Gesamtseillänge ergeben haben. Das hatte Auswirkungen auf die Testergebnisse, da unterschiedliche Kräfte auf die Wurfarme wirkten.

12.4 Test und Auswertung

Die ersten Tests (2018) führten zu ermutigenden, aber ausbaubaren Ergebnissen. Wir kamen mit unseren Bolzen treffsicher auf eine Entfernung von 80 m, mit einer Mündungsgeschwindigkeit von durchschnittlich 30 m/s. Im Bogenschuss gelangen uns Entfernungen von über 100 m. Wir haben die Stabilität der Lafette für den zweiten Durchgang verbessert, konnten – ohne weitere Übung – in einer Frequenz zielsicher zwei Schuss pro Minute absetzen und auf kurze Distanz 3 cm Vollholzplatten durchschlagen. Jedoch lag das nicht nur weit unter dem Niveau der römischen Geschützspezialisten, die eine Frequenz von vier bis sechs Schuss pro Minute erreichten, sondern auch unter den Ergebnissen moderner Rekonstrukteure, die auch auf eine höhere Mündungsgeschwindigkeit kamen.[10]

Unsicherheit besteht immer noch in den Wurfarmen aus Holz, die nicht stabil in der Rosshaarbuchse blieben und sich nach einigen Schüssen verschoben haben, so dass nachgespannt werden musste.

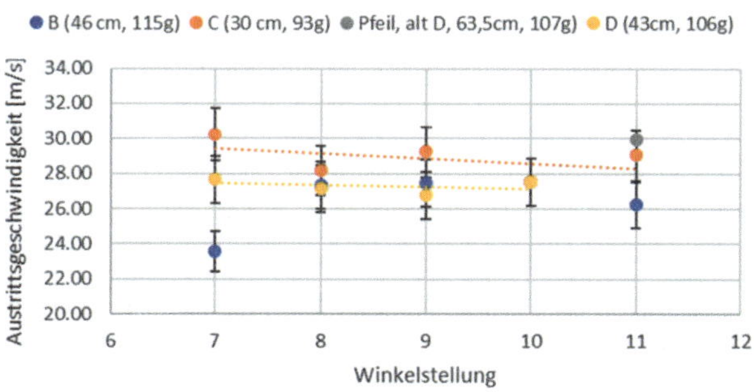

Abb. 14: B. Gatternigs Diagramm aus den Messungen vom 17.11.2018; Winkelstellungen sind auf der Lafette gekennzeichnet, je höher die Zahl, desto höher wird der Bogenschuss

---

10 Z. B. Baatz (1999), S. 14; www.uni-trier.de/fileadmin/fb3/prof/GES/AG1/Pressespiegel_Geschütz.pdf.; Le Bohec (1993), S. 156. Danach hat man durchaus abhängig vom getesteten Geschütz Austrittsgeschwindigkeiten zwischen 39 und 50 m/s erreicht.

Im Januar 2021 wurden erneut Schusstests unternommen, bei denen Reichweite, Durchschlagskraft und die einzelnen Funktionen in Augenschein genommen wurden. Die Geschwindigkeit der einzelnen Bolzen wurde mithilfe von Hochgeschwindigkeitsaufnahmen gemessen, während für die Zugkraft eine Kranwaage zur Verfügung stand. Der Versuchsaufbau wurde von Mitarbeitern des Lehrstuhls für Strömungsmechanik der FAU, unter der Leitung von Herrn J. Thünnesen, unterstützt.

Mithilfe heutiger Technologien vermag man, einen Bogenpfeil bis 1145,09 m weit zu schießen. Eine moderne Armbrust kann eine Reichweite von bis zu 1800 m erreichen. Tracey Rihll greift diese Werte in seiner Analyse zu den Katapulten auf, um Entfernungsangaben von Schramm und das Können einer Ballista zur römischen Zeit einzuschätzen.[11] Bei Scorpiones nehmen Rihll, Marsden, aber auch Alan Wilkins und William Dean (in seiner Übersetzung von E. Schramm 2018) eine Wirkdistanz von 300–400 m an.[12] Damit müssen Zugkräfte weit jenseits der 55 Pfund, die man auf einen Bogen aufbringen kann, erreichen werden.[13] Bei 21 Schlaufen in den Torsionsbuchen sollen damit 305 m erreicht worden sein.[14] Die Umstände, mit denen die Leistungen erreicht und gemessen wurden, werden in der Regel nicht dargelegt.

Bei unserem Schusstest im Januar erreichten wir eine maximale Kraft von 69 g und eine maximale Distanz von ca. 80 m. Eine Kranwaage zwischen Sehne und Spannmechanismus ermittelte die Kraft. Das minimale Messwertintervall der Waage lag bei 0,5 kg. Für den Versuchsaufbau wurde am Scorpio ein Maßband angebracht und in Abständen von jeweils 10 cm die Zugkraft gemessen. Zeitgleich sind die Dreheinstellungen (Umdrehungen) der Rosshaarbündel protokolliert worden.

Zu Beginn wurden die Einstellungen in Drehungen erfasst (Versuche 1–3). Im späteren Verlauf wurden die weiteren Umdrehungen in Löchern festgehalten (4–6). Die angegebenen Locheinheiten der Versuche 4–6 resultieren aus eben dieser Rückrechnung nach der Endbestimmung. Eine ganze Umdrehung entspricht 16 Löchern.

Während der ersten drei Spannungsmessungen waren die Bündel helixförmig aufgezogen, d. h. oben wurde das Bündel nach innen und unten nach außen gedreht (s. Abb.).

In den Versuchen 4–6 waren die Bündel so gewickelt, dass Ober- und Unterseite nach innen gedreht waren. Aufgrund der Sehnenlänge waren die Spannarme des Scorpio bei allen Versuchen im Ruhezustand über die Orthogonale zur Schussrichtung hin ausgelenkt. Daraus er-

---

11 Rihll (2007), Kap. 9, Pos. 5131.

12 Auch Alan Wilkins nimmt Bezug auf Schramm: (2003), S. 35.

13 *„With this in consideration, the 21 double loops of the springs were only tensions to 130 kg.“* Dean (2018), S. 93 (=Schramm (1918)).

14 Dean (2018), S. 93 (=Schramm (1918)).

gaben sich beim ersten Anziehen der Sehne wesentlich höhere Zugkräfte, da die Ausrichtung der Spannarme bis zum Rückspannen auf 90° zur Schussrichtung mehr Kraft benötigte. Im weiteren Kraftverlauf ließen sich konstante Werte über den Spannweg messen. Die Zugkräfte nahmen dann mit der Erhöhung der Bündeldrehungen zunächst nicht bzw. nicht gleichmäßig zu. Das rechte Bündel musste nachgespannt werden.

Versuchsnummer	Umdrehungen		Zugkraft in kg nach Spannweg in cm			
	Links	rechts	10	20	30	40
1	2,25	1,75	28,5	26,5	27	28
2	1,5	2,75	58,5	55,5	55,5	55,5
3	Kraft nach 2 Schüssen		42,5	37,5	39,5	41,5
Neue Wicklung der Bündel						
4	UL: 5 Loch (112,5°)	UR: 15 Loch (337,5°)	67	53,5	–	–
5	–	UR: 16 Loch (360°)	69	58,5	55	57
6	UL: 7 Loch (157,5°)	UR: 19 Loch (427,5°)	50	55,5	–	55,5
	Endbestimmung d. Löcheranzahl		UL	UR	OL	OR
	(Winkel in °Grad)		19 (427,5°)	20 (450°)	29 (652,5°)	
	7 (157,5°)					

Abb. 15: Legende zur Bezeichnung der Drehköpfe
OL: oben links
OR: oben rechts
UL: unten links
UR: unten rechts.

Im Vergleich zur ersten Art der Wicklung (Versuche 1–3) waren die Zugkräfte der zweiten Art der Wickelung (Versuche 4–6) weitaus höher. Aus der Tabelle geht ein maximal erreichter Wert von ca. 69 kg Zugkraft hervor. Wird dieser nun mit dem zuvor angeführten 55 Pfund (24,95 kg) verglichen, kann festgestellt werden, dass zwar der 2,8-fache Wert erreicht wurde, nicht aber die gewünschten Werte der Literatur. Auch die Hinweise zur nicht linearen Zunahme der Zugkraft entlang des Spannwegs deuten darauf hin, dass nicht die optimal möglichen

Bedingungen erreicht wurden. Diese Annahme wird auch durch die Geschwindigkeiten gestützt, welche auf Basis der Kameraaufnahmen berechnet werden konnten.

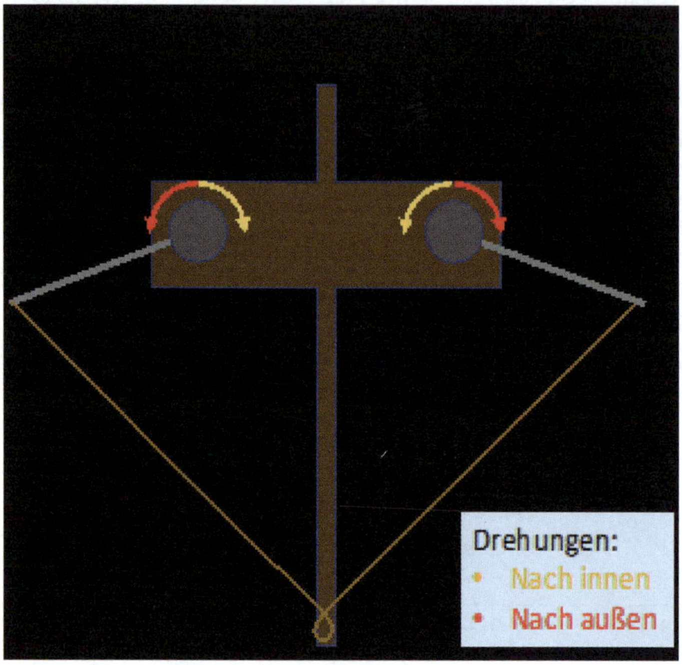

Abb. 16: Torsionsanspannung.

Für die Bestimmung der Fluggeschwindigkeit wurden die Flugbahnen der Bolzen gefilmt und über den räumlichen Versatz Δx zwischen den Einzelbildern berechnet. Der zeitliche Abstand zwischen den Einzelbildern Δs folgt aus der Aufnahmerate der Kamera (Bilder pro Sekunde; fps) $\Delta s = \frac{1}{fps}$. Die sich daraus ergebende Geschwindigkeit [Pixel/s] auf dem Foto wird durch Referenzlängen auf dem Foto [*Pixel/m*], in [m/s] umgerechnet. Als Referenzlängen dienten die Distanzmarken von 0 m bis 30 m, die im Abstand von 5 m zueinander standen. Die optische Beugung in horizontaler Richtung wurde über eine Regression herausgerechnet.

Die verwendeten Bolzen erreichten eine Geschwindigkeit zwischen 28,6 m/s (102,96 km/h) und 31,7 m/s (114,7 km/h) bei einem Abschusswinkel von 6–11° (s. Abb. 15). Bolzen 5 erzielte die geringste Geschwindigkeit von 26,5 m/s (95,4 km/h) bei einem steileren Winkel von 32,9°. Daraus lässt sich zunächst feststellen, dass sich mit steigendem Abschusswinkel die Fluggeschwindigkeit etwas verringerte. Allerdings ist die Abnahme von 11 % relativ zur Spitzengeschwindigkeit verhältnismäßig gering, so dass mit dem Scorpio die Bolzen für weite Distanzschüsse ähnlich hohe Geschwindigkeiten entwickelten.

	Bolzen 3	Bolzen 4	Bolzen 5	Bolzen 6	Bolzen 7
Geschwindigkeit [m/s]	29,8	28,6	26,5	31,7	30,2
Winkel [deg °]	6,5	11,07	32,9	–	29,25

Abb. 17: Gemessene Fluggeschwindigkeit und Abschusswinkel ausgewählter Bolzen.

Ebenfalls konnte durch die Aufnahmen neben dem Winkel der Flugbahn auch der momentane Winkel des Bolzens erfasst werden. Danach haben die Bolzen schräg zur Flugrichtung die Mündung des Geschützes verlassen. Nach etwa 5 m richteten sich die Bolzen aus und pendelten sich bis nach etwa 12 m ein. Der Schwerpunkt der Bolzen ist folglich deutlich wegen der Spitze nach vorne verlagert ist. Die verwendeten Bolzen sind mithin noch nicht austariert.

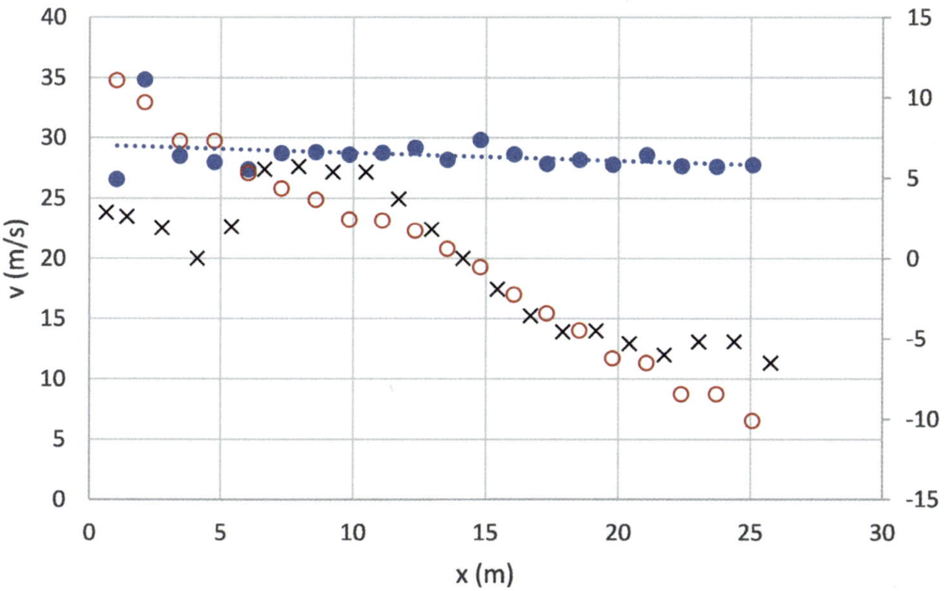

Abb. 18: Fluggeschwindigkeit (blau), Flugwinkel (schwarz) und Flugbahnwinkel (rot) des Bolzens 4

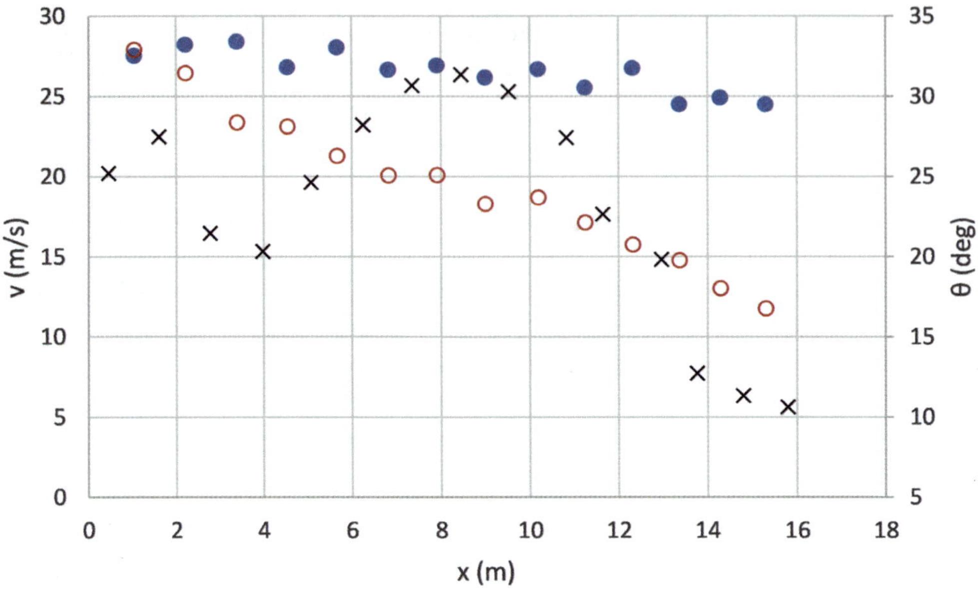

Abb. 19: Fluggeschwindigkeit (blau), Flugwinkel (schwarz) und Flugbahnwinkel (rot) des Bolzens 5

Abb. 18 und19 zeigen exemplarisch die Verläufe des Ausrichtungswinkels des Bolzens 4 und 5 und die jeweiligen Flugbahnwinkel. Der Ausrichtungswinkel des Bolzens ist geringer als der der Flugbahn, da die Spitze zur Flugrichtung hin nach unten geneigt ist. Die Begründung hierfür kann auf der Abbildung (Abb. 16) am Geschützrahmen oberhalb der Bolzenführung ausgemacht werden. Dieser Spalt entstand, indem mehrere Bolzen dagegen schlugen. Die Sehne, die die Geschosse beim Abschuss angehoben hatte, sorgte für den Aufprall und Beschädigung der Finne der Bolzen. Die Ursache war, dass der Abzug des Geschützes und die Konstruktion, mit dessen Hilfe die Sehne gespannt wird, nicht auf die Bolzen zugeschnitten war. Am unteren Teilstück des Abzugsschlitten stieß der Nocken des Bolzens an das Metall des Schlittens. So entstand ein Spielraum zwischen Sehne und Bolzen von ca. 5 mm. Ein solcher Spielraum führt zu einer unkontrollierten Energieübertragung von der Sehne auf den Bolzen und zu einer ruckartigen Beschleunigung. Je größer der Abstand zwischen Sehne und Bolzen war, desto unkontrollierter wurde die Führung des Bolzens auf der Schiene und die ersten Meter des Fluges.

Folgende Aufgaben (bis März 2021) waren infolge der Tests im Januar zu erledigen, um die mechanischen Fehler zur beseitigen und die Effektivität für eine geübte Mannschaft zu steigern:

Der Abzug wurde bearbeitet. Einige Millimeter Metall wurden auf der Unterseite abgetragen, um eine direkte Annockung des Bolzens an die Sehne zu ermöglichen. Im gleichen Arbeitsschritt wurde die Sensibilität des Abzugs verringert, um ein ungewolltes Loslösen der Sehne zu verhindern.

Die Wurfarme des Scorpio haben schon einige Entwicklungsstufen durchlebt. Zu Beginn des ersten Tests im Jahre 2018 wurde mit hölzernen Wurfarmen gearbeitet. Diese besaßen zwar die Länge nach den Angaben von Vitruv, jedoch nicht die entsprechende Dicke.

Nach der Anspannung in den Torsionselementen und den ersten Schüssen verdrehten sich die Wurfarme immer wieder innerhalb der Seilkonstruktion, verloren Zugkraft und mussten korrigiert werden. Dennoch wurden Geschwindigkeiten um 30 m/s erreicht. Zur Verbesserung wurde der innere Teil des Wurfarmes in Metall gefasst, das nach innen flach auslief. Mit diesem Metall wurde die Stabilität des Armes deutlich verbessert. Verdrehungen konnten so nicht mehr erfolgen. Durch die Metallfassung wurde der Wurfarm jedoch um einige Zentimeter verlängert. Die Verlängerung des Wurfarms und die veränderte Hebelwirkung beeinflussen jedoch die Zugkraft. Daher wurden nach den Angaben Vitruvs die Wurfarme neu entworfen: Länge – 7 Kaliber, Dicke – 5/8 Kaliber, Krümmung – 1/8 Kaliber, Einkerbung Sehne (Kopfstück) – 3/8 Kaliber.

Der Durchmesser der 2. Generation bot den Seilen in der Torsionsbuchse deutlich mehr Angriffsfläche und damit eine höhere Kraftübertragung. Auch das Problem der Verdrehung der Arme beim Spannvorgang trat nicht mehr in Erscheinung. Gerade die Seile nahmen eine gute Form um den Wurfarm herum an. Es wurde sehr genau darauf geachtet, dass ein Abstand zwischen Arm und Spann-Corpus bestand (s. Abb. 16), bevor die ersten Umdrehungen an der Torsionsbuchse vorgenommen werden. Alan Wilkins bot eine Lösung mit einer deutlichen Rundung an der Innenseite des Wurfarmes an,[15] durch die dem Seil verwehrt wird, auf die andere Seite des Holzes zu springen. Damit stabilisiert der Arm gleichzeitig seine Position innerhalb der Torsion. Auch unsere Wurfarme erhielten Einkerbungen, die sich an der natürlichen Position der Seile bei minimaler Anspannung befinden, damit die Seile auch in der Torsion nicht unnatürlich deformiert werden. Die linke Hälfte des Bildes zeigt die dem Schützen abgewandte Seite des Wurfarmes, die rechte Hälfte die dem Schützen zugewandte Seite. Es wurde nur so wenig Material abgetragen, dass es das Spannmaterial (Rosshaar und Hanf) hielt. Nunmehr sollte die Einlegung des Wurfarmes in das Torsionselement optimiert werden.[16] Von der Position des Schützen aus wurde nun die abgewandten Seile zum Schützen herangezogen und der Wurfarm zwischen den Rückseiten eingespannt. In der Ruhelage, also ohne Umdrehungen, versucht so das Seil mithilfe der Einkerbungen den Wurfarm vom Korpus wegzudrücken.

---

[15] Wilkins (2003), S. 25, Abb. 9.

[16] Vgl. Campbell / Delf (2008), S. 8–9.

Auf „natürlichem" Weg und mit einem einfachen Handgriff wird so ein stetiger Abstand zwischen Arm und Zentrum des Torsions-Corpus ermöglicht (s. Abb. 16).

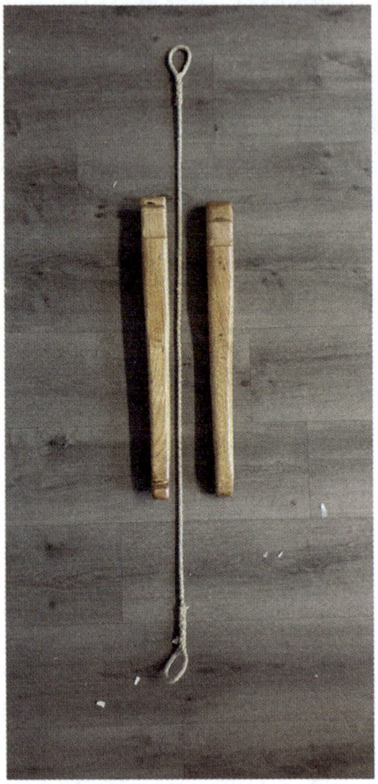

Abb. 20: Torsionsarme

Zur Spannung der Torsionsbuchsen wurde durch den Schmied Thomas Hürner eine Metallstange angefertigt, welche um die metallenen Stifte gelegt werden kann. Mithilfe des langen Hebels gelingt es so, die Buchsen entsprechend spannen zu können. Mit dem Scorpio auf der Lafette sind mehrere Personen nötig, die das Geschütz festhalten mussten. Diese Art der Bespannung führte zu unnatürlichen Beanspruchungen des Geschützes und zur Unruhe, die in Gefechtssituationen zu vermeiden gewesen wären.

Deshalb wurde das Geschütz von der Lafette entfernt und mit der Stirnseite gegen den Boden gespannt, indem eine Person mit ihrem Gewicht gegen die gleichmäßige Spannbewegung der zweiten Person mit der Stange an beiden Buchsen drückte. Dadurch können größere Kräfte auf die Stange ausgeübt werden (Abb. 21). Auch diese Technik muss noch für den „Einsatz im Feld" ergänzt werden, um die Stirnseite beim Spannvorgang sicher zu arretieren und gleichzeitig zu schonen. Dies könnte durch eine der Stirnseite angepassten Schablone gewährleistet werden, die für den Spannvorgang auf den Boden gestellt wird.

Abb. 21: Spannvorgang

Torsionsbuchsen: Bei den Tests im Jahre 2018 und 2021 wurde Rosshaar (ca. 8 mm) verwendet, welches als zusammenhängendes Seil in die Torsionselemente eingefädelt wurde. Die Differenz der Stränge, die wegen der Länge kaum egalisiert werden konnte, führte jedoch zu einem Kräfteungleichgewicht, welches selbst durch Nachspannen nicht ausgeglichen werden konnte. Die Auswechslung und Neueinfädelung des Seiles ist selbst für geübte Mannschaften zeitaufwendig – wie wir erfahren mussten, als die Seile jeweils in einer Buchse gerissen waren. Sollte ein zusammenhängendes Seil reißen, muss darüber hinaus auch das ganze Element ausgetauscht und ein neues Seil angebracht werden. Deshalb wurden für unseren Scorpio 14 Schlaufen[17] aus Hanf (12 mm Durchmesser) mit jeweils der Länge von ca. 120 cm angefertigt und gleichmäßig auf die linke und rechte Buchse verteilt. Das Einlegen dieser Schlaufen kann sehr rasch geschehen und ermöglicht darüber hinaus auch das zügige Auswechseln einzelner Elemente nach einem Riss. Nun besaß jede Seite 14 Stränge, welche sich um einen Wurfarm gleichmäßig legen konnten. Beim ersten Versuch erreichten wir eine Zugkraft von 67,5 kg bei einer Umdrehung von 16 Loch (s. Abb. 9) und eine maximale Zugkraft von 111 kg bei einer Umdrehung von 18 Loch. Es war somit für eine zusätzliche Drehung um 2 Loch eine Gewicht-

[17] Vgl. Dean 2018, S. 93.

zunahme von 43,5 kg zu messen. Durch J. Thünnesen (Strömungsmechanik, FAU) wurde das Drehmoment näherungsweise bestimmt: Bei einem vollständigen Zurückziehen der Sehne sind die Arme um ca. 40° nach hinten ausgelenkt (zur Verdeutlichung S. Abb. 15). Auf Basis der gemessenen Zugkraft von 111 kg ergibt sich die Hebelkraft eines Armes in Höhe von 441,07 N (etwa 42,51 kg). Das Torsionselement hätte dabei ein Drehmoment von 191,85 Nm.

Nachdem einige Methoden hin zur Schussbereitschaft intensiv untersucht werden konnten, war der nächste Schritt die Ermittlung von ballistischen Daten. Diese Daten sind entscheidend, um die im Laufe der Modifizierung und ersten Tests erfassten Spannkräfte einordnen zu können. Die Einschätzung der Spannkraft erfolgt über die Geschwindigkeit, Geschossflugbahn und Trefferperformance der einzelnen Bolzen. Hierzu haben wir am 14.08.2021 einen weiteren Versuchsaufbau gestartet und mit Hilfe spezieller Messgeräte die Anfangsgeschwindigkeit der Bolzen unmittelbar nach Verlassen der Schiene des Geschützes gemessen. Bei diesem Test haben wir an die zuletzt erwähnten Daten angeknüpft und die Spannkraft um weitere 32,5 kg auf 143,5 kg bei einer Auszugslänge von 52 cm erhöhen können. Wir haben die oberen Buchsen zweimal um ihre eigene Achse gegen die Wurfarme verdreht, während bei den unteren Buchsen eine anderthalbfache Verdrehung angesetzt wurde. Auszugslänge und Spannung wurden während der Schüsse beibehalten. Bei 13 Schüssen konnten wir eine Durchschnittsgeschwindigkeit von 39,67 m/s feststellen, wobei anzumerken ist, dass nur Werte zwischen 39 m/s und 41 m/s gemessen wurden. Für künftige Analysen müssen einzelne Bedingungen, wie Gewicht und Länge der Bolzen, unterschiedliche Spannkräfte und verschiedenes Spannmaterial (Hanf- und Rosshaarschlaufen) herangezogen werden, um zahlreiche Werte gegenüberstellen zu können – in Vorbereitung auf ein weiteres Geschütz der nächsten Generation.

Literatur

Aybek, S. / B. Dreyer, Eine wehrhafte Stadt in späthellenistisch-römischer Zeit. Die Katapult-Arsenale der Stadt Metropolis (Ionien), IstMitt 61, 2011, S. 205–217.

Baatz, D., Bauten und Katapulte des Römischen Heeres, Stuttgart 1994.

Baatz, D., Recent finds of ancient artillery, Britannia 9, 1978, S. 1–17.

Baatz, D., Katapulte und mechanische Handwaffen des spätrömischen Heeres, Journal of Roman Military Equipment Studies 10, 1999, S. 5–19.

Baatz, D., Recent Finds of Ancient Artillery. In: Britannia, Bd. 9 (1978), S. 1–17.

Bishop, M. C. / J. C. N. Coulston, Roman Military Equipment. From the Punic Wars to the Fall of Rome, Oxford [2]2006.

Bowman, A. D. / J.D. Thomas, The Vindolanda writing-tablets. Tabulae Vindolandenses II, London 1994.

Burckhardt, L., Militärgeschichte der Antike, München 2008.

Campbell, D. B., Ballistaria in First to Mid-Third Century Britain: A Reppraisal, Britannia 15, 1984, S. 765–84.

Campbell, D. B., Ancient Siege Warfare. Persians, Greeks, Carthaginians and Romans 546–146 BC, Oxford 2004.

Campbell, D. B. / B. Delf, Greek and Roman artillery 399 BC – AD 363, Oxford 2008.

Chaniotis, A., War in the Hellenistic World, Malden (Ma) – Oxford – Victoria (Aus) 2005.

Chevedden, P. E., Artillery in Late Antiquity: Prelude to the Middle Ages, in: I. A. Cortis – M. Wolfe, Woodbridge 1995, S. 131–176.

Dean, W., The Ancient Artillery of Saalburg (Translated). Two Treatises on Greek and Roman Artillery, Leipzig 2018.

Demmin, A., Die Kriegswaffen der Geschichte: von Speeren, Schleudern und Schwertern, Nachdruck der Originalausgabe von 1893, Erfurt 2018.

De Vries, K. / R.D. Smith, Medieval military technology, Toronto 2012.

Eich, A., Die römische Kaiserzeit. Die Legionen und das Imperium, München 2014.

Fiorucci, F., Philon von Byzanz, in: B. Zimmermann – A. Rengakos (Hg.), Handbuch der griechischen Literatur der Antike. Bd. 2: Die Literatur der klassischen und hellenistischen Zeit, München 2014, S. 602–604.

Garlan, Y., Recherches de poliorcétique grecque, Paris 1974, S. 281–5.

Gudea, N. / D. Baatz, Teile spätrömischer Ballisten aus Gornea und Orşova, Saalburg Jahrbuch 31, 1974, S. 50–72.

Irby-Massie, G. B. / P.T. Kayser, Greek Science of the Hellenistic Era, London – New York 2002.

Iriarte, A., More about the Teruel catapult, JRMES 12/13, 2001/2002, S. 43–46.

Junkelmann, M., Panis militaris. Die Ernährung des römischen Soldaten oder der Grundstoff der Macht, Mainz am Rhein 1997.

Le Bohec, Y., Die römische Armee. Von Augustus bis Konstantin dem Großen, Stuttgart 1993.

Le Bohec, Y, Das römische Heer in der Späten Kaiserzeit, Stuttgart 2010.

Lendle, O., Texte und Untersuchungen zum technischen Bereich der Antiken Poliorketik. (= Palingenesia, Bd. 19), Wiesbaden 1983.

Lepper, F. / S. Frere, Cichorius. Trajan's Column: A New Edition of the Cichorius Plates, Clouster 1988.

Marsden, E. W., Greek and Roman Artillery. Historical Development, Oxford 1969.

Marsden, E. W., Greek and Roman Artillery. Technical Treatises, Oxford 1971.

Müller, F. L., Publius Flavius Vegetius Renatus, Abriß des Militärwesens. Lateinisch und deutsch, Stuttgart 1997.

Nemeth, E. / F. Fodorean, Römische Militärgeschichte, Darmstadt 2015.

Oldenstein, J. / O. Gupte (Hg.), Spätrömische Militärausrüstung, Armatura 1999.

Rispa, P. / U. Höhn, Restaurierung und Rekonstruktion eines römischen Pfeilgeschützes aus Teruel/ Spanien, Saalburg Jahrbuch 59, 2016, S. 191–202.

Rihll, T. E., The catapult. A history (E-Book), Yardley (Pensilvania) 2007.

Roth, J. P., The logistics of the Roman army at war. (264 B.C. – A.D. 235), Leiden 1999.

Schalles, H.-J., Eine frühkaiserzeitliche Torsionswaffe aus der Kiesgrube Xanten-Wardt, in: Archäologie in Krefeld, in: Archäologie in Nordrhein-Westfalen. Begleitbuch zur Landesausstellung „Von Anfang an", Köln, Römisch-Germanisches Museum 13. März bis 28. August 2005, Herne, Westfälisches Museum für Archäologie, Landesmuseum 22. September 2005 bis 5. Februar 2006, verantwortlich: Ministerium für Städtebau und Wohnen, Kultur und Sport des Landes Nordrhein-Westfalen, Römisch-Germanisches Museum der Stadt Köln, hg.v. Heinz Günter Horn, Mainz 2005, S. 378–381.

Schramm, E., Erläuterung der Geschützbeschreibung bei Vitruvius X 10–12, Sitzungsberichte der königlich preußischen Akademie der Wissenschaften, Sitzung der historisch-philosophischen Klasse 51–53, Berlin 1917, S. 718–734.

Schramm, E., Die antiken Geschütze der Saalburg. Nachdruck der Ausgabe von 1918 mit einer Einführung von D. Baatz. Beiheft zum Saalburg-Jahrbuch, Saalburgmuseum, Bad Homburg v. d. H. 1980 S. 40–46.

Shipley, G., Greek World after Alexander. 323–30 BC, London 2000.

Tomlin, R. S. O., Roman Manuscripts from Carlisle: The Ink-Written Tablets. In: Britannia, Vol. 29, S. 31–84.

Von Albrecht, M., Geschichte der römischen Literatur von Andronicus bis Boethius und ihr Fortwirken. Bd. 1. 3., verbesserte und erweiterte Aufl. Walter de Gruyter, Berlin 2012.

Wilkins, A., Roman Artillery, Shire 2003.

Wilkins, A., A suggested reconstruction of Vitruvius' Stone-thrower: de Architectura X, 11, S. 4–9, Journal of Roman Military Equipment Studies 18, 2017, S. 27–50.

Internetliteratur

https://www.uni-trier.de/fileadmin/fb3/prof/GES/AG1/Pressespiegel_Geschütz.pdf

Abbildungsverzeichnis

Abb. 1–12: Zeichungen P. Clement; bearbeitet A. Hauenstein

Abb. 13, 20, 21: Foto A. Hauenstein

Abb. 14, 15, 17–19: B. Gatternig; J. Thünnesen

Abb. 16: Private Skizze

Kapitel 2: Wissenschaftliche Grundlagen des Baus

1 Masten, Segel, Takelage, Riemen. Zum Kenntnisstand antiker Schiffsausstattung

Timm Weski, München

1.1 Einleitung

Die aus Holz gebauten Wasserfahrzeuge der Antike haben sich nur erhalten, wenn sie in geeignetes Sediment eingebettet, durch die Amphorenladung bzw. Ballaststeine bedeckt und so vor dem Verfall geschützt waren. Meist betrifft dies den untersten Teil des Rumpfes. Daher sind wir über die verschiedenen Rumpfbauweisen gut informiert.[1] Aber schon bei der Frage nach Höhe des Freibords, Konstruktionsweise des Decks usw. wird die Quellenlage dünner. Noch schwieriger wird es, wenn es um Funde von Masten, Spieren, Segeln, Takelage, Riemen usw. geht, da diese Ausrüstungsgegenstände häufig beim Schiffverlust abbrechen oder über Bord gewaschen werden und vertreiben. Bei Wasserfahrzeugen, die am Ufer dem Verfall preisgegeben wurden, entfernte man vorher alle noch irgendwie verwendbaren Ausrüstungen und Gegenstände, so dass nur der leere Rumpf übrig blieb. Sofern solche Objekte gefunden und als Schiffsausrüstung identifiziert werden, lassen sie sich oft nicht zeitlich einordnen und nicht mit einem bestimmten Wrack in Verbindung bringen.

Im Fall des Boots 2 aus Manching-Oberstimm, Lkr. Pfaffenhofen a. d. Ilm, ist der Rumpf an einigen Stellen bis zum Dollbord erhalten. Ferner ist die Anordnung der Duchten und Dollpflöcke archäologisch gesichert. Auch weist die Mastspur auf einen zugehörigen Mast und damit auf Beseglung hin. Doch wie sieht es mit dem Mast selbst, den Riemen, dem Steuerruder oder der Takelage aus, da einschlägige Funde aus der Grabung dazu fehlen?

Im Folgenden sollen für diese fehlenden Komponenten Vorbilder gesucht werden, um den Nachbau so originalgetreu wie möglich gestalten zu können. Da es sich dabei um praktische Lösungen und Formen handelt, die nicht an eine bestimmte Zeit oder Region gebunden sein

[1] Casson (1971), S. 201–21; Casson (1994), S. 26–35; Steffi (1994), S. 23–78; Piele (2009); Piele (2010); Pomey et al. (2012).

müssen, ist es statthaft auch Belege aus anderen Epochen mit einzubeziehen, um Anregungen zu erhalten.

1.2 Quellen

Eine zusammenfassende Arbeit über Schiffe und Schifffahrt in der Antike legte Lionel Casson 1971 vor, in der er sich vorwiegend auf schriftliche Überlieferungen stützte.[2] Daneben bezog er aber auch bildliche Darstellungen und archäologische Funde mit ein. Fast vier Dekaden später griff Julian Whitewright im Rahmen seiner Untersuchungen zu Veränderungen beim Rigg im Mittelmeer und in Indischen Ozean das Thema erneut auf. Neben einem Katalog von einschlägigen Wrackfunden, listete er schriftliche Quellen zur Takelage und über Reisezeiten auf.[3]

In antiken schriftlichen Quellen werden zwar oft Schiffe, deren Ausrüstung oder Ladung erwähnt, so dass für die griechischen oder römischen Bezeichnungen und Namen bekannt sind, doch über Form, Größe oder Material der einzelnen Gegenstände liegen nur wenige Informationen vor. Anders sieht es dagegen mit ikonographischer Überlieferung und archäologischen Funden aus. Auf Reliefs, Wandmalereien oder Mosaiken sind Wasserfahrzeuge oft sehr realistisch mit vielen Details wiedergegeben und können deshalb als Vorbilder für Rekonstruktionen dienen. Allerdings handelt es sich dabei nicht um Fotos, sondern um künstlerische Wiedergaben, die zwar einige Merkmale genau zeigen, aber andere weglassen oder verändert wiedergeben.[4] So ist auf der linken Schiffsdarstellung auf dem Relief von Portus aus der Zeit um 200 n. Chr. das Segel mit Nähten, Verstärkungen und Führungsringen sehr realistisch dargestellt, aber der Verlauf der Gordings, die zum Hochziehen des Segels zur Rah dienen, ist falsch wiedergegeben (Abb. 1). Auch steht der Rudergänger des Steuerbordruders in Höhe des Deckshauses am Heck, während der auf der Backbordseite vor dem Großmast zu sehen ist.[5] Auf dem Mosaik im Kaltbad in der Therme von Thémétra (Tunesien) aus dem 3. Jahrhundert n. Chr. ist ein zweimastiges Schiff von Steuerbord dargestellt. Der Vormast trägt ein Rahsegel, während am Großmast das Segel nur auf der Backbordseite, der Leeseite, sehr realistisch mit Geitauen, Brassen und Schoten wieder-gegeben ist.[6] Deshalb entsteht der Eindruck, dass es sich dabei nicht um ein Rahsegel, sondern um ein Schratsegel, z. B. ein Sprietsegel, handeln könnte. Im Mosaik ist auch ein weiteres zweimastiges Schiff, diesmal allerdings von backbord

---

2 Casson (1971).

3 Whitewright (2008).

4 Z. B. Bockius (2017), S. 209f.; Whitewright (2017), S. 223–227, 230f. Tab. 1.

5 S.a. Casson (1994), S. 112.

6 Basch (1987), Abb. 1109. – Gianfrotta et. al. (1997), S. 89.

dargestellt. Bei diesem Bild ist die Großrah deutlich zu erkennen und außerdem ragt das Segel über den Mast hinaus nach Backbord auf die Luvseite.[7] Der Künstler hatte vermutlich Probleme, das zweimastige Schiff darzustellen, und führte beim zweiten Bild das Großsegel nur teilweise auf die Luvseite, während er es beim ersten Bild am Mast enden ließ. Auf jeden Fall handelt es sich in beiden Fällen auch beim Großsegel um ein Rahsegel. Auf der Trajanssäule endet bei einem zweirudrigen Boot die untere Riemenreihe ohne erkennbare Öffnung in der Bordwand, während die obere ohne besondere Halterung durch die offene Reling gesteckt ist. Der Rudergänger hält das Steuerbordruder am Schaft, obwohl darunter die nach achtern ausgerichtete Pinne zu sehen ist.[8] Überhaupt stellt sich die Frage, ob der Künstler einen bestimmten Gegenstand so realistisch wie möglich darstellen wollte oder ob es ihm darum ging zu zeigen, dass es sich um ein Schiff mit Segeln und nicht um ein Ruderboot handelt. So ergab eine Untersuchung der Waffen auf der Marcussäule, dass nicht alle Soldaten in der für die Markomannenkriege archäologisch nachgewiesenen Rüstungen und Waffen dargestellt wurden.[9]

Abb. 1: Große Handelsschiffe. Wanten und Vorstag sind mit Juffer und Talje durchgesetzt. Gordings verlaufen nicht gradlinig. Rudergänger an Backbord steht vor dem Mast. Am Steuerbordruder Taubindung. Ca. 200 n. Chr.

7 Basch (1987), Abb. 1110.

8 Baatz / Bockius (1997), S. 53, Abb. 3.

9 Burandt (2017), S. 26–28, bes. 28, 121f., 123, 124f.

Bei technischen Werken der frühen Neuzeit, in denen Abmessungen für Masten oder Riemen aufgeführt sind, muss berücksichtigt werden, dass diese oft für seegehende Wasserfahrzeuge berechnet wurden, die anderen Beanspruchungen als Flussboote ausgesetzt waren und deshalb stärker dimensioniert sein können.[10] Archäologisch überlieferte Teile von Schiffsausrüstung sind, von wenigen Ausnahmen wie Ankern abgesehen, selten. Während Holzobjekte wie Blöcke von verschiedenen Wracks bekannt sind, haben sich Taue und Segel nur an wenigen Fundstellen im trockenen Klima Ägyptens erhalten. Auf Grund der geringen Anzahl von Funden gleicher Funktion besteht die Gefahr, dass sich nur ein untypisches, regional genutztes Beispiel erhalten hat, dass aber aus Unkenntnis anderer Beispiele für Rekonstruktionen herangezogen wird. Neben antiken Quellen und Funden, können auch noch Beispiele aus jüngeren Zeiten herangezogen werden, sofern es sich um Anregungen für technische Lösungen handelt. Werden alle drei Quellengattungen, die stets einer Quellenkritik unterzogen werden müssen, in die Überlegungen mit eingeschlossen, lassen sich einigermaßen verlässliche Ergebnisse gewinnen.[11] Trotzdem bedeutet ein fehlender literarischer, ikonographischer oder archäologischer Nachweis nicht, dass es eine bestimmte technische Lösung in der Antike nicht gegeben hätte.[12]

1.3 Masten, Spieren und stehendes Rigg

Bildliche Darstellungen von Schiffen unter Segeln bilden die umfangreichste Quellengattung für diesen Problemkreis. Bei Segelschiffen steht meist die Masthöhe in einem Verhältnis zur Rumpflänge, während sich die Rahlänge aus der Schiffsbreite ergibt. Da die Künstler sich aber nach der Größe und Form der zur Verfügung stehenden Fläche richten mussten, kann es deshalb zu Verzerrungen beim Rigg und den Rümpfen kommen. Daher ist es nicht möglich, absolute oder relative Zahlen für das Rigg aus den Darstellungen abzuleiten. Da gleiche gilt auch für den Durchmesser und die Abmessungen von Rahen oder des Spriet beim Sprietsegel.

Masten

Der noch 7,87 m lange und 42 cm starke unter Teil des Mastes A1 aus Olbia (Sardinien, Italien) aus dem ersten nachchristlichen Jahrhundert gehört sicherlich zu einem großen seegehenden

[10] Z. B. Steel (1797); Middendorf (1971).

[11] Whitewright (2008), S. 28–31; Bockius (2017), S. 209–211.

[12] Whitewright (2007), S. 291; Whitewright (2017), S. 230f.

Schiff, wie aus den Abmessungen und den Hinweisen auf hölzerne Maststufen hervorgeht.[13] Das gleiche gilt auch für ein weiteres Mastfragment mit Maststufen vom Hafen von Genua (Italien), das auf Grund seiner stratigraphischen Lage vor dem 4. nachchristlichen Jahrhundert zu datieren ist. Daher kommen diese Funde als Vorbilder für Masten eines geruderten Flussbootes nicht in Frage.[14] Für beide Funde wird *quercus ilex* (Steineiche) als Material angegeben.[15]

Bereits 1899 wurden bei Brügge (Belgien) Teile eines Wracks gefunden, das inzwischen auf 189±80 n. Chr. datiert werden konnte (Abb. 2). Das Fahrzeug gehört zur Gruppe provinzialrömischer, seegehender Schiffe vom Typ Black Friars, die ins 2. und 3. nachchristliche Jahrhundert datieren.[16] Ihre Rumpfbauweise weicht stark von der im Mittelmeer üblichen ab und geht vermutlich auf örtliche Traditionen aus dem Bereich des Ärmelkanals zurück. Daher muss der dort gefundene Mast nicht typisch für alle römischen sein. Es handelt sich um vier Fragmente aus Eiche von insgesamt 9,30 bm Länge, von denen heute noch die beiden oberen erhalten sind. Etwa im oberen Drittel ist der Mast im Querschnitt nicht rund, sondern wurde quadratisch zugerichtet. An dieser Stelle befinden sich zwei Schlitze, vermutlich für das Rahfall. Ein weiterer Schlitz befindet sich in der Nähe der Spitze. Dieser ist seitlich leicht anders orientiert als der Doppelschlitz.[17] Soweit erkennbar verjüngte sich der Mast, dessen maximaler Durchmesser ca. 16 cm betrug, gleichmäßig. An der erhaltenen Spitze befindet sich eine kleine, flache Vertiefung, die eventuell mit einem Knopf in Verbindung stehen könnte.

Auf ikonographischen Darstellungen von Schiffen ist an der Mastspitze oft ein Knopf, eine Kappe oder ein Aufsatz dargestellt, ohne dass ersichtlich ist, ob es sich um einen Aufsatz handelt und wie dieser am Mast befestigt ist oder ob er aus dem Vollen gearbeitet wurde. Ein noch stehender Mast eines auf 410–520 n. Chr. radiocarbondatiertem Wracks im Schwarzen Meer besitzt an seiner Spitze eine quadratische Aussparung, die Halt für einen Aufsatz geboten haben könnte. Auch wenn es sich möglicherweise um ein lateinergeriggtes und 12–14 m langes Schiff gehandelt hat, kann eine ähnliche Lösung für antike Schiffe angenommen werden, wie der behandelte Fund aus Brügge nahelegt.[18]

---

13 Gavini et al. (2014); Maststufen: Casson (1994), Abb. 94; 97.

14 Tiboni (2014).

15 Gavini et al. (2014), S. 34; Tiboni (2014), S. 444.

16 Rule / Monaghan (1993); Marsden (1994), S. 33–95; 97–104; Nayling / McGrail (2004).

17 Marsden (1976), S. 39; 31; 40–42; Abb. 4,8–7; 23; Marsden (1994), S. 67–70; Abb. 63.

18 Ward / Ballard (2004), S. 6–12, Abb. 7, 9.

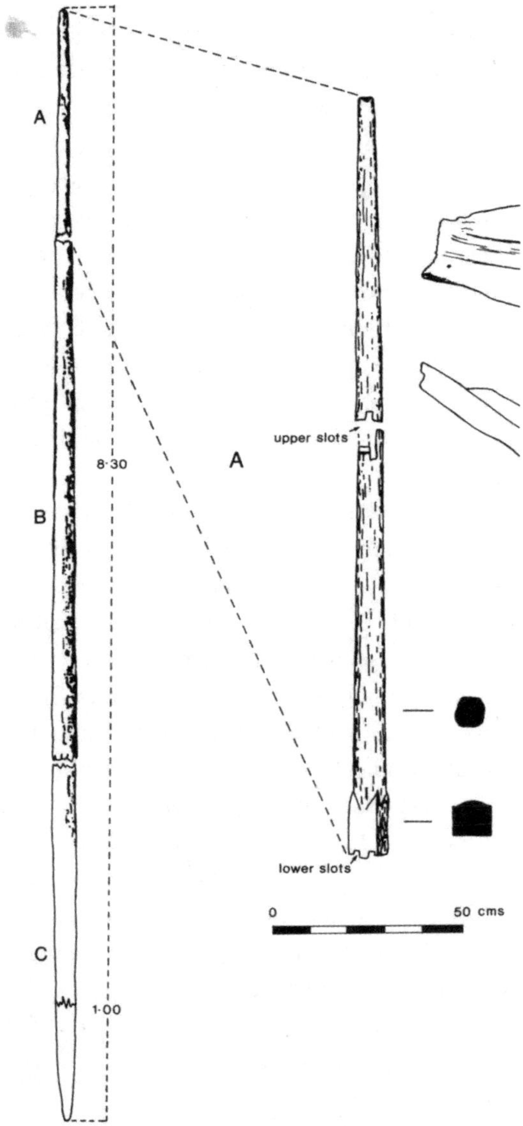

Abb. 2: Brügge. Mastfragment mit Schlitzen. Ende 2. Jahrhundert n. Chr.

Rahen und Spieren

Archäologische Belege für Rahen und andere Spieren sind archäologisch nicht nachgewiesen. Um eine Vorstellung über deren Abmessungen zu erhalten können, wie bereits erwähnt, Handbücher aus jüngeren Zeiten herangezogen werden. In den dort veröffentlichen Tabellen sind Längen von Masten zur Kiellänge oder Rumpfbreite und Länge von Rahen zur Mastlänge aufgelistet. Zusätzlich finden sich Angaben zum Durchmesser von Masten und Spieren im Verhältnis zu deren Gesamtlänge. Zusätzlich wird angegeben, wie stark sie sich verjüngen.[19] Allerdings ergeben sich bei verschiedenen Autoren stark voneinander abweichende Mastlängen und Durchmesser.[20] Zusätzlich sind in diese Zahlen Sicherheitsreserven einkalkuliert, die in früheren Zeiten sicherlich nicht immer in diesem Umfang eigehalten wurden. So beträgt der Durchmesser des Mastes der luggergetakelten Ness Yoal „Maggie" (1901 gebaut) von den Shetlands bei einer Länge von 4,26 m nur 7,62 cm, während Steel für einen Mast dieser Länge 8,89 cm empfiehlt.[21]

Nach Ausweis bildlicher Darstellungen wurden die Masten mit Vorstag und Wanten unterschiedlicher Anzahl gesichert. Achterstage scheinen nicht üblich gewesen sein, allerdings sind die Bilder teilweise so verzerrt, dass eine genaue Funktionszuweisung nicht möglich ist.[22] Beispielsweise beim Schiff auf dem Mosaik von Lod, Israel, des 3./4. Jahrhundert n. Chr. schwankt die technische Ansprache des stehenden Gutes je nach Bearbeiter.[23] Eventuell wurden die Masten auch durch die nach achtern geführten Geitaue gestützt.[24] Für das stehende Gut wurde geschlagene Taue verwendet, die mittels Jungfer (Juffer) und Talje durchgesetzt wurden (Abb. 3).[25] Diese Technik ist noch heute auf Traditionsschiffen in Gebrauch.[26] Archäologisch sind Jungfern aus dem Wrack bei Grado (Italien) an der nördlichen Adria aus dem 2. Jahrhundert n. Chr. sowie dem Wrack von Laurons 2 (Martigues, Dept. Bouches-du-Rhône), Frankreich (Ende 2./Anfang 3. Jahrhundert n. Chr.) nachgewiesen, dort mit zwei oder drei Löchern sowie in einem Fall noch mit Tau in der Hohlkehle und Resten der Zurrung.[27] Ein weiteres Exemplar stammt aus Myos Hormos/Quseir al Qadim (Ägypten) am Roten Meer, das in die Mitte bzw. 2. Hälfte des 2. Jahrhundert n. Chr. datiert, und ist aus Dalbergien, auch Palisander-

---

[19] Steel (1797), S. 83; S. 85–88; S. 170–174; Middendorf (1971), S. 250; S. 397; S. 399.

[20] Marsden (1994), S. 67–69; Abb. 63; Bockius (1996), S. 519.

[21] Osler (1983), S. 92, Abb. 28; Steel (1797), S. 88.

[22] Höckmann (1994), Abb. 14.

[23] Haddad / Avissar (2003), S. 74f., Abb. 2; Friedmann (2004), S. 164f.

[24] Höckmann (1994), Abb. 5.

[25] Z. B. Casson (1971), Abb. 143; 149; 156; Casson (1994), Abb. 84–86; Haddad / Avissar (2003), Abb. 2.

[26] Steel (1806), Taf. 1,27; Hiscock (1962), S. 148; Taf. 18 D.

[27] Ximénès / Moerman (1990), Abb. 2; 3. – Beltrame / Gaddi (2005), S. 79f.; Abb. 1.

holz genannt (*Dalbergia sp.*), gearbeitet.[28] In den zwei bzw. drei großen Löchern liefen die Taljen, während die kleineren an der Schmalseite zum Fixieren des Auges des Wants oder Stages in der Hohlkehle an der Außenseite dienten. Über die Abmessungen der für das stehende Rigg benötigten Seile liegen keine Informationen antiker Autoren oder einschlägige archäologische Quellen vor. Empfehlung aus der frühen Neuzeit helfen auch nicht weiter, da sie sich auf größere Schiffe beziehen, von denen das kleinste eine Sloop von 60 tons ist.[29]

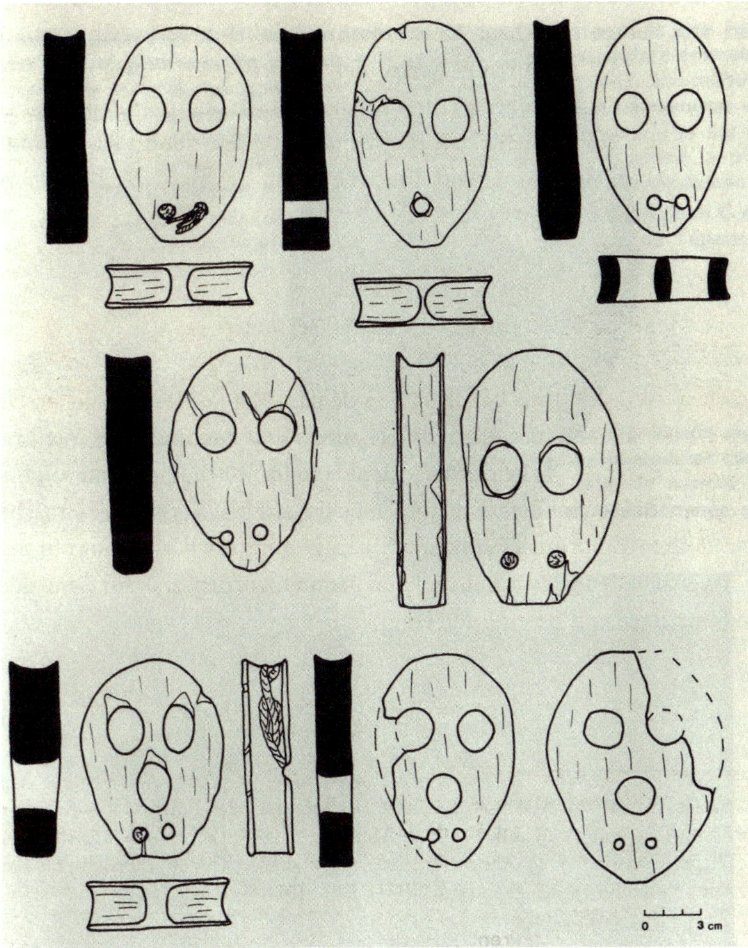

Abb. 3: Laurons 2. Juffern. Ende 2., Anfang 3. Jahrhundert n. Chr.

[28] Whitewright (2007), S. 283f.; S. 287f. Abb. 2, Whitewright (2011), S. 189 Abb. 15.9.

[29] Steel (1806), S. 211–238.

1.4 Laufendes Gut und Segel

Zur Handhabung der Segel dienten verschiedene Leinen (laufendes Gut), die auf Reliefs, Mosaiken oder Wandmalereien zu erkennen sind.[30] Auch in diesem Fall ist es, genauso wie beim stehenden Gut, kaum möglich daraus Rückschlüsse über verwendete Materialien, Machart oder Stärke der Seile zu ziehen. Man kann nur allgemein vermuten, dass dazu die jeweils zur Verfügung stehenden Pflanzen, die sich zur Herstellung von Tauen eignen verwendet wurden. Im Wrack von Ma'agan Mikhael (Israel), das ins 5. Jahrhundert v. Chr. datiert, stammen Seile aus Kugelsimse oder Kugelbinse (*Scirpoides holoschoenus*).[31] Nach der Überlieferung von Herodot benutzen die Phönizer weißen Flachs und die Ägypter Papyrus beim Bau der Schiffsbrücke über den Bosporus für den Heerzug des Xerxes.[32] Sonst ist aus anderen Zeiten und Regionen die Verwendung von Hanf, Moos (Engelshaar), Bast, Flachs oder Walrosshaut bekannt.[33]

Tauwerk

Durch das trockene Wüstenklima haben sich in den am Roten Meer gelegenen Hafenstädten Myos Hormos/Quseir al Qadim und Berenike/Baranis bzw. Medinet al-Haras Taue und Teile von Segeln gehalten (Abb. 4). Da beide Plätze dem Handel mit Indien dienten, kann nicht ausgeschlossen werden, dass sich unter den Funden neben solchen ägyptisch-römischer Herkunft auch solche indischen Ursprungs befinden. Hinzu kommt noch, dass sowohl Seile als auch grobe Tuche zu verschiedenen Zwecken an Land benutzt wurden, z. B. für Zelte oder zum Einschlagen und Festzurren von Ladung auf Tragtieren.[34]

---

30 Z. B. Brassen: Casson (1971), Abb. 141; 142; 149; Höckmann (1994), Abb. 14. – Toppnanten: Casson (1971), Abb. 138; 141; 144; 145; Casson (1994), Abb. 76. – Schot: Casson (1971), Abb. 144; 154; 156. – Aufgegeites Segel: Casson (1971), Abb. 150; 151; Casson (1994), Taf. 10; Pferdehirt (1995), Abb. 13. – Mannschaft auf Rah oder im Rigg: Casson (1971), Abb. 151.

31 Charlton (2003); Shimony et al (2003).

32 Herodot Hist. 7,34; 36. – Archäologisch ist Papyrus neben Leinen und Halfsgras als Material für Seile bereits aus der Zeit von Sesostris I. (1975–1965) bis Sesostris III (1882–1842) v. Chr. in Höhle 5 in Mersa/Wadi Gawasis, Ägypten nachgewiesen. Bard / Fattovich (2018) S. 48; S. 93; S. 98.

33 Sanders (2000), S. 18f.

34 Ashley (1982), S. 76–78. – Allgemein zum Thema des stehenden und laufenden Gutes aus Wracks: Sanders (2000) mit weiterer Literatur.

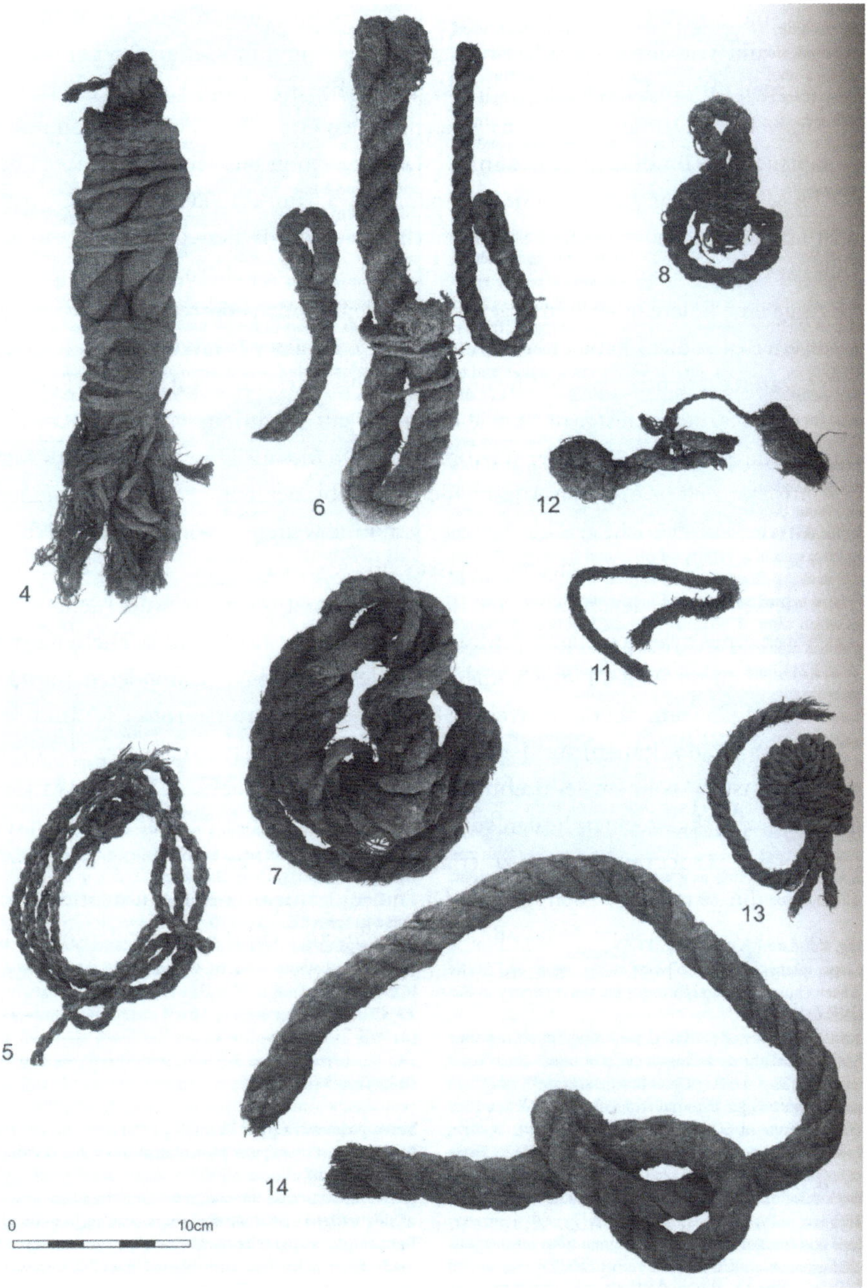

Abb. 4: Myos Hormos. Taufragmente. 2. Jahrhundert n. Chr.

In Myos Hormos/Quseir al-Quadim kamen aus verschiedenen römischen Befunden über 700 Taureste zum Vorschein, die alle einen geringeren Durchmesser als 2,5 cm besaßen. Als Material wurden für ein Drittel des Tauwerks unterschiedlicher Stärke grobe Grasfasern verwendet. Ein weiteres Drittel bestand aus ganzen groben Gras- oder Schilfhalmen und weitere 17 %, hauptsächlich Bindfäden und dünnere Leinen, waren aus feinen Bastfasern gefertigt. Das gleiche Material, das zusätzlich noch behandelt war, um ihm eine härtere Oberfläche zu geben, ist auch bei dickeren Seilen, die vermutlich seemännischen Zwecken dienten, zu finden.[35] Bei zwei Funden handelt es sich wahrscheinlich um Doppelstropps, bei denen durch das größere Auge eine Spiere oder Stange gesteckt werden konnte, während das kleinere als Halterung für ein Seil gedient haben könnte (Abb. 4,7.8). Drei Seile waren zu Augen ausgebildet. Allerdings waren diese nicht gespleißt, sondern der lose Part war am stehenden Part mit einer dünnen Leine (Marlleine) festgezurrt, wie dies noch auf Traditionsschiffen für die Stahlseile der Wanten und Stage praktiziert wird (Abb. 4,4.6). Ob dies als Hinweis darauf zu werten ist, dass in römischer Zeit in Ägypten Augspleiße nicht gebräuchlich waren, kann auf Grund der kleinen Zahl der Funde nicht geschlossen werden. Eine weitere Besonderheit sind drei dünne Leinen, die in einem Knoten zusammengefasst sind (Abb. 4,13). Über die Art der Knotenbindung oder dessen Zweck liegen keine detailierten Informationen vor. Außerdem ist noch ein Stopperknoten eines zweikardeligen Taufragments zu nennen (Abb. 4;12). Diese Beispiele bieten wahrscheinlich nur einen kleinen Ausschnitt des tatsächlich verwendeten Tauwerks und seiner Benutzung in römischer Zeit. Weitere Belege stammen aus Laurons 2 (Frankreich) oder vom Wrack von Grado (Italien) aus der Mitte des 2. Jahrhunderts n. Chr., das allerdings noch nicht publiziert ist.[36] An einem Seilfragment aus dem älteren Wrack von Ma'agan Mikhael sind noch Reste der durchgesteckten Enden von Spleißen zu erkennen.[37] Allerdings sind die Reste zu kurz, um eine eindeutige Aussage zu erlauben. Auch ist offen, ob es sich um Aug-, Kurz- oder Rückspleiße gehandelt haben könnte. Die nur auf einem Foto dokumentierte Fundlage spricht eher für einen Augspleiß.[38] Von dort ist auch ein Reffknoten belegt, wobei einer der Parts aus zwei Leinen bestand, es also möglicherweise darum ging, zwei Seile zu einem zusammenzuführen.[39]

---

35 Handley (2011), S. 290–300.

36 Ximénès / Moerman (1990), Abb. 15; Beltrame / Gaddi (2005), S. 83; Beltrame / Gaddi (in Vorbereitung).

37 Shimony et al (2003), Abb. 12.

38 Charlton (2003), S. 135, Abb. 5.

39 Charlton (2003), S. 136f., Abb. 6–8.

Blöcke

Zur Handhabung des Riggs waren Taljen als mechanische Zugverstärker notwendig. Die Abmessungen der Blöcke sind durch den Durchmesser (bzw. Umfang) des Taues bedingt, da zu kleine Scheiben einen zu großen Widerstand erzeugen und bei zu breiten Blöcken sich das Seil zwischen Scheibe und Blockgehäuse einklemmen kann.[40] Bei verschiedenen Grabungen konnten Blöcke geborgen werden. Zum Heben großer Lasten, z. B. Setzen der Großrah, kamen große, mehrscheibige Exemplare zum Einsatz. Bei diesen waren Schlitze für die Scheiben in einen Block geschnitten und danach die Scheiben eingesetzt. Die Achse führte von außen durch die gesamte Breite des Gehäuses.[41] Häufiger sind einscheibige Blöcke, deren Körper aus zwei Teilen bestand und deren Scheibe mit der Achse aus einem Stück bestand (Abb. 5).[42] Das Auge des stehenden Parts der Talje wurde in eine Hohlkehle auf der Außenseite des Gehäuses gelegt und hielt so, zusammen mit zwei Stiften, die beiden Hälften des Blocks zusammen. Zusätzlich wurde das Auge noch festgebändselt, wie die beiden kleine Löcher belegen.[43] Als Material für die Scheibe mit Achse ist für den Fund aus Caesarea (Israel) *Quercus calliprinus* (Palästina Eiche) genannt, während das Gehäuse aus *Buxus* (Buchsbaum) gefertigt wurde und für die Dübel *Fagus sivatica* (Rotbuche) verwendet wurde.[44] Aus Myos Hormos/Quseir al-Quadim ist Teak, Dalbergie, auch Palisanderholz genannt, und Erle überliefert.[45] Von weiteren Fundstellen sind für die Gehäuse Buche, Maulbeere, Pistazie und immergrüne Eiche bekannt. Neben Scheiben aus Holz sind auch zwei aus Bronze bekannt, von denen eine zu einem über 1 m großen Block des Prunkschiffs aus dem Nemisee (Italien) gehört.[46] Die Materialbreite zeigt, dass alle geeigneten Holzarten zur Blockherstellung genutzt wurden.

---

40 Middendorf (1971), S. 358, Abb. 152.

41 Shaw (1967), Abb. 1; 3; Taf. 76; 77 a–d; Ximénès / Moerman (1990), Abb. 1; Marsden (1994), Abb. 116; Beltrame / Gaddi (2005), S. 80f.; Abb. 3–5; Whitewright (2007), Abb. 3; Whitewright (2008), S. 255f.

42 Oleson (1983), S. 160–166; Abb. 1–3; 6–9; mit weiterer Literatur Beltrame / Gaddi (2005), S. 80, Abb. 2; Whitewright (2007), S. 284f. Abb. 3; Whitewright (2011), S. 190f., Abb. 15.10.

43 Beltrame / Gaddi (2005), S. 80; Oleson (1983), Abb. 9; Gleason (1988).

44 Oleson (1983), S. 157.

45 Whitewright (2011), S. 191.

46 Oleson (1983), S. 161.

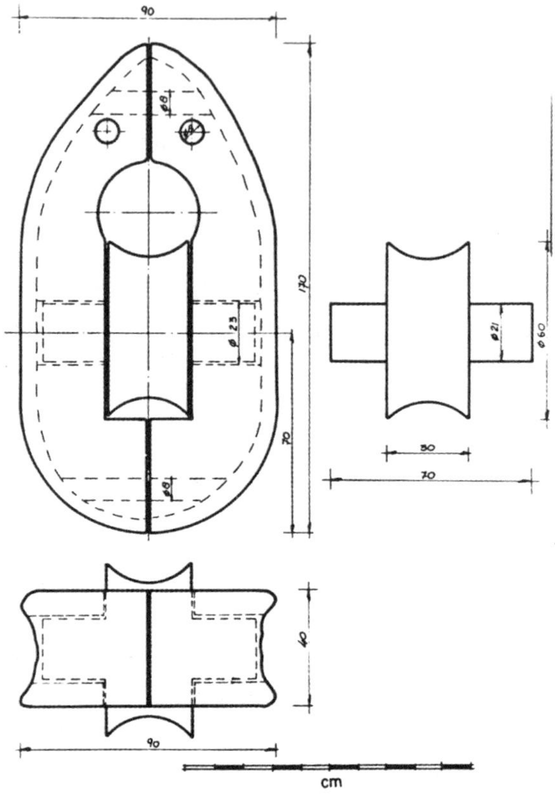

Abb. 5: Cap del Vol. Einscheibiger Block. Spätes 1. Jahrhundert v. Chr.

Besegelung

Die Mastspur des Wracks Oberstimm 2, die relativ weit vorne im Rumpf liegt, zeigt, dass es auch gesegelt werden konnte. Es handelt sich mit Sicherheit nur um ein einmastiges Rigg, da mehrmastige nur von großen Handelsschiffen bekannt sind.[47] Für die Art des Segels liegen keine archäologischen Hinweise vor, so dass neben einem Rahsegel auch ein Spriet oder sogar Lateinersegel möglich sind.

47 Casson (1971), S. 239–243; Davey (2015), S. 33–38, Abb. 3–14. Zu römischen rahgetakelten Schiffen allgemein: Whitewright (2009), S. 492f.

Rahsegel

Bildliche Darstellungen deuten auf quadratische Rahsegel hin, allerdings sind auch hoch-rechteckige und möglicherweise auch querrechteckige bekannt.[48] Zusätzlich kann sich ein dreieckiges Toppsegel über der Großrah befinden, wobei eine eindeutige Trennung von Toppnanten nicht immer möglich ist (Abb. 1).[49] Wie eingangs erwähnt, können diese Unterschiede in der Segelform auch mit der „künstlerischen Freiheit" zusammenhängen. Die Segel sind in quadratische Felder unterteilt, die durch die horizontalen Nähte und senkrechte und waagerechte Verstärkungsbänder entstehen. Zusätzlich wird dieser Eindruck durch die zahlreichen Gordings unterstrichen.[50]

Segel

Als Segeltuch ist Leinen aus der antiken Literatur überliefert.[51] Aus Ägypten ist auch Papyrus bekannt.[52] Prinzipiell lassen sich alle Materialien, die sich zum Flechten oder zur Herstellung von Garnen eigen, zu Segeln verarbeiten. Archäologisch fehlen für die Antike, mit Ausnahme von Baumwolle (s. u.), andere Werkstoffe, obwohl z. B. Wolle zur Herstellung von Zelten belegt ist.[53] Zusätzlich wird für die Veneter, die in Nordwestgallien siedelten, vom Gebrauch von Fellen oder dünngeschabtem Leder für Segel berichtet.[54] Archäologisch ist dieses Material nicht nachgewiesen, lediglich auf dem Okeanos-Mosaik aus der römischen Villa von Bad Kreuznach aus dem 3. nachchristlichen Jahrhundert könnte ein Ledersegel dargestellt worden sein. Diese Interpretation beruht hauptsächlich auf dem braunen Farbton des Segels im Gegensatz zum hellgrauen der zweiten, eindeutig mediterranen Schiffdarstellung, die eher für Leder als für Leinen spricht. Für das ungewöhnliche Segel auf dem Relief von Gerolstein-Jünkerath (Lkr. Vulkaneifel) wird ebenfalls Leder als Material erwogen.[55] Diese hypothetische Interpretation

---

48 Z. B. Casson (1971) quadratisch: Abb. 138; 143–145 rechts; 149; 156; Höckmann (1994), Abb. 6; hochrechteckig: Casson (1971), Abb. 142; 145 links; Gianfrotta et al. (1997), S. 89 oben (Vormast); querechteckig: Höckmann (1994), Abb. 5) allgemein zum Thema Rahsegel: Whitewright (2009), S. 66–99.

49 Z. B. Casson (1971), Abb. 144; 143, 156; fragliche Toppnanten: Abb. 145.

50 Höckmann (1994), S. 68; Casson, (1971), S. 233f.; Casson (1994), Abb. 83; Taf. 10.

51 Casson (1971), S. 48; 68; 234; Blackl / Samuel (1991), S. 219–222; Black (1996), S. 104f.

52 Black / Samuel (1991), S. 220; Black (1996), S. 103.

53 Black / Samuel (1991), S. 219–224.

54 Bell. Gall. III 13,6.

55 Ellmers (1969), S. 79–83 Abb. 4; Taf. 16,1.2; Casson (1971), S. 335; Abb. 195; Black / Samuel (1991), S. 219f.; Bockius (2001), S. 144–147, Abb. 30; 31; Bockius (2017), S. 210–213, Abb. 1, 3.

ist aber zweifelhaft.[56] Für beide Segelformen, die am ehesten an Dschunkensegel erinnern, und in der Literatur häufig mit dem Begriff „keltisch“ in Verbindung gebracht werden, sind keine weiteren Belege bekannt. Auch ist die Rekonstruktion dieser Art von Segel noch nicht abschließend geklärt.[57]

Teile von Segeln stammen, abgesehen von dem Fund aus dem Wrack von Grado,[58] aus Ägypten.[59] Ein Exemplar aus Edfu wurde in sekundärer Verwendung in einem Grab zum Einschlagen einer Mumie benutzt. Für diesen Fund liegt ein 14-C-Datum von 150±50 v. Chr. vor. In der Literatur wird als Fundort auch Theben genannt oder es wird unter Lyon geführt, da es im dortigen Museum verwahrt wird.[60] Bei diesem Fragment war s-gesponnenes Leinengarn sowohl für das Segel als auch für die Verstärkungsbänder benutzt worden. Letztere waren in Panamabindung gewebt und besaßen unterschiedliche Breiten. Die senkrecht verlaufenden maßen 35–38 mm, die horizontalen dagegen nur 25–29 mm. Zusätzlich waren sie jeweils am Rand blau oder rot eingefärbt. An der Kreuzung zweier Bänder war ein hölzerner Gordingführungsring (Klotje) angenäht.[61] In dem bereits erwähnten Hafenplatz Myos Hormos/Quseir al-Quadim wurde ein Segelfragment aus dem späten 1 und frühen 2. Jahrhundert n. Chr. gefunden (Abb. 6). Es handelt sich nur um einen schmalen Streifen Segeltuch mit einem Verstärkungsstreifen im Fischgrätmuster und dem Rest eines Gordingführungsrings.[62] Sowohl Segel, als auch Verstärkungsstreifen waren aus z-gesponnenen Baumwollfäden gewebt worden. Das gleiche Material und Webtechnik ist auch aus Berenike/Baranis bzw. Medinet al-Haras bekannt. Hier ist vor allem ein stark zerrissenes Segeltuch mit aufgesetzten Verstärkungsstreifen und einer Flickung zu nennen und ferner ein Verstärkungsband mit zwei Gordingführungsringen (Abb. 7). Das Material Baumwolle und die Nutzung z-gesponnener Garne zeigt, dass die Textilien in Indien produziert wurden. Zwei Bänder, die eindeutig zu Segeln gehörten, waren am Rand blau eingefärbt. Auch auf anderen Bändern, die sich keinem Zweck zuordnen lassen, sind Farbreste nachgewiesen. Bei den textilarchäologischen Untersuchungen konnten die Farbreste zwar mikroskopisch nachgewiesen, jedoch keine Erkenntnisse über die verwenden Farben gewonnen werden. So kann für die blauen Streifen Indigo als Farbstoff in Frage kommen, wenn die Tücher aus Indien stammen, sonst ist eher mit der

56 Teigelake (1997), S. 21–24; Bockius (2017), S. 213.

57 Bockius (2017), S. 213, Abb. 4.

58 Beltrame / Gaddi (2005), S. 79.

59 Whitewright (2011), S. 196f.

60 Edfu: Black (1996), S. 105; Whitewright (2007), S. 289f.; Whitewright (2011), S. 196. – Theben: Black / Samuel (1991), S. 220. – Theben und Lyon: Wild / Wild (2001), S. 215–217.

61 Black (1996) S. 105 Abb. 5; 6; Wild / Wild (2001), S. 215–217.

62 Whitewright (2007), S. 285f.; 289f., Abb. 5; Whitewright (2011), S. 191–197, Abb. 15.14.

Verwendung von Färberwaid zu rechnen.[63] Zusätzlich wurden noch zahlreiche s-gesponnene Bänder aus Flax gefunden, die für eine örtliche Herstellung sprechen.[64] Ob alle Bänder zu Segeln gehörten, ergibt sich aus dem Befundzusammenhang nicht. Daher können sie auch zur Verstärkung bzw. Verzierung von beispielsweise Zelten gedient haben. In Berenike wurden auch noch zahlreiche Baumwolltextilien gefunden, die den intensiven Austausch mit Indien belegen.[65]

Ein weiteres Segelfragment aus Myos Hormos (T392) besaß ein eingelegtes Tau im umgeschlagenen Saum als Verstärkung des Oberlieks. Zusätzlich waren in den Stoff Verstärkungsstreifen eingewebt, die das Segel optisch unterteilten.[66] Die gleiche Technik ist auch von anderen Textilien nachgewiesen, bei denen es sich nicht um Segel handelte.[67] An dem Gewebefragment 02T371 aus Myos Hormos ist eine Tauöse angenäht, wobei die genaue Befestigungsart nicht zu erkennen ist.[68] Sofern es sich um ein Segel gehandelt hat, könnte es sich um einen sog. Legel handeln, durch den Reff- oder Trimmleinen geschoren werden konnten. Andererseits kann die Öse auch zur Befestigung einer Zeltleine gedient haben.

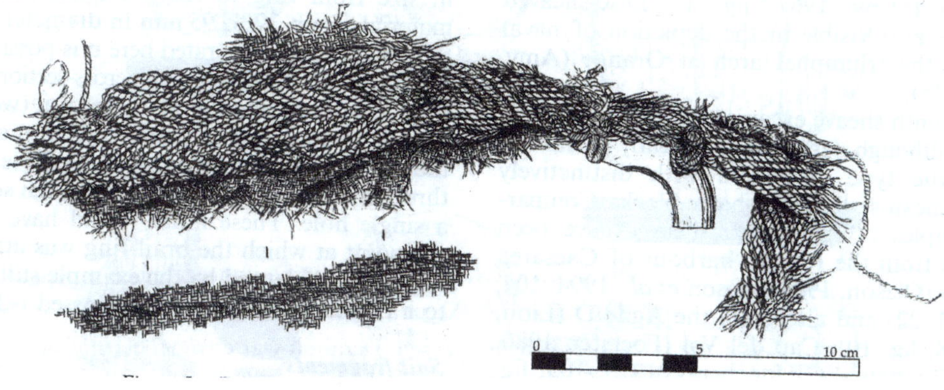

Abb. 6: Berenike/Baranis bzw. Medinet al-Haras. Segelfragment mit Verstärkungsstreifen und Flicken. 1. Jahrhundert n. Chr.

63 Wild / Wild (2000), S. 225–227, Wild / Wild (2001), S. 212–215, Abb. 2; 3; 5; Tab. 1; 3; Peter / Wild (2014).

64 Wild / Wild (2001), Tab. 2.

65 Wild / Wild (2014).

66 Handley (2011), Abb. 22.4; Whitewright (2007), S. 290; Whitewright (2011), S. 196.

67 Bender Jørgensen (2008).

68 Handley (2011), Abb. 22.11.

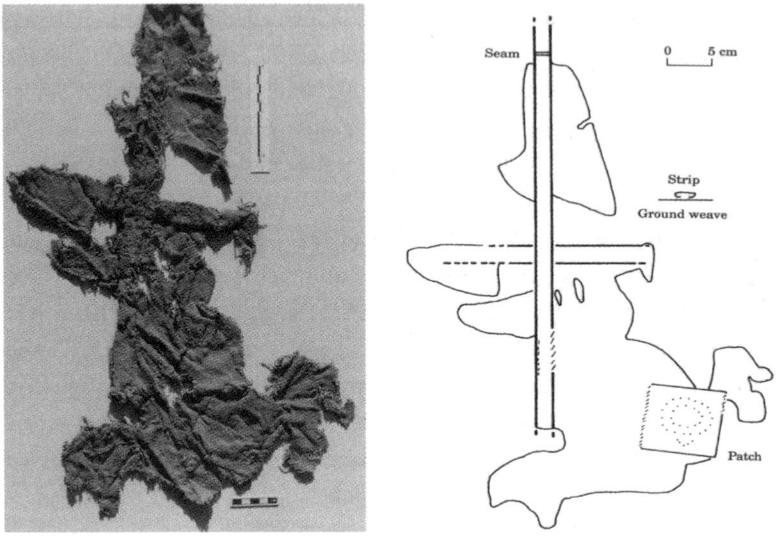

Abb. 7: Myos Hormos. Fragment mit Verstärkungsstreifen und Resten eines Gordingführungsrings. 2. Jahrhundert n. Chr.

Gordingsführungsringe

Neben Geitauen an den äußeren Segelkanten besaßen römische Rahsegel noch eine Vielzahl von Gordings. Beide wurden durch auf dem Segel aufgenähte Ringe geführt. Damit konnte das Segel kontrolliert zur Rah hochgezogen werden. Dadurch war es möglich, nur eine Teilfläche stehen zu lassen und so die Segelfläche zu verkleinern (reffen). Diese Anordnung ist verschiedentlich auch schon auf älteren Vorlagen in Ägypten dargestellt worden.[69] Aus Ägypten sind mehrere Segelfragmente mit angenähten Gordingsführungsringen bekannt (Abb. 6), die an Verstärkungsstreifen, oft an deren Kreuzung, angenäht waren. Die Ringe waren aus unterschiedlichen Holzarten wie Dalbergie, Tamariske oder Ölbaum gefertigt. Daneben wurde auch Horn für die Herstellung der Ringe genutzt. Von Wracks im Mittelmeer wurden Bleiringe geborgen, die vermutlich ebenfalls als Führungsringe angesprochen werden können.[70] Allerdings weisen einige dieser Objekte größere Abmessungen auf als die Exemplare aus Holz

[69] Casson (1971), S. 70; 275–278. Abb. 141; 144; 147; 150; 151; 154;188; Casson (1994), Fontispiz; Taf. 8; 10; Whitewright (2008), Appendix 5.3.1. S. 264, Vessel 02, Vinson (1993), Abb. 5.

[70] Whitewright (2007), S. 288f. Abb. 4; Whitewright (2008), S. 92–93; Whitewright (2011), S. 195f.

oder Horn und können deshalb auch anderen Zwecken wie dem Bergen von Gegenständen unter Wasser gedient haben.[71]

Segelhandhabung

Auf bildlichen Darstellungen sind verschiedentlich Brassen und Schoten zur Kontrolle des Rahsegels zu sehen. Auch wenn im Einzelfall deren Führung nicht immer zu erkennen ist und praktikabel erscheint, kann man davon ausgehen, dass die Handhabung von beiden denen auf heutigen Traditionsseglern entspricht. Die Verringerung der Segelfläche (reffen) und das vollständige Bergen erfolgte mit Hilfe der zahlreichen Gordings bzw. Geitaue. Dieser Vorgang ist mehrfach dargestellt.[72] Auf größeren, seegehenden Schiffen war es notwendig, die aufgegeiten Segel zusätzlich festzumachen. Dazu enterten die Matrosen an Fallen und Stagen auf und saßen rittlings auf der Rah, da die seit der frühen Neuzeit üblichen Fußpferde noch nicht bekannt waren.[73] Bei kleineren Fahrzeugen war ein zusätzliches Festmachen nicht notwendig, wie auf der Trajansäule zu sehen ist.[74] Zusätzlich war es möglich, das Segel bei Kursen hoch am Wind nur einseitig zu reffen, um bessere Segeleigenschaften zu erzielen.[75]

Weitere Segeltypen

Neben den Rahsegeln sind aus der Antike noch das Lateiner- und das Sprietsegel bekannt.[76] Das Sprietsegel, bei dem das Vorliek am Mast angeschlagen ist und das Oberliek durch eine diagonal geführte Spiere gespreizt wird, ist für kleinere Schiffe mehrfach nachgewiesen (Abb. 8). Zur Kontrolle des Segels wird nur eine Schot und am oberen Ende des Spriets eine Leine (Vang) benötigt. Dieser Segeltyp ist seit dem späten 3. vorchristlichen Jahrhundert bekannt und ist noch heute auf Traditionsschiffen besonders auf Binnengewässern in Gebrauch.[77] Verglichen mit einem Rahsegel verursacht das Sprietrigg weniger Topgewicht, da das Gewicht der Rah am Masttop entfällt. Außerdem werden weniger Personen zur Bedienung benötig, besonders,

---

71 Galili / Rosen (2008), S. 284–290. Tab. 1, Abb. 8; 11; 13.

72 Casson (1971), Abb. 151; Basch (1987), S. 481, Abb. 1089; Casson (1994), Taf. 10.

73 Basch (1987), S. 480; 481, Abb. 1027; 1089; Casson (1971), Abb. 151.

74 Casson (1971), Abb. 150.

75 Casson (1971), Abb. 188. Zum Thema Segelhandhabung allgemein: Whitewright (2008), S. 93–99.

76 Whitewright (2018) mit weiterer Literatur.

77 Casson (1971), S. 244, Abb. 175–179. Polzer (2008), S. 244. Abb. 19 datiert 212 v. Chr. Davey (2015). Whitewright (2017), S. 228f.

wenn das Spriet nicht bis zum Mastfuß reicht, sondern höher angesetzt ist. In diesem Fall genügt es, den Fuß der Spiere aus der Halterung zu nehmen, um das Segel schnell zu bergen. Umgekehrt besteht bei achterlichen Winden die Gefahr einer Patenthalse. Beim Rahsegel spielt auf einem Vorwindkurs eine plötzliche Winddrehung keine große Rolle, da es bei diesem Einfallwinkel nicht so leicht backschlagen kann.

Das Lateinersegel, das bis vor kurzem noch der im Mittelmeer und der arabischen Welt das Vorherrschende war, ist nur einmal für das 2. nachchristliche Jahrhundert belegt (Abb. 9).[78] Auf diesem Relief sind Einzelheiten der Takelung nicht zu erkennen. Daher muss auf historische Parallelen zurückgegriffen werden, die sich nur bedingt auf frühere Zeiten übertragen lassen und deshalb können in der Antike auch andere Lösungen in Gebrauch gewesen sein. So ist es fraglich, ob die Regel, dass die Länge der Spiere der Schiffslänge entspricht, auch für ein Ruderboot gilt, bei dem das Segel nur ein Hilfsantrieb ist, da die Segelfläche zu groß gewesen und die Handhabung der Spiere im schmalen Boot sehr schwierig geworden wäre. Hinzu kommt noch das Gewicht einer so langen Spiere, das sich negativ auf die Stabilität auswirkt. Ein Fall diente zum Vorheißen der Spiere. Mit einem Niederholer am unteren Ende kann die Spiere in die notwendige schräge Position getrimmt werden. Je nach Windrichtung muss sich der Fußpunkt mittschiffs (hoch am Wind) oder in Luv (halber bis achterlicher Wind) befinden. Auf sehr kleinen Booten reicht der Hals des Segels dafür aus. Zur Kontrolle der Spiere und des Segels ist am oberen Ende ein Vang notwendig. Nur bei einer sehr steilen Stellung der Spiere kann diese entfallen. Zusätzlich wird eine Schot für das Segel benötigt. In der Regel halsen lateinergetackelte Fahrzeuge, da die Spiere dazu in eine senkrechte Position vor dem Mast gebracht und das Segel vor dem Mast geschiftet werden muss. Andererseits fahren die kleinen Felukken auf dem Nil Wenden, wobei das Segel immer auf der gleichen Schiffseite stehen bleibt, ohne geschiftet zu werden.[79] Insgesamt erfordert die Handhabung eines Lateinerriggs eine größere gut eingespielte Besatzung als für ein Rah- oder Sprietsegel.

---

78 Casson (1971), S. 244, Abb. 181. Andere Bilder sind nicht datierbar: Casson (1971), Abb. 180; 182. Polzer (2008), S. 241–247. Whitewright (2009). Zum Thema Lateinersegel allgemein: Whitewright (2008).

79 Moore (1970), S. 86–146; Abb. 131; Landström (1961), S. 80–83; Abb. 215–218; Howarth (1977), S. 92–101; Hawkins (1977), S. 58–60; Block (2003), S. 13–18; Abb. 10–14. Eigene Beobachtung Ägypten 2010.

Abb. 8: Sprietsegel. Der Rudergänger hält zwei mehrfach abgewinkelte Pinnen. 2. / 3. Jahrhundert n. Chr.

Abb. 9: Lateinersegel. 2. Jahrhundert n. Chr.

1.5 Steuerruder

Nach Ausweis von bildlichen Darstellungen besaßen antike Schiffe spätestens seit dem 6. vorchristlichen Jahrhundert auf jeder Seite je ein Steuerruder.[80] Die Steuerruder bestanden aus einem Schaft mit zwei angefügten, langen schmalen Blättern, deren oberer Abschluss unterschiedlich geformt sein kann.[81] Im Hafen von Olbia (Sardinien, Italien) wurden drei runde Ruderstöcke, die ins 1. Jahrhundert n. Chr. datieren, gefunden. Sie besaßen an gegenüberliegenden Seiten Schlitze für die Federn, mit denen die Blätter befestigt waren. Zwei von ihnen (T2; T4) besaßen an ihrem oberen Ende durchgehende langrechteckige Aussparungen in gleicher Ausrichtung wie die Nuten, in denen vermutlich die Ruderpinne saß.[82] Dieses Konstruktionsprinzip ist bereits aus Marsa/Wadi Gawasis (Ägypten) am Roten Meer aus der Zeit des frühen Neuen Königreichs (ca. 1550–1400 v. Chr.) bekannt, wo zwei Ruderblätter entdeckt wurden.[83] Das nur teilweise erhaltene Steuerruder aus Laurons 2 weicht in seinem Aufbau von dem gängigen Schema ab, da es keinen Schaft besitzt, sondern aus einem Brett gefertigt wurde (Abb. 10). Zusätzlich befindet sich in der hinteren Kante eine längliche, gebogene Aussparung, die mit Blech ausgeschlagen ist und deren Funktion unklar bleibt. Kurz unterhalb des Übergangs des Blattes in den Schaft ist ein länglicher Beschlag mit einer Öse angebracht, der wahrscheinlich dazu diente, die Eintauchtiefe des Ruderblattes der Wassertiefe entsprechend einzustellen. Darüber befindet sich ein u-förmiger Beschlag, der wahrscheinlich ein Reißen des Holzes verhindern sollt. Leider ist der Befund nicht ausführlich publiziert, so dass für den Zweck der Dübel, die durch das Ruderblatt getrieben wurde, keine Erklärung gegeben wird. Unter den Holzfunden befand sich auch ein leicht gekrümmtes Holz, das als Pinne rekonstruiert wurde. Diese war in gleicher Richtung wie das Ruderblatt angebracht.[84] Eine ebenfalls gebogene Pinne liegt aus dem Wrack La Mirande (Port Vendres V, Dép. Pyrénées-Orientales) vor. Dort war auch an der Bordwand in Bereich des Steuerruders diese verstärkt worden.[85] Hinweise zur Regulierung der Eintauchtiefe des Ruderblattes sind auf dem Relief von Porto zu sehen (Abb. 1). Dort führt eine Leine vom Dollbord durch zwei Löcher in das Ruderblatt und wieder zurück zum Dollbord.[86] Eine ähnliche Konstruktion ist wahrscheinlich auch auf dem Mosaik aus einem Haus in Rom dargestellt worden.[87] Auf einer Schiffsdarstellung auf der Trajanssäule ist eine kreuzweise Zurrung über den Schaft

---

80 Casson (1971), S. 224–228, Abb. 82; 83; 85; 90; 91; 97; 109; 117; 119; 140; 145.

81 Casson (1971), Abb. 128; 131; 139; 140; 144; 147; 149–151; 154; 156.

82 Gavini et al. (2014), S. 29–31; Abb. 3; 4.

83 Zazzaro (2009), S. 3–7; Abb. 1–4.

84 Gassend (1998), S. 199–201; Abb. 2.

85 Jézégou / Descamps (1998), S. 190–195; Abb. 1–4.

86 Casson (1971), Abb. 146. Abweichende Interpretation: Mott (1997), Abb. 1.2.

87 Casson (1971), Abb. 154; Casson (1994), Abb. 83.

des Ruders zu erkennen, die durch Löcher in den Blättern geführt ist.[88] In einer anderen Szene ist ebenfalls eine Seilkonstruktion wiedergegeben, die jedoch nicht eindeutig einer Funktion zugewiesen werden kann, aber auch in diesen beiden Fällen könnte es sich um Vorrichtungen zur Regulierung der Eintauchtiefe handeln.[89] Eindeutig ist diese Funktion auf dem wesentlich jüngeren Relief von 1340 n. Chr. in S. Eustorgio in Mailand (Italien) wiedergegeben, auf dem sogar die mehrfach geschorene Talje sichtbar sind.[90]

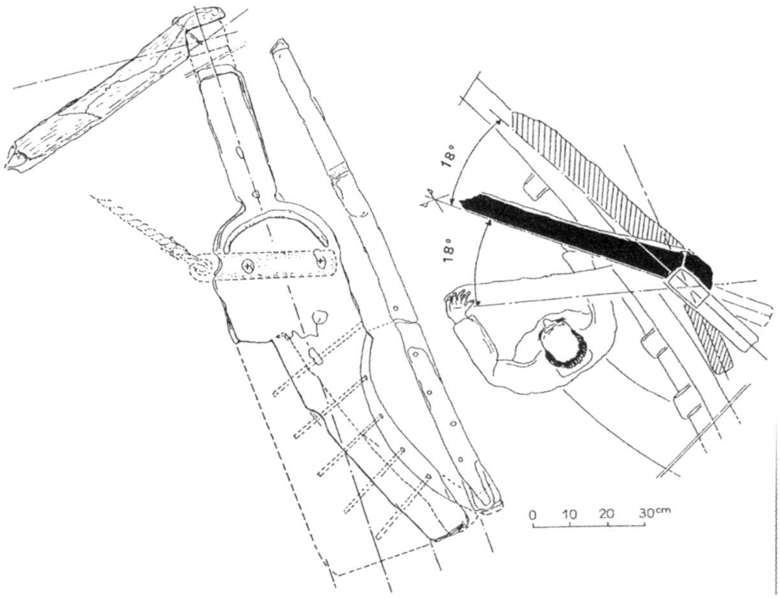

Abb. 10: Laurons 2. Steuerruder. 2. / 3. Jahrhundert n. Chr.

Im Zusammenhang mit dem bereits erwähnten Brüggeboot wurde auch ein Steuerruder gefunden (Abb. 11). Es ist ähnlich wie ein Riemen aus einem Stück gearbeitet. In der Erstpublikation ist am oberen Schaftende ein rechteckiger Schlitz angedeutet, der rechtwinklig zur Ausrichtig des Blattes orientiert ist und vermutlich zur Aufnahme der Pinne diente. Auffällig ist ein flacher Einschnitt am Übergang zwischen Blatt und Schaft. Möglicherweise geht dieser auf Abnutzung einer (Leder?)manschette der unteren Aufhängung des Ruders zurück.[91] Ein ähnlicher Riemen stammt aus dem römischen Kastell Newstead aus dem erstem Jahrhundert

---

[88] Cichorius (1900), Taf. 26; Schiff 2. – Basch (1987), Abb. 999.

[89] Cichorius (1900), Taf. 34.

[90] Basch (1987), Abb. 1028.

[91] Marsden (1976), S. 26, Fig. 4; Marsden (1994), S. 74f.

n. Chr. Dies sehr viel kürzere Exemplar besitzt ebenfalls eine Aussparung für eine Pinne im rechten Winkel zum Blatt. An der Blattspitze befindet sich ein Einschnitt, von dem nicht klar ist, ob es sich um eine Fehlstelle oder bewusste Zurichtung handelt.[92]

Für die Ausrichtung der Pinne bestand, wie aus den verschiedenen Aussparungen im Schaft hervorgeht, keine feste Regel. In Falle einer Orientierung parallel zum Ruderblatt könnte die Pinne nach vorn oder achtern gedeutet haben. Letzteres könnte auf einem Relief aus dem 3. Jahrhundert n. Chr. dargestellt sein.[93] Die gleiche Orientierung ist auch auf dem Mosaik aus dem Palazzo Barberini (Palestrina, Italien (1. Jahrhundert v. Chr.)) zu sehen (Abb. 8). In anderen Fällen ist eine mehrfach abgewinkelte Pinnenführung zu erkennen.[94]

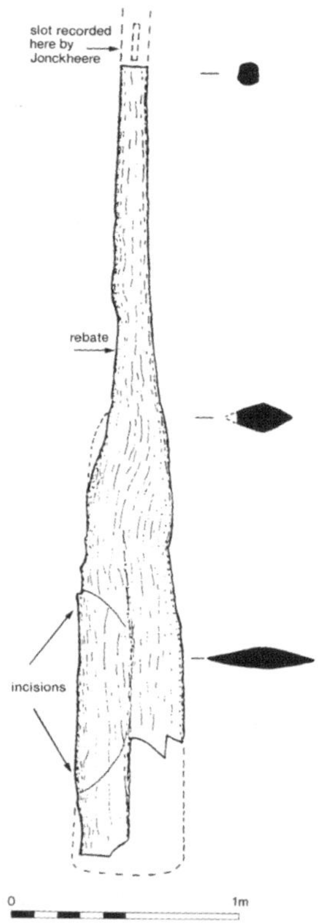

Abb. 11: Brügge. Steuerruderfragment. Ende 2. Jahrhundert n. Chr.

92 Marsden (1994), S. 75; Abb. 68.

93 Casson (1994), Abb. 89.

94 Casson (1994), Abb. 84; 88.

Für die Aufhängung der Steuerruder liegen keine eindeutigen Belege vor, da diese sich auf bildlichen Quellen hinter einer Blende befinden. Sicher ist nur, dass sich an dieser Stelle ein oder zwei Querbalken befanden, deren Köpfe weit über die Bordwand hinausragten.[95] Darum konnte L. Mott in seiner Studie über die Entwicklung des Ruders nur hypothetische, nicht überzeugende Lösungen vorschlagen.[96] Ein Lösungsansatz ist in Indonesien zu beobachten, wo Seitenruder bis heute in Gebrauch sind (Abb. 12). Dort ist das obere Ende des Ruderschaftes am oberen Querbalken eingehängt. Ein weiteres Seil führt vom unteren Querbalken achtern um den Schaft herum auf die Vorderseite der Querbalken. Dort kann es mit Hilfe eines Hebels strammgezogen werden. Der Vorteil diese Aufhängung besteht darin, dass im Flachwasserbereich das Ruder schnell losgeworfen werden kann und, da es aufschwimmt, trotzdem noch benutzbar ist. Zusätzlich handelt es sich um eine Sollbruchstelle, da bei einer Grundberührung des Ruders das Seil reißt, so dass auf diese Weise das Ruder, das nicht so leicht zu reparieren oder zu ersetzen ist wie das Seil, unbeschädigt bleibt. In Indonesien kann das Steuerruder mittels einer Talje angehoben werden und an Bord verstaut werden.[97] Die erwähnte Abnutzungsspur am Ruderschaft des Wracks von Brügge könnte mit der Befestigung des Ruders am unteren Querbalken verursacht worden sein.

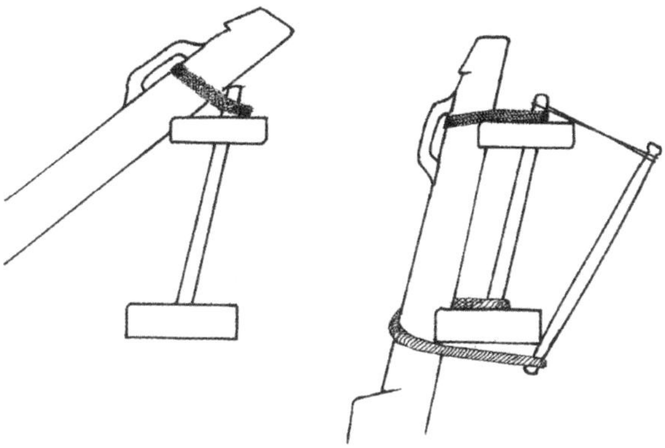

Abb. 12: Befestigung des Steuerruders an den Querbalken in Indonesien.

Auf der Trajanssäule ist eine andere Art der Ruderaufhängung dargestellt worden. Dort ist der Schaft nur durch eine Manschette (Leder, Metall?) nahe des Dollbords geführt worden. Diese Befestigung sieht man nicht nur bei geruderten Wasserfahrzeugen, sondern auch bei

95 Z. B. Casson (1971), Abb. 142–149; 151; 154–156. Casson (1994), Abb. 83–89.

96 Mott (1996), S. 19–39, Abb. 2,1; 2,4; 2,7.

97 Burningham (2000), S. 100–106; Abb. 1; 9.

besegelten Handelsschiffen.[98] Inwieweit es sich dabei um künstlerische Freiheit oder realistische Darstellung handelt, kann nicht entschieden werden. Auf jeden Fall ist bei dieser Lösung die Aufhängung beachtlichen Beanspruchungen ausgesetzt, da alle seitlichen Belastungen, die abgesehen von Steuerbewegungen und Schlingern des Rumpfes auch durch den Auftrieb des Ruders ausgelöst werden, nur an einem Punkt angreifen.

1.6 Riemen

Da es sich beim Wrack Oberstimm 2 um ein schnelles Ruderboot handelt, kommt den Riemen bei einer praktischen Erprobung große Bedeutung zu. Je nach Fahrtgebiet oder Art des Bootes, variiert die zweckmäßigste Form. So wurden auf den Britischen Inseln breite Riemenblätter für Binnengewässer und schmale für die offene See verwendet.[99] Leider sind die antiken ikonographischen Überlieferungen zu abstrakt, um Hinweise auf Länge oder Form geben zu können.[100] Funde von Riemen sind sehr selten, und meistens handelt es sich auch nur um Fragmente, wie aus Valkenburg, Niederlande, wo aus einem ehemaligen Flussbett, das 120–200 n. Chr. noch nicht verlandet war, verschiedene Exemplare entdeckt wurden. Allerdings konnten nur die Blätter als Riemen identifiziert werden, da die Schaftfragmente sich nicht von anderen Rundhölzern trennen ließen. Die langen, schmalen Blätter waren aus einem Stück gearbeitet. Bis auf ein Exemplar aus Erle (*Alnus*) hatten die Bootsbauer ausschließlich Esche (*Fraximus*) verwendet.[101] Wegen der unzureichenden archäologischen Quellenlage sei ein Blick außerhalb des Reichs gestattet. Da in Nordeuropa der Riemenantrieb in der vorrömischen Eisenzeit unbekannt war und er sich erst ab dem Ende des 2. nachchristlichen Jahrhunderts nachweisen lässt, darf angenommen werden, dass diese Antriebsart von den Römern übernommen wurde. Allerdings wurde die Technik nicht vollständig kopiert, da die Keipen anders aussehen als die römischen Dollpflöcke und die Riemen auch aus der Achterseite der Keipen geführt wurden.[102] Der älteste Nachweis stammt aus dem Opfermoor bei Nydam (Dänemark). Dort wurden insgesamt vier Boote nachgewiesen, von denen eins auf 190 n. Chr. (Boot A) und ein anderes aus 320 n. Chr. (Boot B) datieren. Soweit die Rumpfform rekonstruiert werden konnte, handelt es sich um Ruderboote, die auf hohe Geschwindigkeiten ausgelegt waren. Aus dem Bereich dieser

---

[98] Ruderschiff: Cichorius (1900), Taf. 26; 34; 58; 61; Basch (1987), Abb. 999; 1000; 1002; Handelsschiff: Cichorius (1900), Taf. 63; Casson (1971), Abb. 150.

[99] Steel (1797), S. 171–174; McKee (1983), S. 135–139; Abb. 109–113.

[100] Z. B. Casson (1971), Abb. 125; 127–133; 138–140.

[101] van Rijn (1993), S. 165–167; Abb. 15–18.

[102] Weski (1999), S. 94f.; Bockius (2013), S. 276–278; 290.

Boote wurden zahlreiche Riemen geborgen, die sich jedoch nicht einzelnen Wracks zuweisen lassen. Riemen waren alle in einem Stück aus Ahorn oder Esche gefertigt und besaßen lange schmale Blätter (Abb. 13). Es ließen sich drei Typen unterscheiden, wobei es sich bei Typ 3 auf Grund seiner Länge wohl um Steuerriemen handelt. Bei Typ 1 schwankt die Länge zwischen 2,78–3,03 m und der Durchmesser am Griff beträgt 7,3–9,0 cm. Bei Typ 2 belaufen sich die Maße auf 3,15–3,43 m, 5,5–6,5 cm. Beiden gemeinsam ist, dass die abgearbeitete Grifflänge nur etwa eine Handbreite beträgt und deshalb die zweite Hand des Ruderers an einer Stelle des Schaftes lag, an der der Durchmesser zu groß war, um geschlossen werden zu können.[103] Diese Grifftechnik ist noch heute auf Traditionsbooten gebräuchlich.[104]

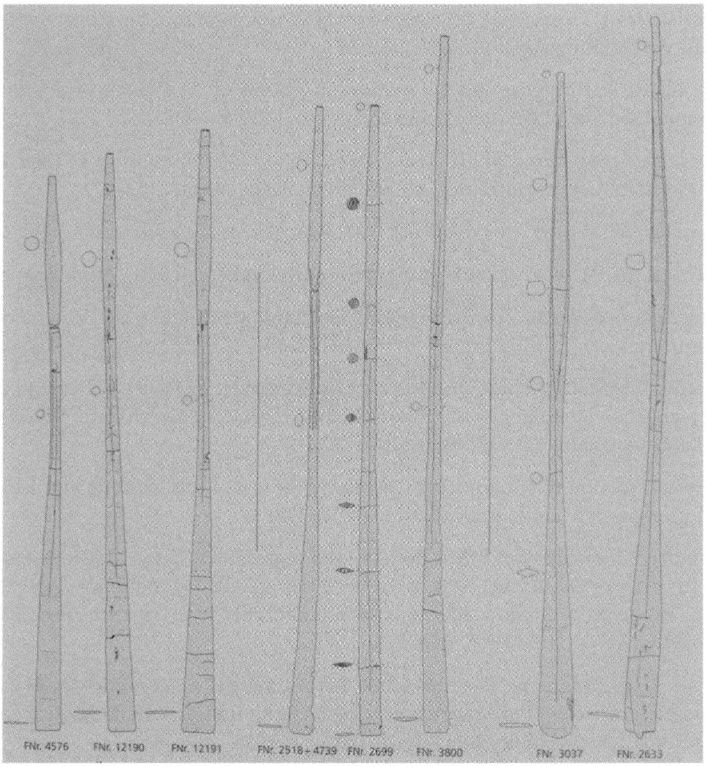

Abb. 13: Nydam. Riementypen. Links Typ 1, Mitte Typ 2, rechts Typ 3. 2.–4. Jahrhundert n. Chr.

---

103 Rieck / Rau (2013), S. 163–175; Taf. 67–72; Rieck (2013), S. 107f.

104 Z. B. Clifton (1922), https://www.youtube.com/watch?v=K8FOFwjrKHQ Scilly Isles. Ab Minute 1:45. Letzter Zugriff 25.3.2020.

Literatur

Ashley, C. W., Das Ashley-Buch der Knoten, Bielefeld 1982.

Baatz, D. / R. Bockius, Vegetius und die römische Flotte. Röm. Germ. Zentralmus. Monogr. 39, Bonn 1997.

Basch, L., Le musée imaginaire de la marine antique, Institute Hellénique pour la Préservation de la tradition nautique 1987.

Bard K. A. / R. Fattovich†, Seafaring expeditions to Punt in the Middle Kingdom: Excavations at Mersa/Wadi Gawasis, Egypt, Leiden 2018.

Beltrame, C. / D. Gaddi, First stage of the reconstructive study of the Roman ship of Grada (Gorizia, Italy). In: H. Tzalas (Hg.), Tropis VIII: 8th International Symposium on Ship Construction in Antiquity. Hydra 2002, in Vorbereitung.

Beltrame C. / D. Gaddi, The Rigging and the ‚Hydraulic System' of the Roman Wreck at Grado, Gorizia, Italy. International Journal of Nautical Archaeology 34, 2005, S. 79–87.

Black, E., Where have all Sails gone? In: H. Tzalas (Hg.), Tropis IV, Proceedings 4th International Symposium on Ship Construction in Antiquity, Athens 1991, Athen 1996, S. 103–112.

Black, E. / D. Samuel, What were Sails made of? Mariner's Mirror 77, 1991, S. 217–226.

Block, L., To Harness the Wind. A Short History of the Development of Sails, Naval Institute Press, 2003.

Bockius, R., Zur Rekonstruktion des römerzeitlichen Plattbodenschiffes aus Woerden. Jahrbuch Römisch-Germanisches Zentralmuseum 43, 1996, S. 511–530.

Bockius, R., Antike Schifffahrt. Boote und Schiffe zur Römerzeit zwischen Tiber und Rhein. In: H.-P. Kuhnen (Hg.), abgetaucht, aufgetaucht. Flussfundstücke. Aus der Geschichte. Mit ihrer Geschichte., Rheinisches Landesmuseum Trier, 2001, S. 119–147.

Bockius, R., Zur kultur- und technikgeschichtlichen Stellung der Schiffsfunde aus dem Nydam-Moor. In: A. Rau (Hg.), Nydam Mose 4, Aarhus 2013, S. 218–378.

Bockius, R., Von der Bildquelle zum Schiffmodell – Ikonographisch basierte Rekonstruktionsentwürfe im Museum für Antike Schifffahrt Mainz. In: H. Frielinghaus / T. Schmidts / V. Tsamakda (Hg.), Schiffe und ihr Kontext: Darstellungen, Modelle, Bestandteile – von der Bronzezeit bis zum Ende des Byzantinischen Reiches, Bonn 2017, S. 209–219.

Burandt, B. A. N., Die Ausrüstung der römischen Armee auf der Siegessäule des Marcus Aurelius in Rom. Ein Vergleich zwischen der skulpturalen Darstellung und den archäologischen Bodenfunden, Archaeopress Roman Archaeology 28, Oxford 2017.

Burningham, N., Indonesian Quarter-Rudder Mountings. International Journal of Nautical Archaeology 29, 2000, S. 100–119.

Bender Jørgensen, L., Self-Bands and other subtle Patterns in Roman Textiles. In: C. Alfaro, L. Karali (Hg.), Purpureae Vestes. II Symposium Internacional sobre Textiles y Tintes del Mediterráneo en lm undo antiguo, Atenas, 24 al 26 de noviembre, 2005, Valencia 2008, S. 135–141.

Casson, L., Ships and Seafaring in ancient Times, London 1994.

Casson, L., Ships and Seamanship in the Ancient World, Princeton 1971.

Charlton, W. H., The Ropes and Lashings. In: E. Linder / Y. Kahanov, The Ma'agan Mikhael Ship. The Recovery of a 2400-Year-old Merchantman 1, Haifa 2003, S. 134–139.

Cichorius, C. Die Reliefs der Trajanssäule 2, Berlin 1900.

Clifton, E. Down to the Sea in Ships: A Whaling Voyage. Minuten 13:05 – 13:10 (New Bedford 1922) https://vimeo.com/34586186._Letzter Zugriff 25.03.2020.

Davey, C. J., Sailing to windward in Roman times: the Spritsail legacy. Buried History 51, 2015, S. 31–44.

Ellmers, D., Keltischer Schiffbau. Jahrbuch Römisch-Germanisches Zentralmuseum Mainz 16, 1969, S. 73–122.

Friedmann, Z., The Ships Depicted in the Lod Mosaic Reconsidered, International Journal of Nautical Archaeology 33, 2004, S. 164–168.

Galili, E. / B. Rosen, Ancient Remotely-Operated Instruments Recovered under Water off the Israeli Coast. International Journal of Nautical Archaeology 37, 2008, S. 283–294.

Gassend, J.-M. / B. Liou / S. Ximénès, L'épave 2 de L'Anse des Laurons (Martigues, Bouches-du-Rhône). Archaeonautica 4, 1984, S. 75–105.

Gassend, J.-M., L'apport des découvertes des vestiges antiques di navire des Laurons 2 à restitution d'une èpave antique. In: E. Rieth (Hg.), Méditerranée antique. Pêche, navigation, commerce. 120e congrès national des sociétés historiques et scientifiques, Aix-en-Provence 1995. 121e congrès national des sociétés historiques et scientifiques, Nice 1996, Comité des Traveaux Historiques et Scièntifiques, 1998, S. 197–201.

Gavini, V. / E. Riccardi / F. Tiboni, Notes on the Identification of the Roman Masts Found in the Port of Olbia, Sardinia. International Journal of Nautical Archaeology 43, 2014, S. 27–34.

Gianfrotta, P. A. / X. Nieto / P. Pomey / A. Tchernia, La Navigation dans l'Antiquité, Édisud 1997.

Gleason, R., A Replica of a Roman sheave block. International Journal of Nautical Archeology 17, 1988, S. 271–273.

Haddad E. / M. Avissar, A Suggested reconstruction of one of the merchants ships on the mosaic floor in Lod (Lydda) Israel, International Journal of Nautical Archaeology 31, 2003, S. 73–77.

Handley, F. J. L., Matting, Basketry and Cordage. In: D. Peacock / L. Blue (Hg.), Myos Hormos – Quseir al-Quadim. Roman and Islamic Ports on the Red Sea 2, Finds from the excavations 1999-2003. British Archaeological Reports International Series 2286 = University Southampton, Series in Archaeology 6, 2011, S. 289–320.

Handley, F. J. L., Textiles: A preliminary Report. In: D. Peacock / L. Blue (Hg.), Myos Hormos – Quseir al-Quadim. Roman and Islamic Ports on the Red Sea. Volume 2: Finds from the excavations 1999–2003. BAR Intern. Ser. 2286 = Univ. Southampton. Ser. Arch. 6, Oxford 2011, S. 321–333.

Hawkins, C. W., The Dhow. An illustrated history of the Dhow and its World, Rockledge 1977.

Hiscock, E. C., Segeln in Küstengewässern. Die Kunst des Fahrensegeln, Bielefeld 1962.

Höckmann, P., Das Schiff. In: G. Hellenkemper Salies / H. H. v. Prittwitz und Gaffron / G. Bauchhenß (Hg.), Das Wrack. Der antike Schiffsfund von Mahdia, Pulheim 1994, S. 53–81.

Howarth, D., Dhows, London 1977.

Jézégou, M.-P. / C. Descamps, Les vestiges du systéme de gouvernail découverts sur l'epave de La Mirnade (Port-Vendres V). In: E. Rieth (Hg.), Méditerranée antique. Pêche, navigation, commerce. 120e congrès national des sociétés historiques et scientifiques, Aix-en-Provence, 1995. 121e congrès national des sociétés historiques et scientifiques, Nice, 1996, Comité des Traveaux Historiques et Sciéntifiques, 1998, S. 189–196.

Joncheray, J. P., L'épave „C" de la Chrétienne. Suppl. Cahiers d'archéologie subaquatique, Louis-Jean, Gap 1975. Blöcke mit Lit S. 103–104 Abb. 50,1–2; Kauschen 104 Abb. 50,3–5.

Marsden, P., A boat of the Roman period from Bruges, Belgium in 1899 and related types. International Journal of Nautical Archaeology 5, 1976, S. 23–55.

Marsden, P., Ships of the Port of London, English Heritage Archaeological Report 3, 1994. S. 33–95; 97–104.

McKee, A., Working Boats of Britain their Shape and Purpose, London 1983.

Middendorf, F. L., Bemastung und Takelung der Schiffe, Kassel 1971 (Reprint von 1903).

Moore, A., Last Days of Mast and Sail, Newtown Abbot 1970 (Reprint von 1925).

Mott, L. V., The Development of the Rudder. A Technological Tale. Studies in Nautical Archaeology 3, Texas A & M University Press, Chatham 1997.

Nayling N. / S. McGrail, The Barland's Farm Romano-Celtic Boat Council of British Archaeology Research Report 138, Walmgate 2004.

Landström, B., Das Schiff. Vom Einbaum zum Atomboot, München 1961.

Oleson, J. P., A Roman sheave block from the harbour of Caesarea Maritima, Israel. International Journal of Nautical Archaeology 12, 1983, S. 155–179.

Osler, A. G., The Shetland Boat. South Mainland and Fair Isle Maritime Monographs and Reports 58, Fair Isle 1983.

Peter, J. / F.C. Wild, Berenike and Textile Trade on the Indian Ocean. In: K. Droß-Krüpe (Hg.), Textile Trade and Distribution in Antiquity – Textilhandel und -distribution in der Antike, Wiesbaden 2014, S. 91–109.

Pferdehirt, B., Das Museum für antike Schiffahrt 1. Ein Forschungsbericht des Römisch-Germanischen Zentralmuseums Mainz 1, Bonn 1995.

Piele, A.-K., Die genähte Rumpfbauweise. Ein Vergleich innerhalb Europas. Unpubl. MA-Arbeit, Humboldt-Universität Berlin 2009.

https://www.academia.edu/39167939/Anne_Kathrin_Piele_Die_genähte_Rumpfbauweise_Ein_Vergleich_innerhalb_Europas_unpublizierte_Magisterarbeit_Humboldt_Universität_zu_Berlin_2009_. Letzter Zugriff 17.08.2021.

Piele, A.-K., Genähte Schiffsrümpfe. Ein Vergleich der Bauweise innerhalb Europas, Skyllis 10, 2010, S. 13–20.

Polzer, M. E., Toggles and Sails in the Ancient World: Rigging Elements Recovered from Tantura B Shipwreck, Israel. International Journal of Nautical Archaeology 37, 2008, S. 225–252.

Pomey, P. / Y. Kahanov / E. Rieth, Transition from Shell to Skeleton in Ancient Mediterranean Ship-Construction: analysis, problems, and future research. International Journal of Nautical Archaeology 41, 2012, S. 235–314.

Riek, F., Funde von Schiffen und Schiffsfunden aus dem Nydam-Moor. In: F. Rieck / A. Rau (Hg.), Die Schiffe. Nydam Mose 4, Aarhus Universitetsforlag, Verein zur Förderung des Archäologischen Landesmuseums Schloss Gottorf e. V., Aarhus 2013, S. 5–145.

Rieck, F. / A. Rau, Die Schiffe: Katalog, Konkordanz, Tafeln, Pläne. Nydam Mose 3, Aarhus 2013.

Van Rijn, P., Wooden Artefacts. In: R. M. van Dierendonck / D. P. Halewas / K. E. Waugh (Hg.), The Valkenburg Excavations 1985 – 1988, Bodemonderzoek, 1993, S. 146–216.

Rougé, L., La momie contenailt-elle les fragments d'une voile? Nouvelles Archives du Museum d'Histoire Naturelle de Lyon 25, 1987, S. 91–96.

Rule, M. / J. Monaghan, A Gallo-Roman Trading Vessel from Guernsey, Guernsey Museum Monograph 5, Candie Gardens 1993.

Sanders, D., Knowing the Ropes: The Need to Record Ropes and Rigging on Wreck-Sites and Some Techniques for Doing so. International Journal of Nautical Archaeology 39, 2000, S. 2–26.

Schoeffer, M. / D. Cotta / A. Beentjes, Les Etoffes de Rembourrage du Chiffon au Vêtement et à la Voile de Bateau. Nouvelles Archives du Museum d'Histoire Naturelle de Lyon 25, 1987, S. 77–80.

Shaw, J. W., A Double-Sheaved Pulley Block from Kenchreai. Hesperia 36, 1967, S. 389–401.

Shimony, C. / E. Werker / R. Yucha, The Ropes. In: E. Linder / Y. Kahanov, The Ma'agan Mikhael Ship. The Recovery of a 2400-Year-old Merchantman 1. Israel Exploration Society and University of Haifa 2003, S. 235–240.

Steel, D., Mast, Yards, Gaffs, Booms, and Oars, as Practised in the Royal Navy, and according to the most Approved Methods in the Merchant-Service, London 1797.

Steel, D., The Elements and Practice of Rigging, Seamanship, and Naval Tactics 2: The Art of Sail-Making, London 1800.

Steel, D., The Elements and Practice of Rigging, Seamanship, and Naval Tactics 3: The Art of Rigging, London 1806.

Steffy, J. R., Wooden Ship Building and the Interpretation of Shipwrecks, Houston 1994.

Teigelake, U., Studien zu Schiffen und Booten vom „keltischen" Typ, unpubl. MA- Arbeit, Universität Kiel 1997.

Tiboni, F., Fragments of a Roman Mast from the Port of Genoa, Italy, International Journal of Nautical Archaeology 43, 2014, S. 443–445.

Vinson, S., The Earliest Representations of Brailed Sails. Journal of the American Research Center in Egypt, 30, 1993, S. 133–150.

Ward, C. / R. D. Ballard, Deep-water Archaeological Survey in the Black Sea: 2000 Season. International Journal of Nautical Archaeology 33, 2004, S. 2–13.

Ward, C. / C. Zazzaro, Evidence for Pharaonic Seagoing Ships at Mersa/Wadi Gawasis, Egypt. International Journal of Nautical Archaeology 39, 2000, S. 27–43.

Weski, T., Sail, Oar and Clinker Technique in the Baltic Sea Area before 1200 – Foreign Influences, Local Developments and Regional Groups. In: M. Lindström (Hg.), The Marine Archaeology of the Baltic Sea Area. Södertörns Högskola, 1999, S. 93–99.

Whitewright, J., The Mediterranean Lateen Sail in Late Antiquity. International Journal of Nautical Archaeology 38, 2009, S. 97–104.

Whitewright, J., Rigging Components from Myos Hormos/Quseir al Qadim. In: D. Peacock / L. Blue (Hg.), Myos Hormos – Quseir al-Quadim. Roman and Islamic Ports on the Red Sea. Volume 2: Finds from the excavations 1999–2003. BAR Intern. Ser. 2286 = Univ. Southampton. Ser. Arch. 6, Oxford 2011, S. 189–199.

Whitewright, J., Roman Rigging Material from the Red Sea Port of Myos Hormos. International Journal of Nautical Archaeology 36, 2007, S. 282–292.

Whitewright, J., Tracing Technology. The Material Culture of Maritime Technology in the Ancient Mediterranean and Contemporary Indian Ocean. In: R. Bockius (Hg.), Between the Seas. Transfer and Exchange in Nautical Technology. Proceedings of the Eleventh International Symposium on Boat and Ship Archaeology, Mainz 2006. ISBSA 11. RGZM Tagungen 3, Verlag des Römisch-Germanischen Zentralmuseums, 2009, S. 489–497.

Whitewright R. J., Maritime Technological Change in the Ancient Mediterranean: The invention of the lateen sail. Unpubl. Diss., University of Southampton 2008. https://www.academia.edu/562936/Maritime_Technological_Change_in_the_Ancient_World_The_invention_of_the_lateen_sail._Volume_One. – https://www.academia.edu/562943/Maritime_Technological_Change_in_the_Ancient_World_The_invention_of_the_lateen_sail._Volume_Two. Letzter Zugriff 13.04.2020.

Whitewright, J., Ancient depictions as a source for sails and rigging. In: H. Frielinghaus / T. Schmidts / V. Tsamakda (Hg.), Schiffe und ihr Kontext: Darstellungen, Modelle, Bestandteile – von der Bronzezeit bis zum Ende des Byzantinischen Reiches. Schiffe und ihr Kontext: Darstellungen, Modelle, Bestandteile – von der Bronzezeit bis zum Ende des Byzantinischen Reiches, Verlag des Römisch-Germanischen Zentralmuseums, 2017, S. 221–232.

Whitewright, J., Sailing and Sailing Rigs in the Ancient Mediterranean: implications of continuity, variation and change in propulsion technology. International Journal of Nautical Archaeology 47, 2018, S. 28–44.

Wild, J. P. / F. Wild, The Textiles. In: S. E. Sidebotham / W. Z. Wendrich (Hg.), Berenike 1998. Report of the 1998 Excavation at Berenike and the Survey of the Eastern Desert, Research School of Asian, African and Amerindian Studies (CNWS), 2000, S. 251–274.

Wild, F. C. / J.P. Wild, Sails from the Roman port at Berenike, Egypt. International Journal of Nautical Archaeology 30, 2001, S. 211–220.

Zazzaro, C., Nautical Evidence from the Pharaonic Site of Marsa/Wadi Gawasis. In: R. Bockius (Hg.), Between the Seas. Transfer and Exchange in Nautical Technology. Proceedings of the Eleventh International Symposium on Boat and Ship Archaeology, Mainz 2006. ISBSA 11. RGZM Tagungen 3, Verlag des Römisch-Germanischen Zentralmuseums, Mainz 2009, S. 3–8.

Ximénès, S. / M. Moerman, Port romain des Laurons (Martigues): éléments d'accastillage antiques. Cahiers d'Archéologie Subaquatique 9, 1990, S. 5–25.

Abbildungsverzeichnis

Abb. 1: Casson 1971, Abb. 144

Abb. 2: Marsden 1994, Abb. 62

Abb. 3: Ximénès – Moerman 1990, Abb. 2

Abb. 4: Handley 2011, Abb. 21,5

Abb. 5: Olseon 1983, Abb. 9

Abb. 6: Wild – Wild 2001, Abb. 2 u. 3

Abb. 7: Handley 2011, Abb. 22,3

Abb. 8: Casson 1994, Abb. 88

Abb. 9: Casson 1994, Abb. 90

Abb. 10: Gassend 1995, Abb. 3

Abb. 11: Marsden 1994, Abb. 67

Abb. 12: Burningham 2000, Abb. 2

Abb. 13: Riek 2013, Abb. 89

Annex: Weitere Bilder finden Sie unter www.wbg-wissenverbindet.de

2 Die Schiffswracks von Oberstimm Datierung und Herkunft der Hölzer

Franz Herzig, unter Mitarbeit von Hanna Emberger
Bayerisches Landesamt für Denkmalpflege

2.1 Entdeckung der Fundstelle und erste Datierungen

1986 waren bei der Anlage eines Suchschnitts, der zur Lokalisierung eines weiteren Kastellgrabens gezogen wurde, ca. 50 m westlich des römerzeitlichen Kastells von Manching-Oberstimm, Lkr. Pfaffenhofen a. d. Ilm, die Überreste zweier Schiffe angeschnitten worden. Beide Wracks lagen unter Feuchtbodenbedingungen eingebettet in Ablagerungen der Donau und eines kleinen Nebenflusses, der Brautlach. Die unterhalb der Grundwasserlinie liegenden Teile der Wracks waren daher hervorragend als Nassholz erhalten und konserviert worden.

Aufgrund von Beifunden sowie der unmittelbaren Nähe zum Kastell wurde recht schnell klar, dass es sich um römerzeitliche Schiffsfunde handeln musste. Wie es sich nach der endgültigen Bergung 1994 herausstellte, handelte es sich bei den Oberstimmer Schiffen um ca. 15 m lange und 2,7 m breite Ruderschiffe mediterraner Bauart, die auch gesegelt werden konnten. Die aus Kiefern- und Eichenholz hergestellten Boote mit je fünf Duchten (Ruderbänken) dienten für militärische Patrouillenfahrten auf der Donau.[1]

Der Bagger zog eine Schneise durch die dicht nebeneinanderliegenden Schiffe, wobei Teile der Beplankung und der Spanten herausgerissen und auf den Aushub befördert wurden. Die Bruchstücke wurden durch Mitarbeiter des Bayerischen Landesamts für Denkmalpflege eingesammelt und an das Dendrolabor der Universität Hohenheim gesandt. Der damals leitende Dendrochronologe in Hohenheim Bernd Becker untersuchte insgesamt 24 der aus dem Aushub abgesammelten Bruchstücke von Schiffsbauhölzern sowie 13 weitere Hölzer, die bei Sondagen in der Umgebung der Schiffe gefunden wurden und vermutlich zu einer Uferverbauung gehörten. Becker gelang es, mehrere Fragmente aus Eichenholz (*Quercus sp.*) zu datieren, bei denen es sich mehrheitlich um Spanten (Schiffsrippe) handelte.[2] Eine aus den Eichenserien der

[1] Bockius (2002).

[2] Becker (1989).

Schiffsbauhölzer gebildete Mittelkurve konnte auf das Jahr 82 n. Chr. datiert werden. Jedoch handelte es sich dabei nicht um das Fälldatum der Eichen, welches dem Jahr des Stapellaufes vorausging und demzufolge diesem zeitlich am nächsten läge, sondern um das jüngste Kernholzendjahr eines Bauteils. Bei keinem der damals untersuchten Hölzer waren die Wald- bzw. Baumkante[3] erhalten. Mit deren Vorhandensein hätte das Absterbe- oder Fälldatum der verwendeten Baumstämme angeben werden können. Ebenso wenig waren Splintholzjahrringe[4] erhalten geblieben. Es sind demnach ausschließlich Kernholz-Endjahre[5] datiert worden, bei denen im Falle der Eichen mindestens die fehlenden Splintjahrringe hinzu addiert werden müssten. Demzufolge konnte lediglich ein Terminus post quem für das Fälldatum bzw. den Stapellauf der Schiffe angegeben werden. Bernd Becker schrieb dazu: *„Die dendrochronologische Datierung der Schiffshölzer ist daher nur anhaltsweise über die jeweils jüngsten Kernholz-Endjahre möglich.“* Aufgrund der breiten Streuung der Kernholz-Endjahre vermutete Becker, dass bei einem Teil der Hölzer sehr viel Holz abgebeilt wurde.[6]

Becker versuchte anhand der vorhandenen Kernholzdatierungen, zu denen auch Datierungen von Hölzern gehörten, die aus Schichten in der Umgebung der Schiffe verprobt wurden, eine vorsichtige Schätzung der Fälldaten beider Schiffe abzuleiten. Für die Fälldaten kam er zu folgender Einschätzung.

- Frühestens 90 ± 10 bzw. 100±10 n. Chr.
- Mit größter Wahrscheinlichkeit in das erste Viertel des zweiten Jahrhunderts
- Mit Sicherheit nicht später als die erste Hälfte des zweiten Jahrhunderts.

Da die beprobten Bruchstücke aus dem Baggeraushub abgesammelt wurden, blieb zunächst unklar, um welche Art von Schiffsbauteilen es sich bei den Fragmenten handelte und zu welchen der beiden Schiffe die Fragmente der Schiffsbauhölzer jeweils gehörten.

---

3 Mit Wald- oder Baumkante wird der letzte und somit jüngste Jahrring unter der Rinde bezeichnet.

4 Eichen weisen einen bestimmten Anteil an Splintjahrringen auf. Wenn an einem Bauteil noch Splintjahrringe, aber keine Waldkante erhalten ist, lässt sich das Fälldatum je nach Baumalter mit einer Bandbreite von ± 6 bis ±10 Jahren abschätzen.

5 Im Gegensatz zu den Splintjahrringen lässt sich bei den Kernholz-Endjahren das Fälldatum nur sehr grob oder gar nicht abschätzen.

6 Die Ursache des geringen Anteils von Waldkanten oder Splintjahrringen ist auf die beim Schiffbau notwendige handwerkliche Präzision zurückzuführen. Bei allen Schiffsbauhölzern ist eine passgenaue Fertigung unerlässlich. Nur so lässt sich die Außenhaut in mediterraner Schalenbauweise mit Nut und Feder eines Schiffes abdichten. Daher musste beim Zuarbeiten der Planken und Spanten verhältnismäßig viel Material von den Rohlingen entfernt werden. Oft wurde auch das weichere und weniger dauerhafte Splintholz entfernt.

Die erste Frage konnte Becker anhand der Holzquerschnitte und der Holzart bei den meisten Bruchstücken beantworten. Fragmente aus Eichenholz mit einem nahezu quadratischen Querschnitt mussten zu den Spanten gehört haben. Bei im Kernbrett- oder Mittelbrettquerschnitt zugeschnittenen Fragmenten aus Kiefernholz (*Pinus sp.*), die teilweise noch eingesetzte Reste von Federn und Dübeln aufwiesen, musste es sich um die Bruchstücke von Planken gehandelt haben.

Die zweite Frage war wesentlich schwieriger zu beantworten und die Archäologen baten Bernd Becker auch diese für sie zu lösen.

Becker unternahm den Versuch anhand der Wachstumsmerkmale die Fragmente zu sortieren. Anhand übereinstimmender Jahrringmerkmale konnte er bei den Eichen die zwei Gruppen „A" und „B" bilden. Er vermutete, dass für ein Schiff jeweils das Rohmaterial aus demselben Waldbestand entnommen wurde. Über eine Kreuzkorrelation ordnete er die Eichenserien entlang ihrer durchschnittlichen Gleichläufigkeit.

Hierzu begründete er:

> „Die durchschnittliche Übereinstimmung beträgt in Gruppe A 76,6 %, in Gruppe B 75,3 %, zwischen A und B aber nur noch 56,8 %. Dies kann als klarer Hinweis dafür gewertet werden, dass die beiden Gruppen standörtlich verschiedenen Herkünften zugehörig sein müssen. Im Folgenden wird die Gruppe A dem Schiff „A"(=Schiff 1), die Gruppe B dem Schiff "B" (=Schiff 2) zugeordnet."

Auch für die untersuchten Kiefernserien kam er zu einem ähnlichen Schluss:

> „Sechs Proben verlaufen eindeutig synchron, zwei weitere sind in sich synchron, zeigen aber keine Übereinstimmung zur ersten Gruppe. Auch hier liegt die Vermutung nahe, dass es sich um verschiedene Herkünfte handelt."

Zu Beckers Annahme bleibt aber zu bemerken, dass die Herkunft aus demselben Waldbestand nicht zwangsläufig bedeuten muss, dass die Schiffsbauteile zum selben Schiff gehören müssen. Beckers Versuch einer Zuordnung anhand der Herkunft sollte daher für die Römerzeit kritisch betrachtet werden.

Während der mittleren Kaiserzeit hatte die Massenfertigung von Gütern ein hohes Ausmaß erreicht. Auch beim Schiffbau darf von abgestimmten Produktionsprozessen ausgegangen werden, bei denen auf Rohstofflager zurückgegriffen wurde. Dies gilt umso mehr, als die Rohlinge für Schiffsbauhölzer zuerst gelagert werden mussten. Falls es sich um gleichzeitig produzierte „Schwesterschiffe" handelte, dürften die meisten Schiffsbauteile aus einem größeren Lagerbestand gekommen sein. So entstünde dann beim Bau der Schiffe eine eher zufällige Verteilung von Hölzern verschiedener Herkunftsgebiete.

An Spanten werden aus Gründen der Stabilität hohe Anforderungen an das Material gestellt. Dafür wurde vorwiegend Holz aus dem Astabknick großer Eichen ausgewählt. Dieses Reaktionsholz mit seinen hohen Spätholzanteilen besaß ein höheres Maß an Zug- und Druckfestigkeit gegenüber dem Holz des Schaftes und war für diese Aufgabe prädestiniert. Allerdings kann das Wachstumsverhalten von Reaktionsholz schon innerhalb eines einzelnen Baumes stark abweichen. Bei Reaktionsholz lässt sich vielfach nicht feststellen, ob es sich um Fragmente desselben Bauteils handelt. Die hohe bzw. niedrige Übereinstimmung der Serien dürfte hier eher aus der Lage der Probe innerhalb der Stämme resultieren. Ob sich die Wachstumsmerkmale bei den Bauteilen innerhalb eines Schiffes stärker ähneln, wird sich letztendlich nur durch Messungen von im Verband befindlichen Hölzern klären lassen.

Durch die Untersuchungen konnte der Bau beider Schiffe auf den Zeitraum zwischen dem Ende des 1. Jahrhunderts und der ersten Hälfte des 2. Jahrhunderts eingegrenzt werden. Aus dem Umfeld der Schiffe konnte Becker sieben weitere Hölzer datieren. Dabei handelte es sich ebenfalls vorwiegend um Eichen ohne Splintjahrringe und Waldkante. Die Endjahrdaten von fünf Hölzern streuten zwischen 31 und 91 n. Chr. Diese Hölzer könnten daher mit dem Bau der Schiffe in Zusammenhang stehen. Einen Kiefernpfahl datierte Becker auf das Jahr 105. Der jüngste Eichenpfahl mit dem Endjahrdatum 150 dürfte nicht mehr im Zusammenhang mit dem Schiffbau stehen.

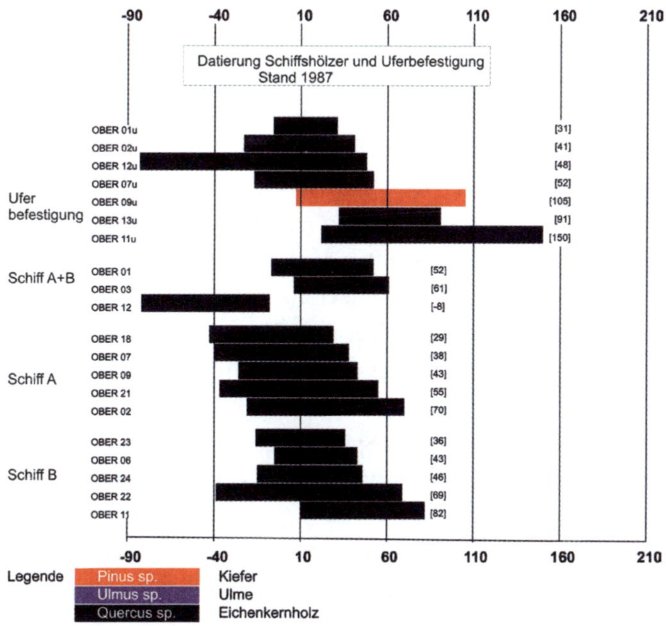

Abb. 1: In Hohenheim gemessene Fragmente aus Baggeraushub. Stand der Datierung 1987–1994

2.2 Die Bergung der Schiffe im Jahr 1994 und Untersuchungen von Hölzern aus dem Umfeld der Schiffe

Die Gelegenheit einer abschließenden Datierung der Schiffe bot sich im Jahr 1994.

Angesichts der großen Bedeutung, welche den beiden Wracks für die Forschung zugemessen wurde, sollten beide Schiffe 1994 en bloc geborgen und anschließend im Museum für Antike Schifffahrt des RGZM in Mainz restauriert werden. In einer 22 m x 7 m großen Fläche wurden die beiden Schiffe in einer Tiefe von gut 2 m angetroffen, vollständig freigelegt und en bloc geborgen. Im Kelten- und Römermuseum Manching sollten die Schiffe dann ihren endgültigen Liegeplatz finden.

Obwohl die jahrgenaue Datierung oder zumindest eine Splintgrenzendatierung noch ausstand, wurde der Restaurierung beider Wracks absolute Priorität eingeräumt. Die Bauteile beider Schiffe sollten vollständig, ohne die Entnahme von weiteren Proben für naturwissenschaftliche Untersuchungen restauriert werden. Die Frage der Datierung schien seitens der Archäologie durch die Datierungen Beckers zu diesem Zeitpunkt ausreichend gelöst zu sein. Dagegen sollten die im Umfeld der Schiffe liegenden und steckenden Hölzer holzanatomisch, dendrochronologisch und technomorphologisch untersucht werden. Die diesbezüglichen Untersuchungen wurden nun durch den Autor im Dendrolabor des Bayerischen Landesamts für Denkmalpflege durchgeführt. Mehr als 840 Hölzer aus dem Umfeld der Schiffe wurden verprobt und im Dendrolabor untersucht. Im Verlauf der Grabung stellte sich heraus, dass beide Schiffe von Pfählen durchschlagen worden sind. Durch dendrochronologische Messungen der dafür verwendeten Eichen- und Ulmenpfähle konnte nachgewiesen werden, dass die Pfähle bereits 118 n. Chr. gefällt wurden. Demnach blieben zwischen dem frühesten möglichen Datum für den Bau der Schiffe und den Pfählen maximal 28 Jahre für die Nutzung. Die Untersuchung der Hölzer aus dem Umfeld der Schiffe erbrachte ähnlich wie die von Becker untersuchten Hölzer der Uferverbauung eine breiter gestreute Verteilung von Dendrodaten, die zeigten, dass der Platz zwischen 66 n. Chr. und 150 n. Chr. genutzt wurde.

- Drei Eichenpfähle konnten durch Splintgrenzendatierungen um 66 n. Chr. in die frühe Phase der flavischen Zeit datiert werden. Dies entspräche der Periode I des Kastells Oberstimm.
- Mehr als 50 liegende Bauteile, ausschließlich aus Eichenholz, konnten mit ihren Fälldaten in die spätflavische Zeit zwischen 87 und 91 n. Chr. datiert werden. Während dieser Zeit dürften die beiden Schiffe gebaut worden sein.
- Fünf liegend vorgefundene Bauhölzer bzw. Fragmente wiesen Fälldaten zwischen 99 und 107 n. Chr. auf. Bei dem auf 107 n. Chr. datierten Holzfund handelt es sich

um ein Eichenbrett mit erhaltener Waldkante, welches in Abfallschichten unter dem Schiff lag.

– 14 Eichen- und Ulmenpfähle wiesen Fälldaten zwischen 117 und 118 n. Chr. auf. Dazu gehörten die Pfähle, mit welchen die Schiffe in den Grund gebohrt wurden.
– Die beiden Schiffe müssten demnach zwischen 107 und 118 n. Chr. an ihren endgültigen Liegeplatz verbracht worden sein.
– Zahlreiche Späne und Kleinhölzer aus oberen Plana konnten um 118 n. Chr. datiert werden.

Die Herkunft der verwendeten Eichenhölzer konnte nicht sicher geklärt werden, denn die Korrelationswerte zu Chronologien der Wuchsgebiete Tertiäres Hügelland und der Frankenalb unterschieden sich zu wenig, um die Eichen eindeutig einem der beiden Wuchsgebiete zuordnen zu können, zumal die Fundstelle nahe der Grenze beider Wuchsgebiete liegt. Es lässt sich aber ausschließen, dass sie aus entfernteren Wuchsgebieten wie dem Fränkischen Keupergebiet oder der Schwäbisch-Bayerischen Schotterplatten- und Altmoränenlandschaft kamen. Bei den Ulmen kann aber davon ausgegangen werden, dass sie aus dem Eichen-Ulmen-Hartholzauenwald[7] entlang der Donau gefällt wurden. Diese Waldgesellschaft säumt auf weite Strecken die Ufer der Donau. Vermutlich kamen auch die Eichenpfähle, welche 118 n. Chr. durch die Schiffe getrieben wurden aus denselben Standorten, zumal auch deren Jahrringserien artübergreifend synchronisiert werden konnten.

Den größten Teil der 840 untersuchten Proben machten Kleinhölzer aus. Darunter befanden sich über 360 Späne und Bauholzfragmente aus Kiefernholz.[8] Als zweithäufigste Art unter den Kleinhölzern kam Esche (*Fraxinus sp.)* vor. Daneben traten Ulme, Ahorn und Eiche in geringeren Anteilen auf. Bei den Kiefernspänen handelte es sich zu einem großen Teil um Hobelspäne. Auffallend war, dass die Kiefernspäne vorwiegend aus den oberen Schichten der Fundstelle kamen. Von den meist ringarmen Spänen wiesen 40 Proben genügend Jahresringe für dendrochronologische Messungen auf. Erstmals konnte eine Mittelkurve aus 12 synchronisierten Kiefernserien auf das Jahr 118 n. Chr. datiert werden. Dies würde sich mit den Fälldaten der schiffsdurchschlagenden Pfähle decken. Wichtig ist im Zusammenhang mit der Datierung, dass die meisten Späne hervorragend erhalten waren. Erosionsspuren konnten nicht festgestellt werden. Dies spricht für ein Stillgewässer und eine sehr rasche Einsedimentierung der kleinen Objekte. Auch wenn nur ein kleiner Teil von Spänen und Kleinhölzern datiert werden konnte, scheint es sich auch bei der großen Masse der Kleinhölzer ausschließlich um Material zu handeln, das

---

7 Walentowski et al. (2013).

8 Auf den hohen Kiefernanteil und dessen mögliche Ursachen soll in Kapitel 4 näher eingegangen werden.

um 118 n. Chr. in die Ablagerungen geriet, also wiederum zu dem Zeitpunkt als die Pfähle durch die Schiffsrümpfe geschlagen wurden. Esche, Ulme und Ahorn, die bei den Kleinfunden bestimmt wurden, konnten unter den in den Schiffen verbauten Hölzern nicht festgestellt werden.[9] Dies spricht dafür, dass die beiden Schiffe ihren letzten Liegeplatz in einem Areal fanden, in dem um 118 noch sehr viele Holzabfälle aus holzverarbeitender Tätigkeit anfielen.

2.3 Weitere Holzfunde aus Fundstellen im Umkreis der Schiffe

2016 stießen Archäologen im Zuge einer bauvorgreifenden Grabung 300 Meter weiter nördlich[10] auf ähnliche Feuchtbodenablagerungen wie im Umfeld der beiden Schiffe. Auch die darin enthaltenen Holzfunde glichen den Spänen und Fragmenten im Umfeld der Schiffe. Bei den Holzarten handelte es sich erneut zum großen Teil um Kiefernholz (*Pinus sp.*). Ebenfalls wieder vertreten waren Ulme (*Ulmus sp.*), Esche (*Fraxinus excelsior*), Ahorn (*Acer sp.*) und Eiche (*Quercus sp.*). Zusätzlich konnten noch Erle (*Alnus sp.*) und Hainbuche (*Carpinus betulus*) bestimmt werden. Dendrochronologische Datierungen bestätigten endgültig den Verdacht, dass die Späne zur gleichen Zeit wie die Hölzer im Umfeld der Schiffe abgelagert wurden. Mehrere Kiefern- und Ulmenserien konnten auf 105 bzw. 110 n. Chr. datiert werden. Waldkanten fehlten zwar, aber Fälldaten um das Jahr 118 n. Chr. sind sehr wahrscheinlich.

Vermutlich erstreckten sich die Schiffslände und dazugehörige Liegeplätze parallel zu der gesamten nördlichen Kastellmauer. Die Tatsache, dass auf einer Strecke von mehr als 300 Metern gleichzeitig Abfälle der Be- und Verarbeitung von Holz akkumuliert wurden, weist auf ein holzverarbeitendes Gewerbe hin, das sich über eine große Fläche erstreckte. Dies könnte ein Hinweis dafür sein, dass an dieser Stelle eine Werft samt Helling stand.

2.4 Neue Untersuchungen

2017 startete unter der Leitung von Professor Boris Dreyer ein Projekt der FAU Erlangen-Nürnberg, dessen Ziel es war, mit Hilfe eines originalgetreuen Nachbaus die Eigenschaften römerzeitlicher Schiffskonstruktionen in der Praxis zu erforschen. Im Zuge dieses Projekts sollten

---

9 Angaben zu den Holzarten aus den Schiffen liegen nicht vor, da diese nicht im Dendrolabor bestimmt wurden.

10 Manching-Oberstimm, Lkr. Pfaffenhofern a. d. Ilm, Auf der Wiege 9; Maßnahmenummer: M-2017-1393-1.

auch offen gebliebene Fragen zu den beiden Oberstimmer Schiffen geklärt werden. Boris Dreyer wandte sich an die in den 90er Jahren mitwirkenden Archäologen der verschiedenen Grabungskampagnen, die Wissenschaftler des RGZM, an Kolleginnen aus dem Museum in Manching sowie den beiden beteiligten Dendrolaboratorien von Hohenheim und Thierhaupten, die mit der Untersuchung von Hölzern aus Oberstimm befasst waren. Bei einem Treffen im Herbst 2017 in der FAU Erlangen, wurden offen gebliebene Fragen diskutiert und Lösungsansätze beraten.

Vordringlich zu lösen waren folgende Fragen:

- Ist es möglich, ein Fälldatum für die Schiffsbauteile zu ermitteln?
- Lassen sich die 1987 nicht datierbaren Jahrringserien, vor allem die der Kiefernplanken mittlerweile datieren?
- Lassen sich die die datierten Bauteile einzelnen Schiffen zuweisen?
- Lässt sich die Herkunft der für die Schiffsbauteile verwendeten Hölzer ermitteln?

Laut Herrn Dr. Alexander. Land, der in Nachfolge von Professor Becker die Holzfunde und Datenbestände des Hohenheimer Labors betreut, wäre es noch möglich, naturwissenschaftliche Untersuchungen an den ausgetrockneten, in Hohenheim lagernden Proben von 1987 durchzuführen. Außerdem könnten die Daten der verschiedenen Laboratorien ausgetauscht werden. Es wurde vereinbart, dass die Messwerte der 1987 in Hohenheim untersuchten Hölzer an das Dendrolabor des Bayerischen Landesamts für Denkmalpflege in Thierhaupten übersandt werden, um sie mit den mittlerweile erheblich ausgebauten Chronologien des Dendrolabors zu vergleichen.

Außerdem sollte überprüft werden, ob es möglich ist, mit minimalinvasiven Methoden dendrochronologische Messungen an den beiden im Museum Manching ausgestellten Schiffen durchzuführen.

Vergleiche der Jahrringserien von 1987 mit den aktuellen Chronologien

Die Eichenserien der Spanten

Die bereits eingangs beschriebenen Jahrringserien aus Hölzern, welche 1987 im Baggeraushub gefunden wurden, konnten erstmals mit den in den letzten 30 Jahren entstandenen Jahrringchronologien bayerischer Wuchsgebiete verglichen werden. Die Proben aus Hohenheim waren mit den Bezeichnungen OBERSTIMM SCHIFF, OBER 01 bis OBER 24 durchnummeriert worden. Die Datierungen der von Becker eindeutig den beiden Gruppen „Schiff A“ und „Schiff B“ zugewiesenen Eichenserien konnten bis auf ein Holz bestätigt werden. Bei der auf 29 n. Chr.

datierten Eichenserie OBER 23 konnte über verschiedene Chronologien eine wesentlich bessere Position auf dem Jahr 36 n. Chr. nachgewiesen werden.

Für die vier Schiffsbauteile aus Eichenholz (OBER 01, 03, 12 und 17), die Becker keiner der beiden Gruppen „Schiff A“ oder „Schiff B“, sondern einer Gruppe „Restliche Eichen“ zuwies[11], wurden abweichende Positionen gefunden. Für die Serie OBER 01 wurde eine bessere Position auf dem Jahr 70 (vorher 52), für die Serie OBER 03 auf dem Jahr 71 (vorher 61) und für die Serie OBER 12 die Position auf dem Jahr 73 (vorher –8)[12] gefunden. Über die aktuellen Chronologien konnte nun auch die vorher undatierte Serie Nr. 17 auf das Jahr 50 n. Chr. datiert werden. Becker bezog sich in seiner Publikation auf die von ihm erstellten Mittelkurven „Schiff A“ (114 Jahre) und „Schiff B“ (122 Jahre). Die vier Serien der „Restlichen Eichen“ waren darin nicht enthalten. Allerdings müssen in seiner 166-jährigen Gesamtmittelkurve[13] aller Schiffsbauteile auch die „restlichen Eichen“ gemittelt worden sein, da diese bis 83 v. Chr. zurückreicht und demnach zumindest die von ihm so früh datierte Serie OBER 12 enthielt.

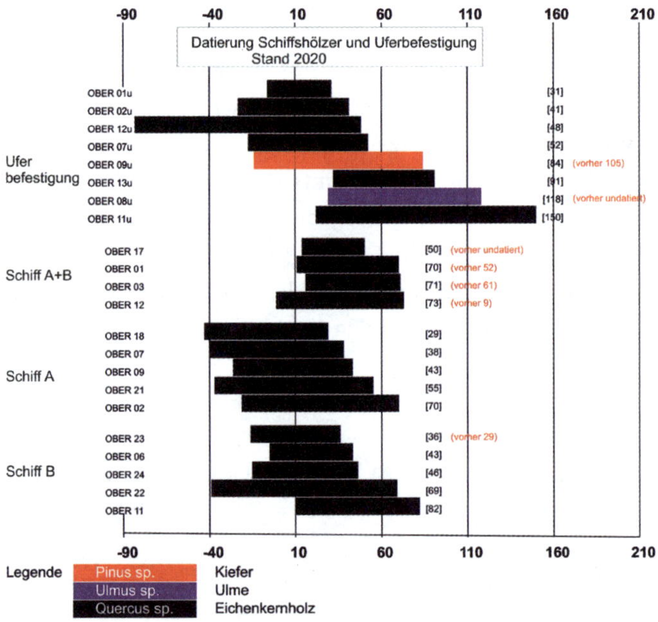

Abb. 2: In Hohenheim gemessene Fragmente aus Baggeraushub. Stand der Datierung 2020 (vergleiche auch zu Abb. 1)

[11] (1989), S. 309.

[12] Die Serie Nr. 12 war auf 8 v. Chr. datiert, in der Publikation aber mit 9 n. Chr. angegeben.

[13] Becker (1989), Abb. 20.

In dem Deckungsbild der Serien mit den korrigierten Positionen streuen die Eichenserien der Schiffe nicht mehr so weit und liegen als kompakte Blöcke vor (Abb. 27). Die neu zusammengefügte, nun nur noch 126-jährige Mittelkurve aller Eichenschiffsbauteile weist eine erheblich höhere Übereinstimmung mit den aktuellen Eichenchronologien auf. Der Vergleich von Beckers Eichenserien aus den verschiedenen Abschnitten einer Uferbefestigung mit den aktuellen Eichenchronologien bestätigten die von Becker ermittelten Positionen (Abb. 27). Abweichende Positionen zeigten hier nur die beiden Serien 9 und 8, bei denen es sich um Kiefern- und Ulmenholz handelte.

Die Kiefernserien der Schiffsplanken

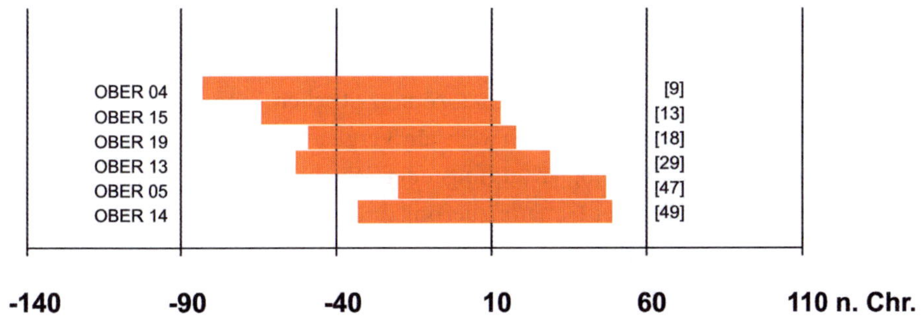

Abb. 3: Deckungsbild der datierten Kiefernserien

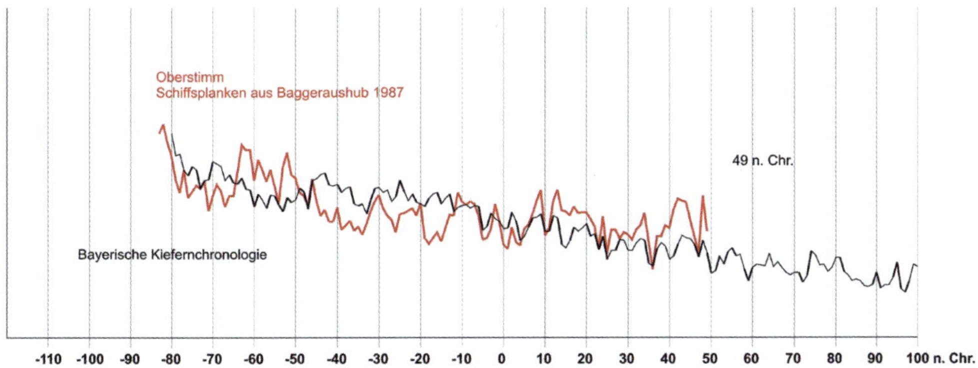

Abb. 4: Mittelkurve aus Kiefernplankenserien in Synchronlage zu bayerischer Kiefernchronologie

Von den 1987 von Becker gemessenen, undatierten Kiefernserien konnten sechs über die neu entstandenen Kiefernchronologien datiert werden. Die aus den Kiefernserien gebildete 133-jährige Mittelkurve ließ sich auf das Jahr 49 n. Chr. einhängen. Das Endjahr lag noch wesentlich früher als das der Eichenserien. Es muss dabei berücksichtigt werden, dass es sich um Fragmente von Planken handelt und diese, wie weiter oben beschrieben, erheblich zugearbeitet werden mussten, um eine passgenaue Beplankung herstellen zu können.

Herkunft der Kiefern

Becker schreibt dazu: „Die Tatsache, dass in den Schiffen von Oberstimm Kiefernholz verbaut wurde, ist eine deutlicher Hinweis dafür, dass die Schiffe in Ostbayern, vielleicht in Oberstimm selbst, gebaut worden sind, ... Die Kiefernhölzer der Schiffe von Oberstimm müssen demnach im umgebenden Hügelland geschlagen worden sein".

Durch die in der Zwischenzeit entstandenen römerzeitlichen Kiefernchronologien bayerischer Wuchsgebiete und -bezirke ist mittlerweile ein Vergleich möglich.

Zur Verfügung standen Chronologien aus folgenden Wuchsbezirken:

1. Wuchsbezirk Ingolstädter Donauniederung, mit römerzeitlichen Fundstellen aus der Ingolstädter Donauebene.
2. Wuchsbezirk Ostbayerische Donauniederung, hier vor allem mit den Regensburger Fundstellen der Römerzeit.
3. Wuchsbezirk Südlicher Fränkischer Jura mit römerzeitlichen Fundstellen aus dem Raum Kösching
4. Wuchsbezirk Ries, hierzu zählen zwei römerzeitliche Fundstellen aus Munningen
5. Wuchsbezirk Südliches Albvorland Theilenhofen und Dambach

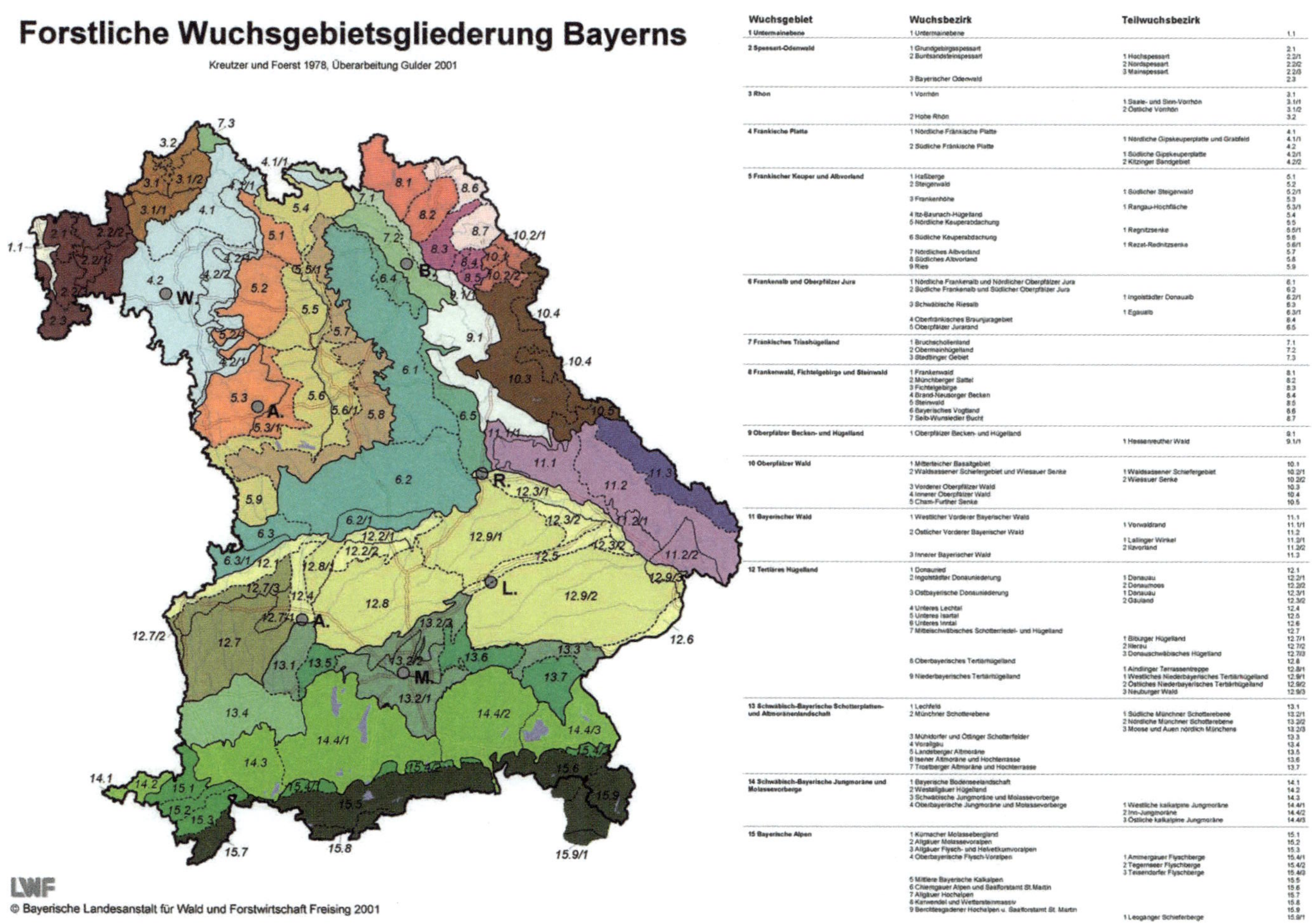

Abb. 5: Forstliche Wuchsgebietsgliederung Bayerns, Bayerische Landesanstalt für Land- und Forstwirtschaft, Freising 2001

Wuchsgebiet	Wuchsbezirk	Gleichläufigkeit[14].	Weiserjahre	T-Test Holstein	T-Test Baillie
WG 12 Tertiärhügelland	WB 12.2 Ingolstädter Donauniederung[15]	75,0	80,4	7.1	7.3
WG12 Tertiärhügelland	WB 12.3 Ostbayerische Donauniederung[16]	69,0	83,6	7.2	6.9
WG 6 Fränkischer Jura[17]	WB 06.2 Südliche Frankenalb	62,1	66.7	6.1	6.0
WG 5 Fänkischer Keuper und Albvorland	WB 05.9 Ries[18]	60,8	75,6	5.3	5.1
WG 5 Fänkischer Keuper und Albvorland	WB 05.8 Südliches Albvorland[19]	68,6	78,0	3.5	3.4
Bayern gesamt	Bayer. Wuchsgebiete und bezirke	70,8	89,6	8.5	8.2

Tabelle 1: Korrelationswerte der Kiefernserien im Vergleich zu den verschiedenen Wuchsgebieten und Bezirken

Die Korrelationswerte zeigen ein deutlich höheres Maß an Übereinstimmung zu den Chronologien der entlang der Donau gelegenen Wuchsbezirke.[20] Die Mittelkurve der Schiffshölzer weist zu den Chronologien von auf und jenseits der Frankenalb gelegenen Wuchsbezirken ein

14 GL: Gleichläufigkeit in %; WJ: Prozentangaben an gemeinsamen, nach dem Intervalltrend ermittelten Weiserjahren; t-TH: t-Test nach Transformierung der rohen Wertserien nach Hollstein (1980), S. 273; t-TB: t-Test nach Transformierung der rohen Wertserien nach Baillie / Pilcher (1973).

15 Ingolstadt-Etting-Zellau, M-2007-40073-1_0, INGO014, Manching-Oberstimm, Auf der Wiege 9, M-2017-1393-1, MANC007; Gaimersheim Nordumgehung, M-2009-1684-1, GAIM005; Neustadt a. d. Donau -Irnsing, Mooreichen.

16 Regensburg-Kumpfmühler Straße 51, M-2007-33120-1_0; Regensburg-Burgweinting, Mühlfeld, M-2007-779-1_0; Regensburg-Neuprüll, M-2007-33493-1_0.
REGB037; Regensburg-Burgweinting Nordwest III 2011, M-2010-292-2_0.

17 Kösching, Bachaue, D-5-6931-0159.

18 Munningen Ortsumfahrung 2009 N, M-2009-315-1_13.

19 Theilenhofen, WUG: Kastell und Vicus, M-2007-45424-10_0; Ehingen-Dambach, Hammerschmiede, Moosweiher, M-2007-60753-2_0.

20 Die Ähnlichkeit zu den Regensburger Standorten erklärt sich möglicherweise auch daher, dass die Römer donauaufwärts dieselben oder nahe gelegene Kiefernstandorte nutzten und das Holz durch die Flößerei nach Regensburg verbrachten.

wesentlich geringeres Maß an Übereinstimmung auf. Allerdings gilt dies nur für die Kiefern der Schiffsplanken. Die Kiefernserien, die um 118 n. Chr. im Umfeld der Schiffe abgelagert wurden, weisen eine größere Ähnlichkeit zu der Kiefernchronologie des Fränkischen Jura auf. Die Kiefer als extrem anspruchslose Pionierbaumart kommt in weiten Teilen Europas und des nördlichen Asiens vor. Die Lichtwuchsart wird aber, sobald sie ein Terrain erschlossen hat, durch konkurrenzstärkere Schattholzbaumarten auf Grenzertragsflächen abgedrängt. In Reinbeständen kann sie sich nur auf besonders trockenen, nassen oder nährstoffarmen Standorten durchsetzen.[21]

Südlich von Oberstimm im Tertiären Hügelland, zwischen Paartal und Donaumoos, erstrecken sich streifenartig Flugsanddünenlandschaften etwa ab Schellmannskreuth über den Hagenauer Forst bis zu den Paartaler Sanddünen bei Reichertshofen. Auch Standorte östlich des Paartals weisen günstige Bedingungen für Kiefern auf. Bei der östlich von Oberstimm gelegenen Nöttinger Heide handelt es sich um einen, allerdings durch menschliche Bewirtschaftung entstandenen Kiefernstandort. Auch wenn heute in den beschriebenen Gebieten überwiegend Kiefern angepflanzt wurden, ist für die Römerzeit aber eher mit von Kiefern durchsetzten Eichen-Hainbuchenwäldern und Eichen-Kiefernwäldern zu rechnen. Ebenfalls günstige Bedingungen für die Kiefer herrschen auf den Südhängen der Aindlinger Terrassentreppe vor. Auch hier dürfte es sich ähnlich wie auf den nördlich der Donau gelegenen steileren Albabhängen hauptsächlich um Eichen-Kiefernwälder gehandelt haben.

In unmittelbarer Entfernung zu Oberstimm kommt zumindest temporär noch ein weiterer Standort in Frage. Hierbei spielt besonders die Eigenschaft der Kiefer, als Pionierbaumart ausgelichtete Flächen rasch besiedeln zu können, eine Rolle. Nur 3 km östlich von Oberstimm befindet sich das verlassene keltische Oppidum von Manching mit einer Fläche von vier Quadratkilometern. Das jüngste ermittelte Dendrodatum für die befestigte stadtartige Siedlung liegt bei 105 ± 10 v. Chr.

Das Ende des Oppidums von Manching ist seit langem grundsätzlich umstritten. Heute wird ganz überwiegend von einem länger andauernden Niedergang des Oppidums ausgegangen, der sich vor allem in der ersten Hälfte des ersten vorchristlichen Jahrhunderts vollzog.[22] Der Bevölkerungsrückgang ging wohl mit einer sukzessiven Auflassung zuvor besiedelter Flächen einher, wobei die peripheren Areale innerhalb des Walls, z. B. im Süden des Oppidums, zuerst nicht mehr bebaut wurden.[23] Auf der zunehmend wüst gewordenen Fläche des Oppidums von Manching dürften sich zuerst Ruderalpflanzen und dann temporär Kiefern und Birken an-

---

21 Walentowski et al. (2013), S. 234–248.

22 Sievers (2004) S. 67–71.

23 Brestel (2017), bes. S. 194.

gesiedelt haben, bis sie dann im Verlauf der Pflanzensukzession von Schatthölzern verdrängt, oder später von Römern gefällt wurden. Der Wuchsbeginn der für die Planken verwendeten Kiefern setzte zwischen 100 und 90 v. Chr. an und kommt dem vermuteten Ende von Manching nahe. Zu dem Zeitpunkt des Schiffbaus zwischen 90 und 100 n. Chr. hatten die Kiefern inzwischen ein Alter von 190 Jahren erreicht. Ein extrem hoher Kiefernanteil schlägt sich auch im Pollenprofil von dem nahe gelegenen Weichering nieder. Der Leiter der Arbeitsgruppe für Vegetationsgeschichte der LMU München Dr. Michael Peters spricht von einer explosionsartigen Ausbreitung der Kiefern während der ersten nachchristlichen Jahrhunderte.[24] Nur die Bedingungen einer Ruderalfläche boten der Kiefer einen Konkurrenzvorteil gegenüber anderen Arten und ermöglichten ihre temporäre Ausbreitung.

Für die Herstellung der bis 30 cm breiten Planken wurden 40 bis 50 cm starke Kiefernstämme benötigt. In dem Kiefernbestand auf dem Areal des ehemaligen Oppidums dürften die römischen Schiffbauer ideales und in großen Mengen verfügbares Rohmaterial für den Schiffbau vorgefunden haben.

Neue Messungen an den Oberstimmer Schiffen

Nach einer vorausgehenden Sichtung nahmen Hanna Emberger und der Autor am 24. und 25.11.2017 erste dendrochronologische Messungen an den restaurierten Römerschiffen vor.[25]

Dabei sollten möglichst viele der Schiffshölzer aus den beiden Schiffswracks erfasst werden. Ziel der Untersuchung war es, die aus einem Baggerschnitt stammenden und in Hohenheim gemessenen Hölzer zu identifizieren und den Schiffen zuzuweisen. Außerdem sollte versucht werden, das tatsächliche Baudatum der Schiffe genauer zu erfassen. Die zusätzlichen Serien sollten auch dazu dienen, die Herkunft der Schiffsbauhölzer besser eingrenzen zu können.

---

24 Peters (2011), S. 119–137.

25 Bericht Hanna Emberger / Franz Herzig, Neue Untersuchungen an den Schiffswracks von Oberstimm, Dendroarchäologische Untersuchungen 2018, 19.04.2018.

Abb. 6: Die beiden in Manching ausgestellten Schiffswracks, links Schiff 1, rechts Schiff 2

Methoden

Die restaurierten Hölzer durften durch keinerlei Eingriffe beschädigt werden. Die Messungen mussten daher ohne invasive Eingriffe am restaurierten Holz, vor allem mithilfe von Handlupen mit beleuchteter Messscala bei 10-facher Vergrößerung vorgenommen werden.

Dieses Verfahren ist selbstverständlich nicht so genau wie die übliche dendrochronologische Messung, die unter dem Auflichtmikroskop bei 10- bis 40-facher Vergrößerung durchgeführt wird. Vor allem bei den schwer zugänglichen Eichenbauteilen wurden Fotografien von Stirnholzabschnitten für die Messungen genutzt. Ein Handscanner konnte an einigen flachen Stellen ebenfalls eingesetzt werden. Eine weitere, recht simple Methode erwies sich als sehr nützlich. Zusätzlich zu den Handlupenmessungen wurden an verschiedenen Stellen der Planken die Oberflächen mit einem weichen Bleistift auf Papier durchgepaust. Mit dieser Methode können gewöhnlich keine durchgehenden Jahrringfolgen erfasst werden. Partiell ermöglichen sie aber eine Überprüfung und gegebenenfalls die Korrektur sowie die Erweiterung der Handlupenmessungen. Es zeigte sich bei den Messungen, dass die Schiffsbauhölzer nur an wenigen Stellen durch Handlupenmessungen zugänglich waren. Besser messbare Stellen oder solche mit mehr Jahresringen waren oft nicht erreichbar. Dagegen war das Durchpausen fast überall möglich.

Die im Kernholzbrettquerschnitt zugeschnittenen Kiefernplanken waren partiell messbar.

Kernholzbretter weisen zum Mark hin liegende und nach außen zunehmend stehende Jahrringe auf. Nur die stehenden Jahrringe waren für Messungen in radialer Richtung geeignet. Die innersten Jahrringe waren dagegen nicht messbar, da sie ja gekrümmt und als liegende Jahresringe an der Plankenoberfläche nur tangentiale Messstrecken lieferten, die zu falschen Ergebnissen geführt hätten. Eine der Kiefernplanken wies einen reinen Seitenbrettquerschnitt auf, so dass an der Oberfläche nur liegende Jahresringe messbar gewesen wären. Bei einer weiteren Planke gelang die Messung wegen der extrem engen Jahresringe trotz zahlreicher Versuche nicht.

Abb. 7: Schiffsplanke aus Kiefernholz im Querschnitt als Kernholzbrett zugeschnitten

Abb. 8: Die Schiffsplanken in Radialansicht. Spät- und Frühholz sind unterscheidbar. Entlang der Flächen konnte in radialer Richtung gemessen werden.

Die Eichenspanten beider Schiffe, das Kielschwein und der Kiel von Schiff 2, ebenfalls aus Eiche, konnten nicht an der Oberfläche gemessen werden, da sie nicht radial zugeschnitten waren. Der Heckspiegel von Schiff 2 aus Eichenholz wies nur wenige Kernholzjahresringe auf. Hier käme nur eine Messung an den Querschnitten in Frage, was aber ohne eine Messerung der Querschnitte mit Rasierklingen, also mit einem invasiven Eingriff, nicht möglich gewesen wäre. Sämtliche Spanten waren überdies passgenau zugearbeitet, so dass die Jahrringserien sicher weit vor der Waldkante endeten. Auch das Kielschwein von Schiff 1, einem Nadelholz[26] könnte nur im Querschnitt aber nicht an der Oberfläche gemessen werden. Dessen Querschnitt erlaubte reliefbedingt keine durchgehenden Messungen.

Neben den meisten Schiffsplanken aus Kiefernholz wiesen nur die beiden radial geschnittenen Duchten (Ruderbänke) aus Eichenholz von Schiff 1 stehende Jahresringe auf und konnten daher gemessen werden.

Abb. 9: Beispiele für Abpausen der Jahrringe mit Bleistift.

Beide Dendrochronologen nahmen jeweils eine Handlupenmessung vor, wobei eine Person die Messungen vornahm, während die zweite Person die übermittelten Messwerte in das Messprogramm eingab. Die Messungen konnten dadurch sofort überprüft werden. Stimmten die Messungen der beiden Radien nicht überein, wurden die Messungen wiederholt, bis die Radien beider Personen übereinstimmten. Die Aufnahmestellen befanden sich fast alle im Bereich der beiden vom Bagger verursachten Störungen, da die Planken an diesen Stellen am besten zugänglich waren. Insgesamt gelang es, an 20 Schiffsbauteilen 79 Einzelmessungen, ergänzt durch Bleistiftpausen, Scans und Fotos, vorzunehmen.

Die Synchronisierung der im Museum Manching gemessenen Serien erfolgte dann durch Hanna Emberger und durch den Autor am 27. und 28.12.2017 im Dendrolabor in Thierhaupten.

---

26 Eine mikroskopische Holzartbestimmung war aufgrund der Kauramintränkung nicht möglich.

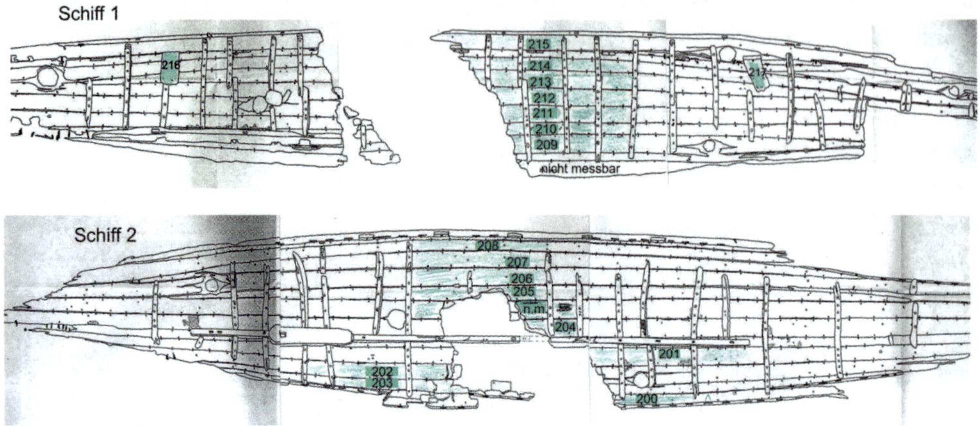

Abb. 10: Messbereiche auf den Planken

Die Radien der Handlupenmessungen wurden alle optisch und rechnerisch verglichen. Da von jedem Bauteil vier und mehr Messungen vorhanden waren, konnten schlechtübereinstimmende Abschnitte verbessert bzw. korrigiert werden. Von den Bleistiftpausen konnten unter Laborbedingungen beliebig viele Messungen unter dem Mikroskop vorgenommen werden. Dadurch war es möglich, die Handlupenmessungen partiell zu erweitern und zu verbessern.

Insgesamt ließen sich aus den vielen Radien die Serien von 17 Schiffsbauteilen mitteln.

- **Schiff 1** die Planken 209 bis 215 sowie die beiden Ruderbänke 216 und 217, Spant 11
- **Schiff 2** die Planken 200 bis 208.

Schiff 1

Kiefernplanken

Von den acht Planken aus Schiff 1 erwies sich nur eine Planke als nicht mess- bzw. synchronisierbar. Die sieben Kiefernplanken 209 bis 215 konnten alle synchronisiert und in die Mittelkurve der Kiefernproben aus Hohenheim eingehängt werden. Planke 210 enthielt den jüngsten Jahresring, der auf das Jahr 64 n. Chr. fiel. Die Planke 210 gehörte bei Schiff 1 auch zu den inneren, kielnahen, über die Gesamtlänge hindurchgehenden Planken, bei denen die meisten Jahresringe zu erwarten waren. Die äußeren Planken, wie Planke 214 endeten teilweise in Totgängen, waren wesentlich stärker zugearbeitet und wiesen weniger, früher endende Jahresringe auf. Aus den Serien der Kiefernplanken konnte eine 121-jährige Mittelkurve gebildet werden. Die Mittelkurve konnte über die Kiefernserien aus Hohenheim und über die bayerische Kiefernchronologie auf dem Jahr 64 n. Chr. zur Deckung gebracht werden (Abb. 17). Das 1987 geborgene Fragment OBER 14 wies einen nahezu identischen Wachstumsverlauf zu Planke 212 auf. Vermutlich war das Fragment Teil der Planke 212.

Duchten (Ruderbänke)

Die Reste der beiden noch erhaltenen Duchten (Ruderbänke) 216 und 217 waren durch den Bagger 1987 nicht erfasst worden und konnten somit erstmals gemessen werden. Für die beiden ungefähr 8 m weit auseinanderliegenden Duchten wurden Eichenbohlen verwendet, welche vorwiegend stehende Jahrringe aufwiesen. Die Messung der beiden Jahrringfolgen war nahezu über die vollständige Stirnholzbreite möglich. Die hohe Übereinstimmung beider Serien legte nahe, dass die rohen Bohlen beider Duchten aus demselben 40 cm starken Eichenstamm heraus gespalten wurden. Die 72- und 74-jährigen Eichenserien beider Duchten ließen sich auf dem Jahr 89 n. Chr. einhängen. Dabei handelt es sich um das bisher jüngste ermittelte Datum für die Schiffe.

Auf der Abbildung der Ducht 216 ist zu erkennen, dass die äußeren sieben Jahrringe heller im Vergleich zu den inneren Jahrringen erscheinen, so dass die Vermutung entstand, dass es sich um Splintjahrringe handelt. Auch die weitgehende Absenz von Tüllen in den Gefäßen bestärkte diesen Verdacht. Allerdings erschwerte die, durch Kauraminkonservierung hervorgerufene Bleichung eine zuverlässige Unterscheidung nach hellem Splint- und schwarzem Kernholz. Auch eine Sichtung alter Fotos vor der Restaurierung brachte keine Klarheit darüber, ob es sich tatsächlich um Splintholz handelte.

Eine Rückfrage bei Herrn Markus Wittköper, dem leitenden Restaurator in Mainz, ergab, dass er sich sicher war, vor der Tränkung keinen Splint an den Duchten bemerkt zu haben. Nach Rücksprache mit Herrn Rupert Gebhard und Herrn Bernd Steidl von der Archäologischen Staatssammlung wurde ein Treffen mit Herrn Egon Blumenau, dem leitenden Restaurator der Archäologischen Staatssammlung vereinbart, der eine der Duchten ausbaute. An der besser erhaltenen, allerdings gebleichten Unterseite der Ducht war tatsächlich keine deutliche Kernholz-Splintgrenze erkennbar. Letztendlich ließ sich die Frage nicht endgültig klären. Es muss offenbleiben, ob das Endjahrdatum 89 n. Chr. Splintjahrringe mit einschloss.

Abb. 11: Stirnholz der Ducht 216 von Schiff 1 aus Eichenholz. Es wurde vermutet, dass es sich bei den helleren, äußeren 7 Jahrringen um Eichensplintholz handelt.

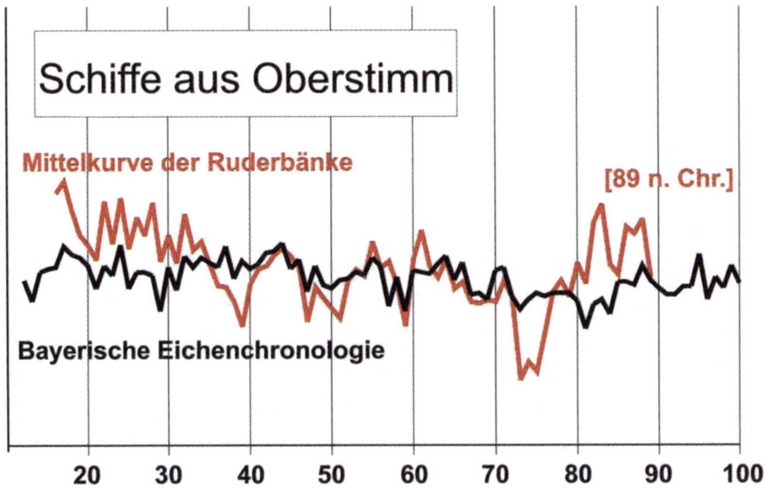

Abb. 12: Mittelkurve der Duchten in Synchronlage zu Bayerischer Eichenchronologie

Spant 11 aus Schiff 1

Im Verlauf der Lupenmessungen konnten Spanten mit mutmaßlichen Splintanteilen ausgemacht werden, deren Stirnholz aber nicht zugänglich war. Nur bei dem Eichenspant (OS S1 BAI SP11) war es möglich, das Stirnholz durch einen Scan zu messen. Der Spant wurde von der Baggerschaufel erfasst. Der Rest des Spants blieb erhalten und wurde restauriert. Die Jahrringserie des nicht vollständig messbaren Spantholzes endete auf dem Jahr 10 n. Chr. und konnte zweifelsfrei mit dem von Becker gemessenen Fragment OBER 07, welches auf 38 n. Chr. endet, synchronisiert werden. Die Lage des in Hohenheim 1987 gemessenen Spantfragments konnte damit innerhalb des Schiffsskeletts lokalisiert werden.

Abb. 13: Stirnholz von Spant 11. Der Holznagel führt durch den Querschnitt.

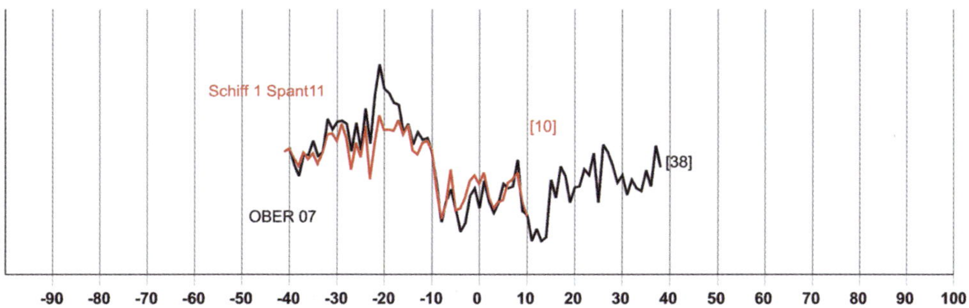

Abb. 14: Die Jahrringserien von Spant 11 und des 1987 gemessenen Fragments OBER 07.

Schiff 2

Die fünf Kiefernplanken 201, 202, 203, 205 und 206 konnten untereinander synchronisiert und daraus eine 126-jährige Mittelkurve gebildet werden. Die Mittelkurve ließ sich über die datierten Hohenheimer Serien auf dem Jahr 65 n. Chr. einhängen. Bei den Planken von Schiff 2 gelang es, über die neuen Messungen mehrere Plankenfragmente von 1987 zu identifizieren. Demnach war Fragment Nr. 13 identisch mit der neugemessenen Planke 203, Fragment Nr. 4 mit der neugemessenen Planke 206 und Fragment Nr. 8 mit der neugemessenen Planke 202. Dadurch konnte die gesamte Kiefersequenz beider Schiffe bis auf das Jahr 72 n. Chr. verlängert werden. Auffallend ist, dass die identifizierten Spanthölzer vorwiegend aus Schiff 2 kamen. Durch den Bagger wurden sieben Planken von Schiff 2 angeschnitten. Davon konnten durch die Neumessungen drei Planken identifiziert werden.

Die Baggerschaufel zog quer durch Schiff 1 eine Schneise, wobei Fragmente von zehn Planken und sechs Spanten herausgerissen und auf den Aushub gelangt sein mussten. Zusammen mit den sieben aus Schiff 2 herausgerissenen Planken mussten Fragmente von insgesamt 18 Planken auf den Aushub gelangt sein. Demgegenüber wurden insgesamt neun Plankenfragmente in Hohenheim gemessen. Davon konnte nun ein Fragment Schiff 1 und drei weitere Spantfragmente sicher Schiff 2 zugewiesen werden. Wie weiter oben beschrieben, wurden sieben Planken aus Schiff 1 neu gemessen.

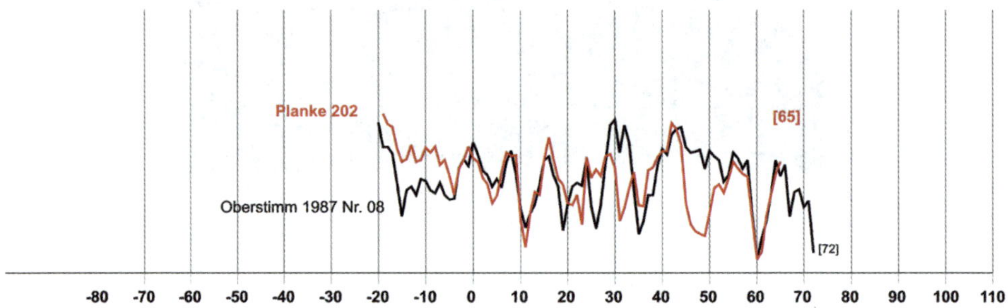

Abb. 15: Identifizierung von Fragment Nr. 8

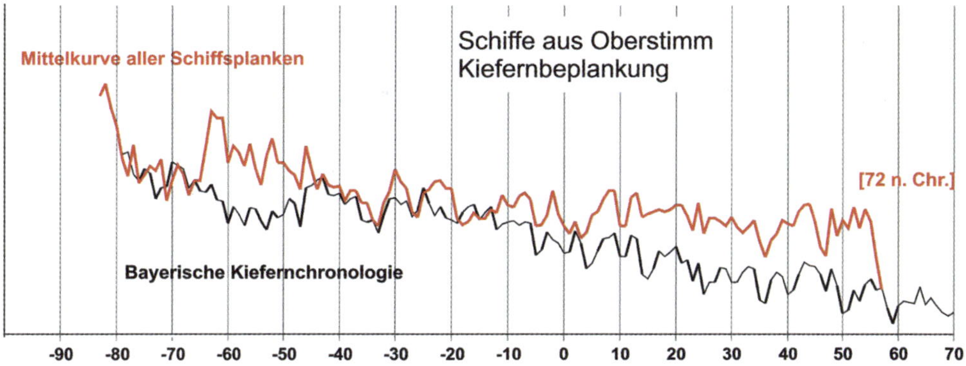

Abb. 16: Erweiterte Mittelkurve der Schiffsplanken

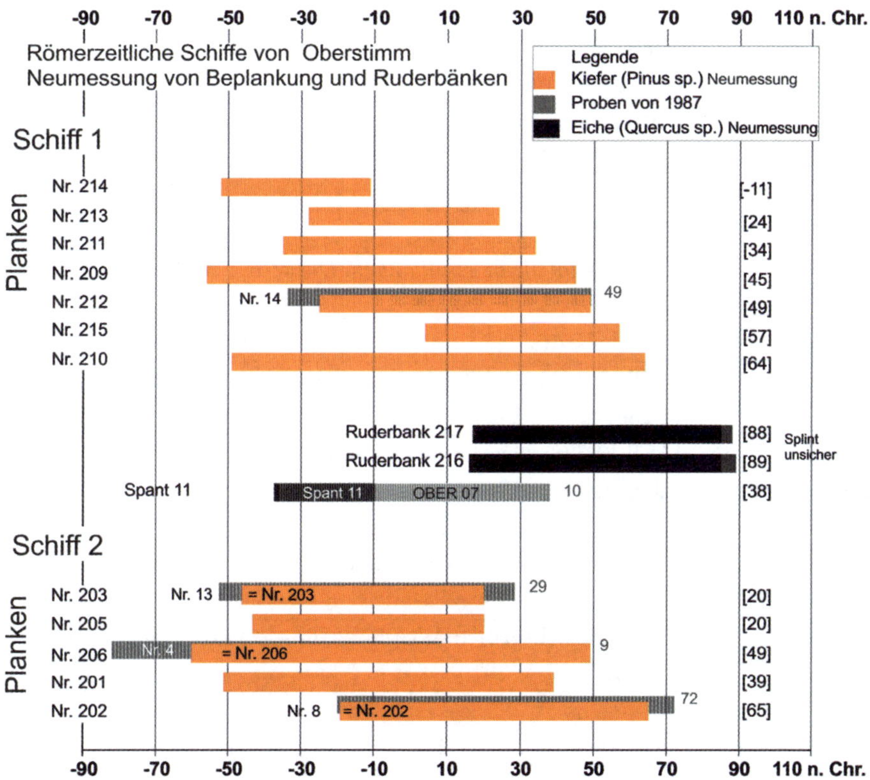

Abb. 17: Deckungsbild von neu gemessenen Hölzern (Eiche = schwarz, Kiefer = orange) und identifizierten Bauteilfragmenten von 1987 (grau)

Herkunft

Auch durch die erweiterten und neu hinzugekommenen Serien der Kiefernplanken wurde die Herkunft aus dem Wuchsgebiet Tertiäres Hügelland bzw. dessen Wuchsbezirke Ingolstädter und Östliche Donauniederung bestätigt (Tabelle 4).

Tabelle 3: Kiefernserien aus Hohenheim. Die besten Werte sind hervorgehoben.

Fundstellen	Wuchsbezirk	GL	WJ	tH	tB
INGO014, MANC002	WB 12.2 Ingolstädter Donauniederung	75,0	80,4	7.1	7.3
REGB023,REGB036 REGB037, REGB053	WB 12.3 Ostbayerische Donauniederung	69,0	83,6	7.2	6.9
KOES003	WB 06.2 Südliche Frankenalb	62,1	66.7	6.1	6.0
MUNN002, MUNN003	WB 05.9 Ries	60,8	75,6	5.3	5.1
THEI001, EHI003	WB 05.8 Südliches Albvorland	68,6	78,0	3.5	3.4
gesamt	Bayer. Wuchsgebiete WG05, WG06, WG12	70,8	89,6	8.5	8.2

Tabelle 4: Kiefernserien erweitert um die neuen Planken. Die besten Werte sind hervorgehoben.

Fundstellen	Wuchsbezirk	GL	WJ	tH	tB
INGO014, MANC002	WB 12.2 Ingolstädter Donauniederung	72,2	82,6	6,0	6,7
REGB023,REGB036 REGB037, REGB053	WB 12.3 Ostbayerische Donauniederung	67,1	89,1	5,8	7,6
KOES003	WB 06.2 Südliche Frankenalb	65,3	79,5	4,6	5,9
THEI001, EHI003, MUN002, MUNN003	WB 05.8 Südliches Albvorland	66,9	84,8	3,5	3,5
gesamt	Bayer. Wuchsgebiete WG05, WG06, WG12	71,6	88,9	6,8	8,4

Von Schiff 2 bleibt noch das Kielschwein aus Eichenholz zu erwähnen. Das Kielschwein, ein Balken kantholzförmigen Zuschnitts, enthielt die längste Jahrringfolge, einschließlich mehrerer sicher nachweisbarer Splintringe. Daher wurde mithilfe von Fotos versucht, den Querschnitt so abzufotografieren, dass die Jahrringbreiten indirekt auf dem Foto gemessen werden konnten. Trotz zahlreicher Versuche gelang es nicht, die auf den Fotos gemessenen Radien zu synchronisieren oder zu datieren. Dies verhinderte unebene und gestörte Abschnitte auf dem Stirnholz des Kielschweins[27].

Abb. 18: An dieser schwer zugänglichen Stelle enthält das Kielschwein noch messbare Jahrringe.

Zusammenfassung

Durch die neuen Untersuchungen konnte ein Teil der eingangs erwähnten Fragen beantwortet werden.

- Nach wie vor konnte kein Fälldatum und damit auch der Zeitpunkt, der dem Stapellauf der Schiffe am nächsten kommt, ermittelt werden. Die erstmals gemessenen Duchten konnten mit ihren Endjahrdaten auf 89 n. Chr. datiert werden. Strittig ist noch, ob es sich bei den letzten Jahrringen um Splintjahrringe handelt. Bei sieben

[27] Es bleibt aber festzuhalten, dass das Kielschwein von Schiff 2 die Information über das tatsächliche Baudatum des Schiffes enthält oder zumindest am nächsten kommt. Gelänge es, z. B. mit einer verbesserten fotografischen Ausrüstung und bei Ausbau des Kielschweins dessen Jahrringfolge zu messen, wäre es wahrscheinlich möglich, diese nun seit Jahrzehnten ungeklärte Frage doch noch zu beantworten.

mutmaßlichen Splintjahrringen ließe sich das Fälldatum auf den Zeitraum zwischen 92 und 104 n. Chr. eingrenzen. Dies würde auch dem Zeitraum entsprechen, an dessen Beginn die meisten der datierten Hölzer im Umfeld der Schiffe in die Bachablagerungen gerieten.

- Die Kiefernplanken beider Schiffe konnten datiert werden. Der jüngste Plankenjahrring fällt auf das Jahr 72 n. Chr. Es handelt sich dabei – ähnlich wie bei den Eichen – um eine Endjahrdatierung. Bei keiner der Kiefernplanken war die Waldkante erhalten.
- Vier der 1987 gemessenen Plankenfragmente konnten als Teile von Planken aus Schiff 1 und 2 identifiziert werden. Ein 1987 gemessenes Spantfragment und ein Plankenfragment konnte als Teil des Spants 11 aus Schiff 1 identifiziert werden.
- Es stellte sich heraus, dass die 1986/87 verprobten Fragmente mehrheitlich zu Schiff 2 gehörten.
- Die Vergleiche der Plankenserien mit Kiefernchronologien verschiedener Wuchsgebiete zeigt klar, dass die Kiefern aus Beständen der Wuchsbezirke Ingolstädter Donauniederung oder der Ostbayerischen Donauniederung kamen. Vieles spricht dafür, dass es sich um Bestände in unmittelbarer Nähe zu Oberstimm handelt. Als potentiell möglicher Standort käme die Wüstung des Oppidums von Manching in Frage. Auf der wüst gewordenen Fläche des im Laufe des 1. Jahrhunderts v. Chr. aufgegebenen Keltenoppidums dürften sich Pionierarten, vor allem Kiefern, angesiedelt haben, die sich bis um 90 n. Chr. zu einem 190-jährigen Kiefernbestand entwickeln konnten. Dies zeigt auch ein explosionsartiger Anstieg der Kiefer in dem Pollenprofil von Weichering.
- Die große Anzahl an Holzabfällen, die auf einer Strecke von über 300 Metern in Brautlachablagerung fanden, lassen vermuten, dass in Oberstimm auch Schiffe gebaut und gewartet wurden. Möglicherweise bestand zwischen 90 und 118 eine Schiffswerft bzw. Helling in Oberstimm.
- Um 118 bis 120 n. Chr. wurden Pfähle durch die Schiffe getrieben, die zu diesem Zeitpunkt bereits aufgegeben waren. Mit der Vorverlegung des Limes dürften Militärhafen und potentielle Werft samt Schiffen bedeutungslos geworden sein, da der Donauabschnitt bei Oberstimm zum Hinterland geworden ist.

Literatur

Becker, B., Jahrringanalysen der Schiffe und der Uferbefestigung auf der Westseite des Kastells (Oberstimm). In: H. Schönberger, H.-J. Köhler and H.-G. Simon (Hg.), Neue Ergebnisse zur Geschichte des Kastells Oberstimm, Bericht der Römisch-Germanischen Kommission 70, 1989, S. 308–314.

Baillie, M. G. L. / J .R. Pilcher, A simple crossdating program for tree-ring research. Tree-ring bulletin 33, 1973, S. 7–14.

Bockius, R., Die römerzeitlichen Schiffsfunde von Oberstimm in Bayern, Verlag des Römisch-Germanischen Zentralmuseums Mainz 2002.

Brestel, Th., Die Ausgrabungen in Manching-Süd von 1990–2009. Studien zur Besiedlungsstruktur und Befestigungsanlange des Oppidums. Ausgrabungen in Manching Bd. 21, Wiesbaden 2017.

Hollstein, E., Mitteleuropäische Eichenchronologien. Trierer Grabungen und Forschungen XI, Mainz 1980.

Peters, M., Pollenanalytische Untersuchungen zur Vegetationsgeschichte in Bayern zwischen der Donau und den Alpen seit der Jüngeren Dryas-Zeit, Bericht der Reinhold-Tüxen-Gesellschaft 23, 2011, S. 119–137.

Sievers, S., Das „Ende" von Manching – eine Bestandsaufnahme. In: C.-M. Hüssen / W. Irlinger / W. Zanier (Hg.), Spätlatènezeit und frühe römische Kaiserzeit zwischen Alpenrand und Donau – Akten des Kolloquiums in Ingolstadt am 11. und 12. Oktober 2001, Bonn 2004, S. 67–71.

Walentowski, E. / A. Fischer / Ch. Kölling / W. Türk / A. Rumpel / J. Ewald, Handbuch der natürlichen Waldgesellschaften Bayerns, Freising 2013.

Abbildungsverzeichnis

Abb. 1–4: Grafik F. Herzig

Abb. 5: Grafik der Bayerischen Landesanstalt für Land- und Forstwirtschaft, Freising 2001

Abb. 6–18: F. Herzig

Schiffsholzliste der 2017 im Museum gemessenen Proben

LaborNr	Objekt	Bau-teil	Zu-schnitt	Taxa	Bemerkung	DCNr	Splint	End-jahr	WK	Jahre	DG	Hohen-heim
planke200	Schiff2	Planke	Kern-brett	Pinus sp.	Handlupenmessung an kauramingetränkten Schiffshölzern							
planke201	Schiff2	Planke	Kern-brett	Pinus sp.	Handlupenmessung an kauramingetränkten Schiffshölzern	201		65	---	91	----	
planke202	Schiff2	Planke	Kern-brett	Pinus sp.	Handlupenmessung an kauramingetränkten Schiffshölzern, iden-tisch mit Hohenheim Nr. 08,	202		65	---	85	----	Hohen-heim OBER 08
planke203	Schiff2	Planke	Kern-brett	Pinus sp.	Handlupenmessung an kauramingetränkten Schiffshölzern, dentisch mit Hohenheim Nr.13	203		20	---	67	----	Hohen-heim OBER 13
planke204	Schiff2	Planke	Kern-brett	Pinus sp.	Handlupenmessung an kauramingetränkten Schiffshölzern	204			---	48	----	

planke205	Schiff2	Planke	Kern-brett	Pinus sp.	Handlupenmessung an kauramingetränkten Schiffshölzern	205		42	---	64	----	
planke206	Schiff2	Planke	Kern-brett	Pinus sp.	Handlupenmessung an kauramingetränkten Schiffshölzern. Identisch mit Hohenheim Nr.04	206		49	---	110	----	Hohenheim OBER 04
planke207	Schiff2	Planke	Kern-brett	Pinus sp.	Handlupenmessung an kauramingetränkten Schiffshölzern	207			---	66	----	
planke208	Schiff2	Planke	Kern-brett	Pinus sp.	Handlupenmessung an kauramingetränkten Schiffshölzern							
planke209	Schiff1	Planke	Kern-brett	Pinus sp.	Handlupenmessung an kauramingetränkten Schiffshölzern	209		45	---	102	----	
planke210	Schiff1	Planke	Kern-brett	Pinus sp.	Handlupenmessung an kauramingetränkten Schiffshölzern	210		64	---	114	----	
planke211	Schiff1	Planke	Kern-brett	Pinus sp.	Handlupenmessung an kauramingetränkten Schiffshölzern	211		34	---	70	----	

planke212	Schiff1	Planke	Kern-brett	Pinus sp.	Handlupenmessung an kauramingetränkten Schiffshölzern.	212		49	---	75	----	Hohen-heim OBER 14
planke213	Schiff1	Planke	Kern-brett	Pinus sp.	Handlupenmessung an kauramingetränkten Schiffshölzern	213		24	---	53	----	
planke214	Schiff1	Planke	Kern-brett	Pinus sp.	Handlupenmessung an kauramingetränkten Schiffshölzern, iden-tisch mit Hohenheim 19 und Hohenheim 15.	214		-11	---	42	----	
planke215	Schiff1	Planke	Kern-brett	Pinus sp.	Handlupenmessung an kauramingetränkten Schiffshölzern	215		57	---	54	----	
rbank216	Schiff1	Planke	Spaltholz	Quer-cus sp.	Handlupenmessung an kauramingetränkten Schiffshölzern	216		89	---	74	----	
rbank217	Schiff1	Planke	Spaltholz	Quer-cus sp.	Handlupenmessung an kauramingetränkten Schiffshölzern	217		88	---	72	----	

Liste der 1987 in Hohenheim gemessenen Proben

Nr	Key-Code	Taxa	End-jahr	Jahr-ringe	Mark	WK	Splintringe	AJ	Comment	date end
1	OBER_MK_Schiff_A	Quercus sp.	70	114				–43	OBERSTIMM SCHIFF A 07/87	
1	OBER_MK_Schiff_B	Quercus sp.	82	122				–39	OBERSTIMM SCHIFF B 07/87	
1	OBER 01	Quercus sp.	52	60				–7	OBERSTIMM SCHIFF	
1	OBER 02	Quercus sp.	70	92				–21	OBERSTIMM SCHIFF_A	
3	OBER 03	Quercus sp.	61	56				6	OBERSTIMM SCHIFF_B	
4	OBER 04	Pinus sp.		93					OBERSTIMM SCHIFF	9
5	OBER 05	Pinus sp.		68					OBERSTIMM SCHIFF	47
6	OBER 06	Quercus sp.	43	49					OBERSTIMM SCHIFF_B	
7	OBER 07	Quercus sp.	38	79				–40	OBERSTIMM SCHIFF_A	
8	OBER 08	Pinus sp.		93					OBERSTIMM SCHIFF	-42
9	OBER 09	Quercus sp.	43	70				–26	OBERSTIMM SCHIFF_A	
11	OBER 11	Quercus sp.	82	73				10	OBERSTIMM SCHIFF_B	

12	OBER 12	Quercus sp.	–8	75				–82	OBERSTIMM SCHIFF	29
13	OBER 13	Pinus sp.		83					OBERSTIMM SCHIFF	
14	OBER 14	Pinus sp.		83					OBERSTIMM SCHIFF	49
15	OBER 15	Pinus sp.		78					OBERSTIMM SCHIFF	13
16	OBER 16	Pinus sp.		84					OBERSTIMM SCHIFF	
17	OBER 17	Quercus sp.		37					OBERSTIMM SCHIFF	
18	OBER 18	Quercus sp.	29	73				–43	OBERSTIMM SCHIFF_A	
19	OBER 19	Pinus sp.		68					OBERSTIMM SCHIFF	18
20	OBER 20	Pinus sp.		76					OBERSTIMM SCHIFF	
21	OBER 21	Quercus sp.	55	93				–37	OBERSTIMM SCHIFF_A	
22	OBER 22	Quercus sp.	69	109				–39	OBERSTIMM SCHIFF_B	
23	OBER 23	Quercus sp.	36	53				–16	OBERSTIMM SCHIFF_B	
24	OBER 24	Quercus sp.	46	62				–15	OBERSTIMM SCHIFF_B	

3 Die römische Armee und antiker Schiffbau in den nördlichen Provinzen

Ronald Bockius, Hauptkonservator, Leiter Abt. Prähistorische Archäologie, RGZM, Leibniz Zentrum, Mainz

Mit der römischen Besetzung vorzugsweise keltischer Gebiete westlich und südlich von Rhein und Donau sowie der sich konsolidierenden Verhältnisse in den Heeresbezirken gingen durchgreifende Maßnahmen zu deren infrastruktureller Organisation einher. Über den zunächst militärisch motivierten Ausbau eines verzweigten Wegenetzes hinaus, dessen Fernstrecken Truppenstandorte sowie Wirtschafts- und Verwaltungsmetropolen letztlich mit Rom verbanden, spielten Kontrolle und Nutzung der Gewässer eine besondere Rolle für die Truppenversorgung,[1] aber auch als Demarkationslinien zur Sicherung der Reichsgrenze. In der Zeit des Tiberius und unter den Flaviern lagen an Ober- und Niederrhein bis zu acht römische Legionen in Garnison; die weniger präzise zu quantifizierenden Auxiliareinheiten eingeschlossen, rund 70 000–80 000 Mann.[2] Hilfstruppen wurden bei Verbündeten weit abseits der Garnisonen, in der frühen Kaiserzeit häufig aber auch regional ausgehoben, sodass man am Rhein von einer multikulturellen Mischung, oft mit keltischem und, wenn man so will, germanischem Hintergrund zu rechnen hat. Wiewohl auch diese Gruppen, zumindest ihre Eliten, rasch Zugang zu italisch-mediterran geprägtem Lebensstil und Bildung fanden, hatten sie nicht dieselben Traditionen im Gepäck wie die – je nach gerechneter Sollstärke einer Legion – 45 000–50 000 Heeressoldaten, die sich auf Standorte zwischen Straßburg und Nijmegen nebst dislozierter Detachements verteilten. Nur als römische Vollbürger armeetauglich, ist den am Rhein stationierten Legionären ein zivilisatorischer Fundus zuzubilligen, der sich im 1. Jahrhundert noch schwerpunktweise in Italien und der Gallia Narbonensis speiste[3] – wenn auch spätestens nach der allgemeinen Bürgerrechtsverteilung im Jahr 212 (*constitutio Antoniniana*) mit absteigender Tendenz.

[1] Zum erhöhten Importbedarf von Nahrungsmitteln vor der Provinzbildung vgl. Zerl u. a. (2018). – Allgemein: Eck (2004), S. 78–80.

[2] Kunow (1987), S. 46–71 Abb. 30–32; Bernhard (1990), S. 52–88 Abb. 25. 29. Für den Niedergermanischen Limes vgl. auch Becker u. a. (2010).

[3] Für Grabdenkmäler in und um Mainz: Boppert (1994), S. 81.

Für andere Soldaten des römischen Heeres aus südosteuropäischen bzw. aus an den Mittelmeerraum einschließlich der Adria angrenzenden Überseeprovinzen, deren Leute schon zur späten Republik in den Genuss des römischen Bürgerrechts gelangt waren und eine erstaunliche Mobilität entwickeln konnten, ist zumindest teilweise mit der Orientierung und Teilhabe an mediterranem Technikverständnis zu rechnen. So sind die am Rhein und auch an der Donaugrenze Dienst tuenden römischen Legionäre gerade für die Frühzeit als intellektueller Pool für die technologische Romanisierung der nördlichen Provinzen in Anspruch zu nehmen.

Innerhalb des Heeres wurden Soldaten mit besonderer Befähigung bzw. beruflicher Qualifizierung bei Bedarf oder auch längerfristig vom sonst allgegenwärtigen Formaldienst (*munera*) befreit und gingen, über Verwaltungs- und Versorgungstätigkeiten hinaus, in vielfältiger Weise auch praktischer Arbeit nach. Neben Produktion bzw. Reparatur von Waffen und Ausrüstungsgegenständen wurden sie, um nur Beispiele aufzuzählen, für die Beschaffung oder Herstellung von Baumaterial aus Holz, Ziegel und Naturstein eingesetzt. Zu Sonderabteilungen (*vexillationes*) abkommandiert, errichteten Legionäre aber gleichermaßen Gebäude, legten Straßen, Brücken und Wasserleitungen an. Vermessung und Planung spielten dabei ebenso eine wichtige Rolle wie Exploration und Aufschluss benötigter Rohstoffe. Eine private Vergabe, etwa logistischer Aufträge, durch das Militär unbenommen,[4] schöpfte die Truppe aus einem Pool an Personal in Mannschafts- und Unteroffiziersrängen, dessen zivile Ausbildung und angeeignete Fertigkeiten jene Soldaten als handwerkliche Spezialisten prädestinierte und sie so zu gesuchten Fachkräften innerhalb der Armee werden ließen. Die römische Heeresdienstordnung unterschied zwischen befristet (*immunes*) und höher besoldeten, permanent vom Tagesdienst eines Armeesoldaten freigestellten Chargen (*principales*). Ihre Expertise wurde im Apparat der römischen Legion nicht nur für administrative und logistische Aufgaben genutzt; sie schloss über die zuvor genannten handwerklichen Tätigkeiten hinaus auch Schiffbau ein. Einer auf das 2. Jahrhundert zurückgehenden Quelle (dig. L 6,7 nach P. Tarrutienus Paternus) aus der Feder eines Juristen und Militärs zufolge betätigten sich temporär dienstbefreite *immunes* als Schiffbauer (*naupegi*), andere – bei wörtlicher Übersetzung – als Steuerleute (*gubernatores*), womit keinesfalls Dienst auf seegehenden Einheiten gemeint sein kann, handelt es sich hier doch um Heeressoldaten. Auf erstere trifft man in der Mainzer Weiheinschrift eines Veteranen der 22. Legion vom Ende des 2. Jahrhunderts.[5] Zwei andere, annähernd zeitgleiche Weihungen aus Mainz gehen auf Fahnenträger (*signiferi*) derselben Einheit zurück. Als *principales* hatten sie über ihren militärischen Rang[6] hinaus noch

4 Rankov (2005), S. 180. Für das 3. Jahrhundert Boppert (1994), bes. S. 413; S. 418.

5 Pferdehirt (1995), S. 57.

6 Domaszewski (1967), S. 3f. 43 Nr. 43; Campbell (2001).

die Dienststellung eines *optio navaliorum* inne, womit die Aufsicht über lokale Bootshangars oder einen Werftbetrieb der Truppe gemeint sein dürfte, eher nicht Aufsicht oder Leitungsfunktion in den Produktionsgebäuden einer Militärziegelei.[7] Sonderkommandos der 22. Legion waren im frühen 3. Jahrhundert im Untermaingebiet mit Holzfällarbeiten betraut, auch diese befehligt von Unteroffizieren.[8] Ob hier Brenn- oder Bauholz beschafft wurde, lässt sich nicht absehen, doch zählte Holzeinschlag gemäß der oben zitierten Rechtsquelle ebenfalls zu den Aufgaben abkommandierter Heeressoldaten (*qui silvam infindunt*). Nur um in Mainz zu bleiben und ein prominentes Beispiel zu wählen: Der hier in julischer Zeit beigesetzte C. Pompeius aus Mediolanum, Soldat der 16. Legion Gallica (CIL XIII 11858), dessen Grabstele mit Hammer, Zange und Amboss klassische Schmiedewerkzeuge abbildet, wird als *immunis* in einer örtlichen Lagerfabrica gearbeitet haben.[9]

3.1 Militärische Schiffsausrüstung am Rhein

Vor solchem Hintergrund überrascht es nicht, die gepunzte Titulatur der 22. Legion auf einem eisernen Stockanker mediterranen Typs (Abb. 1,1) zu entdecken, der rund 35 km stromauf von Mainz bei der rheinhessischen Gemeinde Eich, Landkreis Alzey-Worms, mutmaßlich in einer verlandeten Flussschlinge des Rheins, zum Vorschein gekommen ist.[10] Das noch 1,65 m hohe, oberhalb vom Stockauge beschädigte und auch unvollständige Gerät – der Ankerstock fehlt – ist nicht der einzige Beleg seiner Art aus den römischen Provinzen, wiewohl alle übrigen anonym bleiben. Der mitteleuropäische Verbreitungsschwerpunkt solch nautischen Inventars liegt dort an Rhein und Donau mit einer Häufung am Niederrhein (Abb. 2), wo mit Aktivitäten der bei Köln stationierten *Classis Germanica* gerechnet werden kann. Alle nordwärts der Alpen aufgedeckten eisernen Stockanker vertreten das für die ältere und mittlere Kaiserzeit typische, gegen Ende des 1. Jahrhunderts v. Chr. entwickelte jüngere Modell mit gerundeten Ankerarmen, wohingegen der hellenistisch-republikanische Vorläufertypus ausschließlich

---

7 Herz (1985), S. 422–426; Pferdehirt (1995), S. 56f. – Zur Übersetzung des lat. *navale* als „Schiffshaus" mit Verweis auf eine Prokop-Stelle (*bell. Goth.* IV/hist. VIII 22,8), die freilich das griech. νεώσοικον ohne die zitierte Übersetzung in Lat. bietet, Höckmann (2003), S. 96. – Ablehnend Rankov (2013), S. 35f. – Zum Thema allgemein, zusammenfassend Wesch-Klein (1998), S. 31–37.

8 *in lignariis*: Herz (1985), S. 426f.; Pferdehirt (1995), S. 59–61.

9 Zu Stele und Inschrift Boppert (1994), S. 38. 227f. Abb. 7a Taf. 84. – Über Metall verarbeitenden Militärwerkstätten in der Retentura des Mainzer Legionslagers vgl. Heising (2014), bes. S. 27–35.

10 Stümpel (1974), S. 241; 250 Abb. 20 unten rechts; Bockius (2015), S. 65f. Abb. 8. – Unter dem wahrscheinlich bei Auskiesungen ans Tageslicht gelangten Konvolut Eisenfunde befand sich auch eine Pflugschar mit einer stark ligierten Punzinschrift der *Legio prima adiutrix*.

im Mittelmeerraum vertreten ist.[11] Zumindest im individuellen Falle des Ankerfundes aus Eich lässt sich guten Gewissens behaupten, dass die Truppe ein im Rahmen militärischer Binnenschifffahrt benötigtes Ausrüstungsteil in einer Heereswerkstatt geschmiedet und auch im praktischen Einsatz verwendet hatte. Beteiligte Facharbeiter werden die von Paternus unter den *immunes* gezählten *ferrarii* und *fabri* gewesen sein. Aufgrund der Dislozierung der 22. Legion – zweifelsohne ist die seit 39 n. Chr. in Mainz liegende *Legio XXII primigenia pia fidelis* gemeint – datiert der rheinhessische Stockanker frühestens in claudische Zeit.

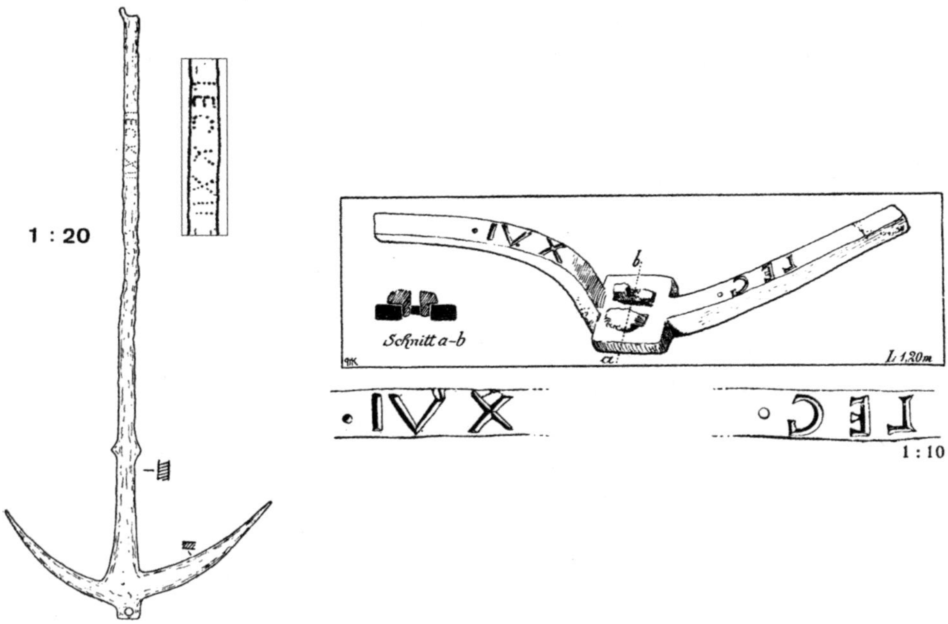

Abb. 1: 1 Eich, Landkreis Alzey-Worms. Eiserner Stockanker mit Legionspunze. – m. ca. 1:20). – 2 Rhein bei Mainz, Umgebung der römischen Brückenpfeiler. Bleistock eines mediterranen Kompositankers mit Legionsmarke. – o. M.

[11] Bockius (2000), S. 100–102; 108 mit Abb. 10; ders. (2013), S. 221 Abb. 2.

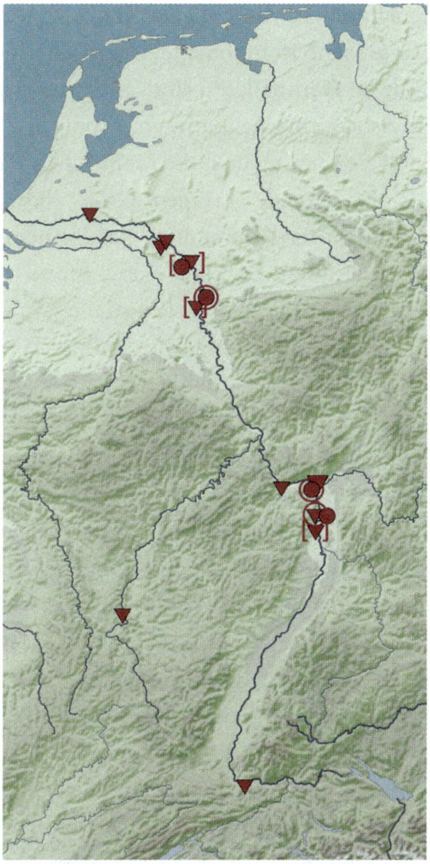

Abb. 2: Verbreitung eiserner Stockanker Kapitän, Typ B/C (Dreieck) und hölzerner Anker mit Bleistock (Punktsymbol) im Raum Rhein und Mosel. Beschriftete Exemplare durch Kreis hervorgehoben. In Klammern: ohne nähere Fundortangabe (nach Bockius 2013, Bockius 2014, jeweils mit Ergänzungen). Fundorte: Gernsheim, Kr. Groß-Gerau; Homberg, Stadt Duisburg; Mainz; Wardt, Stadt Xanten (Kompositanker). – Bingen, Kr. Mainz-Bingen; Eich, Kr. Alzey-Worms; Museum Emmerich (zwei Exemplare, wohl aus Rindern und Salmorth, Kr. Kleve); Mainz; Rheinhausen, Stadt Duisburg; Scarponne, dép. Meurthe-et-Moselle; Vechten, prov. Utrecht; Museum Worms; bei Xanten (Eisenanker).

Der Transfer mediterraner Technik durch das römische Heer zeigt sich auch an einer anderen Ausführung des antiken Ankers, die man im Milieu provinzialrömischer Binnenschifffahrt allerdings am wenigsten erwarten würde. Objekte mit durch Guss erzeugten oder nachträglich angebrachten Marken implizieren wiederum die Fertigung durch die römische Armee.

Es handelt sich um teils beträchtlich schwere Bleiankerstöcke, die nach zahllosen Parallelen im Mittelmeerraum als aufgegossene Komponenten nautischer Großgeräte aus – in Einzelfällen noch erhaltenem – Holz zu identifizieren sind.[12] Während im maritimen Umfeld Bleistöcke mit einem sehr breiten Gewichtsspektrum von wenigen Zentnern pro Stück und gigantischen 1,85 t verzeichnet werden, rangieren die rheinischen Funde im Bereich von gerade rund 35–150 kg. Die daraus abzuleitende geringere Größe damit ausgestatteter Komposit-Anker ließe sich vorderhand mit ihrer Verwendung auf Binnenfahrzeugen erklären, deren Abmessungen gemeinhin nicht mit denen antiker Seeschiffe zu vergleichen sind. Doch sind die rekonstruierbaren Dimensionen jener Ausrüstungsteile und ihre, aus Größe und Masse resultierend, stark eingeschränkte Handhabung kaum in Einklang zu bringen mit einer Nutzung als reguläre, d. h. an Bord mitgeführte Schiffsanker. Dies gab Anlass zur Vermutung, dass zumindest drei eineinhalb bis drei Zentner schwere Bleistöcke vom Niederrhein und aus Mainz auf zurückgelassene Verankerungen römischer Pionier- bzw. Schiffsbrücken über den Fluss zurückgehen.[13]

Die außerhalb des Mittelmeerraums weitgehend auf den Rhein beschränkte Verbreitung bleierner Ankerstöcke ließe für sich genommen an einen Zusammenhang mit der Truppendislozierung denken. Tatsächlich kündigt sich die militärische Provenienz solchen Geräts mehr oder minder deutlich gleichermaßen dadurch an, dass zwei von vier Bleistöcken Beschriftungen trugen: Das 1881 bei der Beseitigung der Pfeilergründungen der Mainzer Römerbrücke in der näheren Umgebung entdeckte und wohl in den Wirren des letzten Weltkrieges verschollene Stück[14] war mit der retrogaden, wohl durch Guss erzeugten Marke *LEC XVI* versehen (Abb. 1,2), die mit der seit spätaugusteischer Zeit in Mainz stationierten, im Jahr 43 nach Neuss verlegten *Legio XVI Gallica* zu identifizieren ist. Als nicht ganz eindeutig erweist sich die Lesung der Zeichen *LV* auf dem Fund aus dem Rhein in Höhe des Duisburger Stadtteils Homberg. Sie wirken grob, sind ungleich hoch und wurden mit einem Werkzeug eingeschlagen. Sofern dieser Bleiankerstock von der 5. Legion gekennzeichnet wurde, kommt nur die unter Tiberius bis Nero in Vetera I liegende *legio V Alaudae* als Urheber in Frage,[15] da die 5. Makedonische Legion niemals am Rhein stand. Beide Legions-Anker datieren also mit einiger Sicherheit in die Zeit vor der Gründung der germanischen Provinzen. Legt man die für den Fundstoff aus bzw. bei mediterranen Schiffswracks republikanisch-älterkaiserzeitlichen Alters gültigen typologischen Maßstäbe an, so zwingt

[12] Bockius (2014a). – Dort unberücksichtigt die Bleifunde aus einer Kiesgrube in Xanten-Wardt: Piepers (1974), S. 561 Anm. 1–2.

[13] Bockius (2014a), S. 61–65; ders. (2015), S. 67–70.

[14] Körber (1915), S. 115 Nr. 7 mit Abb. und älterer Lit.; Klein (2000), S. 58 Abb. 4.

[15] Piepers (1974), S.565f. Anm. 18; beipflichtend Schalles (1989), S. 85f.

für die beiden anderen, keiner Truppe zuzuweisenden Relikte hölzerner Anker aus dem Rhein nichts zu einem über das 1. Jahrhundert hinaus reichenden Ansatz.[16] Angesichts des für den Guss der Ankerstöcke verwendeten Materials sind die unter den *immunes* geführten *plumbarii* (dig. L 6,7) als mögliche Beschaffer bzw. Erzeuger solchen Gerätezubehörs in Erinnerung zu rufen.

Eiserne Stockanker mediterranen Typs haben ebenso wie die nordwärts der Alpen weitaus seltener vorkommenden Komposit-Anker als innovative, der vorrömischen Binnenschifffahrt Zentraleuropas noch unbekannte Zeugen antiker Schiffszurüstung zu gelten. Ihre technikgeschichtlichen Ursprünge finden sich im griechisch-römischen Mittelmeerraum. Zeitstellung und Verbreitungsmuster legen offen, dass solche Ausrüstungsgegenstände erst nach der römischen Besetzung am Rhein begegnen und, wie es die auf Instrumenta domestica gestützte Identifizierung der Truppenkörper nahelegt, in den Provinzen nach traditionellem Muster von Armeepersonal angefertigt wurden. Nach derzeitigem Quellenbestand gilt das für das 1. Jahrhundert; mangels einschlägiger Zeugnisse jüngeren Alters galt es womöglich nicht mehr oder vielleicht nur in beschränktem Umfang in der Zeit nach der verwaltungsspezifischen Neustrukturierung der rheinischen Militärsprengel unter Domitian als germanische Provinzen. Als historisches Erklärungsmodell für die Verdichtung früher archäologischer Hinweise genügt diese andere Zuständigkeiten erzeugende Verwaltungsreform hingegen nicht. Vielmehr wird man eingedenk des seit der ersten Jahrhundertwende bis zur Mitte des 3. Jahrhunderts im Rheingebiet und am obergermanischen Limes anhaltenden relativen Friedens für diesen Zeitabschnitt einen deutlich geringeren Heeresbedarf und somit rückläufige Produktivität der Armeewerkstätten unterstellen, was naturgemäß eine abnehmende Quantität archäologischer Hinterlassenschaften verursacht haben würde.

3.2 Zeugen mediterranen Schiffbaus an oberer Donau und Rhein

Dass auch militärisch genutzte Wasserfahrzeuge oder solche, deren Verwendung hoheitliche Interessen erfüllten, von Spezialabteilungen der Legionen gebaut worden sind, ergibt sich aus der schriftlichen Überlieferung (siehe oben). Ohne dass der Aspekt der militärinstitutionellen Urheberschaft näher reflektiert wurde, galt spätestens seit der Aufdeckung der trajanzeitlichen Mannschaftsboote im südbayerischen Oberstimm angesichts ihrer offenkundig mediterran unterlegten Bauprinzipien, ihrer Identifizierung als Ruderfahrzeuge sowie der fundtopographischen Bindung an das örtliche Truppenlager in summa als sicher, dass es sich

[16] Vgl. Bockius (2014a), S. 56 Anm. 9.

um Produkte des römischen Militärs handelt. Dabei blieb allerdings unscharf, in welcher Weise die Truppe in Planung und handwerkliche Umsetzung involviert war.[17] Die von Verf. Gelieferten Antworten zu diesem Thema vermieden zwar jede konkrete Nennung einer in Betracht zu nehmenden Teilstreitkraft als beteiligte oder ausführende militärische Gattung; insbesondere bei der Auswertung der Wracks wahrgenommene metrologische Details, wie die Anwendung eines kurz kalibrierten *pes Romanus* sowie prozesstechnische Verfahren, wurden aber mit Italien bzw. dem nördlichen Adriaraum in Verbindung gebracht.[18] Übertragen auf militärisch kontrollierten Bau von Binnenschiffen in den nördlichen Provinzen wird man nach Sachlage davon ausgehen, dass es für Spezialaufgaben abgestellte Legionssoldaten waren, die unter Anwendung mediterraner Techniktraditionen Fahrzeuge jener Art projektiert, die Werftarbeit organisiert und überwacht, wenn nicht selbst mit eigenen Händen gebaut haben.

Die Plankenhaut der Oberstimm-Boote kennzeichnet eine an den Oberflächen nur durch ein Raster paarweise verteilter Holzstifte sichtbare Signatur, die sich im Bruch oder bei gelösten Bauelementen als seriell angewendetes, zugleich form- und kraftschlüssiges Verbindungsverfahren mittels begleitender Nuten und separater, durch Holzstifte gesicherter Federn zu erkennen gibt (Abb. 3,1). Wie eine Stelle bei Cato d. Ä. (*agr.* 18,9) nahelegt, gehörte jene Technik wohl nicht erst seit dem fortgeschrittenen 2. Jahrhunderts v. Chr. zum Repertoire römischen Konstruktionswesens und erschöpfte sich keineswegs in ihrer schiffbaulichen Anwendung (Abb. 3,2). Wenn man sie denn als relativ frische Innovation verdächtigt, mögen *coagmenta Punicana* durch karthagische Vermittlung im Verlauf der Auseinandersetzungen zwischen Rom und Kathargo nach Italien gelangt sein,[19] ähnlich wie anderer punischer Technikvorsprung adaptiert (z. B. Polyb., *hist.* I 20,9–21,2) bzw. Verfahrensmuster und Machart aus dem punischen Handwerk übernommen worden sind.[20] Bei kritischer Sichtweise könnte die Kenntnis des Nut-Feder-Verfahrens im italischen Holzhandwerk freilich ebenso als Resultat eines um Jahrhunderte älteren Techniktransfers zwischen benachbarten Mächten um das Tyrrhenische Meer erklärt werden, doch sieht es nicht danach aus:

---

17 Höckmann bei Schönberger u. a. (1987), S. 107f.; dies. (1988), S. 174f.; Höckmann (1989), S. 336f.; 343; 345; 348–350; zusammenfassend Bockius (2002a), S. 119–127 mit weiterer Lit. – Ein nach erneuten Jahrringmessungen den ursprünglich trajanischen Ansatz in Frage stellendes, für Wrack 1 nunmehr in domitianische Zeit verweisendes Enddatum (AD 89) bei Dreyer (2017), S. 90f.; ders. (2018), S. 51.

18 Bockius (2002a), S. 42–47; S. 51–54; Altmann/Bockius (2008), bes. S. 39.

19 Sleeswyk (1980).

20 *cera Punica, fenestrae Punicanae, lectuli Punicani, pavimenta Poenicana* etc.

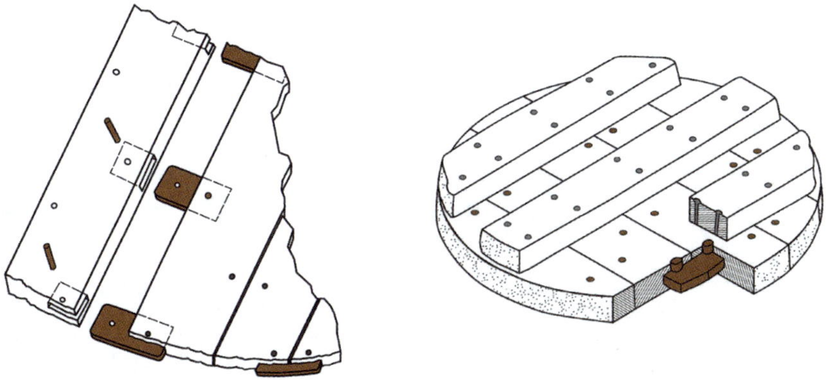

Abb. 3: Nut-Feder-Verbände: 1 schematische Umzeichnung einer Plankenverbindung; 2 Baumuster einer Olivenpressscheibe laut Beschreibung bei Cato, agr. 18,9.

Die sich archäologisch abzeichnende Herkunft jenes anspruchsvollen Handwerks verweist in den Nahen Osten. Holzverbindungen mit losen Federn und Holzstiftsicherung sind im pharaonischen Ägypten spätestens ab der 4. Dynastie an Nilfahrzeugen zu fassen, seit dem Alten Reich aber auch durch hölzerne Sarkophage überliefert.[21] Die aus Planken ohne aufgelegte Querriegel hergestellten hölzernen Türblätter der Gräber des Sennedjem in Deir el-Medina bei Luxor und des Khonsuhotep in Theben (TT1) aus der 19. Dynastie[22] wurden zweifelsohne in dieser Technik zusammengesetzt. Nachweise an Mobiliar des Alten, Mittleren und Neuen Reiches sind schütter, immerhin aber existent.[23] Zur mittleren Bronzezeit (MB IIB) taucht das stiftgesicherte Nut-Feder-Schloss außerhalb Ägyptens an fein gearbeiteten Dreibeintischen in Grabinventaren aus Jericho auf, um die Mitte des 8. Jahrhunderts v. Chr. dann an den beiden prachtvollen hölzernen „serving stands" aus dem königlichen Tumulus MM in Gordion, Phrygien.[24] Die ältesten archäologischen Zeugen der Nut-Feder-Technik an seetauglichen Frachtschiffen von der Westküste des Roten Meeres und von der Südküste Anatoliens gehören in die

---

21 Ward (2000), S. 32f. Abb. 5. Sarkophage des Mittleren Reiches z. B. bei Polz (2007), S. 60–69 Abb. 81. 86. 98. 101.

22 Kairo, Ägyptisches Museum, Inv. JE 27303; London, British Museum, Inv. EA 705.

23 Kasten aus Saqqara, 1. Dynastie: Killen (1994), 2f. Abb. 3 unten. – Kosmetikbox aus dem Grab des Any und der Tutu, Theben, 18. Dynastie (Front und Rückpaneel mit Federn an Rahmen): Killen (1994), S. 35 Abb. 52 Taf. 24–26. – Budde (1939), S. 37 Nr. 6 beschreibt den Unterbau („Sockel") eines Schrankes aus Dahšur mit „... besteht aus fünf Brettern, die mit Falzen aneinandergefügt und durch eingesetzte breite Zapfen miteinander verbunden sind."

24 Jericho, Grab H6: Kenyon (1960), S. 453–469, bes. S. 462f.; 568f. Abb. 198 Taf. 26,2. 27,1; Ricketts (1960), S. 529–531 Abb. 229,1; Grab H18: Kenyon (1960), S. 486–500, bes. 492; 572f. Taf. 30–31,1–2. Zu Datierung und sozialem Hintergrund Parr (1996), S. 46–47. – Gordion: Simpson (2010), S. 65–73,

Frühphase des Neuen Reiches bzw. ins Späthelladikum (SH III A und Übergang B/C),[25] wohingegen älteste einschlägige Befunde im westlichen Mittelmeerraum – überliefert gleichermaßen an Wasserfahrzeugen und Mobiliar – nicht vor der 2. Hälfte des 7. Jahrhunderts v. Chr. durch archaische Schiffswracks bezeugt werden (Abb. 4. 6).

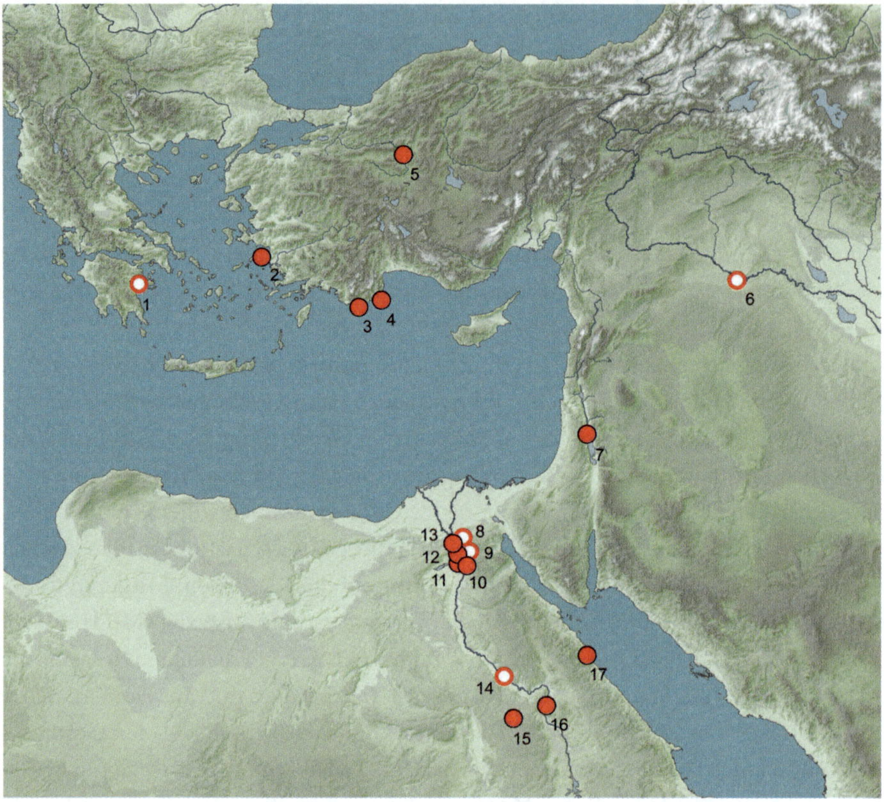

Abb. 4: Verbreitung von Holzobjekten mit Nachweis stiftgesicherter Nut-Feder-Verbände. – Ältere Fazies (ca. 27. – 1. H. 7. Jahrhundert v. Chr.). – 1 Kap Iria, 2 Samos, 3 Ulu burun, 4 Kap Gelidonya, 5 Gordion, 6 Baghouz, 7 Jericho, 8 Gizeh, 9.12 Dahshur, 10 Tarkhan, 11 el- Lisht, 13 Saqqara, 14 Abydos, 15 Dra Abu el-Naga, 16 Theben, 17Wadi Gawasis.

---

bes. 69 Abb. 47–49. 51 (A). 55–57. 59 (B) Taf. 70–73. 78–83. 88–89. 93–94. 98. Zu Datierung und Grabkammer Liebhart (2012).

25 Bockius (2019), S. 234f. Abb. 3–4. – Wohl frühester Beleg für die Anwendung des Nut-Feder-Verfahrens mit Stiftsicherung in der maritimen Sphäre ist ein mit Seeschifffahrt verbundenes Steuerruder aus einem frühen Abschnitt des Neuen Reiches (um 1550/1400 v. Chr.) in Mersa Gawasis. Vgl. Zazzaro (2009), S. 3–6 Abb. 2–4. Zum Fundort vgl. Bark / Fattowich (2007).

Aus Eckstollen und Brettern gefügte griechische Sarkophage der klassischen und der hellenistischen Epoche aus der Gegend von Kertsch, aus dem ägyptischen Abusir sowie von der Südnekropole des pergamenischen Elaia (Seç Tepe) zeigen als Verbindungstechniken Schlitznuten mit losen Federn, teils mit, teils ohne Stiftsicherung,[26] statt der an zeitgenössischen Holzsärgen für gesteckte Brettverbindungen üblichen Runddübel.[27] Die Verwendung von Langdübeln als komplementäres Element genähter Bauart stellt das Spezifikum einer älteren Gruppe spätarchaischer Schiffsfunde des 6. Jahrhunderts v. Chr. dar (Abb. 5), denen griechische Provenienz zugebilligt wird.[28] Von ihr setzt sich eine jüngere spätarchaisch-frühklassische Gruppe ab, deren Rumpfbeplankung durch Nut-Feder-Technik bzw. gemischte Bauweise gekennzeichnet wird. Davon unterscheiden sich die ältesten bekannten Plankenfahrzeuge im westlichen Mittelmeerraum, zwei Bootswracks aus der zweiten Hälfte des 7. Jahrhunderts und um 600 v. Chr. aus Mazarrón, Region Murcia, durch ihren Kraweelbau mit stiftgesicherten Nut-Feder-Verbänden.[29] Aufgrund verfahrenstechnischer Besonderheiten, nicht zuletzt punischer Ladungsreste sowie aus Esparto hergestelltem Abdichtungsmedium und Schnur gelten die Fahrzeuge als Produkte indigen iberischen, unter phönizischem Einfluss stehenden Bootsbaus.[30] Ein hölzerner Sargdeckel „… se composait de trois planche … qui étaient assemblées à l'aide de tenons et de chevilles …" aus dem punischen Hypogäum A des späten 4./frühen 3. Jahrhundert v. Chr. bei Ksour-Essef nahe Mahdia in Tunesien bezeugt ihren Gebrauch auch im karthagischen Nordafrika.[31]

26 Sokolskij (1969), S. 111 mit Taf. 9,7–8; 1971, S. 115f. Taf. 11,3–4; Vaulina / Wąsowicz (1974), S. 66 Abb. 16. – Radt u. a. (1985), S. 145–154; 166 Abb. 1. 5–8 Taf. 34,4–5 (besonders Bretter Nr. 2.1, 2.5 und 4.3).

27 Watzinger (1905), S. 24–27; 63–73 Abb. 29–30. 36. 124. 127. Vgl. auch Sokolskij (1969), S. 87; 89 Abb. 20,4 Taf. 4,3–5. 9,4–5. 10,4. 12,3. 15,1.7; Pinelli / Wąsowicz (1986), S. 36–40 mit Abb. – Zu antiken ägyptischen Holzsarkophagen allgemein und zu rituellen Besonderheiten vgl. Parlasca (1991). – Bemerkenswerte, leider en detail noch nicht ausgewertete Neufunde aus Westanatolien: Summerer / Üyümez (2016).

28 Kahanov / Pomey (2004), bes. S. 13–16; 18; 20–23 Tab. 2 Abb. 9–11. 13; Pomey (2012b), S. 25. – Rund- bzw. Polygonaldübel als Substitut für die komplexere Nut-Feder-Technik kennzeichnen früh- bis mittelbyzantinischen Schiffbau im östlichen Mittelmeerraum oder Schwarzmeergebiet. Vgl. dazu Pomey u. a. (2012), S. 279–284. 290. 303f. Tab. 3 („coacks").

29 Cabrera Tejedor (2018).

30 Pomey (2012b), S. 24–27; Pomey u. a. (2012), S. 291f.; 295; Cabrera Tejedor (2018), S. 319f.

31 Merlin (1909), S. 128–130 Abb. 2–3. Zur Datierung des italischen Brustpanzers vgl. Treister (2001), S. 208–210. – In der Region sind weitere Holzsärge bekannt: Fantar (1972).

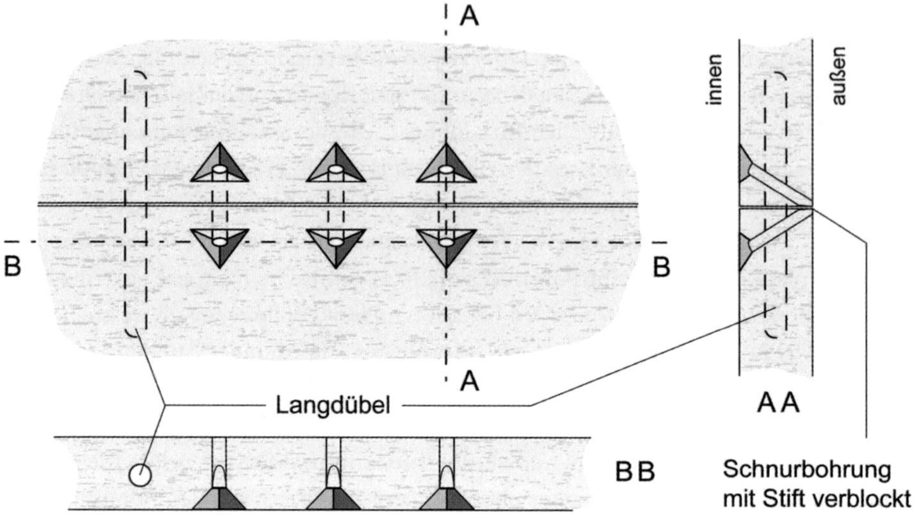

Abb. 5: Bon Porté 1. Spätarchaisches Wrack genähter Bauart. Planskizze (Ausschnitt) der Plankenverbindungen ohne Bindemedium und Abdichtung. – o. M.

Seit der Mitte des 1. Jahrtausends ist die Nut-Feder-Technik allgegenwärtig im mediterranen Schiffbau; sie gilt auch im griechischen Möbelbau als ein Novum[32] und taucht mit Holzresten in Samos aus der ersten Hälfte des 7. Jahrhunderts v. Chr. erstmals in einem griechischen Heiligtum auf.[33] Serienweise angelegte Plankenschlösser mit loser Feder begegnen selbst am genähten Seeschiff der klassischen Epoche, wo sie im 5. Jahrhundert v. Chr. den zuvor üblichen Langdübel als formschlüssigen Plankenverbinder durch ein nun kraftschlüssiges Verfahren ersetzen.[34] Von persistenter Anwendung schnurbasierter Verfahren im Adriagebiet abgesehen, sind *coagmenta Punicana* im mediterranen Schiffbau nun die erste Wahl (Abb. 6). Will man nicht mit Lionel Casson Homers ἁρμονίαι und γόμφοι (*Od.* 5,246–248) als Nut-Feder-Schlösser und deren Stiftsicherungen lesen,[35] sondern als die Planken verbindende Runddübel eines genähten Schiffskörpers homerischer Zeit (*Ill.* 2, 135),[36] so besteht kein Grund, archäologisch

32 Watzinger (1905), bes. S. 67; Laser (1968), S. 70f.: Gemeint war hier die konstruktive Variante mit fester Feder.

33 Kyrieleis (1980), S. 122–124; 131–133 Nr. 27 u. 31 Abb. 11–12. 21 Taf. 36,1.

34 Kahanov / Pomey (2004), S. 13–25, bes. 21–25 Tab. 2; Polzer (2009), S. 154–163.

35 Casson (1971), S. 217f. Anm. 4.

36 Dazu Mark (2005), bes. S. 25–35; Pomey u. a. (2012), S. 292.

bezeugte Nut-Feder-Technik der archaischen Epoche als typisches Verfahrensmuster griechischen bzw. ägäischen Schiffbaus auszumachen. An ihren vorderasiatischen Wurzeln ist nicht zu zweifeln. Im Osten, besonders in der Levante entfaltete sich unter ägyptischem Einfluss eine hoch entwickelte Holz und Elfenbein verarbeitende Möbelherstellung, die nicht nur vom Holzreichtum des Libanon und Antilibanon profitierte, sondern auch von den wirtschaftlichen Netzwerken der phönizischen Staaten, deren schiffbauliche Bedeutung für die altorientalischen Großmächte nur allzu gut bekannt ist.[37]

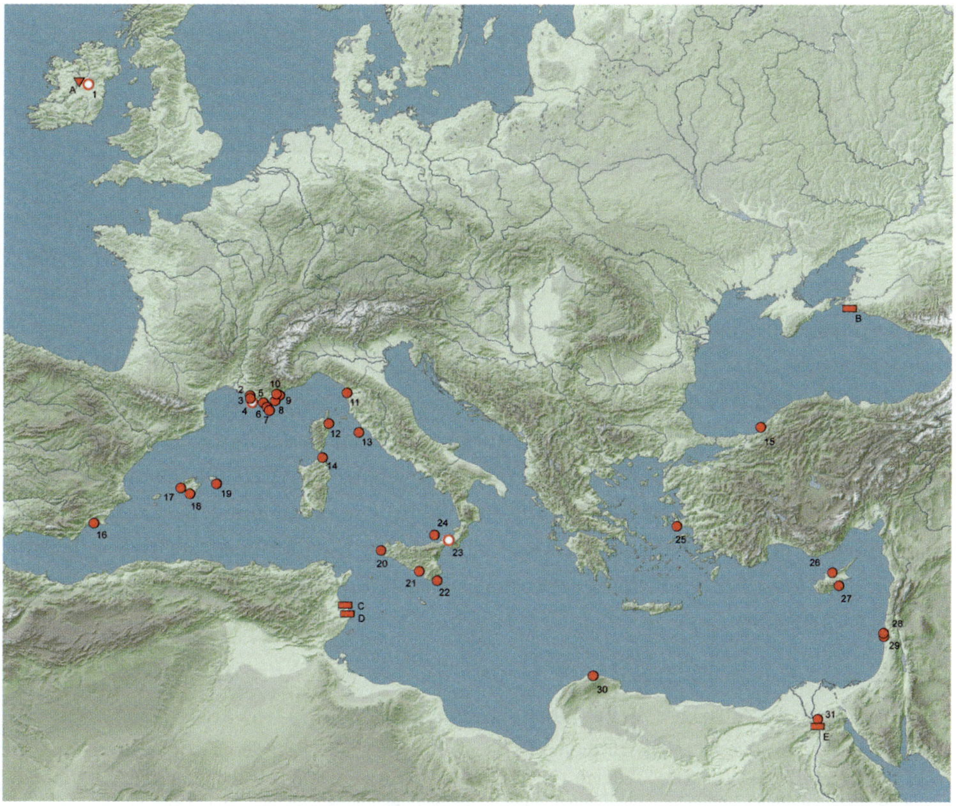

Abb. 6: Verbreitung von Holzobjekten mit Nachweis stiftgesicherter Nut-Feder-Verbände. – Jüngere Facies (ca. 2. Hälfte 7.–2. Jahrhundert v. Chr.). – 1–31 Schiffsfunde; A-E Sarkophage und anderes. – Offene Symbole: technologische Spezifizierung oder Datierung unsicher.

---

[37] Zum Möbelbau Gubel (1987), S. 14–20; 25–34; 76; 209; 233; 236. – Zum beachtlichen Status der Werkzeugtechnik und Holzverarbeitung im Nahen und Mittleren Osten zusammenfassend Kubba (2006), S. 169–186.

Catos Passage, die auf die Leistungsbeschreibung zur Anfertigung der Druckscheibe einer Olivenölpresse hinausläuft, liest sich so, als sei jeder römische Tischler oder Zimmermann in der Zeit nach dem 2. Punischen Krieg mit der technikspezifischen Begrifflichkeit vertraut gewesen. Demzufolge wird das holztechnische Verfahren lange vor der Okkupation der nördlichen Provinzen und wohl auch nicht erst nach Erscheinen von Catos Werk gegen die Mitte des 2. Jahrhundert v. Chr. hin fest in der Tradition spätrepublikanisch-römischen Holzhandwerks integriert gewesen sein. Aufgrund der meist unzureichenden Erhaltungsbedingungen für organisches Material lassen sich im griechisch-römischen Mittelmeergebiet abseits der maritimen Funde (Abb. 6) zwar nur wenige Sachzeugen für die Anwendung dieses Knowhows benennen. Es ist aber davon auszugehen, dass es dort in der Epoche nicht nur als Verbinder an Wasserfahrzeugen und an hölzernen Maschinen eine wichtige Rolle spielte.[38] Im zeitgenössischen Möbelbau war das Nut-Feder-Schloss offenbar seltener vertreten[39] als in solchen Holz verarbeitenden Sparten, wo hohe Anforderungen an Belastbarkeit und Kraftschluss gestellt wurden. Dass auch die italische Wagnerei dazu zählte, lässt als vergleichsweise junges Zeugnis das Speichenrad aus der antoninischen Grube LXX im schottischen Newstead vermuten, dessen Federn über Stiftsicherungen verfügen.[40] Über den unten näher kommentierten Fundstoff hinaus sind im provinzialrömischen Milieu kaum bzw. keine sicheren Belege zu erbringen: Unter den nicht eben wenigen früh- bis mittelkaiserzeitlichen Holzfunden aus dem römischen Köln, aus Eschenz, Xanten (s. unten) und Valkenburg kommen nach Format und Einzelmerkmalen nur wenige Stücke als falsche Feder in die nähere Wahl, ohne dass sie sich einer konkreten Konstruktion zuweisen ließen.[41] In Valkenburg wurde eine noch 1,45 m lange, 4 cm starke Eichenplanke mit ungewöhnlichem, auf eine Übereckkonstruktion verweisendem Schema der Nutschlitze ausgegraben,[42] deren Verbindungstechnik sich freilich nicht zwingend loser Federn bedient haben muss; hier kommt auch Verzapfung mit Holzstiftsicherung in Betracht.

---

[38] Sleeswyk (1980). – Zu Hebel-Ölpressen siehe etwa White (1984), S. 67–69 Abb. 57–60.

[39] Nut-Feder-Technik laut Beschreibung bei Budde (1939), S. 15 Nr. 5 an den Türflügeln eines Schrankes in Pompeji, Casa dei Cei. – Ulrich (2007), S. 64. – Trotz umfangreicher Zusammenstellung früher Holzverbindungen keine Entsprechung bei Mols (1999), S. 92–95 Taf. mit Abb. 20–22.

[40] Weeks (1982), S. 164. – Curle (1911), S. 294: Mit mehr als 1,6 m Durchmesser besonders großes Rad mit sechsteiliger Felge, zwölf Speichen und Radreif.

[41] U. Leuzner in: Benguerel u. a. (2012), S. 123; 165 Nr. 287 und 245 mit Abb.; Tegtmeier (2016), S. 202; 323 H 250 Taf. 68,5; van Rijn (1993), S. 192f. Nr. 64 Abb. 31. – Vindonissa ohne Belege, es sei denn man sieht in dem hinsichtlich seines Formats (113x58x8 mm) stimmigen Tannen-Brettchens bei Fellmann (2009), S. 48 Nr. 408 Taf. 14 das Vorprodukt einer Feder.

[42] van Rijn (1993), S. 202f. Nr. 87 Abb. 38. – Unverwechselbare, jedoch noch unpublizierte Zeugen mediterranen Bootsbau inzwischen ausgegraben durch Wouter Vos, Advies & onderzoeksbureau voor archeologische projekten, Oosterbeek (schriftl. Mitteilung vom 26.03.2021.

Alte und neue Funde mit Zeit-Raum-Kongruenz

Die Übertragung mediterranen schiffbaulichen Know-hows in die nördlichen Provinzen hat seit der Entdeckung und Auswertung der Wracks von der oberen Donau weitere stoffliche Spuren hinterlassen. Trotz umfangsgemäß höchst dürftiger Erhaltung verdienen diese, zusammen mit dem im Kontext der Oberstimm-Boote als typverwandt ausgemachten niederländischen Fund beim Truppenlager Bunnik-Vechten (Abb. 7),[43] besondere Aufmerksamkeit – nicht allein, weil sie den ohnedies spärlichen Bestand provinzialer Wasserfahrzeuge römisch-mediterraner Bauart vermehren, sondern weil sich hier mit den Beobachtungen zu den Ankern vergleichbare Zeit-Raum-Bezüge abzeichnen. Wir treffen dort auf eine kleine Gruppe schiffstechnischer Quellen mittelmeerländischer Prägung, die den durch Wrackfunde inzwischen gut dokumentierten Vertretern gallorömischer Techniktradition[44] zeitlich vorausgeht.

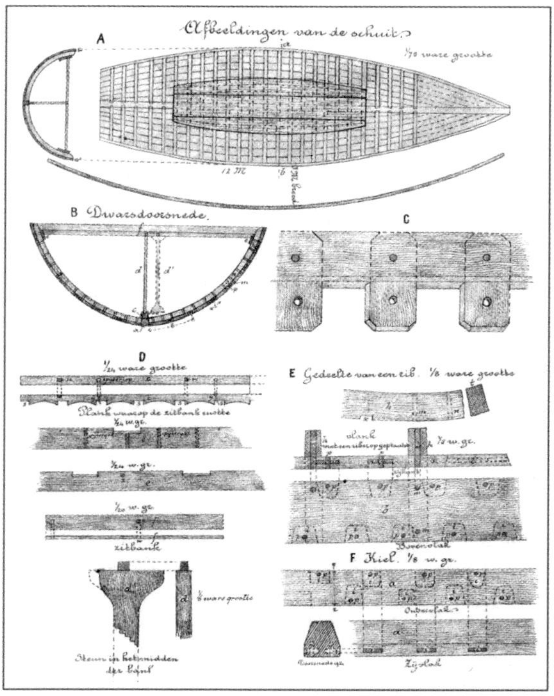

Abb. 7: Vechten, Gem. Bunnik, prov. Utrecht. Bootsfund von 1893. Technische Zeichnungen konstruktiver Befunde.

[43] Bockius (2002a), S. 105–118.

[44] Dazu Bockius (2006), S. 198–207 mit weiterer Lit.; für die Rhône-Saône-Gruppe Rieth (2010).

Schon der aufgrund seiner ausstattungstechnischen Nähe und der metrologisch anknüpfenden Taktung der Mannschaftsverteilung eng an den Bootstyp Oberstimm heranrückende Fund von Bunnik-Vechten (*Fectio*), prov. Utrecht, fiel durch sein hohes Alter aus dem Rahmen. Unterstützt durch einen Kleinfund lässt sich das in rund 6,5 m Tiefe freigelegte Boot stratigraphisch mit einer frühen, mutmaßlich um 4/5 n. Chr. einsetzenden Nutzungsphase des noch unbefestigten Platzes verbinden und wird in den späteren 20er Jahren zugrunde gegangen sein.[45] Der Ort gewährte über die antiken Flußläufe des Lek und der Vecht Zugang zur Nordsee im Westen sowie zum Wattenmeer im Norden, wird auch aufgrund der 1915 gefundenen Weiheinschrift des Trierarchen C. Iulius Bio (CIL XIII 12086a) sowie eines Gefäßbodens mit eingeritzter Silhouette eines Kriegsschiffes als Versorgungs- und Flottenstation in Anspruch genommen. Für spätaugusteisch-tiberische Zeit fehlen Hinweise auf die dort untergebrachte Truppeneinheit.[46]

In einen ähnlich frühen Abschnitt der römischen Militärgeschichte am Niederrhein gelangen wir mit bis auf ihre Erwähnung unveröffentlichten Holzfunden aus Köln, die im Zuge des Ausbaus der Stadtbahn in 12–13 m Tiefe unterhalb vom „Alter Markt" im Bereich eines antiken Rheinseitenarms aufgedeckt wurden.[47] Dabei handelt es sich um – zweifelsohne dislozierte – Spanten- und Plankenfragmente aus Eichenholz. Letztere zeigen eindeutige Reste klassischer Nut-Feder-Verbindungen (Abb. 8). Gemäß dendroarchäologischer Expertise aus „um/nach 5 +/- 5 n. Chr." geschlagenem Holz bestehend,[48] ist nicht klar abzusehen, wann die Objekte am Flussbett ins Sediment eingelagert wurden. Ebenso wenig lässt sich Köln als Bauort eingrenzen. Dort waren seit dem Jahr 9 n. Chr. bis unter Tiberius die Legionen *I Augusta Germanica* sowie *XX Valeria Victrix* stationiert (Tac., ann. I 39,1). Aber bereits mit der Übersiedlung der Ubier an das linke Rheinufer während der zweiten Statthalterschaft Agrippas ist, zumindest in der Region, ab 16/15 v. Chr. mit der Anwesenheit römischen Militärs zu rechnen; wahrscheinlich schon während der Drusus-Feldzüge auch in der näheren Umgebung

---

45 Zur Datierung Höckmann (1989), S. 327; 336 Anm. 10; Bockius (2002a), S. 105. – Den tiberischen Ansatz stützt eine 1994 beauftragte Radiocarbondatierung, deren Zeugniswert mit schiffstypologischen Erwägungen relativiert wird, die einen jüngeren zeitlichen Ansatz abzusichern freilich nicht taugen: Polak (2014), S. 85–88; 94 Anm. 79–80. – Zum Truppenlager und seiner mutmaßlichen Bedeutung als Flotillenstation: van Dockum (1995), S. 81–84; Polak (2014). – Älteste Phase des offenbar noch unbefestigten Platzes im fortgeschrittenen Haltern-Horizont: Zandstra / Polak (2012), S. 243–250; Polak (2014), bes. S. 75.

46 Für claudisch-neronische Zeit wird nach einem Veteranen-Grabstein aus dem wenige Kilometer südlich benachbarten Houten eine *cohors I classica* in Erwägung gezogen: Zandstra / Polak (2012), S. 19; 21.

47 Schmidt (2010), S. 329. Erwähnt bei Bockius (2012), S. 138; 140 (Fst. 97). – Zur Fundstelle Trier 2010. Dort S. 235 zum Wrack eines Prahms sowie Erwähnung weiterer Schiffsfunde.

48 Schmidt (2010), S. 329; Bockius (2012), S. 138 mit fehlerhafter Altersangabe.

von Köln; seit 7 v. Chr. dann auch in der Stadt selbst.[49] Die Präsenz der Armee wird überzeugend mit dem Aufbau einer römischen Stadt als kultischer, wirtschaftlicher und nicht zuletzt politischer Zentralort im Zuge der geplanten Provinzialisierung Germaniens in Verbindung gebracht.[50] Augenfällig ist die zeitliche Koinzidenz der frühen Kölner Schiffsfunde mit dem sogenannten Ubier-Monument, dessen Bau im Winter des Jahres 4/5 n. Chr. oder bald danach erfolgt sein wird, wohingegen die militärisch motivierten Schiffbauinitiativen unter Drusus und Germanicus in keinen ursächlichen Zusammenhang gebracht werden können.

Abb. 8: Köln, Alter Markt, Fst. 193–97. Plankenfragment mit stiftgesichertem Nut-Feder-Verband.

In die Zeit des Kaisers Tiberius führen uns auch Feuchtbodenaufschlüsse in Mainz, die 2003 im Rahmen denkmalpflegerischer Maßnahmen im Bereich des mittelalterlich überbauten antiken Rheinufers dokumentiert wurden. Dabei handelt es sich um den rund 30 m langen Abschnitt

---

49 Eck (2004), S. 46–64; 77–81; 90; 96f. – Zu archäologischen Spuren eines(?) frühkaiserzeitlichen Truppenlagers im Bereich des Breslauer Platzes sowie Hinweisen auf Angehörige der im Jahr 9 n. Chr. untergegangenen *Legio* XIX vgl. Eck (2012); Schaub (2012); Berthold u. a. (2016), S. 171–174 Abb. 15 Beil. Taf. 2b.

50 Dazu sowie zu Bedarf und Einsatz römischer Fachkräfte Weiler (2007), bes. S. 377f.; 384-390.

einer hölzernen Uferbefestigung, deren weitere Verläufe durch ältere Untersuchungen ergänzt werden können.[51] Das 2003 am südöstlichen Rand der Altstadt freigelegte Teilstück bestand aus eichenen Pfostensetzungen lichten Abstandes, die uferseitig acht jeweils etwa 3,5 m lange Abschnitte aus horizontalen Lagen Bohlen aus Tanne und Eiche gegen die anstehende Verfüllung hielten. Die wasserbauliche Anlage konnte demnach auch als Kai gedient haben, geeignete Wasserstände vorausgesetzt. Dendroarchäologische Untersuchungen ergaben Fällalter von AD 16 bis AD 26/28.[52] Die Datierung lässt sich nur bedingt zur Altersbestimmung der Uferrandbefestigung heranziehen, weil es sich bei dem selektierten Material zumindest teilweise um wiederverwendetes Bauholz handelt, das segmentweise noch in konstruktivem Verbund war. Sämtliche per Zeichnung und Fotos veröffentlichte Planken zeigen unverkennbare Spuren von Nut-Feder-Verbindungen. Dazu gehört auch ein geborgenes Plankenensemble mit der für anspruchsvolle Plankensysteme mit integrierten Totgängen typischen Konturierung (Abb. 9). Wie an anderer Stelle begründet worden ist,[53] gehen die untersuchten Hölzer auf ein zerlegtes Plattboden- sowie auf mindestens ein Spitzgattfahrzeug mit rundgebautem Rumpf zurück, beide mit eindeutigen Merkmalen mediterranen Schiffbaus. Wenn die für die Querschnitte der Nutschlitze mitgeteilten Maße von bis zu 10 cm Länge und maximal 2 cm Breite[54] keine singulären Abweichungen ausmachten, wäre hier mit teils überproportionierten Federn und folglich den Rückständen eines größeren, schweren Rumpfes zu rechnen.

Abb. 9: Mainz, Holzstraße. Ausschnitt einer Rumpfbeplankung mit Nut-Feder-Verbänden (markiert) und Eisenklammern als Teil einer antiken Uferverbauung. – o. M.

Den als nautische Militaria des römischen Heeres interpretierten Schiffsfunden aus Vechten, Köln und Mainz ist am deutschen Abschnitt der Rheinstrecke ein unveröffentlichter Einzelfund aus Xanten an die Seite zu stellen. Eine etwa 8 cm x 13,5 cm große Feder aus Eiche vertritt die klassische Form und Zurichtung mit abgeschrägten Ecken sowie mit noch einer intakten Bohrung für die Fixierung des Verbinders. Das Stück gelangte bei Auskiesungen im verlande-

---

[51] Höckmann (2003), S. 90 Abb. 3; Witteyer (2005); Bockius (2006), S. 1f. Abb. 1.

[52] Bauer (2004a), S. 35–37 Abb. 5; (2004b), S. 83 „um 25 n. Chr."; dies. (2007), S. 277f. Abb. 9.

[53] Bockius (2017), S. 124–129.

[54] Bauer (2007), S. 273.

ten Rheinarm auf dem Gebiet des Stadtteils Wardt an die Oberfläche.[55] Die Fundstelle befand sich knapp 5 km nördlich der ehemaligen Lager Vetera Castra. Leider bleibt das Holz undatiert, und über seine Herkunft lässt sich nur mutmaßen, dass es mit der Strömung an seinen Ablagerungsort gelangt sein wird. Nicht viel mehr lässt sich über die mit Nut-Feder-Verbindungen versehenen Plankenreste und ein mehrteiliges Streichruder homologer Verbindungstechnik vom Auxiliarlager *Nicrum Pullum* am niederländischen Rheinlimes (Zwammerdam, Alphen aan de Rijn, prov. Südholland) mitteilen, deren Alter unbestimmt blieb.[56] Sollte ein Zusammenhang bestehen mit der mehrperiodigen Anlage, stünde frühestens ein claudischer Ansatz zur Debatte, wahrscheinlich das Jahr 47. Über die an dem Platz untergebrachten Truppen – Jan Kees Haalebos rechnete angesichts in Periode I fehlender Befestigungsspuren mit einem möglicherweise nicht fortifizierten „Etappenposten" – fehlt für die Zeit vor dem Bataverkrieg jeder Hinweis.[57] Dasselbe Gründungsdatum wird für das Holz-Erde-Lager Op de Hoge Woerd (*Fletio*?) in Vleuten-De Meern, prov. Utrecht, angenommen,[58] in dessen Umgebung verschiedene Schiffsfunde untersucht wurden, darunter ein Prahm mit Nachweis mediterraner Holzverbindungen. Das Fahrzeug wurde um oder bald nach 100 n. Chr. aus Eichen gebaut, die wahrscheinlich im niederländischen Limesgebiet gefällt wurden.[59] Gemäß Ziegelstempel war in dem Lager in den Jahren von 89 bis 96 und vielleicht auch noch darüber hinaus eine *Cohors I Classica pia fidelis Domitiana* stationiert,[60] die dann als Nutzer des Flussfrachtschiffes in Frage käme.

Am Militärstandort Woerden/*Laurium*, prov. Utrecht, fand sich das Spant eines rundgebauten Fahrzeuges (Woerden 8), das aufgrund der sich ankündigenden Rumpfform sowie seiner Holznägel verwendenden Befestigungstechnik von den Ausgräbern mit dem Typus Oberstimm verglichen und identifiziert wurde.[61] Die antike Zeitstellung des Bootsrelikts steht gemäß seiner Fundumstände nicht in Frage, doch mangelt es dem indirekten Beleg für ein nach mediterranem Muster gebautes Boot an der wünschenswerten Eindeutigkeit. Überdies fehlt es

55 Schriftl. Mitteilung vom 07.02.2018 von G. Schmidhuber-Aspöck, Archäologischer Park Xanten. – Der Fund erwähnt und abgebildet bei Bockius (2011), S. 51 Abb. 6.

56 De Weerd (1988), S. 162–170; 180–183 Abb. 89–90. 105–106. – Sporadische Nut-Feder-Anwendung auch an Prahm 6: De Weerd (1988), S. 157f. Abb. 83. Vgl. auch Bockius (2000a), S. 118f.; 122 Abb. 11,3; Morel / Dallmeijer (2007), S. 41f. Abb. 5.9E; Morel (2007), S. 57–60; 166 Abb. 6.1E.

57 Haalebos (1977), S. 20f; 47–55; 78; 285.

58 Haalebos (1977), S. 285; Kalee (1982), S. 75–78 Abb. 37.

59 Jansma (2007); Jansma / Haneca / Kosian (2014), S. 485–490 Tab. 1–2 Abb. 1B. 3. – Zu den schiffstechnischen Befunden vgl. Morel – Dallmeijer (2007), bes. S. 38–45 Abb. 5.7–10.

60 van Dockum (1995), S. 86. – Zur Identifizierung der Einheit als Bordkampftruppe vgl. Oorthuijs (2007), S. 173–176.

61 Vos u. a. (2010), S. 160; ders. (2011), S. 111. – Zum Fundplatz Woerden allgemein Vos u. a. (2010). – Zur mediterranen Spantmontage mit Holznagelbefestigung vgl. Fitzgerald (1996), S. 155–157.

hier an einer engeren Alterseingrenzung. Zu den unsicheren Kandidaten zählt ebenso ein Teil der Funde aus dem tiberischen Truppenlager Velsen 1, wo während der Ausgrabungskampagne 1972–1994 Plankenfragmente mit Resten von Bleiapplikation entdeckt wurden,[62] tatsächlich ein starkes Indiz für Rückstände römischer Seeschiffe, doch waren die Hölzer offenbar sehr kleinteilig, abseits der mutmaßlich mit Holzverbänden ausgestatteten Partien erhalten. Vom selben Fundplatz werden aber darüber hinaus auch drei Bruchstücke „scheepsplank" mit Nut-Feder-Verbindungen gemeldet.[63]

Abb. 10: Verbreitung von Boots- und Schiffsfunden mit stiftgesicherten Nut-Feder-Verbänden im unteren Rheingebiet. Offenes Symbol: Nautische Verwertung oder typologisch-technische Deutung ungewiss.

62 Bockius (2002a), S. 119 Anm. 210.

63 Bosman (1997), S. 130f. 133.

Von den hier erfassten gesicherten Relikten antiker Plankenfahrzeuge mediterraner Bauart (Abb. 10) verweisen drei – Vechten, Köln und Mainz, sofern die stratigrafische Datierung in Velsen 1 zutrifft, vier – auf spätaugusteisch-tiberische Zeitstellung. Das macht sie nicht nur zu den frühesten kontinentalen Zeugnissen jener schiffbaulichen Tradition abseits der Mittelmeerwelt, sondern zu den ältesten archäologischen Relikten antiker Plankenschiffe diesseits der Alpen schlechthin. Das gilt nicht nur für die Provinzen an Rhein und oberer Donau, sondern auch für die Belgica und weite Teile Galliens. Allein an der mittleren Rhône trifft man auf zwei zeitnahe Vertreter, die sich als Plattbodenfahrzeug (Lyon 1) sowie als flachbodiges Fracht- oder Fährboot (Lyon 8) zu erkennen geben. Diese charakterisiert ein Baumuster, das zwar Technikmerkmale mittelmeerländischen Schiffbaus in Gestalt loser, sporadisch verteilter Federverbindungen ohne Stiftsicherung sowie Abdichtung mit Blei und mit impregnierten Textilien nachahmte bzw. adaptierte,[64] indes, soweit es die Federverbände betrifft, nicht in derselben durch Aufwand und handwerkliche Sorgfalt gekennzeichneten Weise, wie sie am maritimen Plankenschiffbau des Südens und zumeist auch am Fundstoff von Rhein und Donau kenntlich wird. Überdies teilen sie schiffbauliche Merkmale und formale Qualitäten, die nicht nur im provinzialen Binnenmilieu an kaiserzeitlichen Schiffsfunden Mittel- und Nordwesteuropas wiederkehren. Letztere vertreten als Gruppe die mediterranem Schiffbau gegenüberstehende gallorömisch-britannische Techniktradition, die uns mit Schiffsrelikten in Avenches und Lyon (Lyon 1) erstmals zur augusteischen Zeit,[65] am Rhein nicht vor der Mitte des 1. Jahrhunderts begegnet.[66] Das unterstreicht die besondere Bedeutung militärischer Werftaktivitäten am Rhein und deren Rolle als Taktgeber römischen Techniktransfers.

Wie es bei der Durchmusterung des rheinischen Fundstoffes wahrscheinlich gemacht werden konnte, legte die Truppe nicht allein solche Wasserfahrzeuge auf Kiel, denen aufgrund ihrer schiffsgeometrischen Signatur, ihrer Ausstattung und Betriebstechnik ein taktischer Nutzwert beizumessen ist, sondern auch Plattbodenschiffe bzw. Prahme (Abb. 11). Deren militärische Verwendung erschließt sich uns aus formaltypologischen Gründen primär im Rahmen logistischer Aufgaben.[67] Bedenkt man jedoch den gerade bei wasserbaulichen Maßnah-

---

64 Guyon / Rieth (2009), bes. S. 163–165; Guyon (2010), S. 52–56; 96f. Tab. S. 53 Abb. 27; Rieth (2010), S. 45f.; 2011, S. 66–72 Abb. 8A.C; 9–10. – Zu den Abdichtungstechniken vgl. Medard (2010); ders. (2011).

65 Bockius (2004a), S. 131; 137 Anm. 30 Abb. 8.

66 Ältester Nachweis in Köln aus der Zeit um 43 +/- 5 n. Chr.: Schmidt (2010), S. 329; Bockius (2012), S. 138–140.

67 Zur militärischen Nutzung von Plattboden-Schiffen im Rheinland vgl. Bockius (2000), S. 122–126; ders. (2004a), S. 138–144; ders. (2004b), S. 111; 114; Morel (2007), S. 65f. (militärische Auftragsvergabe an und Bauaufsicht in zivilen Werften). – In der Diskussion bislang weithin unberücksichtigt die Rückstände mindestens eines Prahms in Valkenburg – *Praetorium Agrippinae*: Hulst (1993), bes. S. 137–143 Abb. 4–5. Beiläufig erwähnt von De Weerd (2001), S. 109. – Zu den Funden aus Köln vgl. Hermann -Höpken (2014).

men angesichts widriger Bedingungen zu treibenden technischen Aufwand, ist ihre Funktion keineswegs allein im Kontext von Fährbetrieb und Schwer- bzw. Massengütertransport[68] zu sehen, wie er sich für Baustoffe und Nahrungsmittel am Niederrhein anschaulich darstellen lässt[69] oder doch wenigstens abzeichnet.[70] Das Setzen von Pfählen und Pfahlgründungen im Flussbett sowie die Errichtung von Brücken und ufernaher Installationen sind ohne schwimmendes Gerät und Werkstattschiffe, d. h. an eine Wasserbaustelle verholte Prahme als Auftriebskörper für Rammen und Kräne sowie als Arbeitsplattformen und Baustellenfahrzeuge, schlechterdings undenkbar. Auch für kaum zu vermeidende Arbeiten unter Wasser wäre das pontonartige Plattbodenschiff mit geringem Tiefgang und wenig Freibord die erste Wahl gewesen, wobei hier als Akteure nicht die privatwirtschaftlich organisierten, auch im fluvialen Milieu aktiven Bergungstaucher (*urinatores*)[71] bemüht werden müssen, sondern einmal mehr mit solchen Aufgaben vertraute Spezialisten der römischen Armee.

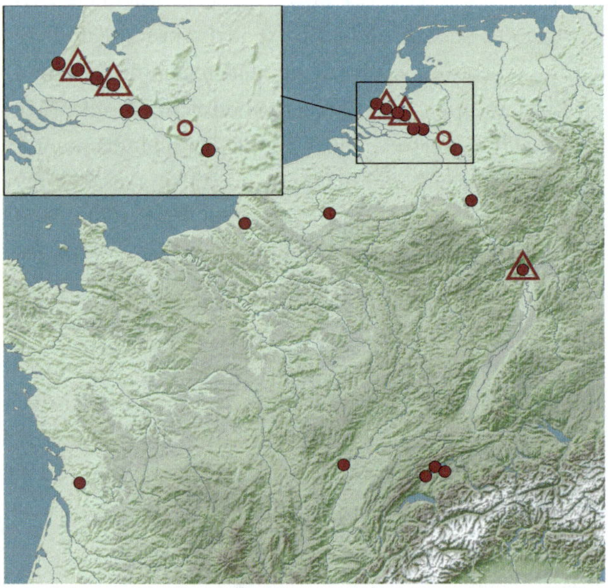

Abb. 11: Verbreitung kaiserzeitlicher Prahme gallo-römischer und mediterraner Bautradition nördlich der Alpen. – Dreieckssignatur: Fahrzeugfunde mit Nut-Feder-Technik.

68 Zuletzt Schmidhuber-Aspöck (2018) mit weiterer Lit.

69 Dazu Eck (2004), S. 78f.; Zerl u. a. (2018); Schaaf (2018). – Zum Transportwesen allgemein Teigelake (2008), S. 497–503.

70 Schmidts (2018).

71 Dazu Nardi (1986); Croce (2010), S. 89–97.

Literatur

Altmann, S. u. R. Bockius, Die Schiffsfunde von Oberstimm. In: R. Aßkamp, Chr. Schäfer (Hg.), Projekt Römerschiff. Nachbau und Erprobung für die Ausstellung Imperium Konflikt Mythos, 2000 Jahre Varusschlacht, Hamburg 2008, S. 20–39.

Bard, K. A. / R. Fattovich (Hg.), Harbor of the Pharaos to the Land of Punt. Archaeological Investigations at Mersa/Wadi Gawasis, Egypt, 2001–2005, Napoli 2007.

Bauer, S. Recycling in römischer Zeit: Spundbohlen einer frührömischen Brückenkonstruktion als Uferrandbefestigung in der Mainzer Holzstraße. Archäologie in Rheinland-Pfalz 2003 (2004), S. 35–38. (=2004a)

Bauer, S., Die älteste Steinbrücke am Rhein – stand sie in Mainz? Neuer Holzfund als Indiz für einen frührömischen Brückenschlag. Antike Welt 35, H. 3, 2004, S. 83–84. (=2004b)

Bauer, S., Dendrodaten aus sekundärer Nutzung: Die Spundwände der Mainzer Römerbrücke und ihr Nachleben. In: M. Fansa (Hg.), Holz-Kultur. Von der Urzeit bis in die Zukunft. Ökologie und Ökonomie eines Naturrohstoffs im Spiegel der Experimentellen Archäologie, Ethnologie, Technikgeschichte und modernen Holzforschung. Wissenschaftlicher Begleitband zur gleichnamigen Sonderausstellung, 4. Februar – 28. Mai 2007 im Landesmuseum für Natur und Mensch Oldenburg, Mainz 2007, S. 272–280.

Becker, T. / S. Bödecker / P. Wagner, Der Niedergermanische Limes. In: Otten 2010, S. 122–126.

Benguerel, S. / H. Brem / I. Ebneter / B. Hartmann / U. Leuzinger, Tasgetium II. Die Römischen Holzfunde. Arch. Im Thurgau 18, Frauenfeld 2012.

Bernhard, H., Die römische Geschichte in Rheinland-Pfalz. In: H. Cüppers (Hg.), Die Römer in Rheinland-Pfalz, Stuttgart 1990, S. 39–168.

Berthold, J. / Th. Lobüscher / I. Reuter, Ausgrabungen am Breslauer Platz in Köln. Archäologische Untersuchungen im Rahmen des Nord-Süd-Stadtbahnbaus. Kölner Jahrb. 49, 2016, S. 163–307.

De Blois, L. / E. Lo Cascio (Hg.), The Impact of the Roman Army (200 BC–AD 476). Economic, Social, Political, Religious and Cultural Aspects. Proceedings of the Sixth Workshop of the International Network Impact of Empire (Roman Empire, 200 B.C.–A.D. 476), Capri, March 29–April 2, 2005. Impact of Empire 6, Leiden/Boston 2007.

Bockius, R., Antike Schwergutfrachter – Zeugnisse römischen Schiffbaus und Gütertransports. In: Steinbruch und Bergwerk. Denkmäler Römischer Technikgeschichte zwischen Eifel und Rhein. Kataloghandbuch zu den Ausstellungen in den Museen von Mayen und Andernach. Vulkanpark-Forsch. 2, Mainz 2000, S. 110–132. (=2000a)

Bockius, R., Ein römischer Stockanker aus Trajans Donaukanal beim Eisernen Tor, Serbien. Arch. Korrbl 30, H. 1, 2000, S. 97–116. (=2000b)

Bockius, R., Die römerzeitlichen Schiffsfunde von Oberstimm in Bayern. Monogr. RGZM 50, Mainz 2002.

Bockius, R., Antike Prahme und ihre Rolle in der Binnenschiffahrt der gallisch-germanischen Provinzen. In: K. Brandt u. H.J. Kühn (Hg.), Der Prahm aus dem Hafen von Haithabu. Beiträge zu antiken und mittelalterlichen Flachbodenschiffen. Schr. Arch. Landesmus., Erg.-R. 2, Neumünster 2004, S. 125–151. (=2004a)

Bockius, R., Ancient riverborne transport of heavy loads. In: M. Pasquinucci, T. Weski (Hg.), Close encounters: Sea- and Riverborne Trade, Ports and Hinterlands, Ship Construction and Navigation in Antiquity, the Middle Ages and in Early Modern Time. British Arch. Reports, Internat. Series 1283, Oxford 2004, S. 105–115. (=2004b)

Bockius, R., Die spätrömischen Schiffswracks aus Mainz. Schiffsarchäologisch-technikgeschichtliche Untersuchung spätantiker Schiffsfunde vom nördlichen Oberrhein. Monogr. RGZM 67, Mainz 2006.

Bockius, R. (Hg.), Between the Seas. Transfer and Exchange in Nautical Technology. Proceedings of the Eleventh International Symposium on Boat and Ship Archaeology, Mainz 2006. ISBSA 11. RGZM – Tagungen 3, Mainz 2009.

Bockius, R., Technological Transfer from the Mediterranean to the Northern Provinces. In: Boetto u. a. 2011, S. 47–59.

Bockius, R., Römische Schiffsfunde. In: Trier / Naumann-Steckner 2012, S. 138–141.

Bockius, R., Zur kultur- und technikgeschichtlichen Stellung der Schiffsfunde aus dem Nydam-Moor (mit einem Beitrag von Rainer Grabert). In: A. Rau (Hg.), Die Schiffe. Beiträge zu Form, Technik und Historie. Nydam Mose 4. Jysk Arkæologisk Selskabs Skrifter 72, Teil 4, Schleswig 2013, S. 215–299.

Bockius, R., Ein römischer Bleiankerstock aus Gernsheim (Kreis Groß-Gerau). Zu Schiffsausrüstung mediterraner Techniktradition aus dem Rhein. Mit einem Beitrag von Florian Ströbele. In: Römisch-Germanisches Zentralmuseum Mainz (Hg.), Honesta Missione. Festschrift für Barbara Pferdehirt. Monogr. RGZM 1000, Mainz 2014, S. 49–68.

Bockius, R., Anker und nautische Militaria aus dem römischen Mainz. Jahrb. Der Deutschen Ges. Für Schifffahrts- u. Marinegesch. 17, 2014 (2015), S. 56–71.

Bockius, R., Caisson or Craft? Further Roman Ship finds from Mainz, Germany. In: Litwin 2017, S. 123–130.

Bockius, R., Evidence of Mediterranean shipbuilding principals in south-east Asia – an attempt at a historical interpretation. In: R. Domżał / M. Dyrka / A. Ciemińska (Hg.), Opus Opificem Probat. Festschrift Jeryzy Litwin, Danzig 2019, S. 231–248.

Bockius, R., Reinvention or Imitation of an Innovation? Mediterranean Shipbuilding Principles in Iron Age South-East Asia and North-West Europe. Skyllis 20, 2020 (2021), S. 17–43.

Boetto, G. / P. Pomey / A. Tchernia (Hg.), Battellerie Gallo-Romaine. Pratiques Régionales et Influences Maritimes Méditerranéennes. Bibliothèque d'Archéologie Méditerranéenne et Africaine 9, Paris 2011.

Boppert, W., Militärische Grabdenkmäler aus Mainz und Umgebung. Corpus Signorum Imperii Romani, Bd. 2 Deutschland, T. 5: Germania Superior 5 (Bonn 1992).

Boppert, W., Caudicarii am Rhein? Überlegungen zur militärischen Versorgung durch die Binnenschiffahrt im 3. Jahrhundert am Rhein. Arch. Korrbl. 24, 1994, S. 407–424.

Bosman, A. V. A. J., Het Culturele Vondstmateriaal van de vroeg-romeinse versterking Velsen 1. Academisch Proefschrift Universiteit Amsterdam 1997.

Budde, E. G., Armarium und Κιβωτός. Ein Beitrag zur Geschichte des antiken Mobiliars. Inaugural-Dissertation zur Erlangung des Doktorgrades der Philosophischen und Naturwissenschaftlichen Fakultät der Westfälischen Wilhelms-Universität zu Münster, Würzburg-Aumühle 1939.

Cabrera Tejedor, C., The Mazarrón 1 Shipwreck: An Iron Age boat with unique features from the Iberian Peninsula. Internat. Journal Nautical Arch. 47, H. 2, 2018, S. 300–324.

Campbell, J B., Der Neue Pauly 10 (Stuttgart/Weimar 2001) Sp. 332f. s. v. Principales.

Casson, L., Ships and Seamanship in The Ancient World, Princeton, New Jersey 1971.

Croce, P., L'esplorazione subacquea nell'antichita classica. Tesi di laurea in Storia della Scienza e delle Tecniche, Universität Bologna 2009/2010 (pdf).

Curle, J., A Roman Frontier Post and its People. The Fort of Newstead in the Parish of Melrose (Glasgow 1911).

Van Dierendonck, R. M. / D. P. Haalewas / K. E. Waugh (Hg.), The Valkenburg Excavations 1985–1988. Introduction and Detail Studies. Nederlandse Outheden 15. Valkenburg Project I, Amersfoort 1993.

Van Dockum, S. G., Das niederländische Flussgebiet. In: T. Bechert / W. J. H. Willems (Hg.), Die römische Reichsgrenze zwischen Mosel und Nordseeküste, Stuttgart 1995, S. 77–88.

v. Domaszewski, A., Die Rangordnung des Römischen Heeres. Bonner Jahrb., Beih. 14, Köln/Graz 1967².

Dreyer, B., Die Fridericiana Alexandrina Navis (F.A.N.). Nachbau sowie wissenschaftliche Beprobung und Einordnung der Replik von Oberstimm II – Stand des Baus Anfang Februar 2018. Skyllis 17, H. 1, 2017, S. 87–96.

Dreyer, B., Rebuilding the past, improving knowledge. The Fridericiana Alexandrina Navis. Ancient Warfare 12, H. 4, 2018, S. 51–57.

Eck, W., Köln in römischer Zeit. Geschichte einer Stadt im Rahmen des Imperium Romanum. Geschichte der Stadt Köln 1 (Köln 2004).

Eck, W., Die augusteische *legio XIX* und das *oppidum Ubiorum*. In: Trier / Naumann-Steckner 2012, S. 20–21.

Eger, Chr. (Hg.), Warenwege – Warenflüsse. Handel, Logistik und Transport am römischen Niederrhein. Xantener Ber. 32, Xanten 2018.

Fantar, M., Un sarcophagi en bois à couvercle anthropoïde découvert dans la nécropole punique de Kerkouane. Comptes Rendus Paris 1972, S. 340–354.

Fellmann, R., Römische Kleinfunde aus Holz aus dem Legionslager Vindonissa. Veröffentl. Ges. Pro Vindonissa 20, Brugg 2009.

Fitzgerald, M. A., A Roman Wreck at Caesarea Maritima, Israel. A Comparative Study of its Hull and Equipment. Dissertation Texas A&M University 1995, Ann Arbor/Michigan 1996.

De Groot, T. / J.-M. A. W. Morel (Hg.), Het schip uit de Romeinse tijd De Meern 4 nabij boerderij de Balije, Leidsche Rijn, gemeente Utrecht. Waardestellend onderzoek naar de kwaliteit van het schip en het conserverend vermogen van het bodemmilieu. Rapportage Arch. Monumentenenzorg 147, Amersfoort 2007.

Gubel, E., Phoenician Furniture. A typology based on Iron Age Representations with Reference to the Iconographical Context. Studia Phoenicia VII, Leuven 1987.

Guyon, M., Les épaves. Archaeonautica 16, 2010, S. 48–97.

Guyon, M. / É. Rieth, The Gallo-Roman Wrecks from Lyon, Parc Saint Georges (France) – New Archaeological Data on Ancient Inland „Bottom-Based-Shipbuildin". In: Bockius 2009, S. 157–165.

Guyon, M. / É. Rieth, Wreck of the 1st -Century AD Lyon Saint-Georges 8 (Rhône, France): A Ferry or a Lighter from the River Saône: In: N. Günsenin (Hg.), Between Continents. Proceedings of the Twelfth Symposium on Boat and Ship Archaeology Istanbul 2009. ISBSA 12, Istanbul 2012, S. 195–202.

Haalebos, J., Zwammerdam – Nigrum Pullum. Ein Auxiliarkastell am Niedergermanischen Limes. CINGVLA 3, Amsterdam 1977.

Heising, A., Die militärischen Werkstätten (*fabricae*) des Legionslagers Mogontiacum/Mainz. In: F. Kemmers / T. Maurer / B. Rabe (Hg.), LEGE ARTIS. Festschrift für Hans-Markus von Kaenel. Frankfurter Arch. Schr. 25, Bonn 2014, S. 21–37.

Hermanns, M. A. / C. Höpken (mit einem Beitrag von S. Mitschke), Zur Schiffbarkeit des Kölner Hafens: Wrackteile römischer Flachbodenschiffe in der Rinne zwischen Stadt und Rheininsel. In: H. Kennecke (Hg.), Der Rhein als europäische Verkehrsachse. Die Römerzeit. Bonner Beitr. Vor- Frühgesch. Arch. 16, Bonn 2014, S. 145–174.

Herz, P., Zeugnisse römischen Schiffbaus in Mainz. Die Severer und die *expeditio britannica*, Jahrb. RGZM 32, 1985, S. 422–435. [*britannica* sic!]

Höckmann, O. / H. Schönberger / H.-J. Köhler, Die östliche Umwehrung des Kastells Oberstimm und Schiffe mediterraner Bauart auf seiner Westseite. Das Arch. Jahr Bayern 1987, S. 106–108.

Höckmann, O. / H. Schönberger / H.-J. Köhler, Die Ostumwehrung des Kastells Oberstimm und Schiffe mediterraner Bauart auf seiner Westseite. Germania 66, 1988, S. 170–175.

Höckmann, O., Römische Schiffsfunde westlich des Kastells Oberstimm. Ber. RGK 70, 1989, S. 321–350.

Höckmann, O., Mainz als römische Hafenstadt. In: M. J. Klein (Hg.), Die Römer und ihr Erbe. Fortschritt durch Innovation und Integration (Mainz 2003), S. 87–105.

Hulst, R. A., Ship Remains. In: van Dierendonck u. a. 1993, S. 137–145.

Jansma, E., Datering, herkomst en bouwvolgorde van De Meern 4. In: de Groot/Morel 2007, S. 69–77.

Jansma, E. / K. Haneca / M. Kosian, A dendrochronological reassessment of three Roman boats from Utrecht (the Netherlands), Journal Arch. Science 50, 2014, S. 484–496.

Jestin, O. / F. Carrazé, Mediterranean hull types compared 4: An unusual type of construction. The hull of wreck 1 at Bon Porté, Internat. Journal Nautical Arch. 9, H. 1, 1980, S. 70–72.

Kahanov, Y. / P. Pomey, The Greek Sewn Shipbuilding Tradition and the Ma'agan Mikhael Ship: A Comparison with Mediterranean Parallels from the Sixth to the Fourth Centuries BC. The Mariners's Mirror 90, 2004, S. 6–28.

Kenyon, K. M., Excavations at Jericho, Bd. 1: The Tombs excavated in 1952–4, London 1960.

Killen, G., Ancien Egyptian furniture, Bd. 2: Boxes, chests and footstools, Warminster 1994.

Klein, M. J., Der Rhein bei Mainz als Fundstelle: Brücken, Häfen und Zeugnisse des römischen Heeres. In: L. Bonnamour (Hg.), Archéologie des fleuves et des rivières, Paris 2000, S. 56–64.

Körber, K., Die in den Jahren 1914 und 1915 gefundenen römischen Inschriften und Bildwerke im Altertumsmuseum der Stadt Mainz. Mainzer Zeitschr. 10, 1915, S. 112–116.

Kubba, S. A. A., Mesopotamian Furniture. From the Mesolithic to the Neo-Assyrian Period (10,000 B.C.–600 B.C.), British Arch. Reports, Internat. Ser. 1566, Oxford 2006.

Kunow, J., Die Militärgeschichte Niedergermaniens. In: H. G. Horn (Hg.), Die Römer in Nordrhein-Westfalen, Stuttgart 1987, S. 27–109.

Kyrieleis, H., Archaische Holzfunde aus Samos. Athener Mitt. 95, 1980, S. 87–147.

Laser, H., Hausrat, Archaeologia Homerica 2, Göttingen 1968.

Liebhart, R. F., Phrygian Tomb Architecture: Some Observations on the 50th Anniversary of the Excavations of Tumulus MM. In: C. B. Rose (Hg.), The archaeology of Phrygian Gordion, royal city of Midas, Gordion Special Studies 7. Museum Monogr. 136, Philadelphia, Pennsylvania 2012, S. 129–147.

Litwin, J. (Hg.), Baltic and beyond. Change and continuity in shipbuilding, Proceedings of the Fourteenth International Symposium on Boat and Ship Archaeology, Gdańsk 2015, Gdańsk 2017.

Mark, S., Homeric Seafaring, Texas 2005.

Médard, F., Les tissus associés à la construction des chalends gallo-romains du Parc Saint-Georges (Lyon), Ier-IIIe siècles ap. J.-C. Archaeonautica 16, 2010, S. 136–146.

Médard, F., Textiles archéologiques et archéologie navale: l'exemple des tissus gallo-romains du Parc Saint-Georges. In: Boetto u. a. 2011, S. 105–117.

Merlin, A., Découverte d' une cuirasse italiote prés de Ksour-Es-Saf (Tunisie). Mon. Piot 17, 1909, S. 127–137.

Mols, S. T. A. M., Wooden Furniture in Herculaneum. Form, Technique and Function, Circumvesuvia 2, Amsterdam 1999.

Morel, J.-M. A. W., Het schip De Meern 4, de *missing link* tussen Rome en Zwammerdam. In: de Groot/Morel 2007, S. 53–67.

Morel, J.-M. A. W. / F. Dallmeijer, Constructie. In: de Groot/Morel 2007, S. 35–50.

Muller, S. F., Verslag van de opgravingen van Romeinsche oudheden te Vechten, gedaan op kosten van het Provinciaal Utrechtsch Genootschap van Kunsten en Wetenschappen in de jaren 1892–1894. In: Verslag van het verhandelde in de Algemeene Vergadering van het Provinciaal Utrechtsch Genootschap van Kunsten en Wetenschappen, gehouden den 25. Juni 1895, Utrecht 1895, S. 122–169.

Nardi, E., De urinatoribus, ovvero dei „sub" nell'antichità, Atti Accademia Science Bologna 73, 1984–1985 (1986), S. 51–63.

Oorthuijs, J., Marines and Mariners in the Roman Imperial Fleets. In: de Bois/Lo Cascio 2007, S. 169–180.

Otten, T. / H. Hellenkemper / J. Kunow / M. M. Rind (Hg.), Fundgeschichten, Archäologie in Nordrhein-Westfalen. Schr. Bodendenkmalpflege in Nordrhein-Westfalen 9, Mainz 2010.

Parlasca, K., Hellenistische und kaiserzeitliche Holzsarkophage aus Ägypten. In: S. Stucchi / M. Bonanno Aravantinos (Hg.), Giornate di studio in onore di Achille Adriani. Roma 26–27 novembre 1984. Studi Miscellanei 28, 1991, S. 113–127.

Parr, J. P., Middle Bronze Age furniture from Jericho and Baghouz. In: G. Herrmann (Hg.), The Furniture of Western Asia Ancient and Traditional, Papers of the Conference held at the Institute of Archaeology, University College London June 28 to 30, 1993, Mainz 1996, S. 41–48.

Pferdehirt, B., Das Museum für Antike Schiffahrt I. Ein Forschungsbereich des Römisch-Germanischen Zentralmuseums, Mainz 1995.

Piepers, W., Teile „römischer Schiffsanker vom Niederrhein, Bonner Jahrb. 174, 1974, S. 561–566.

Pinelli, P. / A. Wąsowicz, Catalogue des bois et stucs grecs et romains provenant de Kertch. Musée de Louvre, Paris 1986.

Polz, D., Die Särge des Imeni und der Geheset. In: D. Polz (Hg.), Für die Ewigkeit geschaffen. Die Särge des Imeni und der Geheset, Mainz 2007, S. 59–69.

Polzer, M. E., Hull remains from the Pabuç Burnu shipwreck and early transition in Archaic Greek shipbuilding. Master thesis, Texas A & m University 2009.

Pomey, P., Le dossier de l'épave du Golo (Mariana, Haute-Corse). Nouvelles ft hetation sur l'ft hetation et l'origine de l'épave, Archaeonautica 17, 2012, S. 11–30.

Pomey, P. / Y. Kahanov / É. Rieth, Transition from Shell to Skeleton in Ancient Mediterranean Ship-Construction: analysis, problems, and future research, International Journal Nautical Archaeology 41, H. 2, 2012, S. 235–314.

Radt, W. (mit Beiträgen von W. Gaitzsch / P. I. Kuniholm / S. Schiefer), Ein hölzerner Sarkophag aus Elaia bei Pergamon, Istanbuler Mitteilungen 35, 1985, S. 139–172.

Rankov, B., Roman shipsheds. In: D. Blackman / B. Rankov / K. Baika / H. Gerding / J. Pakkanen, Shipsheds of the Ancient Mediterranean, Cambridge 2013, S. 30–50.

Ricketts, M., Furniture from the Middle Bronze Age Tombs, Bei Kenyon 1960, S. 527–534.

Rieth, É., Archéologie de la batellerie gallo-romaine et architecture „sur sole", Archaeonautica 16, 2010, S. 35–47.

Rieth, É., L'épave du challand gallo-romain de la place Tolozan à Lyon: approche d'une tradition régionale de construction „sur sole" en relation avec l'architecture naval maritime méditerranéenne. In: Boetto u. a. 2011, S. 63–72.

Van Rijn, P., Wooden Artefacts. In: van Dierendonck u. a. 1993, S. 146–216.

Schaaff, H, Steine, Städte und Soldaten – Zu den staatlichen Bauprogrammen in der *Germania Inferior.* In: Eger 2018, S. 157–176.

Schalles, H.-J., Zeugnisse römischer Schiffahrt. Neue Ankerfunde vom unteren Niederrhein. In: G. Precht / H.-J. Schalles (Hg.), Spurenlese. Beiträge zur Geschichte des Xantener Raumes, Köln 1989, S. 81–88.

Schaub, A., Römische Militärlager am Breslauer Platz. In: Trier / Naumann-Steckner 2012, S. 22–25.

Schmidhuber-Aspöck, G., Binnenschifffahrt auf dem Rhein in römischer Zeit. In: Eger 2018, S. 229–243.

Schmidt, B., Der Römische Hafen in Köln – Jahresringe offenbaren das Alter. In: Otten u. a. 2010, S. 329–330.

Schmidts, Th., Die Legionsziegeleien – Die Römische Baustoffindustrie am Niederrhein. In: Eger 2018, S. 133–155.

Simpson, E., The Furniture from Tumulus MM, The Gordion Wooden Objects, Bd. 1–2. Culture and History of the Ancient Near East 32, Leiden/Boston 2010.

Sleeswyk, A. W., Phoenician joints; *coagmenta punicana*, Internat. Journal Nautical Arch. 9, 1980, S. 243–244.

Sokolsij, N. I., Antichnye derevjannye sarkofagi severnogo Prichernomorja, Archeologija SSSR G1-17, 1969, S. 1–189.

Sokolskij, N. I., Derevoobrativajuščee remeslo v antičnych gosudarstvach Severnogo Pričernomorja, Mat. Moskva-Leningrad 178, 1971, S. 1–290.

Stümpel, B., Bericht des staatlichen Amtes für Vor- und Frühgeschichte Mainz für die Zeit vom 1. Januar 1970 bis 31. Dezember 1971, Mainzer Zeitschr. 69, 1974, S. 220–263.

Summerer, L. / M. Üyümez, Ein neuer hellenistischer Grabkontext mit bemalten Holzsarkophagen aus Adayazi (Provinz Afyon): Ein Vorbericht. In: A. Ivantchik / L. Summerer/ A. von Kienlin (Hg.), Kelainai – Apameia Kibotos: eine achämenidische, hellenistische und römische Metropole, Kelainai II, Bordeaux 2016, S. 521–531.

Tegtmeier, U., Holzobjekte und Holzhandwerk im Römischen Köln, Monogr. Arch. Köln 1, Köln 2016.

Teigelake, U., Schiffsverkehr auf dem Niederrhein. In: M. Müller / H.-J. Schalles / N. Zieling (Hg.), Colonia Ulpia Traiana. Xanten und sein Umland in römischer Zeit. Xantener Ber., Sonderbd., Mainz 2008, S. 495–506.

Treister, M. Y., Hammering Techniques in Greek and Roman jewellery and toreutics. Colloquia Pontica 8, Leiden/Boston/Köln 2001.

Trier, M. (mit einem Beitrag von J. Meurers-Balke und U. Tegtmeier), Zehn Jahre U-Bahnarchäologie in Köln. In: Otten u. a. 2010, S. 233–240.

Trier, M. / F. Naumann-Steckner (Hg.), Zeittunnel. 2000 Jahre Köln im Spiegel der U-Bahn Archäologie. Begleitband zur Sonderausstellung im Römisch-Germanischen Museum der Stadt Köln, 9. November 2012 bis 5. Mai 2013, Köln 2012.

Ulrich, R. B., Roman Woodworking, New Haven/London 2007.

Vaulina, M. / A. Wąsowicz, Bois Grecs Et Romains de l'Ermitage, Wrocław/Warszawa/Kraków/Gdańsk 1974.

Vos, W. K. / E. Blom / T. Hazenberg, Romeinen in Woerden. Het archeologische onderzoek naar de militaire bezetting en de scheepvaart van *Laurium*, Leiden 2010.

Vos, W. K. / J. Morel / T. Hazenberg, The Woerden 7: An Oar-Powered Roman Barge built in the Netherlands. Details on the Excavation at the *Nieuwe Markt* in Woerden (Hoochwoert), Arch. Korrbl. 41, 2011, S. 101–118.

Ward, Ch. A., Sacred and Secular: Ancient Egyptian Ships and Boats, Arch. Inst. America, Monogr. N.S, 5, Philadelphia/Pennsylvania 2000.

Watzinger, C., Griechische Holzsarkophage aus der Zeit Alexanders des Grossen. Ausgrabungen der Deutschen Orient-Gesellschaft in Abusir 1902–1904 III, Leipzig 1905.

Weeks, J., Roman Carpentry Joints: Adoption and Adaptation. In: McGrail 1982, S. 157–168.

De Weerd, M. D., Schepen voor Zwammerdam, Akademisch Proefschrift, Universität Amsterdam, Amsterdam 1988.

De Weerd, M. D., Römische Schiffsfunde von Zwammerdam: Lehren aus einer alten Grabung, Skyllis, Zeitschr. Unterwasserach. 4, H. 2, 2001, S. 96–110.

Weiler, G., Römisches Militär und die Gründung niedergermanischer Städte. In: de Blois/Lo Cascio 2007, S. 371–390.

Wesch-Klein, G., Soziale Aspekte des römischen Heerwesens in der Kaiserzeit, Heidelbrger Althist. Beitr. U. Epigraph. Stud. 28, Stuttgart 1998.

White, W. D., Greek and Roman Technology, London 1984.

Witteyer, M., Archäologische Befunde zur Rheinufertopographie. In: S. Martin-Kilcher/M. Witteyer, Fischsaußenhandel und Rheinufertopographie in Mogontiacum. Mainzer Arch. Zeitschr. 5–6, 1998–1999 (2005), S. 83–122.

Zandstra, M. / M. Polak, De Romeinse versterkingen in Vechten-Fectio. Het archeologisch onderzoek in 1946–1947, Auxiliaria 11, Nijmegen 2012.

Zazzaro, Ch., Nautical Evidence from the Pharaonic Site of Marsa/Wadi Gawasis – Report on Two Parts of a Steering Oar/Rudder. In: Bockius 2009, S. 3–8.

Zerl, T. / J. Meurers-Balke / L. I. Kooistra / M. Herchenbach, Archäobotanische Untersuchungen zur Nahrungsmittelversorgung der römischen Armee am Niederrhein. In: Eger 2018, S. 111–132.

Abbildungsverzeichnis

Abb. 1.1: Quelle: Stümpel 1975

Abb. 1.2: Quelle: Körber 1915

Abb. 2: Generaldirektion Kulturelles Erbe, Rheinland-Pfalz, Mainz

Abb. 3: Umzeichnung nach Sleeswyk (1980)

Abb. 4, 6, 10: nach Bockius (2021)

Abb. 5: Umzeichnung nach Jestin – Carrazé (1980)

Abb. 7: Quelle: Muller (1895)

Abb. 8: Foto R. Nehren, ArGeKölnArchäologie

Abb. 9: Foto Generaldirektion Kulturelles Erbe Rheinland-Pfalz (GDKE), Mainz

Abb. 11: [nach eigener Materialslg.]

Kapitel 3: Die enkaustische Bemalung

1 Die Farben antiker Schiffe

J. Hochbruck, Köln

Ceyx steckt in Schwierigkeiten. Der mythische griechische König hat sich gerade von seiner Frau Alcyone verabschiedet und ist zu einer größeren Seereise aufgebrochen, als ein Sturm sein Schiff in schwere Bedrängnis bringt. Der Himmel wird schwarz, die Wellen schlagen immer höher und das Schiff beginnt, auseinanderzubrechen:

> „Schon sind die Pflöcke gelöst, und beraubt des bedeckenden Wachses
> klaffet der Spalt und vergönnt Eingang den todbringenden Wassern.“ [1]

Die Aussage, die hier in einem halben Vers der Metamorphosen des Ovid steckt, ist eindeutig: Wachs diente im Schiffbau zu mehr als nur dekorativer Bemalung, es war auch Holzschutz und Dichtungsmittel. Damit rundet sich ein Bild, das Plinius der Ältere zeichnet:

> „Wachs färbt man mit den gleichen Färbemitteln für diejenigen Bilder, die eingebrannt werden, ein Verfahren, das sich für Wände nicht eignet, bei Schiffen aber gebräuchlich ist, jetzt sogar bei Lastschiffen …“[2]

> „Von der enkaustischen Malerei gab es früher zwei Arten, eine mit Wachs und eine auf Elfenbein mit dem Brenngriffel, das heißt mit dem Grabstichel, bis man anfing, die Schiffe zu bemalen. Da gesellte sich eine dritte Art hinzu, dass man das über dem Feuer geschmolzene Wachs mit dem Pinsel aufträgt, ein Anstrich, der an den Schiffen weder durch die Sonne noch durch das Seewasser und durch Winde verdorben wird.“[3]

---

1 Iamque labant cunei, spoliataque tegmine cerae / rima patet praebetque viam letalibus undis. Metamorphoses XI, Ceyx et Alcyone, 513–515.

2 Cerae tinguntur iisdem his coloribus ad eas picturas, quae inuruntur, alieno parietibus genere, sed classibus familiari, iam vero et onerariis navibus, … Nat. Hist. XXXV 31.

3 Encausto pingendi duo fuere antiquitus genera, cera et in ebore cestro, id est vericulo, donec classes pingi coepere. hoc tertium accessit resolutis igni ceris penicillo utendi, quae pictura navibus nec sole nec sale ventisve corrumpitur, Nat. Hist. XXXV 41.

Dabei unterscheidet er Tafelmalerei mit kalter Farbe und einem erhitzten Metallinstrument *(cestrum)* vom flächigen Anstrich mit dem Pinsel *(penicillum)* und flüssig-heißer Farbe.

Dass Schiffe in der Antike bemalt waren, stellt niemand in Abrede; hunderte von Fresken und Mosaiken geben bildliches Zeugnis davon, dutzende von Textstellen beschreiben ihre Farben und Pracht. Auf die Bestandteile antiker Schiffsfarbe gibt es weitaus weniger Hinweise. Der einzige konkrete Anhaltspunkt neben dem sonst üblichen, generischen „Wachs" findet sich bei Vegetius in der Schilderung der Seekampftaktiken:

> „Sie setzen die mit so feuergefährlichen Mitteln wie Wachs, Pech und Harz getränkten Planken sogleich in Brand."[4]

Archäologische Evidenz findet sich für ein Gemisch aus Wachs und Harz (und für die Farben Bleiweiß und Hämatit-Rot) beim „Nave C" der Pisaner Schiffsfunde.[5] Zu Beginn meiner Versuche war mir die Vegetius-Textstelle zwar bekannt, aber nicht die Erkenntnisse aus Pisa. Ich bezog das brennbare Harz auf das Holz der Schiffe. Deshalb begann ich die Versuche aufbauend auf der antiken „Künstlerfarbe", die ich 2014 im LVR-Archäologischen Park Xanten auf Basis der „Antiken Maltechniken" von Ernst Berger durchgeführt hatte;[6] Berger geht von einem Wachs- Harz- Leinöl-Gemisch aus. Dabei vermutet er eine Entstehung der Ölfarbe aus der Zunahme von Leinöl und der Abnahme von Harz und Wachs in der Farbmischung.[7] Die „Künstlerfarbe" ist eine Farbe mit einem Bindemittelgemisch aus je einem Gewichtsanteil Bienenwachs, flüssigem Harz und Leinöl; diese Farbe bleibt relativ lange viskos und lässt sich, trotz einer wie bei allen Wachsfarben schnellen ersten Härtung, noch lange mit einem handwarmen Spatel bearbeiten. Die komplette Aushärtung dauert allerdings Wochen.

4 Unctasque cera et pice et resina tabulas tot fomentis ignium repente succendunt. Epit. Rei Milit. IV 44.

5 Camilli – Setari (2005), S. 50.

6 Hochbruck (2014).

7 Berger (1904), S. 236.

Abb. 1: Versuche: Springer Hund im Salzwasser

Abb. 2: Versuche: Künstlerfarbe im Wasserbad

1.2 Experimente mit antiken Farbrezepten

Zwei Langzeittests mit Bemalungen, die ich 2014 mit der „Künstlerfarbe“ gemacht habe, zeigten ein gutes Verhalten an der Sonne (ein „Schiffsauge“ überstand zwei Sommermonate im Sonnenlicht ohne Probleme, dann wurde es geklaut) und im Salzwasser (ein „springender Hund“ überzog sich mit einer weißen Schicht, die bei kurzem Erhitzen wieder verschwand). (Abb. 1) Trotzdem vermutete ich, dass die lange Trocknungszeit der „Künstlerfarbe“ nicht mit den Anforderungen der Schiffsbemalung vereinbar ist. Eine Schiffsfarbe muss schnell trocknen. Um die Möglichkeit eines Nachtrocknens im Wasser nicht auszuschließen, bemalte ich vier Textblöcke mit der „Künstlerfarbe“ und legte sie in ein Wasserbad, ohne Erfolg: sie blättert bereits innerhalb weniger Stunden ab. (Abb. 2)

Obwohl ich den Argwohn gegen Bergers These des zunehmenden Leinölanteils in der Wachsfarbe hegte, habe ich den nächsten Versuch zur Herstellung einer Schiffsfarbe genau damit unternommen. Fünf Blöcke mit Leinölanteilen in 20 %-Schritten zum Gewichtsanteil des Wachses wurden in ein normales Wasserbad gelegt. Das Ergebnis: je mehr Leinöl, desto anfälliger und schlechter die Farbe. Schmutz lagert sich an, die Farbschicht bekommt Risse und blättert ab. (Abb. 3)

In dieser Situation dachte ich, dass reines Wachs ggf. doch – mit einer wie auch immer gearteten Einbrennung oder Politur – die Lösung sei; die vier Testblöcke wurden poliert, erhitzt, erhitzt und poliert bzw. als Kontrollobjekt unbehandelt gelassen. Zwar zeigten sich bei der „eingebrannten“ Farbe weniger Risse in der Farbschicht, aber trotzdem waren sie da; eine reine Wachsfarbe ist einfach zu spröde für ein dynamisches Trägermedium wie feucht werdendes Holz. (Abb. 4)

Den Durchbruch brachte dann erst die Nachricht der chemischen Analyse der Farbreste am „Nave C“ in Pisa. Drei Testblöcke mit 0,50 und 100 % Harzanteil im Verhältnis zum Wachs zeigten sehr schnell die hervorragenden Eigenschaften der 1:1 Mischung; die Farbe bleibt flexibel genug, um sich dem aufquellenden Holz anzupassen, blättert nicht ab und bildet keine Risse. (Abb. 5) Ein Testblock, den Prof. Dreyer für zwei Wochen in die Strömung des Main-Donau-Kanals hing, zeigte nur an ungeglätteten Stellen Spuren von Abrieb (aber keine Risse); (Abb. 6) eine Planke aus Leimholz, die ich mit den möglichen Farben des späteren „F.A.N.“-Designs bemalte, blieb zwei Wochen auf dem Grund einer Regentonne, ohne Schaden zu nehmen (es bildeten sich Risse durch ein Anlösen der Leimholzteile). (Abb. 7) Dieselbe Planke stellte ich für zwei Stunden bei 30° C in den Umluft-Backofen; die Farbe wurde fingernagelweich, aber nicht flüssig.

Abb. 3 und 4: Versuche mit Leinöl und reinem Wachs

Abb. 5 und 6: Versuche mit Harz und in der Strömung

Abb. 7: Versuche mit Farben der F.A.N.

1.3 Die Bemalung und das Scheitern des Versuchs

Die Auswahl des Designs und der Pigmente war neben den Tests der Bindemittel ein besonderes Thema; die bei Vegetius für eine hochspezialisierte Form von spätantikem Aufklärungsschiff erwähnte blaue Bemalung hätte mit antiken Pigmenten etwa 15 000 € gekostet, eine weiß-rote Bemalung wie beim tiberianisch einzuordnenden „Nave C" fand keinen Anklang. Die Entscheidung fiel auf eine günstige, dezent bunte Bemalung mit Erdfarben nach Vorbildern aus der Porticus des pompeianischen Isistempels; dazu wurde neben grüner Erde und Goldocker auch das beim „Nave C" nachgewiesene Hämatit verwendet. Die Bemalung der „F.A.N." fand im Februar bei Temperaturen statt, die zwischen Minusgraden bei Nacht und maximal 15° C im aufgewärmten Schiffszelt wechselten. Die Farbe wurde schnell hart und machte keinen anderen Eindruck als die des Holzblocks aus dem Kanal.

Ausgerechnet das authentische, nachgewiesene Hämatit zeigte sich bei den steigenden Temperaturen des Frühlings und Sommers 2018 als besonders anfällig; es erwies sich geradezu als Wärmespeicher. Während sich die Hiobsbotschaften aus Erlangen häuften und der Versuch einer authentischen antiken Schiffsbemalung auf anderen Wegen gesucht wurde, versuchte ich in Köln, die Probleme nachzuvollziehen und Lösungen zu finden. Der Sommer 2018 war einer der heißesten seit Menschengedenken, mit monatelang wolkenlosem Himmel und Trockenheit zwischen April und September. Ich hatte eine gewisse Erweichung der Farbe im prallen Sonnenschein erwartet und war gespannt auf die Ergebnisse der Tests in Bezug auf mögliche Abkühlung durch Spritzwasser o. ä. Faktoren; mit einem generellen Schmelzen der Farbe hatte ich nicht gerechnet.

In den weiteren Versuchen dieses Jahres testete ich Harz „natur", von Kiefern gesammelt, und festes geschmolzenes Harz als Beimischung zum Wachs – jeweils mit Hämatit als Pigment – in unterschiedlichen Anteilen. Auch wenn sich das feste Harz durchaus als praktikabel erwies, brachte keiner der Versuche eine „sonnenfeste" Farbe zustande. (Abb. 8) Von der ist aber bei Plinius ausdrücklich die Rede. Das „Schiffsauge" von 2014 war nicht geschmolzen – hier hatte ich viel Zinkweiß verwendet, ebenfalls eine Metallfarbe, die heute als „fischgiftig" eingestuft wird und deshalb immer weniger verkauft wird. (Abb. 9)

Abb. 8 und 9: Versuche mit verschiedenen Harzvarianten und den Farben des Auges

1.4 Die Rolle der Pigmente

Später im Jahr wurde ich auf die APPEAR Konferenz des Getty Institutes aufmerksam und nahm Kontakt mit Joy Mazurek auf, der Autorin des Beitrags „Characterization of Binding Media in Romano-Egyptian Funerary Portraits".[8] Sie berichtete von einem hohen, in fast sämtlichen Farbmischungen nachweisbaren Anteil von Bleiweiss in den Farben, das als „Deckweiss" deren Opazität erhöht, aber auch für eine schnelle Durchtrocknung des Farbaufstrichs in öligen Medien sorgt.

Der Versuch der Nachschöpfung einer antiken Schiffsfarbe ist nicht an den Bindemitteln und deren Mischverhältnis oder Verarbeitung gescheitert, sondern an den Pigmenten, deren chemische Eigenschaften einen elementaren Faktor im Gelingen des Rezepts darstellen. Antike Pigmente waren häufig Salze und Seifen giftiger Schwermetalle wie Blei, Arsen, Kobalt, Kadmium, welche aus gutem Grund heute verboten sind. Diese Eigenschaften sind mit dem Wegfall der Pigmente auch aus den Augen – aus dem Sinn verschwunden; selbst Standardwerke der Maltechnik erwähnen sie nicht mehr.

Leider lassen sich die chemischen Eigenschaften auch nicht simulieren; Beimischungen von ungiftigem, modernem Sikkativ oder Malmittel (fertige Leinöl-Sikkativ-Mischung) zur heißen Wachsfarbe bilden stechende, unangenehme Dämpfe (wenn auch die Ergebnisse dann schnell trocknen und in der Sonne hart bleiben, wie ich 2019 getestet habe). (Abb. 10) Die Herstellung antiker Schiffsfarbe ist heute nicht mehr möglich; wir haben uns vom Herbst 2017 bis zum Sommer 2019 so weit angenähert, wie es ging.

Ein paar Erkenntnisse bleiben dennoch aus dem Scheitern des Versuchs zurück:

- Die Verarbeitung ist exakt so möglich, wie bei Plinius beschrieben, die Farbe wird mit dem Pinsel aus erhitzten Töpfen heraus aufgetragen.
- Antike Schiffsfarbe ist kein absolutes Luxusphänomen; die Kosten der verbrauchten Materialien für die „F.A.N." beliefen sich, gemessen am diokletianischen Höchtspreisedikt,[9] auf ca. einen Aureus.
- Die Farbe dient als Holzschutz und auch Rostschutz der offen liegenden Eisennägel. Der dicke Anstrich kittet Fugen, glättet Unebenheiten und füllt Nagellöcher; das dürfte eine nicht unmerkliche positive Auswirkung auf die Geschwindigkeit im Wasser ergeben haben. (Abb. 11)
- Die Farbe ist einfach und auch von nicht geübten Leuten gut zu verarbeiten, komplexe Muster können mittels Schablonen schnell aufgebracht werden.

---

8 Mazurek 2020, S. 142-147.

9 Kropff (2016).

- Beim Arbeiten mit Schablonen entdeckte ich nebenbei, dass man aus der geronnenen Farbe Kugeln formen kann; dieserart Kugeln sind eine gebrauchsfertige Handelsware wie sie aus der Archäologie bekannt ist. (Abb. 12)
- Die Schönheit und Prachtentfaltung der Rekonstruktion kommt an die der bildlichen Quellen heran. Einem nicht bemalten Nachbau eines römischen Schiffs fehlt ein substanzieller Aspekt, nicht anders als bei Statuen, deren Farbigkeit gerade in der Ausstellung „Bunte Götter – Golden Edition"[10] wieder gefeiert wird.

Abb. 10: Versuche unter Beimischung von modernem Sikkativ

---

[10] Brinkmann / Koch-Brinkmann (2020).

Abb. 11 und 12: Glättende Farben und geronnen Farben als Kugeln

Literatur

Berger, E., Antike Maltechniken, München 1904.

Brinkmann, V. / U. Koch-Brinkmann, Bunte Götter, Die Farben der Antike (Ausstellungskatalog), München/London/New York 2020.

Camilli, A. / E. Setari, Le Navi Antiche di Pisa – Guida Archeologica, Milano 2005.

Kropff, A., An English translation of the Edict on Maximum Prices, also known as the Price Edict of Diocletian. (Edictum de pretiis rerum venalium), o.O. 2016, https://www.academia.edu/23644199/New_English_translation_of_the_Price_Edict_of_Diocletianus zuletzt aufgerufen am 05.09.2020.

Hochbruck, J., „… und wenn es dein Wachs vermöchte, male sie von Salbe duftend", o. O. 2014, https://www.academia.edu/33391763/_und_wenn_es_Dein_Wachs_verm%C3%B6chte_male_sie_von_Salbe_duftend_, zuletzt aufgerufen am 20.09.2020.

Mazurek, J., Characterization of Binding Media in Romano-Egyptian Funerary Portraits. In: M. Svoboda / C.R. Cartwright (Hg.), Mummy Portraits of Roman Egypt: Emerging Research from the APPEAR Project, Los Angeles 2020, S. 142–147. (abrufbar unter http://www.getty.edu/publications/mummyportraits/)

Abbildungsverzeichnis

Abb. 1–12: Foto J. Hochbruck

2 Enkaustik – Farbe für die Fridericiana Alexandrina Navis (F.A.N.)

Versuch einer antiken Gestaltung

Marcus Speck, Christoph Schäfer

Lehrstuhl für Organische Chemie II, Friedrich-Alexander-Universität Erlangen-Nürnberg
e-mail: marcus.speck@fau.de

2.1 Einleitung

Über die farbliche Gestaltung der römischen Patrouillenboote in der hohen Kaiserzeit und Spätantike gibt es nur wenige historische Quellen, denen vielfach der manifestierende Beweis fehlt.[1] Als 1986 in Oberstimm im alten Flussbett der Brautlach bei Baggerarbeiten zwei Rumpfreste römischer Patrouillenboote gefunden wurden, dauerte es noch bis zum Jahre 1994 bis die vollständige Bergung der Schiffsreste vermeldet wurde.[2] Nachdem es in Deutschland seit 2000 schon mehrere Nachbauten von römischen Schiffen aus der nachrepublikanischen Zeit gegeben hat (z. B. Lusoria Rhenana, Uni Trier; Victoria, Hamburg; Lusoria Regina, Regensburg), wollte sich die FAU Erlangen-Nürnberg zum 275. Gründungsjubiläum der Alma Mater auch an einen antiken Schiffsnachbau wagen. Dieser sollte die Gewässer abfahren, auf denen römische Legionäre die historische Vorlage aus Oberstimm im 1. Jahrhundert erstmals zu Wasser ließen.[3] Die „*Fridericiana Alexandrina Navis*", kurz F.A.N. genannt, ermöglicht getreu dem Motto „Wissen in Bewegung" viele interessante und fächerübergreifende Forschungsprojekte. Ein herausragendes Merkmal der F.A.N. ist dabei deren farbliche Gestaltung. Damit hebt sich die F.A.N. deutlich von den anderen „Römerbooten" ab. Bei der F.A.N. wurde erstmals versucht, einem Römerboot mit antiken Techniken zusätzliche Aufmerksamkeit in Form eines

---

1 Vegetius IV 37,5; Plinius d. Ä. nat. hist. XXXV 19, 31, 41.

2 Bockius (2002).

3 Dreyer (2018), S. 64–65.

farbigen Anstriches zukommen zu lassen. Dabei spielt die Farbgebung bei einem Patrouillenboot eine wichtige Rolle, da sich mehrere Aspekte, wie Motivation, militärische Zuordnung und Tarnung daraus ableiten lassen und zusätzlich die Bezeichnung dieser Schiffe als „*naves pictae*“ – bemalte Schiffe[4] Beweis genug für einen Anstrich nach historischem Vorbild sein sollte.[5]

Wie wir aus einer Vielzahl antiker Schriften und archäologischer Funde wissen, war die Antike mit einer großen Farbenvielfalt ausgestattet. Dies wird außer durch die Funde aus vorrömischer Zeit auch durch die antiken Stätten von Pompeji und Herculaneum eindrucksvoll bewiesen.[6]

Aus diesen Betrachtungen heraus ergab sich der Auftrag, für die F.A.N. eine farbige Gestaltung mittels Enkaustik zu realisieren, da dieses Verfahren schon von Plinius für die Farbgestaltung von Kriegsschiffen, ja sogar von Frachtschiffen beschrieben wurde.[7]

2.2 Schiffsfunde und antike Darstellungen von Schiffen

Obwohl Plinius die wichtigste Quelle für den Nachweis und die Gestaltung farbiger Schiffe darstellt, existieren auch eine Vielzahl von archäologischen Funden, die in akribischer Weise in den beiden von der EU geförderten Forschungsprojekten Navis I und Navis II erfasst wurden. Bei den historisch ältesten Nachweisen farbiger Schiffe, handelt es sich um Sekundärnachweise, die deshalb auch gesondert betrachtet werden müssen, da z. B. bei den ca. 4600 Jahren alten Schiffen des Pharaos Cheops, welche sich in den Gruben an der Großen Pyramide befinden bzw. befanden, keine Spuren von Farben gefunden wurden, jedoch an den Wandgemälden in den Grabkammern der Pyramide. Dabei muss jedoch festgehalten werden, dass die Nilbarke des Cheops, das sogenannte Khufu-Schiff, in 1224 Einzelteilen in die Grube eingebracht wurde und eventuell deshalb auf einen Anstrich verzichtet wurde. Mit einer Länge von 43,4 m und einer Breite von 5,9 m ist es das älteste und am besten erhaltene Schiff der Antike.[8] Es lässt sich bis heute nicht mit Sicherheit feststellen, ob es sich bei der farbigen Gestaltung an den Wänden innerhalb der Pyramide nur um Charakteristika von altägyptischen Begräbnisritualen handelt oder die Schiffe der IV. Dynastie in der natürlichen Farbe ihrer verwendeten Materialien auf dem Nil fuhren. Wichtig ist in diesem Zusammenhang auch der Hinweis von

---

4 Vegetius IV 37 – wenn Originaltext so richtig rekonstruiert.

5 Carbon, Kapitel 3,4.

6 Brinkmann (2003).

7 Plinius d. Ä. nat. hist. XXXV 41.

8 Bockius (2007), S. 17–19.

Baillif, welcher die chemische Untersuchung altägyptischer Farben beschreibt: „... *und zweitens bei Untersuchung eines kleinen Stückchens blaugrüner Farbe, die vom Bug des ägyptischen Schiffes (Totenschiff) sich abgelöst hatte.*"[9] Zu den Sekundärfunden zählen auch Darstellungen von Schiffen auf Vasen, Mosaiken und Wandmalereien, auf denen eindeutig Schiffe zu erkennen sind, die farbig gestaltet oder mit Symbolen ausgestattet wurden (Abb. 1, oben Anm. 8). Hornig fasst in einer sehr ausführlichen Darstellung die gestalterische Verwendung von figürlichen Tiermotiven an verschiedenen Schiffen der Antike zusammen, wobei auch Schiffe der römischen Zeit erwähnt werden. Besonders hervorstechend ist immer wieder das Vorhandensein des Auges am Schiff, welches sowohl in der römischen als auch vorrömischen Zeit häufiges Gestaltungselement war. Hier sei die Hypothese erlaubt, dass es sich bei der Ausstattung der Schiffe mit dekorativen Elementen in vielen Fällen um Wachsmalerei gehandelt haben muss, da bis heute keine Technik bekannt ist, mit der in der Antike wasserbeständige Verzierungen angebracht werden konnten.[10]

Abb. 1: Detail des Oceanus-Mosaikbodens, Szenen vom Marktplatz, Römerhalle, Bad Kreuznach, Deutschland (8196211943)

[9] Passalacqua (1826), S. 242.

[10] Hornig (2001), S. 112–124.

Berger zitiert Kallixenos nach Athenaios,[11] der zwei Prachtschiffe beschreibt.[12] Sie gehörten dem ägyptischen König Ptolemaios IV. Philopator (245 v. Chr.–204 v. Chr.), dem Pharao der Ptolomäer-Dynastie, wobei das größere Schiff, die Thalamegos, mit einer Länge von ½ Stadion (ca. 89 m) und einer Breite von max. 30 Ellen (ca. 14 m) in dieser Größe ihresgleichen sucht.[13] Bei der Syrakosia des Königs Hieron von Syrakus muss man sich ein ähnliches Prunkschiff vorstellen. Von beiden Schiffen wird beschrieben, dass es sich um schwimmende Paläste handeln würde, die überaus reich mit Wachsmalerei verziert waren. Bei weiteren Schiffsfunden der Antike ragen auf jeden Fall die Schiffe von Nemi heraus, die der römische Imperator Caius Caesar Germanicus, genannt Caligula, bauen ließ. Diese mehr als 70 m langen Prunkschiffe fielen unglücklicherweise nach ihrer Bergung von 1928–1932 in der Nacht vom 31. Mai 1944 einem Brand zum Opfer, der bis auf wenige ausgelagerte Fundstücke, die Schiffe vollständig zerstörte.[14] Wichtig ist auch der Hinweis auf die mit Kupfernägeln befestigten 1 mm dünnen Bleiplatten, die im Salzwasser den Schutz vor Muschelbefall sicherstellen sollten. Neben einer weiteren Anzahl von Schiffsfunden römischer Bauart in den Niederlanden, die allesamt als Transportschiffe eingesetzt wurden (Schiffsfund von Woerden, 1978–2002; Schiffsfund von De Meern, 1997–2008),[15] sind die Funde von Pisa, Mainz und Oberstimm für Aussehen und Verwendung römischer Patrouillenboote von außerordentlicher Bedeutung.

Bei den Schiffsfunden in Pisa, die während der Bauarbeiten an einem Bahnhof gefunden wurden, stehen wir vor einem Sammelsurium von 30 Schiffen aus einer Zeit von 300 v. Chr. bis 700 n. Chr. Diese Sammlung beherbergt unseres Wissens auch einen der wenigen verbrieften Hinweise auf eine Bemalung, da am Pisa Nave C Spuren von Bleiweiß nachgewiesen werden konnten.[16]

Zu den Schiffsfunden in Mainz gehören solche vom spätantiken Typ der Lusoria, eines Patrouillenschiffs, das von etwa 20 Rojern angetrieben wurde.[17] Es ist u. a. auf der Donau und am Rhein eingesetzt worden, wo zuvor die Patrouillenboote vom Typ Oberstimm, der als F.A.N. nachgebaut wurde, gefahren sind. Entgegen den ursprünglichen Vermutungen konnten bis jetzt keinerlei Farbspuren am historischen Schiffskörper gefunden werden.

Bei den Schiffen aus Oberstimm handelt es sich um Moneren, einreihige und einrangige Schiffe, die als schnelle Patrouillenboote ebenfalls mit 20 Rojern bemannt werden konnten.

---

11 Berger (1904), S. 226.

12 Kallixenos FGrHist, nr. 627 F 1.

13 Caspari (1916), S. 1–74.

14 Ucelli (1950). Wolfmayr-Dobrowsky (2009).

15 a) Bockius (1996), S. 511–530; b) Brouwers (2013), S. 13–27.

16 Bruni (2000), S. 21–79; Colombini (2003), S. 659–674.

17 Bockius (2006).

Aus den geborgenen Fragmenten der beiden Oberstimm-Schiffe konnten nach der Rekonstruktion eine Länge von etwa 16 m und eine Breite von 2,7 m ermittelt werden. Das Schiff Oberstimm 2 bildet die Grundlage für den Nachbau der F.A.N.[18]

2.3 Enkaustik

Historischer Abriss

Zu den beiden in der Antike weit verbreiteten Gestaltungstechniken Wandmalerei und Tafelmalerei etablierte sich zusätzlich die Enkaustik (griech. Einbrennen), vorerst als ergänzende Technik zu den bisher bekannten Verfahren. Bei dieser Technik wurden Pigmente mit Wachs vermischt und heiß aufgetragen. Nach Plinius[18] sind Aristeides von Theben und wenig später Praxiteles (beide 4. Jahrhundert v. Chr.) die Ersten, welche die Enkaustik angewendet und später vervollkommnet haben, obwohl Plinius selbst an gleicher Stelle (s. o. Anm. 19) von Polygnotos, Nikanor, Arkesilaos aus Paros spricht, die schon zu früheren Zeiten enkaustisch gemalt hätten. Elasippos soll seine Malerei mit „ἐνέκαεν" (er hat eingebrannt) signiert haben, was er mit Sicherheit nicht getan hätte, wenn die Enkaustik zu dieser Zeit nicht schon etabliert gewesen wäre. Alle diese Maler und Bildhauer sind schon im 5. Jahrhundert v. Chr. anzusiedeln. Nachdem sich eine zeitlich korrekte Zuordnung des Beginns enkaustischer Maltechnik auf dieser Befundlage hin als äußert schwierig gestaltet, kann leider über die drei verschiedenen Spielarten der Enkaustik auch keine gesicherte Aussage getroffen werden. Obwohl wir die Namen der einzelnen Werkzeuge – *cauterium, cestrum, penicillum* – kennen und damit die Materialien zuordnen können, die nach den beschriebenen Verfahren bearbeitet wurden, fehlt uns jede Kenntnis zu Aussehen und Verwendung der ersten beiden beschriebenen Werkzeuge. Erwähnenswerte Analysen der Schriften zur Enkaustik aus den vergangenen Jahrhunderten sind von Schmuhl[19] und aktuell von Schmädecker und Krekel verfasst worden.[20] Trotz historisch bemerkenswerter Funde wie dem „Malergrab von St. Médard-des-Prés",[21] dem Grab eines römischen Malers aus Nida-Heddernheim,[22] und dem Fund in Herne-St. Hubert[23] konn-

18 Plinius d. Ä. nat. hist. XXXV 39.

19 Schmuhl (2017).

20 Schmädecker / Krekel, Kapitel 3,3.

21 Berger (1904), S. 211–216.

22 Bachmann (1977), S. 85–107.

23 Raehlmann (1914), S. 220–239.

te anhand der gefundenen Werkzeuge und Farbproben die Enkaustik nach antikem Vorbild nicht zufriedenstellend nachgestellt werden. Was Funktion, Aussehen und Materialien der Werkzeuge betrifft, sind wir weiterhin auf Vermutungen angewiesen. Zusätzlich tut sich aufgrund dieses Malus' eine gewaltige Lücke bei der technischen Durchführung der Enkaustik auf, welche gerade bei der Schiffsbemalung reichlich Raum für Spekulationen lässt.

Die mögliche technische Ausführung der Enkaustik bei Schiffen wird von Schmädecker und Krekel an anderer Stelle im Buch ausführlich diskutiert.

Besonders farblich umschmeicheln uns die Mumienbilder aus Fayum (Abb. 2), die teils rein nach enkaustischen Verfahren, teils in einer Kombination mit anderen Techniken erstellt wurden und mit einer Detailtiefe aufwarten, an der sich heutige Künstler messen lassen müssen. Bemerkenswert ist auch die teilweise hervorragende Erhaltung dieser Mumienbilder, von denen einige fast zwei Jahrtausende im Wüstensand überdauert haben.[24]

Abb. 2: Porträt einer jungen Frau, Louvre, P 217, MND 2047

[24] a) Flinders Petrie (1911); b) Borg (1998).

Berger liest die Schriften zur Enkaustik bei Plinius so, dass die dritte Form, die mit dem Pinsel, von den Schiffsmalern ausgehend, schon in der klassischen Zeit angewandt wurde und nicht erst in der hellenistischen.[25] Er unterstellt den Schiffsmalern, dass diese ein Verfahren gefunden hätten, mit dem das Wachs lange genug heiß gehalten wurde, um es mit einem Pinsel aufzutragen. Der Auftrag mit dem *cauterium*, gerade bei horizontalen Schiffswänden, wäre kaum großflächig möglich gewesen.

> „Den Antrieb dazu mussten sie von der Schwierigkeit empfangen, die umständlichen, viel Aufmerksamkeit, Mühe und Zeit erfordernden Manipulationen mit den Cauterien an den in der Werft aufrecht stehenden Schiffswänden vorzunehmen. Vielleicht war es überhaupt nicht möglich, auf diese Weise die Wachsfarben so, wie es nötig war, aufzutragen, und andere als Wachsfarben konnten es nicht sein, wenn sie gegen Seewasser und Stürme widerstandsfähig bleiben sollten."

Wie Plinius beschreibt[26] hat Nikias von Athen im 4. Jahrhundert v. Chr. auch schon „grandes tabulas" mit Enkaustik bemalt, wonach die Enkaustik mit dem Pinsel an Wandflächen zu dieser Zeit schon bekannt gewesen sein muss.

Rohstoffe für die Enkaustische Farbgebung bei Schiffen

Nach Plinius wurde bei der Enkaustik eine Mischung von zumindest Wachs und Pigment verwendet, obwohl der Zusatz von Harz und Öl nicht komplett ausgeschlossen werden kann.

Die Verfügbarkeit und Nutzbarkeit der im Folgenden beschriebenen Rohstoffe für ein enkaustisches Verfahren stützen sich hauptsächlich auf die Aussagen von Plinius und Vegetius. Da aber bei Plinius an keiner Stelle die verwendeten Wachse exakt angeben sind, noch Aussagen zu Harzen und Öle gemacht wurden, soll die folgende Zusammenstellung einen Überblick über möglicherweise genutzte Komponenten des Bindemittels geben. Eine weitere Schwierigkeit ergibt sich aus den Beschreibungen bei Plinius, da sich die Anwendung der Enkaustik in seiner *„naturalis historia"* zum größten Teil auf die Bemalung von Wänden bezieht.

Berger erweitert das Wissen, was wir glauben, aus Plinius' Schriften extrahieren zu können, durch die Zusammenstellung und kritische Gegenüberstellung der chemischen Analysen der Zeit bis zum ausgehenden 19. Jahrhundert und eine größere Anzahl von eigenen Versuchen.

---

25 Berger (1904), S. 227.

26 Plinius d. Ä. nat. hist. XXXV 10.

Auf die Verwendung von Wachs wird mehrfach hingewiesen und die Funde im Grab von St. Médard-des-Prés bestätigen dies ausdrücklich, da sich in einer der Amphoren reines Bienenwachs befunden hat.[27]

Schmädecker und Krekel beschreiben in ihrem Kapitel Eigenschaften und Bedeutung von punischem Wachs (*cera punica*) und Bienenwachs (*cera*), welche von Plinius mehrfach beschrieben wurden.

Für die Verwendung eines Harzes gibt es analytische Hinweise, wobei keine verifizierbare Beschreibung darüber vorliegt, aber die Mischung von Harz und Wachs beim Schiffsanstrich in Form von „*Zopissa*“ beschrieben wird.[28] Dafür wird das Harz der Rottanne zu Teer gesotten und anschließend mit Wachs vermischt. Die Verwendung von Harz für die Enkaustik ist bei Plinius nicht explizit erwähnt.

Nach Berger ist der Zusatz von Öl aber ebenso wahrscheinlich, da Plinius die Lösbarkeit aller Harze in Ölen[29] ausdrücklich hervorhebt „*... resina omnis dissolvitur oleo ...*“ und die Anwendung von Ölen bei den Enkausten späterer Zeit nachgewiesen ist.[30] Zusätzlich wird die Verwendung von Harz auch durch die Analysen der Proben aus dem Grab von St. Médard-des-Prés durch Chevreul um 1850 bestätigt, wo Berger bei Probe § 4 von einem „*Gemenge von Harz und Wachs zur Malerei bestimmt*“ spricht.[31]

Die Verwendung von Nussöl für medizinische Anwendungen ist bei Plinius beschrieben.[32] Zusätzlich hat Berger bei seinen experimentellen Arbeiten zur Enkaustik angemerkt, dass die Verwendung von Nussöl in einer Mischung von Wachs und Harz zu guten Ergebnissen führt, wenn bei einer erkalteten Probe mit dem Fingernagel keine mechanischen Eindrücke entstünden.[33] Von uns wurde bei den experimentellen Arbeiten Leinöl als trocknendes Öl verwendet, da es zu einer verbesserten Verarbeitbarkeit des Bindemittels und im Unterschied zu ätherischen Ölen zu einer besseren Trocknung des Pigment-Bindemittel-Gemisches beiträgt. Laut Plinius sind als trocknende Öle, die besonders für medizinische Belange verwendet wurden, Lorbeer-, Mandel-, Nuss- und Ricinusöl beschrieben.[34] Beim Terpentinöl, welches heutzutage in der Malerei gerne verwendet wird, handelt es sich um eine Mischung verschiedener Terpene, die aber erst seit der Erfindung der trockenen Destillation nach dem 8. Jahrhundert durch den arabische Alchemisten Dschābir ibn Hayyān (genannt Geber) in ausreichender Menge zur

---

[27] Berger (1904), S. 211–218.

[28] Plinius d. Ä. nat. hist. XVI 23.

[29] Plinius d. Ä. nat. hist. XIV 25.

[30] Berger (1904), S. 223.

[31] Berger (1904), S. 269.

[32] Plinius d. Ä. nat. hist. XXIII 45.

[33] Berger (1904), S. 220.

[34] Plinius d. Ä. nat. hist. XXIII 41–45.

Verfügung steht.[35] Plinius beschreibt ein dem Terpentinöl ähnliches Produkt, welches beim Kochen von Pech zur Sammlung der Gase über aufgespannten Fellen gewonnen wird. Jedoch wurde das „Pechöl" als braungelbes Öl mit fetter, harziger Konsistenz beschrieben und ist keinesfalls dem heutigen Terpentinöl gleichzusetzen.[36]

Unzweifelhaft handelt es sich beim Malgrund der Schiffe um Holz. Von den allgemein vorherrschenden Überlegungen Abstand nehmend, gehen wir davon aus, dass die Qualität des Malgrundes Holz für das Ergebnis nur von untergeordneter Bedeutung ist. Caesar schreibt in seinen „*commentariorum belli civilis*", dass 12 Kriegsschiffe in Arelate (Arles) für die Belagerung von Massilia (Marseille) innerhalb von 30 Tagen fertiggestellt wurden, vom Schlagen des Bauholzes über den Transport bis zur Übergabe an Decimus Iunius Brutus.[37] Auch wenn dabei eine gewisse Übersteigerung der Leistung eines ehrgeizigen Feldherrn durchaus naheliegt, handelt es sich bei dem verwendeten Holz laut dieser Aussage keinesfalls um getrocknetes Holz. Überdies ist zu vermuten, dass beim Bau der Patrouillenboote noch weniger Zeit zu veranschlagen war und die Rohstoffqualität von noch geringerer Bedeutung gewesen sein sollte.

Beschreibung der Bemalung nach Hochbruck 2018 (Rezeptur I)

Zu Beginn des Projektes wurde von Hochbruck ein Konzept für die farbliche Gestaltung der F.A.N. vorgeschlagen,[38] welches auf einer modifizierten Rezeptur von Berger basierte.[39] Für die Bereitung der Pigmentmischung wurden ein Teil des feingepulverten Harzes (Dammar) unter ständigem Rühren in zwei Teilen Terpentin gelöst und anschließend mit einem Teil Bienenwachs versetzt (Rezeptur I). Nach der Homogenisierung des Bindemittels auf einer Heizplatte unter ständigem Rühren wird das Pigment (in Abhängigkeit vom Farbton 0.5 bis 0.9 Teile) hinzugegeben und anschließend auf das Holz aufgetragen. Aufgrund der unerwartet hohen Temperaturen im Sommer 2018 kam es in den Monaten nach dem Stapellauf zum Verlaufen einzelner Passagen (Abb. 3). Bemerkenswert ist in der Rezeptur von Hochbruck der sehr hohe Wachsanteil, welcher bei hoher Sonneneinstrahlung unserer Meinung nach zur Erweichung der Bindemittel-Pigment-Schicht führte. Für Reparaturarbeiten wurde die Rezeptur unter Anleitung von Dreyer erneut angepasst und der Wachsanteil deutlich reduziert (Rezeptur

35 Darmstaedter (1922).

36 Plinius d. Ä. nat. hist. XV 7.

37 Caesar civ. I 36.

38 Hochbruck (2019), S. 181–189.

39 Berger (1904).

II).[40] Allerdings wurde auch hier an der Verwendung von Terpentin festgehalten, was sich jedoch nach unserem Verständnis nicht mit der antiken Rohstoffsituation in Einklang bringen lässt. Als Bindemittel wurde bei letzten Arbeiten ein Harz : Terpentin : Bienenwachs-Gemisch (2:4:1) verwendet, das mit unterschiedlichen Pigmenten versetzt wurde.

Abb. 3: verlaufendes Wachs nach Bemalung von Hochbruck (Ausschnitt)

Experimentelle Untersuchungen zur Nachahmung von antiken Schiffsanstrichen nach einem enkaustischen Verfahren

Für die Untersuchungen zur thermischen Beständigkeit wurden zuerst die beiden Rezepturen wiederholt. Zur Simulierung der hochsommerlichen Wetterlage wurde ein Laborwärmeschrank auf 35° C temperiert und die Temperatur danach auf 50° C erhöht. Dabei wurde auch wieder das sogenannte Verlaufen der Bindemittel-Pigment-Schicht bei Rezeptur I festgestellt. Das Verlaufen bei Rezeptur II war deutlich reduziert, konnte aber immer noch beobachtet werden. Daraus ergibt sich folgender experimenteller Ansatz:

---

40 Dreyer 2019 private Mitteilung: 237,5 g Harz, 475 g Terpentin, 142,5 g Bienenwachs, 150 g Burgunder- oder Gold-Ocker (für orangen Farbton), 162 g Grün + 50 g Goldocker (für grünen Farbton).

- stofflicher Ersatz des Terpentinöls durch Leinöl mit weiteren Variationen (Sikkativ, Öl vs. Firnis, Trockenzeiten).
- Reduzierung des Wachsanteils in der Rezeptur.
- Test eines Zweischichtverfahrens (Pigment-Öl-Grundanstrich und folgend ein farbloser Bindemittelanstrich).
- Auftragung auf erwärmtes bzw. durchgewärmtes Holz.
- Variation des Verhältnisses Pigment: Bindemittel.
- Austausch antiker Bestandteile durch aktuelle Komponenten mit gleicher Funktionalität.
- Verarbeitung des Pigment-Bindemittel-Gemisches.
- Verwendung von antiken Pigmenten.

Für alle Experimente wurden gleich große Holzstücke (Kiefer, ca. 60 cm^2) verwendet, die aus dem gleichen Material bestehen, welches beim Bootsbau verwendet wurde.

Der wichtigste Ansatzpunkt bei unseren Variationen war die Substitution des Öls, da wir nicht davon ausgehen können, dass in antiker Zeit Terpentinöl in ausreichender Qualität und Quantität zur Verfügung stand. Der Flachs ist eine der ältesten Kulturpflanzen der Menschheit und auch wenn die Verwendung von Leinöl bei Plinius nicht angegeben ist, beschreibt er doch ausführlich den Anbau und die Ernte von Flachs.[41] Zusätzlich gibt es eine Vielzahl von Untersuchungen zum Trocknungsverhalten von Leinöl und Leinölprodukten mit und ohne Sikkativ, die für unsere Arbeiten herangezogen werden können.[42] Bei einer Untersuchung von 61 Mumienportraits im Rahmen des APPEAR-Projektes konnten Bienenwachs und in vielen Porträts auch Pinienharz nachgewiesen werden. Zusätzlich wurde auch Erucasäure, eine ungesättigte C22-Carbonsäure gefunden, die ein Marker für Senföle ist.[43]

Bei vielen Farbanalysen von enkaustisch gemalten Bildern wurde Bleiweiß (2 $PbCO_3$ x $Pb(OH)_2$) nachgewiesen, wobei nicht nur die Farbe „Weiß", sondern auch die Funktion eines hochwirksamen Sikkativs von Bedeutung ist, welches die Trockenzeit von lufttrocknenden Öl- und Harzmalfarben deutlich verkürzt. Dafür werden besonders Schwermetallverbindungen eingesetzt, von denen das Bleiweiß, welches schon seit der Antike bekannt war, die Trockenzeit am stärksten verringert. Damit konnte ohne Zugabe zusätzlicher Substanzen nur durch die Auswahl und Kombination der Pigmente eine entscheidende Verringerung der Trockenzeit erreicht werden. Eine großflächige Anwendung von Bleiweiß beim Anstrich des Bootes verbietet sich aus umweltschutztechnischen Überlegungen von selbst, weshalb sich ein Test auf

41 Plinius d. Ä. nat. hist. XIX 1–4.

42 a) Amsel (1895); b) Beuerle (1950), S. 143–144.

43 Mazurek (2019), S. 1960–1985.

eine Probe im Labormaßstab beschränken muss. Die Wirkung der Sikkative bezieht sich bei unseren Versuchen aber ausdrücklich auf ungesättigte Fettsäuren, wie sie im Leinöl enthalten sind. Bei der Verwendung von Terpentinöl wird die Anwendung eines Sikkativs nur eine untergeordnete Rolle spielen.

Für erste Tests mit anderen Sikkativen haben wir uns für Braunstein entschieden, um die Wirkung unabhängig vom Pigment zu untersuchen. Braunstein wurde von Plinius wegen seiner äußerlichen Ähnlichkeit zum Magneteisenstein „*magnes masculini sexus*“ als „*magnes feminei sexus*“ beschrieben und in der Antike schon zur Entfärbung von Gläsern verwendet.[44] Bei den durchgeführten Versuchen mit Mangan(IV)-oxid (Braunstein) korrelierte der Gehalt an Sikkativ (0–8 % Braunstein) eindeutig mit der Trockenzeit der Probe, wobei aber bei Gehalten ab 6 % schon eine Dunkelfärbung des Bindemittels festgestellt wurde. Die untersuchten Proben wurden ab einem Gehalt von 2 % Braunstein sofort nach dem Auftragen des heißen Bindemittels fest.

Als Harz-Grundlage wurde bei allen Versuchen Dammar verwendet, das einen ähnlichen Erweichungspunkt (ab 75° C) wie Kolophonium hat, im farblichen Vergleich aber etwas heller als Kolophonium ist.

Für die Anwendung der Enkaustik im wörtlichen Sinne wurde ein zweischichtiges Verfahren angewendet, welches von Lehmann vorgeschlagen wurde (Lehmann 2019).[45] Im ersten Schritt wird das Holz zur Öffnung der Poren im Trockenschrank auf 60° C erwärmt und anschließend die Öl-Pigment-Wachs-Sikkativ-Mischung flächig aufgetragen. Nach 15 Minuten wird der Überstand mit einem Papiertuch abgezogen und der Auftrag des Gemisches wiederholt. Nach einem Tag Trocknung wird dann die Deckschicht, bestehend aus Leinöl, Leinölfirnis, Harz, Wachs und Pigment aufgetragen. Die Massenanteile betragen 8:1:1 (Öl, Harz, Wachs), wobei sich das Öl aus 85 % Leinöl und 15 % Leinölfirnis zusammensetzt. Die Verwendung einer farblosen Deckschicht wurde verworfen, da sich das Sikkativ unregelmäßig darin verteilte und unregelmäßige Häufungen auftraten.

Bei den grundlegenden Versuchen wurde in allen Fällen ein Hämatit-haltiges Pigment verwendet. Nach der Erwärmung mit Leinöl/Leinölfirnis wurden nach dem Abkühlen auf Raumtemperatur metallschwarze, magnetische Kristalle auf dem Boden des Gefäßes gefunden. Bis jetzt konnte noch nicht festgestellt werden, ob es sich dabei um eine chemische Reaktion handelt oder die Kristalle schon vorher im Pigment enthalten sind.

Die Farbhaftung kann bei diesem Verfahren als gut bezeichnet werden.

Nach einer mehrwöchigen Laborpause waren alle Proben vollständig ausgehärtet (Abb. 4).

---

[44] Plinius d. Ä. nat. hist. XXXVI 25; Wedepohl (1997).

[45] Werkstattleiter Enno Lehmann, Staatliche Akademie der Bildenden Künste Stuttgart, private Mitteilung.

Aus ersten orientierenden Versuchen wurde folgende Zusammenstellung als aktuell beste Rezeptur (Rezeptur III) ermittelt:

- Bindemittel der Zusammensetzung 1:2:1 (Dammarharz : Leinöl : Bienenwachs).
- zwei Masseprozent Sikkativ und Pigment im Verhältnis 6:1 (Bindemittel : Pigment).
- Homogenisierung im Ultraschallbad (kann natürlich auch durch intensives Rühren passieren!).
- hergestellte Farbe trocknet schnell und lässt sich auch nachträglich gut bearbeiten.
- Herausbildung einer glänzenden Oberfläche, welche mechanisch und thermisch weiterbearbeitet werden kann.
- Aufteilung in Form der Zweischichtvariante (Grundierung und Deckschicht) ist möglich, Grundierung aus Leinöl mit 5 % Pigmentanteil.

Abb. 4: enkaustisch bemalte Holzproben nach Trocknung

2.4. Zusammenfassung und praktischer Ausblick

Im Rahmen der bis zum jetzigen Zeitpunkt durchgeführten Versuche wurde gezeigt, dass es bei Planung und Ausführung des Projektes möglich ist, sich weitgehend an die historisch belegbaren Vorgaben zu Material, Aufbau und Verarbeitung zu halten. In einem ersten Experiment wurde für die Bemalung ein enkaustisches Verfahren angewendet, welches schon von Plinius d. Ä. grundsätzlich beschrieben wurde. Aufbauend auf den Arbeiten von Hochbruck, die bei der farblichen Gestaltung der F.A.N. die Grundlage bildeten, werden Wege aufgezeigt, mit denen eine höhere mechanische Beständigkeit der Farbschicht erzielt werden kann, ohne den historischen Kontext zu vernachlässigen, wobei chemisch-materialwissenschaftliche Aspekte in den Vordergrund gerückt werden.

Dabei stehen noch einige Test der Langzeitstabilität des Wachses in Wasser aus. Zusätzlich wird auch die Schmelz- bzw. Erweichungstemperatur des Bindemittels in Abhängigkeit vom Pigment zu untersuchen sein. Durch die Experimente konnte außerdem gezeigt werden, dass es auch unter den heutigen hohen Umweltauflagen möglich sein sollte, das Projekt eines Bootsanstriches mit historisch verbrieften Wachsen, Harzen, Ölen und Pigmenten zu realisieren.

Literatur

Amsel, H., Ueber Leinöl und Leinölfirnis sowie die Methoden zur Untersuchung derselben, Zürich 1895.

Bachmann, H.-G. / W. Czysz, Das Grab eines römischen Malers aus Nida-Heddernheim, Germania 55, 1977, S. 85–107.

Berger, E., Die Maltechnik des Altertums nach den Quellen, Funden, chemischen Analysen und eigenen Versuchen, München 1904.

Beuerle, R. / M. Hartmann, Einige Versuche zum Trockenvorgang graphischer Farben, Angewandte Chemie Vol. 62, 1950, S. 143–144.

Bockius, R., Zur Rekonstruktion des römischen Plattbodenschiffes aus Woerden, Jahrbuch des Römisch-Germanischen Zentralmuseums Mainz Vol. 43, 1996, S. 511–530.

Bockius, R., Die römerzeitlichen Schiffsfunde von Oberstimm in Bayern, Monographien des Römisch-Germanisches Zentralmuseums Vol. 50, Mainz 2002.

Bockius, R., Die spätrömischen Schiffswracks aus Mainz, Schiffsarchäologisch-technikgeschichtliche Untersuchungen spätantiker Schiffsfunde vom nördlichen Oberrhein, Monographien des Römischen-Germanischen Zentralmuseums Vol. 67, Mainz 2006.

Bockius, R., Schifffahrt und Schiffbau in der Antike, Archäologie in Deutschland, Sonderheft 2007, S. 17–19.

Borg, B., Der zierlichste Anblick der Welt ... Ägyptische Porträtmumien (= Zaberns Bildbände zur Archäologie./ Sonderhefte der Antiken Welt), Mainz 1998.

Brinkmann, V., Die Polychromie der archaischen und frühklassischen Skulptur (= Studien zur antiken Malerei und Farbgebung. Bd. 5), München 2003.

Brouwers, W. / E. Jansma / M. Manders, Archeobrief 2013–4, S. 13–27.

Bruni, S., The urban harbour of Pisae and the wrecks discovered at the Pisa – San Rossore railway station. In: S. Buni (Hg.), Le navi antiche di Pisa, S. 21–79, Firenze 2000.

Caspari, F., Das Nilschiff des Ptolemaios IV., Jahrbuch des Deutschen Archäologischen Instituts 1916, S. 1–74.

Colombini, M. P. / G. Giachi / F. Modugno / P. Palecchi / E. Ribechini, The Characterization of Paints and Waterproofing Materials from the Shipwrecks found at the Archeological Site of the Etruscan and Roman Harbor of Pisa (Italy), Archeometry 45, 2003, S. 659–674.

Darmstaedter, E., Die Alchemie des Geber. Übersetzt und erklärt, Berlin 1922.

Dreyer, B., Oberstimm: römisches Schnellboot kehrt zurück, Archäologie in Deutschland 2018, Vol. 4, S. 64–65.

EU-Projekte Navis 1 und Navis 2: https://www2.rgzm.de/navis/home/frames.htm u. https://www2.rgzm.de/navis2/home/frames.htm, zuletzt abgerufen 07.02.2021.

Flinders Petrie, W.M., Roman Portraits and Memphis (IV), British School of Archaeology in Egypt, and Egyptian Research Account Seventeenth Year, 1911.

Hornig, K., Tierfiguren an Bordwänden antiker Schiffe, Skyllis 2001, S. 112–124.

Hochbruck, J., Der Schutz des Wachses. Versuche zur Nachschöpfung einer antiken Schiffsfarbe, Experimentelle Archäologie in Europa Jahrbuch 2019, Heft 18, S. 181–189.

Mazurek, J. / M. Svoboda / M. Schilling, GC/MS Characterization of Beeswax, Protein, Gum, Resin, and Oil in Romano-Egyptian Paintings, Heritage 2019, 2, S. 1960–1985.

Passalacqua, M. J., Catalogue Raisonné et Historique des Antiquités Découvertes en Égypte, Paris 1826, S. 242.

Raehlmann, E., Römische Malfarben, Mitteilungen des Kaiserlich Deutschen Archaeologischen Institutes, Roemische Abteilung, Vol. XXIX, 1914, S. 220–239.

Schmuhl, Y., Mythen in der Fachliteratur zur antiken Malerei. In: Y. Schmuhl / E. P. Wipfler (Hg.), Inkarnat und Signifikanz: das menschliche Abbild in der Tafelmalerei von 200 bis 1250 im Mittelmeerraum, Veröffentlichungen des Zentralinstituts für Kunstgeschichte in München, Bd. 42, 1. Aufl., Zentralinstitut für Kunstgeschichte, München 2017, S. 152–159.

Ucelli, G., Le Navi di Nemi, Instituto Poligrafico e Zecca dello Stato, Roma 1950.

Wedepohl, K. H. / R. Pirling / G. Hartmann, Römische und fränkische Gläser aus dem Gräberfeld von Krefeld-Gellep. Bonner Jahrbücher 197, 1997, S. 177–189.

Wolfmayr-Dobrowsky, S., Die Schiffe vom Lago di Nemi, Diplomarbeit, Graz 2009.

Abbildungsverzeichnis

Abb. 1: Foto gemeinfrei unter wikimedia commons https://commons.wikimedia.org/wiki/File:Detail_of_the_Oceanus_mosaic_floor,_scenes_from_the_Market_place,_R%C3%B6merhalle,_Bad_Kreuznach,_Germany_(8196211943).jpg?uselang=de

Abb. 2: Foto gemeinfrei unter wikimedia commons https://upload.wikimedia.org/wikipedia/commons/b/b6/Antino%C3%A9%2C_ritratto_di_donna_detta_l%27auropea%2C_150-200_ca..JPG

Abb. 3, 4: Foto M. Speck

3 Das Bindemittelsystem der Enkaustischen Malerei auf Schiffen: eine kunsttechnologische Quellenanalyse

Maike Schmädecker, Christoph Krekel

Mit den Entdeckungen von Herculaneum (1709) und Pompeji (1748), vor allem aber auch mit den Schriften Joachim Winckelmanns (u. a. *Geschichte der Kunst des Alterthums*, 1764) verstärkt sich europaweit das wissenschaftliche Interesse an der Antike im Verlauf des 18. Jahrhunderts und mündet unter anderem in die Gründung der Lehrstühle für Archäologie in Leipzig (1735) und Göttingen (1767). Zur gleichen Zeit beginnen auch Chemie und Physik sich als eigenständige Wissenschaften zu etablieren. Aus diesem gleichzeitig aufkeimenden, wissenschaftlichen Interesse an Archäologie und Naturwissenschaften in der Zeit der Aufklärung entsteht eine dezidierte, multidisziplinär getragene aber auch gesellschaftlich breit aufgestellte Aufmerksamkeit für die Materialien und künstlerischen Techniken der Antike. So untersucht der Chemiker Jean-Antoine Chaptal[1] (1756–1832) die Pigmente der in Pompeji ausgegrabenen Farbenhandlung oder der Gründervater der Analytischen Chemie Martin Heinrich Klaproth (1743–1818) legt an der Königlichen Akademie der Wissenschaften und schönen Künste zu Berlin eine erste systematische Arbeit vor, die sich mit der Materialzusammensetzung antiker Münzen auseinandersetzte.[2]

Auch für die Künstler der Zeit des Klassizismus galt „Der einzige Weg für uns, groß, ja, wenn es möglich ist, unnachahmlich zu werden, ist die Nachahmung der Alten“[3] wie es Winckelmanns Paradoxon von 1756 vorgibt. Wenig beachtet ist dabei bisher, dass dieses Bestreben nach Nachahmung der Antike für die Künstler nicht nur in Bezug auf die künstlerische *Form*, sondern insbesondere auch für die die künstlerische *Technik* galt, wofür man sich auch auf verschiedenste schriftliche Quellen, vor allem Plinius und Vi-truv berief. Insbesondere die Enkaustik, das Malen mit Wachs, hatte als künstlerische Technik der Antike für viele Maler wie

1 Chaptal (1809).

2 Schütt (1989), S. 50–52.

3 Winckelmann (1756), S. 2.

Carl Rottmann oder Leo von Klenze eine große Anziehung.[4] Von diesem starken Interesse zeugen auch vielfältige Publikationen zur enkaustischen Maltechnik[5] beginnend mit den 1755 publizierten *Mémoire sur la peinture a l'encaustique et sur la peinture a la cire* des dem französischen Hochadel entstammenden Comte des Caylus[6] bis zu dem vom Bayerischen König Ludwig I. mit der Entwicklung eines enkaustischen Verfahrens beauftragten Franz Xaver Fernbach.[7] Das Produkt dieser Versuche, das Wachs zu einer vermalbaren Farbe mit der Bezeichnung „Enkaustik" anzureiben, also wie und in welcher Kombination mit anderen Materialien, ist dabei höchst heterogen und in der Tat seit mehr als zwei Jahrhunderten Thema teils hitziger Debatten.

Wenn also im Projekt angestrebt wird, den Nachbau eines Schiffes mit einer *historischen* Technik in *historischem* Dekor zu bemalen, muss man sich bewusst sein, dass diese Rekonstruktion einer antiken Maltechnik sich in die Tradition von Versuchen aus mehr als 250 Jahren stellt, dass es sich um *eine* unter vielen Neudeutungen der ziemlich ungenauen und damit vieldeutigen schriftlichen antiken Quellen handelt. Im Projekt gilt es also, systematischer und genauer zu sein als die bisherigen Ansätze und der Mehrdeutigkeit der antiken Schriften durch eine systematische Ausweitung des Begriffs „Quelle" zu begegnen, was im vorliegenden Beitrag versucht werden soll.

3.1 Kunsttechnologische Quellenforschung: Der Weg zur historisch informierten Rekonstruktion

Seit der Publikation der *Schedula diversarium artium* durch Gotthold Ephraim Lessing im Jahr 1774[8] ist die kunsttechnologische Quellenforschung als methodischer Ansatz zum Studium historischer Maltechniken etabliert. Während langer Zeit standen schriftliche Anweisungen, sog. Rezepthandschriften im Zentrum des Forschungsinteresses, jedoch hat sich in den letzten Jahrzehnten die Erweiterung des Spektrums an Quellen und deren Kombination mehr und mehr als relevant erwiesen: Stijnman listet als Quellen neben den Rezepthandschiften überkommene Realia (archäologische Ausgrabungen von Werkstätten, Werkzeuge, Materialsammlungen, Maschinen etc.), Selbstzeugnisse der Künstler (Briefe, Skizzenbücher

---

4 Rott, Poggendorf (2007), S. 66–83.

5 Allein Ulrich Schießl listet in *Die deutschsprachige Literatur zu Werkstoffen und Techniken der Malerei von 1550–1950* (1989) nahezu 50 Literaturverweise zu Enkaustik (S. 111–113).

6 Comte des Caylus / Majault (1755).

7 Fernbach (1845).

8 Lessing (1774).

etc.) und zeitgenössischen Bildquellen, vor allem die Untersuchung der Objekte selbst mit Hilfe kunsttechnologischer, chemischer und bildgebender Untersuchungsverfahren auf.[9] Nur in der multidisziplinären Kombination verschiedener Ansätze ist es möglich, *historically accurate reconstructions* (Carlyle) zu erstellen,[10] was man in Anlehnung an den in der Alten Musik geläufigen Begriff der *historisch informierten Aufführungspraxis* vielleicht besser als *historisch informierte Rekonstruktion* (*historically informed reconstruction*) bezeichnen könnte. Diese Rekonstruktionen dienen der Überprüfung der Verlässlichkeit des historischen Textes und seiner Funktion, aber auch dem Verständnis des originalen Kunstwerkes, der Visualisierung dessen ursprünglichen Aussehens, dessen Veränderungsprozessen etc. Vielfach erlaubt erst die Rekonstruktion die Interpretation der analytischen Untersuchungsergebnisse.

Solche historisch informierten Rekonstruktionen erfordern umfangreiche wissenschaftliche Voraussetzungen von einer iterativ mit der Rekonstruktion verbundenen Textübersetzung, dessen zeitgenössischer Kontextualisierung bis hin zur Erforschung heute nicht mehr geläufiger Werkstattverfahren etc. Voraussetzung für jede Rekonstruktion ist auch eine sehr sorgfältige Analyse der in der Rezepthandschrift verwendeten Grundstoffe sowohl in sprachlicher Hinsicht wie auch bezüglich der chemischen Zusammensetzung: So bezeichnet beispielsweise das bei Plinius für die Herstellung des „Punischen Wachses“ eingesetzte *nitrum* keineswegs nur Natron ($NaHCO_3$) oder Soda (Na_2CO_3) wie es beiderseits vielfach übersetzt wird. *Nitrum* bzw. *flos nitri* wurden in römischer Zeit in Trockentälern, Salzseen etc. der nordafrikanische Wüstenregionen gewonnen, dessen berühmteste das *Wadi an-Natrūn* ist. Chemisch gesehen enthält *nitrum* neben Soda und Natron in wechselnden Anteilen auch Natriumsulfat, Natriumchlorid, Calciumcarbonat und andere Beimengungen.[11]

Die Rekonstruktion des Schiffes Oberstimm 2 soll nun zum Anlass genommen werden, eine systematische kunsttechnologische Quellenanalyse zur enkaustischen Malerei an Schiffen durchzuführen. Ziel ist es, eine Grundlage für eine historisch informierte Rekonstruktion der malerischen Dekoration eines spätantiken Mannschaftsbootes zu erarbeiten[12] und diese stellvertretend auf den Nachbau der Oberstimm 2 aufzutragen. Der vorliegende Beitrag soll

---

9 Stijnman (2005), S. 1–8.

10 Carlyle / Witlox (2005), S. 53–59.

11 Brachert (2001), s. v.

12 Während es für eine Bemalung des archäologischen Fundes Oberstimm 2 selbst keine Indizien gibt (schlecht dokumentierte Untersuchung/Ausgrabung, evtl. Fehlinterpretationen), deuten vielerlei Text- und Bildquellen darauf hin, dass Kriegsschiffe zu dieser Zeit bemalt waren (vgl. *naves pictae*, Vegetius 4, 37,1–5 (dazu Baatz / Bockius (1979)), Plin. nat. hist. XXV 31; XXV 41; Philostratos, Imagines 1,19; dazu auch Bockius (2007), S. 52).

sich explizit nur mit dem Bindemittelsystem auseinandersetzen, nicht aber mit den Pigmenten oder der eigentlichen Maltechnik, was späteren Arbeiten vorbehalten bleiben soll.

3.2 Antike Quellen zur Schiffsbemalung

Für eine historisch informierte Rekonstruktion können nur die Quellen aus dem gleichen historischen Kontext wie das zu rekonstruierende Schiff Oberstimm 2 zurate gezogen werden. Die etwa um die Wende vom 1. zum 2. Jahrhundert gebauten Schiffe[13] sind trotz ihres Fundortes in Süddeutschland eher mit dem mediterranen Schiffsbau vergleichbar.[14] Somit sind auch die literarischen Quellen in erster Linie im Mittelmeerraum zu suchen, da der Schiffsbau und vermutlich damit einhergehend die Schiffsbemalung über die Jahrhunderte in der antiken Welt eng miteinander verknüpft sind.[15]

Die schriftlichen Quellen aus der Zeit werden durch zahlreiche Abbildungen in Form von Vasen- und Wandmalereien etc. ergänzt. Diese Abbildungen sind zwar ein wertvoller Hinweis zur Konstruktion und farblichen Gestaltung der Schiffe, aber über die Maltechnik lassen sich anhand dieser Abbildungen keine Aussagen treffen. Die Auswahl der Pigmente wird hingegen – zumindest bezüglich der Farbigkeit – eingeschränkt. Diese sollen in diesem Beitrag allerdings nicht weiter thematisiert werden.

Auch in den vielen schriftlichen Quellen der Antike finden sich nur wenige Hinweise zur künstlerischen Technik der Schiffsbemalung. Diejenigen, die die Schifffahrt erwähnen, konzentrieren sich in der Regel auf historische oder mythologische Ereignisse und behandeln selten Schiffskonstruktionen und Baumaterialien, geschweige denn Material und Technik der Schiffsbemalung. Die wenigen Textstellen, die die Schiffsbemalung erwähnen, zeigen zum einen, dass die Schiffe bemalt waren, und zum anderen, dass diese Bemalung einem unterschiedlichen Zweck dienen konnte,[16] was an anderer Stelle in diesem Band näher betrachtet werden soll.[17] Zu den Materialien finden sich nur vereinzelte Hinweise, wie beispielsweise in Vegetius‘ Abhandlung zur Kriegskunde:

> „Mit Brandöl, Zunder, Schwefel und Erdpech umwickelten Pfeile werden brennend von Geschützen in die feindlichen Schiffsleiber gebohrt und entzünden die mit Wachs und

[13] Bockius (2002), S. 13.

[14] Bockius (2002), S. 2.

[15] Bockius (2002), S. 1.

[16] Vgl. z. B. Philostratus I 19. und Plinius XXXV, XXXI 49.

[17] Carbon, Kapitel 3,4.

Pech und Harz, so vielen brandnährenden Substanzen, bestrichenen Planken im Nu.“ (Vegetius IV 44, 7)

Er unterscheidet jedoch nicht zwischen einer möglichen Bemalung und Abdichtungsmaterialien. Für letztere finden sich in anderen Quellen konkretere Hinweise. So sind hier Pech[18] und Wachs[19] genannt, die einzeln, aber auch in Kombination vorkommen können.[20] Pigmente, bzw. allgemein eine Farbgebung, werden in diesem Zusammenhang nicht genannt, woran klar wird, dass es sich hier um Abdichtungsmaterialien handelt.

Einen ersten Hinweis darauf, welches Bindemittel in der Schiffs*bemalung* verwendet wurde, gibt Vegetius, indem er gefärbtes Wachs erwähnt:

> „Damit sich jedoch die Aufklärungsboote nicht durch ihre weiße Farbe verraten, färbt man Segel und Taue mit Veneterfarbe, die den Meerfluten gleicht; und auch das Wachs, womit man die Schiffe verpicht, wird gefärbt.“ (Vegetius IV 37, 5)

Die wichtigsten Informationen zur antiken Schiffsbemalung aber finden sich in der *Naturalis Historia* von Plinius d. Ä. in einem Abschnitt, der sich in erster Linie mit der Enkaustik befasst und in diesem Zusammenhang auch auf Material und Technik der Schiffsbemalung eingeht.

> „Von der enkaustischen Malerei gab es früher zwei Arten, eine mit Wachs und eine auf Elfenbein mit dem Brenngriffel, das heißt mit dem Grabstichel, bis man anfing, die Schiffe zu bemalen. Da gesellte sich als dritte Art dazu, daß man das über dem Feuer geschmolzene Wachs mit dem Pinsel aufträgt, ein Anstrich, der an den Schiffen weder durch die Sonne noch durch das Seewasser und durch Winde verdorben wird.“ (Plinius XXXV, XLI 149)

Plinius erwähnt hier drei verschiedene Techniken der enkaustischen Malerei. Die ersten beiden Techniken, die sich vermutlich harter, spachtel- oder nadelartiger Werkzeuge bedienen, bereiten in ihrer Übersetzung am meisten Probleme,[21] aber es ist die dritte Technik, die für die Schiffsbemalung interessant ist. Diese wird eindeutig mit warmem, flüssigem Wachs mit dem Pinsel ausgeführt und auf Schiffen sowie in der Malerei angewandt und soll gegen Sonne, Salzwasser und Wind stabil sein. Als Bindemittel wird nur Wachs, *cera,* erwähnt. Außerdem

---

[18] Plinius XVI, XXI 52.

[19] Ovid XI 514.

[20] Plinius XVI, XXIII 56 und Valerius Flaccus I 478–80.

[21] Z. B. Büll (1977); S. 329 f. und Schmuhl (2017b), S. 141–142.

deutet er an, dass die Pinsel-Technik die jüngste sei und dass sich die „Pinsel-Tafelmalerei" aus der Schiffsbemalung heraus entwickelt hätte.

Auch in der zweiten Textstelle von Plinius über die Schiffsbemalung schreibt er, dass das Verfahren der Malerei mit Wachs an Gemälden das gleiche sei wie bei Schiffen, mit dem Zusatz, dass diese Technik für Wände ungeeignet sei. Dass es wiederum eine Technik gab, mit Wachs auf Wände zu malen, wird an anderer Stelle deutlich.[22]

> „Von allen Farben lieben den Kreidegrund und lassen sich nicht auf nassen Grund auftragen: das Purpurrot, der Indigo, das ‚Himmelblau', die Melos-Erde, das Auripigment, das appianische Grün und das Bleiweiß. Wachs färbt man mit den gleichen Färbemitteln für diejenigen Bilder, die eingebrannt werden, ein Verfahren, das sich für Wände nicht eignet, bei Schiffen aber gebräuchlich ist, jetzt sogar bei Lastschiffen [...]." (Plinius XXXV, XXXI 49)

Neben dem Bindemittel und der Technik lässt sich nun auch etwas über die Pigmente, die verwendet wurden, sagen. Allerdings bezieht sich diese Textstelle nur auf die Pigmente, die keinen „nassen Grund" vertragen. Sie schließen nicht aus, dass für die Malerei noch andere Pigmente verwendet wurden. Dass Bleiweiß für die Schiffsbemalung verwendet wurde, schreibt Plinius noch ein zweites Mal.[23] Herodot erwähnt außerdem Mennige.[24] Die Verwendung der Pigmente in der Antike ist sehr gut untersucht und soll hier nicht weiter thematisiert werden.[25]

Diskussionsbedarf besteht bei dem lateinischen Begriff *cera* („Wachs"), der wie viele antike Produktbezeichnungen Interpretationsspielraum lässt. Während die meisten Kunsttechnologen davon ausgehen, dass es sich in den beschriebenen Textstellen um Bienenwachs handelt,[26] sind manche der Meinung, dass in den Rezepten eine modifizierte Version gemeint sein könnte.[27] Einen gesonderten Ansatz stellt die Vermutung von „Encaust" dar, dass es sich um Espartowachs[28] handeln könnte.[29]

---

22 Als Überzug für Wandmalereien: Plinius XXXIII 122, Vitruvius VII 9 und zur Wandmalerei in heißen Bädern: Plinius XXXVI, LXIV 189.

23 Plinius XXXV, XIX–XX 37–38.

24 Herodot III 58.

25 U. a. Riederer (1982) oder Brinkmann / Wünsche (2004).

26 Doerner (1922), S. 117; Gettens (1942), S. 80–81.

27 Zaloscer (1961), S. 20; Wehlte (1967), S. 699.

28 Viele Gräser sind auf der Blattoberfläche von einer Wachsschicht bedeckt. Bei Espartogras (*Stipus tenacissima* L. oder *Lygaeum spartum* L.) wurde dieses Wachs schon in der Antike verwendet.

29 Encaust (1984).

Zu der Frage ‚Was ist Wachs' liefern die antiken Quellen, im Grunde alle die gleiche Antwort: man glaubte, dass Wachs ein Stoff sei, den die Bienen von Pflanzen einsammeln und zum Bau der Waben nutzen würden.

> „Das Wachs bilden die Bienen aus den Blüten aller Bäume und Saaten […]." (Plinius XI, VIII 18)[30]

Dass es dieses Wachs ist, dass vorrangig zum Einsatz kommt, wird daraus deutlich, dass er weiterschreibt, es diene tausend praktischen Zwecken und dass die Bienenhaltung in bestimmten Gegenden vorrangig auf die Produktion von Wachs ausgelegt war, etwa in Sizilien und den Abruzzen (?).[31] Ihm war das wachshaltige Espartogras zwar bekannt, er glaubte aber, dass dieses Wachs auch von den Bienen eingesammelt wurde, da der Honig in bestimmten Gegenden nach diesem schmecken würde.[32] Man kann also davon ausgehen, dass Plinius, wann immer er von *cera* schreibt, Bienenwachs meint. Nach seinem Verständnis hätte er allerdings auch echtes Espartowachs fälschlicherweise als Bienenwachs ansehen können. Dioskurides hingegen nimmt in seiner Anleitung zum Bleichen des Wachses eindeutig Bienenwachs.[33]

Das Wachs, das dem Bienenstock entnommen wird, ist mit Pollen und Dreck verunreinigt und muss vor dem weiteren Gebrauch gereinigt werden.[34] Bei Columella findet sich dafür folgende Anleitung, die fast genauso in heutigen Anleitungen der Hobby-Imkerei zu finden ist:[35]

> „Das Wachs bringt zwar wenig Geld, ist jedoch keineswegs gering zu achten, da man es zu vielerlei Dingen nötig braucht. Nach dem Auspressen werden die Wabenrückstände in Süßwasser gründlich ausgewaschen, in ein ehernes Gefäß geworfen und nach Zusatz von Wasser erhitzt und geschmolzen. Danach gießt man das Wachs durch ein Stroh- oder Binsensieb und läutert es, bringt es ähnlich wie vorher nochmals zum Kochen und schüttet es in beliebige Formen, in die man vorher Wasser gegossen hat; nach dem Erstarren kann man es leicht herausnehmen, weil das darunter befindliche Wasser ein Hängenbleiben an den Formen verhindert." (Columella, IX, XVI 1)

30 Ähnlich steht es bei: Aristoteles 553b 27–554a, 623b 26–30., 624b 9–11, Terentius Varro III, XVI 24–27, Columella IX, IV 5.

31 Plinius XI, XIV 34.

32 Plinius XI, VIII 18.

33 Dioskurides de mat. Med. II 83.

34 Wilson-Rich (2015), S. 125.

35 Wilson-Rich (2015), S. 125, Gekeler (2006), S. 132–133.

Eine andere Methode, das Wachs zum Gebrauch vorzubereiten, beschreibt Plinius und bezeichnet es als *cera punica*, also „Punisches Wachs".[36] Dies stellt wohl die meistdiskutierte Literaturstelle zum Thema Enkaustik dar, mit den unterschiedlichsten Ergebnissen zu den Fragen, was das Punische Wachs sei und wie und in welchen Bereichen es angewendet wurde.[37]

> „Das punische Wachs wird folgendermaßen zubereitet: Gelbes Wachs wird öfters unter freiem Himmel der Luft ausgesetzt, dann wird es in Meerwasser, das von hoher See stammt, mit einem Zusatz von Natron gekocht. Darauf schöpft man die ‚Blume', das heißt, was am weißesten ist, mit Löffeln ab und gießt sie in ein Gefäß, in dem sich ein wenig kaltes Wasser befinden soll. Nun kocht man sie noch einmal für sich mit Seewasser, kühlt dann das Gefäß mit Wasser ab. Hat man dies dreimal gemacht, läßt man (das Wachs) auf Binsengeflecht unter freiem Himmel bei Sonnen- und Mondschein trocknen. Letzterer macht (das Wachs) weiß, die Sonne trocknet es, und damit es nicht schmilzt, bedeckt man es mit einem dünnen Leinentuch. Am weißesten wird es aber, wenn man es nach dem Trocknen in der Sonne noch einmal kocht. Das punische Wachs eignet sich ganz vorzüglich für Heilmittel." (Plinius XXI, XLIX 84)

Daraus ergeben sich gleich einige Fragen, die für die Umsetzung dieses Rezeptes wichtig sind: Was ist „gelbes Wachs"? Wie lange wird es gekocht? Wie genau setzt sich *Natron* zusammen und in welchen Verhältnissen werden die Zutaten miteinander vermengt? Am Ende soll ein Produkt entstehen, das gebleicht ist, kein Wasser enthält, unter Sonneneinstrahlung schmilzt und „vorzüglich für Heilmittel" ist.

Dioskurides' Rezept[38] zum Bleichen von Bienenwachs entspricht zu großen Teilen dem von Plinius. Man kocht das Wachs ebenso im Meerwasser, nimmt das Oberste in dünnen Platten ab und bleicht diese im Licht, wobei es aber bei zu starker Sonneneinstrahlung zu schmelzen scheint. Das Rezept unterscheidet sich lediglich in dem Zusatz, dass das Wachs statt mit Meerwasser auch in „hochkonzentrierter Salzlauge" gekocht werden kann und das Produkt nicht explizit als „Punisches Wachs" bezeichnet wird.

---

36 Mit „Punier" oder „Karthager" wurden von den Römern die nordafrikanischen Phönizier bezeichnet. Dass die Technik der Modifizierung/Reinigung des Wachses also augenscheinlich von den Phöniziern stammt, ist insofern interessant, als dass auch die Schiffsbaukunst der Römer sich eng an die der „Punier" anlehnt (z. B. Bockius (2007), S. 48–49).

37 Z. B. Doerner (1922), S. 118 u. 324; Zaloscer (1961) S. 20; Wehlte (1967) S. 693 u. 502–503; Encaust (1984); Colinart / Grappin-Wsevolojsky (1999); Cuní et al. (2012).

38 Dioskurides, II 83.

(Fast identische) Hinweise auf die Anwendung von „Punischem Wachs" finden sich aber auch an anderer Stelle bei Plinius,[39] sowie bei Vitruv:

> „Will daher jemand mit mehr Umsicht verfahren, damit der Stuckgrund seine gefällige, zinnoberrote Farbe bewahrt, so trage er, nachdem der Wandverputz abgeglättet, expolitus, und genügend abgetrocknet ist, punisches Wachs, das durch Erwärmung flüssig gemacht und mit etwas Oel versetzt ist, mit einem Borstenpinsel auf; sodann überbügele man jenen Wachsüberzug mit einem mit brennenden Kohlen angefüllten eisernen Behälter, wonach derselbe an der Wandfläche in flüssigen Zustand versetzt wird und sich über diese gleichmäßig verteilt. Später wird dann die Wand mit dem Wachspolierholz und einem feinen Leinwandtuch sorgfältig (vom Staube) gereinigt und abgeglättet, wie diese Prozedur ebenso bei Fertigstellung des Wachsüberzuges an nackten Marmorfiguren üblich ist. Dies Verfahren pflegt man deshalb auf griechisch Koniasis, Abstäubung, zu benennen. Nach seiner Vornahme wird der schützende Ueberzug des punischen Wachses es verhindern, daß das Licht des Mondes noch die Strahlen der Sonne durch ihre zersetzende Wirkung aus der Stuckmalerei ihre Farbenpracht aussauge. [...]" (Vitruvius VII 9, 2–4)

„Punisches Wachs" dient hier zum Schutz von Zinnober enthaltenden Wandanstrichen, wobei es laut dieser Beschreibung der Sonneneinstrahlung standzuhalten scheint. Dazu wird es in einem von Vitruv „Koniasis" bzw. „Ganosis" genannten Verfahren mit Hitze verflüssigt, mit einem nicht weiter definierten Öl vermischt und mit dem Pinsel aufgetragen. Durch Wärme wird es im Anschluss erweicht und dann poliert. Von drei unterschiedlichen Autoren erwähnt, handelt es sich beim „Punischen Wachs" offenbar um eine gängige Modifikation von Wachs.

Obwohl das Punische Wachs nur für medizinische Zwecke und für die „Ganosis" explizit erwähnt ist,[40] fanden schon zahlreiche Versuche zu seiner Anwendung in der Tafelmalerei statt. Während einige Kunsttechnologen davon überzeugt sind, dass für die Enkaustik lediglich Bienenwachs mit Pigmenten gemischt und warm aufgetragen wurde,[41] war das Ergebnis für andere nicht zufriedenstellend. Und so wurden eigenständige Modifikationen und Zusätze vorgenommen, wie die Zugabe von Harzen und Ölen,[42] für deren Verwendung es allerdings keinerlei literarische Belege als die genannten gibt. „Punisches Wachs" stellt in diesem Zusam-

---

[39] Plinius XXXIII, XL 122.

[40] In XXI, XLIX 84 schreibt Plinius zwar: „[...] *durch Färbemittel gibt man ihm [dem Wachs] verschiedene Farbtöne, um Porträtähnlichkeit zu erreichen, und zu mancherlei menschlichem Gebrauch, sogar auch zum Schutze von Wänden und Waffen*", aber es ist nicht klar, ob er sich auf das „Punische Wachs" bezieht oder ebenso auf die vielen anderen Wachssorten, die er zuvor aufzählt.

[41] Gettens (1942), S. 80–81; Dietemann et al. (2017), S. 214.

[42] Z.B. Berger (1904), S. 220–221; Doerner (1922), S. 118–119.

menhang wohl eine Art „Joker" dar, da trotz der zahlreichen Versuche, dieses zu replizieren, immer wieder unterschiedliche Produkte mit unterschiedlichen Eigenschaften beschrieben werden und bis heute nicht geklärt ist, worum es sich bei dem *cera punica* handelt. Die meisten gehen davon aus, dass es ein teilverseiftes Bienenwachs ist, das einen erhöhten Schmelzpunkt hat und mit Wasser mischbar ist.[43]

Die neuesten Versuche zur Herstellung und zur Erforschung der Bindemitteleigenschaften von „Punischem Wachs" stammen von Dietemann et al. Die Versuchsreihe basierte auf den Rezepten von Plinius und Dioskurides, wobei Art der verwendeten Komponenten und Mengenverhältnisse variiert wurden. Die Autoren haben gezeigt, dass die Berichte von sich widersprechenden Produkten (hartes Material versus „Emulsion") aus früheren Versuchen zwar nicht falsch sind, aber ein unvollständiges Bild liefern. Folgende Punkte kann man für das hier konzipierte Projekt festhalten: In Wasser/Meerwasser gekocht, erhält man aus dem Bienenwachs ein gereinigtes, unverseiftes Bienenwachs, welches einen erhöhten Schmelzpunkt, aber ebenso wie reines Bienenwachs keine Wasserlöslichkeit hat. Die Versuche haben gezeigt, dass keine kalte Wachs-Emulsion hergestellt werden kann, die als Bindemittel fungiert (wie einige Autoren behauptet hätten), da das Wachs kalt nur suspendiert, nicht emulgiert werden kann und dann keinen Film mehr bildet. Das Wachs diene hier allenfalls als Füllstoff, und müsse durch ein anderes Bindemittel verbunden werden. Auch bei vollständiger Verseifung hat Wachs keine Bindemitteleigenschaften mehr.[44]

Mit der Schiffsmalerei wurde das „Punische Wachs" bisher nicht in Verbindung gebracht. Dabei bleibt unklar, ob Plinius in seinen Rezepten Wachs oder Punisches Wachs meint, wenn er das Wort *cera* benutzt. So schreibt er zwar zum „Punischen Wachs", dass dieses explizit für Heilmittel verwendet wurde, in seinen medizinischen Rezepten erwähnt er aber nur *cera*. Hinzu kommt der Einsatz in der Wandmalerei, den er zuvor nicht eindeutig aufgelistet hat.

Wenn man nun alle Spekulationen beiseite lässt und sich nur auf die in der antiken Literatur belegbaren Hinweise beschränkt (bedenkend, dass auch diese lücken- oder fehlerhaft sein können) lassen sich folgende Hinweise zu Materialien und Techniken der antiken Schiffsbemalung ableiten:

- Verschiedene Schiffstypen haben eine Bemalung, die entsprechend ihres Zweckes angepasst wurde.
- Für die Schiffsbemalung wurde mit Pigmenten vermischtes heißflüssiges Wachs mit dem Pinsel aufgetragen, eine Technik, die (neben anderen Techniken) auch in der Tafelmalerei Anwendung fand. Dabei deutet Plinius an, dass sich die Pinsel-Technik aus der Schiffsbemalung heraus entwickelt hätte.

---

[43] Wehlte (1967), S. 699; Doerner / Hoppe (2001), S. 118.

[44] Dietemann et al. (2017), S. 206–210.

- Wachs, Pech und Harz (in verschiedenen Kombinationen) sind mehrfach explizit für die Kalfaterung von Schiffen erwähnt worden. Es wird nicht klar, inwieweit diese Materialien auch für die Schiffbemalung eingesetzt wurden.
- Bei dem in den Quellen erwähnten Wachs handelt es sich mit größter Wahrscheinlichkeit um Bienenwachs, wobei auch Espartowachs erwähnt wird.
- Es gibt ein modifiziertes und gebleichtes Wachs, welches „Punisches Wachs" genannt wird. Es fand Verwendung in der Medizin und als ein stabiler Überzug für Wandmalereien (zusammen mit einem nicht spezifizierten Öl). Als Bindemittel der Enkaustik (in Malerei und Schiffsbemalung) ist Punisches Wachs nicht explizit erwähnt.
- Einige Pigmente (besser: „Farbtonbezeichnungen"), die für die Schiffsbemalung erwähnt wurden, sind: Purpur, Indigo, Himmelblau, Melinum, Auripigment, Abianum, Bleiweiß und Mennige.

3.3 Archäologische Funde

Schiffe

Archäologische Funde von Schiffen gibt es relativ viele, aber solche, die Spuren einer Bemalung aufweisen, sind rar. Nichtsdestotrotz lassen sich an vielen dieser Schiffe Abdichtungsmaterialien nachweisen, die sich auf die Ritzen zwischen den Planken (Kalfaterung) beschränken konnten, aber auch den gesamten Schiffsrumpf bedecken. So sind harzartige Substanzen oder Pech, aber auch Bleiblechüberzüge üblich.[45]

Es gibt Hinweise darauf, dass im Zusammenhang mit diesen Substanzen Pigmente zu finden waren,[46] aber ihre Präsenz ist unsicher und in Verbindung mit dem fast schwarzen Pech können sie kaum als Bemalung gelten. Die geringe Zahl an nachweisbaren Bemalungen an Schiffsfunden kann auch darauf zurückzuführen sein, dass die Grabungen zum Teil schlecht durchgeführt wurden und eine Bemalung nicht gesucht, bzw. erkannt wurde, da die Sensibilisierung der Ausgräber oft fehlte.[47]

Anders sieht es bei den Funden aus Pisa aus, bei denen eindeutig Reste von Bemalung zu erkennen sind. Die Schiffe stammen aus dem Zeitraum vom 2. Jahrhundert v. Chr. bis zum 5. Jahrhundert n. Chr. Sie wurden bezüglich ihrer Abdichtungsmaterialien und im Falle der

---

[45] Bockius (2003), S. 195–197.

[46] Steffy (1987), S. 35.

[47] Weski, Kapitel 2,1.

Schiffe C, E und X auch auf ihre farbige Fassung hin untersucht, die auf der Abdichtungsschicht aufgetragen wurde.[48] Die Farbschicht ist mit bis zu 2 mm überraschend dick. Im Abdichtungsmaterial wurde Pech, also der Rückstand der thermischen Behandlung von Holz der *Pinaceae*-Familie nachgewiesen. Demgegenüber ist in sämtlichen Proben der Farbschicht Bienenwachs als Hauptbestandteil vorhanden, was eine enkaustische Maltechnik entsprechend der schriftlichen Quellen belegt. Zudem wurde in der Farbschicht Abietinsäure, als ein Marker eines *Pinaceae*-Harzes, nachgewiesen. Dieses frische Harz unterscheidet sich chemisch vom thermisch gewonnenen Pech und wird von den Autoren daher als Bestandteil der Malschicht gewertet.[49] Das Bienenwachs ist im Laufe der Alterung teilweise verseift und die für Bienenwachs charakteristischen ungeradzahligen n-Alkane (23–33C) fehlen völlig, was auf Erhitzen vor oder während des Auftrages oder Sublimieren im Zuge der Alterung zurückgeführt wird.[50] Diese These wurde in Versuchen von Regert et al. und Dietemann et al. überprüft und verworfen: Der Verlust der n-Alkane ist der Alterung zuzuschreiben.[51] Als Pigmente konnten Cerussit (Bleiweiß), Hämatit (Roter Ocker), Kaolinit (weiße Tonerde) und Calcit (weiße Kreide) identifiziert werden.[52]

Ein weiterer Schiffsfund, der Reste einer Bemalung aufweist, ist ein etwa 2400 Jahre altes phönizisches Schiffswrack, das in Israel gefunden wurde. Bei dem Bindemittel der Malerei handelt es sich mit großer Wahrscheinlichkeit um Esparto-Wachs (aus *Stipus tenacissima* L. oder *Lygaeum spartum* L.), welches u. a. aufgrund der geringen Menge an Palmitinsäure im Vergleich zu sehr langkettigen Fettsäuren als solches identifiziert wurde. Wie bei den Funden aus Pisa ist auch hier ein thermisch modifiziertes Koniferenharz (*Pineacea spec.*) Bestandteil des Bindemittelsystems.[53]

Den Schiffsfunden ist also gemein, dass ein Wachs als Bindemittel für die Bemalung verwendet wurde. Inwieweit sich Harz oder Pech im Bindemittel befindet, ist weniger deutlich. Während Harz bei den Schiffen aus Pisa als Bindemittelbestandteil gesehen wird, wird bei dem phönizischen Schiffswrack nicht im Einzelnen auf die Zuordnung der Bestandteile eingegangen. Sowohl Harz als auch Pech wurde in Schiffen ohne Bemalung als Bestandteil der Abdichtungsschicht gefunden. Sie könnten sich während des warmen Auftrags des Wachses mit diesem vermischt haben aber auch von vornherein Bestandteil der Malfarbe gewesen sein, was allerdings den schriftlichen Quellen widerspricht. Hieraus wird deutlich, dass die

---

48 Colombini et al. (2003), S. 659.

49 Colombini et al. (2003), S. 668.

50 Colombini et al. (2003), S. 668.

51 Dietemann et al. (2017), S. 211, Regert et al. (2001), S. 556 u. 561.

52 Colombini et al. (2003), S. 672.

53 Glastrup (1995), S. 66.

Abdichtungsmaterialien durchaus in die Überlegungen der Schiffsbemalung mit einbezogen werden sollten.

Tafelgemälde

Wie Plinius[54] schreibt, können enkaustische Tafelgemälde in gewissem Maße mit der Schiffsmalerei verglichen werden. Archäologische Funde zu enkaustischer Malerei sind verhältnismäßig selten. Für die fragliche Zeit kommen dafür nur die Mumienportraits aus Ägypten, das damals unter griechischem und römischem Einfluss stand,[55] in Frage. Sie werden etwa in die Zeit vom 1. Jahrhundert bis in die Mitte des 3. Jahrhunderts datiert.[56] Die Mumienportraits in wässriger Tempera-Technik sollen hier außen vor gelassen werden.

Innerhalb der Wachsmalerei lassen sich aufgrund rein optischer Kriterien zwei unterschiedliche Kategorien ausmachen. Es gibt Bereiche, in denen eine Nachbehandlung mit erwärmten harten Werkzeugen erkennbar ist, und Bereiche, in denen Pinselspuren deutlich werden.[57] Beide Spuren kommen parallel in einem Portrait vor.[58] Diese Einteilung entspricht der von Plinius. Seiner Beschreibung folgend sind es vor allem die Bereiche, die mit dem Pinsel ausgeführt wurden, die mit der Schiffsbemalung vergleichbar sind.

Die Ansichten zur Bindemittelzusammensetzung und Technik der Mumienportraits waren seit Mitte des 18. Jahrhunderts stärkeren Wandlungen unterworfen. In erster Zeit wurden diese vor allem experimentell nachgestellt, wobei das Ziel vor allem darin lag, ein *optisch* möglichst ähnliches Ergebnis zu erhalten. Wie sich später herausgestellt hat, kann allerdings nicht unmittelbar vom Erscheinungsbild auf die Maltechnik geschlossen werden.[59] Bei späteren Untersuchungen wurde dies durch chemische Analysen flankiert, die aber aufgrund der noch geringen apparativen Möglichkeiten keine verlässlichen Ergebnisse bzw. Interpretationen lieferten.[60] Deshalb sollen hier nur die jüngsten durchgeführten Analysen betrachtet werden, die im ISIMAT-Projekt[61] (vier Wachs-Portraits)[62] und dem erst kürzlich veröffentlichen Ergebnissen

---

54 Plinius XXXV, XLI 149; Plinius XXXV, XXXI 49.

55 Schmuhl (2017a), S. 92.

56 Schmuhl (2017a), S. 89–90, 99.

57 Sand et al. (2017), S. 175.

58 Sand et al. (2017), S. 185.

59 Sutherland et al. (2020), S. 8.

60 Sutherland et al. (2020), S. 11.

61 „Inkarnat und Signifikanz – Das menschliche Abbild in der Tafelmalerei von 200 bis 1250 im Mittelmeerraum (ISIMAT)", Schmuhl / Wipfler (2017).

62 Dietemann et al. (2017).

des APPEAR-Projekts[63] (32 Wachs-Portraits),[64] sowie von Salvant et al. (2017) (neun Wachs-Portraits) durchgeführt wurden. Nach wie vor bleibt aber das Problem, dass die Objekte durch verschiedene Substanzen (z. B. Behandlung der Mumien, Restaurierung) kontaminiert sein können, die nichts mit der ursprünglichen Bindemittelzusammensetzung zu tun haben. Zudem lassen sich die Ergebnisse aufgrund von unterschiedlichen Untersuchungsmethoden zum Teil schwer vergleichen und es gibt noch immer keinen verlässlichen Test darüber, wie das Wachs vorbereitet wurde.[65]

In sämtlichen analysierten Proben der Bindemittel handelt es sich bei dem Wachs um Bienenwachs. Dessen Zusammensetzung hat sich im Gegensatz zu frischem Bienenwachs verändert. Gemeinsam ist allen, dass der Anteil an Alkanen in den gealterten Proben durch Sublimation reduziert ist. Zudem wurden weniger Wachsester gefunden,[66] was den alterungsbedingten Verseifungsgrad des Wachses belegt. Dem entsprechend fand man in den im APPEAR-Projekt untersuchten Portraits vergleichsweise viel Palmitinsäure, die auf die Bildung von Bleiseifen zurückzuführen ist.[67] Bleiseifen konnten auch im ISIMAT-Projekt festgestellt werden.[68] Die Quantifizierung ist in all diesen Untersuchungen allerdings sehr vage, was einen direkten Vergleich erschwert.[69]

Darüber hinaus konnte in 21 der 32 Portraits aus dem APPEAR-Projekt (die zudem von verschiedenen Fundorten stammen sollen) ein Zusatz von nicht trocknendem Öl nachgewiesen werden, wobei über die Menge wiederum nichts ausgesagt wird.[70] Dabei kam Öl nicht in allen Farbschichtproben eines Gemäldes vor, sondern nur in einzelnen Proben. In einigen Proben fanden die Autoren Marker eines *Brassicaceae*-Öles (Kreuzblütler wie Kohl oder Raps).[71] Es wurde die Möglichkeit eines Zusatzes zur Malfarbe genauso in Betracht gezogen, wie der Einsatz eines Konservierungsmittels der Mumie oder als spätere Maßnahme durch Konservatoren.[72] Von Restauratoren wird allerdings kein nicht-trocknendes Öl eingesetzt, sodass letztere Vermutung wohl eher dem Versuch der Autoren geschuldet ist, alle Möglichkeiten für die Herkunft des Öles offen zu halten. Demgegenüber wurden von Dietemann et

63 „Ancient Panel Paintings: Examination, Analysis and Research (APPEAR)", Svoboda / Cartwright (2020).

64 Mazurek (2020).

65 Sutherland et al. (2020), S. 11.

66 Mazurek (2020), S. 145; Dietemann et al. (2017), S. 211.

67 Mazurek (2020), S. 145.

68 Salvant et al. (2017), S. 6; Mazurek (2020), S. 145; Dietemann et al. (2017), S. 209 u. 211.

69 Sutherland et al. (2020), S. 11.

70 Mazurek (2020), S. 146.

71 Mazurek (2020), S. 146.

72 Spaabæk / Mazurek (2020), S. 150.

al. und Salvant et al. kein Öl nachgewiesen und dieses als Zugabe eher ausgeschlossen.[73] Von Dietemann wurde an Stelle des Öles in einer aus Spachtelspuren entnommenen Probe tierisches Fett gefunden.[74]

Weitere Zusätze wurden nur vereinzelt gefunden. Hierzu zählen tierischer Leim und nicht näher bestimmte proteinische Zusätze, die mehrfach gefunden wurden,[75] sowie tierisches Fett und Ei,[76] die jeweils einmal nachgewiesen sind,[77]

Bei den Tafelgemälden wurde als Wachs also nur Bienenwachs gefunden. Eine Zugabe von Öl wurde bei etwa der Hälfte der Portraits festgestellt, wobei die Herkunft und die Menge, genau wie bei anderen Substanzen, nicht genau bestimmt werden können. Eine Zuordnung der Bindemittelzusammensetzung zu einer bestimmten Auftragstechnik (Pinsel) kann bisher ebenfalls nicht erfolgen. Bei all diesen Zusätzen blieben zwei gänzlich undetektiert: Harz und trocknendes Öl, was in Bezug auf die Rekonstruktionen der Schiffsmalerei von erheblicher Bedeutung ist, da u. a. Berger[78] und Zaloscer[79] eine Wachs-Harz-Öl-Malerei als enkaustische Technik vorschlagen.

Abgesehen von diesen Portraits wurde ein bemaltes römisches Holzschild aus Dura-Europos aus dem 3. Jahrhundert untersucht, in dem Bienenwachs als Bindemittel der Farbe nachgewiesen werden konnte. Dies zeigt, dass die Wachsmalerei auch in anderen Bereichen als der Tafelmalerei und der Schiffsbemalung Anwendung fand. Die Grundierungsschicht wurde vermutlich mit tierischem Leim gebunden.[80]

---

73 Dietemann et al. (2017), S. 210–211 u. 213.

74 Spaabæk / Mazurek (2020), S. 150.

75 Spaabæk / Mazurek (2020), S. 149; Dietemann et al. (2017), S. 210 und Salvant et al. (2017), S. 7.

76 Dietemann et al. (2017), S. 210.

77 Anzumerken sei hier noch, dass – während in dem Artikel über die Mumienporträts aus dem National Museum of Denmark und der Ny Carlsberg Glyptotek noch von weiteren proteinischen Zusätzen die Rede ist (die auch in der Tabelle vermerkt sind) (Spaabæk / Mazurek (2020)) – diese bei der Zusammenfassung der Ergebnisse ein Kapitel vorher nicht gelistet sind (Mazurek (2020)). Es wird hier angegeben, dass zu den Proteinen und tierischem Leim näher geforscht werden muss, da sie aus der Grundierung oder von Konservierungsmaßnahmen stammen können (Spaabæk / Mazurek (2020), S. 148).

78 (1904), S. 220.

79 (1921), S. 20.

80 Gunnison et al. (2020), S. 141.

Objekte (Anzahl)	Wachs	+ Öl	+ harzartige Zusätze	+weitere Zusätze
Pisa-Schiffe (3)	Bienenwachs		*Pinaceae*-Harz und z. T. Pech (3)	
Phönizisches Schiff (1)	Esparto-wachs		(Pech aus) Ko-niferenharz (3)	
Mumienportraits ISIMAT-Projekt (4)	Bienenwachs	Möglich (1)		Ei (1) Tierisches Fett (1) Tierischer Leim (1)
Mumienportraits APPEAR-Projekt (32)	Bienenwachs	Oxidiertes Öl *(Brassicace-ae*-Öl) (21)		*Unbekanntes Protein (5)* *Tierischer Leim (2)**
Mumienportraits Salvant et al. (9)	Bienenwachs			Vermtl. Tierischer Leim (1)
Römisches Holz-schild (1)	Bienenwachs			

*Tab. 1: nachgewiesene Substanzen in verschiedenen archäologischen Funden. In allen wurde ein Wachs als Hauptbestandteil festgestellt. (.) In Klammern die Anzahl der Objekte. *Diese Ergebnisse wurden in der Zusammenfassung der Untersuchungen des APPEAR-Projektes nicht mehr erwähnt.*

3.2 Resumée und Ausblick

Im vorliegenden Beitrag wurde versucht, sämtliche zur Zeit verfügbaren schriftlichen und materiellen Quellen zur antiken Schiffsbemalung zusammenzuführen, um damit die Voraussetzung für eine historisch informierte Rekonstruktion zu schaffen. Dabei konnte neben den Schriften etwa von Plinius dem Älteren oder Vegetius vor allem auf analytische Daten zu den Schiffen in Pisa und in Israel zurückgegriffen werden. Aufgrund der von Plinius explizit formulierten Gleichartigkeit der Maltechnik bei Schiffen und enkaustischer Tafelmalerei wurden auch kunsttechnologische Untersuchungsergebnisse zu den in enkaustischer Technik ausgeführten Portraits und eines Schildes in Dura-Europos in die Überlegungen mit einbezogen

(Tab. 1). Die schriftlichen Quellen und die kunsttechnologischen Untersuchungen fügen sich dabei zu einem durchaus homogenen Gesamtbild zusammen.

Aus den antiken Quellen lässt sich entnehmen, dass sich Wachs, Pech und Harz auf den Schiffen befunden haben. Dies konnte mithilfe der Untersuchungen der Schiffe aus Pisa und Israel bestätigt werden. Allerdings ist die Zuordnung zu Bemalung und Abdichtungsschicht bei beiden Fällen nicht ganz klar und so ist es durchaus möglich, dass (wie auch Plinius und evtl. Vegetius schreiben) ausschließlich Wachs als Bindemittel für die Bemalung benutzt wurde. Während im phönizischen Schiff Espartowachs gefunden wurde, wurde in drei Funden aus Pisa Bienenwachs identifiziert. Wenn auch aus diesen vier Funden noch keine Statistik aufgestellt werden kann und lokale Besonderheiten immer möglich sind, so ist damit doch bewiesen, dass für die Schiffsbemalung Bienenwachs zum Einsatz kam. Trocknendes Öl wurde nicht gefunden.

Bei der Tafelmalerei klaffen die Ergebnisse etwas weiter auseinander. Während Plinius für die Tafelmalerei nur Wachs mit Pigmenten erwähnt, finden sich in der Realität zahlreiche andere Substanzen, allen voran etwas pflanzliches Öl, was in einigen Fällen als Öl von *Brassicaceae spec.* spezifiziert werden konnte. Eine Zugabe von Öl zum Wachs wird auch von Vitruv erwähnt, allerdings nur zusammen mit „Punischem Wachs" und explizit für einen schützenden Überzug von Wandmalereien. Zudem wurde bei den Untersuchungen bei all diesen Zusätzen in Betracht gezogen, dass sie eventuell nicht aus dem Bindemittel selbst stammen, sondern im Zuge von Konservierungsmaßnahmen, aus anderen Schichten oder der Behandlung der Mumie stammen können.[81] Die meisten pflanzlichen Öle trocknen nicht, weshalb es wahrscheinlich ist, dass eine geringe Ölzugabe zum heißen Wachs eher als ein Malmittel zu verstehen ist – ein Zusatz, der die Fließeigenschaften beeinflusst –, nicht aber als ein Bindemittel fungiert. In diesem Sinne ist wahrscheinlich auch das bei Dietemann gefundene tierische Fett zu verstehen, welches im enkaustischen Prozess flüssig ist. Es wird interessant sein, dem Einfluss von Öl in den Rekonstruktionen nachzugehen, wobei es sicher eine Mengenfrage ist, damit das Gesamtsystem aus Bindemittel und Pigment fest wird und bleibt. Ein trocknendes Öl wie Leinöl als zweites Bindemittel der antiken Enkaustischen Malerei wurde in keiner der insgesamt 50 untersuchten Artefakte nachgewiesen und erscheint damit als funktionaler Bestandteil der Antiken Maltechnik als sehr unwahrscheinlich.

Für die Rekonstruktion einer Schiffsbemalung kann also nur die Verwendung eines Bienenwachses, welches mit Pigmenten gemischt wurde mit Sicherheit angenommen werden. Materialien wie Harz und (Holz-)Pech (hier von Koniferen) wurden mindestens in unmittelbarer Umgebung der Bemalung eingesetzt (als Dichtmaterial), können aber auch Bestandteile der Malschicht sein. Pflanzliches Öl und tierisches Fett können als Malmittel fungieren, sind aber

81 U. a. Sutherland (2020), S. 11.

wohl eher der Tafelmalerei zuzuordnen. Weitere Erkenntnisse können nur aus Rekonstruktionsversuchen und damit verbundenen weiterführenden analytischen Untersuchungen gewonnen werden.

Dass die Pinseltechnik allein mit den beiden Komponenten Bienenwachs und Pigment bei erwärmtem Untergrund möglich ist und auch gestalterisch eingesetzt werden kann, ist bewiesen.[82] Auch für die Schiffsbemalung wurde ein erster Versuch dazu durchgeführt und als Schwimmkörper im Wasser getestet.[83] Dabei hat sich gezeigt, dass sich diese Mischung scheinbar nicht ohne Weiteres für die Schiffsbemalung eignet, da die Haftung zum Untergrund nicht gegeben war und das Wachs abplatzte.

In weiteren Versuchen, in denen ein Harz zu der Wachs-Pigment-Mischung zugegeben wurde, wies diese Mischung so vielversprechende Eigenschaften (Haftung und Schmelzpunkt) auf, dass die erste Bemalung der F.A.N. damit durchgeführt wurde. Realen Witterungsbedingungen ausgesetzt stellte sich aber heraus, dass die Bemalung unter starker Sonneneinstrahlung schmilzt.[84]

Hauptziel des angestrebten Projektes muss somit eine Erhöhung des Schmelzpunktes der Farbe sein, bei gleichzeitig gutem Haft- und Streichvermögen. Dies soll zunächst über eine Modifizierung des Wachses selbst versucht werden. Die einzige antike Quelle, die es dafür gibt, ist die Anleitung zum „Punischen Wachs". Die Rekonstruktion dieses Wachses durch Dietemann zeigt, dass man beim Kochen mit Meerwasser zumindest von einer Erhöhung der Schmelztemperatur ausgehen kann. Das dabei gewonnene unverseifte Bienenwachs wäre als Bindemittel für die Schiffsbemalung denkbar. Der Einsatz von *Natron* soll dabei zunächst unterbleiben bzw. nur in geringen Konzentrationen erfolgen, da zu erwarten ist, dass eine (teilweise) Verseifung des Wachses eine Verringerung des Schmelzpunktes zur Folge hat.

Ein weiterer interessanter Ansatz zur Erhöhung des Schmelzpunktes ist das Erhitzen des Wachses selbst. Bei einem Versuch mit Espartowachs, das mit Eisen oder Zinnspänen über mehrere Stunden auf über 200°C erhitzt wurde, ist es gelungen, den Schmelzpunkt deutlich heraufzusetzen.[85] Dies könnte eine Verminderung des Alkananteils zur Folge haben.[86] Eine ähnliche Vorgehensweise wurde von Dietemann et al. In Betracht gezogen, aber als „sehr spekulativ" und „sehr gefährlich" nach einem kurzen Versuch nicht weiterverfolgt.[87] Dennoch sind die Ergebnisse vielversprechend und es wert, weiter verfolgt zu werden.

---

82 Fugmann (2017), S. 228.

83 Hochbruck (2018).

84 Hochbruck (2018), S. 8.

85 Encaust (1984), S. 47–48.

86 Regert (2001); Dietemann et al. (2017), S. 211.

87 Dietemann et al. (2017), S. 214.

Das Produkt dieser Versuche kann wiederum mit anderen Komponenten kombiniert werden wie Harz oder pflanzlichem Öl (letzteres wohl eher als Malmittel bei Tafelgemälden). Zudem sollten die Eigenschaften des Bindemittelsystems zusammen mit verschiedenen Pigmenten näher untersucht werden, da sich diese nachweislich auf die Vermalbarkeit[88] und Alterung (z. B. Bildung von Bleiseifen)[89] des Wachses auswirken; etwa indem man sie längere Zeit zusammen erwärmt.

Das Problem der Haftung der enkaustischen Malschicht auf dem Holz soll im Projekt ebenfalls gelöst werden. Während bei den Fayum-Portraits vielfach Grundierungen unter der Malerei vorhanden sind, kommt in der Schiffsbemalungen wahrscheinlich dem Kalfaterungsmaterial als Haftungsvermittler (Haftgrund) eine große Bedeutung zu. Im gleichen Zuge sollte untersucht werden, wie stark sich diese beiden Schichten bei einem heißen Wachsauftrag miteinander vermischen.

Die Eigenschaften und Anwendbarkeit der entwickelten Techniken sollen anhand von Probekörpern getestet und beobachtet werden. Diese werden in Wasserbehältern (Süß- und Salzwasser) realen Witterungsverhältnissen (v. a. starker Sonneneinstrahlung) ausgesetzt. Für die über dem Wasserspiegel liegenden Bereiche der Bemalung könnten Tests außerhalb des Wassers nötig sein, da sich das Material dort vermutlich stärker aufheizt. Mit Hilfe von Materialanalysen an den Probekörpern soll eruiert werden, ob sich an den gealterten Proben Bezüge zu archäologischen Funden herstellen lassen.

Und dennoch, selbst bei noch so sorgfältiger Quellenanalyse, bei akribisch vorbereiteten Rekonstruktionsversuchen, bei überaus exakt ausgeführter Analyse der Testergebnisse: Auch bei diesem Projekt einer historisch informierten Rekonstruktion wird als Ergebnis nur *eine* der möglichen Techniken zur Bemalung hölzerner Schiffskörper in enkaustischer Technik herauskommen. Wie schon das Beispiel des mit Espartowachsmalerei gefassten phönizischen Schiffes in Israel zeigt, hat es wohl eine gewisse Variationsbreite an verschiedenen Bindemittelsystemen gegeben. Und auch der von uns angestrebte Versuch wird in seiner Zeit verhaftet einer von vielen Rekonstruktionen bleiben, denn: *Was ihr den Geist der Zeiten heißt, /Das ist im Grund der Herren eigner Geist, /In dem die Zeiten sich bespiegeln*[90].

Literatur

Ahrens, K. (übersetzt und erläutert), Columella: Über Landwirtschaft: Ein Lehr- und Handbuch der gesamten Acker- und Viehwirtschaft aus dem 1. Jahrhundert u. Z., Berlin 1972.

---

88 Fugmann (2017), S. 228.

89 Dietemann et al. (2017), S. 212.

90 Goethe 1808, Faust. Der Tragödie erster Teil, Szene: Nacht, Faust zu Wagner.

Aufmesser, M. (Übers.), Pedanius Dioskurides aus Anazarba. Fünf Bücher über die Heilkunde, Altertumswissenschaftliche Texte und Studien Bd. 37, Hildesheim u. a. 2002.

Baatz, D. / R. Bockius, Vegetius und die Römische Flotte. Flavius Vegetius Renatus, Praecepta belli navalis. Ratschläge für die Seekriegsführung. Text mit Übersetzung, Kommentar und Einführung von Dietwulf Baatz sowie eine Untersuchung zu: Vegetius und die Klassifizierung römischer Kriegsschiffe in der kaiserzeitlichen Flotte von Ronald Bockius. Monographien des Römisch-Germanischen Zentralmuseums, Bd. 39, Bonn 1997.

Berger, E., Die Maltechnik des Altertums nach den Quellen, Funden, chemischen Analysen und eigenen Versuchen, München 1904.

Bockius, R., Die römerzeitlichen Schiffsfunde von Oberstimm in Bayern, Verlag des Römisch-Germanischen Zentralmuseums, Mainz 2002.

Bockius, R., Abdichten, Beschichten, Kalfatern. Schiffsversiegelung und ihre Bedeutung als Indikator für Technologietransfers zwischen den antiken Schiffsbautraditionen. In: Jahrb. Römisch-Germanischen Zentralmuseums Mainz 49, Mainz 2003, S. 189–234.

Bockius, R., Schifffahrt und Schiffbau in der Antike, Stuttgart 2007.

Brachert, T., Lexikon historischer Maltechniken, Callwey München 2001, s.v.

Brinkmann, V. / R. Wünsche (Hg.), Bunte Götter. Die Farbigkeit antiker Skulptur, Ausstellungskatalog, München 2004.

Büll, R., Das große Buch vom Wachs: Geschichte, Kultur, Technik, Bd. 1, München 1977.

Carlyle, L. / M. Witlox, Historically accurate reconstruction of artists' oil painting Materials. In: Clarke et al. (2005).

Casson, L., Ships and seamanship in the ancient world, Princton/New Jersey 1972.

Chaptal, J.-A., Bemerkungen über einige in Pompeji aufgefundene Farben, Annalen der Physik 32, 1809, S. 316–323.

Clarke, M. / J. Townsend / A. Stijnman, Arts of the Past. Sources and Reconstructions, London 2005.

Colinart, S. / S. Grappin-Wsevolojsky / Ch. Matray, La Cire Punique: Etude Critique des Recettes Antiques et de leur Interpretation. Application aux Portraits du Fayoum, in: Preprints of the ICOM-CC Triennial Meeting, Lyon 1999, S. 213–220.

Colombini, M. P. / G. Giachi / F. Modugno / P. Pallecchi / E. Ribechini, The characterization of paints and waterproofing materials from the shipwrecks found at the archaeological site of the Etruscan and roman harbor of Pisa (Italy), in: Archaeometry 45, 4, 2003, S. 659–674.

Comte des Caylus, A. C. P. / J. Majault, Mémoire sur la peinture al'encaustique et sur la peinture a la cire, Paris 1755.

Cuní, J. / P. Cuní / B. Eisen / R. Savizkyc / J. Bové, Characterization of the binding medium used in Roman encaustic paintings on wall and wood, in: Analytical Methods, 2012, DOI: 10.1039/c2ay05635f.

Dietemann, P. / H. Stege / U. Baumer / A. Obermeier / Ch. Steuer / L. Sand / C. Blänsdorf / E. Fugmann / Ch. Kaiser, Pigmente und Bindemittel antiker Mumienporträts, in: Schmuhl / Wipfler 2017, S. 200–218.

Doerner, M., Malmaterial und seine Verwendung im Bilde, 2. Aufl., München 1922.

Doerner, M. / T. Hoppe, Malmaterial und seine Verwendung im Bilde, 19. Aufl., Berlin 2001.

Dräger, P. (herausgegeben, übersetzt und kommentiert), C. Valerius Flaccus: Argonautica. Die Sendung der Argonauten, Studien zur klassischen Philologie. Bd. 140, Frankfurt am Main u. a. 2003.

Encaust, Pictura Reservata – Über punisches Wachs, Maltechnik, 1984, Heft 3, S. 44–53.

Fernbach, F. X., Die enkaustische Malerei: Ein Lehr- und Handbuch für Künstler und Kunstfreunde, Verlag der Literarisch-Artistischen Anstalt, München 1845.

Flach, D. (herausgegeben, übersetzt und erläutert), Marcus Terentius Varro. Gespräche über die Landwirtschaft, Buch 3, Texte zur Forschung Bd. 67, Darmstadt 2002.

Fugmann, E., Maltechnische Untersuchungen von drei Mumienporträts im Liebighaus. In: Schmuhl / Wipfler 2017, S. 220–229.

Gekeler, W., Honigbienenhaltung, Stuttgart 2006.

Gettens, R., Painting Materials – A short Enceclopaedia, New York 1942.

Glastrup, J., A Note on the Analysis of the Binding Medium from a Phoenician Shipwreck. In: Studies in Conservation 40, Nr. 1, 1995, S. 65–68.

Goethe, J. W. von, Faust. Der Tragödie erster Teil, Tübingen 1808, zitiert nach: E. Trunz, Goethes Werke, Hamburger Ausgabe in 14 Bänden, München 1949–1972, Bearbeitete Neuausgabe, 1986, Bd. 3.

Göttlicher, A., Seefahrt in der Antike: das Schiffswesen bei Herodot, Darmstadt 2006.

Gunnison, A. / I. Passeri / E. Mysak / L. R. Brody, Painted Roman Wood Shields from Dura-Europos, in: Svoboda / Cartwright 2020, S. 139–141.

Hochbruck, J., Test einer „römischen Schiffsbemalung“ im Rahmen des Projektes „FAN“, Erlangen, 01/2017 – 03/2018, veröffentlicht: 2018, https://www.academia.edu/37997209/Bericht_Schiffsbemalung_pdf (abgerufen am 23.09.2020).

Holzberg, N., Publius Ovidius Naso, Metamorphosen, Lateinisch-deutsch, Walter de Gruyter, Berlin/Boston 2017.

König, R. / G. Winkler / K. Bayer / K. Brodersen (herausgegeben und übersetzt), Plini Secundi Naturalis Historiae libri XXXVII, München 1973–1996.

Lessing, G. E., Vom Alter der Oelmalerey, Braunschweig 1774.

Mazurek, J. / M. Svoboda / M. Schilling, GC/MS Characterization of Beeswax, Protein, Gum, Resin, and Oil in Romano-Egyptian Paintings, Heritage 2019, 2, S. 1960–1985, doi:10.3390/heritage2030119.

Mazurek, J., Characterization of Binding Media in Romano-Egyptian Funerary Portraits, in: Svoboda / Cartwright 2020, S. 142–147.

Müller, F. L., Flavius Vegetius Renatus: Abriß des Militärwesens: lateinisch und deutsch, Stuttgart 1997.

Prestel, J. (übersetzt und erläutert), Marcus Vitruvius Pollo, Zehn Bücher über Architektur, 3. Aufl., Baden-Baden 1983.

Regert, M. / S. Colinart / L. Degrand / O. Decavallas, Chemical Alteration and Use of Beeswax Through Time: Accelerated Ageing Tests and Analysis of Archaeological Samples from Various Environmental Contexts, Archaeometry, 43 (4), 2001, S. 549–569, doi: 10.1111/1475-4754.00036.

Riederer, J., Die Pigmente der Antiken Malerei, Naturwissenschaften, 69 (1), 1982, S. 82–86.

Rott, H. / R. Poggendorf, C. Rottmann und der Zyklus griechischer Landschaften in der Neuen Pinakothek – Auftrag, Technik, Geschichte. In: Bayerische Staatsgemäldesammlungen (Hg.), Carl Rottmann. Die Landschaften Griechenlands, München 2007, S. 66–83.

Salvant, J. / J. Williams / M. Ganio / F. Casadio / C. Daher / K. Sutherland / L. Monico, u. a., A Roman Egyptian Painting Workshop: Technical Investigation of the Portraits from Tebtunis, Egypt, Archaeometry 60 (4), August 2018, S. 815–33, https://doi.org/10.1111/arcm.12351.

Sand, L. / C. Thieme / A. Rommel-Mayet, Kunsttechnologische Studien zu Mumienporträts und dem Severertondo, in: Schmuhl / Wipfler 2017, S. 174–195.

Schießl, U., Die deutschsprachigen Literatur zu Werkstoffen und Techniken der Malerei von 1550–1950, Worms 1989.

Schmuhl, Y., Die Mumienporträts, in: Schmuhl, Wipfler 2017, S. 88–101. (=2017a)

Schmuhl, Y., Mythen in der Fachliteratur zur antiken Malerei, in: Schmuhl / Wipfler 2017, S. 152–159. (=2017b)

Schmuhl, Y. / E. P. Wipfler (Hg.), Inkarnat und Signifikanz: Das menschliche Abbild in der Tafelmalerei von 200 bis 1250 im Mittelmeerraum. Veröffentlichungen des Zentralinstituts für Kunstgeschichte in München, Bd. 42, 1. Aufl., Zentralinstitut für Kunstgeschichte, München 2017.

Grumach, E. / H. Flashar / Ch. Rapp (Hg.), Aristoteles Werke in deutscher Übersetzung, Bd. 16: Zoologische Schriften I, Historia Animalium, Berlin/Boston 2019.

Schöneberger, O. (Hg.), Philostratus, Die Bilder: griechisch deutsch, München 1968.

Schütt, H. W., Klaproth, Chemie in unserer Zeit 23, 1989.

Spaabæk, L. R. / J. Mazurek, Binding Media and Coatings: Mummy Portraits in the National Museum of Denmark and the Ny Carlsberg Glyptothek, in: Svoboda / Cartwright 2020, S. 148–152.

Steffy, J. R., The Kinneret Boat Project Part II. Notes on the Construction of the Kinneret Boat, International Journal of Nautical Archaeology 16 (4), November 1987, S. 325–29, https://doi.org/10.1111/j.1095-9270.1987.tb00607.x.

Stijnman, A., Style and Technique are inseparable: art technological sources and reconstructions. In: Clarke et al. 2005, S. 1–8.

Sutherland, K. / R. C. Sabino / F. Pozzi, Challenges in the Characterization and Categorization of Binding Media in Mummy Portraits, in: Svoboda / Cartwright 2020, S. 8–15.

Svoboda, M. / C. R. Cartwright (Hg.), Mummy Portraits of Roman Egypt: Emerging Research of the APPEAR Project, Los Angeles 2020.

Wehlte, K., Werkstoffe und Techniken der Malerei, Ravensburg 1967.

Wilson-Rich, N. (Hg.), Die Biene. Geschichte, Biologie, Arten, Bern 2015.

Winckelmann, J. J., Gedanken über die Nachahmung der griechischen Werke in der Malerey und Bildhauerkunst, 2. vermehrte Aufl., Dresden und Leipzig 1756.

Winckelmann, J. J., Geschichte der Kunst des Alterthums, Dresden 1764.

Zaloscer, H., Porträts aus dem Wüstensand. Die Mumienbildnisse aus der Oase Fayum, Wien 1961.

4 Über die Wahrnehmung und Wirkung von Römerbooten: Zwischen Camouflage, Überraschung und Terror

Claus-Christian Carbon, Bamberg

Zusammenfassung

Die Befundlage zu Römerschiffen beruht hauptsächlich auf historischen Quellen des Kriegstheoretikers „Vegetius" aus dem 4. Jahrhundert n. Chr., ergänzt durch archäologische Funde, die nur die Grundkonstruktion erahnen lassen, aber keine Details wie die charakteristische Bemalung aufzeigen. Über die Wahrnehmung und Wirkung solcher Schiffe existieren keine expliziten Erkenntnisse. Im vorliegenden Aufsatz soll dies mit Hilfe von wahrnehmungspsychologischen Theorien unter Heranziehung von ergänzenden historischen Quellen nachvollzogen werden. Es werden einige psychologisch relevante Facetten näher betrachtet: Die Tarnungseigenschaften, das Potential der Überraschung und die möglichen weiteren Wirkungen, die die Kombination aus Tarnung und Überraschung mit sich brachten. In diesem Zusammenhang sind drei Wahrnehmungsfaktoren zu untersuchen: Die Wahrnehmung von 1) Farben und Ornamentik, 2) Formen und 3) Symbolen, wobei immer auch deren Wirkung diskutiert wird. Ob die hier beschriebenen Methoden des Camouflierens und der Täuschung bewusst eingesetzte Strategien waren, kann nicht abschließend geklärt werden. Der vorliegende Aufsatz macht aber unmissverständlich klar, wie wichtig es ist, aktuelle wahrnehmungspsychologische Theorien konsequent in solche Überlegungen einzubeziehen und plädiert für ein fächerübergreifendes Forschungsprogramm zu diesem Thema, aufgespannt zwischen geisteswissenschaftlicher und naturwissenschaftlicher Methodik.

4.1 Vorbedingungen: Römerschiffe in Germania Magna

Im ausgehenden 4. Jahrhundert n. Chr. verfasste Publius Flavius Vegetius Renatus, kurz „Vegetius“, ein Hauptwerk der antiken Kriegskunde. In seiner *Epitoma rei militaris* beschreibt Vegetius die für den vorliegenden Artikel maßgebliche römische Flussflotte, die im Fokus unserer Betrachtungen stehen soll. Sie befand sich in jenem Gebiet, welches von Publius Cornelius Tacitus (58–120 n. Chr.) als Germania Magna – *Großes Germanien* – bezeichnet wurde. Die Gegend ist für unsere Betrachtungen so spannend, da sie sich, was schon die später vorzufindende alternative Bezeichnung Germania Libera – *Freies Germanien* – nahelegt, zumindest partiell unter germanischer Führung befand. Folglich bildeten entsprechende Grenzflüsse wie die Donau und deren Seitenarme neuralgische Kontaktpunkte zwischen römischen Soldaten und germanischen Kriegern. Entsprechend befanden sich südlich der Donau römische Befestigungsanlagen zur Abwehr angreifender Germanen, die miteinander durch Heerwege vernetzt waren.[1] Dazu wurden Patrouillenboote zur Verstärkung und Ergänzung des römischen Landheeres auf jenen Gewässern eingesetzt. Diese dienten der Flussüberwachung, vor allem zu Zeiten Trajans (Marcus Ulpius Traianus, 53–117 n. Chr.), als der Ausbau des rätischen Limes noch nicht abgeschlossen war.[2]

Prinzipiell lassen sich den Provinzflotten, die für die Binnengewässer zuständig waren, größere Flottenverbände zuordnen, wobei die *classis Germanica* den für unsere Überlegungen fokussierten Verband darstellt.[3] Der Aufgabenbereich war breit, angefangen von Mannschaftstransporten, über Großeinsätze bis hin zu Patrouillenfahrten und taktischen Spezialeinsätzen, bspw. gegen Piraten.[4] Je nach Einsatzgebiet wurden unterschiedliche Schiffstypen eingesetzt, wobei wir hier nur auf die sogenannte Bauform der Liburna eingehen wollen, die bis ca. Ende des 3. Jahrhunderts n. Chr. als Standardboot eingesetzt wurde. Die Bauart der Liburnen orientierte sich an antiken Vorbildern, vor allem den illyrischen Liburnen, die aus griechischen Kolonien rund um die heutige kroatische Küste stammten.[5] Liburnen stellen einen leichten Typ eines Ruderschiffs dar, welcher in sehr unterschiedlichen Größen produziert wurde[6] – die kleineren Exemplare werden von Vegetius auch *scaphae exploratoriae* genannt.

1 Wilhelm (1823).

2 Johnson (1987).

3 Bockius (2007).

4 Bockius (2007).

5 Vegetius Epit. rei milit. V 3, Bockius (2007).

6 Vegetius Epit. rei milit. V 7.

Meist handelt es sich dabei um zweirangige Kriegsschiffe, die entsprechend „Bireme" genannt werden;[7] des Weiteren waren auch einreihige und dreireihige Schiffe bekannt. Um ein geringes Gewicht und damit hohe Fahrgeschwindigkeiten (der Tacitus-Übersetzer Eduard Wolff spricht sogar von „Schnellseglern"[8]) zu ermöglichen, wurde, trotz sehr großer Stückzahl, ein relativ aufwendiges Herstellungsverfahren genutzt, bei dem die verschiedensten Holzarten[9] verwendet wurden, je nach Anforderungen in den unterschiedlichen Teilen des Schiffes. Dabei wurde sogar festgehalten, wie und wann der jeweilige Baum zu fällen sei. Die Schiffe fuhren hauptsächlich mit Ruderkraft, konnten aber zusätzlich mittels eines einzelnen Segels[10] relativ hohe Geschwindigkeiten erreichen[11] – man schätzt, dass dadurch bei größeren Bauarten Spitzengeschwindigkeiten von 14 Knoten möglich waren[12], was einer metrisch angegeben Geschwindigkeit von 26 km/h entspricht und somit schneller ist als die Durchschnittsgeschwindigkeit während eines heutigen Marathonweltmeisterlaufs (ca. 20 km/h) und somit deutlich schneller als die Durchschnittsgeschwindigkeit, mit der man in einer dicht bewachsenen Ufervegetation voranschreiten kann. Vor allem auf engen Flusspassagen setzte man schmale Bauformen ein,[13] um wendig und taktisch auch in engen und untiefen Flusspassagen operieren zu können.[14] Zweifelsohne kann die römische Kriegsmarine und samt Provinzialflotten sowohl technisch und ausbildungsmäßig als auch infrastrukturell als höchst entwickelt und fortgeschritten bezeichnet werden.[15] Trotz der mehr oder weniger zuverlässigen historischen Quellen zur Bauart und zum Einsatz von Liburnen und trotz der mittlerweile erklecklichen Anzahl von Schiffsüberresten, die man an Hauptflüssen (bspw. Rhein: Mainzer Römerschiffe) und Nebenflüssen (bspw. Ilm: Römerschiffe aus Oberstimm/Manching) Deutschlands gefunden hat,[16] ist das Wissen über die genaue Ausgestaltung und insbesondere die Bemalung der Römerschiffe weiterhin extrem begrenzt. Zwar konnten bspw. im oberbayerischen Oberstimm Spuren der originalen Pech-Kalfaterung gefunden werden, aber es konnten weder Verzierungen noch Bemalungen nachgewiesen werden. Historische Beschreibungen und Abbildungen belegen jedoch, dass sowohl komplexe Muster und Sze-

7 Viereck (1975).

8 Tacitus Germ. 9,5.

9 Fichte, Lärche und Tanne, siehe Vegetius Epit. rei milit. V,5, bzw. andere, lokal vorkommende Holzarten wie Kiefer für die Planken und Eiche für das Kielschwein, s. Pferdehirt (1995).

10 Gabriel (2007).

11 Bockius (2006); Pferdehirt (1995).

12 Gabriel (2007).

13 Gabriel (2007).

14 Gabriel (2007); Tacitus Germ. 32,1.

15 Starr (1941).

16 Bockius et al. (2002).

nen auf Schiffen in Form von Reliefs aufgebracht als auch die Schiffe farblich gefasst waren. So lässt bereits die alternative Bezeichnung dieser Schiffsart als „picta“[17] erahnen, dass die Schiffe bemalt waren („picti“ als latinisierte Form des altgr. Π(τ)υκτίς „gemaltes Bild“ LSJ p. 1553). Ähnliche Beschreibungen von Römerschiffen als „pictas carinas“ finden sich bereits bei Vergil[18]. Zudem finden sich umfangreiche Abhandlungen zum Einsatz und zur Anwendung von Farben im 35. Buch von Plinius Naturgeschichte – hier werden auch konkrete Farben benannt, die notorisch Verwendung bei den Flotten fanden: Purpurrot, Indigoblau (Himmelblau), Melos-Erde, Operment (Rauschgelb), appianisches Grün (Kupfergrün)[19] und Bleiweiß[20]. Weiterhin lassen sich an der Trajanssäule auf Cichorius-Tafel „XXXIV: Stromfahrt Trajans“[21] deutlich Reliefdarstellungen von Biremen erkennen (siehe Abb. 1A). In diversen Räumlichkeiten Pompejis sind zudem Referenzen auf Farbgebung, Ornamente und Symbole zu finden. Besonders eindrucksvoll in dieser Hinsicht ist die Darstellung eines römischen Kriegsschiffes im Haus der Tänzerinnen in Pompeji, die deutlich zwei paarweise angeordnete Augen und Ornamentik mit hohem Kontrast und insgesamt hohen Farbauftrag in einem sehr weiten Farbspektrum zeigt.

Abbildung 1: A) Reliefdarstellung an einer Bireme. Detail aus der Cichorius-Tafel „XXXIV: Stromfahrt Trajans“, mittels Hochpassfilterung wurden die Kantendarstellungen verstärkt, B) Ausschnitt aus einem Wandgemälde von Raum 8 der Casa della Danzatrice bzw. Casa di Diana, Pompeji, welches ein Kriegsschiff hinter den Arkaden des Hafens darstellt, C) Darstellung einer römischen Bireme als Flachrelief, Vatikanische Museen.

---

[17] „pictas naves“, Vegetius Epit. rei milit. V 7.

[18] Aeneis VIII 93.

[19] Bzw. „meergrün“, s. Vegetius Epit. rei milit. V 7.

[20] Plinius Nat. Hist. XXXI 7.

[21] Zu sehen ist vermutlich Trajan als Steuermann auf der Donau, Cichorius (1896).

Noch weniger als über die genaue Ausgestaltung und Ausmalung ist über die Motivation hinter solch einer Bemalung bekannt, ebenso über die Wahrnehmung und die Wirkung, die jene Art der Bemalung auszulösen vermag, insbesondere bei gegnerischen Personen, hier vor allem den Germanen. Dies soll Hauptschwerpunkt der Betrachtungen und Überlegungen im Folgenden sein.

4.2 Wahrnehmungsfaktoren

Die große Herausforderung ist, Wahrnehmung phänomenologisch zu beschreiben, da Wahrnehmung nicht das Wahrnehmungs*objekt*, sondern die Interaktion des Wahrnehmungs*subjekts* mit dem *Objekt* beschreibt. Wahrnehmung ist *prinzipiell* konstruktiv, d. h. es handelt sich um einen kognitiven Akt, welcher die physikalische Welt sinnlich so erfahrbar macht, dass die darauf manifestierte mentale Repräsentation optimal genutzt werden kann.[22] Wahrnehmung ist aber nicht nur der Akt des Erkennens und Zuschreibens von Dinglichem zu Sinnlich-Erfahrbarem und letztendlich zu Begrifflichem, sondern Wahrnehmung stellt auch die wichtigen affektiven Zwischentöne und Bewertungen bereit, die unser Handeln und Tun maßgeblich bestimmen. So kommt es nicht nur darauf an, schnell und genau genug ein Objekt zu erkennen (bspw. ein Schiff), sondern auch schnell dieses Objekt in einen Sinnzusammenhang zu bringen und aus der sich ergebenen Situation Bedeutung zu schaffen, bspw. zu identifizieren, ob es sich um ein feindliches oder ein eigenes Schiff handelt. Mit einem Wort: Ob es eine sich entwickelnde Situation eher erfordert, gegen den Feind zu kämpfen, direkt zu fliehen oder zu erstarren, um unentdeckt zu bleiben – oder, ob man es nicht doch mit einem freundlich gesinnten Schiff zu tun haben könnte, dessen Mannschaft man freudig begrüßen sollte. Es handelt sich bei diesem schnellen Entscheidungsprozess um das sogenannte Fight-Flight-Freeze-System,[23] welches zwar auch entscheidende Persönlichkeitskomponenten besitzt,[24] dabei aber maßgeblich auf einer Einschätzung der Situation und der Beherrschbarkeit jener Situation beruht.[25] Ungleich schwerer wird die Aufgabe zu beschreiben und zu erklären, welche Wahrnehmung und Wirkung Römerschiffe auf den Grenzflüssen Germaniens auf die Einheimischen gehabt *haben*, da wir einerseits keine Aufzeichnungen über solche psychologischen Auswirkungen besitzen und andererseits solche Erfahrungen auch heute noch nicht, selbst in ausgeprägten Schriftkulturen, einen wichtigen Stellenwert der schriftlichen Beschreibung besitzen. Es ist

---

[22] Carbon (2015).

[23] Donahue (2017).

[24] Maack et al. (2014).

[25] Krupić / Dinić (2017).

aber durchaus möglich, mit Hilfe von Analogschlüssen und Theorien und sogar experimentellen Anordnungen der Wahrnehmungspsychologie[26] typische Phänomene zu identifizieren, die Bestandteil des damaligen Erlebnishorizonts gewesen sind. Ergänzend hierzu existieren wenigstens einige wenige Beschreibungen aus römischer Feder darüber, welche Motivationen und Überlegungen hinter bestimmten ästhetischen und konstruktiven Besonderheiten der Römerschiffe standen, die hierbei mit einbezogen werden sollen.

Wahrnehmung von Farben und Ornamentik und deren Wirkung

Um die Wahrnehmung und Wirkung von Römerschiffen besser einschätzen zu können, ist es unerlässlich, die geografischen und vegetationalen Eigenschaften der Uferlandschaften zu benennen und näher zu erklären, wie die Gewässer selbst beschaffen waren. Da es sich beim Grenzgebiet des römischen Reiches und Germania Magna um einen äußerst ausgedehnten Raum handelt, ist dabei eine singuläre Spezifizierung kaum möglich, als Anhaltspunkt mag aber dienen, dass die Germanen kaum größere Siedlungen besaßen und keine festen Straßen,[27] somit ist von einem relativ unbewirtschafteten Land auszugehen,[28] so wie es auch Plinius beschreibt[29]– wenn auch seine Beschreibungen kaum als authentisch gelten können. Die Uferböschungen waren vermutlich, vor allem im Falle kleinerer Fließgewässer oft schlecht einsehbar, sowohl von Seiten der vielfachen Biegungen der nicht begradigten Flüsse als auch von Seiten des wilden Wuchses des Ufers.[30] In den Hauptvegetationszeiten muss aufgrund der im Süden Deutschlands ausreichenden Niederschläge innerhalb der kühlgemäßigten Klimazone Mitteleuropas und der diversen Urwald- und Urbuschvegetation von sehr vielfältigen und hoch saturierten Grün- und Erdtönen ausgegangen werden. Die Farbe der Fließgewässer selbst hängt allgemein enorm stark von der spezifischen Zusammensetzung der Böden und der Herkunft der Gewässer ab und vor allem auch von der jeweiligen Jahreszeit. Auch hier ist grundsätzlich von einer Vielfalt an Farbtönen auszugehen, die alleine innerhalb der Zuflüsse in Passau typischerweise als zwischen grüngrau (Inn), über moorbraun (Ilz) bis hin zu dunkelblau (Donau) variierend gekennzeichnet wird. Eigene Messungen ergaben zwar Abweichungen von

[26] S. Carbon / Deininger (2013).

[27] Wilhelm (1823).

[28] Wilhelm (1823).

[29] Immer wieder klingt in den Beschreibungen Germaniens die Urwüchsigkeit und starke Bewaldung des Gebiets an, die kaum Sicht ermöglichte, Plinius Nat. Hist. XVI 1–4.

[30] Aeneis VIII 90–96.

jenen klassischerweise angegebenen Farbtönen, die Annahme einer hohen Variationsbreite der Farbtöne wird dadurch aber eher untermauert (siehe Abb. 2).

Abb. 2: Illustration der Farbvariationsbreite von Flüssen, hier am Beispiel von Farbtönen der einzelnen Zuflüsse Inn (Farbton von Grün, ca. 563,3 nm Wellenlänge), Donau (ein mittel-dunkel-Farbton von Cyan-blau, ca. 482,6 nm) und Ilz (mittel-dunkel-Farbton von Blau, ca. 469,7 nm) wenige Meter vor deren Zusammenschluss zur weiter erstarkten Donau in Passau – alle Messungen erfolgten innerhalb eines Erfassungsradius von 300 m. Die Farbtöne wurden auf Basis einer Satellitenaufnahme vom 08.05.2020, abgerufen via Google Earth Pro, gemessen und monochrom-flächig extrapoliert. Aufgrund der saisonalen und tageszeitabhängigen Färbungen der Flüsse, der Ortsabhängigkeit der Messung und der Problematik nicht farbtreuer Satellitenaufnahmen kann dieses Farbspektrum nur als eine Momentaufnahme zur Illustration der Vielfältigkeit der Farbtöne gewertet werden.

Spannend ist beim Betrachten dieser hohen Variationsbreite alleine innerhalb einer sehr engen geografischen Ausdehnung, dass das gesamte Spektrum jener Farben, welche im Einleitungsteil anhand von historischen Quellen als Schiffsfarben diskutiert wurden, enthalten ist. Zudem werden von den genannten Schiffsfarben auch die typischen Grüntöne der umgebenden Vegetation abgedeckt (siehe Abb. 1B). Das heißt, durch eine vielfältige Farbgebung der Schiffe aus diesem Spektrum war es möglich, die gegebene Umwelt farblich aufzugreifen. Dies führt nicht nur zu einem ästhetisch stimmigen Farbdesign, sondern schafft optimale Voraussetzungen für eine optimale Tarnung der Schiffe auf den Gewässern und in den Gebieten, die die Römischen Flottillen überwachten und dominierten (siehe Abb. 3). Gemäß visuellen Wahrnehmungstheorien[31] sind für eine optimale Camouflage folgende Faktoren wesentlich: zum einen sollte die Oberfläche des zu tarnenden Objekts (hier: das Schiff) ähnlich dem Hintergrund aussehen, zum anderen sollten die Begrenzungslinien des Objekts nicht klar erkennbar sein. Um die Oberflächenmerkmale optimal dem Hintergrund anzupassen, müssen unterschiedliche Strategien angewendet werden, da der Hintergrund im gegebenen Fall heterogen ist und sich

[31] Merilaita et al. (2017).

dynamisch verändernd im Laufe einer Schifffahrt zeigt. Gute Camouflage-Techniken berücksichtigen diese Faktoren implizit durch die Verwendung von heterogenen visuellen Mustern,[32] welche sowohl der möglichen Farbenvielfalt des Hintergrunds (Wasser und Uferlandschaft) als auch unterschiedlichen Skalierungen von Flächen Rechnung tragen[33] und sich so optimal in den Hintergrund einpassen.[34] Wesentlich ist dabei, dass man gestalthafte Bemalungen vermeidet[35], auch sind symmetrische Muster unbedingt aufzulösen.[36] Diese Camouflage-Technik wird entsprechend auch als „kryptische Camouflage" bezeichnet.[37] Sie ist in der Tierwelt häufig anzutreffen.[38] Die menschliche Wahrnehmung ist mittels ästhetischem Aha-Mechanismus[39] und dem damit verbundenen liberalem Gestalterkennen auch unter unsicheren oder mehrdeutigen visuellen Wahrnehmungsbedingungen funktionsfähig,[40] da Perzepte auch auf Basis schwacher Hinweisreize generiert werden. Das „Verlassen" auf schwache Hinweisreize wird mit zunehmend ungünstigeren Wahrnehmungsbedingungen bspw. durch Nebel, Rauch oder Dunkelheit ausgeprägter. Auffallend bei den historischen Darstellungen von Römerschiffen ist, dass solche entlarvenden Hinweisreize meist komplett vermieden wurden, was vorteilhaft für eine gute Camouflage ist. So zeigen sich auf den gesichteten Wandfresken von römischen Villen keine klaren Kanten und Begrenzungslinien der Schiffe, symmetrische Strukturen werden aufgelöst und flächige Bemalungen wechseln einander ab, um *keine* einheitliche Struktur erkennbar werden zu lassen und um so eine sichere Gestalterkennung zu erschweren – einige wenige problematische Ausnahmen von diesem Camouflage-Prinzip fallen bei einigen Römerschiffen auf, so bspw. die quadratischen Muster im vorderen Teil des Schiffes von Abb. 1A.

Auch wenn das Thema der oft auf Römerschiffen aufgebrachten Augenpaare am Bug noch im übernächsten Unterkapitel spezifisch behandelt wird, sei hier in diesem Zusammenhang bereits ein wichtiger Hinweis erlaubt: Das Anbringen von paarweise angebrachten Augen auf einem für die Tarnung stark optimierten Schiff wäre eine klare Durchbrechung der Camouflage-Strategie, denn Augen, zumal so übergroß und kontrastreich wie auf den Schiffen ausgeführt, wären immer einfach erkennbar und eine klare Referenz auf ein Objekt, welches sich vom Hintergrund abhebt. Jedoch soll unbedingt betont werden, dass die Paaranordnung nur direkt von Vorne ersichtlich wird, da die Augen nahe des Bugs in lateraler Weise aufgebracht

---

32 Merilaita et al. (2001).

33 Chiao et al. (2007).

34 Merilaita et al. (2001).

35 Leggett (2010).

36 Cuthill et al. (2006).

37 Merilaita / Lind (2006).

38 Stevens / Merilaita (2009).

39 Muth / Carbon (2013).

40 Carbon (2015).

wurden (siehe Abb. 1B), d. h. man nur aus frontaler Perspektive diese als starke und biologisch relevante Gestalt wahrnehmen kann.[41]

Abb. 3: Illustration der Camouflage-Eigenschaften verschiedenartiger Farbflächen auf einer rekonstruierten Version eines römischen Patrouillenbootes (F.A.N. = Fridericiana Alexandrina Navis) gegenüber der Wasserfarbe: Bugansicht vom Ufer des Main-Donau-Kanals in Erlangen aus gesehen, am Tag des Stapellaufs (12.5.2018). Sehr gut ist bei dieser Abbildung auch die stark divergierende Form des Bugs zu erkennen.

[41] Carbon (2003).

Insgesamt ist zu konstatieren, dass die vorliegenden Abbildungen von Römerschiffen mit großer Häufigkeit jedoch nicht gänzlich den Prinzipien „kryptischer Camouflage" folgen, sondern durchaus flächige Farbaufträge aufweisen, allerdings erinnert diese Art der Farbgebung stark an die weiterführende Technik der sogenannten „disruptiven Camouflage".[42] Interessanterweise werden bei jener *disruptiven* Camouflage-Technik gerade nicht versucht, die Übergänge, Ecken und Kanten zu verdecken[43] und mit dem Hintergrund zu verschmelzen, vielmehr vereitelt die Camouflage nun die klare Referenz auf die Konturen eines Schiffs. Disruptive Camouflage schafft es, dass das Gegenüber alternative Gestalten erkennt, die nicht handlungsrelevant für ein erfolgreiches kriegerisches Verhalten sind,[44] bspw. schwimmende Baumstämme, Äste oder anderweitiges Treibgut oder Tiere. Beide Strategien, das kryptische und das disruptive Camouflieren, können häufig als miteinander wirkende Prinzipien in der Natur gefunden werden[45] und werden bis heute in militärischen Camouflage-Settings erfolgreich eingesetzt.[46] Im militärischen Bereich zeigte sich, dass bspw. mit Hilfe des sogenanntem *Dazzle-Camouflage Design*, einer besonderen Art der disruptiven Camouflage, selbst dann noch ein taktischer Vorteil zu erwarten ist, wenn das Zielobjekt doch schließlich enttarnt wird. Schiffe, die solch ein Design aufweisen, können schlechter hinsichtlich ihrer Entfernung und ihrer Geschwindigkeit eingeschätzt werden[47] – wichtige Voraussetzungen, um ein effizientes Bekämpfen des Schiffs unwahrscheinlicher werden zu lassen.

Gute Camouflage ist nicht nur Garant für ein zeitlich verzögertes oder ein vollständiges Nichtentdecktwerden kleiner Kampfeinheiten, es kann sogar, so zeigt die Kriegsgeschichte eindrucksvoll, selbst die Erkennung extrem großer Truppenbewegungen vereiteln.[48] Dies war auch für den Entsatz von relativ kleinen vorhandenen Schwadronen wichtig,[49] um die weit verstreuten Auxilliartruppen,[50] die den römischen Provinzen spezifisch zugeordnet waren,[51] schnell zu konzentrieren. Solche schnellen Konzentrationsmöglichkeiten waren und sind immer noch von großer strategischer Bedeutung für erfolgreiche Militärkampagnen.[52]

---

42 Cuthill et al. (2005).

43 Cuthill et al. (2007).

44 Gibson et al. (2012); Webster et al. (2013).

45 Cuthill et al. (2005).

46 Behrens (2016); Covert (2007).

47 Scott-Samuel et al. (2011).

48 Shramm (1946).

49 Starr (1941).

50 Johnson (1987).

51 Starr (1941).

52 von Marées (1883).

Wahrnehmung von Formen und deren Wirkung

Eine weitere Besonderheit spielt die spezifische Bauform der Römerschiffe. Zum einen ermöglicht die nicht-symmetrische Bauform zusammen mit vielfältigen Ausformungen eine schwer zu erkennende Silhouette. Zum anderen erscheinen die Umrisse eines solchen Schiffs deutlich größer als die Innenmaße dies glauben machen würden. Wichtiger Grund hierfür ist ein bekanntes Wahrnehmungsphänomen, welches als „Müller-Lyer Täuschung" bekannt geworden ist:[53] die Außenformen des Schiffs in lateraler Ansicht zeigen divergierende Strukturen, besonders stark ausgeprägt ist dies im Bugbereich zu erkennen (siehe Abb. 3). Durch die ausladende, divergierende Struktur im Bug- aber auch Heckbereich wird irrtümlicherweise die nicht strukturell wesentliche Peripherstruktur in die Größeneinschätzung einbezogen. Ob wir wollen oder nicht, da unsere Wahrnehmung grundsätzlich holistisch arbeitet,[54] erscheint uns das Schiff deutlich größer und mächtiger als es eigentlich ist. Diese Wahrnehmungstäuschung soll an Abb. 4 illustriert werden. Es wird zusätzlich durch den erhöhten Bug- und Heckaufbau zwangsläufig auch zu einer Überschätzung der Höhe und des Tiefgangs des Schiffes kommen – auch dies heuristische Indikatoren für den Angreifer, dass das Schiff eine hohe Kampfstärke aufweist.

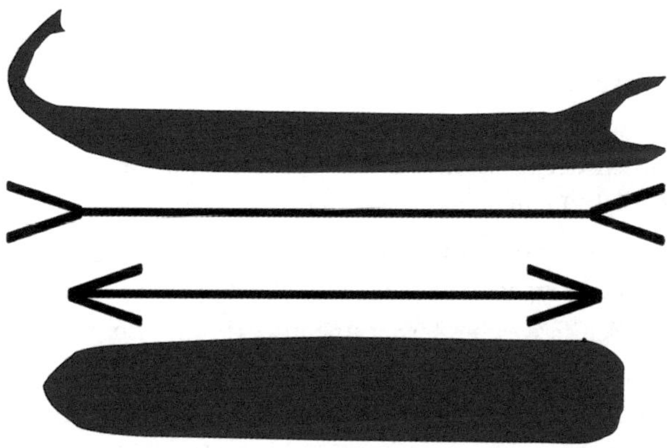

Abb. 4: Demonstration der Müller-Lyer-Täuschung (Müller-Lyer (1889)) anhand der skizzierten Umrisse einer römischen Liburne. Die obere schwarze Horizontallinie demonstriert die wahrgenommene Ausdehnung des Schiffes aufgrund der äußeren Strukturmerkmale, die untere schwarze Horizontallinie demonstriert die Ausdehnung des Schiffes aufgrund der inneren Platzverhältnisse. Die obere Ansicht erscheint deutlich größer (siehe Carbon (2014)).

[53] Müller-Lyer (1889).

[54] Carbon (2015).

Wird das sonst sehr hochwertig camouflierte Schiff nun doch entdeckt, ist die Überraschung umso größer, da ja de facto eine sehr groß wirkende Struktur zuvor übersehen wurde. Dieser Überraschung mag ein weiterer Effekt verstärkend zur Hilfe kommen, der auf der Grundform des Schiffes basiert: Da der Bug von der Form und der Anordnung einem Gesicht ähnelt, achtern wie ein langer Schwanz wirkt und der Rest des Schiffes zum Körperschema eines riesenhaften Wesens passt, könnte es schnell als übermenschlich großes, lebendes und aggressives Wesen wahrgenommen worden sein. Unterstrichen wird die Wahrnehmung eines wehr- und kampfbereiten Wesens durch die Ruder, die in bestimmter Stellung wie Schuppen oder Zacken wirken und damit die Anmutung eines schwimmenden Drachen auslösen (siehe Abb. 1C).

Sobald also ein solches „Wesen" entdeckt wird, wird es zwangsläufig zu einer starken Überraschung kommen, die entweder in Flucht oder übereiltem Angriff münden wird. Sehr sicher wird sich der Gegner aber selbst dabei enttarnen, da Menschen typischerweise bei starker Überraschung nicht mit einer Körperstarre („Freeze") reagieren.[55]

Wahrnehmung von Symbolen und deren Wirkung

Ein offensichtlich sehr markantes Merkmal von vielen römischen Kampfschiffen war das Bemalen des Bugbereichs mit paarweise angeordneten Augen, die allerdings als solche nur von Vorne aus als ein vollständiges Paar zu erkennen waren. Somit kann sich die volle Wirkung eines Augenpaares erst dann entfalten, wenn der Gegner frontal vor dem Schiff steht, bspw. weil jener Gegner erspäht wurde, sei es, dass er am Ufer steht oder auf einem gegnerischen Schiff sich befindet, und das Schiff nun geradewegs auf ihn zufährt. Dieser Moment einer plötzlichen Inaugenscheinnahme des Gegners durch das drachenartige Wesen des Schiffes muss ein starkes Überraschungsmoment ergeben haben. Das plötzliche Verändern der Situation von einem perfekt camouflierten Schiff, welches bisher unentdeckt blieb, hin zum Moment, in dem man sich gewahr wird, dass ein riesenhaftes, furchteinflößendes Wesen auf einen zusteuert, mag zu äußerst hektischen Reaktionen geführt haben. Da jenes Wesen auch noch weitaufgerissene Augen besaß (siehe Abb. 5), was in der Natur ein klares Indiz für etwas Lebendiges ist, muss der Effekt umso stärker gewesen sein. Augen, vor allem offene Augen, bei denen die Pupillen klar zu sehen sind, vitalisieren augenblicklich eine Gesichtsabbildung, wie dies bei Marmorbüsten bekannt ist: das einfache Hinzufügen kreisförmiger schwarzer Flächen im Zentrum der Augen lässt die tot wirkenden Köpfe wirkungsvoll zu lebendigen menschlichen Gesichtern mutieren.[56]

---

55 Donahue (2017).

56 Bruce / Young (1998), S. 165, i. e. Abb. 5.10 und 5.11.

Abb. 5: Illustration der Wirkung der Augensymbolik im Bugbereich des rekonstruierten römischen Patrouillenbootes (F.A.N.; Fridericiana Alexandrina Navis): starker Kontrast durch weiße Sclera gegenüber schwarzer Pupille und zyklopische Wahrnehmung durch lateral angebrachtes Augenpaar (siehe Carbon, 2003): Detailansicht des Bugs vom Ufer des Main-Donau-Kanals in Erlangen aus gesehen, am Tag des Stapellaufs (12.05.2018)

Spannenderweise beschreibt Philostratus (der Ältere) genau jene psychologische Wirkung basierend aus der Mixtur von Physiognomie und Ästhetik des vermeintlichen Wesens in den sogenannten *Imagines* (Εἰκόνες) bereits Anfang des 3. Jahrhunderts n. Chr. Auch wenn es sich bei diesen Beschreibungen um tyrrhenische Piratenschiffe handelt, so können aufgrund der ähnlichen Gestaltungsmerkmale jener Schiffe mit den hier besprochenen Römerschiffen klare Parallelen gezogen werden. Philostratus spricht explizit von dem starken Effekt der Augen an den Schiffen, dem monsterähnlichen Aussehen und der klaren Wirkung durch die starken Farben – insgesamt, so sein Schluss, müssen solche Schiffe regelrechten Terror ausgelöst haben.[57]

Die Bedeutung von Augenpaaren, vor allem in Darstellung *ohne* eindeutigen Körper, wird aktuell intensiv experimentell erforscht.[58] Zum einen haben solche Augenpaare die Wirkung, dass Menschen das Gefühl haben, beobachtet zu werden, gleichzeitig aber auch, dass man ver-

[57] Philostr. I 19.

[58] Hesslinger (2019).

sucht zu verstehen, was das dazugehörige Wesen denkt und wie es handeln wird. Dies führt zwangsläufig dazu, dass man stärker kognitive Ressourcen bindet und somit potentiell in eine Defensive gerät. Ist eine Person sowieso schon erregt (physiologisch betrachtet, ihr *Arousal* erhöht), beispielsweise durch jenes Überraschungsmoment, so wirken Augenreize noch stärker dahingehend, dass sie ein Gefühl des Beobachtet-Werdens[59] und zwangsläufig auch des situativen Ausgeliefertseins auslösen. Die starke Wirkung von Augen haben sich Menschen schon lange zu Nutzen gemacht, bspw. belegt durch Inschriften und Artefakte aus der Bronzezeit. Anbringungen von Augensymbolen an Schiffen, teilweise sogar als große steinerne Scheiben – sogenannte *ophthalmoi* –, sind spätestens seit dem 5. vorchristlichen Jahrhundert im östlichen Mittelmeer dokumentiert,[60] manche davon in comicartigen, farbenfrohen, aber eben auch kontrastreichen Farben gehalten, andere als anatomisch korrekte, wenn auch übergroßen Abbildungen menschlicher Augen. Es wird gemutmaßt, dass die Augen weitere Bedeutung besaßen, darunter, dass Augen am Schiff auf ein übernatürliches Wesen mit einem Bewusstsein referenzieren und dass sie apotropäische Bedeutung gegenüber Feinden haben.[61] Das heutzutage in der Forschung als „Watching-Eyes-Effekt“ bezeichnete Phänomen scheint dabei eine Art von anthropologischer Wahrnehmungskonstante zu sein: Auch heute noch verändern Menschen ihr Verhalten angesichts einer schieren Anwesenheit von Augen oder entsprechender Muster und sie fühlen sich beobachtet, selbst wenn sie sich gewahr sind, dass sie lediglich aufgemalten Symbolen gegenüberstehen.[62]

4.3 Schlussfolgerungen

„Ihre Bestimmung ist, den Feind unvermutet zu überfallen. … des Feindes Bewegungen zu beobachten und auszuspähen, ferner ihm sein Vorhaben abzulauern [sic!].“ schreibt Vegetius über die Römerschiffe.[63] Die vorliegende Analyse aus wahrnehmungspsychologischer Perspektive zeigt auf, dass die Römerschiffe, die in Germanien auf den Haupt- und Nebenflussläufen eingesetzt wurden, hervorragende Eigenschaften zur Camouflage besaßen, wodurch sie lange im Verborgenen bleiben konnten. Zugleich erlaubte es ihre Gestaltung, den Gegner im Falle des Entdecktwerdens wirkungsvoll zu überraschen und somit bei diesem Terror auszulösen. Diese Mixtur aus Tarnung, Fehlüberzeugung und Überraschung ist bis heute eines der Haupt-

---

59 Hesslinger et al. (2017a).

60 Galili / Rosen (2015).

61 Nowak (2006).

62 Hesslinger et al. (2017b).

63 Vegetius Epit. rei milit. V 7.

prinzipien erfolgreicher Kriegsführung,[64] da sie dem Gegner keine Zeit zur Vorbereitung einer Kampftaktik gibt und ihn durch das Überraschungsmoment meist paralysiert oder zu vorschnellem, unüberlegtem Handeln motiviert.[65]

Ob die hier beschriebenen Methoden des Camouflierens, der Täuschung und der Überraschung bewusst eingesetzte Strategien waren oder lediglich durch Versuch und Irrtum über die Zeit hinweg den Bau und den Einsatz der Römerschiffe und ihrer Vorgänger veränderten und optimierten, können wir anhand der Quellenlage nicht klar entscheiden. Es existieren aber vereinzelte Hinweise darauf, dass man sich der Bedeutung solcher Wahrnehmungs- und Wirkungsfaktoren durchaus bewusst war. Der vorliegende Aufsatz macht umso mehr klar, wie wichtig es ist, aktuelle wahrnehmungspsychologische Theorien konsequent in solche Überlegungen einzubeziehen und eventuell diese zusätzlich durch konkrete wahrnehmungspsychologische Experimente zu ergänzen, um zu weiterführenden Erkenntnissen zu gelangen.

Literatur

Behrens, R., Setting the Stage for Deception. Perspective Distortion in World War I Camouflage, *Aisthesis: Pratiche, Linguaggi e Saperi dell'Estetico* 9, 2016.

Bockius, R., *Die römerzeitlichen Schiffsfunde von Oberstimm in Bayern,* Mainz 2002.

Bockius, R., *Die spätrömischen Schiffswracks aus Mainz. Schiffsarchäologisch-technikgeschichtliche Untersuchung spätantiker Schiffsfunde vom nördlichen Oberrhein,* Mainz 2006.

Bockius, R., *Schifffahrt und Schiffbau in der Antike,* Stuttgart 2007.

Bruce, V. / A. Young, *In the eye of the beholder: The science of face perception.* Oxford 1998.

Carbon, C. C., *Face Processing: Early processing in the recognition of faces (Doctoral thesis),* Berlin 2003.

Carbon, C. C., Understanding human perception by human-made illusions. *Frontiers in Human Neuroscience* 8.566, 2014, S. 1–6.

Carbon, C. C., Wahrnehmungspsychologie [Perceptual psychology]. In: A. Schütz / B. Mathias / H. Selg / S. Lautenbacher (Hg.), *Psychologie: Eine Einführung in ihre Grundlagen- und Anwendungsfelder [Psychology: An introduction to © fundamental as well as applied fields],* Stuttgart 2015.

Carbon, C. C. / P. Deininger, Golden perception: Simulating perceptual habits of the past. *i-Perception* 4.6, 2006, S. 468–476.

Chiao, C.-C. / C. Chubb / R. T. Hanlon, Interactive effects of size, contrast, intensity and configuration of background objects in evoking disruptive camouflage in cuttlefish. *Vision Research* 47.16, 2007, S. 2223–2235.

Cichorius, C., *Die Reliefs der Traianssäule,* Berlin 1896.

---

[64] Great Britain Army General Staff (1989), siehe auch Headquarters Department of the Army (2019).

[65] Latimer (2001)

Covert, C. T., Art at war: Dazzle camouflage, *Art Documentation: Journal of the Art Libraries Society of North America* 26.2, 2007, S. 50–56.

Cuthill, I. C. / M. Stevens / J. Sheppard / T. Maddocks / C. A. Párraga / T. S. Troscianko, Disruptive coloration and background pattern matching, *Nature* 434.7029, 2005, S. 72–74.

Cuthill, I. C. / M. Stevens / A. M. M. Windsor / H. J. Walker, The effects of pattern symmetry on detection of disruptive and background-matching coloration, *Behavioral Ecology* 17.5, 2006, S. 828–832.

Cuthill, I. C. / T. S. Troscianko / A. Kibblewhite / O. King / M. Stevens, Edge enhancement in disruptive camouflage, *Perception* 36.9, 2007, S. 1399–1399.

Donahue, J., The Fight-Flight-Freeze System. In: V. Zeigler-Hill, T. K. Shackelford, Encyclopedia of Personality and Individual Differences, Cham 2017, S. 1590-1595.

Gabriel, R. A., The Roman Navy: Masters of the Mediterranean, *Military History* 29.9, 2007, S. 36–43.

Galili, E. / B. Rosen, Protecting the ancient mariners, cultic artifacts from the holy land seas, *An International Journal on Underwater Archaeology* 12, 2015, S. 35–97.

Gibson, D. / N. Campbell, I. Cuthill, T. Troscianko, Image in-painting for the study of camouflage, *Perception* 41.3, 2012, S. 370–370.

Great Britain Army General Staff, *Design for military operations: The British military doctrine*, London 1895.

Headquarters Department of the Army, Army support to military deception, Washington 2019.

Hesslinger, V. M., On the Eye-Effect, *Fachbereich 02 Sozialwissenschaften, Medien und Sport*, Mainz 2019.

Hesslinger, V. M. / C. C. Carbon / H. Hecht, The sense of being watched is modulated by arousal and duration of the perceptual episode, *i-Perception* 8.6, 2017, S. 1–11. (=2017a)

Hesslinger, V. M. / C. C. Carbon / H. Hecht, Social factors in aesthetics: Social conformity pressure and a sense of being watched affect aesthetic judgments, *i-Perception* 8.6, 2017, S. 1–16. (=2017b)

Johnson, A., *Römische Kastelle des 1. und 2. Jahrhunderts n. Chr.*, Mainz 1987.

Krupić, D. / B. Dinić, Situational cues trigger risk assessment, fight, flight, but not freeze in Blanchard's threat scenarios, *Human Ethology Bulletin* 32, 2017, S. 14–23.

Latimer, J., *Deception in war*, London 2001.

Leggett, M., Camoupedia – A Compendium of Research on Art, Architecture and Camouflage (review), *Leonardo* 43, 2010, S. 297–298.

Maack, D. / E. Buchanan / J. Young, Development and Psychometric Investigation of an Inventory to Assess Fight, Flight, and Freeze Tendencies: The Fight, Flight, Freeze Questionnaire, *Cognitive behaviour therapy* 44, 2014, S. 1–11.

Merilaita, S. / J. Lind, Great tits (Parus major) searching for artificial prey: implications for cryptic coloration and symmetry, *Behavioral Ecology* 17.1, 2007, S. 84–87.

Merilaita, S. / A. Lyytinen / J. Mappes, Selection for cryptic coloration in a visually heterogeneous habitat, *Proceedings of the Royal Society B-Biological Sciences* 268.1479, 2001, S. 1925–1929.

Merilaita, S. / N. E. Scott-Samuel / I. C. Cuthill, How camouflage works, *Philosophical Transactions of the Royal Society B-Biological Sciences* 372.1724, 2017.

Müller-Lyer, F. C., Optische Urteilstäuschungen, *Archiv für Physiologie* Supp, 1896, S. 263–270.

Muth, C. / C. C. Carbon, The Aesthetic Aha: On the pleasure of having insights into Gestalt, *Acta Psychologica* 144.1, 2013, S. 25–30.

Nowak, T. J., Archaeological evidence for ship eyes: an analysis of their form and function, *Graduate Studies of Texas A&M University*, College Station, TX 2006.

Pferdehirt, B., *Das Museum für antike Schifffahrt. Ein Forschungsbericht des Römisch-Germanischen Zentralmuseums,* Mainz 1995.

Scott-Samuel, N. E. / R. Baddeley / C. E. Palmer / I. C. Cuthill, Dazzle camouflage affects speed perception, *PLoS ONE* **6**.6: e20233, 2011.

Shramm, P. E., The Preparations for the German Offensive in the Ardennes, *Foreign Military Studies* A-862, 2014.

Starr, C. G., *The Roman Imperial Navy,* Ithaca, NY 1941.

Stevens, M. / S. Merilaita, Animal camouflage: current issues and new perspectives, *Philosophical transactions of the Royal Society of London, Series B, Biological sciences* 364.1516, 2019, S. 423–427.

Viereck, H. D. L., *Die römische Flotte. Classis romana,* Herford 1975.

Von Marées, G. (Hg.), *Vom Kriege. Hinterlassenes Werk des Generals Carl von Clausewitz,* Berlin 1883.

Webster, R. / C. Hassall / C. Herdman / J.-G. Godin / T. Sherratt, Disruptive camouflage impairs object recognition, *Biology Letters* 9: 20130501, 2013.

Wilhelm, A. B., *Germanien und seine Bewohner,* Weimar 1823.

Abbildungsverzeichnis

Abb. 1: A); gemeinfreie Darstellung. B) mit freundlicher Genehmigung des Museo Archeologico Nazionale (Inventar-Nummer 8603) via Lizenz CC-BY-SA-4.0. C) freie Nutzung via Wikimedia Commons.

Abb. 2, 4: Darstellung: C. C. Carbon

Abb. 3, 5: Foto: C. C. Carbon

Kapitel 4: Auf großer Fahrt – zum Schwarzen Meer und zurück. Erfahrungsberichte

1 Eine F.A.N.-Story – ein wissenschaftliches Abenteuer (2018 – Tagebuch)

Boris Dreyer, FAU

Erlangen „Rudern gegen Krebs" 15.07.

Was machen, wenn die Termine drücken, das Publikum wartet? Ein Charakteristikum der Reise schlechthin, die wir uns vorgenommen hatten. Bis zum Donaudelta sollte es gehen, und schon von Anfang an hieß es immer wieder: Werden wir das schaffen?

Unsere einzige Vorgabe war: 16.00 am Ruderverein Erlangen im Kanal zu sein, dann würden Politprominenz und Sportfreunde, die sich zu einem guten Zweck zusammengefunden hatten, warten.

Gut schienen wir vorbereitet. Seit 08.30 waren unser Stand und unser Ausgangspunkt am Bischofsweiher von Dechsendorf vorbereitet. Wir starteten um 13.00 mit den Vorbereitungen am Dechsendorfer Weiher, gleich für die gesamte Reise. Doch: Das angemietete THW – der etliche Male zuvor an derselben Stelle ebenso professionell wie rasch agiert hatte – bekam das Boot nicht aus dem Wasser heraus, 14.30, 15.00, 15.15, die Nerven lagen blank … Endlich. Schnell ging dann die Reise zum Kanal. Inzwischen waren wir geschult, das Einslippen beim Erlanger Wanderruderverein klappte wie am Schnürchen. 15.45 waren wir abreisebereit. Um 16.15 am Erlanger Ruderverein, eine Viertelstunde zu früh, denn auch das festliche Rahmenprogramm hatte sich verschoben. Wir konnten die Gäste einladen zu rudern. Auch der bayerische Innenminister, Herr Hermann, bewunderte unser Boot. Um 19.00 konnten wir herausslippen, um 20.00 waren wir fertig, das Boot stand abmarschbereit in der Hartmannstrasse. Doch kurz bevor wir uns trennen wollten und uns auch schon verabschiedet hatten, brach die Stange der Kupplung des Ssang Yongs, unseres Zugwagens.

Abb. 1: Fest in Manching

Manching 18.07.–20.07.

Wir sollten früher als verabredet (16.00) da sein, da der Bezirksvorsitzende schon wieder Termine hatte, eine Stunde später. Wir wollten starten. Aber der Zugwagen war defekt: ein trauriger roter Faden unserer Fahrt. Die Werkstatt versprach uns die Reparatur bis Mittwochabend, doch mittags mussten wir losfahren, um den Termin zu halten. Einen Ersatz bekamen wir nicht mehr. Doch in letzter Sekunde sprang ein Helfer ein und lieh uns seinen Audi Q 7, mit dem wir die Fahrt ab 13.00 bis 15.00 pünktlich absolvieren konnten. Wir slippten in den Feilenmoos-

See bei Manching und konnten die Politprominenz und andere Interessierte, Sponsoren und Helfer bedienen, bis 19.00. Die Gäste, einschließlich des Bezirksvorsitzenden blieben länger, so viel Spaß hat es gemacht. Es gab Stimmen, die sich für eine dauerhafte Stationierung des Bootes in Manching aussprachen – wie man der Presse am nächsten Tag entnehmen konnte.

Abb. 2: Schulklassen mit Programm am Feilenmoosweiher

Der ganze Mittwoch war den lokalen Honoratioren vorbehalten, die nach dem Einslippen um 15.00 auf dem Boot fuhren. Darunter waren die Bürgermeister von Manching und Geiselfeld, und der oberste Regionalpolitiker von Oberbayern Mederer uvm. Erkenntnis: Auch ältere Personen (erwachsen) und weniger sportlich geübte Personen sind in der Lage, sich schnell an die Ruderbefehle und den Rhythmus zu gewöhnen.

Am Donnerstag waren mehrere Schulklassen Manchings dran. Von 08.00 morgens bis 14.00 haben wir 120 Schüler der Realschule am Keltenwall und die Mittelschule von Geiselfeld (6. Klassen: ca. 12 Jahre) betreut. Auch die Schüler waren, vorinformiert und gut diszipliniert, in der Lage, schnell sich in Rhythmus und Ruderbefehle einzufinden.

Würden 11 und 12-jährige Realschüler und Mittelschüler es schaffen? Ab 08.00 war die Mannschaft bereit. Der Freundeskreis und die Equipe des „kelten römer museum manching“ stellten den organisatorischen Rahmen sicher. Und tatsächlich. Der ehemalige Direktor der Realschule am Keltenwall, Herr Göllnitz, ließ es sich zu einer Frage der Ehre werden, dass die Schüler ordentlich mitarbeiteten. Am Ende trat er stolz heran: „Na, Herr Professor, wie haben sich die Schüler geschlagen. Sie haben alle die Ruderbefehle, die Sie vorab geschickt haben gut gelernt.“ – Die Antwort konnte nur positiv lauten. Es braucht keine Fachleute, um das Rudern schnell zu lernen, den Rhythmus in Fleisch und Blut übergehen zu lassen. Im Gegenteil, Fachleute haben bei der Umstellung oft größere Schwierigkeiten: Der ungewohnt schwere Riemen, die instabile Ruderaufhängung, die festen Sitze … Auch die römischen Soldaten waren keine Ruderer, sondern Soldaten. Ähnliches gilt auch für die erwachsenen Gäste aus Manching, die am Nachmittag dran waren, immer in Verbindung mit einer Führung im KRM Manching.

Abb. 3: Verladung in die Paar, Manching

Das Entscheidende ist der Rhythmus, die schnellen kurzen Schläge, die wir im Stakato in das Naß hineinpflügen. Die Riemenblätter sollen das Schiff nur kurz „anstupsen", um schnell aus dem Wasser herausgehoben wieder nach hinten geführt und sofort wieder nach dem „Los" des Rudergängers oder nach Vorgabe der Schlagleute erneut ins Wasser getaucht zu werden. Wir hatten am Abend in rund 10 Fahrten à 30 Minuten, also etwa 140 Ruderer, nicht gezählt die nichtrudernden Gäste vorne und hinten im Boot, befördert.

Am Nachmittag kam auch der „Papst" antiker Schifffahrt, Ronald Bockius aus Mainz, herbei, der wie Christoph Schäfer aus Trier uns tatkräftig und positiv beraten hatte. Er begutachtete zufrieden das neue Boot, die Bemalung, die antike Ruderaufhängung. Wir besprachen die alternativen Besegelungsmöglichkeiten, bis wir abgebrochen wurden, denn der Gastvortrag wartete, den Ronald Bockius im Kelten und Römermuseum hielt, in dem ein Tagesprogramm parallel und ergänzend an den Originalen unseres Nachbaus durchgeführt wurde.

Am Freitag 20.07. haben wir morgens das Boot um 08.00 geslippt, sind in die Stadt Manching gefahren. Dort wurde um 10.00 das Boot in die Paar gehoben, professionell mit einem Kran. Sodann wurde die Rah gehisst.

Abb. 4: Die F.A.N. in der Paar

Es war geplant, die Victoria mit dem Trailer der F.A.N. hinzu zu holen und nach Ingolstadt zu bringen. Aus personellen Engpässen musste dies aber unterbleiben. Es blieb gottlob die einzige nicht gelungene Aktion des Unternehmens. Es war gelungen, die Victoria mit dem Bootsbauer Helterhoff innerhalb von zwei Wochen zu reparieren, in Erlangen mithilfe der Unterstützung von Manching. Dass sie nicht zum Einsatz kam, ist sehr zu bedauern. Weiter war dann das Boot bis 18.00 für das Publikum offen und wurde rege besucht. Es war brennend heiß – aber eine Riesengaudi, besonders als beim Bergen der Rah eine Rolle hoch oben im laufenden Gut klemmte. Den „Knoten" konnten wir dann von der Brücke von Manching über die Paar, an die wir umständlich heranfahren mussten, „lösen". Der Bürgermeister Nerb strahlte ob der guten Publicity.

Danach erfolgten wieder höchst professionell – unter ängstlicher Beobachtung der Schiffsbetreuer (es war ja das erste Mal) – die Legung des Mastes und das Verladen des Schiffes auf den Trailer (immerhin ein Gewicht von 2,3 Tonnen mit Rah und Mast). Von dort sind wir zum Pioniergelände in Ingolstadt gefahren, Mailinger Spitz 1, wo wir schließlich um 20.00 anlangten, nach einem ereignisreichen Tag, müde, aber zufrieden.

Ingolstadt: 1 Tag (21.07.)

11.30–17.00 Gastfahrten an der Donaubühne in Ingolstadt:

Um 09.00 haben wir mithilfe der freiwilligen Feuerwehr eingeslippt und sind stromaufwärts bis zur Donaubühne gelangt. Dort wurden im Dauerregen Fahrten mit Zuschauern veranstaltet, nachdem wir mit dem Personal des Kelten-Römer-Museums und der Belegschaft des Armeemuseums von Ingolstadt die Fahrtstrecke getestet haben: von 11.30 an. Wir hatten zuvor noch keine Praxis in Strömungsgewässer gehabt. Es gab immerhin eine Strömung von etwa 3 m pro Sekunde, die Donau hatte Niedrigwasser. Wir haben immer nur unsere erfahrenere Crew hinten und vorne postiert und zwischen den Gästen und diesen eine Reihe frei gelassen, so dass keiner, der beim Rudern Erfahrung hatte, behindert werden konnte. Immer sind wir gegen den Strom gestartet, bis zur nächsten Brücke, sind dann im großen Bogen zurück mit Strom gefahren und haben zuletzt gegen den Strom angelegt. Dabei sind wir Wenden gefahren. Die etwa 20 Minuten pro Fahrt sind ohne Probleme verlaufen, immer war Publikumsinteresse vorhanden, das sich bis zum Ende trotz des schlechten Wetters steigerte.

Abb. 5: Ingolstadt

Am Ende kamen Medien (Fernsehen) mit, so dass wir immer voll besetzt waren. Auch der Ausgräber der Oberstimmer Boote in den 1980er Jahren, Hüssen (Kapitel 4,2: Hüssen), war unter den Gästen – eine rührende Geste, wie er am Steuer stand und visionär nach Westen schaute.

Abb. 6: Der Ausgräber auf der Replik

Unter großem Applaus sind wir dann um 17.00 vom Landungsplatz aufgebrochen, der uns von der Brücke und vom Ufer flussabwärts begleitete. Am Abend erreichten wir den geschützten Hafen beim Pioniergelände.

Eining: 1 Tag (22.07.)

Am 22.07. sind wir um 07.55 aufgebrochen, um 11.50 haben wir nach ca. 33 km Eining erreicht. Nach Manching und Ingolstadt, wo die Zuschauerresonanz groß war, haben wir mit dem Interesse des Publikums bei Eining einen neuen Höhepunkt des Zuspruchs erfahren. Wir sind von Bgm Thomas Reimer herzlich empfangen worden, dessen Sohn als Leiter der DLRG-Einheit unsere Fahrt durch den gefährlichen Fluss, der z. T. viel Strömung und Niedrigwasser und damit Untiefen absicherte (Kapitel 4,3: M. Orgeldinger).

Abb. 7: Ankunft in Eining

Aber auch in wissenschaftlicher Hinsicht war die Fahrt interessant.

1. Wir sind zum ersten Mal auch unter „realistischen Reisebedingungen“ unterwegs gewesen, da wir das Gepäck und die Verpflegung für die Ruderer sowie den Mast und die Rah mit Segel an Bord hatten. Das Ergebnis: Auch so lässt sich die F.A.N. gut und zügig rudern, das

Boot ist nicht überladen und die Bewegungsfreiheit war gewahrt. Aber, mehr als 18 Ruderer mit Gepäck ist nicht vorstellbar. Dies bestätigt den Hauptnutzungsbereich als Patrouillenboot.

2. Wir waren am Sonntag „nur" 12 Ruderer. Gleichwohl war die Leistung ausreichend gut, mit der Strömung etwa durchschnittlich 8–10 km/h, strömungsbereinigt ca. 5,5 km/h. Das Boot lässt sich so stundenlang auch im strömenden Regen ohne große Pause rudern. Zur Entlastung der Ruderer haben wir zwischendurch auch immer die geraden oder die ungeraden Reihen ruhen lassen, während die anderen ruderten. So kamen wir immer vorwärts und konnten das gute Strömungsverhalten des Bootes flussabwärts ausnutzen.

3. Trotz der unregelmäßigen Strömung (vor der Schleuse Vohburg gering, danach stark) und des teilweise beängstigend geringem Tiefgang, der nach der Schleuse Vohburg zu einem Zickzackkurs zwang, sind wir zügig vorangekommen.

4. In der Schleuse Vohburg haben wir allerdings drei Riemen verloren, weil der Rudergänger die Breite falsch eingeschätzt hat. Diese sind aber jetzt inzwischen repariert und wir konnten die Reise mit frischen Kräften fortsetzen.

Abb. 8: Schleuse Vohburg

Dramatisch war noch die Einslippung des Bootes bei Eining. Hier war die Strömung besonders stark. Als wir wegen der Strömung das Boot nicht kontrolliert zur Slipstelle bringen konnten, half uns die DLRG Eining fachkundig und ruhig. Mithilfe des Traktors eines Landwirts wurde der Trailer auf der steilen Slipanlage hochgezogen.

Engelhartszell

Am 27.08. kamen wir in Engelhartszell direkt nach der österreichischen Grenze um 18.00 an. Obwohl wir das bei Eining (auf dem Bauhof in Neustadt an der Donau) gelagerte Boot schon um 12.00 an das reparierte Zugfahrzeug anhängen konnten, verzögerte sich unsere Ankunft. Der wegen der Verkehrsverhältnisse nötige Umweg um Passau herum hat viel Zeit gekostet: Wir hatten in Serpentinen zunächst den Höhenzug hoch und dann herabfahren müssen. In Engelhartszell angekommen gestaltete sich das Einslippen auf der stark abschüssigen Rampe an der Lände der Fähre wegen der begrenzten Fähigkeiten unseres Zugfahrzeuges nicht risikolos: Obwohl wir nur rückwärts das Schiff einzuleiten hatten, litt die Kupplung sehr, bis das Boot an der Slipstelle in der Nibelungenstrasse 174 glücklich im Wasser war. Mit dem Boot der freiwilligen Feuerwehr wurden wir dann gegen den Strom, der allerdings hinter der Schleuse nicht so stark war, bis zum Strand am Campingbad geschleppt. Um 20.00 war dann das Boot fertig an Bäumen am Uferstrand im Schlick liegend vertäut und „getarnt".

Abb. 9: F.A.N. im Schlick bei Engelhartszell festgemacht und „getarnt"

Am 28.07. haben wir Reparaturen am Boot in Engelhartszell vorgenommen und das Boot am Strand beim Campingplatz mit Aufstellern und Material präsentiert. Die Resonanz an den Roll Ups am Weg und auf dem Boot war rege. Die Reparaturen bestanden in Farbkorrekturen am Bug. Insbesondere das Gelbocker wurde ausgebessert. Gerade die Tests an der Farbzusammensetzung waren uns wichtig, da gerade am Bug in der „Augenpartie" das Zerlaufen der Farben sehr auffiel. Die Hitze und Sonneneinstrahlung waren gerade an diesen Tagen ideal, da sie sozusagen einen Härtetest für unsere Farben darstellten: Da wir uns an die antiken Vorgaben der Bemalung (in der enkaustischen, von Plinius für Schiffe beschriebenen Technik) hielten, mussten wir noch Erfahrung sammeln, wie das Mischungsverhältnis von Harz, Bienenwachs und natürlichen Farbstoffen zu sein hatte, um zu erreichen, dass – wie von Plinius behauptet – die Bemalung, die wir nach Motiven in Pompeji vorgenommen hatten, nicht nur wasser-, sondern auch unter Sonneneinstrahlung beständig blieb. Die Originalbefunde von Manching haben vorübergehend Anlass zur Vermutung gegeben (Höckmann), dass auch diese bemalt waren. Diese Vermutung hat sich nicht bestätigt, wiewohl die abschließende Veröffentlichung der Oberstimmer Ausgrabung noch aussteht. Immerhin konnten wir hierfür gute Bedingungen liefern, hatten wir neben einer Neudatierung der dendrochronologischen Befunde (Kapitel 2,3: Herzig) auch für die Digitalisierung der Befundfotos und Pläne gesorgt, die jetzt der wissenschaftlichen Öffentlichkeit zugänglich sind.

Nach Vegetius hatten die Kundschafterboote, zu denen auch das Wrack 2 von Oberstimm, nach der die F.A.N. gebaut wurde, gehörte, in einigen Reichsteilen die Bezeichnung „(naves) pictae" – Bemalte. Sicher waren öfter Farbkorrekturen nötig und Soldaten der Einheiten spezialisierten sich bestimmt auf Bemalung, die sie empirisch optimierten. Das haben wir auch getan, und sind zu einem erfreulichen, wenn auch nicht endgültig befriedigenden Ergebnis hinsichtlich der Mischung am Bug gekommen (s. Kapitel 3,2. Speck-Schäfer). Nie mehr hernach während der Fahrt und bis zum Winter mussten Korrekturen vorgenommen werden, trotz starker Beanspruchung durch Sonne, übermütige Jugendliche, die den Sporn als Sprungbrett benutzten, und einer Umgebungstemperatur von bis zu 40° C.

Weiter wurden in den Tagen von Engelhartszell die Messmethoden besprochen, die wir nach dem Vorbild der Trierer Kollegen gestalteten, mit denen wir Anfang Juli im Kanal am Erlanger Hafen unsere Tests gemacht hatten (Kapitel 5,1: Thünnesen-Gatternig-Günther-Wawrzyn-Dreyer). Unsere neu angeschafften Instrumente erlaubten eine Messung, die im Ergebnis genau dieselbe Aussagekraft hatte wie diejenige des Trierer bzw. Hamburger Teams:

Hier wie dort mussten die Messungen kalibriert werden, und zwar durch Rudern mit und gegen die Strömung. Ein Rudern im Carré bei gleicher Schlagzahl garantierte optimierte Messungen. Ein Windrad bzw. Windmesser, der immer wieder eingenordet werden musste, war am Heck, eine Logge seitlich am Trenusbalken nahe am Backbordruder angebracht. Weiter hatten wir ein Differential-GPS Signal. Am jeweiligen Abend mussten die Daten unter dem Datum lokal abgespeichert und evaluiert werden. Ziel war die Erstellung einer Windrose, bei der unter Segel und ohne Segel das hydrostatische Verhalten, Marsch- und Schnelligkeitsfahrt sowie der Seitenvertrieb getestet werden sollten.

Neben diesen Rahmenbedingungen, die auch schon mit anderen Booten vorgenommen wurden, hatten wir einige der Ruderer vor der Fahrt in Belastungstests individuell einschätzten lassen, um Belastungen unter bestimmten Ruderschnelligkeiten einordnen zu können. Mit diesen Pulsfrequenzen erhoffen wir uns Erkenntnisse ein Spektrum von Belastungen (für Marschfahrt und Spurtfahrt), die man auf die Antike annähernd übertragen kann, um zu erwägen, was es bedeutet, unter Marschfahrt von etwa 5,5 km/h zu absolvieren, und wie lange eine Schnelligkeitsfahrt möglich war.

Dementsprechend haben wir verschiedene Schlagzahlen fahren lassen, und für diese in variierenden Abständen Pulsfrequenzen abgefragt. Es war zu beachten, dass die Zahl der (männlichen und weiblichen) Ruderer variieren konnte, dass etwa nicht ganze Mannschaften zur Verfügung standen. So kann man ermessen, wann sich die reduzierte Rudererzahl auf die Pulsfrequenz und wie sich das Gewicht des mittransportierten Segels, der Rah und des Mastes auswirkte. Sobald der Mast aufgestellt und das Segel angeschlagen war, herrschten wieder neue Bedingungen, selbst wenn das Segel gerefft war und das Gewicht sich absolut nicht änderte.

Die gediegene professionelle Handhabung garantierte die Zusammenarbeit mit den Strömungswissenschaftlern der FAU, in erster Linie auch das Engagement von Bernhard Gatternig.

Dokumentation und Bericht auch der wissenschaftlichen Tests und Versuche wurden dann von Johannes Nagy vorgenommen, der auch die Drohne flog. Die Prozeduren bis zur Erlaubnis im jeweiligen Land, in Deutschland, in Österreich und dann auch in Rumänien haben sehr oft bis zum Tag des Einsatzes selbst gedauert. Auch wenn diese Erlaubnis selbst vorlag (für alle Aktivitäten etwa entlang der Donau in Deutschland und am Kanal) oder in Österreich und in Rumänien, konnte es sein, dass kurzfristig der Einsatz verhindert (wie etwa in Manching wegen der Nähe zu den Flugübungsplätzen der Bundeswehr) oder verzögert wurde (etwa am Kanal in Erlangen oder in Rumänien bei Tulcea). Gute Aufnahmen haben wir aber machen können.

Unter unserer Fahne, dem Vexillum der F.A.N., wurde in gastgebenden Engelhartszell das Dorffest abgehalten. Der ehemalige Bürgermeister der Gemeinde, Friedrich Bernhofer, lud zu einer Besichtigungstour des Burgus von Engelhartszell/Oberanna (lateinisch vermutlich Stanacum) ein, das erst durch seinen tatkräftigen Einsatz überhaupt gebaut und gerade eröffnet wurde.

Abb. 10: Fahrt nach Schlögen

29.07.–02.08. Schlögen

Am 29.07. erfolgte die Abfahrt nach Schlögen, um 10.00. Unsere Mannschaft wurde aufgestockt mit Ruderern aus den Reihen der sehr engagierten Feuerwehr von Engelhartszell (insgesamt waren wir 16). Wir hatten 14 Stromkilometer zur bewältigen und waren gut begleitet durch ein Arbeitsboot der Feuerwehr, die angesichts der warmen Temperaturen auch für Getränke sorgte. Der wissenschaftliche Aspekt wurde nicht vergessen und Messungen gemacht. Alle 30 Minuten wurde pausiert. Mit einer Durchschnittsgeschwindigkeit 9 km/h und einer Schlagzahl von etwa 35 pro Minute waren wir unterwegs, die allerdings durch eine mäßige Strömung unterstützt wurde. Um 12.45 sind wir am Hafen von Schlögen angelangt.

Nach diesem Tag und im Vorfeld unserer längsten Etappe am 02.08. hatten wir ruhigere Tage. Vom 30.07. bis 01.08. korrigierten wir u. a. die Bootsbemalung und reparierten die Rollen und bereiteten die Etappe am Donnerstag vor.

02.08. Etappe Ottensheim

Am zweiten August lag die Etappe von Schlögen nach Ottensheim an, das bedeuten 41,8 Strömungskilometer (2187–2146) (s. a. Kapitel 5,1: Thünnesen-Gatternig-Günther-Wawrzyn-Dreyer). Die Ruderer sammelten sich ab 07.30, die Abfahrt erfolgte 08.00. Unsere Ankunft in Ottensheim war für 16.00 geplant. Wir hatten Unterstützung den Rudervereinen aus Ottensheim (hier acht. Die Jüngsten waren knapp 19 Jahre) und aus Mondsee (sechs Personen), deren Ältester über 80 war. Diese letztere, hoch motivierte Rudermannschaft „älteren Semesters“ hatte uns am Nachmittag zuvor getroffen, einer garantierte uns durch seine Mitfahrt, dass wir die Fahrzeuge (Zugfahrzeug, Trailer und Sprinter) die 40 km schnell überführen konnten, bis Ottensheim.

Abb. 11: Etappe von Schlögen nach Ottensheim

Die Mannschaft war erneut gemischt geschlechtlich (8 Frauen, 10 Männer). Das Wetter war in der Spitze weit über 35° C. Wir hatten zwei Schleusen zu bewältigen: die Schleuse Aschach nach 24,3 km und kurz vor dem Ziel die Schleuse Ottensheim nach weiteren 26,7 km. Bis zum Ziel bei der Regattastrecke Ottensheim waren dann noch 800 m zu schaffen.

Wir richteten uns mit unseren Tests nach dem Vorbild der Etappe von Engelhartszell nach Schlögen, hatten 3 Pulsuhren, die Schlagzahlen usw. wurden nach Minutenabständen abgenommen.

Nach dem Aufbruch um 08.00 und bei einem durchweg schwachen Strom starteten wir mit einem 27/8er Schlag und hatten aufs Ganze gesehen eine Durchschnittsgeschwindigkeit von 6,2 bis 7,3 km/h.

Wir führten das seit der Eining-Etappe bewährte „Schicht-Verfahren" durch (anfänglich mit einem Wechsel nach 15 Minuten). Es hat den Vorteil, dass das Schiff in Bewegung bleibt und man das gute hydrostatische Verhalten des Schiffes ausnutzt. Man kann dadurch vermeiden, nach einer Ruhepause das Schiff erst in Bewegung bringen zu müssen. Gerade das Anrudern der 2,2 Tonnen Leergewicht setzt einen größeren Kraftaufwand voraus.

Bei der „geraden Schicht" (Reihe 2/4/6/8) kamen wir auf eine Durchschnittsgeschwindigkeit 5,8 km/h (in den 30 Minuten-Schichten). Bei der „ungeraden Schicht" (der Reihe 1/3/5/7/9) kamen wir Durchschnittsgeschwindigkeit von 5,4 km/h – was vermutlich bei relativ gleichen äußeren Bedingungen unterschiedliche Motivation zurückzuführen ist. Die Schleuse Aschach war um 12.23 eine willkommene Pause: Die Durchschnittsgeschwindigkeit belief sich bis dahin auf 6,7 km/h.

Die Leistung der Schichten der Reihen 2/4/6/8 und 1/3/5/7/9 glichen sie hernach mit einem Wert von 6,5 km/h aus – die ruhende Schicht feuerte dabei immer die aktive an.

Um 16.00 gelangten wir zur Schleuse Ottensheim, etwa 800 m vor dem Ziel an der Regattastrecke und dem geschützten Hafen von Ottensheim. Dort kamen wir um 16.30 an, bereits sehnsüchtig erwartet, aber nur mit einer halben Stunde Verspätung bei einer Fahrtzeit von etwa 8 Stunden und 30 Minuten auf 41 km.

In Ottensheim (02.–04.08.) stand dann das Boot im Zentrum der dortigen Römerfestlichkeiten. Wir wurden dort vom Fremdenverkehrsverein und dem zweiten Bürgermeister empfangen. Obwohl Regen, der für die Ruderer der 8,5 Stundenetappe erholsam war, einsetzte, war der Andrang groß, bis 19.00. Wir sind mit den Besuchern die Regattastrecke abgefahren.

Am nächsten Tag (03.08.) begannen die Publikumsfahrten erst um 14.00. Das gab uns Gelegenheit, am Vormittag die Überführung von Zugfahrzeug, Trailer und Begleitfahrzeug sicherzustellen, in den 35 km entfernten Enns-Hafen.

Am 04.08. stand die Ruderfahrt von Ottensheim nach Ennshafen an (Kapitel 4,4: M. Orgeldinger). Ottensheim liegt bei Strömungskilometer 2146 und Enns-Hafen bei 2111. Nach 26,5 km hatten wir bei Flusskilometer 2119,5 die Schleuse Abwinden zu bewältigen. Es sollten auch wieder die Tests nach dem bewährten Muster absolviert werden.

Abb. 12: Feierlichkeiten in Ottensheim

Wir waren insgesamt 16 Ruderer, verstärkt durch Archäologen aus Linz und Salzburg, elf Männer, fünf Frauen. Wir starteten tatsächlich um 07.24 und kamen um 13.25 an.

Die Pulsuhren wurden an Johannes Nagy (1), Bernd Wessolowski (2) und Mathias Orgeldinger (3) vergeben. Wie auch bei der Fahrt nach Ottensheim wurde Puls 1 und 2 an den Schlagpositionen, Puls 3 am Bug abgenommen. Im Durchschnitt lag der Puls bei etwas unter 100 bei den drei Getesteten – also mäßig erhöht, wie auch an den Tagen zuvor. Die gefahrenen Geschwindigkeiten können also auf längere Distanz gefahren werden. Bei Nr. 1 hatten wir einen Pulsdurchschnittswert von 100 und einen Maximalwert von 130, bei Nr. 2 einen durchschnittlichen Wert von 66 und einen Maximalwert von 84 und bei Nr. 3 einen durchschnittlichen Wert von 92 und einen Maximalwert 133.

Als „Bundesgenossen" hatten wir einen relativ starken Strom, der schon am Anfang uns mit einer Durchschnittgeschwindigkeit von 9 km/h bei einem 33er Schlag fahren ließ.

Nach 23,6 km und 3 Stunden und 45 Minuten Fahrt hatten wir nur noch eine Durchschnittsgeschwindigkeit von 5,8–6,0 km/h bei einem 34er Schlag. Nach Ausfall der Strömung war jetzt noch ein leichter Gegenwind hinzugekommen.

Um 11.45 landeten wir bei der Schleuse Abwinden an. Wir fuhren um 12.15 aus der Schleuse. Wir hatten durchweg gute Erfahrung mit der Schleusenverwaltung in Österreich. Wir mussten nie warten und wurden sofort abgefertigt.

Nach 32 km und 5 Stunden, 35 Minuten Fahrt, um 12.58 Uhr, fuhren wir durchschnittlich 8,0 km/h, also mit etwas mehr Strömung, und nach 34,6 km Distanz, um 13.11 Uhr, nach 5 Stunden und 56 Minuten Fahrt, kamen wir an. Wir fuhren kurz vor der Ankunft noch mit einer Durchschnittsgeschwindigkeit von 7,5 km/h.

04.08. Ennshafen

Im Ennshafen hatten wir sogleich nach einer kurzen (Verpflegungs-)Pause – es waren wieder Rekordtemperaturen von weit über 30° C im Schatten gewesen – Publikumsfahrten durchzuführen. Geplant (ab 14.30) waren Fahrten bis 18.00, mit einer Pause zwischen 15.30 und 17.00. Aufgrund des Andrangs haben wir aber die Publikumsfahrten im Ennser Hafen unter einem Publikumsinteresse von mindestens 300 Besuchern in der Spitze bis 19.30 Uhr durchgeführt. Leider ging eine Dolle (dazu ein Riemen) zu Bruch. Unter großem Publikumsinteresse wurde die defekte Dolle ausgestemmt und eine Ersatzdolle eingesetzt und mit Holzzapfen verdübelt. Dies dauerte bis 20.15 Uhr. Am Sonntag (05.08.) wurden die Publikumsfahrten im Ennshafen fortgesetzt. Die Fahrten waren Teil der Feierlichkeiten des ältesten Ortes Österreichs, Enns, das sich auf das römische Lager Lauriacum zurückführte. Busse brachten von den Festivitäten in der Stadt die Zuschauer heran, so dass der Zustrom kontinuierlich den ganzen Tag andauerte.

Abb. 13: Ennshafen Verladung

05.08. Wachau

Am Montag waren wir im „Dienst“ des Sponsors Heitec (Kapitel 4,5: M. Orgeldinger), der unseren Bootsbau unterstützt hatte. Anlässlich einer Werkseröffnung bei Ardagger Markt, zu dem auch lokale Politikerprominenz und auch der Kanzler der FAU angereist war (neben vielen Honoratioren von Erlangen), hatte der Chef von Heitec eine gemeinsame Fahrt in drei Etappen an zwei Tagen mit Personal von Heitec geplant.

Zunächst aber mussten wir die Überfahrt nach Ardagger (etwa 43 km) von Ennshafen aus bewerkstelligen. Noch am Montag vormittags wussten wir nicht, wie und wann wir genau aus dem Ennshafen das Schiff auf den Trailer bekommen sollten. Schließlich konnte die Verkranung des Bootes konnte unter abenteuerlichen Umständen dann doch stattfinden. Demgegenüber war die Fahrt auf dem Trailer ein Kinderspiel, und wir kamen vor 12.00 am neuen Firmengelände an, rechtzeitig, die Vertreter von Printmedien, Fernsehen und Radio erwarteten uns bereits.

Abb. 14: Ardagger, Presse.

Abb. 15: Ardagger, Verladung

Dort wurde das Boot am Ardagger Steg professionell und schnell in die Marina gehoben und vertaut. Während unsere Kernmannschaft schnell das Schiff bestückte (Riemen, Ruder etc.), wurden die Bedürfnisse der lokalen Fernsehsender, der Presse und des Radios befriedigt. Es waren sicherlich informationsbegierige 300 Personen anwesend. So verließen wir die Ardagger Marina mit Verspätung um 14.00.

Die Fahrt erfolgte ohne große Probleme bis in Grein, von den 21 km bis zum Ende der ersten Etappe bei der Schleuse Ypps waren dies aber nur 6 km, und danach war noch die Strecke bis zur Anlegestelle in Aggsbach-Dorf zu bewältigen. Da sich herumsprach, dass wir für das dort vorgesehene Fest dort zu spät ankommen würden, half die Feuerwehr von Grein auf Vermittlung des Bürgermeisters aus. Das Boot kam kurz nach Mitternacht bei Aggstein-Dorf an, die Sprinter mit den Ersatzteilen und der Zugwagen mit dem Trailer um 23.00, so dass dann stark verspätet die Kerncrew zu den Feierlichkeiten in der Aggstein-Ruine zustoßen konnte, in einer exzellenten Lage.

Beim Anlegen in Aggstein-Dorf war eine Dolle beschädigt worden, so dass wir am nächsten Tag nur für 17 aktive Ruderer Plätze hatten. Beängstigend stark war die Strömung für das

Schiff, dass wir in der tiefen Nacht gut vertauen mussten. Wir verloren zwar einen Fender, aber ansonsten blieb alles heil und unbeschädigt.

Wissenschaftlich konnten wir immerhin die Daten für die 6 km bis zur Marina Grein nutzen, also von Ardagger Steg am Ardagger Markt, von Stromkilometer 2284 bis 2278.

Die Fahrt dauerte von 14.00 bis 14.45. Die Durchschnittsgeschwindigkeit betrug 8,0 km/h. Damit war die Unterstützung durch die Strömung geringer als erwartet, auch hatten wir ziemlich starken Gegenwind. Nach 18 Minuten waren wir bei Stromkilometer 2182. Wir hatten eine Schlagzahl von 30. Der durchschnittliche Puls der Getesteten lag wieder etwa bei 100.

Am nächsten Tag (07.08.) sollte der Terminplan eingehalten werden, die Mannschaft mit der Heitec-Leitungsebene, mit Erlanger Honoratioren und Uniprominenz war hoch motiviert. Die Bedingungen am Anfang waren allerdings nicht sonderlich zuträglich. Die Strömung der Nacht unverändert stark (schätzungsweise mehr als 3 m/s). Darüber hinaus hatte die Donau Niedrigwasser. Allerdings konnte man die Untiefen an den Rändern durch die Verwerfungen an der Oberfläche gut erkennen. Auch in der Strommitte, die man sich mit den großen Tankern und den Kreuzfahrtschiffen zu teilen hatte, hatte man sich vor Untiefen zu hüten.

Wir waren schon früh am Boot. Unsichere Felsen des Steilufers wurden gerade abgesprengt. So mussten wir eine Sprengpause von einer Viertelstunde abpassen, um in den unruhigen Strom zu starten.

Unsere Aufgabe war es, zunächst mit der ersten Gruppe die 11 km von Aggsbach-Dorf bis Spitz zu bewältigen. Wir hatten wegen der beschädigten Dolle 17 aktive, vier weibliche und 13 männliche Ruderer.

Wir konnten um 09.45 ablegen. Die Durchschnittsgeschwindigkeit war zunächst 10 km/h. Wegen der ungünstigen Strömungs- und Windverhältnisse war eine Arbeit mit Pulsuhren und die Anbringung der Logge am Trenusbalken nicht möglich. Nach 38 Minuten hatten wir dann mit einer Schlagfrequenz von 32/min eine Durchschnittsgeschwindigkeit von 11 km/h, trotz viel Gegenwind.

Um 10.50 Uhr langten wir schließlich am Yachthafen Spitz an und sind 1 Stunde und 21 Minuten unterwegs gewesen. Die zurückgelegte Distanz war genau 10,3 km.

Die Fortsetzung, die zweite Etappe, erstreckte sich von Spitz bis Oberloiben. Da die Marina vor der Strömung geschützt war, konnten diesmal die Logge an Backbord festgemacht werden. Die Pulsuhren waren jetzt einsetzbar. Mit 17 (12 männlichen und fünf weiblichen) Ruderern legten wir um 12 Uhr mit dem Ziel Oberloiben ab. Nach einer Distanz von 16,7 km, hatten wir eine Geschwindigkeit von 10 km/h bei einer Schlagfrequenz von 35, später reduzierte sich die Geschwindigkeit mit der Strömung auf 8,0 km/h. Der Puls bei den drei Getesteten war erneut durchschnittlich bei etwas unter 100.

Abb. 16: Dürnstein

Wir müssten kurz bei Dürnstein einen Zwischenstopp einlegen, kurz vor dem Ende, um 13.15. Dabei verloren wir durch die Unachtsamkeit einen Riemen, der in der Donau geruhsam flussabwärts schwamm. Der Heitec Generalbevollmächtigte Feldmeyer riss sich die Kleider vom Leib und sprang in die Donau, schneller als alle anderen, schneller als der fluchende Rudergänger.

Abb. 17: Bergung des Riemens

Um 13.30 kamen wir bei Oberloiben an. Die zurückgelegte Distanz von Aggstein Dorf an betrug 22,4 km, die Fahrzeit war 3 Stunden und 54 Minuten. Am Ende des Tages waren wir mit dem Slippen über die Feuerwehranlage beschäftigt. Mit der Hilfe eines Traktors kamen wir heraus. Wir machten alles fertig für den Aufbruch am nächsten Morgen. Auch die Dolle wurde repariert. In der Aufregung hatten wir unsere Schraubzwingen zurückgelassen, die wir für die Befestigung unserer Logge benötigten. Schmerzlich stellten wir das dann in Rumänien fest. Aber solche Verluste sind noch als glimpflich zu betrachten.

08.08. Fahrt nach Isaccea, Rumänien

Am nächsten Morgen, den 08.08., haben wir die Persenning aufgezogen, das Transparent angebracht. Um 11 Uhr brachen wir für unsere Reise durch Ostösterreich an Wien vorbei über die ungarische Grenze und durch Rumänien bis nach Isaccea auf. Das war eine echte Tortur, 1357 km, 16 Stunden und 30 Minuten, bis zum Zielort. Die Straßenverhältnisse – von Staus rings um Budapest abgesehen – waren bis zur rumänischen Grenze noch gut. Am ersten Tag sind wir bis Szeged (Tagesbilanz stolze 400 km) nahe an der rumänischen Grenze gelangt.

Am zweiten Tag, am 09.08., brachen wir um 07.00 von Szeged auf. Um 08.00 waren wir an der Grenze. Von da an fuhren wir allerdings auf wesentlich schlechteren Straßen weiter nach Osten. Kurz nach der Grenze war die Autobahn ein erstes Mal unterbrochen und wir fuhren durch gebirgiges Land über Serpentinen auf schlecht ausgebauten Straßen mit einem 22 m Zug und einem Sprinter. Nach einer Passage auf der Autobahn folgte erneut eine Unterbrechung, die unsere Kolonnen durch ein malerisches Tal zwang. So schön das Gebiet war, es hielt auf und so kamen wir am zweiten Tag bis Adesti, ca. 40 km vor Pitesti, 160 km vor Bukarest. Dafür erhielten wir bei der Pension, in der wir Quartier bezogen, eine Vorzugsbehandlung und „tiefen" Einblick in die private Schnapsbrennerei.

Abb. 18: Bukarest

Am dritten Tag (10.08.) ging es ab 06.30 Uhr von Adesti los. Um 08.00 Uhr hatten wir bei der Einfahrt auf einen Rastplatz kurz nach Wiederbeginn der Autobahn eine Reifenpanne. Der Austausch klappte zügig, so dass wir nach 50 Minuten weiterfahren konnten. Um 10.15 fuhren wir in Bukarest ein. Als wir das durch Halten auf dem Seitenstreifen fotographisch festhalten wollten, wurden wir von der Polizei verwarnt. Nach Bukarest hatten wir noch 260 km vor uns. Um 17.00 kamen wir an und wurden dort von Dr. Sorin Alincai empfangen. Das Boot wurde auf ein geschütztes Areal nahe am Grabungsgelände von Noviodonum gefahren.

Abb. 19: Kurz vor Isaccea

10.08. Isaccea/Noviodonum, Rumänien

Quartier bezogen wir im alten Grabungshaus, Grabungsvilla bei Celik-Dere nahe bei Teliţa.

Am vierten Tag nach dem Aufbruch von Ostösterreich, am 11.08., begannen die Aktionen im Donaudelta. Um 10.00 trafen wir uns mit Dr. Aurel-Daniel Stanica in Noviodonum. Wir besprachen mögliche Slipstellen, davon kam nachher eine etwa einen 1 km westlich von Noviodonum und näher am modernen Hafen von Isaccea in Frage. Dafür waren aber noch die Zufahrt zu planieren und ein Baum zu fällen, Gestrüpp zu entfernen. Wir vereinbarten das Slippen für den fünften Tag am Sonntag ab 08.00, um den Anfang des Programms des Festes in Noviodonum ab 10.00 mitzubekommen bzw. den geplanten Ablauf nicht zu stören. Es sollte dann das Boot an einem Steg eines Fischers stromabwärts am Abend festgemacht werden, um dann am Montag oder Dienstag das Boot nach Tulcea zu schleppen. Wir fuhren die 30 km nach Tulcea, um den Verlauf der Aktionen dort vorzubereiten, Karten des Deltagebietes zu organisieren, um Strömungen und Untiefen zu kennen. Am Nachmittag richteten wir das Boot, entwickelten wir das Programm für Sonntag in Isaccea/Noviodonum mit den Organisatoren.

Am Sonntag, den 12.08., nahmen wir an den Feierlichkeiten des römischen Noviodonum teil. Die Attraktivität des alljährlichen Festes wurde durch unser Boot und durch die Reenactment Gruppe aus Südrumänien, Asociatia Culturală Tomis Constanța, erhöht. Das Fest hatte die größten Zuschauerzahlen seiner Geschichte. In der Spitze waren 300 Festmitglieder da, über den Tag verteilt natürlich mehr.

Wir standen bereit zum Einslippen um 07.30. Mit rumänischer Hilfe und einem urprünglich aus Deutschland stammenden und frisierten Opel gelang dies auch auf dem nicht ganz idealen Kiesstrand. Dann hatten wir aber das Boot fahrfertig zu machen. Dazu gehörte das Stellen des Mastes, eine Aufgabe, die immer etwa acht Mann erforderte. Die römische Reenactment – Gruppe half aus, indem sie vom nahen Festplatz am römischen Noviodonum hermarschierte, die sich ab und an mit einem nicht ganz klassischen „Roma invictus" (!) – Ruf lautstark vernehmen ließ. Alles in allem, Einslippen, Mast stellen, Auftakeln. Mit etwas Verspätung traten wir die 800 Meter stromabwärts bis zum Ufer des Römerlagers an, das ab dem zweiten nachchristlichen Jahrhundert sich von einem reinen Militärlager zu einer Stadt mit einer noch erhaltenen spätantiken Befestigungsanlage entwickelt hatte. Wir machten einige Manöver mit einer rumänischen Reenactment-Rudermannschaft und unter Begleitung von unserer Drohne und derjenigen des Lokalsenders vor einem begeisterten Publikum am Ufer, setzten das Segel und fuhren flussauf- und abwärts.

Diese Demonstrationsfahrten dauerten bis 13.00. Danach landeten wir am Ufer und befestigten das Boot mit Tauen und Anker. Einige von uns empfingen Gäste am Ufer und luden sie an Bord, während der Rest Schwimmer „abwehren" musste, die unseren Sporn als Sprungbrett benutzten. Ein Gutes hatte diese Aktion. Wir erkannten, dass unsere Bemalungsaktionen am Bug zu einem befriedigenden Ergebnis hinsichtlich der Beständigkeit der Farbe geführt hatten, die nun mehr wasser-, hitze- und (über Plinius hinaus) auch aktivitätsbeständig war. Am Nachmittag fuhren die verschiedenen Reenactmentgruppen auf dem Boot mit, wobei sich die an Drill gewohnten römischen Reenacter auszeichneten.

Am Abend gegen 18.30 Uhr legten wir mit unserer Kernmannschaft etwas weiter flussabwärts am Anlegesteg eines Fischers an.

13.08. Tulcea, Rumänien

Ab Montag (13.08.) war unsere Beteiligung an der traditionellen Militärparade am 15.08. einzutakten. Der Tag ist einer der heiligsten Tage in Rumänien, deren Höhepunkt die Parade an diesem Tag darstellte.

Der deutschstämmige Kollege Alexander Rubel, der die Fahrt im rumänischen Teil vermittelt hatte und bei der Parade dabei sein sollte, organisierte die Überfahrt von 17 Seemeilen (ca. 31 km) von Isaccea nach Tulcea.

Am Dienstag (14.08.) brachen wir um 09.15 auf. Am späteren Vormittag fand eine große Pressekonferenz mit Vertretern der schreibenden Zunft und des Fernsehens statt. Am Nachmittag war das Boot und der Trailer an seinem ausgemachten Ausgangspunkt für die Parade im Hafen von Tulcea angekommen, ebenso wie der Trailer, denn von hier aus sollte schließlich auch die Rückfahrt angetreten werden.

Die Schiffsparade startete (am 15.08) um 10.00. Das gesamte Ufer am Quai war mit 6000 Schaulustigen voll, die ganze Stadt war überfüllt. Diese Parade ist Teil von größeren Festaktivitäten der Marine, die seit dem 12.08. unter dem Titel „Zitele Tulcei“ liefen. Der Teil, der an einem hohen religiösen Feiertag der Rumänen (der autokephalen orthodoxen Kirche) am 15.08. durchgeführt wurde, läuft unter der Bezeichnung „Ziua Marinei“ mit mehreren militärischen und paramilitärischen Einheiten auf der Donau aus Rumänien mitsamt der Luftwaffe.

Um 08.00 trafen wir uns mit den rumänischen Ruderern im Hafen am Boot. Wir gaben eine Einweisung in die Ruderbefehle und -manöver. Wir bauten die Messgeräte auf. Die Manöver schliffen sich ein. Die jungen Ruderer waren Mitglieder von Kajak-Teams aus dem Delta-Gebiet, Söhne von Fischern, die mit dem Wasser aufgewachsen waren, hartgesotten, aber auch z. T. sehr jung, zwischen 12 und 16 Jahre alt und sehr engagiert, dazu zwei ältere Trainer.

Auf dem Weg zum Ausgangspunkt mussten wir quer durch den 2,8 km langen Bogen von Tulcea und übten dabei die Manöver ein. Pünktlich um 09.30 kamen wir am Schwimmsteg an. Messungen mit der Logge waren nicht möglich, aber Wind und die Geschwindigkeit mit GPS konnten aufgenommen werden. Das Rahsegel war angebracht, der Puls konnte abgenommen werden.

Wir hatten mehrfach den Steg zu wechseln, weil der Start der Parade sich verzögerte und wir Kreuzfahrtschiffen Platz zu machen hatten. Bei den nicht leichten Manövern (Wind und Strömung) verloren wir einen Bootshaken.

Schließlich lagerten wir in zweiter Reihe hinter einem hohen Bord eines Kreuzfahrtschiffes. Während nacheinander Militär, Feuerwehr, Rotes Kreuz und Navy Seals auf Schlauchboten defilierten, hatten wir mit den hohen Wellen zu kämpfen. Unser verspäteter Einsatz erfolgte dann 10.45 Uhr. Wir ruderten während uns der Sprecher dem 6000 Leute-Publikum vorstellt, in nö. Richtung. Wir drehten nach sw, der Wind (aus Ost bis Nordost! Kapitel 5,1: Gatternig-Thünnesen-Günther-Wawrzyn-Dreyer) half uns, nachdem wir die Tribünen passiert hatten, um 180° und lagen jetzt im Wind und fuhren jetzt in einem ca. 45° Winkel auf die Tribüne zu, das Segel wurde gehisst, bei einer Gegenströmung etwa 2 m/s).

Nach wenigen Minuten erhielten wir vom Hafenkapitän über Telefon den Befehl, das Segel zu reffen, und in nö. Richtung zu drehen. Das Schiff machte eine Wende. Um 11.45 Uhr waren wir wieder, mit Ruderkraft, am Wirtschaftshafen, an unserer Quaistelle, von der wir am Morgen für die Parade aufgebrochen waren.

Mit der Rudermannschaft bauten wir alles ab, Riemen, Steuer und Bändsel, Rah, etc. Der Mast war noch zu legen, und das in einem belebten Hafen mit starkem Wellengang. Hernach mussten wir das Schiff zur Slipstelle jonglieren.

Mit zwei aneinander gebundenen SUVs zogen wir das Boot heraus, auf dem Trailer, bis 13.00. Bis zum Nachmittag war alles für die Abfahrt am nächsten Tag vorbereitet. Wir übernachteten im Gästehaus der Stadt, gut versorgt von Sorin Alincai – und auch ziemlich fertig, denn es hatten den Tag über Temperaturen über 40 ° geherrscht.

Rückfahrt 16.08. bis 19.08.

Etappen auf Trailer

Donnerstag 16.08.

Wir fuhren um 10.30 Uhr, auch um die Bodenwellen der Westroute aus Tulcea zu vermeiden, über die Südroute aus Tulcea heraus, in Richtung Constanza über Histiaia. Bis dahin hatten wir eine Distanz von 127 km zu absolvieren, bis wir in die Bucht von Constanza sahen. Von dort, ab etwa 13.00, bogen wir Richtung Westen nach Erlangen ein, das in einer Distanz von 1811 km angezeigt war. Das erste Ziel war Bukarest, auf der Autobahn, stets in Angst um die ohnehin stark belastete Hinterachse des Ssang Yong, da die Betonplatten große Lücken hatten. Nach Bukarest gelangten wir noch bis 61 km vor Peteşti, und pausierten für die Nacht bei Visina um 19.30. Noch 1450 km waren es bis Erlangen.

Freitag 17.08.2018

Am Freitag sind wir um 08.30 aufgebrochen. Um 09.30 schoß uns der Schreck in die Glieder, alle dachten da wäre die Fahrt zu Ende. Der Projektleiter fuhr in einer 180°-Kurve bei einer Steigung von ca. 30° den Trailer mit den rechten Reifen in den Graben, bedrängt durch überholende Wagen auf der linken Seite, die jeden Augenblick nutzen wollten, um am langsamen 22 m-Zug, der zeitweilig nur 30 km/h fahren konnte, vorbei zu kommen. Mit dem Trailer im Graben schaffte der Ssang Yong es nicht mehr heraus. Aber es wurde erkennbar, wir sehr die Truppe jetzt zusammengewachsen war. Während der „Übeltäter“ zunächst frustriert im Zugwagen blieb, stürzten sich alle Beteiligten auf das Problem, um es zu lösen, keine Vorwürfe, keine Beschwerden.

Unter dem Hupkonzert der frustrierten rumänischen Lastwagenfahrer begannen wir, den Wagen herauszuholen, zwei Rumänen halfen uns. Nachdem das einfache Rückwärtsfahren scheiterte, kam Bernd Wessolowski auf die Idee, Kanthölzer unter die Räder zu legen, Norbert Thumann setzte den Luftdruckwagenheber des Sprinters ein, damit die drei Räder der rechten Seite überhaupt erst so hochkamen, um auf die untergeschobenen Kanthölzer zu fahren. Alle machten wir uns daran, neben der Absperrung nach hinten, den Trailer so zu positionieren, dass die Räder rückwärts auf die Fahrbahn kamen. Das klappte. Aber würde es der Ssang Yong schaffen, ohne Schwung nach links auf die Gegenfahrbahn auszuscheren und den gesamten Zug von 3,5 t die 30 % Steigung anzuschleppen oder würde er stehen bleiben und dann beide Fahrbahnen versperren?

Der SangYong schaffte es, der Sprinter fuhr mit dem Rest der Mannschaft hinten drin und im Führerhaus hinterher. Oben auf dem Berg machten wir kurze Zeit danach Halt. Schwein gehabt: es hat alles nur vielleicht eine halbe Stunde gedauert, aber alle gestanden sich ein: es war eine gefühlte Ewigkeit und keiner glaubte, dass wir da herauskommen würden, ohne fremde Hilfe.

All dies geschah, als wir über die erste Autobahnersatzstrecke zwischen Pitesti und Sibiu fuhren, über die malerische Küstenstraße entlang des Flußtals. Es waren aber Strecken, in diesem Fall gut ausgebaut, die jeweils durch Serpentinen erst erreicht werden mussten. Nach diesem Streckenabschnitt kam wieder ein Stück Autobahn, bevor dann der neue Autobahnersatz kam, die schlecht ausgebaute Serpentinenstrecke zwischen Sibiu (Hermannstadt) und Timisoara (Temeschwar). Noch am Abend, gegen 17.30, kamen wir wieder auf die Autobahn und fuhren auf ihr Richtung ungarische Grenze bei Arad und Nadlac, noch 159 km waren bis dort zu bewältigen – einschließlich eines ungewollten Umwegs außerhalb der Autobahn. Über mehrere Kilometer führen wir über Landstraßen, ohne die Gelegenheit zu haben, umzukehren (für 22 m -Geleitzüge).

Um 19.30 machten wir bei Arad Halt, noch 1000 km waren wir von Erlangen entfernt.

Samstag 18.08.2018

Am Samstag brachen wir um 08.15 auf. Bald kamen wir an die ungarische Grenze. Immer mehr bereitete uns das Zugfahrzeug Sorgen, es verkraftete nicht das Stop-and-Go. Immer mussten wir fürchten, dass er liegen blieb, weil die Kupplung nicht mehr griff. Wenn dies geschah, mussten wir warten, denn nach einiger Zeit und runtergekühlt ging er aber wieder.

Um 16.00 fuhren wir in den Stau an der österreichischen Grenze ein. Hier war das gleiche Spiel, Stop and Go, wir bangten um die Kupplung. Wir passierten die Grenze um 17.05. Bis ca. 19.00 gelangten wir westlich von Wien an unser Etappenziel. Wieder streikte zunächst das Zugfahrzeug, als wir versuchten, die Wagen in die für die Nacht endgültige Position zu bringen. Noch 467 km waren es bis Erlangen, 500 km bis zum Altmühlsee bei Gunzenhausen. Welches Ziel wir letztlich ansteuerten, sollte sich erste am folgenden Tag bei Passau klären.

Sonntag 19.08.2018

Da wir es aber bis zum Ziel schaffen wollten, brachen wir um 07.00 Uhr auf. Um 12.00 Uhr waren wir an der österreichischen Grenze – bis hierhin verlief alles problemlos, verdächtig problemlos. Bislang war es immer so gewesen, dass jeder Tag einen dramatischen Höhepunkt hatte, den wir dann glücklich bewältigen konnten (leerer Tank, Verirrung auf Nebenstraßen, Pannen). Doch wir waren noch nicht zu Hause. Nach der Grenze wurden wir von der Polizei herausgezogen, bei Passau, auf der A 3, um 12.34 Uhr.

Unsere Hinterachse beim SsangYong hing verdächtig weit unten, so dass der Verdacht aufkam, dass sie überladen war.

Es stellte sich heraus, dass der Beamte, der uns zu untersuchen hatte, der Neffe desjenigen Landwirts war, der uns in Eining mit dem Traktor in kritischer Situation herausgezogen hatte. Mit der Versicherung, unser Zugwagenkonzept zu überdenken (was wir durch die anschließende Trailerreparatur auch taten), durften wir weiterfahren.

Nach Passau und bis kurz vor Regensburg fiel dann die Entscheidung der Behörden, wohin wir fuhren: Richtung Altmühlsee. Um 15.35 Uhr konnten wir dann erfolgreich das Boot am Altmühlsee abstellen, das Material beim Seglerheim ausladen und nach Erlangen zurückfahren. Um 20.00 waren alle zuhause.

Der Projektleiter bedankt sich (in alphabetischer Reihenfolge) für die tapfere Mannschaft und ihre „Hintermänner“:

Peter Clement, Joachim Gmehling, Susanne Langer, Blandina Mangelkramer, Johannes Nagy, Mathias Orgeldinger, Margit Schedel, Peter Schedel, Josef Schupp, Norbert Thumann, Bernd Wessolowski, Joachim Walther …

Abbildungsverzeichnis

Abb. 1–4, 7, 8: Foto R. Krammer

Abb. 5, 6, 10, 13, 16, 18, 19: Foto B. Dreyer

Abb. 9, 11, 12, 14, 15, 17: Foto J. Nagy

2 Ein Römerschiff in Ingolstadt

Claus-Michael Hüssen, Ingolstadt

Endlich hat es geklappt, ein Römerschiff kommt nach Ingolstadt. Fast ein Vierteljahrhundert nach der Ausgrabung und Bergung der beiden Römerschiffe beim Donaukastell Oberstimm legte am 21.07.2018 die Fridericiana Alexandrina Navis (F.A.N.) an der Donaulände an. Unter dem Kommando von Boris Dreyer stand die Mannschaft am Beginn ihrer langen Fahrt nach Tulcea an die Donaumündung, die anlässlich des 275. Jubiläums der Friedrich-Alexander-Universität in Erlangen unternommen wurde.

Drei Jahre zuvor, als der XXIII. Internationale Limeskongress in Ingolstadt, der gleich gegenüber in der Technischen Hochschule Ingolstadt tagte, war es nicht gelungen, den älteren Nachbau eines Oberstimmer Schiffes, die Victoria aus dem Jahre 2009 (anlässlich 2000 Jahre Varusschlacht), in die Stadt zu bekommen.

Etwas klein und verloren sah das leere Ruderboot mit umgelegtem Segelmast schon aus von oben vom Donausteg, als es an der Lände vertäut im heutigen, von Menschen geschaffenen Flussbett lag.

Ganz anders sah es hier allerdings in der Zeit um 100 n. Chr. aus, als die beiden originalen Römerschiffe vom Kastell Oberstimm aus mit jeweils 20-köpfiger Besatzung zu Patrouillen ausfuhren. Die Donau als Grenzfluss der Provinz Raetien mäandrierte über mehrere Kilometer Breite zwischen den Engstellen beim Stätteberg in Unterhausen im Westen und der Weltenburger Enge im Osten. Hier konnten die schlanken, 16 m langen Ruderboote mit geringem Tiefgang ihre Wendigkeit ausspielen. Bei günstigen Wetterbedingungen auf breiteren Flussarmen konnte – kräfteschonend – auch das Bedarfssegel gehisst werden.

Auf dem Boot später dann selbst am Ruder stehend kam mir das Boot gar nicht mehr so klein vor. Und als dann das Schiff – ohne mich – ablegte und donauabwärts davonruderte, fragte ich mich, warum ich – bis heute – noch auf keinem der beiden Boote, weder der F.A.N. noch der Victoria mitgerudert bin. Rudern stand sogar im Sportunterricht auf dem Gymnasium, daran kann es wohl nicht liegen – und es muss nicht gleich nach Rumänien gehen. Also bleibt nur der Vorsatz, dies möglichst bald nachzuholen und auf eine sich bietende Gelegenheit zu warten.

Abb. 1: Das Römerschiff F.A.N. an der Donaulände in Ingolstadt

Ein Tag auf der Werft in Erlangen

Ganz andere Assoziationen löste ein Besuch auf der Werft in Erlangen neun Monate früher, am 04.10.2017, aus. Der fast fertige Schiffsrumpf unter dem Zeltdach erinnerte mich an die Ausgrabung 1994/1995 mit der Dokumentation und Bergung der beiden Boote. Hier kam man den Schiffen auch sehr nahe und konnte die Details bestaunen und die technischen Fähigkeiten der Schiffsbauer damals wie heute bewundern. Auch manche Aufnahmen unter gelb-weiß gestreiften Zelt in Oberstimm unterscheiden sich auf den ersten Blick gar nicht so sehr von den Werftfotos, da die Hölzer der Originalboote hervorragend im dauerfeuchten Boden erhalten waren.

Abb. 2–3: Die Werft in Erlangen mit der F.A.N

Ob der Neubau des Erlanger Schiffes 2017 länger gedauert hat als zunächst geplant? Ich gehe davon aus, dass dies nicht der Fall war, denn das Jubiläumsjahr der Universität stand unmittelbar bevor und die Schiffsbauer über große Erfahrung verfügten, auch durch den Nachbau der Victoria 2007/2008 in Hamburg. Die Ausgrabung 1994/1995 dauerte damals einige Monate länger als zunächst geplant. Bestimmend für das geplante Ende der Ausgrabung war die Fundlage der Schiffe auf dem Gelände des Barthelmarktes, wo alljährlich am letzten Augustwochenende das viertgrößte bayerische Volksfest (nach den Besucherzahlen) mit Vieh- und Warenmarkt stattfindet. Der Eröffnungstermin des Volksfestes sollte auf alle Fälle auch das Ende der Ausgrabung markieren, noch nicht eingerechnet war hierbei das ordnungsgemäße Wiedereinfüllen und der Neuaufbau der Straße über den Schiffen. Es kam, wie es kommen musste bei so knapp bemessenen Vorgaben, es dauerte deutlich länger: die Schichtenabfolge war sehr kompliziert und die detaillierte Dokumentation der Schiffe selbst erforderte seine Zeit. Die Bergung der Schiffe erfolgte noch vor Jahresende, die Untersuchung der fundreichen Schichten unterhalb der Schiffsrümpfe zog sich noch bis zum Frühjahr des folgenden Jahres hin – wobei laufend das eiskalte Wasser aus der großen Grube abgepumpt werden musste. Diese Verzögerung, welche die Marktgemeinde gerne vermieden hätte, wurde aber zum vollen

Erfolg, da die Ausgrabung während des Volksfestes eine zusätzliche, rege besichtigte Attraktion war. Sogar ein kurzer Besuch des damaligen Ministerpräsidenten Edmund Stoiber war angekündigt. Dann doch verspätet, blieb keine Zeit mehr für einen Blick auf die Schiffe vor seinem Wahlkampfauftritt in einem der großen Bierzelte.

Einen unerwarteten Dank erhielt die Grabungstechnikerin des Ausgrabungsteams von der Betreiberin des Standes, der für ein Jahr von seinem Stammplatz unmittelbar über den Schiffen weichen musste. Beim folgenden Volksfest wieder an ihrem Platz sagte sie: jetzt wüsste sie, warum sie so viele Jahre während der Volksfesttage so schlecht geschlafen hätte, jetzt, wo die Römerboote nicht mehr im Boden lägen, wäre ihr Schlaf viel besser.

Seit 2006 sind die beiden Schiffe im Original im Manchinger Kelten-Römer-Museum zu besichtigen und die beiden Nachbauten – die Victoria auf dem Haltener Stausee und die F.A.N. auf dem Altmühlsee – machen die römische Vergangenheit erfahrbar und werben für die Archäologie, die Alte Geschichte und nicht zuletzt für traditionelle Handwerkskunst.

Abbildungsverzeichnis

Abb. 1–3: Foto C.-M. Hüssen

3 Ingolstadt – Eining (22.07.2018)

Mathias Orgeldinger, Diplombiologe, Freier Journalist, Nürnberg

Sonntag, 22.07.2018 an der Anlegestelle des Pionierübungsplatzes Ingolstadt. Der Himmel ist grau, das Thermometer zeigt 17°C. Wir beladen die F.A.N. mit Taschen, Rucksäcken und Koffern. In der Mitte liegen Mast und Segel. Trotzdem ist noch etwas Platz, da das Boot nur mit 15 Personen belegt ist. Um 07.55 Uhr geht es los. Boris Dreyer übernimmt die Funktion des Rudergängers, sechs Mitglieder der Stammcrew und sechs Gäste sitzen an den Riemen und zwei „Strömungsretter" der DLRG schauen zu. Man könnte auch sagen, dass sie ihre Aufgabe sehr ernst nehmen. Ausgerüstet mit Neoprenanzug, Wildwasserweste, Wurfsack und Helm garantieren sie für unsere Sicherheit. Das Rudern gefährde ihre Einsatzfähigkeit, sagen sie.

So richtig können wir ihre Entscheidung nicht nachvollziehen. Bei schwacher Strömung hätten wir etwas Unterstützung schon gut brauchen können. Wir rudern nicht schnell, aber kontinuierlich. Der 4,1 m lange und ca. 15 kg schwere Riemen muss mit Kraft, Taktgefühl und Konzentration durchs Wasser gezogen werden. Nach 30 Minuten ohne Pause werde ich abgelöst. Ich stehe zwischen den Steuerrudern und genieße den Blick über die menschenleere Flusslandschaft. Später wird dieses Privileg auch anderen „Ruderknechten" zuteil. Wir führen kurze Pausen ein, jeweils nach zehn bis 15 Minuten für die geraden und ungeraden Reihen. Mit diesem Rhythmus fährt es sich leichter.

Gegen 09.20 Uhr passieren wir die drei rotweiß gebänderten Schornsteine des Erdgas-Kraftwerks Irsching. Kurz danach stellt sich uns die Staustufe Vohburg in den Weg. Wir steuern auf die Sportbootschleuse am rechten Flussufer zu. Und unterschätzen dabei die Masse und Geschwindigkeit des Bootes. Zwar manövriert Boris Dreyer das Boot sicher ins Schleusenbecken, doch mittschiffs gehen drei Riemen zu Bruch. Weil die Ruderer nicht sehen, wohin sie fahren, weil die Gäste im schnellen Einziehen der Riemen ungeübt sind und weil das Becken zwar 22 m lang aber nur 4 m breit ist.

Während wir noch den gebrochenen Riemen nachtrauern, betätigen die Mitglieder der DLRG die Selbstbedienungsschleuse. Viel schneller als gedacht sind wir wieder auf dem Fluss. Die Strömung wird spürbar stärker, wir fahren mit bis zu 10 km/h (ca. 5,5 kn). Doch die rasante Fahrt bei Niedrigwasser hat auch ihren Preis. Sandbänke und Untiefen tun sich auf, die vom Standort des Rudergängers nur schwer auszumachen sind. Jetzt profitieren wir vom DLRG-

Begleitschutz. Ein Wasserrettungsboot des Ortsverbands Neustadt a. d. Donau erkundet die Fahrrinne und führt uns im Zickzack-Kurs sicher durch die Untiefen.

Kurz vor dem Dorf Eining nimmt uns das DLRG-Boot ins Schlepptau, damit wir gegen die Strömung am Anlegesteg in der Mündung des Flüsschens Abens festmachen können. Ein wenig Regen nieselt vom Himmel. Am Ufer erwarten uns Zuschauer mit Regenschirmen. Um 11:50 Uhr ziehen wir die Riemen ein. Die F.A.N. hat die ca. 33 km inklusive Schleusung in knapp vier Stunden bewältigt.

Abb. 1: Auf dem Weg nach Eining

In der Gaststätte „An der Fähre“ wartet eine Brotzeit auf uns. Obwohl wir nicht in Römerkleidung stecken, fühlen wir uns wie Ehrengäste, wie Zeitreisende, die den römischen Ursprung von Eining lebendig werden lassen. Nach dieser Stärkung wandern wir zum Kastell Abusina, das über dem Donautal thront. Das Kastell für römische Hilfstruppen lag einst an einer strategisch wichtigen Furt am östlichen Ende der raetischen Landesgrenze. Heute gehört es zum UNESCO-Welterbe „Obergermanisch-Raetischer Limes“ (ORL).

Ein kleines, mit rostigen Stahlplatten verkleidetes Informationszentrum markiert den Eingang in das Gelände. Über den Grundmauern der Gebäude erheben sich stählerne „Zeitfenster“, wie ein Sinnbild für die Vergänglichkeit des einst so mächtigen römischen Reiches. Ein

Gästeführer lässt uns am Soldatenleben teilhaben und erläutert uns die strategische Bedeutung des Ortes. Im Kastell Abusina lassen sich die verschiedenen Phasen der Grenzsicherung vom ersten bis zum frühen fünften Jahrhundert nachweisen.

Gegen 18.00 Uhr werden wir abrupt in die Jetztzeit versetzt. Anders als ihr römisches Vorbild muss die F.A.N. immer wieder an Land gezogen bzw. getrailert werden. Da es in der Regel keine Angaben über die Neigung und Beschaffenheit einer Slipstelle gibt, sieht man oft erst vor Ort, ob sie für das 16 m lange Holzboot geeignet ist oder nicht. Die Slipstelle in der Nähe des Anlegestegs ist sehr steil, aber eine andere gibt es nicht. Boris Dreyer diskutiert mit den Männern und Frauen der Wasserrettung und den Organisatoren vor Ort. Zwei „Strömungsretter" versuchen, die Slipstelle mit einer Alu-Rampe zu verlängern, damit der Trailer weiter ins Wasser fahren kann.

Gegen 19.00 Uhr legen wir mit der Antriebskraft von sechs Riemen am Steg ab und versuchen die Slipstelle zu erreichen, die ca. 100 m flussabwärts in einer kleinen Bucht liegt. Doch die Strömung ist so stark, dass wir nicht gegen sie ankommen. Bis uns das Wasserrettungsboot „Gisela" einholt und das Schleppseil am Heck-Poller befestigt ist, sind wir schon ein gutes Stück flussabwärts getrieben. Ein Fischer kommt uns mit seinem Kahn zu Hilfe und stabilisiert das Boot mit einem Seil am Bug. Boris Dreyer zieht die beiden Steuerruder aus dem Wasser. Zwar schlingert die F.A.N. nun etwas hinter dem Zugboot, aber dem Trailern steht nichts mehr im Wege. Alle klettern in den Bug, damit das Boot mit dem Heck steiler aus dem Wasser ragt. Mit Hilfe der Handwinde gelingt es, die F.A.N. mit dem Heck voran auf den Trailer zu ziehen. Ein Landwirt (Kapitel 4.1: B. Dreyer) bietet seine Hilfe an und zieht den Trailer mit dem Boot über die steile Rampe an Land. Um 18.45 Uhr ist die Aktion erfolgreich beendet.

Abbildungsverzeichnis

Abb. 1: Foto B. Dreyer

4 Ottensheim – Ennshafen (04.08.2018)

Mathias Orgeldinger, Diplombiologe, Freier Journalist, Nürnberg

Samstag, 04.08.2018 an der Regatta-Anlage Ottensheim in Oberösterreich. Am Himmel keine Wolke, das Wasser spiegelglatt. Schon um 06.30 Uhr zeigt das Thermometer 21°C. Die F.A.N. wird mit Wasserflaschen beladen. Wir sind ausgeschlafen und bereit für die nächsten 35 Stromkilometer, für die nächste Etappe einer privilegierten Reise auf der Donau.

Für uns Ruderer ist es vor allem ein Freizeitvergnügen. Mit dem Unterschied, dass die Mitglieder der Stammcrew ahnen, was auf sie zukommt, während sich die österreichischen Gäste entspannt und gelassen auf ein nicht ganz alltägliches Abenteuer vorbereiten können. Für Projektleiter Boris Dreyer stellt sich die Situation dagegen ganz anders dar. Er muss die „Neulinge" anleiten, die Bootsmannschaft einteilen, experimentalarchäologische Daten sammeln, die Organisation der nächsten Tage überdenken, Termine einhalten, das Boot steuern und nicht zuletzt die schifffahrtsrechtliche Verantwortung tragen.

Um 07.24 Uhr legen wir ab. Von den 18 Ruderplätzen sind 16 besetzt, eine Reihe bleibt leer. Boris Dreyer gibt den Takt vor, zwei Schlagleute aus der Stammcrew setzen die Anweisung um, und die restlichen Ruderer folgen ihrem Beispiel. Wohl dem, der noch nie mit einem Sportruderboot unterwegs war, denn der Bewegungsablauf ist ein völlig anderer. Der „Römer" sitzt starr auf seiner Holzbank und zieht sein Ruderwerkzeug mit einem schnellen Ruck durchs Wasser. Nur so kann er den schweren Holz-Riemen rechtzeitig in Position bringen, damit er beim nächsten Kommando „Los" wieder ins Wasser eintaucht.

Wer aus dem Takt kommt oder zu weit ausholt, kollidiert mit dem Riemen dessen, der davor bzw. dahinter sitzt. Auch fällt es anfangs schwer, den Riemen, der nur durch einen „Stropp" (ringförmiges Tau) an der Dolle fixiert ist, richtig auszubalancieren. Dabei ist auch die mediterrane Formgebung des Bootes zu beachten. Je näher der Ruderer am Bug oder Heck sitzt, desto näher kommt er seinem Banknachbarn und desto weniger Spielraum bleibt für die Einstellung der individuellen Hebelwirkung.

Doch trotz aller Besonderheiten, die der Nachbau mit sich bringt, kommt das Boot überraschend schnell in Fahrt und lässt sich auch mit einer bunt zusammengewürfelten Mannschaft aus Jung und Alt, aus Mann und Frau gut manövrieren. Schon nach 5 Minuten erreicht die F.A.N. bei einer Schlagzahl von 33 und guter Strömung 9 km/h (ca. 5 kn). An Backbord erscheint Schloss Ottensheim und wird zusehends kleiner. Wohin wir fahren, sehen wir nicht. Das sieht nur der Rudergänger.

Und so ist es verständlich, dass jeder der Gäste mal ans Steuer will, um sich auszuruhen und die Aussicht in Fahrtrichtung zu genießen. Jeder „Ruderknecht" bekommt spätestens nach einer halben Stunde einige Minuten Pause, wobei sich die gerad- und ungeradzahligen Sitzreihen abwechseln. Schließlich muss das Boot in Bewegung bleiben, damit es sich steuern lässt, der unverhältnismäßige Kraftaufwand für Neustarts vermieden und der Terminplan eingehalten wird. Mit halber Mannschaft macht die F.A.N. anfangs immerhin noch 7 km/h (ca. 4 kn).

Abb. 1: Bei der Einfahrt in Ennshafen

Gegen 08.45 Uhr passieren wir das markante Gebäude des Lentos Kunstmuseums in Linz, eine Viertelstunde später unterqueren wir die 35 m breite VÖST-Brücke der Autobahn A7. Wir folgen der Flussbiegung und wechseln den Kurs von Nordost nach Südost. An Steuerbord tauchen Hafenanlagen, verrostete Flusskähne, aber auch Fassadengemälde und andere Kunstwerke auf. Monoton sind sie hier nicht, die Ufer der Donau, monoton ist nur der Ruderschlag, der uns zur Antriebsmaschine degradiert. Rasch steigende Temperaturen bei Windstärke 0 machen die Ruderarbeit nicht angenehmer. Aber schließlich sind wir alle freiwillig hier.

Ein weißes Passagierschiff zieht an uns vorbei. Vermutlich gibt es auf dem Kaffeefahrtdampfer auch einige Junggebliebene, die uns darum beneiden, dass wir unser Gefährt allein mit

Muskelkraft antreiben können. Ob sie wissen, welche Wellen ihr großes Schiff schlägt? Wie stark die F.A.N. kränkt, wenn sie mittschiffs von den Wellen getroffen wird? Wir lernen, dass die Riemen dann schnell aus dem Wasser müssen, und das Boot im Idealfall mit dem Rammsporn auf die Welle treffen soll.

Gegen PS-strotzende Motorboote, die in wilden Kurven ganz nah heranfahren müssen, um uns besser sehen zu können, ist die F.A.N. allerdings machtlos. Einmal hätten wir beinahe Wasser genommen. Immerhin konnten wir so am eigenen Leib erfahren, dass dieser römische Bootstyp nicht hochseetauglich ist.

Wir passieren die Mündung der Traun. Je nach Kondition und Motivation breitet sich zunehmend Müdigkeit aus. Manchmal steht ein Riemen still, manchmal werden die Schläge mit weniger Kraftaufwand durchgeführt. Nach 3 Stunden und 45 Minuten Fahrtzeit sind wir nur noch mit 6 km/h (ca. 3 kn) unterwegs, trotz einer Schlagfrequenz von 34 Schläge/min. Vermutlich hat auch die Strömung nachgelassen.

Der Anblick der Schleuse Abwinden motiviert uns. Wir ziehen unsere Schwimmwesten an. Dann können wir in das 230 m lange und 24 m breite Schleusenbecken einfahren. Gegen 11.45 Uhr machen wir an der Mauer fest. Zusammen mit drei Sportbooten wird die F.A.N. 10,9 m abgesenkt. Nach einer willkommenen Pause von 30 Minuten pullen wir wieder stromabwärts.

Um 13.18 Uhr begrüßt uns die kleine Fähre Ennsegg, die Personen und Fahrräder zwischen Enns und Mauthausen transportiert. Bald erreichen wir die Mündung der Enns. An der Hafeneinfahrt stehen ca. 50 Zuschauer. Sie fotografieren mit dem Smartphone und begutachten umgehend ihre Bilder. Fürs Winken ist keine Hand mehr frei. Vor einigen Jahren hätte der Chronist eine „jubelnde Menge" beschreiben können. Doch in Zeiten der medialen Reizüberflutung versinkt auch der originalgetreue Nachbau eines römischen Patrouillenboots in der mentalen Nachrichtenflut. Trotzdem: Das spontane und unerwartete Empfangskomitee motiviert uns enorm, und der Zuschauerzustrom vom nahen Römerfest, bei dem man die 2000-jährige Geschichte von Enns-Lauriacum feierte, wurde dann schon erheblich größer, den es bis in den späten Abend und an den nächsten Tagen zu bewältigen galt. Wir legen uns ins Zeug und machen gegen 13.25 Uhr an der Anlegestelle in Ennshafen fest. Die F.A.N. hat die 35 km inklusive Schleusung in sechs Stunden bewältigt.

Die Donau führt ungewöhnlich wenig Wasser. Drei Wochen später, am 25.08.2018 erreicht der Pegel Linz mit 320 cm den niedrigsten Wasserstand des Jahres. Das ist der viertniedrigste Wert des Pegels Linz, der seit 1985 jemals gemessen wurde. Hätte eine Mannschaft aus römischen Soldaten die Strecke vor über 1900 Jahren bei einem außergewöhnlich niedrigen Wasserstand schneller geschafft? Auf einem mäandernden Gewässer ohne Staustufen? Wir wissen es nicht. Das ist uns – ehrlich gesagt – bei der Ankunft in Ennshafen auch völlig egal. Bei 33°C im Schatten zählen nur noch der Schatten, ein kühles Getränk und eine gute Verpflegung.

Um 14.00 Uhr füllt sich der Anlegesteg mit Interessenten für die angekündigten Rundfahrten im Hafenbecken. Die Altersspanne derer, die sich um die begehrten Plätze drängeln, reicht vom Kleinkind bis zum betagten Senior. Jedes Kind bekommt eine Schwimmweste, Boris Dreyer nimmt sein Megaphon zur Hand und erklärt den Gästen die notwendigen Handgriffe, in der Hoffnung, dass jeder zuhört. Mitglieder der Stammcrew besetzen die zwei „Schlagpositionen" am Heck, ein weiterer ist für die Bugleine und den Bootshaken verantwortlich. Der Steg überragt den Bootsrand der F.A.N. um gut 20 cm, so dass die Riemen beim Anlegevorgang alle eingeholt werden müssen. Das Einziehen der schweren Holz-Riemen braucht Zeit. Entweder man löst sie von der Dolle oder versucht, das Riemenblatt durch den „Stropp" zu ziehen. Beim Anlegemanöver sieht keiner der Ruderer, wie weit das Boot vom Steg entfernt ist. Alles soll schnell gehen, damit am Ende möglichst jeder Interessierte an einer der 15-minütigen Rundfahrten teilnehmen kann. Für solche Situationen wurde einst Murphys Gesetz formuliert: „Alles, was schief gehen kann, wird auch schief gehen."

Wir fahren zu schnell an den Steg. Ein Gast kann seinen Riemen auf der Steuerbordseite nicht mehr rechtzeitig einziehen. Der Riemen bricht an den Stahlstützen des Stegs und knickt die Dolle ab. Wie groß der Schaden ist, kann nur ermessen, wer den Riemen mit Hobel und Zieheisen in Form gebracht, die Dollpflöcke „geschnitzt" und die Planke ausgestemmt hat. „Alles was schiefgehen kann, wird auch schief gehen!" Bei den Gästen steigt unterdessen die Stimmung. Ein Gitarrenspieler stimmt Lieder an. Einige Wissbegierige überschütten uns mit Fragen zum Bau des Bootes oder der römischen Militärtechnik. In den Pausen wird mit „Bordmitteln" repariert. Bernd Wessolowski, der von Anfang an am Bau der F.A.N. beteiligt war, bohrt die Reste der Dolle heraus und verdübelte den neuen Dollpflock mit der Planke. Die sechste Rundfahrt endet um 19:30 Uhr.

Abbildungsverzeichnis

Abb. 1: Foto M. Orgeldinger

Annex: Ein Film zur Abfahrt von Ottensheim finden Sie unter www.wbg-wissenverbindet.de

5 Sponsor HEITEC AG, Erlangen

Mathias Orgeldinger, Diplombiologe, Freier Journalist, Nürnberg

„Wir bewegen Mensch und Maschine." Mit diesem Slogan wirbt das Erlanger High-Tech-Unternehmen HEITEC AG auf seiner Homepage. Die Firma beschäftigt über 1000 Mitarbeiter im In- und Ausland. Die bietet Lösungen, Produkte und Dienstleistungen im Bereich Automatisierung, Digitalisierung und Elektronik an. Zu ihren Kunden zählen vor allem Unternehmen aus der Automobil- und Nahrungsmittelindustrie, der Energiewirtschaft, der Verpackungstechnik, der Luft- und Raumfahrt sowie aus der Logistik und Medizin.

Die Fundraising-Abteilung der Friedrich-Alexander-Universität (FAU) konnte das Unternehmen als Sponsor für den Bau der F.A.N. gewinnen. Mitarbeiter und Gäste des Unternehmens ruderten an zwei Tagen auf der Donau. Die Fahrt war Teil der Feierlichkeiten zum ersten Spatenstich einer HEITEC-Niederlassung in der oberösterreichischen Ortschaft Ardagger Stift.

Das Unternehmen habe sich aus gesellschaftlicher Verantwortung sowie der Begeisterung für Technik und Sport für die Unterstützung der F.A.N. entschieden, sagt HEITEC-Geschäftsführer Johannes Feldmayer, der eine rund zehn Kilometer lange Etappe von Spitz bis Oberloiben mitgerudert ist. Bei den Römern hatte Technik einen hohen Stellenwert. „Das Patrouillenboot besaß für damalige Verhältnisse ein hochinnovatives Design." Ein Unternehmen wie HEITEC, das auf Forschung und Entwicklung setze, könne sich damit gut identifizieren.

Vorstandsvorsitzender Richard Heindl sei ein sportbegeisterter Mensch. „Leute, die aktiv Sport betreiben, sind Teamplayer", sagt Feldmayer. Außerdem fördere der Sport das Zusammengehörigkeitsgefühl. Mit den Donaufahrten auf der F.A.N. sei es gelungen, Mitarbeiter, Kunden, Lieferanten sowie Politiker aus Erlangen und Oberösterreich in ein Boot zu holen. Auch die Abendveranstaltung auf der Burgruine Aggstein werde in guter Erinnerung bleiben. „Es war eine gute Gelegenheit, auf unser Unternehmen aufmerksam zu machen und die Leute zusammen zu bringen", betont der Geschäftsführer.

„Das Rudern auf der F.A.N. hat uns, unabhängig von der Werbeleistung, großen Spaß gemacht." Anfangs sei er aus dem Rhythmus gekommen, bis er gelernt habe, den Riemen schnell aus dem Wasser zu ziehen. „Jetzt kann ich mir vorstellen, wie exakt die Ruderer eines Deutschland-Achters aufeinander abgestimmt sein müssen."

Abb. 1: Rudercrew bei Spitz vor Antritt der Etappe

„Das Rudern war lustig“, erinnert sich Feldmayer. Einige seiner Mitstreiter hätten es richtig ernst genommen. „Wir hatten auch einen ernsten Kommandanten“. Eine Situation sei ihm besonders gut in Erinnerung geblieben: Als das Boot unplanmäßig am Ufer anlegte, weil eine Frau dringend auf Toilette musste, fiel ein „Ruder“ ins Wasser und trieb stromabwärts. „Ich habe mich ausgezogen, bin ins Wasser gesprungen und habe das Ruder zurückgeholt“, erzählt Feldmayer. Das Wasser sei warm und die Strömung nicht gefährlich gewesen.

Abbildungsverzeichnis

Abb. 1: Foto M. Orgeldinger

6 F.A.N.-Donautour 2018 bis ans Schwarze Meer

Margit Schedel

Reisebericht – Der Weg ist das Ziel

Abb. 1: Unser Ziel Tulcea im Donaudelta (v. l. P. Schedel, B. Dreyer, J. Nagy, N. Thumann, B. Wessolowski)

Mit der F.A.N. kamen wir Ende 2017 erstmals in Kontakt. Statt als Vertriebsleiter durch die Welt zu jetten, beteiligte sich mein Mann im Ruhestand am Nachbau eines römischen Patrouillenboots. Seine Begeisterung steckte an, so dass ich im Frühjahr 2018 mein Altersteilzeit-Hobby (unsere Urlaube in kleinen Filmen festzuhalten) auf die F.A.N. ausdehnen wollte. Ich wurde bei meinem ersten Besuch sofort zum Rudern ‚shanghait' und gehöre seitdem zur Stammmannschaft der „Ruderknechte".

Als wir das erstmal von der geplanten Donaufahrt hörten, waren wir sofort begeistert – ohne recht zu wissen, was da auf uns zukam. Ein Abenteuer eben – wenn nicht jetzt, wann dann!

Einiges war uns bereits klar:

Rudern auf der F.A.N. hat nichts mit dem Rudern auf einem modernen Ruderboot zu tun. Die Riemen sind 15 kg schwer, 4,10 m lang und nicht immer ganz gerade. Die Rudertechnik ist auch ganz anders.

Teil der Stammmannschaft zu sein heißt aber nicht nur zu rudern, sondern auch die Riemen hin und her zu schleppen, gemeinsam den Mast und die Segel zu tragen und aufzustellen, das Boot ein- und auszuslippen, Notreparaturen auszuführen, Gästen Details zum Boot und dessen Einsatzmöglichkeiten zu erläutern, ...

Vor der Fahrt wurde die Mannschaft noch medizinisch untersucht und während der Reise würden kontinuierlich Pulsmessungen durchgeführt werden.

Das alles war uns bewusst, aber jetzt kamen natürlich noch mehr Fragen auf:

Wie groß wird die Mannschaft sein? – Zum harten Kern gehörten ca. zwölf Personen, die aber sicherlich nicht alle mitkommen wollten, bzw. konnten. Das Boot bietet aber Platz für 18 Ruderer.

Welche Strecke werden wir wie zurücklegen? – Die Entfernung bis zum Schwarzen Meer konnten wir unmöglich in 5 Wochen auf der Donau rudernd schaffen. Soviel hatten wir mit einem Blick in den alten Diercke Weltatlas festgestellt.

Welche Begleitfahrzeuge werden wir haben? Wer fährt diese parallel zur Ruderstrecke?

Wie groß werden die Tagesetappen sein? Reicht meine Kraft? Will mich die Männermannschaft überhaupt dabei haben?

Wie werden wir und die F.A.N. mit Strömung zurechtkommen? Werden wir durch starke Strömung einfach große Strecken zurücklegen können? Wie läßt sich dann aber das Anlegen und das Rudern gegen die Strömung beim Gästerudern bewältigen? – Bisher hatten wir nur Erfahrungen am Dechsendorfer Weiher und am Rhein Main-Donau-Kanal sammeln können.

Etliche der Fragen wurden natürlich vor unserem Start beantwortet, aber jede Antwort warf neue Fragen auf:

Abb. 2: Training am Dechsendorfer Weiher

- Wir würden zumeist zu sechst unterwegs sein.
- Die Strecke stand fest, auch wenn das letzte Teilstück in Deutschland kurzfristig geändert wurde.
- Wir würden im Rahmen von Veranstaltungen an verschiedenen Orten mit Gästen rudern, Besichtigungen und Informationen anbieten. Wo es möglich war, würden wir mit lokaler Unterstützung (Feuerwehr, Rudervereine, Wasserwacht, Archäologen, …) Tagesetappen von 30–40 km auf der Donau rudern.
- Große Streckenabschnitte würden wir auf der Straße zurücklegen. Dazu hatten wir einen alten Ssang Yong SUV, der den Trailer ziehen sollte und einen Mercedes Sprinter für Riemen, Scorpio, Rüstung, Gepäck und sonstige Ausrüstung zur Verfügung.
- Gegen die weibliche Ruderunterstützung hatten die Männer auch nichts einzuwenden und ich selbst hatte in der IT oft genug ohne Probleme in reinen Männerrunden gearbeitet.

Es konnte also losgehen. Viele Fragen waren immer noch offen, aber irgendwann muss man auch einfach mal loslegen.

No risk, no fun!

Und schließlich waren wir im Auftrag der **experimentellen** Archäologie unterwegs, wenn wir alles vorher gewusst hätten, bräuchten wir kein Experiment.

Startschuss war die Veranstaltung „Rudern gegen Krebs" in Erlangen am 15.08.2018

Wir hatten unseren Auftritt nach der Siegerehrung des Wettruderns, fuhren einige Gästerunden und zeigten Innenminister Herrmann das Boot.

Die F.A.N. samt Trailer sollte anschließend am Uni Sportplatz geparkt werden, bis es am Mittwoch den18.08. endgültig losgehen sollte – ABER …

Direkt am UNI-Parkplatz gab die Kupplung des Ssang Yong ihren Geist auf und der ganze Trip schien in Frage gestellt zu sein. Hektische Betriebsamkeit brachte das zunächst unmöglich Erscheinende doch zustande:

Eine hilfreiche Seele fuhr das Boot am Trailer mit einem Q7 nach Manching und der Ssang Yong wurde bis zur Weiterfahrt am darauffolgenden Freitag repariert – unser Vertrauen in das Fahrzeug hatte jedoch schwer gelitten. Damit wollten wir 4000 km zurücklegen?!

Deutschland

Der erst Anlaufpunkt unserer Reise war Manching. Dort war alles perfekt organisiert und wegen der kurzen Anfahrt waren wir sogar mit 9 Ruderknechten vertreten. Am Kieswerk war extra eine Slipway für uns hergerichtet worden. In Zusammenarbeit mit dem Kelten Römer Museum ruderten wir am Braunsee/Feilenmoos Weiher zwei Tage lang Gäste und gaben Informationen. Auch die eingeladenen Schulklassen waren gut vorbereitet worden und hatten ihren Spaß.

Abb. 3: Rudern am Braunsee

Das Boot war ständig mit Messequipment am Heck ausgestattet, um Windstärke. Strömung Geschwindigkeit, etc. zu erfassen. Das hat unsere F.A.N. zwar nicht schöner gemacht, aber es ging ja auch darum die Leistungsfähigkeit des Boots mit untrainierter Mannschaft zu ermitteln. Zusätzlich hatten wir die Gelegenheit, im Museum die originalen Wracks zu besichtigen und Herr Bockius hielt einen Vortrag zum Thema ‚Die Bootsfunde von Oberstimm: Zeugen mediterranen Techniktransfers?'

Dass alles so gut lief, beruhigte unsere Nerven wieder.

Eindrucksvoll und für uns sehr komfortabel wurde die F.A.N. im Zentrum von Manching von einem riesigen Autokran in die 55 cm tiefe Paar eingesetzt – Bootstiefgang 50 cm.

Spannend wurde es dann nochmal, als wir wieder herausgehoben werden sollten – die Rah klemmte und ließ sich nicht einholen. Wieder war uns das Glück hold, eine passende Brücke war in wenigen Metern Entfernung. Wir haben das Boot an die Brücke geschoben und die Rah von der Brücke aus wieder gangbar gemacht.

Abb. 4: Autokran in Manching

Abb. 5: Reparatur der Rah in der Paar

Den ersten Kontakt mit der Donau hatten wir dann beim Kulturfest an den Donauterrassen in Ingolstadt (Kapitel 4,2: C.-M. Hüssen). Bei den Gästerunden musste auch gegen die Strömung gerudert werden, aber das machte erfreulicherweise keinerlei Probleme, nur der starke Regen war lästig. Aber angeblich sind die Römer ja auch bei Regen gerudert – behauptet zumindest unser Centurio.

Am nächsten Tag nahmen wir die erste Etappe mit ca. 33 km von Ingolstadt nach Eining in Angriff. Wir wurden gut bewacht von Wasserwacht und DLRG und hatten Unterstützung durch Ruderer aus Manching (Kapitel 4,3: M. Orgeldinger). Die Flussufer waren wildromantisch und das Rudern lief nach einiger Zeit wie von selbst. Alles war gut organisiert und geplant. An der Schleuse Vohburg wurden wir bereits erwartet. Die Breite der Schleuse mit 4 m war auch vorher für unser Boot als passend befunden worden. Allerdings war vergessen worden, dass nicht nur das Boot, sondern auch unsere gekreuzten Riemen mit 4,10 m Länge durchpassen mussten – Physik in der praktischen Anwendung. Wir lernten daraus:

- Man kann ein Boot nicht schnell stoppen – Masse in Bewegung schiebt
- Eine Beton-Schleusenwand ist stärker als ein Riemen aus Holz.
- Ersatzriemen sind sinnvoll

Das Ergebnis waren 3 gebrochene Riemen.

Abb. 6: gebrochener Riemen

Abb. 7: Schleuse Vohburg

In Eining konnten wir uns dann wieder stärken, aber als es ans Ausslippen ging, hatten wir die nächste Herausforderung. Die Donau hatte dort mehr Strömung, als für uns gut war. Dazu kam dann noch eine hitzige Diskussion zwischen Ruderknechten, DLRG mit Bergungsteam an Land, im Boot und im Wasser sowie den Gemeindeverantwortlichen darüber, wie wir die

F.A.N. unter diesen widrigen Umständen in einem Stück wieder heil aus dem Wasser bekommen. Schlussendlich haben wir das gemeinsam mit Hilfe eines Traktors gemeistert.

Abb. 8: Beruhigungsbier

Abb. 9: Ausslippen bei Eining

Unsere Erkenntnis:

- Ausslippen ist bei seitlicher Strömung ein großes Problem.
- Ein gemeinsames Bier glättet viele Wogen.

Dass zwei Anlaufstellen in Deutschland kurzfristig abgesprungen waren, war im Endeffekt gar nicht so schlimm. Mein Mann und ich genossen ein Wellnesshotel in Bad Gögging, der Rest der Crew fuhr nach Hause, und brachte anschließend die reparierten Riemen wieder mit und der Ssang Yong war in der Zeit mal wieder in der Werkstatt.

Österreich

Die Anreise nach Engelhartszell erfolgte dann über die Straße. Dabei vermieden wir die problematische Durchfahrt durch Passau, landeten dafür in Staus und fuhren schließlich – unfreiwillig – über die Serpentinen der Panoramastraße mit über 2 Stunden Verspätung in Engelhartszell ein. Als wir das Boot über den steilen Fähranleger endlich im Wasser hatten, waren wir froh, dass um 21.30 wenigstens eine Pizzeria im Ort noch offen hatte, denn auch Neo-Legionäre müssen essen …

Erkenntnisgewinn:

- Schlafhaus: Es handelt sich um eine Übernachtungsmöglichkeit am Campingplatz mit Stockbetten.
- Die Farbe der F.A.N. hält den hohen Temperaturen von zeitweise 35° nicht stand.
- Das Marschieren muss insbesondere der Centurio noch üben.
- Das Boot ließ sich ganz in römischer Tradition gut am flachen Ufer festfahren und sichern.
- Mit dem Stanacum-Wein aus Engelhartszell haben wir uns wie richtige Römer gefühlt.

Abb. 10: F.A.N. am Ufer

Abb. 11: Aufmarsch zum Dorffest (v. l. J. Gmehling, B. Gatternig, P. Schedel, J. Nagy, B. Wessolowski, B. Dreyer)

Bei der 15 km langen Ruderstrecke nach Schlögen wurden wir durch Gastruderer der Feuerwehr unterstützt, die während der Fahrt sogar einen Kasten Bier organisierten, was bei über 30° C (im Schatten) – ohne Schatten – sehr willkommen war.

Abb. 12: Nachwuchsfeuerwehr hilft, Durst zu löschen

Für die Weiterfahrt über 41 km durch die Schlögener Schleife nach Ottensheim zum Römerfest hatten wir Unterstützung von Rudervereinen, wobei uns insbesondere die Senioren vom Ruderverein Mondsee engagiert unterstützt haben. Kraft allein genügt eben nicht. Aber auch die ganz jungen Besucher sind immer begeistert.

Abb. 13: Nachwuchsrömer

Abb. 14: Römerfest in Ottensheim

Die Strecke nach Ennshafen führt durch Linz, was am Wasser kein Problem war, wir waren inzwischen Hitze und Schleusen gewöhnt (Kapitel 4,4: M. Orgeldinger). Mit dem Auto mussten wir jedoch feststellen, wie leicht man in Linz auf der Autobahn landet – dies kostete uns einige Schweißtropfen, denn wir hatten noch kein Pickerl. Auch die Anlegeplattform in Ennshafen forderte ihren Tribut: ein Riemen Totalverlust und eine Dolle, die repariert werden konnte. Da musste sich der Ssang Yong natürlich auch wieder mal melden: Fensterheber und Klimaanlage fielen für den Rest der Reise aus.

Auf den Trailer gehoben hat uns diesmal ein Hafen-Kran, der definitiv nicht für das Herausheben römischer Patrouillenboote vorgesehen war, aber die Gurte haben gehalten und der Kranführer war ein Meister seines Fachs, der das Boot sicher an der 8 m hohen Betonwand auf den Trailer gehievt hat.

Abb. 15: Hafenkran in Ennshafen

Abb. 16: Anlegeplatz in Ennshafen

Bei der Feier unseres Sponsors der Firma HEITEC in Ardagger (Kapitel 4,5: M. Orgeldinger) kamen wir wegen der Probleme mit dem Kran zwar mit einstündiger Verspätung an, aber dort waren alle ganz entspannt. Wir wurden zunächst mal gut verpflegt, die Bürgermeisterin nahm einen Fototermin in Römerrüstung wahr, der ORF filmte und interviewte uns und nebenher wurde das Boot ganz professionell mit einem speziell ausgestatteten Schiffs-Kran in der Marina zu Wasser gebracht.

Mit 2 Stunden Verspätung ging es schließlich bei glühender Hitze los. Schnell stellte sich allerdings heraus, dass wir mehrere Herausforderungen hatten:

- Die von HEITEC vorgesehenen zwei Teilstrecken von jeweils über 20 km waren im geplanten Zeitrahmen nicht zu schaffen.
- Das Mitarbeiterteam von HEITEC musste das Boot vorzeitig nach 10 km verlassen, um an den weiteren Programmpunkten teilnehmen zu können.
- Wie bringen wir das Boot ohne Unterstützungsruderer an den morgigen Startpunkt? Wir waren nur noch fünf von der Stammmannschaft und sollten Boot, Zugfahrzeug mit Trailer und Begleitfahrzeug nach Aggsbach bringen.

Abb. 17: Marina in Ardagger

Abb. 18: Feuerwehr beim Abschleppen

Die Rettung war mal wieder die Feuerwehr, die uns der örtliche Bürgermeister organisierte. Wir wurden nach Aggsbach Dorf geschleppt, allerdings ging es erst um 18.30 los und wir kamen um 00.30 ziemlich durchgefroren an. Auch das Anlegen in Dunkelheit bei plötzlich sehr starker Strömung war abenteuerlich.

Der Transfer unserer Fahrzeuge mit Trailer lief nicht viel besser. Statt Aggsbach Dorf wurde zunächst Aggsbach Markt auf der anderen Donauseite angefahren – wir hatten die falsche Adresse. Also kehrt Marsch 10 km zurück bis zur nächsten Donaubrücke.

Am nächsten Morgen hatten wir kein gutes Gefühl. Wir sollten zweimal 12 km mit dem Management der Firma und geladener Prominenz rudern. Wir waren nur zu fünft von der Stammmannschaft und mussten mit Ruder Neulingen von einer schwierigen Position bei starker Strömung ablegen. Es fing auch gleich gut an:

Der Anlegeplatz war wegen Sprengarbeiten gesperrt! Der Hang in unserem Rücken drohte abzurutschen.

Nach intensiven Verhandlungen mit dem Sprengtrupp und der Gemeindeverwaltung bekamen wir ein Zeitfenster von 20 Minuten, um die Anlegestelle mit PKWs anzufahren, die Rudergäste zu platzieren, Schwimmwesten anzulegen, Riemen zu verteilen und abzulegen. Ich sah uns schon gekentert in der Donau treiben. Wahrscheinlich hat unser Steuermann auch leise für sich Jupiter angerufen.

ABER:

- Das Ablegen klappte problemlos.
- Die Gäste waren begeistert.
- Die kalkulierte Zeit wurde eingehalten und wir kamen pünktlich zu den eingeplanten Jausen.

Eine kleine Herausforderung gab es noch ganz am Schluss bei der Befriedigung eines dringend aufgetretenen Bedürfnisses: Ein Römerboot kann schließlich nicht einfach an der Donauböschung anhalten. Aber wir fanden ein Plätzchen für einen Notstop und der in der Hektik verlorene und davontreibende Riemen wurde auch gerettet.

Kurzzeitig kam nochmal Stress auf, als unser Boot wegen eines Notfalls auf der Donau den Anlegeplatz wechseln musste, damit die Wasserwacht zu einem Einsatz ablegen konnte, aber auch das ließ sich meistern und die F.A.N. konnte sich schließlich auf den Weg nach Rumänien machen.

Abb. 19: Aufbruch nach Rumänien

Rumänien

Wir fuhren innerhalb von drei Tagen durch Ungarn ans Donaudelta in Rumänien, wozu anzumerken ist:

- Die Autobahn kann nicht durchgängig befahren werden, da wegen Baustellen wildromantische Mittelgebirge auf alten Landstraßen mit Serpentinen überquert werden mussten.
- Vorreservierungen von Hotels sind nicht möglich, da unkalkulierbar ist, welche Strecken an einem Tag zurückgelegt werden können.
- Es ist nicht einfach, unterwegs Hotels zu finden, bei denen auch ein Römerboot geparkt werden kann.
- Die Umgehungsstraße um Bukarest ist nur schwer zu finden. Deshalb sorgten wir für einiges Aufsehen und interessante Fotos, als wir mitten durch Bukarest fuhren. Weder Baustellen noch Kreisverkehre und U-Turns konnten uns aufhalten.

– Nur eine Polizeistreife konnte uns stoppen. Leicht entgeistert über unseren Tross haben sie uns klargemacht, schnellstens das Stadtzentrum zu verlassen.

Abb. 20: Fahrt durch das rumänische Mittelgebirge

Abb. 21: Auf der Autobahn

Abb. 22: Einslippen mit OPEL SUV

Einmal angekommen, stellten wir bald fest, dass in Rumänien die Uhren noch anders gehen:

- Die hinderliche Uferböschung wurde vor dem Einslippen kurzfristig mit einem Bagger begradigt.
- Als Schlepp-Fahrzeug passten zwar die angebotenen Traktoren wegen falscher Schleppkupplung nicht, dafür aber ein OPEL SUV, den sich ein Ortsansässiger selbst getunt hatte.
- 22 Kühe sahen uns beim Einslippen zu.

Abb. 23: Einslippen mit Kühen

Unterstützung beim Rudern und Maststellen hatten wir durch eine Reenactment Römertruppe, die dabei auch ihren Spaß hatte.

Abb. 24: Unterstützung durch rumänische Reenactment Truppe

Abb. 25: Da geht es lang!

Abb. 26: Schlepptour nach Tulcea

Der Weg nach Tulcea am Wasserweg wäre zwar lang aber einfach gewesen. Ohne unterstützende Rudermannschaft mit nur sechs Legionären jedoch nicht machbar. So nahmen wir aus Tulcea folgende Erfahrungen mit:

- Mit dem entsprechenden Können lässt sich die F.A.N. auch von kleinen Booten schleppen.
- An der angekündigten Parade historischer Schiffe nahmen neben uns auch hochmotorisierte Schlauchboote mit Kampftauchern teil, die mit viel Lärm modernes Kampfgeschehen simulierten.
- Auch alte Schiffe können große Wellen machen und die F.A.N. kräftig durchschütteln.
- Wenn ein SUV zu schwach ist unser Boot auszuslippen, dann schaffen es eben zwei SUVs in Reihe.

Abb. 27: Historische Schiffsparade

Abb. 28: Slippen mit 2 SUVs

Die Rückreise war lang, aber aufgelockert durch:

- Einen Umweg über unbefestigte Dorfstraßen, wegen eines falschen Abbiegens ohne Wendemöglichkeit
- Eine Zwischenlandung im Straßengraben einer Serpentine
- Einer Schleierfahndung der Bayerischen Grenzpolizei (nach römischen Ruderbooten?) gingen wir zu guter Letzt auch noch ins Netz. Nach einer technischen Inspektion ließen sie uns aber doch die letzten Kilometer zu unserem Heimathafen am Altmühlsee fahren.

Resümee

Wie man diesen Ausführungen entnehmen kann, haben wir es komplett und ohne Ausfälle wieder nach Hause geschafft. Es war natürlich ein anstrengendes Unternehmen, und hat einige graue Haare gekostet und meine Hände waren noch wochenlang verkrampft. Trotzdem hat es Spaß gemacht und hat uns Erfahrungen gebracht, die wir nicht missen möchten. Das Team um Boris Dreyer aus Studenten und Rentnern hat sich gut ergänzt und ist problemlos zusammengewachsen. Es war definitiv nie langweilig und wir würden alle sofort wieder mitmachen.

Abb. 29: Panne im Straßengraben

Abb. 30: Polizeikontrolle in Bayern

Dem nächsten Expeditionsteam – dem wir natürlich gerne wieder angehören würden – kann ich nur folgende Ratschläge auf den Weg mitgeben:

- Ein gutes Zugfahrzeug ist essentiell.
- Die Slippgelegenheiten entsprechen selten den übermittelten Beschreibungen.
- Strömungsverhältnisse sind von Außenstehenden schwer einzuschätzen und ändern sich.
- Tagesetappen von 30–40 km sind auch ohne Strömungsunterstützung machbar.
- Strömung beim Ausslippen ist dagegen mehr als hinderlich.
- Ruhetage sind sinnvoll, sei es, um das Programm durch Besichtigungen aufzulockern, oder Reparaturarbeiten auszuführen.
- Reserveriemen und Reparaturwerkzeug ist unerlässlich – für Boot und Trailer.
- Auch Ersatzruderknechte, die notfalls (wegen Bandscheibenvorfalls) einspringen können, sind manchmal notwendig.
- Nicht alles lässt sich voraussehen und planen.
- Glück gehört auf jeden Fall dazu.
- Wer nicht wagt, der nicht gewinnt.

Abb. 31: Wissen in Bewegung – auch in Rumänien

Abbildungsverzeichnis

Abb. 1–31: Fotos M. Schedel, J. Nagy

7 Am Ruder der Kameradschaft

Oberleutnant Henry Rönitz, Manching

Am 19.09.2019 verwirklichte sich ein lang gehegter Wunsch. Die WTD 61 (Wehrtechnische Dienststelle für Luftfahrzeuge und Luftfahrtgerät der Bundeswehr) in Manching bekam die einmalige Gelegenheit, eine Zeitreise anzutreten. Wohin die Reise geht und welche Herausforderungen sie bereithält, ist den Teilnehmern nur schemenhaft bekannt. Die Teilnehmer müssen den sprichwörtlichen Schuss ins Blaue wagen, ca. 100 Teilnehmer nehmen ihre Chance wahr. Keiner von ihnen bereut es am Ende!

Was hatte es nun auf sich mit diesem 19.09., die Idee war ein teambildendes Event stattfinden zu lassen, das die Barrieren der einzelnen Statusgruppen überwindet. Angestellte, Beamte und Soldaten mussten, ungeachtet ihrer Position bzw. ihres Ranges, zusammen agieren. Im wahrsten Sinne des Wortes saßen alle im gleichen Boot. Dieses Bild in die Köpfe der Belegschaft zu transportieren, hätte kaum wirksamer erreicht werden können als durch den Einsatz des Römerbootes.

Doch warum ist die diese Veranstaltung in ihrer Art und Weise so unglaublich gewinnbringend für die Arbeit unserer Dienststelle?

Die Wahrheit ist, ich bin mir nicht sicher, ob ich eine allgemein gültige Antwort, für alle Teilnehmer, geben kann. Gerne möchte ich Ihnen jedoch schildern, worin für mich persönlich der unschätzbare Wert des Events liegt.

Ich beginne mit einigen Worten zu meiner Person und zum Zweck dieser Dienststelle. Denn den meisten Lesern wird das Kürzel WTD 61 kein Begriff sein. Mein Name ist Henry Rönitz, ich bin Berufssoldat und verrichte seit nunmehr 14 Jahren meinen Dienst als deutscher Offizier in der Luftwaffe. Eingesetzt bin ich als Air Traffic Controller in der militärischen Flugsicherung des Flugplatzes Ingolstadt/Manching.

Was hat es nun auf sich mit dieser WTD 61? Die Wehrtechnische Dienststelle für Luftfahrzeuge und Luftfahrtgerät der Bundeswehr dient weder dem Zweck der Landes- bzw. Bündnisverteidigung noch der Ausbildung von Piloten im engeren Sinne. Der Zweck der WTD 61 besteht einzig und allein darin, jedwedes Luftfahrtgerät der Streitkräfte auf Herz und Nieren zu überprüfen. Dabei spielt es keine Rolle, ob es sich um Luftwaffen-, Heeres- oder Marinegerät handelt. Wenn es fliegt, durchläuft es früher oder später einen Testzyklus in unserem Hause. Diese Aufgabe beschränkt sich allerdings nicht nur auf neu eingeführte Luftfahrtzeuge. Auch ältere Modelle müssen wiederholt auf den Prüfstand. Jede Modernisierung kann eine erneute Evaluierung zwingend erforderlich machen. Im Rahmen dieser in Deutschland einzigartigen Aufgabenstellung spiegelt unsere Dienstelle auch eine außergewöhnliche Zusammensetzung ihrer Mitarbeiter wieder. Verglichen mit anderen Flugplätzen der Bundeswehr bilden hier nicht Soldaten das Groh der Belegschaft, sondern Angestellte und Beamte. Von ca. 600 Beschäftigten gehören weniger als 50 der Statusgruppe der Soldaten an. Wer selbst einmal im Staatsdienst tätig war, wird mir zustimmen, dass die Reibungsverluste bei solch einer Zusammensetzung erheblich sein können. Meiner Meinung nach liegt es in der Grundverschiedenheit dieser Menschen, Probleme anzugehen und diese zu bewältigen. Unsere Sichtweisen sind durch die Erfahrungen geprägt, die wir durchlebt haben – sowohl gute als auch schlechte. Leider kann das dazu führen, dass sich unser Blickwinkel verengt und wir manchmal außerstande sind, ihn für neue Dinge wieder zu öffnen.

Der Mensch ist ein Gewohnheitstier. Erschwerend kommt nun noch hinzu, dass vermutlich niemand gänzlich ohne Vorurteile durch sein Leben schreitet. Gerade im Bereich Flugversuch ist es jedoch zwingend von Nöten, den Geist flexibel zu halten.

Genau hier setzte diese Veranstaltung an, keine Hierarchie, kein Rang, keine räumliche Trennung durch die Arbeit in einem anderen Aufgabenfeld. Stellen sie sich vor, all diese Barrieren fallen plötzlich weg, ohne Vorwarnung. Für den größeren Teil der Menschen bedeutet dies, dass sie ihre gewohnte Komfortzone verlassen müssen – von Zeit zu Zeit eine lohnende Überwindung, wie ich finde.

Während das Römerboot-Team sich noch unterwegs zu den hiesigen Weihern südlich des Flugplatzes befand, hatte sich eine ca. 100 Mann und Frau starke Besatzung an der Dienststelle versammelt, um zu erfahren, auf was sie sich nun eingelassen hatten. Die Überraschung war groß, als es dann hieß, dass jeder Einzelne die Chance bekäme, mit einem originalen Nachbau eines römischen Patrouillenbootes in See zu stechen. In den Wochen zuvor hatten jede Menge Gerüchte die Runde gemacht. Die Fantasie reichte vom Bogenschießen über eine Feldschlacht bis hin zum Abfeuern eines Katapultes, um nur einige Beispiele beim Namen zu nennen. Sichtliche Enttäuschung konnte ich allerdings bei keinem der Teilnehmer erkennen, als die tatsächliche Tagesaufgabe bekannt wurde.

Der Eventauftakt fand im nur 5 Minuten entfernten Kelten- und Römermuseum der Gemeinde Manching statt. Dort angekommen, wartete auf unsere Hobby-Legionäre ein spannender Vortrag über das dort ausgestellte Römerboot und die römische Garnison, die sich einst unweit des Flugplatzes befunden hatte (Abb. 1). Die Fülle an Fragen wurden sehr umfangreich beantwortet. Der Blick auf das hier ausgestellte Schiffswrack steigerte die Vorfreude auf das Kommende nochmals, da nun den Leuten bewusst wurde, welche Ausmaße das Boot tatsächlich haben würde. An dieser Stelle möchte ich mich noch einmal herzlichst bei Herrn Tobias Esch, dem Leiter des „kelten römer museums manching", bedanken. Seine Art, die Dinge überaus flexibel und manchmal mit kaum Vorlauf ins Lot zu bringen, hatten erheblichen Anteil an der erfolgreichen Durchführung unserer Veranstaltung.

Abb. 1: Teilnehmer des Teambuildings aus der WTD 61 im KRM Manching

Bevor unsere angehenden Ruderer das Museum betraten, wurden sie, per Zufallsprinzip, in Gruppen eingeteilt. Von diesem Moment an nahm eine gewisse Gruppendynamik Fahrt auf. Viele der Teilnehmer, so zumindest meine ganz persönliche Wahrnehmung, spürten hier das erste Mal einen Hauch von Kameradschaft. Jetzt wird der eine oder andere sicherlich denken: Toll, und jetzt? Ich möchte den Versuch unternehmen, Ihnen näherzubringen, warum dieser Fakt für mich persönlich so wichtig ist. Kameradschaft ist nicht gerade ein Fremdwort. Allerdings ist es ein bedeutender Unterschied, ein Wort nur zu kennen oder aber seine wahre Bedeutung zu verstehen. Was ist sie, diese Kameradschaft? Dieses Gefühl der Zusammengehörigkeit jemandem mit Worten verständlich zu machen, ist, in meinen Augen, nahezu unmöglich. Ich möchte an dieser Stelle gern einen meiner ehemaligen Grundausbilder zitieren. Seine philosophische Antwort auf diese Frage lautete wie folgt: „Kameraden sind ihre befohlenen Freunde". Eine grobe Simplifizierung, wenn Sie mich fragen, aber sie trifft den Kern. Ob eine Kameradschaft oder eine Freundschaft entsteht und wie stark diese ausgeprägt ist, hängt von sehr vielen Faktoren ab. Der wichtigste Faktor in beiden Fällen sind geteilte Erfahrungen. Ob und wie stark sich eine Freundschaft oder Kameradschaft ausgeprägt, hängt davon ab, wieviel man gemeinsam durchmacht bzw. wie sehr das Erlebte als einschneidend oder angenehm empfunden wird. Der einzige Unterschied zwischen beidem besteht lediglich in der Tatsache, dass man sich im ersten Fall seine Freunde aussuchen kann.

Hier möchte ich die Brücke zu unserem Event schlagen. Das anfängliche Unbehagen, ausgelöst durch das zugegebenermaßen erzwungene Verlassen der Komfortzone, war spätestens beim Betreten des Bootes verflogen. Ersetzt durch die Gewissheit, dass die Gruppe, das Contubernium, wenn Sie so wollen, nur durch gute Zusammenarbeit eine Chance hat, konkurrenzfähig zu sein. Der Startpunkt gestaltet sich für alle Teilnehmer gleich. Um der Gruppendynamik einen Schub zu geben, lassen wir die Rudermannschaften allesamt mit einem Informationsdefizit beginnen. Keine Rollen sind verteilt, keine Ruderkommandos werden vorgegeben, ein Rhythmus muss selbst erarbeitet werden. Abgesehen von der Steuerung des Bootes selbst, welche aus Sicherheitsgründen in den erfahrenen Händen von Prof. Dr. Dreyer verblieb, gibt es keine Hilfestellung. Ohne näher ins Detail zu gehen, die Unterschiede in Problemanalyse, Problembewältigung und Beurteilung des Resultats hätten kaum unterschiedlicher ausfallen können. Alle Teams hatten die identische Runde auf dem Weiher zu absolvieren (Abb. 2: Auswertung Kapitel 5,1: Thünnesen-Gatternig-Günther-Wawrzyn-Dreyer). Trotz unterschiedlichster Herangehensweisen schafften es alle Mannschaften die Zeit der ersten Runde erheblich zu verbessern. Mit jeder bewältigten Aufgabe, erfolgreich oder auch nicht, konnte man den Korpsgeist wachsen sehen. Der Ehrgeiz wuchs und anfängliche Berührungsängste, erzeugt durch Unterschiede im Rang bzw. der Dienststellung oder durch das erste Kennenlernen des Gegenübers, verflogen mit jeder Aufgabe. Diese einzigartige Erfahrung und das daraus resultierende Band sind in dem Wert nicht zu unterschätzen. Selbst wenn sich unsere Legionäre nach diesem Tag selten oder gar nicht mehr zu Gesicht bekommen, wird es in der Zukunft, meiner Meinung nach, zwischen diesen Menschen keine Anlaufschwierigkeiten mehr geben. Unabhängig von der Art der zu bewältigenden Aufgabe, hat die jeweilige Gruppe immer einen Punkt, an dem sie anknüpfen kann. Wie weit diese Erinnerung zurück liegt, ist meiner Erfahrung nach zweitrangig. Diesen Punkt zu erreichen, war der Grundgedanke dieser Veranstaltung. Die Kombination aus Boot, römischem Essen, Zeit zur Reflektion und des barrierefreien Kontaktes zu anderen Teilnehmern konnte genau diesen Zustand herstellen. Der Mehrwert dieser Entwicklung, für die Zukunft der Dienststelle, ist sicherlich nicht in Zahlen messbar. Allerdings bin ich fest davon überzeugt, dass gerade die bereichsübergreifende Natur dieses Events eine spürbare Verbesserung der Zusammenarbeit zur Folge haben wird. Denn dieses Kameradschaftsgefühl benötigt, erfahrungsgemäß, kaum der Pflege und lässt sich wie aus dem nichts erneut entfachen.

Abb. 2: Eine Gruppe der WTD 61 beim Rudern

Stellen sie sich vor, in welcher Tiefe sich dieses Gefühl der Verbundenheit bei den Legionären der römischen Legion ausgeprägt haben muss. Eine Erfahrung in vergleichbarer Form werden sie heutzutage nur unter Soldaten finden, eventuell noch bei Feuerwehr oder Polizei. Auch wenn die Evaluierung unserer Veranstaltung und auch die Auswertung des Feed Backs einiges an Zeit in Anspruch genommen hat, bin ich der Auffassung, dass die positiven Effekte einer solchen Veranstaltung auf nahezu alle Bereiche übertragbar sind. Ein positives Arbeitsklima wird immer zu einer höheren Produktivität führen. Gerade in Zeiten, in denen man sich in schwerem Fahrwasser befindet, ist das ein nicht zu unterschätzender Faktor.

Gestatten Sie mir, ihnen noch einige Höhepunkte des Tages zu schildern: Das Wetter an diesem Tag hätte kaum besser können. Nachdem ein nicht ganz nach Plan verlaufenes zu-Wasser-Lassen des Bootes, zu einem mehr oder weniger freiwilligen Bad meinerseits führte, eröffnete sich ein atemberaubendes Panorama. Der Weiher, zu diesem Zeitpunkt noch ein wenig mit Nebel bedeckt, gab den ersten Blick auf die Attraktion des Tages preis. Der Moment, in dem sich das Boot aus dem Nebel schob, und für die überaus ungeduldige Belegschaft erstmals sichtbar wurde, unbezahlbar!

Abb. 3: Reenactor aus Regensburg und Teilnehmer am Teambuilding-Event

Der Moment, in dem sich unsere Komparsen, in voller römischer Rüstung, zu unseren Hobby-Legionären gesellen, macht die Illusion komplett (Abb. 3). Es entstehen mannigfaltige lockere Gespräche, viele drehen sich um die Thematik Römerzeit. Die geballte Fachexpertise, die wir an diesem Tag genießen dürfen, lässt bei niemandem Fragen offen. Auch für den einen oder anderen privaten Schnappschuss bietet sich die Gelegenheit. Die Stimmung ist sehr gut, nach dem Absolvieren einiger Teamaufgaben und der ersten Runde im Weiher gibt es eine Stärkung nach original römischem Vorbild. Der von Prof. Dr. Dreyer empfohlene Linseneintopf sowie andere authentische Köstlichkeiten verhelfen zu neuer Kraft, um auch die zweite Runde am Ruder zu überstehen. Der technische Defekt am Bootstrailer, dessen Auftreten mein Bad im Weiher zur Folge hatte, wurde noch während des Events von der flugplatzeigenen Schlosserei behoben. Auch hier zeigte sich welche positiven Nebeneffekte solch eine Veranstaltung mit sich bringen kann. Auch unsere Schlosser, so stellte sich heraus, waren ziemlich schnell in den Bann des Bootes gezogen. Und so konnte tags darauf die Heimreise des Bootes wie geplant stattfinden. Viele der Teilnehmer schilderten das Erlebte in ihren Arbeitsbereichen. Die Begeisterung für eine solche Veranstaltung würde ich durchaus als ansteckend beschreiben. Die Frage, ob und wann etwas in dieser Art wiederholt werden würde, hat mich wiederholt erreicht.

Allen Unwägbarkeiten zum Trotz kann ich an dieser Stelle nur sagen, eine Wiederholung ist absolut erstrebenswert. Die Zusammenarbeit mit dem Erlanger Team hat sehr gut funktioniert. Vorbehaltlos, so mein Eindruck, wurde auch unorthodoxen Lösungen zugestimmt, um diverse organisatorische Probleme in den Griff zu bekommen. Für mich persönlich hat diese Zeitreise einen Einblick in den Alltag der antiken Kameraden ermöglicht. Die Tatsache, dass so viele Mitarbeiter diese Erfahrung teilen konnten und davon positiv berichteten, bewehrte ich durchaus als eine Art Multiplikator. Die gesamte Dienststelle kann davon profitierten. Wenn in der Zukunft ein Event dieser Art und Weise anstünde, wäre das Interesse sicher um ein Vielfaches größer. Auch auf der Führungsebene ist das Potential einer solchen Veranstaltung erkannt worden. Die zähen Verhandlungen um Zustimmung werden in Zukunft wohl deutlich kürzer ausfallen. Dieser Tag ist aus heutiger Sicht als absoluter Erfolg zu bewerten. Ein zusätzlicher nachhaltiger Effekt für die Dienststelle ist die restlose Beseitigung der Vorbehalte einem solchen Unterfangen gegenüber. Tür und Tor für weitere Veranstaltungen in dieser Art sind damit geöffnet.

Zu guter Letzt möchte ich noch einige Worte an das Römerboot-Team richten. Aus einer Blase heraus haben sie die Wirklichkeit entstehen lassen. Mit der Verwirklichung dieses Traumes und der Ermöglichung dieses einzigartigen Tages haben sie sich den aufrichtigen Dank aller Teilnehmer verdient und meinen persönlichen Dank im Speziellen!

Mit kameradschaftlichem Gruß

Abbildungsverzeichnis

Abb. 1–3: Foto H. Rönitz

Annex: Videomaterial zum Teambuilding finden Sie unter www.wbg-wissenverbindet.de

8 Das P-Seminar Römische Schifffahrt des Ehrenbürg-Gymnasiums Forchheim auf der Fridericiana Alexandrina Navis (F.A.N.) der FAU

Maximilian Ulm

Ein römisches Ruderboot auf dem Dechsendorfer Weiher – ein seltener Anblick! Und dennoch ist sie, die Fridericiana Alexandrina Navis (F.A.N.), schon aus der Ferne an ihrem hohen Mast, der auffälligen Bemalung und besonders an ihrer antiken Form zu erkennen. Ruhig liegt sie am hinteren Ende des Stegs im Wasser, wirkt aber aufgrund ihrer hölzernen Bauweise etwas deplatziert inmitten der modernen Tretboote. Bald haben wir zum ersten Mal die Gelegenheit, auf diesem Römerboot zu rudern.

Wir sind das P-Seminar (Projekt-Seminar) Römische Schifffahrt des Ehrenbürg-Gymnasiums Forchheim, dessen Ziel es ist, sich Wissen über die römische Schiffsbaukunst und Schifffahrt zu erarbeiten, welches dann zum Ende des Seminars in einer Ausstellung bzw. in einem Informationsheft präsentiert werden soll.

Dazu sammelten wir etwa durch Referate reichlich Informationen zu der Geschichte und Entwicklung der römischen Schifffahrt, den Gebieten der römischen Seeherrschaft, den verschiedenen Schiffstypen und der Schiffsbautechnik. Auch Fragen, auf welche Weise das Leben und die Organisation auf Kriegs- und Handelsschiffen abliefen oder über welche taktischen Manöver die Römer in Seeschlachten verfügten, konnten wir so näher betrachten.

Um nun unsere theoretischen Kenntnisse mit anschaulichen Rekonstruktionen oder sogar mit Originalfunden der (experimentellen) Archäologie zu verknüpfen, planten wir einerseits eine Exkursion in das Römermuseum Manching und andererseits eine mehrtägige Exkursion nach Mainz mit Besichtigung des Museums für antike Schifffahrt, die bisher jedoch aufgrund der derzeitigen Covid-19-Pandemie nicht stattfinden konnten. Manching war hierbei von besonderem Interesse, da die beiden dort ausgestellten Schiffe, die ungefähr auf 100 n. Chr. datiert wurden, der Fridericiana Alexandrina Navis als Vorbild dienten.

Das Angebot von Herrn Prof. Dr. Dreyer, bei wissenschaftlichen Rudertests auf der F.A.N. teilzunehmen, war somit eine hervorragende Möglichkeit für uns, einen originalgetreuen

Nachbau zu besichtigen und vor allem selbst zu erfahren, wie die Römer vor 2000 Jahren gerudert sind. Indem wir nun am 29.04.2020 das Boots-Webinar über Zoom besuchten, erlangten wir erste Einblicke in die Zielsetzung und in die relevanten Fragestellungen des Projekts. Die Vorfreude war geweckt und auch das von dem mitarbeitenden Sportmediziner Prof. Kemmler vorgeschriebene Trainingsprogramm in dem Monat vor dem ersten Rudertermin steigerte diese noch mehr! Die darauffolgenden vier Rudertermine auf dem Dechsendorfer Weiher im Juni und Juli stellten dann auf jeden Fall das Highlight unseres Seminars dar:

Abb. 1: Maximilan Ulm und das P-Seminar Römische Schifffahrt des Ehrenbürg-Gymnasiums Forchheim

Nachdem wir also mit den anderen Teilnehmern des Universitätsseminars auf der F.A.N. Platz genommen hatten, konnten wir mit langsamer Fahrt vom Steg ablegen. Bei den dann folgenden Rudersequenzen von jeweils 4 Minuten steigerten wir die Schlagzahl, sodass wir letztlich mit „Rammgeschwindigkeit" fuhren. Entgegen unserer Erwartungen nahm dabei jedoch die Geschwindigkeit trotz Erhöhung der Schlagzahl nicht wesentlich zu. Außerdem war es bei hoher Schlagzahl deutlich schwerer, synchron im Takt des Praeco zu rudern, weswegen sich teilweise die einzelnen Riemen in die Quere kamen. Da uns an einem Termin auch zwei Drohnen begleiteten, von denen eine von einem Teilnehmer unseres Seminars gesteuert wurde, entstanden eindrucksvolle Aufnahmen von der F.A.N. bei voller Fahrt.

Zusammenfassend waren die Rudertermine auf der Fridericiana Alexandrina Navis für uns ein sehr bereicherndes Erlebnis! Die durchaus anstrengende Ruderarbeit, welche die damaligen Soldaten täglich leisten mussten, ist in der heutigen Zeit auf die Dauer aber kaum mehr vorstellbar.

Abschließend wollen wir uns natürlich ganz herzlich bedanken, dass uns diese unvergesslichen Erfahrungen auf der Fridericiana Alexandrina Navis ermöglicht worden sind! So konnten wir selbst viele realistische und authentische Einblicke in die römische Schifffahrt gewinnen, die wir sicher auch gut in eine Abschlusspräsentation einarbeiten können. Daneben gilt unser Dank auch unserem Kursleiter Herrn Lex, der durch das Angebot des Seminars, aber auch durch die Kommunikation und Organisation mit Herrn Prof. Dr. Dreyer maßgebend an der Realisation beteiligt war.

9 Ablauf einer Besucherbetreuung am Beispiel des Dechsendorfer Weihers in Erlangen 2020

Christoph Schindler

Abb. 1: Familien auf der F.A.N. im Dechsendorfer Weiher

Ein Tag auf dem Römerboot beginnt mit der Vorbereitung des Römerbootes F.A.N. für die Besuchermannschaft. Hierfür muss das Boot zuallererst einmal von seinem Ankerplatz an die Anlegestelle gezogen werden, wenn es auf dem Dechsendorfer Weiher liegt. An der Anlegestelle wird dann das Boot von den zwei anwesenden Studenten für die Besuchermannschaft vorbereitet. An dem Tag sollte ein Ferienprogramm der Stadt Erlangen für den Ferienpass abgehalten werden. Die Kinder mit ihren Eltern kommen also am Dechsendorfer Weiher an, um dort einen Tag ganz im Zeichen des alten Rom zu erleben. Um den Kindern Hintergründe zu Römischer Schifffahrt zu geben, werden noch an Land Aktionen durchgeführt, bei denen den Kindern spielerisch das Boot und der historische Kontext nähergebracht werden. So wird für die Kinder die Verbindung zwischen dem römischen Boot und der Friedrich-Alexander-Universität geschaffen. Auch die römische Lebenswirklichkeit ist damit den Kindern wieder ein kleines Stück klarer. Nachdem sie dieses Spiel beendet haben, ist das römische Boot nun so weit vorbereitet, dass die Kinder mit ihren Eltern die Riemen auf das Boot an ihren jeweiligen Platz bringen können. Nachdem die Kinder mit ihren Eltern an den Ruderbänken Platz genommen haben, folgt die Einweisung. Da heute auch noch Gastruderer aus anderen Teilen der Erde am römischen Rudern teilgenommen haben, werden diese Anweisungen nochmals gesondert auf Englisch erläutert. Die Kommandos, die für das Manövrieren des Bootes notwendig sind, werden demonstriert, zumal das „römische Rudern" (wenn man es mit dem modernen Rudern vergleicht) einige Besonderheiten aufweist. Dazu gehört, dass man im Vergleich zum modernen Skullen die Riemen nur relativ kurz ins Wasser bringt und durchzieht. Nachdem die Festmachtaue gelöst worden sind, werden auf das Kommando „Klar bei Riemen" die Riemen nach außen geschoben und die Kinder machen sich mit Hilfe ihrer Eltern an die ersten Ruderversuche. Den Rhythmus gibt der Rudergänger vor. Anfangs bereitet der Rhythmus noch Probleme, da die Kinder sich erst an den Ablauf gewöhnen müssen. Auch die Eltern sind zunächst einmal voll und ganz damit beschäftigt, neben der eigenen Eingewöhnung die Kinder zu unterstützen. Allen wird doch rasch bewusst, dass die Arm- und Bewegungsfreiheit auf dem römischen Militärboot recht knapp bemessen ist. Der knappe Raum macht sich um so mehr bemerkbar, wenn – wie an dem heutigen Tag – mit Eltern und Kindern mehr als die 20 Personen auf dem Boot befinden, für die das Boot dereinst gebaut worden war. Trotzdem erlangen die Ruderer nach einer doch recht kurzen Eingewöhnungszeit von 20 Minuten einen guten Einblick in die Vorgänge, die vor fast zweitausend Jahren auf einem römischen Patrouillenschiff stattgefunden haben müssen. Sehr gut können jetzt alle nachempfinden, wie sich die Soldaten fühlten, als sie sich – das erst Mal abkommandiert – auf dem Schiff einüben mussten, aber eben auch recht schnell erfolgreich konnten. Nachdem die nun einigermaßen eingespielten Ruderer sich an die römischen Umstände eines hölzernen Ruderbootes gewöhnt haben, wird Ihnen nun erklärt, wie mit dem Boot manövriert werden kann, sollte es notwendig sein. Zunächst kommt die Wende: Die Kinder lernen, dass sie eine Kurve fahren, wenn nur eine Seite rudert und die andere das Rudern einstellt oder die Riemen bremsend ins Wasser hält. Nachdem dies nun funktioniert hat, wird ihnen die Wende auf der Stelle (modernisiert „Panzerwende") nähergebracht, bei der eine Seite auf dem Boot rückwärts rudert, also das Riemenblatt im Wasser den Griff von sich wegdrückt, während die andere Seite gleichzeitig die normale Ruderbewegung für das Vorwärtsrudern durchführt. Aber auch das klappt recht zügig. All dies zeigt den Anwesenden, wie wendig das leichte Holzboot von 2,2 t Leergewicht sein kann, wenn es erforderlich ist. Nach diesen Übungen macht sich das Boot nun wieder auf in Richtung Ufer. Gerade am Ende, wenn das Team nun eingespielt ist, kann es am besten nachvollziehen, wie die Arbeitsweise der römischen Soldaten auf dem Boot gewesen sein muss. Nun tauchen die Riemen rhythmisch aufeinander abgestimmt in das Wasser ein. Auf diese Weise kehrt das Boot zurück an die Anlegestelle. Dabei verkünden dann die nun versierten Ruderer ihre Eindrücke und können Fragen stellen, die sich Ihnen über die Römer oder das Rudern inzwischen angesammelt haben. Fast schon nebenbei landet nun das Boot an, indem die Riemen gekreuzt, die Fender rausgebracht und die Festmachtaue ausgeworfen werden.

Abbildungsverzeichnis

Abb. 1: Foto C. Schindler

Kapitel 5: Ruder- und Segeltest

1 Strömungsmechanische Tauglichkeitsanalyse der Fridericiana Alexandrina Navis (F.A.N.)

Julian Thünnesen (FAU Erlangen), Bernard Gatternig (Weihenstephan-Triesdorf), Hans Moritz Günther (Massachusetts Institute of Technology), Alexander Christopher Wawrzyn (TU Hamburg), Boris Dreyer (FAU Erlangen)

Zur Fundierung von historischen Erkenntnissen über das Segel- und Ruderverhalten des Schiffstyps der Fridericiana Alexandrina Navis (F.A.N.) wurden von physikalischer und ingenieurwissenschaftlicher Seite Untersuchungen an der Friedrich-Alexander-Universität Erlangen-Nürnberg durchgeführt. Zum einen wurden in einem Wasserkanal im Modellmaßstab die Fahreigenschaften des Schiffsrumpfs analysiert und zum anderen in Realversuchen die Ruder- und Segeleigenschaften mit wechselnden Mannschaften untersucht. So war es bei der F.A.N. von Interesse, wie stark die damaligen Mannschaften in diesen Booten rudern mussten, um beispielsweise auf eine Reise- oder Sprintgeschwindigkeit zu kommen. Darüber hinaus stellten sich Fragen zu den maximal möglichen Geschwindigkeiten, der Manövrierbarkeit und Handhabungen bei Muskel- oder Windantrieb.

1.1 Theoretische Grundlagen

In diesem Abschnitt werden einige Grundlagen erklärt, die für das Verständnis der Messungen und die Interpretation der Ergebnisse hilfreich sind.

Scheinbarer und wahrer Wind

Um die Leistung eines Segelschiffes beurteilen zu können, ist eine genaue Angabe des vorherrschenden Windes notwendig. Messgeräte, die auf einem Segelschiff angebracht sind, können den Wind jedoch nur relativ zur Bewegung des Bootes messen. Für einen genauen Vergleich verschiedener Segelfahrten und -schiffe ist aber die tatsächliche Windstärke (Windgeschwindigkeit), relativ zum Grund und die tatsächliche Windrichtung, genannt wahrer Wind, ausschlaggebend.

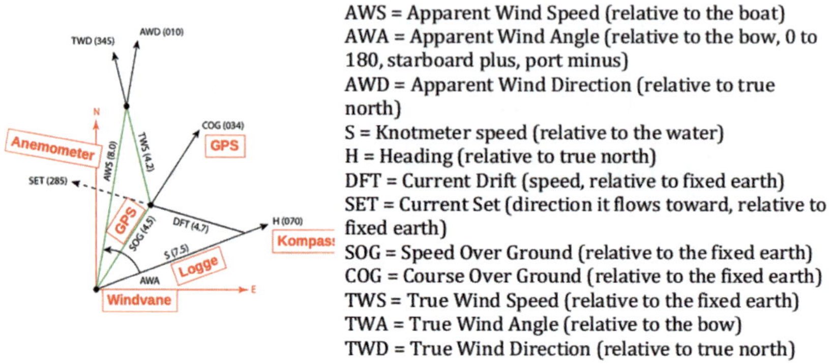

Abb. 1: Überblick Geschwindigkeiten und Richtungen an Bord eines Schiffes.

In der obigen Grafik sind unter anderem beispielhaft die gemessenen Größen eingezeichnet. Gemessen wurden die Geschwindigkeit über Wasser (S = speed), die Geschwindigkeit über Land (SOG= speed over ground) sowie die scheinbare Windgeschwindigkeit (AWS = apparent wind speed). Des Weiteren wurden die Fahrtrichtung über Land (COG = course over ground), die Richtung der Bugspitze (H = heading) und die scheinbare Windrichtung (AWA = apparent wind angle) gemessen. Bei TWS (= true wind speed) und TWD (= true wind direction) handelt es sich um Größen, die später bei der Berechnung des wahren Windes aus den gemessenen Werten für SOG und AWS errechnet werden.

Die Bestimmung des wahren Windes erfolgt über ein Vektordreieck aus relativem Wind (AWS) und der Bootsbewegung relativ zum Grund über dem Wasser (Geschwindigkeit aus GPS) (grüne Pfeile in Abb. 1).

Für diese Berechnung wurden die GPS und die AWS Daten mit Cosinus und Sinus in ihre Komponenten entlang der Himmelsrichtungen zerlegt. Diese können dann addiert werden und ergeben mit dem gleichen Formalismus rückwärts angewandt den wahren Wind.

$$TWS_O = GPSSPEED \cdot \sin(GPSDIR) - Windspeed \cdot \sin(AWD)$$
$$TWS_N = GPSSPEED \cdot \cos(GPSDIR) - Windspeed \cdot \cos(AWD)$$
$$AWD = H + AWA$$

Aus den Komponenten der Geschwindigkeit des wahren Windes kann anschließend die Richtung und Stärke des wahren Windes bestimmt werden.

Polardiagramme

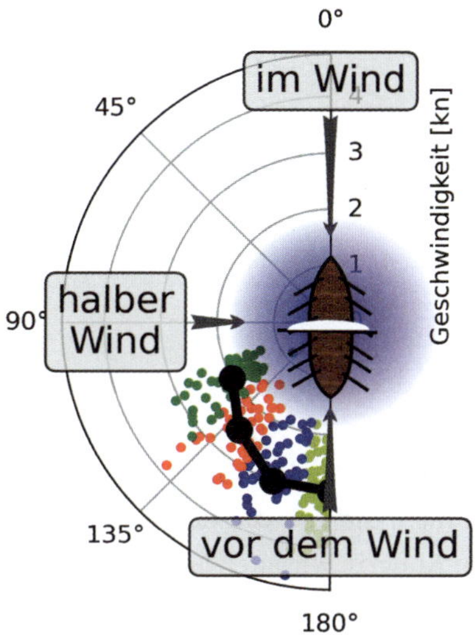

Abb. 2: Ein Polardiagramm zeigt die Geschwindigkeit, die ein Schiff bei gegebener Windstärke für unterschiedliche Einfallswinkel erreichen kann. Der Abstand vom Mittelpunkt des Diagramms ist größer, je höher die erreichte Schiffsgeschwindigkeit ist. Das Polardiagramm wird in Sektoren eingeteilt (Messpunkte verschiedener Farbe) und Messwerte aus jedem Sektor werden gemittelt dargestellt (schwarze Punkte).

Die Geschwindigkeit, die ein Segelschiff erreichen kann, hängt vom Winkel ab, mit dem der Wind auf das Schiff trifft. In der Seemannssprache gibt es dafür spezielle Ausdrücke. Wenn der Wind von vorn kommt (auf den Bug trifft), dann nennt man das „im Wind". Ein rahgetakeltes Schiff kann im Wind keinen Vortrieb machen. Trifft der Wind dagegen von hinten auf das Schifft, spricht man davon, dass das Schiff „vor dem Wind" segelt. In dieser Position werden für rahgetakelte Schiffe die höchsten Geschwindigkeiten erreicht. Die Abhängigkeit der Geschwindigkeit vom Windwinkel lässt sich gut in einem Polardiagramm darstellen. Dazu stellt man sich das Schiff in der Mitte eines Kreises vor. Dann werden alle Messwerte, die bei einer bestimmten Windgeschwindigkeit aufgezeichnet wurden (z. B. Wind zwischen 5 und 6 Knoten) als jeweils ein farbiger Punkt in diesem Diagramm eingetragen. Der Abstand von der Mitte des Diagramms zeigt die Bootsgeschwindigkeit an, der Winkel gibt die Windrichtung an. In der Praxis streuen die Messwerte etwas, weil der Wind nicht immer gleichmäßig, das Segel nicht immer ideal ausgerichtet ist etc. Deshalb fassen wir die Messwerte nach Sektoren zusammen und bilden einen Mittelwert. In der Grafik wird der Mittelwert der Geschwindigkeiten aller grünen, roten, blauen und gelben Punkte gebildet und mit je einem schwarzen Punkt markiert. Um den Zusammenhang zwischen Windwinkel und Bootsgeschwindigkeit besser mit dem Auge verfolgen zu können, werden die Punkte mit einer Linie verbunden. Bei unseren Testfahrten haben wir manchmal tausende Messpunkte. Deshalb werden in den Polardiagrammen nur die gemittelten Linien eingezeichnet. Oft zeigen wir Linien für verschiedene Windgeschwindigkeiten in einem Diagramm oder vergleichen verschiedene Schiffe oder verschiedene Segeltypen.

Wasserwiderstand[1]

Wie bei heutigen Schiffen, wirkt der sogenannte Glattwasserwiderstand, oder auch Schleppwiderstand, während der Fahrt gegen die F.A.N. Dieser Widerstand setzt sich aus den Komponenten Reibungswiderstand (Reibung an der Bordwand), Wellenwiderstand (Wellenbildung) und Wirbelwiderstand zusammen, die alle von der Form und vom Material des Rumpfs abhängen. Demnach hängt beim Rudern, wie auch beim Segeln, die resultierende Geschwindigkeit im Wasser vom Glattwasserwiderstand des Rumpfs ab, da die zur Fahrt aufgewendeten Kräfte gegen jenen Widerstand ankämpfen müssen.

Der Wellenwiderstand entsteht während der Fahrt, wenn das Wasser vor dem Boot gestaut wird und dann schneller an der Bootswand vorbeifließen muss. Dabei erhebt sich das Wasser am Heck und im vorderen Bereich des Boots in Form von einer Bugwelle und senkt sich auf der halben wasserbenetzten Länge des Rumpfes unterhalb des normalen Wasserniveaus. Dieses Tal bewirkt einen Unterdruck, der zusätzlich zur Bugwelle den Rumpf bremst. Dieses Phänomen nennt man primäre Wellenbildung.

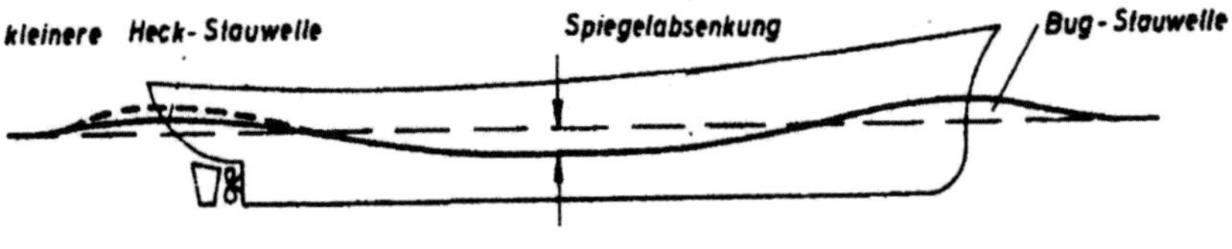

Abb. 3: Wellenbildung

Die Folge der primären Wellenbildung ist die sekundäre Wellenbildung, die sich aus der Bildung von Diagonalwellen und Querwellen zusammensetzen. Während sich die Diagonalwellen stets keilförmig wegbewegen, entstehen Querwellen längs zur Fahrtrichtung mit einer Wellenlänge λ, die quadratisch zur Bootsgeschwindigkeit v ansteigt.

[1] Krüger (2009), S. 3.

$$\lambda = \frac{2\pi}{g} v^2$$

Beide Arten der Wellen entspringen sowohl am Bug, als auch am Heck. Verändert sich die Geschwindigkeit, kommt es zu einer Überlagerung der Querwellen am Heck, die entweder die Wellenhöhe verstärkt (konstruktiv: Berg + Berg; Tal + Tal) oder ausgleicht (destruktiv: Berg + Tal; Tal + Berg). Eine starke Wellenbildung erhöht den Wellenwiderstand des Bootes und erhöht die aufzubringende Energie der Ruderer oder des Segels. Eine destruktive Überlagerung tritt immer dann auf, wenn die mit Länge der Wasserlinie L ein ungerades Vielfaches *k* der halben Wellenlänge λ ist.

$$\frac{L}{\lambda} = \left(k - \frac{1}{2}\right); k \in N$$

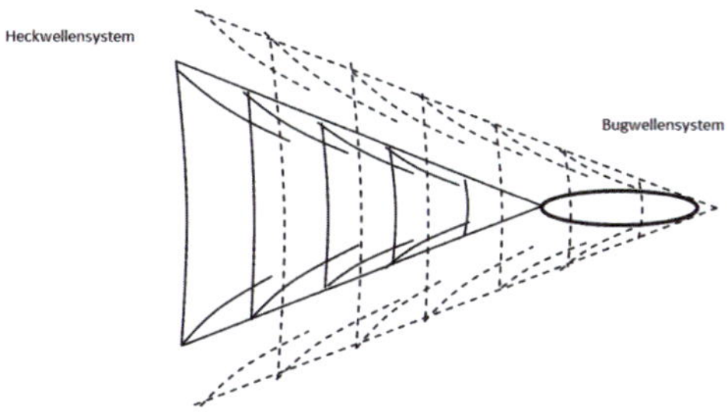

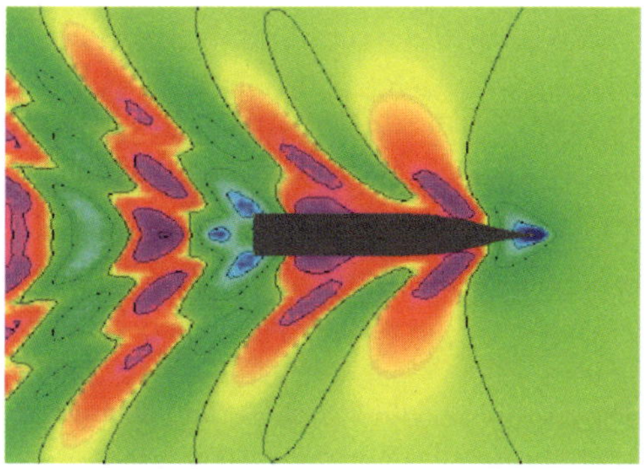

Abb. 4: Wellenbildung II.

Da die Länge der Wasserlinie der F.A.N. immer gleich bleibt, hängt die Überlagerung letzten Endes von der Fahrtgeschwindigkeit ab. Das Wellenbild bzw. der Zustand einer Überlagerung kann ebenfalls anhand einer dimensionslosen Kennzahl, der Froude-Zahl *Fr*, beschrieben werden. Diese ist ein Verhältnis von Geschwindigkeit *v* zu Länge *l* eines Boots.

$$Fr = \frac{v}{\sqrt{g * l}}$$

Teilen sich Boote verschiedener Längen dieselbe Froude-Zahl, haben sie die gleiche Wellenbildung. Dadurch können Versuche mit Schiffsmodellen bei geringeren Fließgeschwindigkeiten durchgeführt und auf die größeren Originale, die sich schneller fortbewegen, übertragen werden. Wesentliche Beobachtungen lassen sich bei folgenden Froude-Zahlen beobachten:

Fr = 0,35 starker Anstieg des Wellenwiderstands

Fr = 0,4 konstruktive Überlagerung von Bug- und Heckwelle.

Römische Segel- und Ruderboote konnten in der Theorie nicht über einen Fr = 0,4 hinauskommen, da die aufgebrachte Kraft durch die vormodernen Antriebstechniken nicht ausreichte. Bis vor wenigen Jahrzehnten wurde deshalb anhand dieser Zahl, durch Umstellung der Formel, die maximal zu erreichende Fahrtgeschwindigkeit, die Rumpfgeschwindigkeit, errechnet.

Der Reibungswiderstand resultiert, neben dem Druckwiderstand, aus einer reibungsbehafteten Strömung. Dabei bildet sich entlang der Bordwand eine Grenzschicht mit der Dicke δ, die aus der kinematischen Viskosität des Wassers μ, der Länge der Bootswand längs der Strömung *l* und der Umströmungsgeschwindigkeit des Wassers v besteht:

$$\delta = 5 * \sqrt{\frac{\mu l}{v}}$$

In dieser Grenzschicht herrscht eine Schubspannung, die eine Widerstandskraft ausübt. Wie stark diese sich auswirkt, kann mit Hilfe des Widerstandbeiwerts c_w nach Blasius beschrieben werden:

$$c_w = \frac{1{,}328}{\sqrt{\Re}}$$

Die Reynolds-Zahl *Re* ist wie die Froudezahl eine dimensionslose Kennzahl, die eine Übertragung auf alle Längenskalen zulässt:

$$\Re = \frac{vL}{\mu}$$

Die Widerstandskraft F_W, die die Ruderer oder das Segel nur für die Reibung im Wasser überwinden müssen, berechnet sich durch:

$$F_W = \frac{c_w * A * 1}{2} \rho v^2$$

1.2 Versuche im Strömungskanal

Untersuchungsmethode – ITTC-1978

Für die Versuche am Wasserkanal wurde die ITTC-1978 Methode angewandt, die über die Froudesche Ähnlichkeit den Glattwasserwiderstand vom Modell auf das jeweilige Original übertragen kann.

Hierzu wird zunächst die Widerstandskraft F_W am Modell in Abhängigkeit der benetzen Fläche des Rumpfs und der Fließgeschwindigkeit v im Wasserkanal gemessen und der totale Widerstandskoeffizient $C_{T,M}$ von ebendiesem bestimmt. Anhand der Froude- und Reynolds-Zahlen wurde der Widerstand auf die echte F.A.N. hochgerechnet.

Schiffsmodell

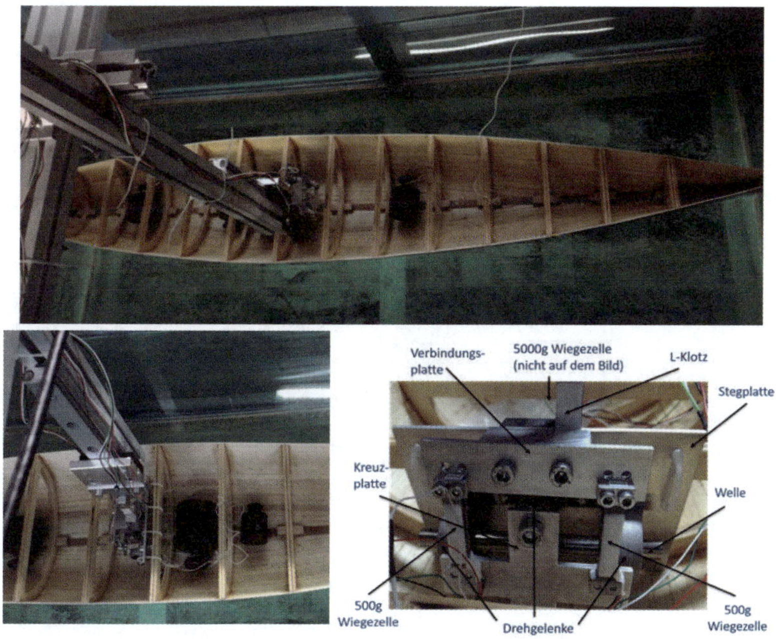

Abb. 5: 1:10 Schiffsmodell mit konkavem Bug mit Anbringung und Zusatzgewichten (oben); Nahansicht der Messeinheit mit Drehgelenk im Boot (links) und deren detaillierter Aufbau (rechts).

Für die Untersuchungen im Wasserkanal kamen 1:10 Modelle mit konkaven und ovalem Bugspiegel zum Einsatz. Diese wurden an einer mit Drucksensoren bestückten Befestigung angebracht. Das Modell selbst bewegte sich allerdings nicht aktiv durch den Kanal, sondern das Wasser, dessen Geschwindigkeit über eine Pumpe gesteuert werden konnte, strömte am Modell vorbei.

Das 1:10 Rumpfmodell der F.A.N. wurde im Kanal bei unterschiedlichen Fließgeschwindigkeiten, Driftwinkeln und Beladungszuständen untersucht. Die unterschiedlichen Driftwinkel dienten der Untersuchung zum seitlichen Abdriften des Rumpfs, wenn Querströmungen oder Querkräfte von seitlichen Winden auf das Boot wirken.

Hierbei wurde auch der Tiefgang bei den Beladungszuständen „leer", „voll beladen" und „voll beladen mit Riemen" nachgestellt. Da jedoch das Beladungsgewicht des Originals nicht direkt auf das Modell übertragbar ist, dienten die resultierende Wasserlinie, Wasserlinienfläche (Kontaktfläche mit Wasser) und Querschnitt zur Fahrtrichtung bei den jeweiligen Beladungszuständen des Originals als skalierbare Vorgabe. Diese Werte wurden von Bockius[2] entnommen und auf das Modell geometrisch skaliert.

Die Wasserlage des voll beladenen Originals resultierte jedoch aus eigenen Berechnungen mit dem Gewicht von 20 Mann Besatzung à 70 kg (analog zu Bockius) und einem Zusatzgewicht von Mast, Seilen und Segel mit 300 kg. Daraus ergab sich ein zusätzlich verdrängtes Wasservolumen mit dem gleichen Gewicht der Beladung. Dieses Volumen wurde, gemäß der Geometrie des Rumpfes, auf das bisherige verdrängte Volumen oben „drauf gefüllt".

Im Wasserkanal wurden die Beladung der Modelle dementsprechend so angepasst, dass die Wasserlage mit der des Originals längenmäßig übereinstimmte.

Aus Bockius:	Oberstimm 2: leer	Oberstimm 2: beladen	1:10 Modell: leer	1:10 Modell: beladen
Projektionsfläche [m²]	12,2816	19,19	0,122816	0,1919
Wasserlinienfläche [m²]	21	22,1	0,21	0,221
Länge [m]	12,24	15,3	1,224	1,53

Tabelle: Referenzwerte aus Bockius (2002).

2 Bockius (2002), S. 97.

Ergebnisse

Im Hinblick auf die Drift der F.A.N. wurde in den Ergebnissen deutlich, dass die Form des Rumpfs mit zunehmendem Winkel einen stärkeren Widerstand erzeugt, der sich einem Abdriften widersetzt (Abb. 6).

Im Hinblick auf die Geschwindigkeit erhöht sich die Widerstandsleistung, die die Quereinflüsse für ein Bewegen des Rumpfs überwinden müssen, exponentiell. Im niedrigen Geschwindigkeitsbereich 1 kn (≈ 1,85 km/h) sind die winkelabhängigen Unterschiede so gering, dass der Rumpf ebenso leicht in jedem Winkel zur Fahrtrichtung bewegt werden kann. Bereits bei 1,59 kn (≈ 2,94 km/h) steigt die Kursstabilität des Rumpfs an, wodurch eine Drift von 5° zur Fahrtrichtung 18 % und eine Drift von 15° bereits 63 % mehr Leistung als eine reine Fahrt geradeaus braucht. Dieser Trend wird mit zunehmender Fahrtgeschwindigkeit der F.A.N. stärker, wodurch ihre Neigung zum Abdriften geringer und der Kurs, trotz fehlendem Kiel, stabiler wird.

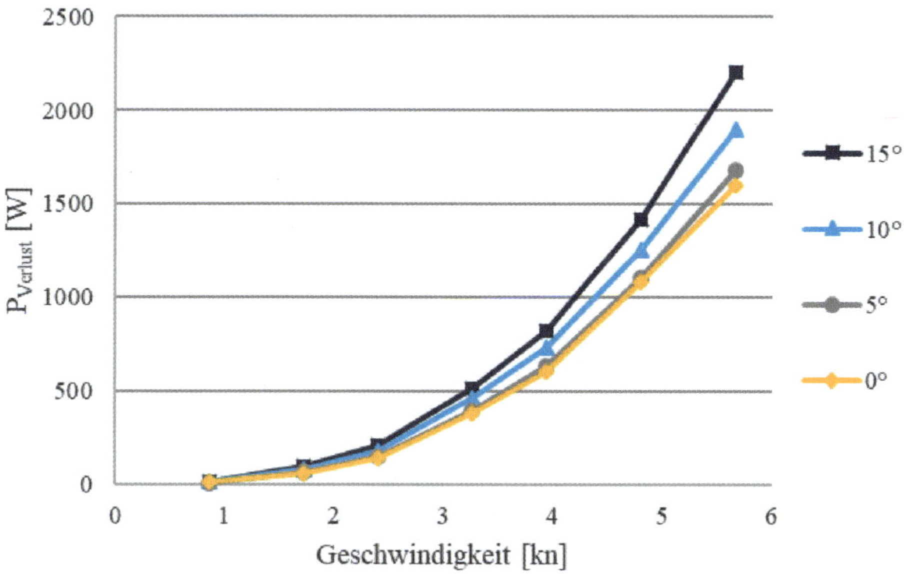

Abb. 6: Verlustleistung des Rumpfs in Abhängigkeit zur Geschwindigkeit und Winkel der Anströmung (Drift).

Zur Abschätzung der erreichbaren Marschgeschwindigkeiten wurde weiter im Erlanger Strömungskanal an zwei 1:10 Modellen systematisch der Strömungswiderstand des Rumpfes analysiert (siehe Abb. 7). Die erreichbaren Geschwindigkeiten mit voller Mannschaft an den Riemen ergaben sich aus diesen Messungen zu 4,8 kn als Dauerlast (18 x 50 W Ruderleistung) bzw. 6,9 kn als Spitze (18 x 170 W Ruderleistung).[3] Im Vergleich zu einer runden Bugform, ist ein Bug mit konkavem Bugspiegel von der Verlustleistung her fast identisch. Dennoch könnte das Wasser bei stärkerem Wellengang über den konkaven Bug spülen.

Im Vergleich zu Bockius, der für 4 kn eine Gesamtleistung von 640 W und für 6 kn 2200 W aus ähnlichen Wasserkanaltests postulierte,[4] decken sich die eigenen Messwerte mit einer vollen Beladung mit Riemen. Für leichtere Beladungen sind sogar geringere Verlustleistungen anzunehmen. Die Anwendbarkeit der ITTC-Verfahren auf historische Schiffe offenbarte jedoch gewisse Schwierigkeiten. So kann beispielsweise die Skalierung nach ITTC78 durch Änderung des Rauhigkeitskennwerts k_s in der empirischen Formel linear beeinflusst werden, was zu großen Unsicherheiten im Ergebnis führte.[5] So zeigte sich bei den Ruderversuchen mit der F.A.N., dass die Geschwindigkeit von 4 kn nur unter starker Belastung mit 18 Ruderern gehalten werden kann. Für eine direktere Übertragung von einem Modell auf das Originalboot muss in Zukunft die Rauigkeit der Bootswand (und der Farbe) auch stärker berücksichtigt und untersucht werden. Ebenfalls müssen die Randbedingungen der bisherigen Realversuche mit wechselnden Mannschaften berücksichtigt werden. Wie in den Sprinttest in Manching schon zu sehen ist, ist der Wert einer gut zusammenfahrenden Mannschaft nicht zu vernachlässigen.

Weiter haben die bisherigen Tests ergeben, dass selbst mit nur einem Steuer das Manövrieren möglich ist. Dafür ist allerdings die Unterstützung durch Riemen mit einer eingearbeiteten Rudermannschaft im Sinne der Anströmung auf das Steuer wichtig.

Mit dem im Falle der F.A.N. verwirklichten Wrack 2 von Oberstimm können die vorgenommenen Messungen überprüft werden, welche Höchstleistung und Durchschnittsgeschwindigkeit an der Großausführung alleine unter Riemen, ohne Segel, erreichbar waren. Mit der historischen Riemenaufhängung (Bockius 2013, S. 37) ergeben sich neue Ausgangsbedingungen, die einer Überprüfung bedürfen (s. a. Kapitel 5,2: Kemmler-Gatter-Dreyer). In Zusammenarbeit mit den Kollegen von Trier und Hamburg ist bei ersten Geschwindigkeitstests der F.A.N. im Kanal bei Erlangen im Juli 2018 die bewährte Messtechnik eingesetzt worden.

---

3 Mit konkavem und rundem Vordersteven, mit und ohne Beladung, mit und ohne Steuerruder. Damit war die Versuchskonstellation komplexer als die der Vorgänger.

4 Bockius (2013), S. 61.

5 Rauhigkeitsmessungen an Holzplanken schwanken lokal um mehr als eine Größenordnung.

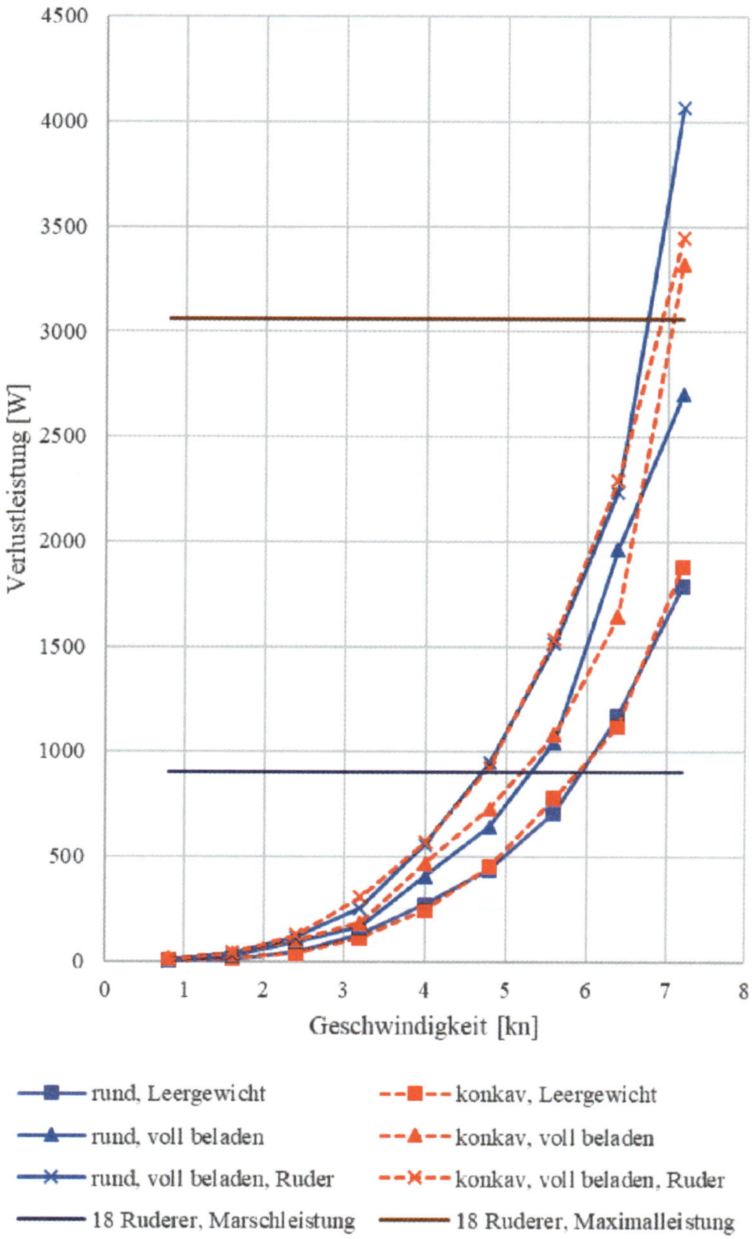

Abb. 7: ITTC57 skalierte Verlustleistung des Rumpfes der F.A.N. aus den Modellmessungen im Strömungskanal in Erlangen.

1.3 Messtechnik auf der F.A.N.

Beschreibung der Messinstrumente

Um die Fahr- und Segeleigenschaften quantifizieren zu können, wurden verschiedene Messinstrumente an der F.A.N. angebracht. Aus organisatorischen Gründen wurden bei verschiedenen Messfahrten zwei unterschiedliche Systeme verwendet. Die Messinstrumente sind ähnlich aufgebaut und erheben vergleichbare Daten. Das eine Messsystem ist das NX2 des schwedischen Segelyachtausstatters Silva Marine, welches auch bereits bei früheren Messfahrten mit den anderen Römerschiffen Regina (Testfahrten 2006),[6] Victoria (Testfahrten 2008)[7] und der Lusoria Rhenana (Testfahrten in den Jahren 2011 und 2012)[8] eingesetzt wurde, das andere System wurde speziell für diese Messungen an der Universität Erlangen konstruiert. Da das NX2 bereits in den zitierten Veröffentlichungen beschrieben ist, konzentriert sich der folgende Text auf das Erlangener System.

GPS

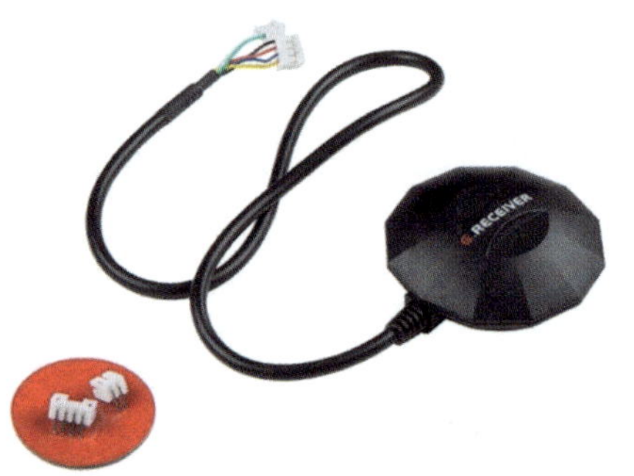

Abb. 8: Eine der GPS-Antennen (UAV GNSS Receiver GPM-808G).

Per GPS werden die Fahrtrichtung über Land sowie die Geschwindigkeit über Land gemessen. Dabei wird zunächst aus den von Satelliten empfangenen Signalen die Position durch Triangulation bestimmt. Es können auch Signale von GLONASS und QZSS Satelliten sowie SBAS zur

---

6 Schäfer / Günther / Wawrzyn (2008), S. 111–122.

7 Günther / Wawrzyn (2008), S. 129–147.

8 Schäfer / Günther / Wawrzyn (2016), S. 236–250.

Unterstützung empfangen werden. Fahrtrichtung und Geschwindigkeit können dann über den Doppler-Effekt der Signallaufzeiten bestimmt werden. Die Position wird hierbei mit einer Genauigkeit von circa 10 m bestimmt und die Geschwindigkeit mit einer Genauigkeit von circa 0,1 m/s.

Kompass

Abb. 9: Kompass aus dem NX2 System.

Ein Kompass (hier aus dem NX2 System) zeigt bekanntermaßen auf den magnetischen Nordpol, so auch dieser elektronische Kompass, der am Trenusbalken entlang des Kiels (minus 180°) ausgerichtet wurde (Abb. 10). Hiermit lässt sich die Ausrichtung des Schiffes bestimmen.

Die Richtung kann so mit einer Genauigkeit von circa ± 2,5° bestimmt werden. Messfehler können hierbei durch Abschattung des Sensors vom Erdmagnetfeld (wozu schon ein menschlicher Körper reicht) oder künstliche Störfelder (z. B. durch Magnete oder Hochspannungsleitungen) entstehen.

Logge

Zur Geschwindigkeitsmessung über Wasser wird ein Schaufelradanemometer verwendet. Dieses misst den Massenfluss an Wasser, indem die Anzahl der Umdrehungen des Schaufelrades innerhalb einer definierten Zeit gemessen wird. Diese Zahl wird gemessen in Umdrehungen pro Minute und ist proportional zur Geschwindigkeit des Bootes im Wasser.

Abb. 10: Links: Logge im NX2 System,
Mitte: Logge im NX2 System mit einem Schuh am Bug befestigt
Rechts: Logge im Erlanger System (Airmar Speed Sensor Model S(T)69)

Im NX2 System wurde der „Schuh" mit der Logge vorn am Bugsporn eingesetzt, um täglich den gleichen Einbau bezüglich Winkel und Tiefe zu erreichen; im Erlanger System wurde die Logge am Heck des Schiffs angebracht. Dadurch konnte sie auch während der Fahrt nachkorrigiert und auf Verschmutzungen hin überprüft werden.

Anders als beim Windmesser ist der Einbau entscheidend für den Korrekturfaktor, daher wird die Logge kalibriert. Für das Erlanger System wurde die Ausgabe der Logge im Wasserkanal des LSTM (siehe oben) bei unterschiedlichen, definierten Strömungsgeschwindigkeiten ausgewertet und eine Kalibrierfunktion erstellt (s. Abb. 11). Diese ist im Programmcode der Auswertebox hinterlegt.

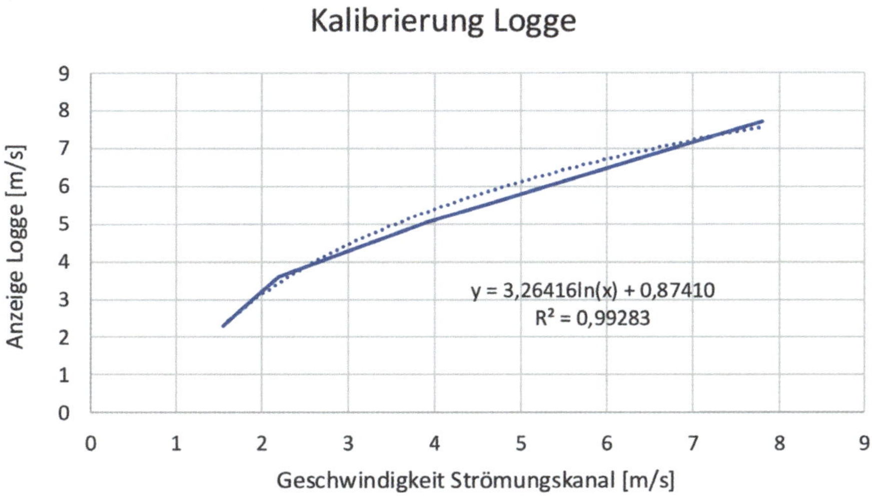

Abb. 11: Kalibrierfunktion der Logge.

Bei geraden Fahrten lagen die Werte der Logge und des GPS nahezu überein (Abb. 12, oben). Allerdings stellte sich heraus, dass das Lenken mit den Steuerrudern eine zusätzliche Anströmung auf die Logge verursachte und die Werte in der Kurve nach oben hin verfälschte (Abb. 12, unten).

Im NX2 System wird die Logge nicht im Strömungskanal, sondern durch den Vergleich mit einer bekannten Schiffsgeschwindigkeit bei Fahrt durch ruhiges Wasser bestimmt. Dazu werden die Datenpunkte genutzt, bei denen das Schiff schnell genug war, dass die Logge einen Messwert liefert (> 0,4 kn), das Schiff kaum seitlich driftet (also Kurs über Grund und Kompasskurs sich nur um wenige Grad unterscheiden), und sich die Geschwindigkeit nicht schnell ändert. Die Geschwindigkeit über Grund wird aus der Differenz von GPS-Positionen berechnet und hinkt daher immer etwas hinter der momentanen Fahrt durchs Wasser her. Diese Punkte sind in Abb. 14, die Fahrt über Grund und Fahrt im Wasser vergleicht, schwarz gekennzeichnet. Die rote Linie zeigt den besten linearen Fit durch die Datenpunkte; ihre Steigung gibt den Korrekturfaktor für das Log an.

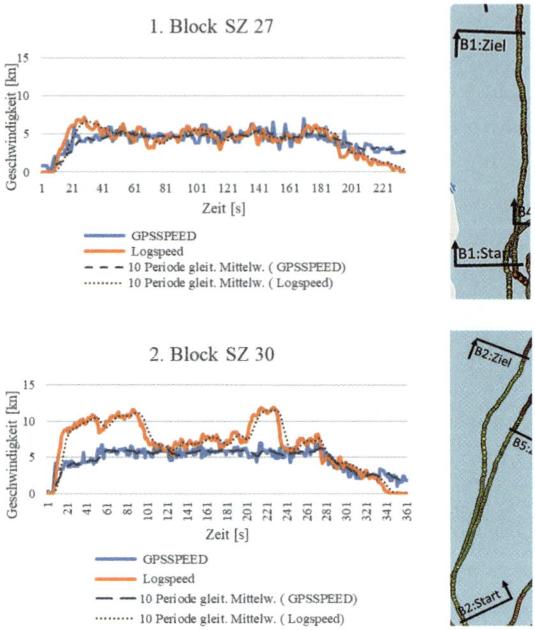

Abb. 12: Abweichung der Log-Geschwindigkeit zur GPS-Geschwindigkeit durch Kurvenfahrten: Fahrt ohne Kurven (von B1 Start bis B1 Ziel) und Einfluss (oben), Fahrt mit zwei leichten Rechtskurven zwischen B2 Start und B2 Ziel.

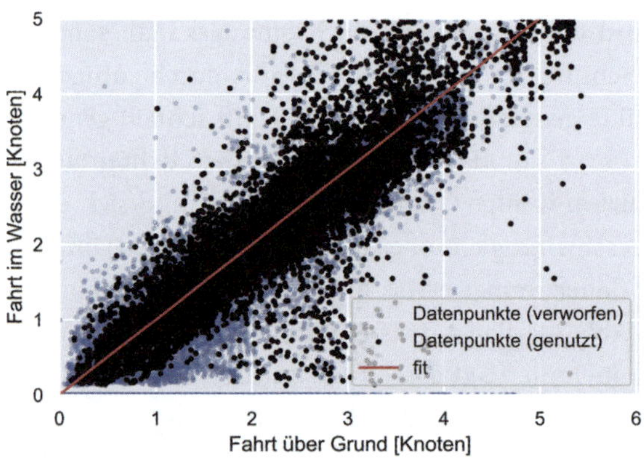

Abb. 13: Die Grafik vergleicht gemessene Fahrt über Grund und Fahrt im Wasser. Alle Messwerte sind als einzelne Punkte dargestellt. Schwarze Punkt gehören zu Messwerten, die für den Fit geeignet sind, also bei fast konstanter Geschwindigkeit frei von seitlicher Drift aufgenommen wurden.

Die Abb. 14 zeigt, wie die Geschwindigkeitsmessungen aussehen und wie sich die Kalibration der Logge auswirkt. Die Daten sind vom 06.07.2018 und zeigen 20 Minuten einer Testfahrt. Vor 16.50 Uhr wurde das Schiff gesegelt und die korrigierte Logmessung (rote Linie) stimmt sehr gut mit der Geschwindigkeit über Grund überein (GPS – blaue Linie). Um 16.50 Uhr wurde das Segel geborgen und das Schiff treibt seitlich ab. Die Geschwindigkeit parallel zum Rumpf nimmt ab, weil das Schiff ausgleitet, aber die Geschwindigkeit über Grund (mit dem GPS gemessen, blaue Linie), nicht, weil der Wind seitlich auf den Schiffsrumpf trifft. Dann wird das Schiff gewendet und unter Riemen zurückgefahren. In der großen Grafik wirkt die mit der Logge gemessene Geschwindigkeit (rote Linie) nun breiter, aber das Inset (oben, weißer Hintergrund) zeigt, dass die Geschwindigkeit in Wirklichkeit im Sekundenbereich schwankt. Dies ist nur in der Auflösung der großen Grafik nicht zu erkennen. Das Schiff wird typisch mit ca. 30 Ruderschlägen/min gerudert. Wenn die Ruderer voll durchziehen, spürt man einen Ruck und die Geschwindigkeit steigt um ca. 0,1 Knoten an. Während die Riemen wieder in Position gebracht werden, wird das Schiff dann wieder langsamer. Die gezeigten Ruderschläge sind ungleichmäßig, weil die Zeitauflösung der Daten ist mit einer Sekunde nicht ausreicht, um Maximum und Minimum jedes Ruderschlages aufzulösen.

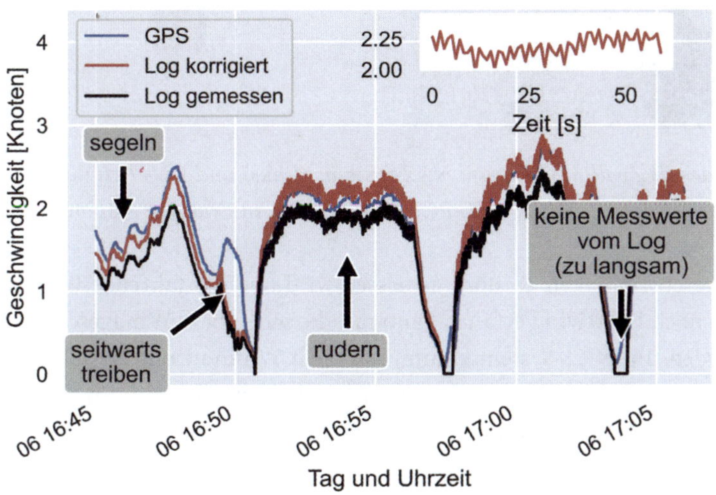

Abb. 14: Die Grafik zeigt die mit der Logge und dem GPS gemessene Geschwindigkeit bei einer Testfahrt. Die schwarze Linie zeigt die rohen Messdaten, die rote Linie die mit der Logkalibration korrigierten Daten. Die kleine Grafik oben rechts (weiß) zeigt eine Minute Ruderzeit. Die mit der Logge gemessene Geschwindigkeit zeigt deutlich die einzelnen Ruderschläge, auch wenn die Zeitauflösung nicht ausreicht, um Maximum und Minimum jedes Ruderschlags zu erkennen.

Windmesser

Abb. 15: Rotor mit Zwillingsfahne im NX2 Systems (links) und Kugelschalenanemometer mit Windvane vom Typ KWS1, PCE Instruments im Erlanger System (rechts).

Da die Windgeschwindigkeit an Bord gemessen wird und das fahrende Boot zusätzlich zum wahren Wind noch Fahrtwind erfährt, kann nur die scheinbare Windgeschwindigkeit (AWS) gemessen werden. Im NX2-System kommt dazu ein Windrad mit drei Schaufeln und einer Zwillingsfahne am Ende zum Einsatz. Während die beiden Fahnen dafür sorgen, dass sich der Windmesser in den Wind dreht und nicht stark flattert, wird das Windrad durch den Wind in Rotation versetzt.

Im Erlanger System dient ein Kugelschalenanemometer zur Messung der Windgeschwindigkeit. Es besteht aus an einem rotierbaren Stab befestigten Schalen in Form einer hohlen Halbkugel. Bei Auftreffen des Windes auf die Schalen fangen diese an, im Uhrzeigersinn um den Stab zu rotieren. Dabei bewegt sich aufgrund des hohen Strömungswiderstandes, den die geöffnete Halbkugel dem Wind bietet, die Schale, deren Öffnung zum Wind zeigt, von diesem weg. Die Anzahl der Umdrehungen des Stabes ist somit proportional zur Windgeschwindigkeit, weshalb die Umdrehungen pro Minute (Einheit: rpm) mithilfe eines Reedschalters detektiert werden.

Die Windrichtung wird mit einem länglichen, vom Wind umströmten Gegenstand gemessen, welcher sich sodann in Windrichtung ausrichtet. An der Rotationsachse des Zeigers ist ein Drehpotentiometer befestigt, welches einen der Windrichtung proportionalen Widerstand ausgibt. Im Bereich +/–11,5° befindet sich ein Totbereich, außerhalb kann die Richtung mit einer Genauigkeit von 2,5° bestimmt werden.

In beiden Systemen werden die Windmessinstrumente auf einer Stange montiert. Die erhöhte Montage bietet mehrere Vorteile:

- Auch ein stehendes Mannschaftsmitglied kann nicht versehentlich einen Windschatten werfen und somit die Messung verfälschen.
- Die Messung der Windstärke erfolgt in der Höhe des effektiven, bauchigen Segelteils und nicht etwa auf dem Mast, wo mitunter bereits andere Bedingungen in der Nähe einer hohen Uferböschung herrschen können.

Ruderschlagliste

Das NX2-System ist für Segelyachten konzipiert und kennt keine Ruderschläge, welche von Hand gezählt wurden. Zur späteren Betrachtung der Manöver unter Riemen wurde die Zeit einer Funkuhr verwendet, um diese sekundengenau mit der Zeit der GPS-Antenne in Bezug zu bringen. Segelstrecken wurden ebenfalls erfasst, um diese bei der Auswertung gezielt zu betrachten.

Messbedingungen

Es wurde an fünf Tagen Anfang Juli 2018 gemessen. Das Testgebiet war ein Kanal, in dem manövriert werden musste. Wegen der Wetterbedingungen an den Messtagen konnte keine hohe Windgeschwindigkeit untersucht werden. Außerdem hat die Kanalbreite verhindert, dass beliebige Kurse bei dem überwiegend seitlichen Wind, d. h. senkrecht zum Kanal, unter Segel gefahren werden konnten. Hinzu kommen die zum Teil hohen Uferbauten und Bäume, die bei Manövern in unmittelbarer Ufernähe vorzeitig zum Abreißen des Windes geführt haben.

Das Schiff war oft nicht voll besetzt und besonders die Rudermanöver und der gleichmäßige Rudertakt mussten erst trainiert werden. Die Bedienung des Segels verlief hingegen deutlich besser, weil durchgängig zwei bis drei erfahrene Segler an Bord waren, die entsprechende Kommandos geben konnten.

Auswertung der NX2-Daten

Die Auswertung der Messdaten, die mit dem NX2 System aufgenommen wurden, folgt dem gleichen Ablauf wie vorherige Datenauswertungen von ähnlichen Messungen mit den Schiffen Regina (Testfahrten 2006),[9] Victoria (Testfahrten 2008)[10] und der Lusoria Rhenana (Testfahrten in den Jahren 2011 und 2012).[11] Die Regina und Lusoria Rhenana sind vom Typ Navis Lusoria und unterscheiden sich im Wesentlichen in Längen und Anzahl der Ruderplätze, die Victoria ist vom Typ Oberstimm I und ein Schwesterschiff der F.A.N., die vom Typ Oberstimm II ist. Details dazu sind in den angegebenen Referenzen zu finden, im Folgenden wird die Auswertung nur kurz beschrieben. Das NX2 System speichert für jede Fahrt die Daten in einem binären Format ab, das zunächst in eine Textdatei umgewandelt wird, in der Messwerte mit einer Zeitauflösung von einer Sekunde gespeichert sind. Diese Dateien lesen wir in unserem NX2-Code ein. Unser Programm ist in Python, einer quelloffenen und weit verbreiteten Programmiersprache, geschrieben und setzt auf den sogenannten „Scientific Stack" aus Bibliotheken wie Numpy,[12] Pandas[13] und Matplotlib[14] auf. Der Quellcode unserer Datenauswertungssoftware ist quelloffen und frei verfügbar.[15] Ein Jupyter Notebook,[16] das alle Auswertungsschritte und Grafiken, die hier dargestellt werden, reproduzieren kann, steht ebenfalls bereit.[17] Unser Auswerteprogramm wurde für dieses Experiment modernisiert und erweitert und wir haben geringfügig andere Einstellungen verwendet als in den vorherigen Auswertungen. Um einen konsistenten Vergleich mit der Regina, der Victoria, und der Lusoria Rhenana zu ermöglichen, wurden die Daten aus den vorherigen Versuchen mit denselben Einstellungen neu prozessiert. Die Polardiagramme unterscheiden sich daher geringfügig von den vorherigen Publikationen, sind aber im Rahmen der Messunsicherheiten verträglich.

Wesentliche Schritte bei der Auswertung sind das Glätten der Windmessungen und die Kalibration der Loggeschwindigkeit. Obwohl der Windmesser mit einem „twin-fin"-System ausgestattet ist, flattert die Windrichtung oft um 20 oder mehr Grad in einem Zeitraum von nur wenigen Sekunden und die gemessene Windgeschwindigkeit kann sich genauso schnell verändern. Das Schiff hat aber eine gewisse Trägheit (wie man beim Ausgleiten oder Anfahren

---

9 Schäfer / Günther / Wawrzyn (2008), S. 111–122.

10 Günther / Wawrzyn (2008), S. 129–147.

11 Ch. Schäfer / Günther / Wawrzyn (2016), S. 236–250.

12 Oliphant (2006) A guide to NumPy, USA: Trelgol Publishing, (2006) – https://numpy.org/.

13 The pandas development team, doi 10.5281/zenodo.3715232, see also McKinney (2010).

14 Hunter (2007) – https://matplotlib.org/.

15 https://github.com/Roemerschiff/NX2.

16 Kluyver et al. (2016).

17 https://github.com/Roemerschiff/analysis/blob/master/2018.ipynb.

leicht erkennt – siehe unten) und reagiert erst über einen Zeitraum von 15–30 s. Wir glätten daher die Windmesswerte über diesen Zeitraum (Abb. 16). Ohne diese Korrektur würde man in der Auswertung oft Messpunkte sehen, bei der das Schiff noch eine hohe Geschwindigkeit hat, der momentane Wind aber sehr gering ist. Solche Messpunkte zeigen nicht, dass das Schiff schneller segeln kann als der Wind!

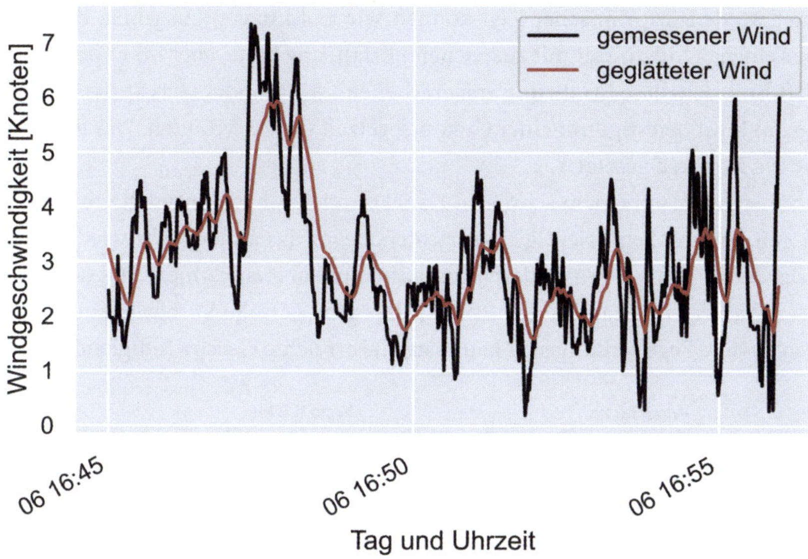

Abb. 16: Die Grafik zeigt für einen exemplarischen Zeitraum die gemessene Windgeschwindigkeit (korrigiert um die Eigenbewegung des Schiffes, der sogenannte „wahre Wind“) und die mit einem exponentiell gewichteten „moving window“ geglättete Windgeschwindigkeit.

Der Windwinkel wird mit demselben Messinstrument erfasst und flattert ebenfalls. Dabei bedeutet 0°, dass das Schiff „im Wind“ steht (der Bug in den Wind zeigt), während 180° meint, dass der Wind von achtern kommt und das Boot „vor dem Wind“ segelt. Das Vorzeichen kann dabei positiv oder negativ sein, je nachdem ob der Wind von Steuerbord oder von Backbord kommt. Durch diese Skala kann es bei achterlichem Wind zu scheinbaren Sprüngen kommen, wenn der Wind von +179° über +/–180° zu –179° wechselt. Da wir in der folgenden Analyse aufgrund der symmetrischen Bauweise des Schiffes nicht zwischen Backbord und Steuerbord unterscheiden, genügt es, den Betrag des Windwinkels zu betrachten und so das Problem zu vermeiden. Wie oben für die Windgeschwindigkeit beschrieben, wird auch der Winkel geglättet.

Segeleigenschaften – mit dem NX2-System gemessen

Auch die gemessenen Segeleigenschaften werden von der Mannschaft beeinflusst. Ein Faktor ist einfach das Gewicht von Besatzung und Ausrüstung. Ein voll beladenes Schiff liegt tiefer im Wasser und ist deshalb langsamer und weniger wendig. Auch die Erfahrung des Schiffsführers spielt eine Rolle, denn das Segel muss entsprechend der Windrichtung und Geschwindigkeit ausgerichtet werden. In römischer Zeit können wir wohl davon ausgehen, dass jedes Schiff mindestens einen Schiffsführer mit ausreichend Erfahrung hatte, aber im Experiment mussten die Schiffsführer sich diese Erfahrung erst erarbeiten. Insbesondere das Sprietsegel war nur an einem Tag am Mast befestigt mit einer Gesamtsegelzeit von 43 Minuten. Das Rahsegel war für insgesamt 164 Minuten gesetzt.

Da die Messfahrten auf einem schmalen Kanal durchgeführt wurden, hatte die Mannschaft nicht viel Zeit, um das Segel richtig auszurichten, bevor das andere Ufer wieder eine Kursänderung erforderte. Wie bei den Rudereigenschaften gilt aber auch hier, dass der exponentielle Anstieg des Wasserwiderstandes dazu führt, dass eine geringe Verbesserung der Vortriebskraft durch bessere Segelstellung sich kaum auf die erreichte Geschwindigkeit auswirkt.

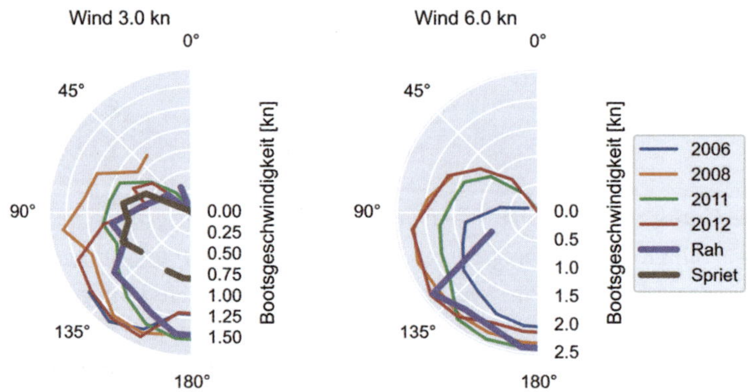

Abb. 17: Polardiagramm der Bootsgeschwindigkeit bei Windgeschwindigkeiten von 1,5–4,5 kn (links) und 4,5–7,5 kn (rechts). Der Winkel ist der wahre Windwinkel. Gezeigt ist jeweils das Polardiagramm von Messfahrten mit der Regina (2006), der Victoria (2008) und der Lusoria Rhenana (2011 und 2012) im Vergleich mit den hier beschriebenen Messungen mit Rah und Sprietsegel der F.A.N. (2018).

Abb. 17 zeigt zwei Polardiagramme für Windgeschwindigkeiten 1,5–4,5 kn und 4,5–7,5 kn. Höhere Windgeschwindigkeiten wurden an den Messtagen nicht erreicht. Für das Sprietsegel liegen alle brauchbaren Messwerte im Bereich 1,5–4,5 kn Windgeschwindigkeit. Gezeigt sind

Kurven für die Regina, Victoria und Lusoria Rhenana im Vergleich mit den hier beschriebenen Messungen mit Rah und Sprietsegel. Insbesondere bei schwachem Wind und Kursen halb am Wind bis im Wind sind die Diagramme sichtbar zackig. Das liegt daran, dass in diesem Bereich (für alle Jahre) nur wenige Messpunkte vorliegen und die Unsicherheiten hoch sind, weil der im Diagramm gezeigte Bereich der Windgeschwindigkeit breit ist (die obere Grenze ist mit 4,5 kn drei Mal größer als die untere Grenze). Leider ist die Anzahl der Datenpunkte zu klein, um dieses Intervall aufzuspalten.

Bei etwas stärkerem Wind sind die relativen Unsicherheiten geringer und die Kurven aus 2006–2012 folgen dem gleichen Muster. Die Messungen in 2011 und 2012 wurden mit demselben Schiff durchgeführt und unterscheiden sich bei Winkeln zwischen 45° und 100° doch erheblich. Dies zeigt den Einfluss, den Mannschaft und Messunsicherheiten noch auf das Ergebnis haben. Im Rahmen dieser Unsicherheiten kann man sagen, dass das neue Schiff mit Rahsegel in etwa dieselben Segeleigenschaften hat wie die fast baugleiche Victoria. Das Sprietsegel erreicht bei achterlichem Wind nur etwa die halbe Geschwindigkeit und ist bei halbem Wind mit dem Rahsegel vergleichbar. Da das Sprietsegel aber schwieriger zu bedienen ist (anders als das Rahsegel ist es nicht zum Kiel symmetrisch und muss für Wind von backbord oder steuerbord anders gesetzt werden), die Mannschaft keine vorherige Erfahrung mit diesem Segeltyp hatte und nur 43 Minuten Segelzeit, um sich damit vertraut zu machen, ist unklar, ob diese Messung nur die Fähigkeiten des Schiffsführers ausdrückt oder ob Sprietsegel bei diesem Schiffstyp tatsächlich weniger Leistung bringen. Natürlich spielt auch die Fläche des Segels eine Rolle. Das verwendete Spriet- und Rahsegel haben beide ca. 25 m^2 Fläche.

Abb. 18: F.A.N. mit Spriet (links) und mit Rah (rechts).

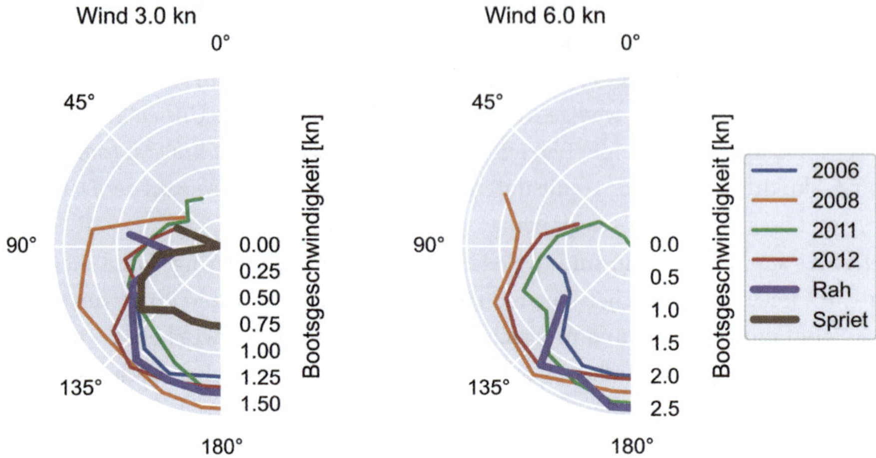

Abb. 19: Wie Abb. 17, aber hier ist der Windwinkel im Verhältnis zur Bewegung über Grund eingetragen. Bei achterlichem Wind stimmt diese mit der Richtung, in die der Bug zeigt, überein, aber bei anderen Winkeln spielt seitliche Drift eine Rolle.

Abb. 19 zeigt dieselben Daten, allerdings um die seitliche Drift korrigiert. In Abb. 17 ist der wahre Windwinkel aufgetragen, also der Winkel zwischen dem Wind und dem Bug des Schiffes, den ein stehendes Schiff messen würde. Dabei sieht man signifikante Geschwindigkeiten am Wind (also bei Kursen 45–90°). Dies bedeutet jedoch nicht automatisch, dass das Schiff gegen Wind segeln kann. Die Testfahrten bis Anfang Juli 2018 führen zum Schluss, dass Schiffe dieser Bauart nicht gut in den Wind kreuzen können, denn selbst wenn der Bug in den Wind gedreht wird, driftet das Schiff seitlich so stark ab, dass die Bewegung über Grund nur 90° zum Windwinkel erreicht. Grafik 19 zeigt Polardiagramme, die die Richtung des wahren Windes zum Kurs über Grund zeigen. Die Schiffsgeschwindigkeit ist fast konstant auf Raumkurs (von 180° bis 90°), mit nur einem leichten Abfall für Winkel < 120°, aber fällt schnell auf Null, sobald der Winkel kleiner als 90° wird. Im Bereich < 90° liegen nur wenige Messwerte vor, eben weil dieser Kurs kaum Vortrieb gibt und das Schiff Geschwindigkeit verliert. Solche Messpunkte sollten eigentlich herausgefiltert werden, aber Schwankungen in Windgeschwindigkeit und -richtung bewirken, dass die Filterbedingungen nicht alle Werte herausfiltern. Selbst wenn ein winziger Vortrieb bei Winkeln knapp unter 90° möglich wäre, was wir mit den vorliegenden Messungen nicht ausschließen können, hat das in der Praxis wenig Nutzen. Der Wind flattert immer etwas, so dass ein solcher Kurs kaum stabil gehalten werden kann. Es ist sehr viel einfacher, einen Kurs > 90° zu segeln und, falls der Wind nicht zufällig ohnehin in die richtige Richtung dreht, kurz die Riemen zu Wasser zu lassen. Diese Beobachtungen treffen im Wesentlichen auf alle getesteten Schiffe zu, für die hier beschriebenen Messungen (von Anfang Juli 2018) unterscheidet sich das Rahsegel kaum von den Messungen aus den Jahren 2006, 2008, 2011, und 2012 mit anderen Römerschiffen.

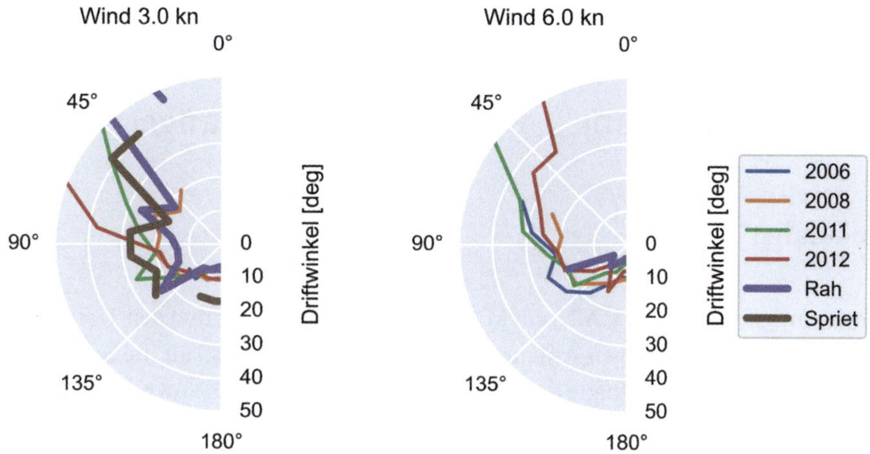

Abb. 20: Polardiagramm des Driftwinkels in Abhängigkeit von Windwinkel und Windstärke. Für Kurse näher am Wind als halber Wind wird die Drift so groß, dass der Kurs über Grund nur dem halben Wind entspricht, auch wenn der Bug des Schiffs höher an den Wind gebracht wird.

Abb. 20 zeigt die Wirkung der Drift noch einmal anders: Der Abstand vom Mittelpunkt des Diagramms zeigt hier den Driftwinkel, den Winkel zwischen der Bewegungsrichtung über Grund und der Richtung, in die der Bug zeigt. Vor dem Wind oder auf Raumschotkurs (180°–135°) ist die Drift klein, das Schiff bewegt sich parallel zum Kiel. Zwischen 135° und 90° beginnt das Schiff abzudriften, der Unterschied zwischen gesetztem Kurs und Bewegungsrichtung beträgt 10°–20°. Für Winkel < 90° steigt die Drift rasant an. Das Schiff fährt jetzt praktisch seitwärts.

Rudern und Segeln

Natürlich kann man das Schiff auch segeln und gleichzeitig Riemen ins Wasser setzen, wenn einige wenige Ruderbänke freigelassen werden, an denen die Ruderer sitzen, die das Segel bedienen. Damit entlastet man die Ruderer und kann bei schwachem Wind trotzdem eine höhere Geschwindigkeit erreichen. Bei höheren Windgeschwindigkeiten bringt der zusätzliche Kraftaufwand der Ruderer wenig, weil die Geschwindigkeit des Schiffes im Wesentlichen durch den exponentiell steigenden Wasserwiderstand begrenzt ist. Gerade wenn das Segel gesetzt oder geborgen wird, ist es aber nützlich und wurde auch so im Experiment gehandhabt, wenn einige Riemen im Wasser sind, um das Schiff manövrierfähig zu halten, und zum Beispiel nicht auf das Ufer zu driften.

1.4 Auswertung – Daten aus dem Erlanger System

Donaufahrt

Nach der Jungfernfahrt der F.A.N. am Main-Donau-Kanal im Mai und den Tests unter der Leitung der Hamburger Kollegen Anfang Juli stand als nächster Testlauf die Schwarzmeerfahrt auf dem Programm. Dabei folgte die F.A.N. im Zeitraum von 18.07.2018 bis 19.08.2018 in Etappen der Donau vom Originalfundort bei Ingolstadt bis zur Schwarzmeermündung bei Tulcea, Rumänien. Die oben beschriebene Erlangener Messtechnik war dabei mit an Bord, sodass sich Aussagen über die erreichbare Reisegeschwindigkeit mit unterschiedlichen Besatzungsstärken abhängig vom Wind- und Strömungsverhältnissen erreichen ließen. Beispielhaft sei hier die Auswertung der Etappe von Schlögen nach Ottensheim vom 02.08.2018 (siehe Abb. 21) gezeigt (Kapitel 4,1: Dreyer). Die Etappenlänge betrug 41,8 km, die gesamte Fahrtzeit inkl. Schleusen betrug 8,5 h. Das Boot war mit 18 Ruderern, darunter acht Frauen voll besetzt, das Alter reichte von 19 bis über 70 Jahren. Drei Personen wurden mit Pulsuhren ausgestattet, um die Belastung der Rudertätigkeit zu erfassen. Während der Fahrt wurde eine Reisegeschwindigkeit mit 27 Schlägen/min eingestellt und kürzere Intervalle mit höheren Schlagzahlen (33, 34 und 36) absolviert. Zur Erholung der Mannschaft wurden rotierende Pausen gefahren, in denen jeweils die geraden bzw. ungeraden Reihen mit dem Rudern aussetzte, während die zweite Hälfte der Mannschaft weiterruderte.

Die erzielten Geschwindigkeiten sind in Abb. 22 dargestellt. Hier sind die Fahrtgeschwindigkeit über Grund (blau) und die Einflüsse von Wind (grün) und Strömung des Flusses (rot) eingezeichnet. Zu Beginn (08.00–09.20 Uhr) erkennt man hier eine starke Unterstützung durch die Strömung ca. 2,2 kn (ca. 4 km/h), was zu Fahrtgeschwindigkeiten um 3,8 kn (ca. 7 km/h) führte. Die Stärke der Strömung sank dann allmählich ab, bis ab 11.30 Uhr keine nennenswerte Unterstützung mehr ausgemacht werden konnte. Entsprechend sank die Reisegeschwindigkeit auf knapp 2,7 kn (ca. 5 km/h) ab. Die Pulswerte während dieser „cruising“-Abschnitte pendelte sich bei 95 bpm ein, was einer niedrigen durchschnittlichen Grundlagenausdauer-Belastung entspricht. Die Intervalle wurden auch in diesem Abschnitt durchgeführt und zeigten einen Anstieg der Geschwindigkeit auf 3,3 kn (6,0 km/h) bei Schlagzahl 36. Die Pulswerte stiegen dabei auf 106 bpm an und liegen damit an der Grenze des für längere Belastungen ertragbaren GA1-Bereichs. Die rotierenden Pausen (z. B. um 08.30 oder 13.30 Uhr) führten zu einem mittleren Abfall der Geschwindigkeit um ca. 1 kn (2 km/h), oder 40 %. Damit erweist sich diese Methode als vorteilhafte Alternative zu einem vollständigen Stillstand (50 % der Mannschaft erreichen 60 % der Geschwindigkeit), da sowohl effiziente Fortbewegung stattfindet, als auch die Manövrierfähigkeit des Bootes erhalten bleibt (dies wäre bei Stillstand bzw. passivem Treiben nicht gegeben). Gleichzeitig vermeidet man den Kraftaufwand für die Wiederaufnahme von Fahrt nach einer Pause mit Stillstand. Der Windeinfluss zeigte sich bei dieser Fahrt von eher untergeordneter Bedeutung und wurde von der Flussströmung deutlich überlagert. Von 09.30–10.30 bzw. ab 13.15 Uhr lag Rückenwind zwischen 1,6 und 4,3 kn (3 und 8 km/h) vor (siehe auch Abb. 24), dazwischen auf langen Strecken Gegenwind.

Abb. 21: Mit dem GPS gemessene Fahrtstrecke auf einer topographischen Karte markiert

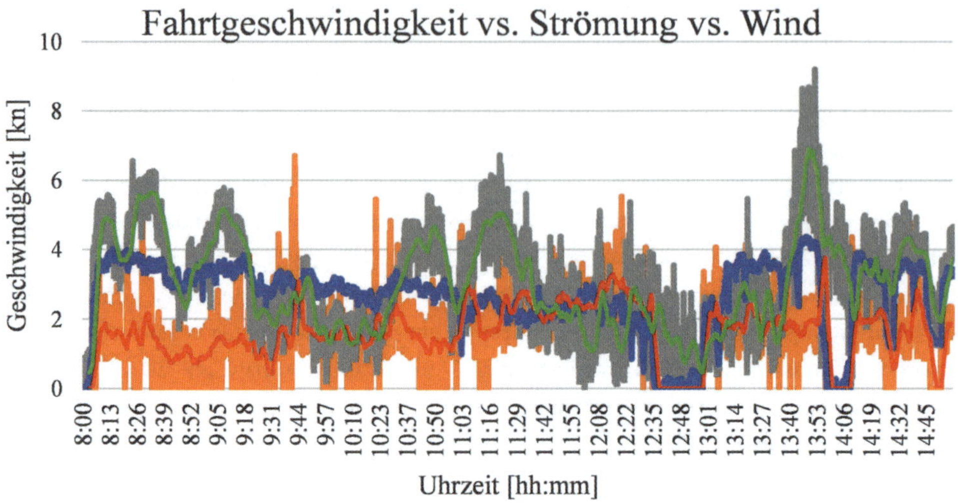

Abb. 22: Auswertung Geschwindigkeiten (blau=GPS, rot=Logge, grün=wahrer Wind; orange=Rohwerte der Logge, aus denen die Geschwindigkeitswerte der Logge geglättet werden).

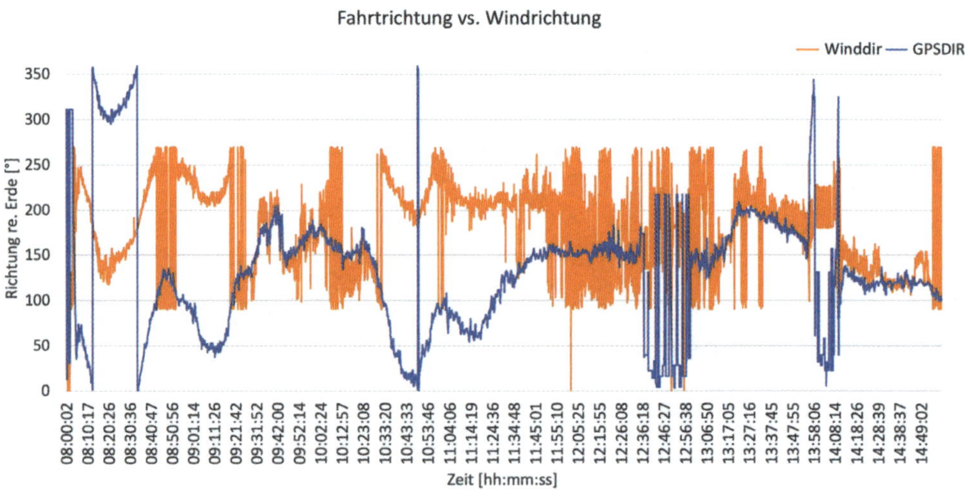

Abb. 23: Windrichtung (orange) und Fahrtrichtung des Schiffes während der Etappe (0°/360°=Nord, 90°=Ost, 180°=Süd, 270°=West. Wind meist aus OSO bis SW. Es wurden einige Wenden gefahren).

Rudertests am Altmühlsee (19./26.10.2018)

Im Oktober 2018 fand eine Messkampagne am Altmühlsee zur weiteren Charakterisierung der Bootseigenschaften statt. Dabei wurden zum einen ruderspezifische Tests bei unterschiedlichen Schlagzahlen und Riemenlängen und andererseits erste Segeltests mit Rah- und Sprietsegel durchgeführt (zur Auswertung der Segeltests siehe unten).

Bei den Messfahrten wurden jeweils in 5 Minuten langen Strecken mit konstanten Schlagzahlen (Ruderschläge pro Minute), einmal kurze, einmal lange Riemen (kurz: 4,1 m; lang: 4,4 m bzw. 4,7 m mittschiffs) an Stropps (Kapitel 1,3: Gläser – Bettschnitt) an den Dollen aufgehängt eingesetzt; auch der Unterschied zwischen kurzem und langem Steuerruder (kurz bb und sb: 50 cm Tiefgang; lang bb und sb: 118 cm Tiefgang) wurde geprüft. Als relevante Manöver wurden zusätzlich die „Panzerwende", eine Wende mit geringem Radius, ein Polygon, und eine Wende in Form eines großen Achteckes getestet. Die Besatzung setzte sich aus Studierenden der FAU zusammen.[18]

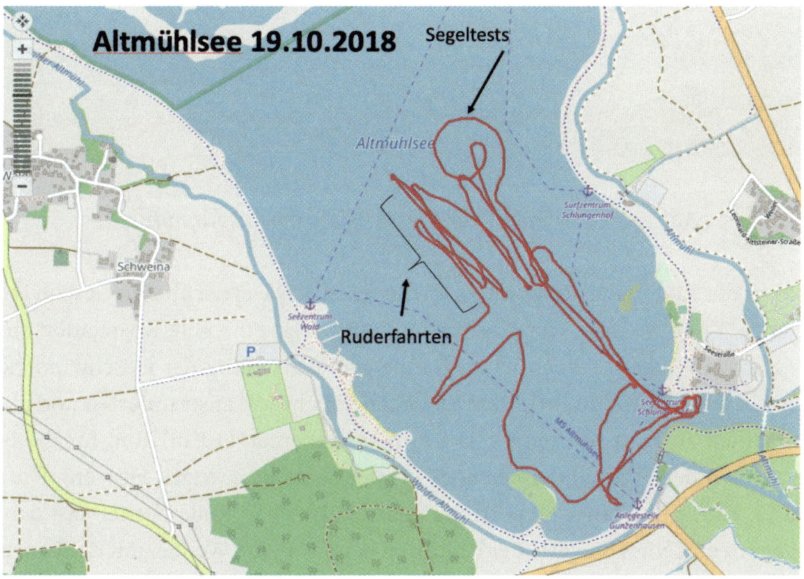

[18] Vgl. die Testfahrten der Victoria bei Chr. Schäfer / G. Wagener, Die ersten Testfahrten der Typs Oberstimm I. In: Aßkamp / Schäfer 2008, S. 93–113, mit unterschiedlichen Mannschaften aus Hamburg (Studierende der Hamburger Universität und Lehrlingen der Jugend in Arbeit, die am Bau mitgewirkt haben, später dann auch Studierende der Bundeswehruniversität), unter Segel (Rah) und allein unter Ruder mit einer Gattung von Riemen mit moderner Riemenaufhängung. Höchstgeschwindigkeit unter Riemen mit gestelltem Mast war mit der Bundeswehr-Uni 5,6 kn, unter Rahsegel mit 23,8 m² Segelfläche 6 kn.

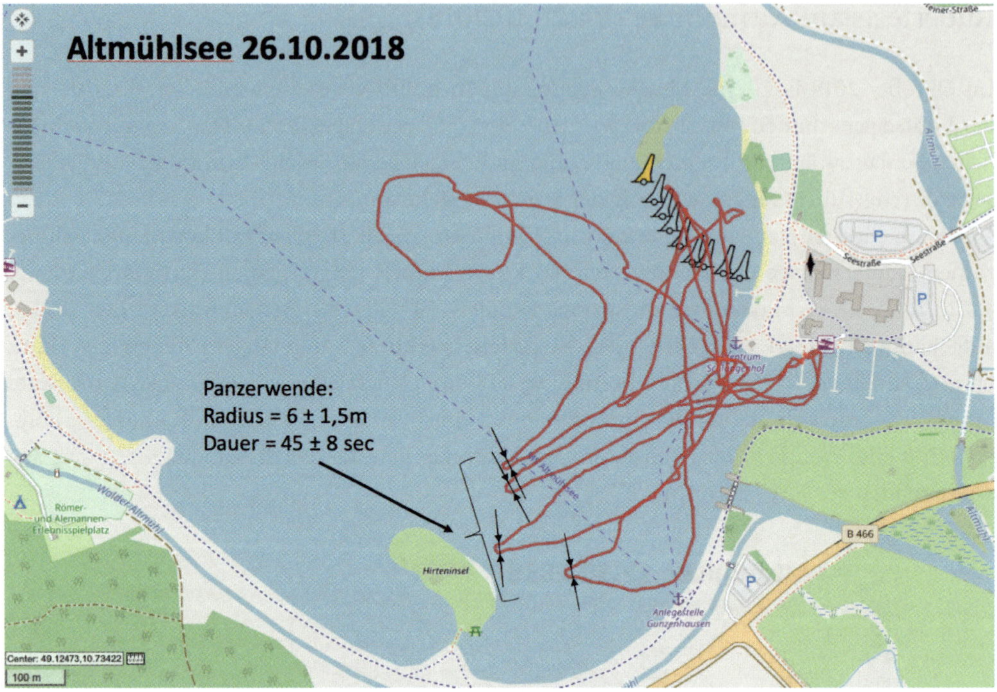

Abb. 24: GPS-Tracks der Versuchsfahrten am Altmühlsee

Die Ergebnisse der Rudertests sind in Abb. 25 dargestellt. Die erreichbaren Geschwindigkeiten lagen zwischen 3 und 6 km/h. Der allgemeine Trend zeigt eine gute Korrelation aus Schlagzahl und Geschwindigkeit. Jedoch ist auch eine große Streuung der Geschwindigkeiten bei konstanter Schlagzahl festzustellen, was wohl auf die nicht voll austrainierten und koordinierten Mannschaften zurückzuführen ist. Die kürzeren Riemen (4,1 m) sind für die Besatzung handlicher (neben dem Vorteil der besseren Verwendbarkeit in engen Flüssen). Die Manöver sind schneller. Kurze und lange Steuerruder geben bei reinem Ruderbetrieb fast den gleichen „Grip", sogar ein einzelnes Steuerruder ist hinreichend für eine Wende, mit der Unterstützung der Riemen einer gut trainierten Mannschaft (d. h. nach 15 Minuten Training) nimmt dann aber die Manövrierfähigkeit des Bootes stark zu. Die langen Riemen (4,7 m) erlauben für kurze Zeit höhere Geschwindigkeiten, auch ist die Beschleunigung schneller. Die kurzen Ruder sind daher im Allgemeinen nützlicher für (Patrouillen- oder Langstrecken-) Einsätze.

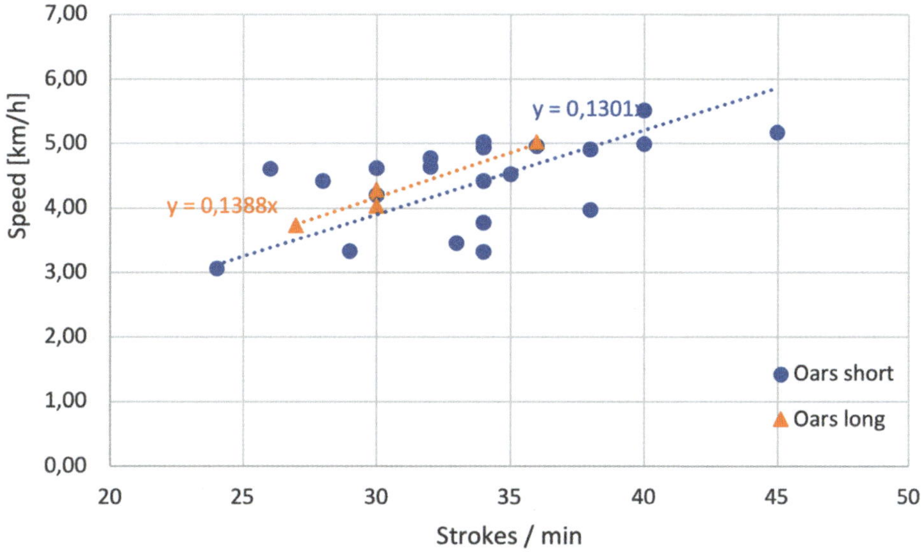

Abb. 25: Ergebnisse der Rudertests

Vergleichsfahrt an der Naabmündung in Regensburg

Am 27.07.2019 wurde in Regensburg an der Naabmündung ein Vergleichstest zwischen der F.A.N. und der an der Uni Regensburg nach Höckmann gebauten Lusoria Regina durchgeführt. Dazu wurde an beiden Booten die identische Messtechnik (s. o. Erlanger Messsystem) verbaut und Rudertests bzw. verschiedene Manöverfahrten durchgeführt. Segeltests waren aus witterungstechnischen Gründen nicht angedacht. Die Mannschaften waren aus Freiwilligen aller Altersklassen zusammengesetzt, die teils Rudererfahrung vorweisen konnten. Beide Boote waren voll besetzt. Die absolvierte Messstrecke ist in Abb. 26 dargestellt. Als erste Messfahrt wurden in zehnminütigen Intervallen die erreichbaren Geschwindigkeiten bei unterschiedlichen Schlagzahlen ausgewertet. Wie in Abb. 27 dargestellt, konnten die Werte der letzten Tests wiederholt werden. Es zeigte sich jedoch für beide Boote deutlich, dass der erwartete Zusammenhang einer höheren Geschwindigkeit bei höherer Schlagzahl nicht beobachtet werden konnte. Dazu zwei Erklärungsversuche:

- Die Schlagmänner konnten die geforderte Schlagzahl nicht über die Dauer des Intervalls aufrechterhalten und sind in die „natürliche“ Schlagzahl 30 zurückgefallen.

– Die Handhabung der schweren Riemen erfordert bei der genannten historischen Riemenaufhängung mit ansteigender Schlagzahl immer mehr Kraft (Beschleunigen und Abbremsen der Riemen beim Zurückholen, Stabilisieren des Riemenwinkels), sodass immer weniger Leistung der Ruderer effektiv in Vortrieb umgewandelt werden kann.

Damit ergibt sich eine Anforderung für zukünftige Tests, neben der Schlagzahl auch die Kraft der einzelnen Ruderschläge aufzuzeichnen. Die könnte beispielsweise über Dehnmessstreifen an den Riemen umgesetzt werden, die den Kraftverlauf drahtlos an die zentrale Auswerteeinheit übertragen. Damit könnte auch eine Bestimmung der tatsächlichen Schlagzahl realisiert werden, die protokolliert und gleichzeitig den Schlagmännern als Feedback visualisiert werden könnte. So kann den beiden angesprochenen Problemen begegnet werden und eine vollständige Leistungsmessung stattfinden.

Abb. 26: GPS-Track der Messfahrten vom 27.07.2019

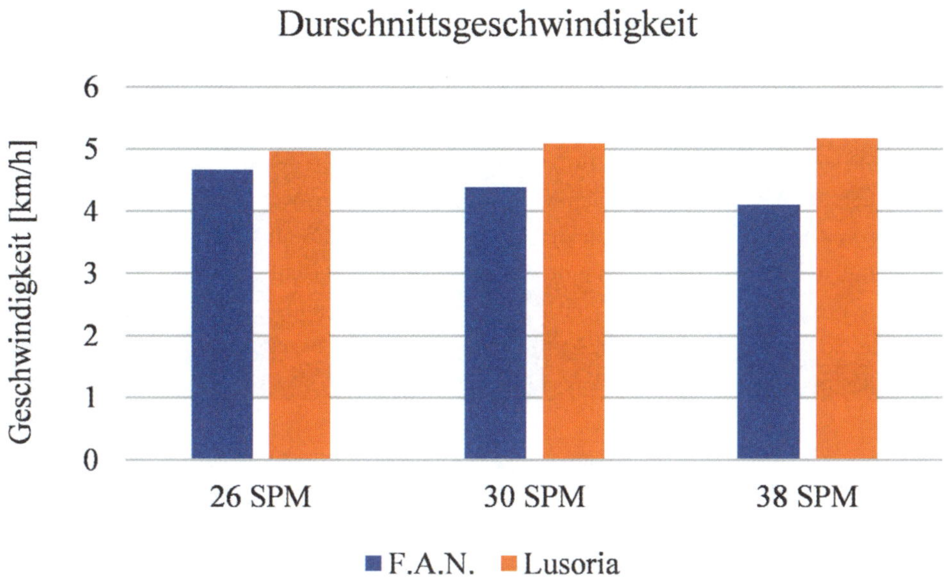

Abb. 27: Vergleich der erreichbaren Geschwindigkeiten bei unterschiedlichen Schlagzahlen

Die weitere Auswertung der Fahrmanöver ist in Abb. 28 gezeigt. Es wurden „Panzerwende", Wende aus voller Fahrt und Wende aus Stillstand gefahren. Dabei erreichte kürzer gebaute F.A.N. erwartungsgemäß den geringeren Wendekreis, wenn auch dies an diesem Tag nicht immer gelang. Im Vergleich dazu lagen die gefahrenen Panzerwenden der F.A.N. auf dem Altmühlsee mit Radien von 6 m weit darunter. Auch die Geschwindigkeit während der Wende lag bei der F.A.N. höher, worauf man auf eine deutlich bessere Manövrierfähigkeit dieses leichteren, kleineren Bootstyps schließen kann. Abschließend wurde auch ein Sprint der beiden Boote über 130 m unter Volllast durchgeführt (siehe Abb. 29). Auch diese Kategorie konnte die F.A.N mit 56,4 s zu 59,0 s für sich entscheiden. Bei der Auswertung der Geschwindigkeitsverläufe wird deutlich, dass sich das geringere Gewicht in eine höhere Beschleunigung umlegen ließ und trotz geringerer Mannstärke auch eine höhere Endgeschwindigkeit erreicht wurde.[19] Letzteres deutet auf eine strömungsmechanisch bessere Rumpfgestaltung hin, vermutlich ein verringerter Wellenwiderstand durch bessere Auslöschung von Sekundärwellen (s. o.).

[19] Damit ist aber noch keine Aussage darüber getroffen, ob die Lusoria Regina nicht auf längere Distanzen aufgrund des größeren, einmal in Bewegung gesetzten Gewichts Vorteile hat.

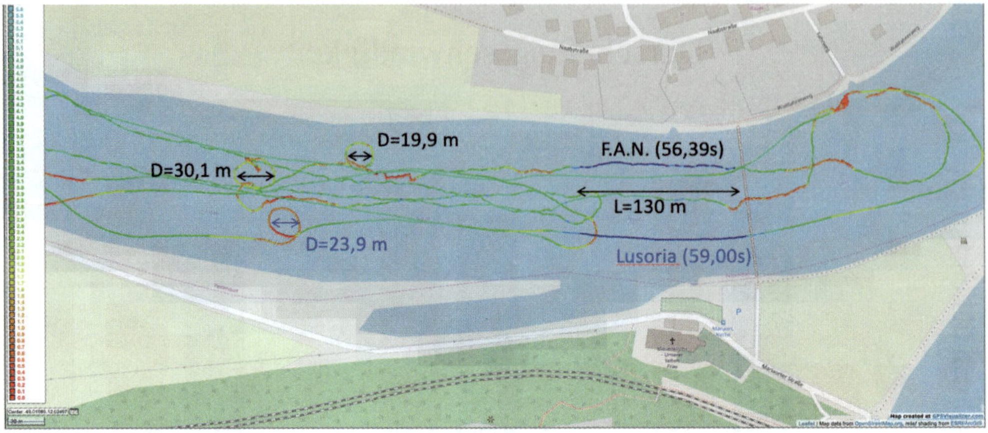

Abb. 28: Auswertung der gefahrenen Manöver

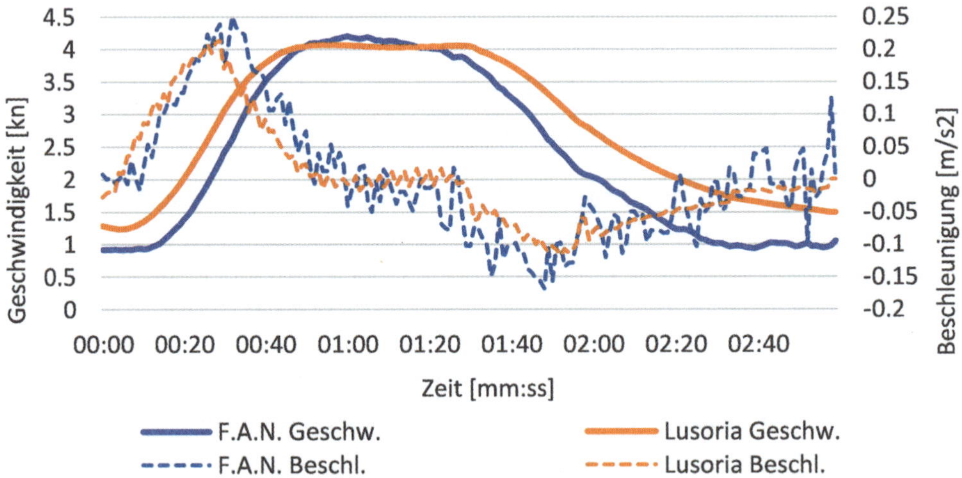

Abb. 29: Geschwindigkeits- und Beschleunigungsverlauf der beiden Boote beim Sprint über 130 m

Manching

Anders als bei den vorherigen Rudertests wurde bei diesen Fahrten in Manching (September 2019: Kapitel 4,9: Rönitz) keine Schlagzahl, sondern es wurden nur die Distanzen von 1487 m und 660 m vier unterschiedlichen Mannschaften vorgegeben, siehe Abb. 30. Die Mannschaften sollten, nach einer kleinen Einfahrzeit, eine eigene Ruderstrategie finden, um so schnell wie möglich die jeweilige Distanz zu überwinden.

Abb. 30: Kurse der Testfahrten in Manching mit den Distanzen 1487 m (links) und 660 m (rechts)

Die Teams à 18 Ruderer hatten unterschiedliche Lösungsansätze, um die beiden Strecken, die lange und die Sprintstrecke, am schnellsten zurückzulegen.
Team 1 bemühte sich, gleich mit einer zügigen Schlagzahl zu beginnen und diese zu halten.
Team 2 wollte sich erst auf den ersten Metern bis zur maximalen Schlagzahl steigern.
Team 3 strebte ebenfalls eine maximale Schlagzahl von Anfang an und wollte diese halten.
Team 4 strebte eine konsequente, aber mäßig hohe Schlagzahl an, die von jedem Ruderer zu halten war. Hier war der Durchzug am saubersten.

Ergebnisse: In Abb. 31 sind die charakteristischen Verläufe der vier Teams zu erkennen. Team 1 startete zu Beginn sehr schnell, stoppte jedoch zweimal nach 377 m und 862 m, da die Mannschaft durch die körperliche Belastung zum Auseinanderfallen neigte. Team 3 zeichnete sich durch eine hohe Schwankung in der Geschwindigkeit aus. Obwohl gegen Ende diese Mannschaft die Höchstgeschwindigkeit von 8 km/h (4,2 kn) erreichte, sind lokale Minimalgeschwindigkeiten von 4,8 km/h (2,6 kn) nach 110 m und 3,3 km/h (1,8 kn) nach 733 m zu erkennen, die durch das Auseinanderfallen und Blockieren der Riemen verursacht wurden. Team 3 und 4 fuhren am stabilsten ihre Schlagzahlen, was sich in einem gleichmäßigeren Geschwindigkeitsverlauf niederschlug. Obwohl Team 4 wesentlich langsamer schlug, gehörte es in der Anfangsphase bis 200 m und am Ende zu den schnellsten Mannschaften.

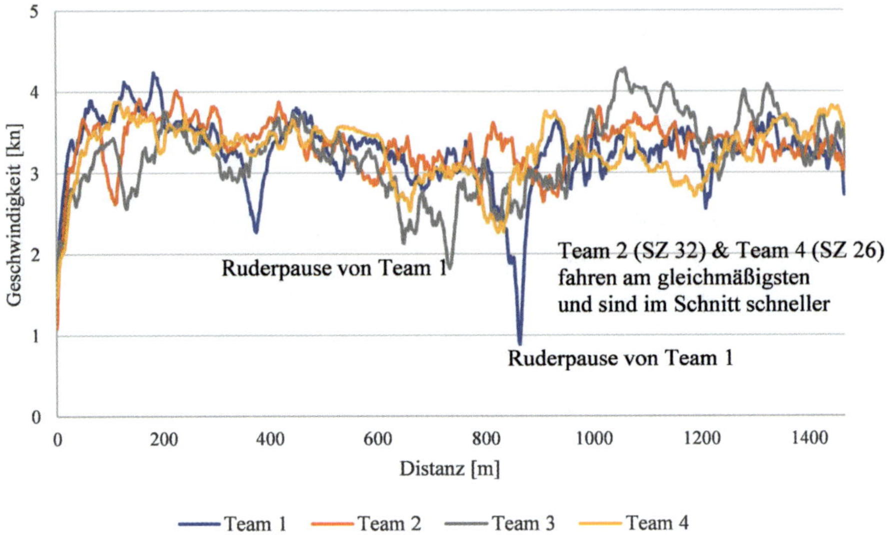

Abb. 31: Geschwindigkeitsprofil der vier Teams à 18 Ruderer in der F.A.N. über 1487 m

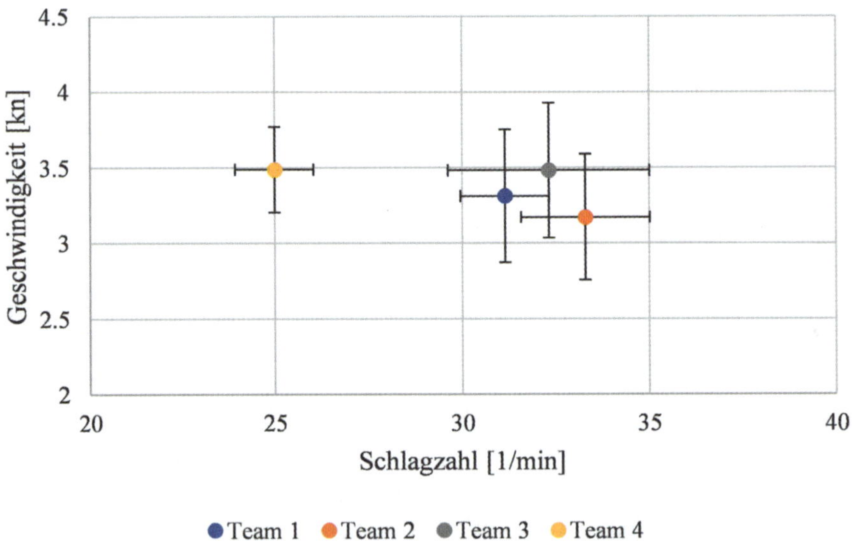

Abb. 32: Durchschnittliche Geschwindigkeiten gegenüber den geruderten Schlagzahlen der Teams 1 bis 4 bei der langen Distanz von 1487 m

Darüber hinaus lassen sich in Abb. 32 die mittleren Geschwindigkeiten gegenüber den durchschnittlich gefahrenen Schlagzahlen darstellen, die einen Rückschluss auf die Ruderqualität zulassen. Hier wird deutlich, dass Team 3 und 4 tendenziell schneller waren als die anderen Teams, bei denen die Einheitlichkeit der Ruderbewegung litt. Dies ist besonders bei Team 2 zu erkennen, dass trotz der höchsten Schlagzahl am langsamsten abschnitt, da es sich oft gegenseitig mit den Riemen behinderte.

Bei den Sprintfahrten fuhren die Teams mit deutlich höherer Schlagzahl von 33 bis etwa 40 Schläge/min, mit Ausnahme von Team 4, das einen langsameren, aber kräftigeren Schlag fuhr (siehe Abb. 33). Dieses Team sowie Team 3 fuhren im Schnitt 7 km/h (3,8 kn) und in der Spitze über 8 km/h (4,3 kn). Team 2 steigerte durch einen einheitlicheren Schlag das Tempo auf 6,5 km/h (3,5 kn) und kam stellenweise auf 7,5 km/h (4,1 kn). Team 1 steigerte im Vergleich zur längeren Fahrt die Ruderfrequenz um einen Schlag pro Minute und fuhr dementsprechend nicht schneller.

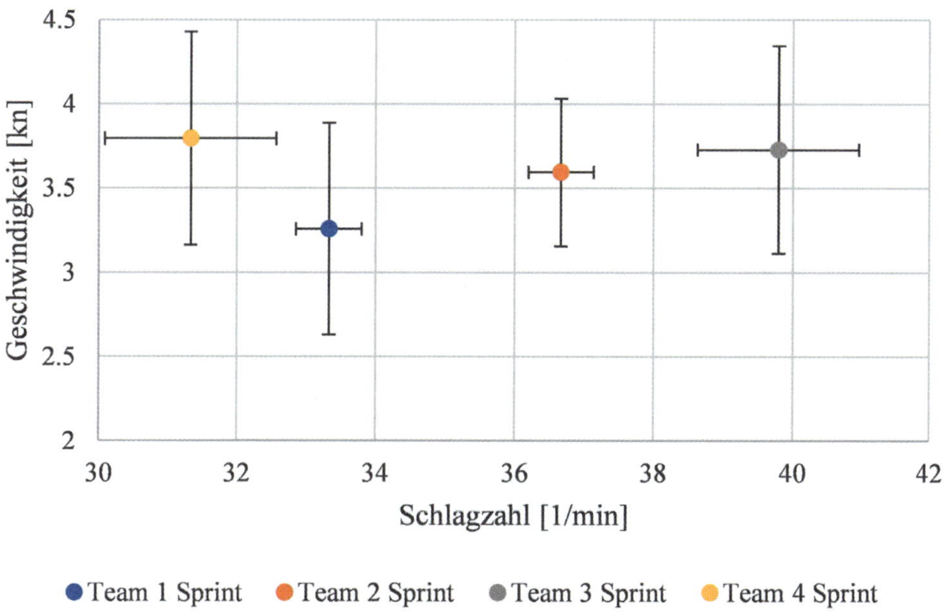

Abb. 33: Durchschnittliche Geschwindigkeiten gegenüber den geruderten Schlagzahlen der Teams 1 bis 4 bei der Sprint-Distanz von 660 m

Dechsendorfer Weiher

Die Rudertestfahrten wurden an drei Terminen auf dem Dechsendorfer Weiher (großer Bischofsweiher) durchgeführt (2020). Hierbei standen die zu erreichenden Bootsgeschwindigkeiten bei unterschiedlichen Belastungen der Mannschaft im Fokus. Die Belastungen wurden anhand der Schlagzahlen von 24–44 Schlägen/min variiert. Eine Belastungsstufe mit konstanter Schlagzahl belief sich auf 4 Minuten. Dazwischen lagen immer vierminütige Pausen, bei denen nicht gerudert wurde. Begonnen wurde mit der Belastungsstufe bei Schlagzahl 24, die für die nächste Stufe um 4 Schläge/min erhöht wurde. Aufgrund der Größe des Gewässers wurden manche Stufen in nicht geraden Kursen gefahren (siehe Abb. 34). Insgesamt fanden die Tests immer mit 18 Ruderern statt. Abweichend waren die Anzahl der Mitfahrer, bestehend aus Sportwissenschaftlern und Messtechnikern, die am 29.06.2020 bei drei, am 06.07.2020 bei sechs und am 27.07.2020 bei zehn lagen (s. Kapitel 5,2: Kemmler-Gatternig-Dreyer). Zudem befand sich am 06.07.2020 ein gerefftes Rahsegel am Mast, das den Windwiderstand beeinflusste.

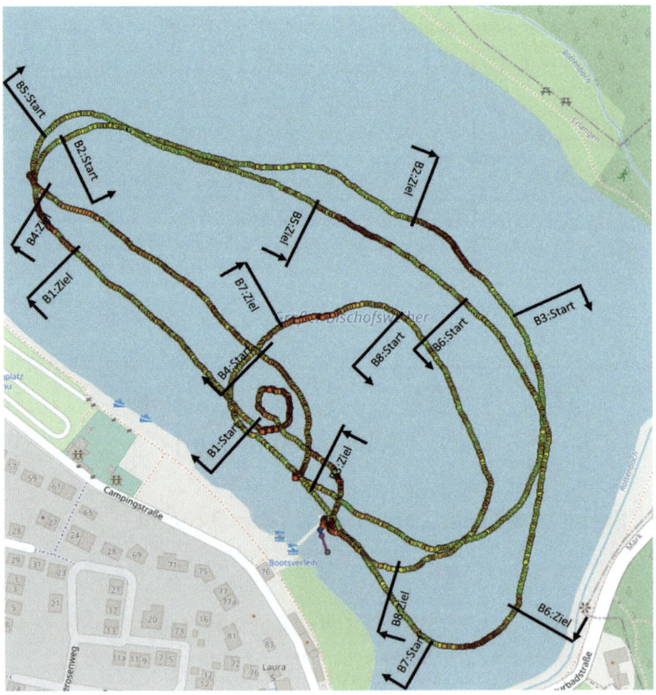

Abb. 34: Kurs der 1. Testfahrt auf dem Dechsendorfer Weiher mit eingezeichnetem Start und Zielpunkte der einzelnen Belastungen (B1-8)

Aus den Ergebnissen der Testfahrten wurde deutlich, dass die Bootsgeschwindigkeit tendenziell mit zunehmender Schlagzahl erhöht werden kann. Dies betrifft speziell die Fahrten vom 29.06.2020 und 27.07.2020 (Abb. 35). Bei der dritten Fahrt sank die Fahrt nach der Erhöhung von 35 auf 40 Schläge in der Minute, was mit dem Auseinanderfallen der Rudermannschaft zu erklären ist. Bei der Fahrt am 06.07., bei dem ein gerefftes Segel angebracht war, sind starke Geschwindigkeitsanstiege von 24 auf 28 und von 36 auf 40 Schläge pro Minute festgestellt worden. Das Geschwindigkeitsplateau dazwischen ist jedoch von dem Windeinfluss durch das Segel zu erklären, da während des Rundkurses ein leichter Gegenwind bei SZ 36 und ein leichter Schiebewind bei SZ 40 zu messen war. Ein wachsender Anstieg des Tempos bei zunehmender Schlagzahl mit einem Erreichen eines limitierenden Maximaltempos war zu Beginn erwartet worden. Wie in den Wasserkanaltests bereits deutlich wurde, steigt der Widerstand des Boots mit der Geschwindigkeit an, wodurch die Mannschaft an ihre physiologischen Grenzen kommt, um diesen noch zu überwinden. Gleichzeitig spielen die kleinen Flächen der schmalen Riemenblätter eine Rolle, die ab einer gewissen Durchzugskraft zum Strömungsabriss neigen und Leistung des Ruderers verloren geht. Dieser Umstand konnte, aus Beobachtungen heraus, durch gleichzeitiges Setzen und Ziehen verbessert werden, was ein eingefahrenes Team zunächst voraussetzt. Im Vergleich zu den anderen hier besprochenen Tests fallen die Geschwindigkeiten etwas niedriger aus, was mit der hohen Anzahl an eingesprungenen Ersatzpersonen zu erklären ist. Demnach fließen die durchschnittliche Erfahrung der Mannschaft mit der Rudertechnik und die physiologischen Unterschiede mit ein. Das Maximaltempo ist in unseren Messungen daher zunächst mehr mannschaftsbedingt als bootsbedingt. Die Werte vom 27.07. zeigen am ehesten auf die Effizienz der Schlagzahl zur Geschwindigkeit hin. Bei den anderen Fahrten waren unvorhersehbare Einflüsse durch den Wind (am 06.07.) und durch die abweichende Erfahrung der Mannschaft (am 29.06.) beeinflusst.

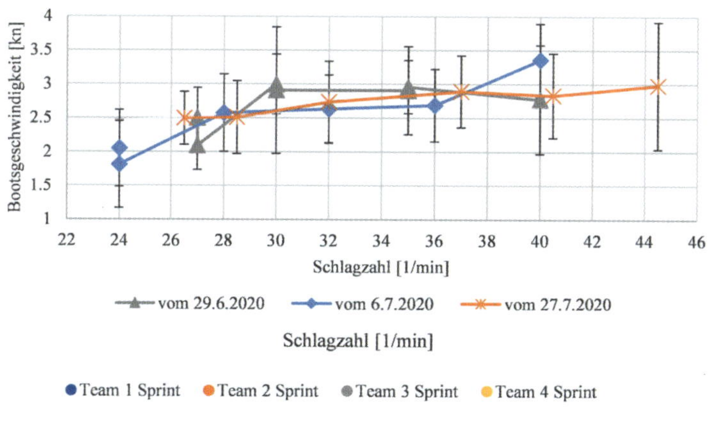

Abb. 35: Rudergeschwindigkeiten der Leistungstest am 29.06., 06.07. und 27.07

Segeltests

Segeltests Altmühlsee (19./26.10.2018):

An beiden Testtagen (siehe Übersicht oben) bewerteten wir auch die Rah- und Sprietsegel[20], nachdem wir die ursprüngliche Takelage des Sprietsegels (die zuvor bei schnell wechselnden Inlandswinden zu Unruhe führte) durch eine neue Konstruktion verbessert hatten. Im Polardiagramm in Abb. 36 ist die Fahrtgeschwindigkeit (GPS-Speed) gegen den Winkel des Windes zum Boot (Winddir) aufgetragen. Die Werte wurden symmetrisch aufgetragen, da in erster Näherung angenommen werden kann, dass sich das Boot unabhängig von der Seite, aus der der Wind kommt identisch verhält.

Ergebnis: Unter der Arbeitshypothese eines konstanten Windes für beide Testtage (am zweiten Testtag hatten wir deutlich mehr Wind) zeigt sich, dass mit der Rah bei allen Achterwinden höhere Geschwindigkeiten erreicht werden können. Das Spriet zeigte hingegen bei Aufwindkursen eine größere Effektivität. Auch Kurse wie auf modernen Segelbooten mit Schwert oder Gewichtskiel (bis zu 25° gegen den Wind) waren möglich. Dazu tragen natürlich auch die längeren (ca. 1,20 m tief reichenden) Seitenruder bei. Natürlich können die Drehungen bei hartem Wind durch eine gut koordinierte Rudermannschaft unterstützt werden (nach wenigen Manövern sind diese Fähigkeiten erreichbar).

20 Im Unterschied zur Rah der Victoria (23,8 m^2) hat die Rah und das Sprietsegel der F.A.N. eine Segelfläche von 25 m^2. Die Rahtests der Victoria (Chr. Schäfer – G. Wagener, Die ersten Testfahrten der Typs Oberstimm I, in: Aßkamp-Schäfer (2008), S. 93–113: Höchstgeschwindigkeit 6 kn; bei starkem, seitlichem Versatz mit Rahsegel bis 90 Grad, einmal 85 Grad an den Wind, kein Kreuzen, S. 113) sind mit Vorbehalt zu vergleichen. Für künftige Tests, die auch ein Lateinersegel einschließen werden, müssen nicht nur einheitliche Segelflächen im Sinne der Vergleichbarkeit vorgehalten werden, sondern auch antike Segelstoffe (etwa Leinen) benutzt werden.

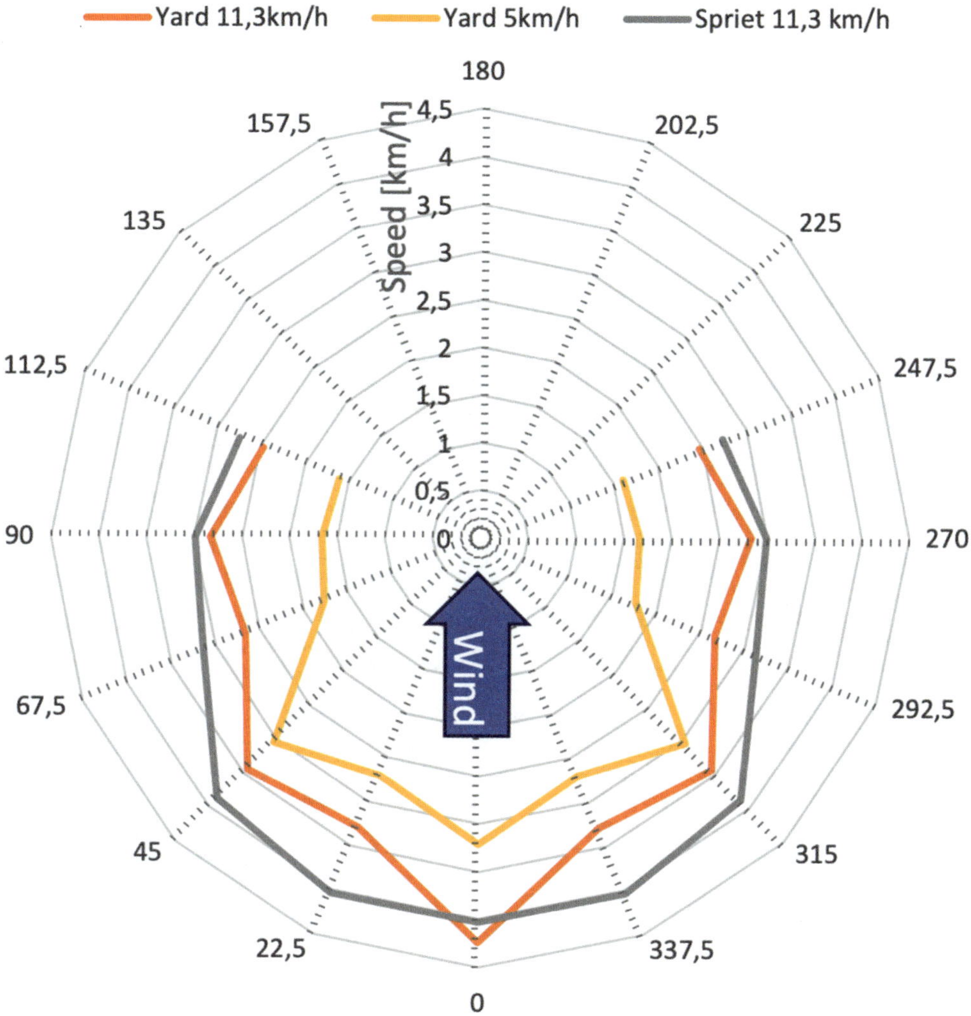

Abb. 36: Polardiagramm mit Vergleich der erreichten Fahrtgeschwindigkeit mit Rah- („Yard“) und Sprietsegel bei unterschiedlichen Windstärken

Sprietsegel-Fahrten auf dem Dechsendorfer Weiher (24./29.07.2020):

Bei beiden Fahrten stand am 24. und 29.07.2020 auf dem Dechsendorfer Weiher das Fahren und Manövrieren mit dem Sprietsegel im Vordergrund. An beiden Tagen wehte der Wind von WNW mit einer mittleren Geschwindigkeit von 7,3 km/h (3,94 kn) über den Weiher. Die Segelfahrten starteten immer am nordöstlichen Teil des Sees, um die Fahrt bei Raumwind und Achterwind zu messen. Daraufhin folgten Wenden und Halsen sowie Fahrten Halb am Wind und am Wind, um an Höhe zu gewinnen. Abb. 37 zeigt die Fahrt vom 29.07., die sehr ähnlich zur Fahrt vom 24.07. war. Durch die ufernahe Bewaldung drehte sich der Wind des Öfteren und nahm ab. In der Mitte des Weihers, konnte dennoch unter einem relativ stabilen Wind gesegelt werden.

Abb. 37: Fahrt mit Sprietsegel am 29.07. auf dem Dechsendorfer Weiher mit Geschwindigkeitsprofil und Kennzeichnung der Manöver

Erstellung des Polardiagramms: Für die Segelfähigkeit des Sprietsegels wurden die Bootsgeschwindigkeiten nach dem zugehörigen Winkel und Geschwindigkeit des scheinbaren Windes sortiert und daraus ein Mittelwert gebildet. Für eine ausreichende Datenanzahl pro Gruppe wurden die Winkelauflösung des Windsensors von ursprünglich 1,5° auf 10° herabgesetzt und alle Windgeschwindigkeiten in drei Klassen eingeteilt. Zur Erstellung des Polardiagramms dienten 9435 Datenpunkte.

Segeleigenschaften des Sprietsegels:

Im Hinblick auf die Segeleigenschaften, die in Abb. 38 zu sehen sind, eignet sich das Sprietsegel bei niedrigen Windgeschwindigkeiten nur bei Wind von Achtern. Hier wird der Wind auch gut vom Segel eingefangen. Mit zunehmender Windgeschwindigkeit öffnet sich der Winkel des zu nutzenden Windes und das Boot kommt schneller in Fahrt. Speziell bei Fahrten am Wind (hier: bei 310°) und am Halbwind (270–290° & 90–100°) konnte bereits genügend Fahrt, von über 3 km/h (1,61 kn) aufgenommen werden, um ohne Einsatz von Rudern eine Wende durch den Wind zu vollziehen. Bei einem Wind ab 10 km/h eignete sich das Sprietsegel bei Raumwind (130°) am besten, wodurch das Boot mit durchschnittlich 7,5 km/h (4,0 kn) am schnellsten fuhr. Hier wird noch eine gewisse Asymmetrie der Segeleigenschaften beobachtet, die zum einen durch die seitlich liegende Sprietspiere des Segels zustande kommen kann. Von einer Windseite legt sich das Segel in die Sprietspiere, wodurch es sich nicht ganz ausbreitet. Zum anderen kann das begrenzte Segelgebiet, beziehungsweise die einseitige Witterungsbedingung der beiden Fahrten für die Asymmetrie verantwortlich sein.

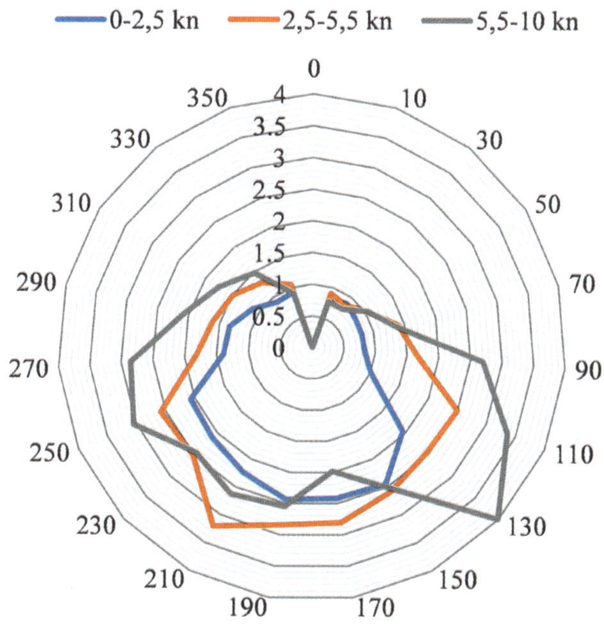

Abb. 38: Segeleigenschaften des Sprietsegels dargestellt durch die Bootsgeschwindigkeit über Grund (Radius, Knoten) bei unterschiedlichem Winkel und Stärke des wahrscheinlichen Winds bei 0–2,5 kn, 2,5–5,5 kn und 5,5–10 kn

Bei den unterschiedlichen Manövern und Winkeln zum Wind wurde zudem ersichtlich, dass die F.A.N nur manövrierfähig und auf Kurs gehalten werden konnte, solange sie eine Mindestgeschwindigkeit von etwa 3 km/h (1,6 kn) besaß. Grund hierfür ist die Konstellation aus dem weit vorne aufgestellten Mast, dem Rumpf ohne Kiel und den im Heck befindlichen Steuerrudern. Der Mast neigt dazu bei Gegenwind den Bug vom Wind wegzudrehen. Der Rumpf des Bootes allerdings stabilisiert sich und wirkt gegen diese Quereinwirkung nur mit zunehmender Geschwindigkeit (siehe Wasserkanalversuche). Das Gegenhalten mit den Steuerrudern zeigte erst ab 3 km/h (1,61 kn) genügend Wirkung.

Neben den Fahrten am Wind gelangen mehrmals Wendemanöver durch den Wind. Abb. 39 zeigt dabei die typischen Wind- und Bootsgeschwindigkeiten während des Manövers. Für eine erfolgreiche Wende durch den Wind musste das Boot wieder mit einer Mindestgeschwindigkeit von 3 km/h (1,6 kn) in den Wind gehen, damit die (kürzeren, 50 cm tief reichenden) Steuerruder, die allein am Weiher einsetzbar waren, richtig lenken konnten. Das Boot bremste dennoch stark bis zum Scheitelpunkt der Wende ab. Durch Umlegen des Segels auf die Luv-Seite (das Segel wurde am Umschlagen gehindert), drehte sich das Boot weiter.

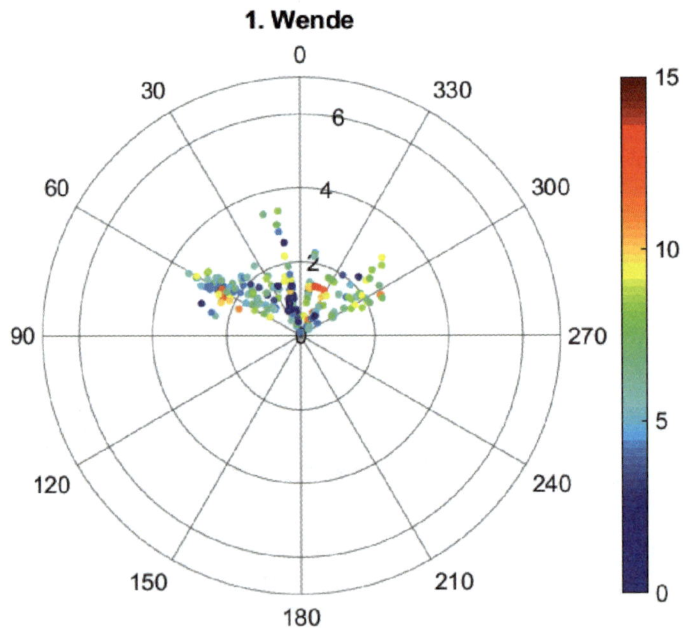

Abb. 39: Geschwindigkeiten des Boots über Grund (Radius) und des wahrscheinlichen Winds (Winkel, Farbe) während des Wendemanövers

Rahsegel

Das Rahsegel wurde auf dem Dechsendorfer Weiher an einem Tag getestet. Im Boot saßen acht Ruderer, die das Boot bei eingeholtem Segel zunächst gegen den Wind in den nordwestlichen Teil des Weihers und am Ende vom östlichen Ufer an den Steg zogen. Bei dieser Fahrt herrschte meist Raum- oder Achternwind, da der Wind überwiegend von WNW mit 11,8 km/h (6,4 kn) kam (Abb. 40).

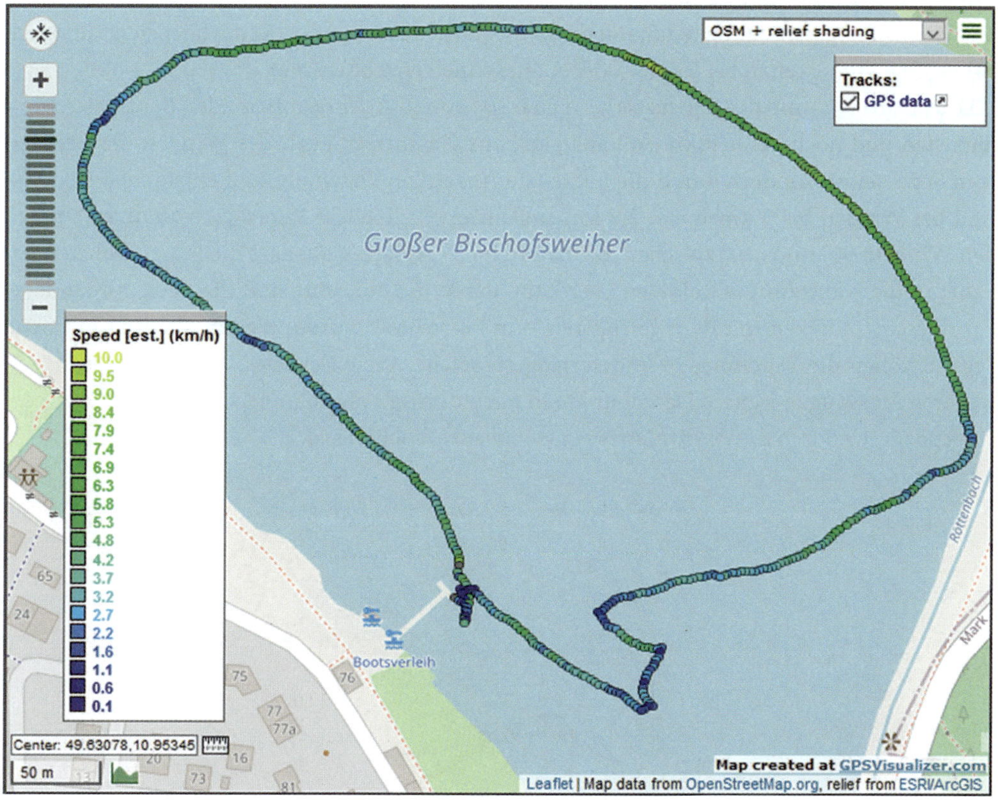

Abb. 40: Kurs der Fahrt mit den Riemen bis zum nordwestlichen Ende und anschließende Fahrt mit dem Rahsegel

Die Erstellung des Polardiagramms für das Rahsegel geschah analog zum Sprietsegel. Für die Erstellung dienten 1195 Datenpunkte.

Segeleigenschaften des Rahsegels

Abb. 41 zeigt die bei der Fahrt aufgenommenen Segelcharakteristik des Rahsegels. Bei niedrigen Windgeschwindigkeiten zwischen 0–5 km/h (0-2,7 kn) beginnt das Boot mit dem Rahsegel zu fahren, wenn der Winkel zwischen Fahrtrichtung und Wind über 90° liegt. Die Effizienz des Segels steigt mit zunehmender Windrichtung über Achtern, wodurch das Boot fast nahezu so schnell wie der Wind fährt. Mit zunehmender Windstärke steigen auch die möglichen Fahrtwinkel zum Wind auf einen Bereich zwischen 50° und 310° an. Ebenfalls steigen die mittleren Fahrtgeschwindigkeiten mit der Windstärke weiter an, wobei die höchsten mittleren Fahrtgeschwindigkeiten bei Raum- oder Achterwind erreicht wurden.

Das Polardiagramm des Rahsegels zeigt eine Asymmetrie der resultierenden Bootsgeschwindigkeiten und noch keine klare Abhängigkeit zur Geschwindigkeit des Windes, die weniger vom Segel selbst, sondern durch die begrenzte Anzahl an Datenpunkten entstanden sind. So sind bei Winden bis 5 km/h (ca. 2,7 kn) stellenweise schnellere Bootsgeschwindigkeiten bei den Winkeln 90° und 210° zu sehen, die dadurch zu erklären sind, dass die F.A.N. mit zügiger Fahrt in die Nähe zum bewaldeten Ufer kam, der Wind abflachte und die noch vorhandene Fahrtgeschwindigkeit mit dem geringeren Wind assoziiert wurde. Weitere Fahrten mit dem Segel erhöhen die Datenmenge und verringern solche Ausreißer. Des Weiteren werden mit weiteren Messungen weitere Datenpunkte in noch dürftig ausgestatteten Datenpunktgruppen eingepflegt, wodurch die Asymmetrie ein wenig aufgehoben wird.

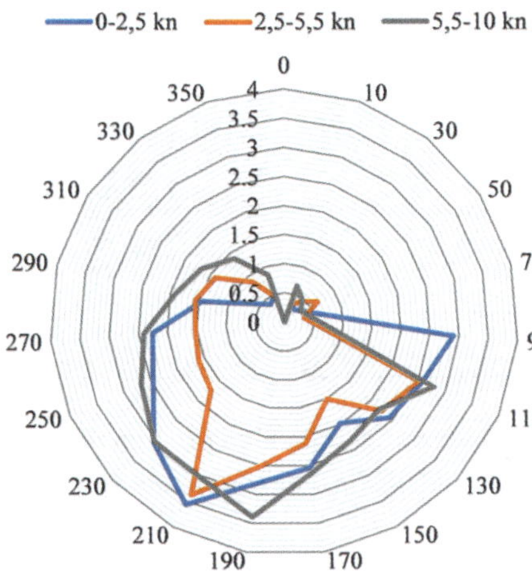

Abb. 41: Segeleigenschaften des Rahsegels dargestellt durch die Bootsgeschwindigkeit über Grund (Radius, Knoten) bei unterschiedlichem Winkel und Stärke des wahrscheinlichen Winds bei 0-2,5 kn, 2,5–5,5 kn und 5,5–10 kn

1.5 Ergebnisse

1) **Wasserkanal**: Die Untersuchungen im Wasserkanal der FAU beim Lehrstuhl für Strömungsmechanik ergab eine theoretische Maximalgeschwindigkeit, die durch Ruderer erreicht werden kann, und zwar in Abhängigkeit von konkaven (wie bei der Replik) und rundem Vordersteven. Das führte zu einem antizipierten Kraftaufwand, der sich an der Realität des 1:1 Nachbaus beweisen musste. Das die 1:10 Modelle waren bemalt in der enkaustischen Farbe, in der auch die 1:1 Replik bemalt war. Die Messungen berücksichtigten auch das Mannschaftsgewicht.[21] Die erreichbaren Geschwindigkeiten mit voller Mannschaft an den Riemen ergaben sich aus diesen Messungen zu 4,8 kn als Dauerlast (18 x 50 W Ruderleistung) bzw. 6,9 kn als Spitze (18 x 170 W Ruderleistung).[22] Diese theoretisch Leistungsmöglichkeiten gerade hinsichtlich der Dauerlast müssen sich der Realität stellen, die insbesondere durch die historische Ruderaufhängung bestimmt ist (s. u.).

2) **Rudern**: Bei den Tests fällt auf, dass die Rudergeschwindigkeiten durchschnittlich geringer waren als bei den vorangegangenen Tests mit den Vorgängerrepliken. Das ist vor allem auf die historische Ruderaufhängung (s. Kapitel 5,2: Kemmler-Gatternig-Dreyer) zurückzuführen, aber auch auf den Grad der Übung der doch heterogenen Mannschaft. Die Ergebnisse müssen unter konstanteren Verhältnissen (Mannschaft, Witterung) perfektioniert werden. Doch auch jetzt sind die Ergebnisse erkenntnissteigernd, weil die historischen Ausgangsbedingungen mit mehreren Alternativen erweiterte Schlussfolgerungen ermöglichen:

a) Mit kürzeren Riemen (hier wurden 4,1 m-Riemen solchen mit 4,4 (an Bug und Heck)–4,7 m – nach Maßgabe der Regeln der Handbücher für traditionelle Schifffahrt – gegenübergestellt) war in engeren Flüssen die Fahrt noch möglich. Darauf waren die Boote mit max. 50 cm Tiefgang ausgerichtet. Die insgesamt leichteren kürzeren Riemen garantierten auch die Gewährleistung der Bestimmung der Boote, längere Etappen zurückzulegen, ohne die Besatzung zu verschleißen. Simulationsprogramme (s. Kapitel 5,3: Stamminger-Rückert-Gatternig-Dreyer) können die Länge der Riemen in der weiteren Folge noch optimieren.

---

21 R. Grabert (2016), S. 231–235. Wenn Modelle ohne die Einrechnung des Mannschaftsgewichts im Schlepptank getestet werden, hat dies für die Antizipierung des Strömungsverhaltens des 1:1 Modells unter Einsatzbedingungen (also mit Mannschaft einschl. ggf. Zuladung (Mast) etc.) wenig Relevanz. Die Auswertung des Modells von Oberstimm dagegen erfolgt unter Einrechnung der Mannschaft (ohne Mast, immerhin etwa 100 kg) im Potsdamer Schlepptank, R. Grabert – Chr. Schäfer (2008), S. 72–92.

22 R. Bockius (2013), S. 47, ist bei einem Leistungsgewicht für die Oberstimmer Boote bei 220 kg pro 18–20 Ruderer.

b) Längere Etappen (in von etwa 8 Stunden mit etwa 40 Strömungskilometer bergab) sind mit einer Geschwindigkeit von ca. 3 kn (strömungsbereinigt, wie auch bei den Vorgängerrepliken erwiesen) zu bewältigen (mit Pulsmessern auch geprüft). Der Beweis ist aber darüber hinaus erhellend, denn man musste mit einer Stammmannschaft und ggf. wechselnden Mannschaften am nächsten Tag auch für gleich lange Etappen zur Verfügung stehen können. Das ist gewährleistet, indem man einen Mechanismus von Pausen entwickelt. Hier hat sich ein „Schichtbetrieb" etabliert, bei dem ein Teil weiter ruderte, während der zweite pausierte. Dadurch verringerte sich der Kraftaufwand beim Anrudern, weil die Geschwindigkeit bei geringer Verringerung gehalten wurde.

c) Vergleichstests mit römischen Booten anderer Bauart aber gleicher Bestimmung zeigen die Vorteile des historischen Nachbaus der FAU: Sie ist wendiger, schneller im Sprint, aber nicht unbedingt in der Dauerleistung, wenn das konkurrierende (schwerere) Boot einmal in Fahrt ist. Hier müssen systematische Vergleichstests noch folgen.

d) Nicht bislang wurden die Verhältnisse zwischen Schlagzahl und Leistung begutachtet. Systematische Leistungsvergleiche ergeben das interessante Resultat, dass gut geübte Mannschaften individuelle Strategien zur Optimierung ihrer Leistung entwickeln konnten, um jeweils die beste Leistung des Bootes generieren zu können. Mannschaften mit durchschnittlich stärkeren Personen können auch mit geringerer Schlagzahl, die aber kräftiger durchgeführt werden, hohe Geschwindigkeiten erreichen. Aber auch höhere, gut koordinierte Schlagzahlen bringen das Boot auf große Geschwindigkeit. Wichtig für das Boot ist aber nicht der Spurt, sondern am Ende der „Kurs", der auf längere Strecken die Einsatzfähigkeit der Mannschaft für amphibische Unternehmungen oder für kontinuierlicher Rudertätigkeit garantiert.

e) Da die Ruderer Soldaten waren, wären auch für die Tests solche Bedingungen idealerweise vorauszusetzen, also trainierte Männer, die keine Ruderspezialisten sind. Das war bislang nicht möglich, aber Annäherungen sind durch ein spezifisches Vortraining 2020 realisiert, wenn auch durch COVID 19 torpediert (Kapitel 5,2: Kemmler-Gatternig-Dreyer). Die Versuche zeigen jedoch, dass eine Steigerung nach kurzer Eingewöhnungszeit auch in Gewässern mit Strömung mit zunehmender Übung möglich ist, mit gesetzten Grenzen, soweit es die Verinnerlichung des gemeinsamen Rhythmus betrifft. Aber auch sonst gibt es hydrostatisch bedingte Limits. Aus der Verdrängerfahrt kommt das Boot nicht heraus, wie schon die Tests im Wasserkanal bewiesen. Weiter ist eine Steigerung der Geschwindigkeit ist mit zunehmender Schlagzahl begrenzt – zum einen wegen des Riemendesigns und zum anderen wegen der historischen Riemenaufhängung, die bei erhöhter Ruderfrequenz zu viel Aufmerksamkeit für das Arrangement des Riemens beim Durchzug abzieht. Auch durch Übung ist nur ein begrenzter Ausgleich möglich, wiewohl diese flexible Aufhängung die individuelle Ausrichtung der Riemenwinkel ermöglicht. Auch dies demonstriert, dass das Hauptaugenmerk beim Antriebsdesign auf den Dauerbetrieb, nicht auf den Sprint ausgelegt war.

3) **Segel**: Erstmalig werden Sprietsegel getestet. Die dritte Möglichkeit, das Lateinersegel, konnte noch nicht getestet werden. Das Segelmaterial war Duradon. Der Vergleich auch durch historisches Segelmaterial (Leinen, Wolle, wohl eher nicht Leder) steht noch aus.

a) Vorteile des Rahsegels bestehen bei Kursen mit achterlichem Wind.

b) Das Sprietsegel ist immer bei allen Winden hart am Wind im Vorteil. Bei kürzeren Steuerrudern achtern – bei längeren Steuerrundern ist noch besseres Segelverhalten zu erwarten – und bei einer Grundgeschwindigkeiten von mind. 3 km/h (1,6 kn) sind Kurse hart am Wind mit wenig Seitenvertrieb sowie Wenden durch den Wind sehr gut möglich, im Gegensatz zur Rahbesegelung (das haben auch die Tests an den Vorgängerrepliken gezeigt). Dies gilt unabhängig vom Übungsgrad der Mannschaft, für die gerade bei diesen Schiffstypen ihre primäre Bestimmung als Teil der Infanterie veranschlagt werden muss. Niedriggewässer ermöglichen nicht den Einsatz von tiefen Steuerrudern, daher ist hier der Seitenvertrieb höher bei Einsatz des Segels. Man wird deshalb bei engen Flussläufen mit geringem Tiefgang auf den Einsatz des Segels, insbesondere des Rahsegels, verzichtet haben. Das Sprietsegel ist dann eindeutig im Vorteil, da der Schwerpunkt weiter hinten im Boot liegt. Wie sich das auf das Lateinersegel auswirkt, wird noch zu testen sein.

c) Der Einsatz von Segeln – wie die Donaufahrt erwiesen hat – ist natürlich bergauf eine Erleichterung, in breiten, in der Antike stärker mäandrierenden, tendenziell langsamer fließenden Flüssen, so dass auch westliche Winde (bes. auf dem Rhein oder dem Oberlauf der Donau) genutzt werden konnten. Weiter donauabwärts und besonders im Donaudelta sind aber darüber hinaus auch saisonale Ostwinde sehr gut für die Fahrt stromaufwärts nutzbar, wie sich bei der Schwarzmeerfahrt erwiesen hat.

d) Rahbesegelung der F.A.N. wurde mit anderen Nachbauten römischer Schiffe verglichen. Sowohl bei der erreichten Geschwindigkeit als auch bei der Winkelabhängigkeit sind die Segeleigenschaften sehr ähnlich wie der Regina (Testfahrten 2006), Victoria (Testfahrten 2008) und der Lusoria Rhenana (Testfahrten in den Jahren 2011 und 2012). Das Sprietsegel war besonders bei achterlichem Wind weniger effektiv als das Rahsegel.

e) Die Testfahrten zeigen, dass Schiffe dieser Bauart nicht mit einem Rahsegel in den Wind kreuzen können. Die Schiffsgeschwindigkeit ist fast konstant auf Raumkurs (von 180 bis 90°), mit nur einem leichten Abfall für Winkel < 120°, aber fällt schnell auf Null, sobald der Winkel kleiner als 90° wird. Für Kurse in den Wind muss man die Riemen ins Wasser lassen. Wie oben angesprochen, waren die Flüsse in römischer Zeit noch nicht begradigt, und daher hatte eine Flussfahrt immer wieder andere Windrichtungen relativ zum Schiff. Wir müssen uns also eine Fahrt so vorstellen, dass sich immer wieder kurze Ruder- und Segelabschnitte abwechseln. Beim Segeln kann sich die Mannschaft erholen. Dafür ist dann insbesondere der große Winkelbereich, in dem ein Rahsegel sinnvoll ist (180°!), wichtig, aber auch die Tatsache, dass das Rahsegel schnell gesetzt, richtig eingestellt, und wieder eingeholt werden können. Letzteres bietet aber gegenüber einem gut eingestellten Sprietsegel kaum noch einen Vorteil, zumal diese Kurse härter am Wind gestattet.

Das Spektrum der Tests muss um das Lateinersegel, das für die Einsatzzeit des Bootes (auch der Lusoria) weniger häufig belegt, aber nachweisbar (!) ist, erweitert werden. Die Segelstoffe müssen durch antike Stoffe ersetzt werden, damit man hier gute Vergleichserkenntnisse über das Boot hinaus und erweitert um die Lusoria-Typen in Segel- und Rudereigenschaften gewinnen kann. Darüber hinaus muss in Simulationsprogrammen die ideale Konfektionierung des Segels in Größe und Zuschnitt für die Bootstypen errechnet werden, da aus Kostengründen die antiken, empirischen Ermittlungen nicht fallweise nachvollzogen werden können. Während und infolge des EU-Projekts „Living Danube Limes" kommen wir den skizzierten Idealbedingungen näher. Weitere Forschungsanträge müssen dann den Rahmen zur Verwirklichung (Mannschaften, Testbedingungen, Rechnerleistungen) des skizzierten Programms schaffen.

Literaturverzeichnis

Bockius, R., Die römerzeitlichen Schiffsfunde von Oberstimm (Bayern), Mainz 2002.

Bockius, R., Ruder-„Sport" im Altertum. Facetten von Wettkampf, Spiel und Spektakel, Mainz 2013.

Grabert, R. / Chr. Schäfer, Widerstandstest in der Schiffbau-Versuchsanstalt Potsdam. In: Ch. Schäfer / R. Aßkamp (Hg.), Projekt Römerschiff: Nachbau und Erprobung für die Ausstellung ‚2000 Jahre Varusschlacht', Hamburg 2008, S. 72–92.

Grabert, R., Lusoria I vs. Lusoria Rhenana. In: F. Brechtel / Chr. Schäfer / G. Wagener (Hg.), Lusoria Rhenana, ein römisches Schiff am Rhein: neue Forschungen zu einem spätantiken Schiffstyp, Hamburg 2016, S. 231–235.

Günther, H. M. / A. C. Wawrzyn, Erprobung des Typs Oberstimm I auf dem Ratzeburger See. In: Chr. Schäfer / R. Aßkamp (Hg.), Projekt Römerschiff: Nachbau und Erprobung für die Ausstellung ‚2000 Jahre Varusschlacht', Hamburg 2008, S. 129–147.

Günther, H. M. / A. C. Wawrzyn, Technische Auswertung der Testfahrten. In: F. Brechtel / Chr. Schäfer / G. Wagener (Hg.), Lusoria Rhenana, ein römisches Schiff am Rhein: neue Forschungen zu einem spätantiken Schiffstyp, Hamburg 2016, S. 236–250.

Hunter, J. D., Matplotlib: A 2D-Graphics Environment, in: Computing in Science & Engineering 9, 2007, S. 90–95, DOI:10.1109/MCSE.2007.55 – https://matplotlib.org/.

Kluyver, R.-K. / G. Pèrez / F. Bussonnier / H. Kelley / C. I. Grout / A. Avila / J. Willing, Notebooks – a publishing format for reproducible computational workflows. In: F. Loizides / B. Schmidt (Hg.), Positioning and Power in Academic Publishing: Players, Agents and Agendas, IOS Press 2016, S. 87–90.

Krüger, S., Strömungsmechanische Grundlagen zum Glattwasserwiderstand von Schiffen, TU Hamburg 2009, S. 3 (URL http://www.ssi.tu-harburg.de/doc/webseiten_dokumente/ssi/ vorlesungsunterlagen/ WIDERST.pdf).

McKinney, W., Data structures for statistical computing in python, in: van der Walt / Millan (Hg.), Proceedings of the 9th Python in Science Conference, Volume 445, 2010.

Schäfer Ch. / H. M. Günther / A. C. Wawrzyn, Lusoria – Ein Römerschiff im Experiment: Rekonstruktion – Tests – Ergebnisse, Hamburg 2008.

Travis E. Oliphant, A guide to NumPy, USA: Trelgol Publishing 2006 – https://numpy.org/.

Abbildungsverzeichnis

Abb. 1, 3, 4, 21–41: Julian Thünnesen

Abb. 2, 13, 14, 16, 17, 19, 20: Hans Moritz Günther

Abb. 5: Julian Thünnesen; Bernhard Gatternig

Abb. 6–8, 11, 12: Bernhard Gatternig

Abb. 9–10a und b, 154, 18a und b: Alexander Christoph Wawrzyn

2 Leistungsdiagnostik auf der Fridericiana Alexandrina Navis (F.A.N.) – eine Pilotstudie

Wolfgang Kemmler, FAU – Boris Dreyer, FAU – Bernhard Gatternig, Weihenstephan-Triesdorf

2.1 Einführung

Jede Leistungsdiagnostik zuvor, die auf römischen Schiffen – der Lusoria von Germersheim und er Victoria nach dem Oberstimmer Wrack 1 – vorgenommen wurde, ist auf der Grundlage einer spezifischen Ruderaufhängung durchgeführt worden,[1] die nicht historisch ist.[2]

> „Ich komme zur Kritik *(Verf.: an den bisherigen Rekonstruktionen der Victoria und mittelbar der Lusoria Rhenana hinsichtlich der Ruderaufhängung)*: Wenn man so etwas macht – auch über den engen Fachkreis hinweg –, um eine breite Öffentlichkeit zu erreichen, dann ist das in Ordnung, wenn die Rekonstruktion tragfähig ist. Wenn man allerdings eine Rekonstruktion vor dem Hintergrund experimenteller Archäologie betrachtet, wenn man also antike Bedingungen herstellen will, dann muss man bis ins Detail gehen. Dann darf man keine Zutaten einbringen, die etwa der Bequemlichkeit geschuldet sind. Und das muss ich kritisieren bei der Replik Victoria, denn weil man hier befürchtete, dass der moderne Sportsmann mit der antiken Ruderaufhängung nicht zurechtkommt, hat man die antike Aufhängung vermeidend ein Holzbrett an den Riemen angebracht, mit einem Loch zur Durchführung der Dolle (*Verf. Abb. 1*).

---

1 Schäfer / Wagener (2016), S. 194–216.

2 Bockius 2013, S. 37–42, mit Abb. für Abriebbelege.

Abb. 1: Victoria mit moderner Ruderaufhängung

Das ist ein eklatanter Eingriff in den antiken Betriebsablauf. Mit der antiken Ruderaufhängung durch Stropp (*Verf.: einer Tauschlaufe um Riemen und Dolle*, Kapitel 1,3: Gläser-Bettschnitt) kann man – das ist der Vorteil – sogar den Innenhebel verändern. Das ist extrem wichtig, denn dann passe ich mein Gerät so an, dass ich möglichst lange arbeite.“ [3]

Abb. 2: Antike Ruderaufhängung mit Stropp bei der F.A.N., bugwärts in den Stropp gezogen

3 Vortrag R. Bockius, Vortrag Erlangen, Jan. 2017 (Aufzeichnungsreferat).

Wir können daraus schließen, dass es in der römischen Antike und zumindest bei diesem Rudertyp nicht so sehr auf die Schnelligkeit ankam, für die ein stabile Ruderaufhängung nach modernen Kriterien günstig gewesen ist, sondern vielmehr darauf, dass man durch eine bequemen Innenhebel den Rücken maximal schonte und damit die Ruderleistung möglichst lange aufrechterhielt. Mit der korrekt rekonstruierten Riemenaufhängung (Abb. 2) sind alle praktischen Studien, mit denen wir hier einsetzen, auf eine neue Basis gestellt. Außerdem verminderte man dadurch den Abrieb und verlängerte dadurch die Lebensdauer der Dollen.[4] In der Tat ist durch den Ruderbetrieb an der F.A.N. nie eine Eichendolle gebrochen – im Gegensatz zu den Fällen mit der modernen Ruderaufhängung.

Studienrationale für Leistungsdiagnostik und Strömungswissenschaft

Von den Legionären selbst bewegte Boote des Oberstimm- bzw. Lusoria-Typs stellten im europäischen Binnengewässersystem neben ihrer zentralen Rolle im römischen Patrouillensystem (etwa Vegetius: 4,37,1–5 uvm.[5]) auf Grenzflüssen auch die effektivste und schnellste Möglichkeit der Truppenverlegung dar. Das physiologische Anforderungsprofil des römischen Legionärs zeichnet sich indes primär durch hohe Marschleistung mit zum Teil enormer Zusatzbelastung durch Bewaffnung und Marschgepäck („miles impeditus") aus. Historisch belegt sind regelmäßige 30 km-Märsche mit vollem oder 60 km-Märsche mit leichter Ausrüstung bei guten Wegeverhältnissen. Diese axiale gewichtstragende Belastung ohne wesentliche dynamische Beanspruchung des oberen Rückens und der oberen Extremitäten beim Marschieren/schnellen Gehen unterscheidet sich diametral vom muskulären Profil der F.A.N.-spezifischen Ruderarbeit im Rahmen von Fernfahren bei strategischen Truppenverschiebungen vor Kampfhandlungen an weit entfernten Orten. Legt man den Oberstimmer/Mainzer-Bootsstyp zugrunde,[6] so fokussiert sich die muskuläre Belastung bedingt durch die enge (≤ 90 cm bei 170–175 cm Körpergröße der Soldaten) Sitzposition und beschränkten Halt für Beine/Füße[7] beim Vortrieb des Bootes primär auf die Armbeuger und (nachrangig) Teile des oberen Rückens. Zusätzlich kann bedingt durch knappe zeitliche Ressourcen und militärische Notwendigkeit davon ausgegangen werden,

4 Bockius (2013), S. 37.

5 Vegetius 4,37,1–5 (Ende 4. Jahrhundert n. Chr.) beschreibt diesen Typ als rasch operierende Patrouillenboote, nicht als Vehikel zur Truppenverlegung; die Funktion zur schnellen Truppenverlegung mit der Bewältigung von 1100 km in 11 Tagen (361 n. Chr.), um weiter östlich den Gegner zu überraschen, s. in: Zosimos 3,10,2f.; Ammianus Marcellinus 21,9,2.

6 Schäfer / Wagener (2016), S. 194–217.

7 Lediglich die historisch belegten Fußstützen.

dass im Vorfeld der Truppenverlegung keine planmäßige physiologische oder technische Konditionierung aller Legionäre für die nachfolgende, vergleichsweise lange Ruderbelastung stattfand, sondern dass unmittelbar nach Erstellung der Boote und kurzer Rüstzeit die Fahrt zum Zielort aufgenommen wurde. Bedenkt man zudem, dass größere militärische Auseinandersetzung und entsprechende Truppenverlegungen über das Binnengewässersystem Europas sicher nicht allzu häufig im Leben eines Legionärs vorkamen, insofern beim Großteil der römischen Soldaten keine Ruderkompetenz[8] vorlag, so muss faktisch von einer zumindest initial eher suboptimalen Fortbewegung und Geschwindigkeit der Boote ausgegangen werden.

Ziel der vorliegenden Untersuchung war es somit, ein Kollektiv junger Männer nach vorhergehender Lauf- (Ausdauer-)Belastung und kurzer praktischer Einführung in die Rudertechnik mittels Laktatleistungsdiagnostik auf Ihre Ruderleistung in unterschiedlichen physiologischen Bereichen hin zu überprüfen, um Rückschlüsse über die Fortbewegungs-geschwindigkeit(en) der F.A.N zu generieren. Die vorliegende Untersuchung ist trotz dieser konkreten Fragestellung noch als Pilotstudie zu betrachten, welche die ideale Methodik zur Umsetzung dieser Fragestellung adressierte.

2.2 Material und Methoden

Probanden

Nach Aufruf im Studiengang Alte Geschichte sowie einem assoziierten Latein-P-Seminar eines Forchheimer Gymnasiums konnten nach Anwendung der Eligibilitätskriterien (a) männlich (b) keine Kontraindikationen für Ausbelastungstests (c) Durchführung des vorgegebenen Lauftrainings (d) Anwesenheit bei beiden Testzeitpunkten und (e) kein leistungssportliches Rudertraining in der Vergangenheit, 16 Teilnehmer in die vorliegende Analyse einbezogen werden. Vier Personen mussten in Nachgang aufgrund nicht auswertbarer Laktatleistungsdiagnostik ausgeschlossen werden. Die Tabelle zeigt die Charakteristika der Teilnehmer.

8 Eine Ausnahme bilden die Legionärsbesatzungen der Patrouillenboote, welche die Grenzflüsse kontrollierten und sicherten.

Variable	Mittelwert	Standardabweichung	Minimum - Maximum
Lebensalter [Jahre]	22,1	3,9	18–29
Größe [cm]	181,1	4,6	169–186
Gewicht [kg]	81,7	4,9	69,7–88,8
Fitnessgrad [Index][9]	3,0	1,1	1–6

Tabelle: Charakteristika der Studienteilnehmer (n = 12)

Vorbereitendes Lauftraining

Um die weitgehend untrainierten Probanden in das Anforderungsprofil des Legionärs einzuführen, wurde unmittelbar vor der Ruderbelastung ein achtwöchiges Lauftraining vorgegeben. Die Teilnehmer erhielten einen detaillierten Trainingsplan mit allen nötigen Informationen zum Training. Der Trainingsplan sah eine zwei- bis dreimaliges Training je Woche vor, dass mindestens eine intensive Dauerleistungsbeanspruchung im Bereich von 30–45 Minuten sowie eine extensive Intervallbeanspruchung beinhaltete. Die Vorgabe der Reizhöhe der Belastung erfolgte über eine subjektive Belastungsvorgabe und bewegte sich überwiegend im Bereich „schwer" – „sehr schwer".

Einweisung in die F.A.N., Rudertechnik

In den Tagen vor den Leistungstests erfolgte eine zweimalige ca. vierstündige Einführung der Probanden in die grundsätzliche Handhabung des Bootes und insbesondere die Rudertechnik auf der F.A.N. Hierbei wurden die einzelnen Schlagzahlen geübt und das Rudern mit gerefftem Segel getestet.

Leistungstests

Die Leistungstests wurden im Rahmen von zwei unabhängigen Testfahrten[10] auf dem großen Bischofsweiher (Erlangen, Deutschland) auf der F.A.N. ohne Besegelung (gestellter Mast,

---

9 Selbsteingeschätzte physische Leistungsfähigkeit: (1): sehr gering – (7): sehr hoch.

10 Insofern korrespondieren die genannten Ruderfrequenzen und Geschwindigkeiten an der Schwelle und im submaximalen Bereich nicht konsistent mit den hier vorgelegten Daten der Strömungsfor-

ohne Segel) durchgeführt. Neben den jeweils acht Probanden waren erfahrene Besatzungsmitglieder an Bord, welche das Boot steuerten und die Besatzung/Probanden koordinierten. Aufgrund der relativ geringen Länge des Gewässers von ca. 1100 m wurden die Tests im Wendeverfahren durchgeführt. Die Dauer einer Belastungsstufe betrug jeweils 4 Minuten, der anschließende Wendevorgang dauerte jeweils ca. 40 s. Die Belastung wurde progressiv über die Schlagzahl gesteuert. Beginnend mit einer Schlagzahl von 24 min^{-1} erhöhte sich die Schlagzahl pro Belastungsstufe um 4 Züge/min bis maximal 44 min^{-1} zu Belastungsende.

GPS-Datenlogger

Die relevante Fahrtgeschwindigkeit über Grund, Windgeschwindigkeit und -richtung wurden automatisch im Sekundentakt aufgenommen. Hierzu diente ein Microcontroller ESP32 (Feather3) mit angeschlossenem GPS-Modul und SD-Karte als zentrale Loggereinheit, die zusätzlich mit dem Windzähler und dem Wasserrad-Anemometer verbunden war. Die Fahrtgeschwindigkeit wurde über die GPS-Koordinaten *Lattitude* und *Longitude* berechnet. Durch die Abfrage von Datum und Uhrzeit über das GPS-System zu Beginn der Messung konnte die absolute Zeit erfasst und zu jeder Messung als Zeitstempel angefügt werden. Die Loggereinheit, sowie die Wind- und Wassermessgeräte waren am Heck des Bootes über Schraubzwingen befestigt. Die Schlagzahlen wurden über ein Smartphone mit der App „Rowing SPM“ gemessen, die die momentane Schlagzahl sowie deren Durchschnitt über die 5, 10 und allen letzten Schlägen angab. Eine Belastungsstufe wurde dann gestartet, wenn die letzten 5 Schläge im Durchschnitt in der gewünschten Schlagzahl gerudert wurden.

Aus den Daten wurden die Wind- und Bootsgeschwindigkeit verwendet und mit einem gleitenden Mittelwert über fünf Punkte geglättet. Der Gegenwind v_{GW} berechnete sich aus dem Cosinus der Windrichtung ω_W (im Bogenmaß) und der Windgeschwindigkeit v_W:

$$v_{GW} = v_W * cos\ (\omega_W)$$

Leistungsdiagnostik

Vor Beginn des Belastungstests und im Anschluss an jede Stufe wurde den Probanden ein Bluttropfen am Ohrläppchen entnommen und direkt auf einen Teststreifen platziert (Abb. 3). Das Ohrläppchen wurde hierfür gründlich desinfiziert und anschließend mit einer Stechlanzette punktiert. Um Messfehler zu vermeiden, wurden angefallene Schweißtropfen entfernt.

schung.

Der zur Analyse verwendete Laktat-Scout (SensLab GmbH, Deutschland) verwendet eine enzymatisch-amperometrische Methode zum Nachweis von Laktat in Kapillarblut. Das Gerät benötigt eine Blutmenge von 0,5 μL und weist eine Analysedauer von 15 sec auf. Der Laktat-Scout wurde gemäß Herstellervorgaben regelmäßig kalibriert, um sicherzustellen, dass Analysegerät und Teststreifen ordnungsgemäß funktionieren.

Mittels Herzfrequenzmesser (Polar RS 400, Kempele, Finnland) wurde die Herzfrequenz ebenfalls kontinuierlich erfasst. Die Messung erfolgt über integrierte Elektroden, welche die Aktionsspannung der Haut erfassen und somit (EKGgenau) die Herzfrequenz ermitteln. Die Übertragung an die Empfangseinheit erfolgt per Funk über die Sendeeinheit des Brustgurtes. Die durchschnittliche Herzfrequenz der letzten 30 s jeder Belastungsstufe wurde in die Datenanalyse einbezogen.

Die Blutentnahme erfolgte initial vor und anschließend unmittelbar nach Beendigung der Belastungsstufe „vor Ort" auf der F.A.N. Aufgrund der beengten und instabilen Verhältnisse auf dem Boot verteilten sich je vier Untersucher gleichmäßig zwischen den Ruderreihen. Die Blutentnahme wurde während des Wendevorgangs durchgeführt. Pro Testdurchgang konnten bei zwei Probanden je Untersucher, also insgesamt bei acht Probanden Blutproben erhoben werden. Die Gesamtdauer der Blutabnahme/Belastungsstufe betrug für beide Probanden stets < 30 s. Die Tests wurden in Abstand von sieben Tagen zweimal durchgeführt, sodass final von insgesamt 16 Personen eine Laktatleistungsdiagnostik vorlag.

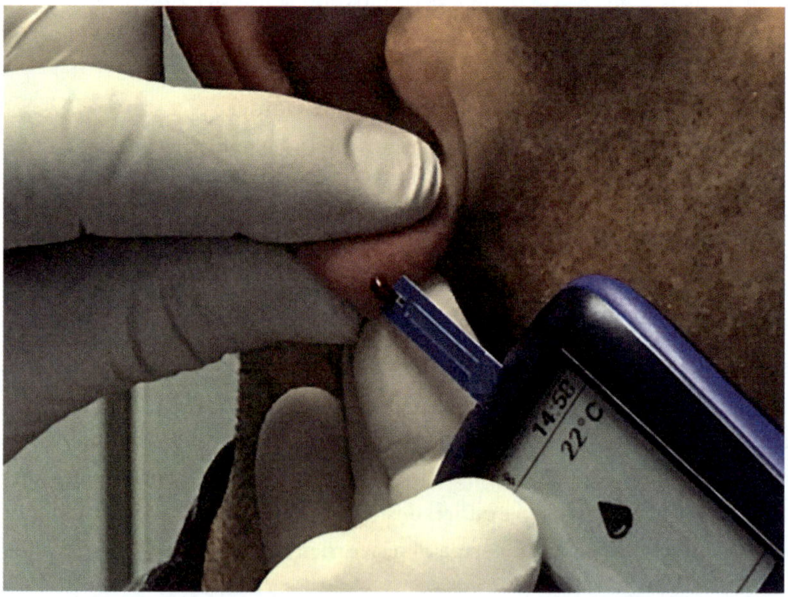

Abb. 3: Blutentnahme am hyperämisierten Ohrläppchen

Die Laktatleistungsdiagnostik respektive Laktatleistungskurve (Abb. 7) wurde in Anlehnung an die Methode von Dickhuth et al. (Dickhuth et al., 1991) über die Software „Schwelle-Programm"[11] analysiert. Vergleichbar der Methode von Dickhuth et al.[12] Wurde die individuelle anaerobe Schwelle (IANS) als Mindestlaktat unter Belastung +1,5 mmol/l definiert.

Statistische Bearbeitung

Die Datenauswertung zur Erfassung der statistischen Kennzahlen wie Mittelwerte, Standardabweichungen oder der prozentualen Veränderungen erfolgte mittels Microsoft Office Excel (Microsoft Corp) sowie SPSS (SPSS, Inc., Chicago, IL) der jeweils aktuellen Version. Es erfolgte lediglich eine Per-Protocol Analyse der Teilnehmer mit auswertbarer Laktatdiagnostik (n=12).

2.3 Ergebnisse

Rudergeschwindigkeiten

Abb. 4 stellt das Geschwindigkeitsprofil der F.A.N. über die Zeit dar. Klar zu erkennen sind die sechs Geschwindigkeitsrampen (SZ 24, SZ 28, SZ 32, SZ 36, SZ 40, SZ 44), in denen jeweils zunächst die Schlagzahl gefunden wurde und dann 4 Minuten lang die Geschwindigkeiten genommen wurden. Zu Beginn jeder Rampe stieg die Geschwindigkeit schnell an und wurde konstant gehalten. Zum Ende der Rampe zeichnete sich dann ein schnelles Absinken der Geschwindigkeit ab, als das Rudern gestoppt wurde und die Riemen über dem Wasser schwebten. Zwischen den Belastungsstufen trieb das Boot stellenweise mit etwa 1–2 km/h (0,5–1 kn) weiter, was, bei Betrachtung der negativen Windgeschwindigkeiten, durch den Rückenwind hervorgerufen wurde.

Aus den Windgeschwindigkeiten lässt sich zudem erkennen, dass nur geringer Wind mit gelegentlichen Böen vorhanden war. Einzig bei der dritten und fünften Rampe herrschten Geschwindigkeiten des Gegenwinds von 5,6 bzw. 9 km/h (3,0 bzw. 4,9 kn). Ein Absinken der Bootsgeschwindigkeit durch einen stärkeren Gegenwind lassen sich jedoch nicht aus den Daten erkennen.

---

[11] Wassermann (2005), S. 1–43.

[12] Dickhuth et al. (1991), S. 173–179.

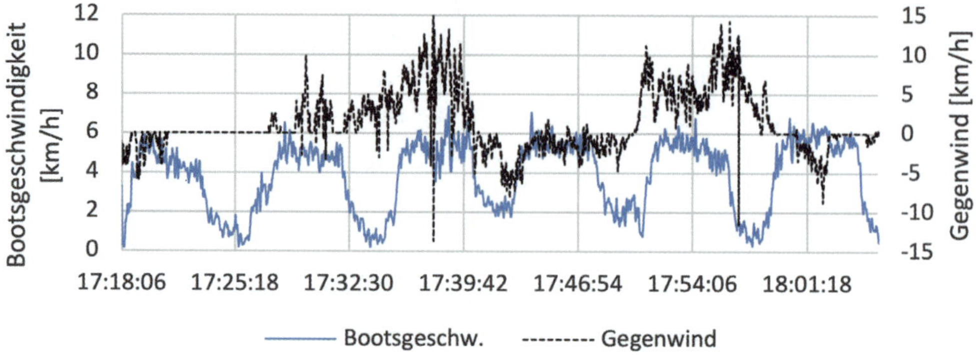

Abb. 4: Zeitliches Profil der Boots- und Windgeschwindigkeit über die gesamte Testfahrt

In einer detaillierteren Darstellung in Abb. 5 sind die Bootsgeschwindigkeiten gegen die Geschwindigkeit des Gegenwinds für jede Belastungsstufe aufgetragen. Es lässt sich in fast allen Fällen ein tendenziell negativer Einfluss des Gegenwinds auf die Bootsgeschwindigkeit feststellen. In den meisten Fällen wurden jedoch diese Beobachtungen bei einem „negativen" Gegenwind gemacht, der zu diesem Zeitpunkt als Rückenwind das Boot zusätzlich anschob. Flachte der Wind ab bzw. ging die Windgeschwindigkeit vom Negativem gegen Null, verlor das Boot an Fahrt. Dennoch besitzen die Regressionsgeraden sehr geringe Bestimmtheitsmaße, da die Windgeschwindigkeiten durch den böigen Wind, trotz starker Datenglättung, besonders schwankten.

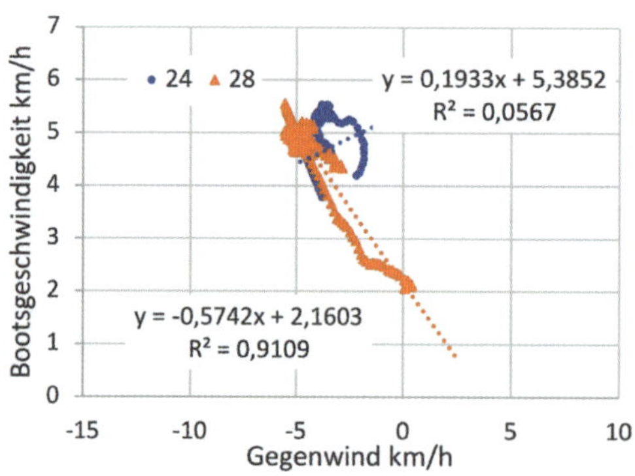

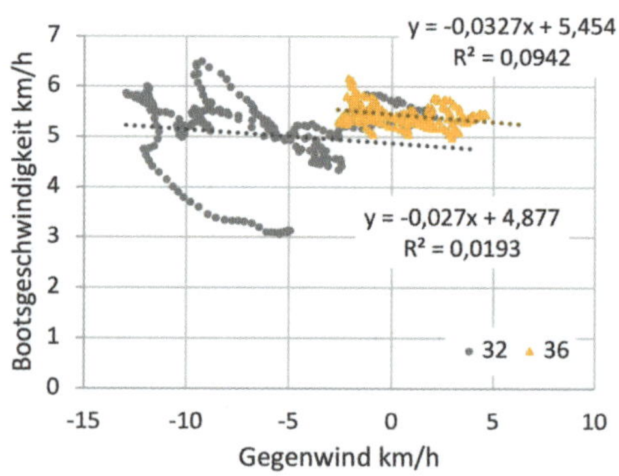

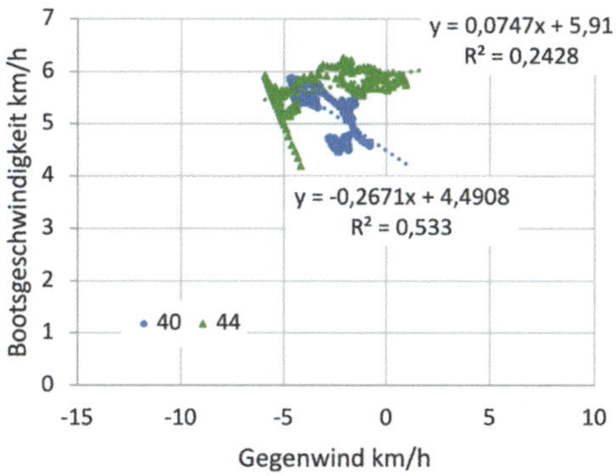

Abb. 5: Negative Abhängigkeit der Bootsgeschwindigkeit zum Gegenwind für die Schlagzahlen 24, 28, 32, 36, 40 und 44

Abb. 6 zeigt die mittlere Bootsgeschwindigkeit in Abhängigkeit zur Schlagzahl (SZ) während der vierminütigen Belastungsstufen. Die Datenpunkte liegen dabei in x-Richtung auf der tatsächlich durchschnittlich gefahrenen Schlagzahl. Zu Beginn der Testfahrt wurde versucht, eine SZ 24 zu fahren. In diesem Bereich neigte die Mannschaft jedoch stetig dazu schneller zu rudern. Bei SZ 30 ruderte die Mannschaft am besten im Takt, wodurch die gewünschten Schlagraten exakter erreicht werden konnten.

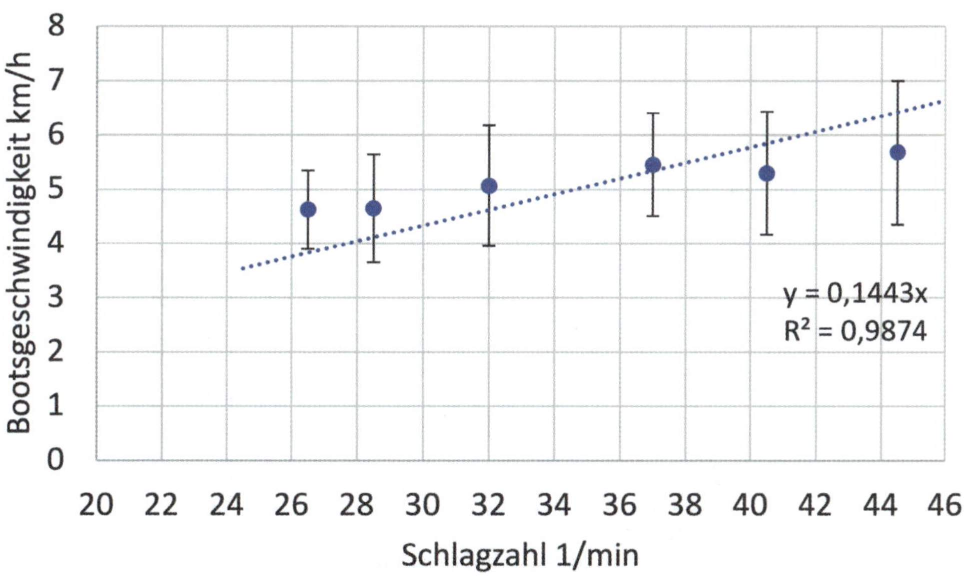

Abb. 6: Mittlere Bootsgeschwindigkeiten und Standardabweichungen der einzelnen, vierminütigen Belastungsstufen, n = 240

Im Hinblick auf die Bootsgeschwindigkeit wurde zunächst eine Geschwindigkeit über Grund von 4,6 km/h (2,5 kn) bei einer SZ von 26 erreicht. Bei SZ 44 erreichte das Boot eine Höchstgeschwindigkeit von 5,6 km/h (3,0 kn). Für eine Korrelation zwischen der Bootsgeschwindigkeit und der Schlagzahl wird das höchste Bestimmtheitsmaß mit einem linearen Verhältnis erreicht $R^2=0{,}98$. Daraus lässt sich erkennen, dass die Mannschaft pro Schlag in der Minute etwa 0,14 km/h schneller gefahren ist. Die Standardabweichungen der Geschwindigkeiten nahm mit der Schlagzahl und der Geschwindigkeit linear zu. So waren sie bei SZ 26 mit ±0,72 km/h am niedrigsten und bei SZ 44 mit ±1,3 km/h am höchsten. Prozentual zu den Geschwindigkeitsmittelwerten gesehen, lassen die Standardabweichungen keine Tendenz erkennen.

Laktatmessungen

Abb. 7 zeigt Mittelwerte und Standardabweichung von Herzfrequenz und der Laktatleistungskurve der 12 eingeschlossenen Teilnehmer. Alle Teilnehmer gaben nach der Ruderbelastung an, sich gemäß den Vorgaben der Untersucher „ausbelastet" zu haben.

Bei geringer-moderater Streuung von Laktat- und Herzfrequenzlevel/Belastungsstufe je Teilnehmer lag die Herzfrequenz vor Belastungsstart im Mittel bei 79±9 min^{-1} (Min–Max: 65–90 min^{-1}) und stieg bis zum Ende der Belastung auf 168±8 min^{-1} (163–175 min^{-1}) an. Parallel dazu stieg die Laktatkonzentration von 1,15±0,31 mmol/l (0,70–1,70 mmol/l) auf ein Maximum von 6,61±1,03 mmol (4,8–7,9 mmol/l) an.

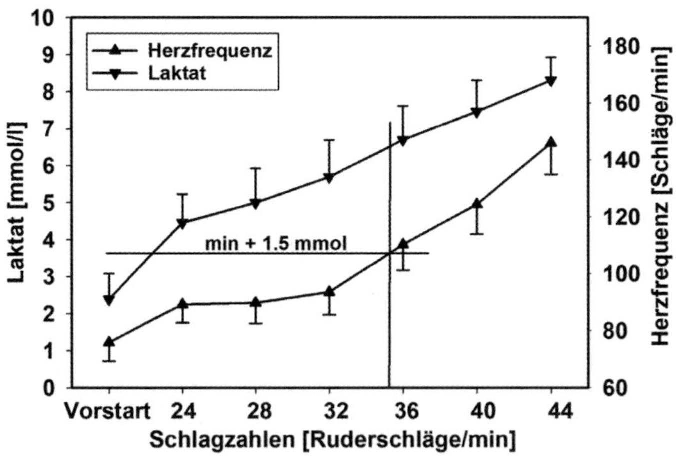

Abb. 7: Laktatleistungskurve mit ermittelter Herzfrequenz, Laktatkonzentration und Ruderfrequenz an der anaeroben Schwelle

Bei Anwendung des Laktatkonzeptes von Dickhuth et al. (Minimum-Laktat + 1,5 mmol/l) wird die anaerobe Schwelle bei 3,74 mmol/l (3,0–5,2 mmol/l) Laktatkonzentration, respektive bei einer Herzfrequenz von 146 min^{1} (140–162) und einer Ruderfrequenz von 35 min^{-1} identifiziert (Abb. 7). Die korrespondierende Geschwindigkeit beträgt auf dieser Belastungsstufe 5,02±0,79 km/h.

2.4 Diskussion und Zusammenfassung

Das Ziel der vorliegende Pilot-Untersuchung war es, Daten zur Bewegungsgeschwindigkeit der F.A.N. zu generieren. Neben der Dauer der täglichen Ruderbelastung[13] sind diese Daten essentiell, um Rückschlüsse auf die mittlere tägliche Wegstrecke zu gewinnen, die bei einer Truppenmassierung über das Binnengewässersystem aus militärhistorischer Sicht zu bedenken waren. Im Vergleich von geleisteter Schlagzahl und erzielter Rudergeschwindigkeit zeigen die Ergebnisse zunächst ein lineares Verhältnis. Dies ist zunächst schlüssig, da mit zunehmender Schlagrate mehr Leistung zum Vortrieb geleistet wird und das Boot schneller wird. Allerdings müssen der wachsende Strömungswiderstand, die Windverhältnisse und die Sauberkeit der Ruderschläge bei höheren Schlagzahlen ebenfalls berücksichtigt werden.

Anhand der Winddaten lässt sich zeigen, dass ein gewisser Gegenwind das Boot abbremst, wenn auch nicht so schnell wie erwartet. Während der Testfahrt waren bei den Belastungsstufen mit den SZ 32 und 40 ein stärkerer, böiger Gegenwind gemessen worden, der jedoch kein direktes Abbremsen durch den Wind erkennen ließ. Grund hierfür sind mit Sicherheit die Trägheit des Bootes und das Fehlen des Segels, die das schnelle Abbremsen und Beschleunigen durch das kurze Zu- und Abnehmen des Windes stark abfingen. Um jedoch eine sichere Aussage zu machen, wie stark der Gegenwind die F.A.N. durchschnittlich abbremst, müssen noch weitere Testfahrten unternommen werden, bei denen ein stabiler Wind weht und die Mannschaft in verschiedenen Winkeln gegen diesen anrudern muss.

Die durch den Strömungswiderstand auftretende Widerstandskraft steigt quadratisch mit der Geschwindigkeit an, weshalb ab einer gewissen Geschwindigkeit der Widerstand zu hoch ist, um weiter zu beschleunigen. Bei Modelltests der F.A.N. im Wasserkanal wurde eine Reisegeschwindigkeit von 8,7 km/h bei voller Beladung und einer durchschnittlichen Ruderleistung von 18 Ruderern à 50 W gemessen (Kapitel 5,1: Thünnesen-Gatternig-Günther-Wawrzyn-Dreyer). Bei der untersuchten Testfahrt befanden sich 18 Ruderer mit Riemen und zehn

13 S. oben zur Notiz in Zosimos und Ammianus Marcellinus (Amn. 5); vgl. die Angaben zur täglichen Ruderleistung aus den Tests (auf der Donau), Kapitel 5,1: Thünnesen – Gatternig – Günther – Wawrzyn – Dreyer.

Passagiere an Bord, die der im Wasserkanal angenommenen Beladung entsprechen. Obwohl die im Modell gemessene Reisegeschwindigkeit, durch Vernachlässigung der Rauigkeit der Holzbordwand, als tendenziell zu hoch angesehen werden kann, lagen die tatsächlich gefahrenen Geschwindigkeiten weit drunter. Für die Mannschaft angenehmste Schlagzahl lag bei Schlagzahl 32, die als Reiseschlag und Referenz angesehen werden kann und bei der eine Geschwindigkeit von 5,5±1,1 km/h gefahren wurde. Die niedrigeren Geschwindigkeiten können sicherlich mit der Erfahrung der Mannschaft erklärt werden, die teilweise kurze Eingewöhnungszeiten hatten und erst Übung mit der losen Riemenbefestigung über die Riemenbändchen benötigten. Daraus entwickelte sich erst ein gleichzeitiges Setzen der Riemen und eine Sicherheit im festen Durchzug. Obwohl dies bei der Stammbesetzung in den vorherigen Einweisungsfahrten beobachtet wurde, hatte die fehlende Erfahrung von wenigen, kurzfristig eingesetzten Ersatzpersonen einen starken Einfluss auf die Ruderleistung.

Unsere Ergebnisse zeigen eine Geschwindigkeit von ca. 5,0 km/h (2,7 kn) im Bereich der anaeroben Schwelle. Leistungsphysiologisch stellt diese Geschwindigkeit eine Grenze dar, bei der Laktatproduktion und -Elimination gerade noch im Gleichgewicht stehen, es also nicht zu einer Akkumulation des sauren Stoffwechselproduktes „Laktat" kommt und einer Übersäuerung des Gewebes und dadurch bedingten (raschen) Belastungsabbruch kommt. Leistungsphysiologisch/energetisch kann in Abhängigkeit von der eingesetzten Muskulatur[14] und der weitgehenden Verstoffwechslung der limitierten Glycogen-/Glucosedepots eine Belastungsdauer von 45–90 min angenommen werden; im vorliegenden Fall des Ruderns auf der F.A.N. (s. o.) darf eine Belastungsdauer im oberen Bereich dieser Angabe angenommen werden. Geht man indes von einem realistischerweise längeren Belastungszeitraum von 10–12 Stunden/d Ruderarbeit bei einer militärischen Truppenverschiebung aus, muss diese Geschwindigkeit sicherlich nach unten korrigiert werden. Gemäß Leistungsdiagnostik liegt die Grenze für eine Dauerbelastung im Bereich Minimum-Laktat/Belastungsstufe +0,75 mmol/l, also im vorliegenden Fall bei einem Mittelwert der Laktatkonzentration von ca. 3,0 mmol/l, einer mittleren Herzfrequenz von 138 min^{-1} und einer Geschwindigkeit von. 4,71±0,72 km/h.

Fromme, Thorwesten und Völker[15] legen für die römischen Binnenschiffstypen „Victoria" und „Lusoria Rhenana" ebenfalls leistungsdiagnostische Daten vor. Im Unterschied zu unserer weitgehend unerfahrenen und nur zweimalig eingewiesenen und beübten Ruderbesatzung schloss die oben genannte Untersuchung (Fromme et al., 2016) ausschließlich männliche und weibliche Ruder-Leistungssportler bis hin zu Welt- und Olympiasiegern ein. Das entsprechende Testprotokoll sah einen dreistufigen Feldstufentest mit einer Teststrecke von 1000 m vor,

---

14 Die im vorliegenden Fall des Ruderns auf der F.A.N. eher als niedrig-moderat anzusehen ist …

15 Fromme / Thorwesten / Völker (2016), S. 134–147.

der in jeweils derselben Richtung mit einer subjektiven Belastungs(intensitäts)vorgabe von „moderat", „mittel" und „hoch" durchfahren wurde. Herzfrequenzen und Laktatkonzentration lagen dabei im Mittel deutlich unter den hier vorgelegten Daten. Die während des dreistufigen Tests erzielten Geschwindigkeiten lagen aber selbst für den wesentlich langsameren Bootstyp, die Lusoria (7,6–8,7 km/h) (Victoria: 8,6–9,8 km/h) deutlich über unseren Daten. Die Dauerleistungsgrenze, welche die Autoren (Fromme et al., 2016) bei einer Laktatkonzentration von 2,5 mmol/l ansetzten, liegt für die langsamere „Lusoria Rhenana" bei 8,35 km/h, für die Victoria bei 9,45 km/h, also deutlich über den von unserem weniger olympiareifen Kollektiv erzielen Werten. In Anbetracht der maximal erreichten Geschwindigkeit (8,7 respektive 9,8 km/h) erscheinen uns diese Werte für eine Dauerleistung allerdings etwas zu optimistisch (s. o.).

Neben dem deutlich weniger leistungsfähigen Kollektiv der vorliegenden Untersuchung sowie dem Gegenwind auf dieser Teststufe kommt als weiterer relevanter Grund für die langsamere Fortbewegungsgeschwindigkeit die historische Ruderaufhängung mit Tauringen an den Dollen,[16] die verglichen mit der modernen Ruderaufhängung an „Victoria" und „Lusoria Rhenana" deutlich weniger stabil und deshalb wesentlich ineffektiver ist.

Als Pilotstudie weist die vorliegende Untersuchung zweifellos Schwächen auf, die während einer Folgestudie berücksichtigt werden müssen, um belastbare Ergebnisse für die erhobene Fragestellung der Fortbewegungsgeschwindigkeit des F.A.N.-Boot-Typs zu generieren. (a) Die Ruderbesatzung (Probanden) bestand weitgehend aus wenig-untrainierten jungen Männern, die nur sehr eingeschränkt mit marscherprobten Legionären vergleichbar sind. Über das achtwöchige „gewichtstragende" Ausdauertraining dieser Gruppe konnte lediglich eine moderate Konditionierung der Probanden realisiert werden, die zumindest beim Großteil der Probanden eine valide Laktatleistungsdiagnostik zuließ. Idealerweise sollten zukünftig infanteristische Militäreinheiten mit geringem Motorisierungsgrad (Jäger-, Gebirgsjäger-Einheiten) als Probanden eingeschlossen werden, die ein ähnliches physiologisches Anforderungsprofil und eine ähnliche Leistungsfähigkeit wie die römischen Legionäre des Altertums aufweisen. Neben einem vergleichbaren Leistungsgrad ist ebenfalls zu erwarten, dass die marscherfahrenen Infanteristen die Vorgabe von Ruder-Schlagzahlen deutlich besser umsetzten können als unser entsprechend ungeschultes Kollektiv. Von Vorteil wäre zudem, dass aufgrund der höheren aeroben Leistungsfähigkeit und der zugrundliegenden Energieversorgung dieses Soldatenkollektivs eine eindeutigere Auswertung der Laktatleistungskurven zu erwarten ist. (b) Selbst bei relativ günstigen Windverhältnissen während der Tests, zeigte sich deutliche Unterschiede der Geschwindigkeiten zwischen den Fahrtrichtungen, die unser Ergebnis beeinflussten. Tatsächlich erhöhte sich die Geschwindigkeit trotz graduell steigender Ruder-

[16] R. Bockius 2013, S. 37–42. S. a. Einleitung hier.

frequenz und Anstrengungsgrad nicht parallel progressiv. Um valide Daten über die Fortbewegungsgeschwindigkeit römischer Truppen auf dem Binnengewässersystem zu gewinnen, sollten die Tests u. E. nach sowohl stromauf- wie stromabwärts durchgeführt werden. Angesichts der profunden Strukturiertheit des römischen Militärapparats gingen diese Aspekte mit Sicherheit in die entsprechende Aufmarschplanung mit ein und müssen an dieser Stelle berücksichtigt werden. (c) Mit dem vorhergehenden Aspekt einhergehend, war es uns nicht wie geplant möglich, die Intensität der Teststufen über eine progressive und einheitliche Steigerung der Geschwindigkeit (bspw. Steigerung um 1 km/h/Stufe ausgehend von 3 km/h) zu realisieren, sodass wir die Intensitätssteigerung über die Ruderfrequenz steuerten. Künftige Untersuchungen sollten die Intensitätssteuerung der Leistungstests auf Gewässern mit gleichmäßiger Strömungsgeschwindigkeit (s. o.) über die Geschwindigkeit regeln. (d) Inwieweit die Zusatzbelastung der vier blutentnehmenden Testassistenten (ca. 300 kg) zu einer Verzerrung der Fortbewegungsgeschwindigkeit führte, ist schwer abzuschätzen. Da während der Tests auf Ausrüstungsgegenstände (u. a. Marschgepäck (sarcina) auf einer Furca, Waffen, Verpflegung), die bei historischen Truppenbewegungen zwingend mitgeführt wurden, komplett verzichtet wurde, kompensiert das Zusatzgewicht der Testassistenten wohl eher das überlieferte hohe Gewicht der Legionärsausrüstungen (41–48 kg[17]) und trägt somit u.E. nach nicht zu einer systematischen Verzerrung der Fahrtgeschwindigkeit im historischen Kontext bei. (e) Eine künftige Untersuchung zur Erfassung der Fortbewegungsgeschwindigkeit von „Römerbooten“ sollte zudem deutlich längerfristig geplant werden (14 Tage), um neben der Fortbewegungsgeschwindigkeit der ersten Belastungstage den Gewöhnungseffekt im Sinne einer Verbesserung von Koordination, Rudertechnik und Zusammenwirkung der Besatzung, aber auch den Effekt der Ermüdung auf die Ruderleistung einschätzen zu können. Nur so wird man zu einer realistischen Einschätzung der Leistungsfähigkeit historisch rekonstruierter Patrouillenboote unterschiedlicher Bautypen gelangen können.

Zusammenfassend stellte sich die valide Messung der Fortbewegungsgeschwindigkeit der F.A.N. als keinesfalls trivial heraus. Neben Kriterien, welche Probanden und Mannschaft, die

---

17 Das Marschgepäck konnte nach Aufgabe (Feindesland, schlechte Versorgungslage, Vorgabe des Feldherrn) variieren: Nach Experimenten von Reenactern befand sich auf der Furca (Tragekreuz): Schild incl. Lederhülle (10 kg), weitere Kleidung, Fell, Helmzier, Reparaturzeug (5 kg), Proviant (4 kg mindestens), Essgeschirr, Kochgeschirr, Kleinwerkzeug (3–4 kg), private Kleinteile (2–3 kg). Dazu kommt die am Körper getragene Kleidung, Rüstung, Bewaffnung (ohne Schild): 17–22 kg: also insges. 41–48 kg. Angaben in der Forschungsliteratur divergieren hier aber (nach Zeit, die untersucht wird, und Perspektive, unter der untersucht wird), z. B. Fischer (2012), S. 242–243, widerspricht dem und sagt, dass das Gewicht nur 18–25 kg betragen habe, nennt dann aber nur für 1. Jahrhundert n. Chr.: Tunika, Mantel, Caligae, Schienenpanzer, 2 Cingulae, Schwert, Dolch, Helm Schild und Pilum. Er hat dann aber als Marschgepäck auf der Furca noch Kleinteile, eiserne Ration, Besteck, Weinschlauch mit 16–18 kg veranschlagt. Damit kommt man auf: 34–43 kg.

Auswahl des Gewässers, oder die Zuladung des Boots betreffen, ist ebenfalls die Vorgabe der Belastungsintensität im Stufentest, sowie die Blutabnahme auf dem schwankenden Boot eine echte Herausforderung. Die vorliegende Pilotuntersuchung liefert neben ersten Ergebnissen zur Fortbewegungsgeschwindigkeit der F.A.N. wichtige Hinweise zur Planung und Durchführung einer umfassenderen Untersuchung zur Adressierung dieses hochrelevanten historischen Sachverhaltes.

Literatur

Askamp, R. / Chr. Schäfer (Hg.), Projekt Römerschiff. Nachbau und Erprobung für die Ausstellung: Imperium-Konflikt-Mythos: 2000 Jahre Varusschlacht, Hamburg 2008.

Bockius, R., Die römerzeitlichen Schiffsfunde von Oberstimm (Bayern), Mainz 2002.

Bockius, R., Ruder-„Sport" im Altertum. Facetten von Wettkampf, Spiel und Spektakel, Mainz 2013.

Dickhuth, H. H. / M. Huonker / T. Münzel / H. Drexler / A. Berg / J. Keul, Individual anaerobic threshold for evaluation of competitive athletes and patients with left ventricular dysfunction. In: T. G. Bachl / H. Löllgen (Hg.), Advances in Ergometry, Berlin/Heidelberg/New York 1991, S. 173–179.

Fischer, Th., Die Armee der Caesaren. Archäologie und Geschichte, Regensburg 2012, S. 242–243.

Fromme, A. / L. Thorwesten / K. Völker, Rudern wie die Römer. Evaluation des menschlichen Leistungsfaktor. In: F. Brechtel / Ch. Schäfer / G. Wagener (Hg.), Lusoria Rhenana. Ein römisches Schiff am Rhein. Köhlers Verlagsgesellschaft, Hamburg 2016, S. 134–147.

Grabert, R. / Ch. Schäfer, Widerstandstest in der Schiffbau-Versuchsanstalt Potsdam. In: Chr. Schäfer / R. Aßkamp (Hg.), Projekt Römerschiff: Nachbau und Erprobung für die Ausstellung: 2000 Jahre Varusschlacht, Hamburg 2008, S. 72–92.

Grabert, R., Lusoria I vs. Lusoria Rhenana. In: F. Brechtel / Chr. Schäfer / G. Wagener (Hg.), Lusoria Rhenana. Ein römisches Schiff am Rhein: neue Forschungen zu einem spätantiken Schiffstyp, Hamburg 2016, S. 231–235.

Günther, H. M. / A. C. Wawrzyn, Erprobung des Typs Oberstimm I auf dem Ratzeburger See. In: Chr. Schäfer / R. Aßkamp (Hg.), Projekt Römerschiff: Nachbau und Erprobung für die Ausstellung: 2000 Jahre Varusschlacht, Hamburg 2008, S. 129–147.

Günther, H. M. / A. C. Wawrzyn, Technische Auswertung der Testfahrten. In: F. Brechtel / Chr. Schäfer / G. Wagener (Hg.), Lusoria Rhenana. Ein römisches Schiff am Rhein: neue Forschungen zu einem spätantiken Schiffstyp, Hamburg 2016, S. 236–250.

Schäfer, Chr. / H. M. Günther / A. C. Wawrzyn, Lusoria – Ein Römerschiff im Experiment: Rekonstruktion – Tests – Ergebnisse, Hamburg 2008.

Schäfer, Chr./ G. Wagener, Testfahrten mit der Lusoria Rhenana. In: F. Brechtel / Chr. Schäfer / G. Wagener (Hg.), Lusoria Rhenana. Ein römisches Schiff am Rhein. Köhlers Verlagsgesellschaft, Hamburg 2016, S. 194–217.

Wassermann, A. / Schwelle – Laktatleistungsdiagnostik (Version II). Manual. University of Bayreuth, Bayreuth 1991, S. 1–43.

Abbildungsverzeichnis

3 Die F.A.N. virtuell besuchen und testen: Graphische Datenverarbeitung, Numerik und das Römerboot

Marc Stamminger, FAU – Darius Rückert, FAU – Bernhard Gatternig, Weihenstephan-Triesdorf – Boris Dreyer, FAU

Nach dem Grundgedanken unserer Bemühungen von Anfang sollte unsere Fridericiana Alexandrina Navis (F.A.N.) zugleich „handlich" präsentiert, sinnlich erfahrbar gemacht und weiteren Testverfahren zugeführt werden.

Glücklicherweise konnte der Lehrstuhl für Graphische Datenverarbeitung der Universität für das Vorhaben gewonnen werden, und zwar gleich für beide Aspekte, für den der wissenschaftlichen Testung wie für den der Wissenschaftsvermittlung: zwei Aspekte, die – wie hier mehrfach thematisiert – untrennbar verbunden sind.

Gleich zu Anfang des Projektes hatten wir die Erlaubnis, das Wrack 2 im „kelten römer museum manching" aufzunehmen. Anfang 2017 waren wir dann unter medialer Begleitung vor Ort und konnten mit der freundlichen Erlaubnis des damaligen Direktors Wolfgang David das Wrack 2 aufnehmen.

Ziel der Aufnahmen war eine fotogrammetrische 3D-Rekonstruktion des Wracks, das heißt eine Rekonstruktion der Form und Textur des Wracks aus einer Reihe von Fotografien. Mit einer handelsüblichen digitalen Spiegelreflexkamera wurde dazu das Wrack fotografiert. Für eine erfolgreiche Rekonstruktion ist dabei eine gute Wahl der Blickpunkte entscheidend. Die Aufnahmen sollten das Objekt komplett abdecken, mit jeweils signifikantem Überlapp, damit die Bilder zueinander in Beziehung gesetzt werden können. Gleichzeitig sind aber zu viele Aufnahmen zu vermeiden, da sonst die Rechenzeit drastisch ansteigen kann. Wichtig sind auch möglichst senkrechte Blickwinkel und eine gleichmäßige Beleuchtung.

Das Wrack ist in dem Museum sehr gut zugänglich. Der Standpunkt der Kamera wurde dabei auf einer ovalen Bahn oberhalb des Wracks bewegt, mit Blick in das Innere, jeweils von einer Leiter aus. Da das Wrack auf Ständern steht, waren auch Aufnahmen der Unterseite gut möglich, sodass auch eine weitere Umrundung unterhalb des Wracks mit Aufnahmen der Unterseite gemacht wurde. Der Abstand zwischen den Aufnahmen betrug dabei jeweils etwa einen Meter. Es wurden Leuchtboxen verwendet, um eine gleichmäßige Beleuchtung zu gewährleisten. Außerdem wurde einige Aufnahmen erstellt, die größere Teile des Wracks zeigen und Ober- und Unterseite in Beziehung bringen.

Da das Museum am Tag der Aufnahme für den Publikumsverkehr geschlossen war, konnten die Aufnahmen in Ruhe geplant und durchgeführt werden. Insgesamt entstanden dabei 440 Aufnahmen in drei Stunden.

Aus den Aufnahmen wurde dann im Nachgang am Lehrstuhl Graphische Datenverarbeitung der FAU mit Hilfe der Software 3D-FotoScan ein 3D-Modell generiert. Die Rekonstruktion dauerte eineinhalb Tage, das Ergebnismodell besteht aus 20 Mio. Dreiecken und etwa 20 MB Texturen.

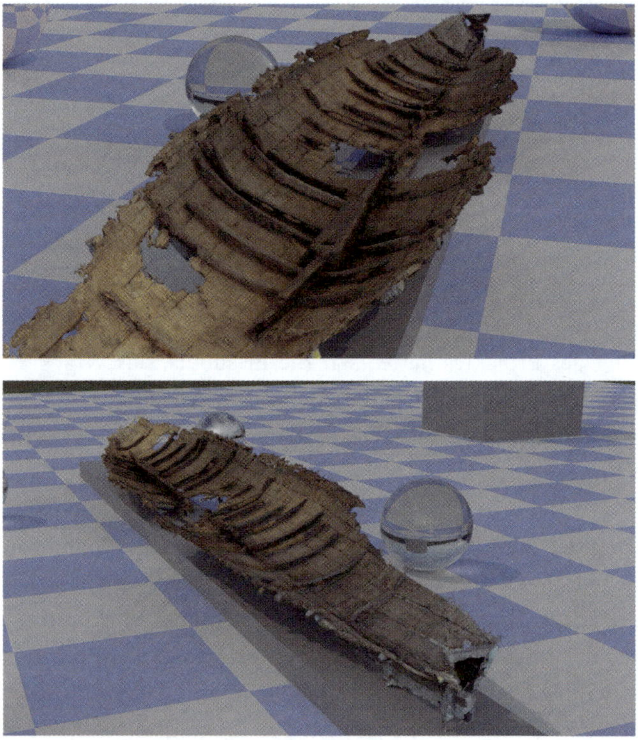

Abb. 1: 3D-Rekonstruktion des Wracks 2 aus dem Kelten-Römer-Museum in Manching 2017

Um das Modell für die Öffentlichkeit zugänglich zu machen, wurde ein virtuelles Museum erstellt, in dem das rekonstruierte 3D-Modell per VR-Brille zugänglich gemacht wurde. Das virtuelle Modell wurde auf der „Langen Nacht der Wissenschaften“ in Erlangen 2017 erstmalig zu einer großen Attraktion noch im Bauzelt der 1:1-Replik.

Die zweite Gelegenheit zur Zusammenarbeit mit der Graphischen Datenverarbeitung ergab sich nach der Fertigstellung des Bootes, nach dem ersten Jahr der Jubiläumsfeierlichkeiten 2018, die in den Fahrten bis zum Schwarzen Meer kulminierten. Im Juni 2019 wurde die F.A.N. 3D aufgenommen und dann am PC bearbeitet, als die Replik im Schlossgarten der Universität stand und für das Schlossgartenfest präpariert wurde.

Abb. 2: F.A.N. auf dem Schlossgartenfest der Universität 2019

Die Aufnahmen erfolgten im Schlossgarten der Universität vor dem eigentlichen Fest bei bestem Wetter und Sonnenschein. Diese Bedingungen sind nicht optimal, da durch vorbeiziehende Wolken die Beleuchtung variiert und sich durch den Lauf der Sonne während der Aufnahmen, die sich über mehr als eine Stunde hinzogen, auch der Schattenwurf verändert. Für die anschließende Rekonstruktion kann dies ein Problem darstellen. Auch hier wurde das Boot im Wesentlichen in zwei Ringbahnen um das Boot herum aufgenommen. Eine hohe Bahn zeigt vor allem das Schiffsinnere, die niedrigere Bahn den Rumpf von unten. Spezielle Details wie der Mast, das Ruder oder die Spitze des Bootes wurde mit zusätzlichen Aufnahmen abgebildet. Das Boot stand auf einem Transporthänger, der dabei Verdeckungen erzeugt hat, die im finalen Modell weiter gut sichtbar sind. Die folgende Abbildung zeigt vier der insgesamt 761 erstellten Aufnahmen.

Abb. 3: Aufnahmen für das 3D-Modell am Tag vor dem Schlossgartenfest 2019

Trotz der nicht einfachen und optimalen Aufnahmebedingungen konnte aus den Bildern am Lehrstuhl für Graphische Datenverarbeitung mit der Software Agisoft Metashape in 10 Stunden Rechenzeit ein 3D-Modell rekonstruiert werden. Das Schiff wurde dazu in zwei getrennten Teilen rekonstruiert, dem oberen, inneren Teil und dem Unterteil, damit die Software mit der Vielzahl an Bildern zurechtkommt. Beide Teile wurde dann später zu einem Modell zusammengefügt, das am Schluss aus 1,5 Mio. Dreiecken und 45 MB an Texturen bestand.

Die folgende Abbildung (Abb. 4) zeigt im Gegenuhrzeigersinn (i) die Wolke von charakteristischen Punkten, die bei der Rekonstruktion gefunden wurden und anhand derer die Bilder zueinander verortet wurden, (ii) die rekonstruierten Kamerapositionen, sowie (iii) das rekonstruierte 3D-Modell.

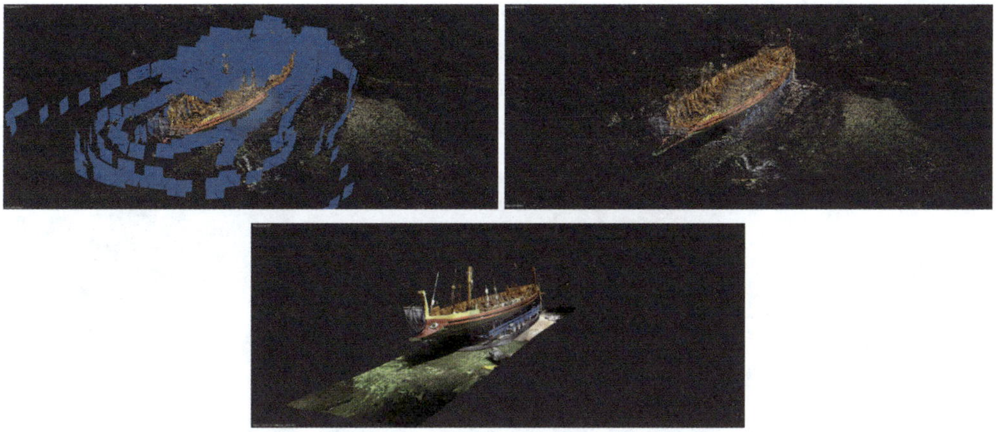

Abb. 4: Entstehung des 3D-Modells: (gegen den Uhrzeiger) i) die Wolke von charakteristischen Punkten, ii) die rekonstruierten Kamerapositionen, iii) das rekonstruierte 3D-Modell.

Mithilfe dieser Aufnahmen konnten wir bei vielen Veranstaltungen die 3D-Rekonstruktionen auf den Veranstaltungen präsentieren. Dazu zählte insbesondere die „Lange Nacht der Wissenschaften" in Oktober 2019. Dort war es für das interessierte Publikum ein Magnet: Jeder konnte mit einer virtuellen Brille in dem Wrack und auf der der Rekonstruktion in virtueller Umgebung herumgehen – eine Erfahrung, die nicht einmal im Museum, das die Wracks beherbergt, möglich ist (Abb. 5). Dieses wertvolle Tool wäre – appliziert – sicher eine Bereicherung.

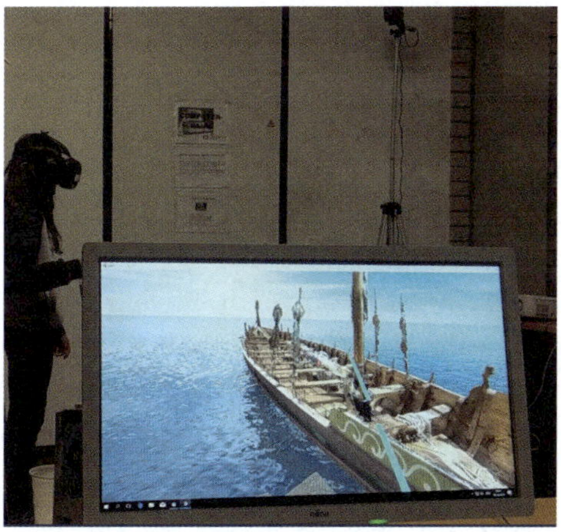

Abb. 5: „Lange Nacht der Wissenschaften" der FAU 2019. Der Bildschirm zeigt den Blick, den die virtuelle Brille gewährt. Mit Handsteuerung kann der Besitzer der Brille sich auf dem Boot hin- und her-teleportieren und zwischen Wrack und Rekonstruktion wechseln.

Dabei ist es möglich, sich in der virtuellen Welt frei um das Boot zu bewegen und es auch vom Wasser aus zu betrachten oder sich ins Innere des Bootes zu begeben. Da das Boot deutlich größer ist als der tatsächlich bei der Präsentation zur Verfügung stehende Raum, kann man sich mit Hilfe eines in der Hand gehaltenen Controllers an neue Positionen „teleportieren".

Abb. 6: 3 Screenshots aus der VR-Anwendung zur Exploration der F.A.N.

Darüber hinaus haben die Aufnahmen auch einen wertvollen wissenschaftlichen *impact*. Die 3D-Aufnahmen sowohl des Wracks als auch der Replik ermöglichen Rekonstruktionen der Teile, die nicht im Original vorhanden waren und auch für den Bau der Replik nach zeitgenössischen Parallelfällen rekonstruiert werden mussten. Das ist – trotz der hohen, an der antiken Wirklichkeit orientierten Maßstäbe, die wir uns beim Bau gesetzt haben – in umfangreichem Maße der Fall gewesen. Wenn auch das Wrack 2 fast über die gesamte Kiellänge erhalten ist und das sogenannte Wrack 1, ein Schwesterschiff, hinsichtlich der Konstruktion für einige nicht erhaltene Teile von Wrack 2, das insgesamt allerdings besser erhalten ist, noch wichtige Hinweise liefert – alles, was über das Dollbord hinausgeht, war zu rekonstruieren.

Für die Ergänzung und Rekonstruktion stehen parallele Fälle zur Verfügung: Die Ausgestaltung der Steuerruder kann sich auf Münzenabbildungen, auf Wandgemälde (etwa in Pompeji), auf Säulenreliefs (Hadrianssäule) oder Grabreliefs berufen (Kapitel 2,1: Weski). Die Größe in Relation zum übrigen Schiff, die Eintauchtiefe bleibt jedoch unklar, waren doch die Künstler und Handwerker in der Regel keine Fachleute für die Seefahrt. Auch ist damit zu rechnen, dass die Ausgestaltung mehr nach ästhetischen als nach realitätsnahen Kriterien erfolgte.

Die Riemen können über Funde im germanischen oder römischen Kontext auch aus einer zeitnahen Epoche nachempfunden werden. Dasselbe gilt für das Segel, die Takelage und die Farben der Bemalung. Mitunter existieren auch schriftliche Zeugnisse. Aber die Autoren waren keine Fachleute, hatten eher literarische Ambitionen. Auf jeden Fall gaben sie keine genauen Maßstäbe, Verhältnisse und Maße oder Mischungsverhältnisse an. Das war Sache der Handwerker oder handwerklich arbeitenden Sklaven und nicht das Metier der meist gesellschaftlich höherstehenden Schicht, die sich um die praktische Ausführung im Sinne der höchstmöglichen Effizienz nicht zu kümmern brauchten. Umgekehrt gehörte es zum Erfolgskonzept der handwerklich tätigen Bootsbauer, dass das für ihr Geschäft einträgliche Erfolgskonzept des Produktes nicht weitergetragen wurde, vielmehr im eigenen „Gewerk“ weitervererbt wurde. Dass der Zugriff auf Ressourcen und die exklusiven Fähigkeiten eifersüchtig „geschützt“ wurden, ist mehrfach belegt.

So bleibt im Einzelnen die Ausführung offen und rekonstruierende Wissenschaft muss mehrere Alternativen (möglichst kostengünstig) prüfen. Wie lang waren die Steuer und die Riemen, welche Gestalt hatte das Segel – war es ein Rah-, ein Spriet- oder ein Lateinersegel? Welche Fläche umfasste das Segel idealerweise in Binnensee- und Binnenschifffahrtsbereich unter in diesen Breitengraden rasch wechselnden Windbedingungen?

Eine 1:1 Rekonstruktion kann auch nach Maßgabe der Handbücher für traditionelle Schifffahrt (meist für Bedingungen auf Hoher See) des 19. und 20. Jahrhunderts die wahrscheinlichste Rekonstruktion vornehmen, wo antike Belege fehlen, und vielleicht noch eine Alternative umsetzen (Kapitel 2,1: Weski). Das haben wir etwa für die Steuerruder und für die Riemenlängen, aber auch für die Segel berücksichtigt und teilweise auch schon in Tests erprobt (Kapitel 5,1: Thünnesen-Gatternig-Günther-Wawrzyn-Dreyer). Mehr als zwei Möglichkeiten lassen sich aber auch schon allein aus finanziellen Gründen nicht 1:1 verwirklichen.

Wenn etwa zwei Segelmöglichkeiten konzipiert (wie die am häufigsten belegten Spriet- und Rahsegel) werden, so wird damit die Wirklichkeit von vor zweitausend Jahren nicht abgebildet. Angesichts eines Überlieferungsverlustes von – regional unterschiedlich – etwa 95 % können wir nicht durch Nachbau die Möglichkeiten römischer Bootsbauer nachempfinden, die nach Auftrag und getrieben von der Notlage empirisch auf die lokale Situation eingehen konnten und die besten Alternativen erschlossen, indem sie auf die Erfahrungen von Generationen des familiären Betriebes aufbauten.

Hier können nun mit Daten der Klimatologen (Kapitel 5,4: Land-Dreyer) die vom Lehrstuhl für Graphische Datenverarbeitung erstellten 3D-Modelle der Replik in die Simulationsprogramme der Strömungsmechanik eingegeben werden. So können relativ kostengünstig realitätsnahe Tests für Strömungs- und Segelverhalten in verschiedenen Ausführungen der 3D-Modelle der Digitalen Graphik erstellt werden.

Der erste Ansatz, im Schiffbau aufwändige experimentelle Messungen durch analytische (später numerische) Berechnungen zu ersetzen, erfolgte bereits Mitte des 20. Jahrhunderts (Giesing, 1965) durch Annäherung der Segelumströmung als 2D-Potentialströmung. Bereits in den 70ern konnten über eine Erweiterung auf 3D-Potentialströmungen und Kopplung mit 2D-Grenzschichtbetrachtungen erste Programme zur Berechnung von Segelyachten (VPPs – Velocity Prediction Programs) vorgestellt werden. Die Strömungswiderstände des Rumpfs wurden dabei noch aus Schlepptankversuchen experimentell erfasst. Mitte der 90er konnten bereits Turbulenzeffekte über RANS (Reynolds Averaged Navier Stokes) Berechnungen und erstmalig auch die Strömungskräfte am Rumpf rechnerisch nachgebildet werden. In den VPPs wurde zu diesem Zeitpunkt noch vornehmlich analytisch gerechnet, numerische Betrachtungen galten als nicht präzise genug.[1] Mit steigender Rechnerleistung, die feinere Rechengitter (1995: 40 000 Zellen; 2008: 1 Mrd. Zellen[2]) und aufwändigere Rechenverfahren ermöglichten, konnten sich numerische Verfahren in den letzten 20 Jahren schließlich für den modernen Schiffsbau großflächig durchsetzen. Vor allem aus dem Bereich des Segelsports (America's Cup, Volvo Ocean Race) sind in diesem Bereich starke Impulse gesetzt worden. Die Herausforderung liegt dabei bei der Berechnung der Strömungsverhältnisse im Vorwindkurs, da es dabei zu komplexen Effekten wie Strömungsablösungen, laminar-turbulenten Transitionen, Wiederanlagerung oder Relaminarisation kommen kann.[3] Die Strömungsverhältnisse beim Aufkreuzen oder hart am Wind lösen hingegen nicht ab und können mit guter Genauigkeit über nicht-viskose Potentialströmungen abgebildet werden. Die eingesetzten Methoden haben sich in diesem Zeitraum von RANS mit unterschiedlichen Turbulenzmodellen[4], über unsteady RANS[5], Detached Eddy Simulations – DES[6] bis zu Large Eddy Simulationen[7] weiterentwickelt.

Für die Nutzung der in diesem Bericht vorgestellten 3D-Rekonstruktion im Rahmen solcher CFD (computational fluid dynamics) Simulationen sind noch einige vorbereitende Schritte notwendig. Während für die Visualisierung die hochauflösenden Texturen es erlauben, die Geometriedetails zu reduzieren, ist die Auflösung der 3D-Struktur für eine numerische Anwendung relativ gering. Wichtige Details, wie z. B. die Abrisskante am Heck werden nicht vollständig dargestellt. Im vorderen Bereich des Rumpfs sind auch noch einige „Dellen" im Modell (siehe Abb. 7), die natürlich auch den Strömungsverlauf beeinflussen würden. Es muss also in Hinblick auf eine glatte Außenhaut optimiert werden. Für die Simulation muss dabei nicht das Boot selbst vernetzt werden, sondern das Wasser (bzw. später auch die Luft) unter dem Boot. Entsprechend benötigt man eine saubere Oberfläche, an der die Zellen (Quader oder „Wedges") des Rechengitters aufgereiht werden können. Am Lehrstuhl für Strömungsmechanik läuft aktuell eine Qualifizierungsarbeit, die sich mit dieser Aufgabenstellung befasst. Die entsprechenden Werkzeuge sind in kommerziellen Softwarepaketen zur numerischen Simu-

1 Milgram (1998).

2 Schnitger Corporation (2008).

3 Viola / Fossati (2008).

4 Böhm / Graf (2014), Day / Nixon (2014); Viola / Fossati (2008).

5 Fiumara et al. (2017).

6 Viola et al. (2014).

7 Fiumara et al. (2017).

lation vorhanden. Die dafür bevorzugte Software StarCCM+ beinhaltet diese Funktionalität beispielsweise im Modul „Surface Wrapper“.

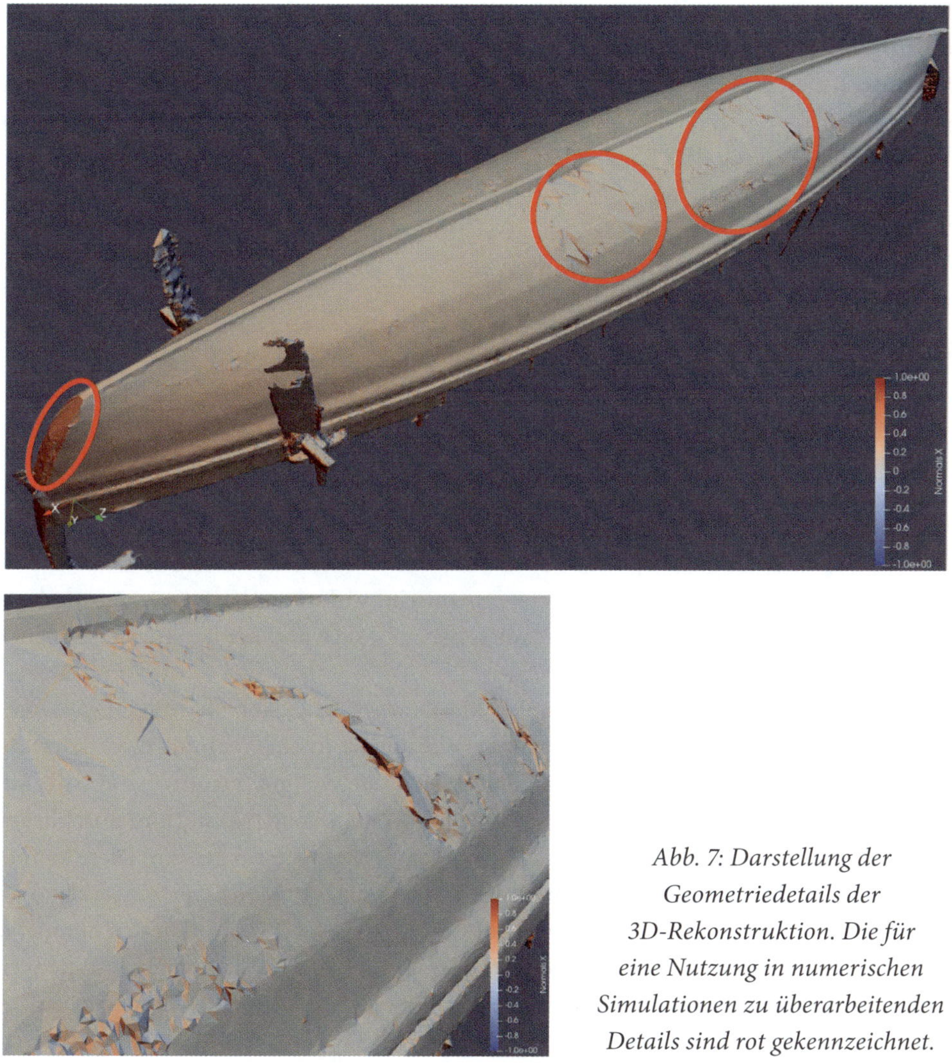

Abb. 7: Darstellung der Geometriedetails der 3D-Rekonstruktion. Die für eine Nutzung in numerischen Simulationen zu überarbeitenden Details sind rot gekennzeichnet.

Nach diesem erfolgreichen pre-processing kann das Modell in StarCCM+ auf seine Strömungseigenschaften untersucht werden. Dazu wird ein Volume of Fluid Modell für die Darstellung der zwei Phasen (Wasser und Luft) gewählt. Die Auswahl des Lösers ist wie folgt:

1) die Kontinuitätsgleichung ist erforderlich, um die Massenbilanz konstant zu halten; 2) die Impulsgleichung ist erforderlich, um die Geschwindigkeit und den Druck zu berechnen; 3) das System arbeitet unter isothermen Bedingungen; 4) zwei Phasen (Wasser und Luft) erfordern das oben genannte VoF-Modell für die korrekte Darstellung der Grenzfläche (Wasseroberfläche, Wellen, etc.). Turbulenzeffekte werden über ein k-epsilon Modell berechnet. Die maßgeblichen Gleichungen, die bei der Simulation gelöst werden müssen, sind hier angegeben:

Kontinuitätsgleichung,

$$\frac{\partial \rho}{\partial t} + \nabla \cdot (\rho \mathbf{U}) = 0$$

Impulsgleichung,

$$\frac{\partial \rho \mathbf{U}}{\partial t} + \nabla \cdot (\rho \mathbf{U}\mathbf{U}) = -\nabla p + \nabla \cdot \tau + \rho \mathbf{b}$$

$$\tau = \mu\left(\nabla \mathbf{U} + (\nabla \mathbf{U})^T\right) - \frac{2}{3}\mu(\nabla \cdot \mathbf{U})\mathbf{I}$$

In den obigen Gleichungen ist ρ die Dichte, t die Zeit, U der Geschwindigkeitsvektor, p der Druck und I der Einheitstensor. M ist die dynamische Viskosität der Flüssigkeitsmischung und μ_{eff} ist die effektive dynamische Viskosität, die auf der Grundlage des Turbulenzmodells berechnet wird.

Ein erstes Resultat aus der oben genannten Masterarbeit ist in Abb. 8 gezeigt. Die Geometrie ist eingebettet und die Auswahl der Modelle resultiert in einem physikalisch korrekten Verhalten (Auftrieb, Wellenbildung, etc.). Für eine qualitative und quantitative Auswertung stehen hierbei noch die oben genannten Vorarbeiten an der Geometrie und eine anschließende Validierung des Simulationssetups anhand experimenteller Messungen aus. Diese könnten beispielsweise die Messungen des Strömungswiderstands am 1:10 Modell im Wasserkanal sein oder Messungen der Testfahrten der F.A.N. Mit einer in dieser Form validierten Simulation lassen sich schließlich in weiterführenden Arbeiten mit geringem Aufwand unterschiedliche Bootskonfigurationen (Rumpfdesign, Riemengestaltung, Segeltypen, …) untersuchen und vergleichen.

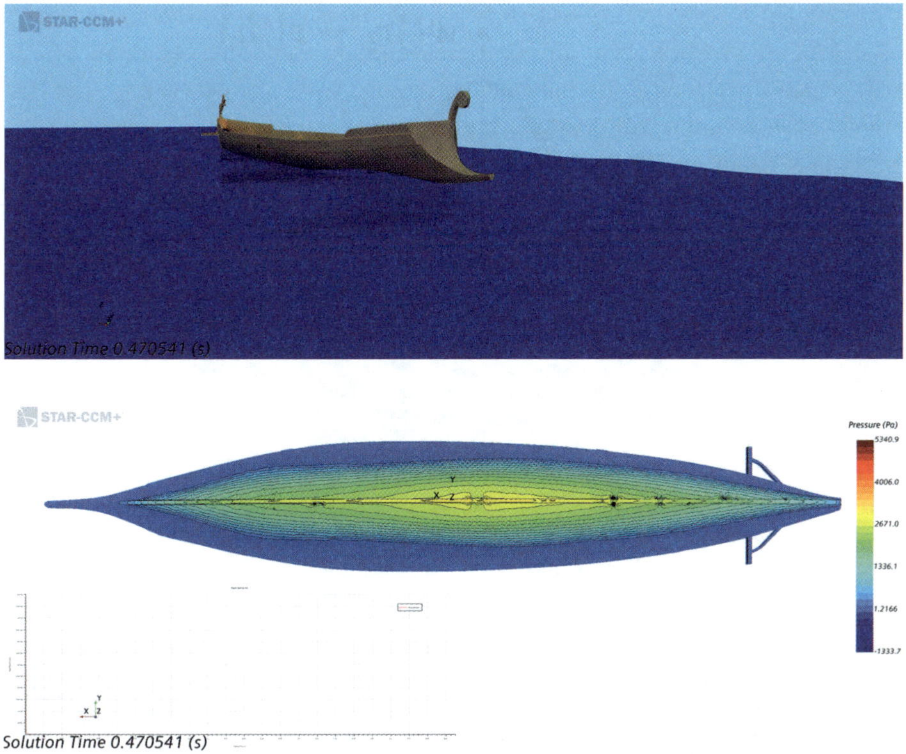

Abb. 8: Erstes Resultat der CFD-Simulation mit der 3D-Rekonstruktion im Rohformat. Beeinflussung der Wasseroberfläche (oben) und Druckverteilung am Rumpf (unten)

In einem parallelen Ansatz wird für diese Untersuchungen auch eine alternative Simulationsmethodik erprobt. Diese basiert, anders als die oben genannte CFD-Methode, auf einer partikel- oder punktbasierten Darstellung der Geometrie. Die Methode ist unter der Bezeichnung „smooth particle hydrodynamics“ (SPH) bekannt und wird mit großem Erfolg für Anwendungen mit freien Oberflächen (wie hier die Wasseroberfläche) eingesetzt.[8] Das Fluid wird dabei nicht wie bei CFD in räumlich feststehende Zellen unterteilt, sondern über bewegliche Partikel repräsentiert. Um das Verhalten einer vollständigen Phase (Wasser, Luft) zu erhalten, müssen die gesuchten Größen (Geschwindigkeiten, Beschleunigungen, etc.) über eine bestimmte Anzahl an Partikeln gemittelt werden. Dies geschieht mit der Kernel-Funktion w (siehe Abb. 9). Für die Durchführung von Simulationen auf dieser Basis existieren mehrere Open-Source Pakete, wie zum Beispiel DualSPHysics (siehe Abb. 10).

8 Cartwright et al. (2006), Groenenboom et al. (2020), Marrone et al. (2012), Shadloo et al. (2016).

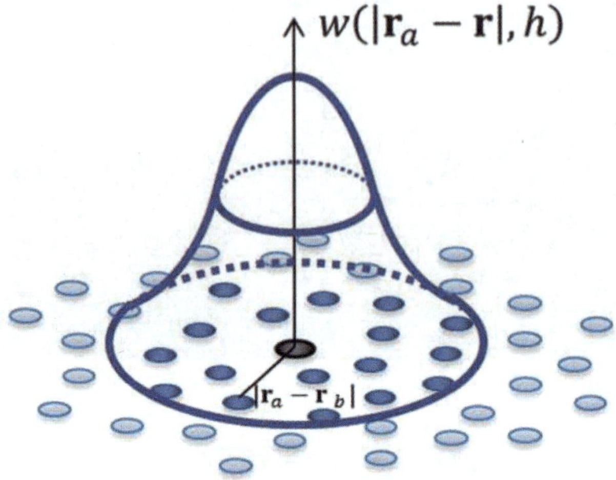

Abb. 9: Aufteilung der Fluide in Partikel und Mittelung der Eigenschaften über Kernel-Funktion w

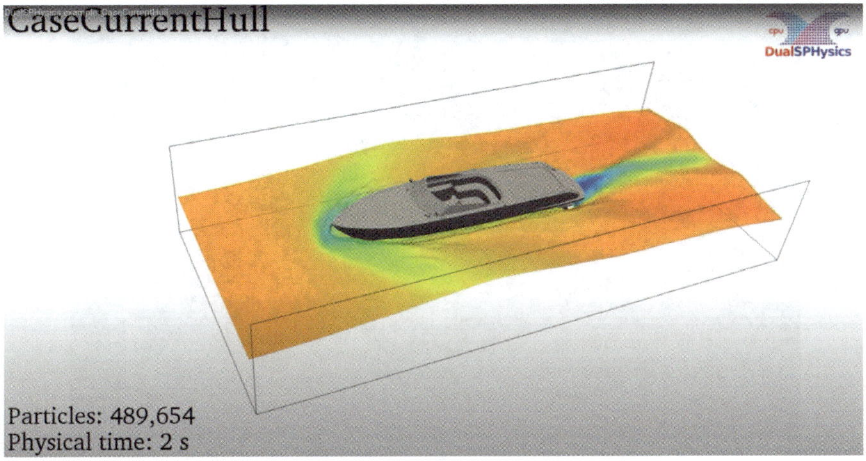

Abb. 10: Beispielbilder von SPH-Simulationen verschiedener Schiffe aus der Dokumentation der Open-Source-Software „DualSPHysics" (Quelle: https://dual.sphysics.org)

Der große Vorteil für die Untersuchungen mit der 3D-Rekonstruktion der F.A.N. liegt in der direkten Übernahme der 3D-Punktewolke aus der Digitalisierung des Lehrstuhls für Digitale Graphik, ohne den Umweg über eine Oberflächenrekonstruktion und anschließende Vernetzung der anliegenden Fluidvolumina gehen zu müssen. Erste Resultate dieser Arbeit am LSTM (noch unter Verwendung einer relativ groben Auflösung) sind in Abb. 11 zu sehen. Auch hier soll im Rahmen einer Qualifizierungsarbeit das Verfahren anhand experimenteller Messungen validiert und anschließend Parameterstudien zu nicht historisch belegten Aspekten durchgeführt werden.

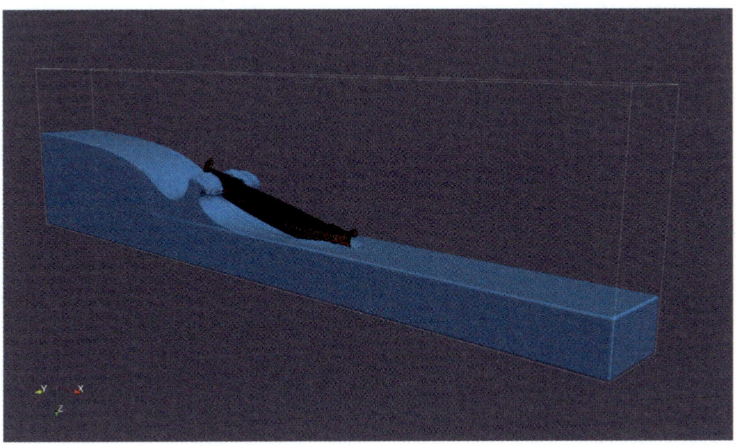

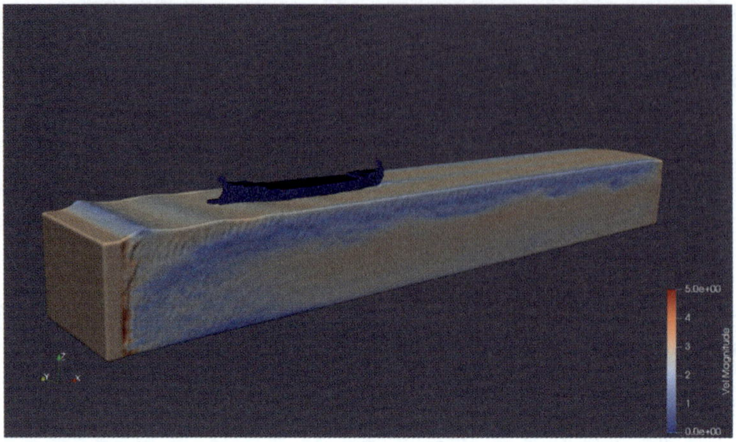

Abb. 11: Erste Resultate der SPH-Simulation mit der 3D-Rekonstruktion der F.A.N.

So kann ermittelt werden, wie idealerweise die nicht belegten Teile des Bootes – die Riemen, Steuer, Segel – beschaffen sein mussten, um das Boot im Binnenschifffahrtsbereich optimal einzusetzen – Erkenntnisse, die antike Bootsbauer an ihrem Baueinsatzort empirisch ermittelt haben. Auf diese Weise können die Einsatzmöglichkeiten dieses Bootstyps für die Phasen, in denen die Römer gegenüber dem germanischen Raum offensiv waren, und für die Zeit, in der die Boote die „nassen Grenzen" entlang des Rheins und der Donau kontrolliert haben, erschlossen werden.

Literatur

Böhm, C. / K. Graf, Advancements in free surface RANSE simulations for sailing yacht applications. *Ocean Engineering, 90*, 2014, S. 11–20. https://doi.org/10.1016/j.oceaneng.2014.06.038.

Cartwright, B. / J. Xia, S. Cannon / D. McGuckin / P. Groenenboom, *Motion Prediction of Ships and Yachts by Smoothed Particle Hydrodynamics*. 8, 2006.

Day, A. / E. Nixon, Measurement and prediction of the resistance of a laser sailing dinghy. *Transactions of the Royal Institution of Naval Architects. Part B, International Journal of Small Craft Technology, 156*(B1), 2014, S. 11–20.

Fiumara, A. / N. Gourdain / V. Chapin / J. Senter, *Aerodynamic Analysis around a C-Class Catamaran in Gust Conditions using LES and Unsteady RANS Approaches.* In: INNOVSAIL International Conference on Innovation in High Performance Sailing Yachts, CVET and Ecole Navale, Lorient 2017, S. 85-96.

Giesing, J. P., Potential flow about two-dimensional airfoils. *Douglas Report LB-31946,* 1965.

Groenenboom, P. / B. Cartwright/ D. McGuckin, Recent Features and Industrial Applications of the Hybrid SPH-FE Method. *International Journal of Computational Fluid Dynamics, 0*(0), 2020, S. 1–23. https://doi.org/10.1080/10618562.2020.1800657.

Marrone, S. / B. Bouscasse / A. Colagrossi / M. Antuono, Study of ship wave breaking patterns using 3D parallel SPH simulations. *Computers & Fluids, 69*, 2012, S. 54–66. https://doi.org/10.1016/j.compfluid.2012.08.008.

Milgram, J. H., Fluid mechanics for sailing vessel design. *Annual Review of Fluid Mechanics, 30*(1), 1998, S. 613–653.

Schnitger Corporation, Italian supercomputer proves 1 billion cells can be solved. *Schnitger Corporation*, 2008. http://schnitgercorp.com/2008/11/24/ft he-supercomputer-proves-1-billion-cells-can-be-solved/.

Shadloo, M. S. / G. Oger / D. Le Touzé, Smoothed particle hydrodynamics method for fluid flows, towards industrial applications: Motivations, current state, and challenges. *Computers & Fluids, 136*, 2016, S. 11–34. https://doi.org/10.1016/j.compfluid.2016.05.029.

Viola, I. M. / S. Bartesaghi / T. van-Renterghem / R. Ponzini, Detached Eddy Simulation of a sailing yacht. *Ocean Engineering, 90*, 2014, S. 93–103. https://doi.org/10.1016/j.oceaneng.2014.07.019.

Viola, I. M. / F. Fossati, Downwind sails aerodynamic analysis. *BAA VI Int. Colloq. Bluff Bodies Aerodyn. Appl.*, Mailand 2008.

Violeau, D. / B. D. Rogers, Smoothed particle hydrodynamics (SPH) for free-surface flows: Past, present and future. *Journal of Hydraulic Research, 54*(1), 2016, S. 1–26. https://doi.org/10.1080/00221686.2015.1119209.

Abbildungsverzeichnis

Abb. 1: 3D-Rekonstruktion des Wracks 2 aus dem „römer kelten museum“ in Manching 2017, D. Rückert-M. Stamminger

Abb. 2: F.A.N. auf dem Schlossgartenfest der Universität 2019, D. Rückert-M. Stamminger

Abb. 3: Aufnahmen für das 3D-Modell am Tag vor dem Schlossgartenfest 2019, D. Rückert-M. Stamminger

Abb. 4: Entstehung des 3D-Modells: (gegen den Uhrzeiger) i) die Wolke von charakteristischen Punkten, ii) die rekonstruierten Kamerapositionen, iii) das rekonstruierte 3D-Modell, D. Rückert-M. Stamminger

Abb. 5: „Lange Nacht der Wissenschaften“ der FAU 2019. Der Bildschirm zeigt den Blick, den die virtuelle Brille gewährt. Mit Handsteuerung kann der Besitzer der Brille sich auf dem Boot hin- und her-teleportieren und zwischen Wrack und Rekonstruktion wechseln, Foto B. Dreyer

Abb. 6: 3 Screenshots aus der VR-Anwendung zur Exploration der F.A.N., D. Rückert-M. Stamminger

Abb. 7: Darstellung der Geometriedetails der 3D-Rekonstruktion. Die für einen Nutzung in numerischen Simulationen zu überarbeitenden Details sind rot gekennzeichnet, B. Gatternig

Abb. 8: Erstes Resultat der CFD-Simulation mit der 3D-Rekonstruktion im Rohformat. Beeinflussung der Wasseroberfläche (oben) und Druckverteilung am Rumpf (unten), B. Gatternig

Abb. 9: Aufteilung der Fluide in Partikel und Mittelung der Eigenschaften über Kernel-Funktion w (aus: Violeau – Rogers (2016))

Abb. 10: Beispielbilder von SPH-Simulationen verschiedener Schiffe aus der Dokumentation der Open-Source-Software „DualSPHysics“ (Quelle: https://dual.sphysics.org)

Abb. 11: Erste Resultate der SPH-Simulation mit der 3D-Rekonstruktion der F.A.N., B. Gatternig

Annex: Die 3D-Animation finden Sie unter www.wbg-wissenverbindet.de

4 Die römischen Feldzüge in Germanien und das Klima. Eine Fallstudie für die Jahre 15 und 16 n. Chr.

Alexander Land, Univ. Hohenheim – Boris Dreyer, FAU

4.1 Einleitung

Der Bootstyp, der mit der F.A.N. so historisch getreu wie nie zuvor nachgebaut wurde, ist nicht nur in den Jahrhunderten der Grenzsicherung bzw. der Vorfeldverteidigung auf Rhein und Donau sowie den Nebenflüssen Main, Lippe, Altmühl eingesetzt worden, sondern auch in den Phasen zuvor, u. a. in den römischen Offensiven in Gallien und Germanien.

Schon Caesar diskutierte die spezifische römische – mediterrane, seit dem pharaonischen Ägypten des 2. Jahrtausends bekannte – Bautradition, indem er sie mit der einheimisch-keltischen verglich und die Spezifika des einheimischen Bootsbaus vor dem Hintergrund des typischen Klimas erklärte (Bell. Gall. 3,16). In der Offensivphase der Römer in Germanien, zwischen 12 v. Chr. und 16 n. Chr., reflektieren unsere Quellen (bes. Cassius Dio, Tacitus, Velleius Paterculus) immer wieder auf die klimatischen Zustände.

Wir wollen hier nur gleichsam als Vorstudie schlaglichtartig an einem Beispiel auf die Bedingungen militärischer Aktivitäten in Germanien aus der Perspektive der Zeitgenossen werfen, und zwar in klimatischer Hinsicht. Damit greifen wir bereits gut bzw. besser etablierte Initiativen aus dem Mittelalter für ein Beispiel der römischen Antike auf,[1] das dem inhaltlichen Kontext unseres Bandes nahe steht und insbesondere die möglichen Folgen klimatischer Bedingungen auf Grundsatzentscheidungen der Zeitgenossen beleuchtet.

Denn auch für die Antike bieten sich u. E. große Chancen, die bekannten Quellen nach Indizien und mit einer neuen Perspektive zu befragen und sie dann mit den Daten der Paläoklimatologie zu konfrontieren. Unter welchen Bedingungen wurden Offensiven in zu eroberndes Terrain aufgenommen, welche Flüsse, die heute noch existieren und die seinerzeit dieselbe

---

[1] Z. B. Gerste (2015), Glaser (2001), S. 21–27; Lamb (1989), S. 189–206; vgl.: https://watermark.silverchair.com/bams-d-10-05003_1.pdf. S. a. Pfister (1999), Wanner (2016), Buchner / Buchner (2005).

Funktion erfüllten wie unsere heutigen Autobahnen, waren dabei dienlich, welche nicht. Mit welchen klimatischen Widrigkeiten war zu kämpfen.

In erstaunlicher Dichte nimmt der Historiker Tacitus, der unbestreitbar den Höhepunkt der römisch-lateinischen Historiographie auch unter modernen Gesichtspunkten darstellt, Bezug auf die klimatischen Widrigkeiten in Germanien, und zwar nicht nur als Absonderlichkeit und Katastrophe, sondern mit der Selbstverständlichkeit eines dauerhaften Zustandes.

Wir sprechen von einem Autor, der nach der Mitte des ersten Jahrhunderts in Köln lebte und daher die klimatischen Bedingungen aus eigener Anschauung gut kannte. Wir sprechen weiter von einem Historiker, von dem nachgewiesen ist, dass er zum Zeitpunkt der Abfassung von Annalen und Historien, die er um 100 n. Chr. schrieb, offizielle Dokumente integrierte, Archive durchforstete, Senatsakten zitierte und historiographische Vorgänger – wie insbesondere den älteren Plinius, dessen Werk über die Germanenkriege nicht mehr erhalten ist – rezipierte.[2]

Und dennoch müssen wir vorsichtig sein. Jeder Autor, auch der differenzierteste, ist „Opfer" seiner Zeit, lässt unbewusst Vorstellungen und Auffassungen einfließen, die das Bild verstellen; sehen wir also das in unserem Fall realistische Bild einer militärischen Situation oder den „hineingewaschenen" Blick des Historikers 50 Jahre später vom linksrheinischen Köln in den germanischen Osten?

Weiter war Tacitus Rhetoriklehrer, intelligenter Senator, der um die Wirkung des Wortes wusste und auch um der besseren Wirkung willen Erwartungshaltungen seiner Leserschaft zu bedienen wusste – Erwartungshaltungen, die stark von einer zeitgenössischen Vorstellung eines unwegsamen, bewaldeten, sumpfigen, regennassen Germanien geprägt waren.

Weiter wusste er um eine informierte Leserschaft, Senatoren, die die von ihm beschriebenen Ereignisse der Offensivphase durch Kenntnis der Aktenlage und durch Historiker wie Plinius bereits gut kannten. Gleichwohl glaubte Tacitus, dass die zu schildernden Verhältnisse und Ereignisse spezifisch und anders zu sehen seien und sah sich daher befleißigt, seine Sicht der Dinge an die Zeitgenossen zu bringen. Daher erklärt sich der sprunghafte Charakter der Darstellung. Einzelne Ereignisse werden detailliert beschrieben, andere Feldzugspassagen werden schlichtweg übersprungen – eben weil der Leser Bescheid wusste und nur in den geschilderten Passagen von Tacitus anders als durch seine Vorgänger informiert wurde bzw. informiert werden sollte. Wir aber, die wir diese dichte Überlieferung nicht besitzen, erhalten wohl möglich ein falsches Bild – und das ist relevant, denn wenn Tacitus unter Argumenten des Kaiser Tiberius, die gegen eine Fortsetzung der Offensiven in Germanien sprechen, auch die des Klimas

2 Lehmann (2007), S. 419–430.

erwähnt, dann könnte eben auch – dem Erzählerinteresse des Autors geschuldet – ein Aspekt der Realität überbetont worden sein.

Wir sind vielleicht heute schnell dazu verleitet, diese Perspektive des römischen Historikers sympathisch zu finden, die wir vielleicht mehr als die Menschen in den Jahrhunderten zuvor, eine sensible Antenne für klimatische Verhältnisse und ihre Wirkung auf die Lebenswelt erworben haben. Kaum wird heute seriöser Weise bestritten, dass die Menschheit nunmehr global das Klima „gestaltet". Doch gilt es zu betonen, dass in allen Perioden der Menschheitsgeschichte der Zeitgenosse bemüht war, die Einflüsse des Klimas in seine Überlegungen und Planungen einzubinden, auch in unserem Fall der Jahre 9–16/17 n. Chr.

Eine Betrachtung, wie sich das Klima auf die römischen Aktivitäten ausgewirkt haben könnte, erscheint zunächst einmal dadurch möglich, da die Veränderungen des Klimas während der letzten 2000 Jahre für Europa gut untersucht sind. Hochaufgelöste Klimaarchive, wie beispielsweise Baumringe oder Speläotheme, machen dies möglich und liefern wichtige zeitlich und räumlich hochaufgelöste Informationen über Schwankungen des Niederschlags und der Temperatur. In diesem Beitrag soll zunächst ein Einblick speziell in die Dynamik des Niederschlags und der Temperatur zwischen 1 und 200 n. Chr. gegeben werden. Da hier nur auf die publizierten Ergebnisse, nicht aber auf methodische Ansätze eingegangen wird, sei der interessierte Leser auf die jeweilige Originalliteratur verwiesen, um detaillierte Informationen zur Methodik zu erhalten. Die Klimarekonstruktionen sind anhand zweier Kriterien ausgewählt worden: Sie sollten zeitlich hochaufgelöst (möglichst annuell) sein und Rückschlüsse auf Süddeutschland zulassen. Die Ausführungen über die ersten beiden Jahrhunderte n. Chr. stellen zudem einen direkten Bezug zu den Römern in Süddeutschland und deren Militärschiffe von Oberstimm dar.

Die Intension dieses Beitrags liegt maßgeblich darin, interdisziplinäre Fragestellungen anzuregen, die einen klaren Bezug zur Klimadynamik der Römerzeit haben, sowie die aktuell zur Verfügung stehenden zeitlich und räumlich hochaufgelösten Klimarekonstruktionen für diese Zeit vorzustellen.

4.2 Geschichtlicher Hintergrund

Gefährlich sind die Fehlschlüsse. In einer gerne gesehenen ZDF-Serie über „Katastrophen, die Geschichte machten" (engl. Original), ist auch die Varuskatastrophe des Jahres 9 n. Chr. aufgeführt. Hier ist die römische Armee besonders ein Opfer eines Zyklons.[3] Wäre wirklich ein

[3] ZDF-Sendung 2014, Katastrophen, die Geschichte machten: https://youtu.be/FQXbwBJ_Qm4: 12:53 min (nach einem englischen Original: Prime Video Channels, Director Brian Rice: „Perfect Storms:

Zyklon die Ursache der Niederlage gewesen, hätte es keinen Grund gegeben, nicht noch weitere Versuche der Okkupation „unter klimatischen Normalbedingungen" zu unternehmen.

Diese Sicht ist gleichsam nur die um ein weiteres Argument – die Katastrophe – erweiterte, populäre Ansicht, dass die Varuskatastrophe eine Trendwende in der Weltgeschichte eingeleitet habe.[4] Populär war in der Antike wie in der modernen Forschung die Ansicht, dass eine Verkettung von individuellen Fehlern der Führung in diese Katastrophe geführt hat.[5] Das ist erwiesenermaßen nicht der Fall.[6] In der Tat wurden unter der Führung des Germanicus zwischen 12 und 16 n. Chr. weitere Versuche unternommen, die bereits als Provinzen geplanten germanischen Herrschaftsbereiche erneut zu unterwerfen.

Die „weltgeschichtliche Bedeutung" erhält die Varuskatastrophe allenfalls dadurch, dass sie die Blaupause abgab für die Strategie des germanischen Anführers Arminius, der noch in römischen Diensten im pannonischen Krieg als Befehlshaber einer germanischen Auxiliareinheit bei den Aufständen im Balkan die Schwächen der römischen Armee in unwegsamem Gelände studieren und im Aufstand zuhause gegen die Römer nach seinem Abfall anwenden konnte. Varus dagegen konnte immerhin – gegen den Vorwurf vieler Zeitgenossen und späterer Historiker – für sich anführen, dass er um die überlegene Strategie der irregulären einheimischen Truppen des Arminius, dessen Abfall ihm noch nicht bekannt war, noch nicht wissen konnte, im Unterschied zu seinen Nachfolgern in der Führung der römischen Truppen in Germanien.

Hier bewahrheitet sich vielmehr die wichtige Regel eines in der Geschichte immer wieder verifizierbaren Gesetzes des asymetrischen Krieges (etwa Vietnam), dass irreguläre Truppen gegenüber regulären Truppen in ihrem eigenen Terrain nur nicht verlieren dürfen, um zu gewinnen, während reguläre Truppen notwendig den Gegner zu bezwingen haben, um ihr Ziel zu erreichen. Damit ist gemeint, dass die Germanen unter der Führung des Arminius mit dem Rückhalt der eigenen Bevölkerung und der Kenntnis der Umgebung, unter den Bedingungen

---

Disasters that changed the World"). Die dort befragten Historiker (u. a. Mike Loades) äußern sich dazu nicht, auch nicht in den Veröffentlichungen: etwa Murdoch (2008), Arens (2008).

4 Mommsen (1886), S. 50: „Die Varusschlacht ist ein Rätsel, nicht militärisch, aber politisch, nicht in ihrem Verlauf, aber in ihren Folgen. Augustus hatte nicht unrecht, wenn er seine verlorenen Legionen nicht von dem Feind oder dem Schicksal, sondern von dem Feldherrn zurückforderte; es war ein Unglücksfall, wie ungeschickte Korpsführer sie von Zeit zu Zeit für jeden Staat herbeiführen ... schwer begreift man, daß die Aufreibung einer Armee von 20 000 Mann ohne weitere unmittelbare militärische Consequenzen der großen Politik eines einsichtig regierten Weltstaates eine entscheidende Wendung gegeben hat."

5 Vell. Pat. 2, 119. Auch Mommsen (1886) sah die Verantwortung allein bei der Führung, wenn durch die Niederlage eine weltgeschichtliche Wende eingeleitet wurde. Der Autorität dieses deutschen Historikers folgten viele, bis heute.

6 Dreyer (2014), S. 61, S. 104ff.

dürftiger Infrastruktur ohne ein Wegenetz und ohne feste Städte, wo Herrschaft über die Institutionen greifen kann, mit kaum sesshaften Stämmen und eben aufgrund der klimatischen Bedingungen nur nicht verlieren dürften.

Das hatte auch Tacitus erkannt, der nach dem Abzug der Römer und im Rückblick auf den Verdienst des Arminius, der einige Jahre später von seinen einheimischen Standesgenossen ermordet wurde, schreibt (Tac. Ann. 2,88):

„Unstreitig ist er (*Verf. Sc. Arminius*) der Befreier Germaniens, der das römische Volk nicht am Anfang seiner Geschichte, wie andere Könige und Heerführer, sondern das in höchster Blüte stehende Reich herausgefordert hat, in den einzelnen Schlachten nicht immer erfolgreich, im Kriege unbesiegt."

Die Römer kannten die Gefahren der Eroberungen Germaniens durchaus. Schon Caesar hatte nach seinen Expeditionen in den germanischen Raum mit dem Halt am Rhein vor einer Eroberung des westelbischen Gebietes gewarnt, explizit durch den Bericht über die Expeditionen und über den mit den Exkursen übermittelten Charakter des Raumes und der Sitten der Germanen: Die Germanen zogen sich bei Angriffen zurück, der Raum war durch die mangelnde Infrastruktur und die Wälder und Sümpfe kaum zugänglich, die nicht vorhandene Städtestruktur, die fehlenden Institutionen boten kaum Angriffspunkte für Offensiven und Herrschaft – im Unterschied zum keltischen Gallien.

Augustus, der nach Jahrzehnten einerseits gerade an dieser Grenze stete Unruhen durch einfallende Germanen zu konstatieren hatte und seine Herrschaft gerade über die Erfolge und die Sicherheit an den Grenzen definierte, entschied sich für die Offensive bis zur Elbe und versuchte auf die Skepsis des Caesar eine Antwort zu geben: Er trug die Offensiven sowohl zu Lande als auch zu Wasser über die Nordseeströme Ems, Weser, Elbe sowie Lippe, Main vor, um die zurückweichenden Germanen im Rücken zu fassen. Er griff in großangelegten Zangenbewegungen zu Wasser und Lande mit dem Ziel der Eroberung bis zur Elbe an, und er baute auf eine systematische Romanisation (!) nach der Unterwerfung aller Stämme von Rhein bis Elbe (Cass. Dio. 56,18): Er besetzte das Gebiet nur teilweise, baute Städte, er richtete einen Loyalitätskult für zwei römische Provinzen in Germanien ein und führte die Bevölkerung durch die Gründung von Versammlungen und Märkten an die Kultur der Römer heran. Er privilegierte einzelne Stämme und insbesondere einzelne Adelsgeschlechter (dazu gehörte auch die Familie des Arminius), um dadurch einheimische Vertreter für die römische Sache in Germanien zu gewinnen. Arminius wurde durch die Förderung Mitglied des römischen Adels. Keiner konnte vermuten, dass er sich zum Führer des Aufstandes machen würde – in Gallien hatte diese römische Taktik ja noch Erfolg gehabt – und damit sich seiner Privilegien in Rom begeben würde. Dieser zurückhaltende Kurs der Romanisation wurde jedoch verfrüht durch eine verschärfte Provinzialisierungspolitik wegen der Notlage Roms im pannonischen Krieg ersetzt, der zeitweise die Hälfte der römischen Armee (15 Legionen) band. Empörung regte sich deswegen in

Germanien, als die Steuern wegen der Finanznot stiegen und Varus als bewährter Vertreter des Kaisers die Befehle ausführend das römische Recht ab 7 n. Chr. rigide durchsetzte.

Der Aufstand erfolgte, indem Arminius den sich sicher wähnenden Varus auf dem Rückmarsch im Sommerlager durch fingierte Gerichtsfälle länger aufhielt, so dass der im Herbst einsetzende Dauerregen alle Naturwege überschwemmte, indem er ihn Treue fingierend von den befestigten Rückmarschtrassen weglockte und dann in unwegsamem Gelände in drei bis vier Tagen aus dem Hinterhalt immer wieder angriff und zermürbte. Varus konnte sich noch am Anfang gut schlagen, so dass er hoffen dürfte, in dem Lager nach dem ersten Kampftag ohne beschwerenden Troß doch noch die Oberhand erlangen oder zumindest die schützenden Winterlager am Rhein erreichen zu können. Ein schwerer Fehler: Herbstregen machte die Waffen der Römer schwerer oder unnütz. Die Feinde wurden durch den Erfolg und die Hoffnung auf Beute mehr. Es gelang dem römischen Anführer von geübten Veteranenlegionen zwar noch, die Truppen zusammenzuhalten, doch die Substanz wurde immer geringer, bis dann Varus auch fiel und die Ordnung der Truppen unter den beständigen Angriffen und der Unbill der Wetterverhältnisse auseinanderbrach.

Aber eben weil man in Rom dachte, dass Varus eine Hauptschuld traf, dass man unter Vermeidung seiner Fehler im Einzelnen einen Neuanlauf wagen konnte, befahl der Kaiser nach Verdoppelung der ausgefallenen Truppen mit jetzt acht Legionen (anstelle der bislang fünf bis sechs Legionen) am Rhein unter dem Befehl des Germanicus einen neuen Anlauf ab 12 n. Chr. wagen zu können.

Man vermied die Fehler, die sofort erkennbar waren und kassierte den schweren Troß, und man begann zunächst zaghaft nur das Vorfeld des Rheins abzusichern. Man untersuchte die Stätten der Varusniederlage – keine Niederlage wurde so gut untersucht wie diese. Germanicus bildete das Haupt und konnte mit der Autorität des Augustus auch nach dessen Tod unter dem Nachfolger Tiberius, der auch lange in Germanien gekämpft hatte, aber eher nach den Prinzipien Caesars vorgegangen war, lange Zeit in Germanien schalten und walten. Der Wille des vergöttlichten Augustus, der die Nachfolge des Tiberius noch gesichert hatte, war auch dem Tode nicht einfach beiseite zu fegen. So musste Tiberius versuchen zu überzeugen. Die Argumente sind überliefert und interessant, der Bericht des Tacitus über die Feldzüge spiegeln die Argumente auf beiden Seiten wider.

4.3 Die Dynamik des Niederschlags und der Temperatur in Frühjahr/Sommer und Winter

Um die oben aufgeführten geschichtlichen Hintergründe in einen klimatischen Bezug zu setzen, bedarf es zunächst noch der detaillierten Ausführung über die klimatischen Begebenheiten der damaligen Zeit. Abb. 1 zeigt zeitlich hochaufgelöste Rekonstruktionen des

Niederschlags, der Temperatur und der Aridität für die Frühjahrs- bzw. Sommermonate, rekonstruiert mit Hilfe von Jahrringen klimasensitiver Bäume, sowie die dekadische Winter-Niederschlagsveränderung in den Jahren 1 bis 200 n. Chr.

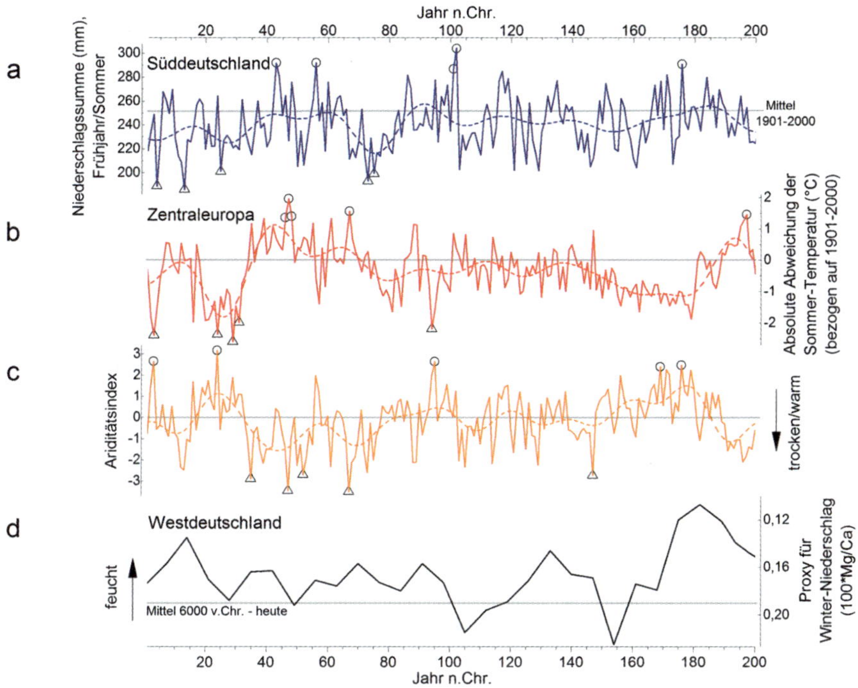

Abb. 1: (a) Variabilität des Frühjahr/Sommer-Niederschlags (April–Juli, Süddeutschland, Land et al., 2019) und (b) der Sommer-Temperatur (Juni–August, Zentraleuropa, Büntgen et al., 2011) rekonstruiert mittels Jahrringen klimasensitiver Bäume sowie (c) Sommer-Ariditätsindex (nach De Martonne) und (d) dekadische Veränderung des Winter-Niederschlags (Westdeutschland, Fohlmeister et al., 2012) im Zeitraum zwischen 1–200 n. Chr. Die Symbole zeigen jeweils die fünf Extreme (Kreise = Maxima, Dreiecke = Minima), die gestrichelten Linien die jeweils geglätteten Zeitreihen (20-jähriger Tiefpass)

Für Süddeutschland liegt eine regionale Rekonstruktion vor, die detaillierte Rückschlüsse auf die Niederschlagsschwankungen im Frühjahr/Sommer (April–Juli) zulässt. Bei dem 200-jährigen Untersuchungszeitraum handelt es sich um eine Periode, die in Süddeutschland als eher frühjahr- und sommertrocken charakterisiert werden kann (Abb. 1a, Land et al. (2019), Datensatz, siehe Tabelle 1 im Anhang). Nahezu zwei Drittel der Jahre (65 %) fallen trockener aus als im Referenzzeitraum (1901–2000), wovon fünf der trockensten Jahre innerhalb der ersten acht Dekaden n. Chr. auftreten (4, 13, 25, 73 und 75 n. Chr.). Perioden aufeinander folgender frühjahrs- und sommertrockener Jahre zeigen sich häufig und sind besonders stark in den 70er Jahren des ersten Jahrhunderts n. Chr. sowie in der ersten und vierten Dekade des zweiten Jahrhunderts ausgeprägt. Mehrjährige feuchte Perioden finden sich hingegen kaum. Erwähnenswert erscheint hier die Periode um 100 n. Chr., in der auch zwei der feuchtesten Jahre liegen. Weitere extrem feuchte Jahre finden sich in der Mitte des ersten Jahrhunderts (43 und 56 n. Chr.) und gegen Ende des zweiten Jahrhunderts (176 n. Chr.). Eine sehr variable Phase findet sich gegen Ende des ersten und Anfang des zweiten Jahrhunderts, die dadurch charakterisiert ist, dass der Frühjahr-/Sommer-Niederschlag zuerst tendenziell ansteigt, in zwei sehr feuchte Jahre gipfelt und dann binnen eines Jahres in eine ausgeprägte trockene Periode übergeht. Die Differenz zwischen dem extrem feuchten Jahr 102 n. Chr. und dem extrem trockenen Folgejahr beträgt 101 mm (durchschnittliche Niederschlagsmenge des Referenzzeitraums = 252 mm).

Auch zur Temperatur liegen zeitlich hochaufgelöste Rekonstruktionen für diesen Zeitraum vor. Für das europäische Festland ist zunächst einmal anzumerken, dass die Sommer-Temperaturen im ersten Jahrhundert n. Chr. denen des 20. Jahrhunderts ähneln, Mitte des ersten Jahrhunderts n. Chr. diese sogar überstiegen haben dürften (Ahmed et al. (2013)). Die Temperaturen für das zweite Jahrhundert n. Chr. liegen etwas tiefer. Die Rekonstruktion der Sommer-Temperatur (Juni–August, Abb. 1b, Büntgen et al. (2011)) zeigt diese warme Periode zur Mitte des ersten Jahrhunderts auch für Zentraleuropa, in der vielfach positive Abweichungen deutlich über einem Grad Celsius gegenüber dem 20. Jahrhundert zu verzeichnen sind. Während im ersten Jahrhundert n. Chr. eine hohe Dynamik der Sommer-Temperatur zu verzeichnen ist, es also starke Jahr-zu-Jahr-Schwankungen gibt und sich kühlere mit wärmeren Sommern abwechseln, gehen die Temperaturen zwischen 155 und 180 n. Chr. deutlich zurück. Erst gegen Ende des zweiten Jahrhunderts kommt es zu einem starken Anstieg der Temperatur.

Betrachtet man jedoch die rekonstruierten Frühjahr-/Sommer-Niederschläge und die Sommer-Temperaturen zusammen (Abb. 1a,b), so zeichnet sich ein etwas anderes Bild ab. Kommen hohe Temperaturen in Jahren mit geringem Niederschlag hinzu, verdunsten die ohnehin geringen Niederschläge umso schneller; Dürre und sinkende Flusspegel können die Folge sein. Da beide Rekonstruktionen saisonale Daten zwischen Frühjahr/Sommer bzw. Sommer liefern, erscheint die Berechnung eines Ariditätsindexes (nach De Martonne) aus beiden Proxyreihen möglich; auch wenn dies als experimenteller Ansatz an dieser Stelle zu verstehen ist (Abb. 1c, Datensatz siehe Tabelle 2 im Anhang). Der Zeitraum zwischen 35 und 75 n. Chr. zeigt sich als besonders trocken/warm und ist daher charakterisiert durch Jahre mit hoher Aridität (negativer Ariditätsindex). In diese Zeit fallen auch vier der fünf ariden Extremjahre (35, 47, 52 und 67 n. Chr.); im Jahr 147 n. Chr. findet sich ein weiteres. In der ersten Hälfte des ersten Jahrhunderts und zweiten Hälfte des zweiten Jahrhunderts zeichnen sich vermehrt feucht/kalte Perioden ab, in die drei Extreme fallen (24, 169 und 176 n. Chr.). In den Jahren 3 und 95 n. Chr. kommen weitere extrem feucht/kalte Jahre vor.

Die bisher aufgeführten Rekonstruktionen basieren auf Baumringen und spiegeln daher die Gegebenheiten während der Vegetationsperiode wider. Bedenkt man die zentrale Bedeutung der Wasserwege als Transportmedium für die Römer, so ist die Niederschlagsentwicklung während der Wintermonate sicherlich ebenso von großem Interesse. Für Westdeutschland liegt, wenn auch nicht mit jährlicher Auflösung, eine Proxyreihe vor, aus der die dekadischen Veränderungen des Winter-Niederschlags entnommen werden können (Abb. 1d, Fohlmeister et al. (2012)). Hieraus ist zu sehen, dass die Winter in den ersten beiden Jahrhunderten n. Chr. als eher feucht zu charakterisieren sind (verglichen mit dem Zeitraum 6000 v. Chr. bis heute). Am Ende des zweiten Jahrhunderts kommt es sogar zu einem deutlichen Anstieg der Winter-Niederschläge und nur in kurzen Perioden sind diese deutlich unterdurchschnittlich, wie am Anfang und gegen Mitte des zweiten Jahrhunderts.

4.4 Hatten die klimatischen Bedingungen in den Jahren 15 und 16 n. Chr. die römischen Kriegsaktivitäten nachhaltig beeinflusst?

Deutlich werden in den Kalkulationen der mächtigsten Männer im römischen Reich auch die klimatischen Bedingungen bei der Abwägung des Für und Wider einer Fortsetzung der Offensiven in Germanien. Germanicus erkannte, dass die Sommer kurz und die Winter lang und regenreich waren, dass man also die Sommerperioden ausnutzen musste (Tac. Ann. 2,5 für das Jahr 16 n. Chr.).

> „... und so beschäftigte er (sc. Germanicus) sich mit Plänen für kommende Schlachten und mit all den schrecklichen oder auch glücklichen Ereignissen während der verflossenen zwei Kriegsjahre: Die Germanen werden in der offenen Feldschlacht und auf normalem Gelände besiegt, aber es kommen ihnen zustatten Wälder und Sümpfe, ein kurzer Sommer und ein frühzeitiger Winter."

In diesem Bewusstsein griff er auf die bewährten Mittel zurück, die 12–8 v. Chr. zur Eroberung Germaniens führten. Auf der Flotte mit Tausend Schiffen auch des Typs der nachgebauten Oberstimmer Boote fuhr er in weitgreifenden Operationen in die Flüsse ein (Tac. Ann. 2,6), erfasste die Germanen im Rücken, nutzte die überlegene Technik, Schnelligkeit und Schlagkraft. Im offenen Felde, wenn Arminius durch seine germanischen adligen Mitführer dazu gezwungen wurde, sich zu stellen, war er auch siegreich, und beinahe wäre ihm auch der vollständige Sieg gelungen (so Tacitus Ann. 2, 18/19). Aber immer wieder kam ungünstige Witterung dazwischen. Stürme schlugen schwere Wunden, sogar im Sommer (z. B. Tac. Ann. 2,23–24). Hatte Germanicus sich einmal verleiten lassen, den Feind zu lange zu verfolgen, ohne dass er sich – Arminius hatte ja aus dem Erfolg über Varus gelernt und das Erfolgsrezept zum Prinzip erhoben – stellte, kam er in die schlechte Jahreszeit (etwa im Jahr der Untersuchung des Varuskampffeldes) und musste sich übereilt zurückziehen. Der Teil der Truppen – vier Legionen immerhin unter Caecina, mehr als Varus bei sich hatte –, der sich über die ausgebauten Wege von der Ems nach Xanten in Sicherheit bringen sollte, geriet, als einsetzender Dauerregen die befestigten Wege weggespült hatte, in den Hinterhalt. Caecina konnte sich nur mit dem warnenden Beispiel des Varus vor Augen dadurch retten, dass er im eilends aufgebauten Lager verblieb und erst die ungeduldigen germanischen Befehlshaber neben Arminius das Lager angreifen ließ, so dass er von überlegenen Lagerpositionen aus den Feind zurückschlagen konnte (Tac. 1,63,4–69,1). Erfahrungen dieser Art machten klar, gegen den Willen der Bevölkerung, gegen die klimatischen Bedingungen war Germanien nicht zu erobern bzw. zu halten, und mit Argumenten dieser Art versuchte Tiberius, der Kaiser, den zweiten Mann im Reich zu überzeugen. Man müsse mehr mit Augenmaß und Geduld, als mit roher Gewalt, die die Feinde nur zusammenbringe, agieren (Tac. Ann. 2,26):

> „Der Krieg könne beendigt werden (sc. Nach der Meinung des Germanicus), wenn man noch den nächsten Sommer (sc. 17 n. Chr.) hinzunähme. Aber Tiberius mahnte Germanicus in wiederholten Briefen, er solle zur Feier des bewilligten Triumphes (sc. Anfang 15 n. Chr. für Siege 13 n. Chr.) zurückkehren: es sei genug der Erfolge, genug der Mißerfolge. Germanicus könne auf erfolgreiche und große Kämpfe zurückblicken. Er möge auch an all die schweren Verluste denken, die Stürme und Fluten verursacht hätten, für die zwar den Führer keine Schuld treffe, die aber doch schwer und schrecklich seien. Er selbst sei neunmal von dem vergöttlichten Augustus nach Germanien geschickt worden und habe dort mehr durch kluges als durch gewaltsames Vorgehen erreicht (*plura consilio quam vi perficere*). … Als Germanicus um ein weiteres Jahr bat, um seine Unternehmungen zu Ende zu führen, appellierte er noch nachdrücklicher an seine Loyalität, indem er ihm einen zweiten Konsulat anbot, den er persönlich in Rom antreten solle. … Germanicus zögerte nun nicht weiter …“

Nehmen wir nun die sehr detaillierten Quellenaussagen von Tacitus und versuchen, diese mit paläoklimatischen Erkenntnissen zu verknüpfen. Die Klimarekonstruktionen zeigen, dass die Jahre 15 und 16 n. Chr. durch moderat trockene Frühjahre/Sommer charakterisiert sind, denen jedoch bereits vier sehr bis extrem trockene vorausgingen (Abb. 1a). Eben diese trockenen Frühjahre/Sommer könnten zunächst einmal als Vorteil für die römischen Feldzüge in Germanien interpretiert werden. In diesem Kontext erwähnenswert erscheint der Sommer 16 n. Chr., der, mit einer Abweichung von –2 °C bezogen auf 1901–2000, sehr kalt (Abb. 1b) ist und auf einen früh einsetzenden Herbst hindeuten könnte (wie ja die schriftlichen Quellen anführen), der wiederum den Germanen Vorteile verschafft haben mag. Auch wenn die schriftlichen Quellen Stürme aufführen, so ist es unmöglich, diese mit Hilfe der obigen Klimarekonstruktionen zu erkennen oder gar zu belegen. Auch wenn es erfolgreiche Ansätze gibt, Wetterphänomene innerhalb der Baumringe zu erkennen (z. B. Spätfrost), so handelt es sich jedoch um sehr lokale Ereignisse, die sicherlich keine Rückschlüsse auf die Gesamtsituation zulassen. Die regenreichen Winter hingegen, die schon Germanicus erkannte, lassen sich zweifelsfrei durch paläoklimatische Daten belegen (Abb. 1d). Die Jahre 15 und 16 n. Chr. fallen in eine Periode mit überdurchschnittlich viel Winter-Niederschlag.

Erweitert man die klimatische Rückschau bis in das Jahr 12 v. Chr., so wird deutlich, dass in dieser Periode (12 v. Chr. bis 16 n. Chr.) immer wieder vermehrt sehr kalte Sommer auftreten und auch die Winter-Niederschläge auf einem hohen Niveau sind. Diese klimatischen Bedingungen müssen den römischen Kriegsherren demnach durch Überlieferungen bekannt gewesen sein und sie von Beginn an bei der Eroberung Germaniens begleitet haben.

Wir können erwarten, dass Augustus bei der Entscheidung für einen Rückeroberungsversuch unter der Führung des Germanicus mit acht Legionen im Jahre 12 n. Chr. das Wissen um das Klima, die politischen Verhältnisse und die Infrastruktur aus den Erfahrungen seit 16 v. Chr. einschloss. Schon 12 v. Chr. hatte man bei dem ersten erfolgreichen Eroberungsversuch die Skepsis Caesars hinsichtlich eines Ausgreifens in diesen Raum mit strategisch weitausgreifenden Operationen über die Flüsse zu begegnen versucht. Noch einmal hatte man 12 n. Chr. die Truppen aufgestockt, um eine Entscheidung zu erzwingen. Mit den extrem trockenen Jahren – wie uns klimatologische Daten zeigen – waren die Bedingungen auch – für die Breitengrade – extrem günstig. Und beinahe wäre der Sieg auch gelungen, so Tacitus. Und doch: Stürme und Unwetter machen den Erfolg des Sommers zunichte, in einer Region, in der Bevölkerung der römischen Herrschaft feindlich und die gewohnte Infrastruktur für eine Kontrolle ungünstig war. Diese ungünstigen Umstände, auch mit einer inzwischen guten Kenntnis der klimatischen Verhältnisse, führten Tiberius, dessen Verhältnis zu Germanicus nach Tacitus auch von einer persönlichen Missgunst geprägt war, zur Umsteuerung, denn selbst relativ günstige klimatische Voraussetzungen der Jahre 12 bis 16 n. Chr. mit trockenen Sommern nach regenreichen Wintern, die für gut gefüllte Flussläufe sorgten, begünstigten nicht die bestärkten Bestrebungen zur Kontrolle über das westelbische Germanien.

4.5 Abschließende Bemerkungen

Dieser Beitrag ist als Anstoß zu sehen, interdisziplinäre Forschungsansätze zu entwickeln, in denen regionale Klimarekonstruktionen mit schriftlichen Quellen zusammengeführt werden. Die Verknüpfung von Primäraussagen von so unterschiedlicher Provenienz ist jedoch eine Herausforderung, bei der viele Hürden gemeistert werden müssen: Selbst wenn Schriftquellen detailliert über Wetterphänomene, wie bspw. Sturm oder Starkregen, berichten, können diese mit Baumringen nur sehr bedingt bis gar nicht nachvollzogen oder dadurch belegt werden. Hier können also nur vorsichtige Angebote gemacht werden, die noch methodisch durch weitere Indizien anderer Provenienz validiert werden müssen.

Fragestellungen, die hingegen einen klaren Jahresbezug aufweisen, lassen sich hingegen deutlich einfacher in Verbindung bringen. Die Auswirkungen klimatischer Extreme, wie trocken/warme oder feucht/kalte Sommer, auf die römischen Offensivkriege in Germanien hinsichtlich deren Logistik, Truppentransport etc., wären aber leistbare Forschungsansätze; hier wurde es angedeutet. Durch geeignete hydrologische Modelle könnten zudem die Pegelschwankungen süddeutscher Flüsse aus den Niederschlagsrekonstruktionen berechnet werden und somit Rückschlüsse auf die Schiffbarkeit des Rheins, der Donau und ihre Nebenflüsse (z. B. Altmühl) ermöglichen, wodurch wichtige Erkenntnisse über die Nachschubversorgung für römische Truppen erbracht werden könnten.

Eines muss uns aber immer bewusst bleiben, der Einfluss von Wetter, Witterung und Klima mag an der einen oder anderen Stelle die Geschichte nachhaltig beeinflusst haben, bleibt jedoch nur ein Puzzleteil von vielen. Der Blick auf das Große und Ganze muss uns daher bei der Bearbeitung solcher Forschungsfragen stets begleiten, und solche müssen ständig hinterfragt werden.

Literatur

Ahmed, M. et al., Continental-scale temperature variability during the past two millennia. Nature Geoscience 6(5), 2013, S. 339–346. Doi:10.1038/NGEO1797.

Arens, P., Kampf um Germanien. Die Schlacht im Teutoburger Wald, Frankfurt/Main 2008.

Buchner, E. / N. Buchner, Klima und Kulturen. Die Geschichte von Paradies und Sintflut, Remshalden 2005.

Büntgen, U. et al., 2500 years of European climate variability and human susceptibility. Science 331(6017), 2013, S. 578–582. Doi:10.1126/science.1197175.

Dreyer, B., Orte der Varuskatastrophe, Darmstadt 2014.

Fohlmeister, J. et al., Bunker Cave stalagmites: an archive for central European Holocene climate variability. Climate ft he Past 8(5), 2013, S. 1751–1764. Doi:10.5194/cp-8-1751-2012.

Gerste, R.D., Wie das Wetter Geschichte macht: Katastrophen und Klimawandel von der Antike bis heute, Stuttgart 2015.

Glaser, R., Klimageschichte Mitteleuropas. 1000 Jahre Wetter, Klima, Katastrophen, Darmstadt 2001.

Lamb, H., Klima und Kulturgeschichte: der Einfluß des Wetters auf den Gang der Geschichte, Reinbek 1989, S. 189–206.

Land, A. et al., Two millennia of Main region (southern Germany) hydroclimate variability. Climate ft he Past 15, 2019, S. 1677–1690. Doi:10.5194/cp-15-1677-2019.

Lehmann, G.A., Tacitus und die Dokumente – einige Überlegungen, in: G. A. Lehmann – R. Wiegels (Hg.), Römische Präsenz und Herrschaft in Germanien der augusteischen Zeit. Der Fundplatz von Kalkriese im Kontext neuerer Forschungen und Ausgrabungsbefunde, Göttingen 2007, S. 419–430.

Mommsen, Th., Römische Geschichte Bd. 3, Berlin (3. Aufl.) 1886.

Murdoch, A., Rome's Greatest Defeat. Massacre in the Teutoburg Forest, Brimscombe Port 2008.

Pfister, Chr., Wetternachhersage. 500 Jahre Klimavariationen und Naturkatastrophen (1496–1995), Bern 1999.

Wanner, H., Klima und Mensch. Eine 12 000-jährige Geschichte, Bern 2016.

Abbildungsverzeichnis

Abb. 1: Bearbeitet von Alexander Land

Anhang

Tabelle 1: Daten aus Abb. 1a, leicht verändert nach Land et al., 2019.

Jahr n. Chr.	Niederschlagssumme (mm)	Jahr n. Chr.	Niederschlagssumme (mm)	Jahr n. Chr.	Niederschlagssumme (mm)	Jahr n. Chr.	Niederschlagssumme (mm)
1	218	51	235	101	287	151	275
2	235	52	206	102	304	152	262
3	249	53	226	103	203	153	253
4	189	54	245	104	231	154	220
5	226	55	261	105	219	155	218
6	268	56	292	106	227	156	262
7	260	57	243	107	233	157	255
8	250	58	259	108	234	158	238
9	270	59	218	109	223	159	228

10	229	60	276	110	215	160	212
11	214	61	237	111	247	161	204
12	209	62	251	112	257	162	226
13	186	63	263	113	247	163	244
14	228	64	265	114	221	164	225
15	226	65	248	115	237	165	235
16	237	66	253	116	277	166	253
17	257	67	211	117	285	167	274
18	262	68	220	118	267	168	248
19	257	69	213	119	279	169	277
20	220	70	226	120	252	170	236
21	241	71	253	121	202	171	282
22	222	72	215	122	265	172	264
23	222	73	193	123	254	173	207
24	264	74	229	124	228	174	228
25	201	75	199	125	207	175	231
26	227	76	217	126	259	176	291
27	231	77	214	127	227	177	242
28	228	78	233	128	217	178	236
29	221	79	231	129	202	179	255
30	223	80	221	130	234	180	255
31	219	81	216	131	244	181	247
32	261	82	242	132	264	182	235
33	234	83	253	133	251	183	259
34	225	84	230	134	263	184	280
35	215	85	252	135	277	185	254
36	234	86	282	136	248	186	265
37	260	87	271	137	241	187	238
38	237	88	236	138	257	188	270
39	241	89	236	139	251	189	259
40	222	90	241	140	255	190	254
41	228	91	239	141	238	191	230
42	255	92	255	142	219	192	242
43	292	93	240	143	236	193	231
44	281	94	236	144	217	194	244
45	248	95	278	145	233	195	264
46	265	96	226	146	205	196	240

47	227	97	264	147	212	197	255
48	276	98	257	148	231	198	225
49	253	99	274	149	261	199	226
50	205	100	235	150	241	200	224

Tabelle 2: Daten aus Abb. 1c.

Jahr n. Chr.	Ariditäts-index	Jahr n. Chr.	Ariditäts-index	Jahr n. Chr.	Ariditäts-index	Jahr n. Chr.	Ariditäts-index
1	−0,8	51	−1,3	101	0,0	151	1,0
2	1,4	52	-2,7	102	1,2	152	1,3
3	2,7	53	−1,9	103	-2,0	153	0,2
4	−0,6	54	−0,6	104	−0,6	154	−0,8
5	−0,4	55	−1,3	105	−2,3	155	0,1
6	0,6	56	2,0	106	−0,4	156	2,0
7	−0,6	57	1,2	107	−0,4	157	1,0
8	−0,9	58	−0,4	108	−0,9	158	0,4
9	0,5	59	−0,3	109	0,0	159	0,4
10	−0,7	60	0,1	110	−1,2	160	−0,5
11	−1,0	61	−2,3	111	−0,1	161	−0,9
12	−2,4	62	−0,2	112	0,4	162	0,9
13	−2,5	63	0,3	113	1,0	163	0,4
14	−1,0	64	0,2	114	−2,2	164	0,0
15	-1,1	65	−0,2	115	−0,9	165	0,5
16	1,7	66	−0,9	116	1,1	166	1,3
17	−0,6	67	−3,5	117	0,9	167	1,6
18	0,3	68	-2,1	118	1,4	168	0,6
19	1,4	69	−1,9	119	1,5	169	2,4
20	1,0	70	−1,1	120	−0,5	170	0,6
21	1,8	71	0,4	121	−1,7	171	2,3
22	0,8	72	−1,6	122	0,3	172	2,1
23	0,4	73	−2,6	123	1,2	173	-0,3
24	3,2	74	−0,3	124	0,2	174	0,7
25	−0,6	75	−2,0	125	−1,5	175	0,3
26	0,9	76	−0,9	126	0,7	176	2,5
27	0,2	77	−0,4	127	−0,8	177	1,2
28	0,3	78	0,5	128	−0,9	178	1,0

29	1,9	79	0,3	129	–2,2	179	2,2
30	0,6	80	0,2	130	0,6	180	1,4
31	1,1	81	0,6	131	–0,5	181	–0,3
32	1,1	82	–0,2	132	0,9	182	–1,1
33	–0,2	83	0,7	133	0,4	183	0,0
34	–1,1	84	0,9	134	–0,2	184	1,2
35	–2,9	85	–0,2	135	0,5	185	–0,1
36	–0,7	86	0,8	136	0,8	186	1,2
37	–0,5	87	0,2	137	–0,3	187	0,4
38	–1,6	88	–2,1	138	1,2	188	1,1
39	–2,2	89	–2,1	139	–0,6	189	–0,2
40	–1,5	90	0,7	140	–0,6	190	–0,3
41	–1,5	91	–0,8	141	–0,8	191	–1,6
42	–1,4	92	–0,2	142	–1,1	192	–1,2
43	0,4	93	0,4	143	–0,7	193	–1,5
44	0,3	94	2,0	144	–0,5	194	–1,0
45	–0,7	95	2,6	145	–0,7	195	–1,0
46	–1,4	96	–0,2	146	–0,7	196	–2,1
47	–3,4	97	0,5	147	–2,7	197	–1,8
48	–1,0	98	0,8	148	0,3	198	–1,4
49	0,0	99	1,6	149	0,7	199	–1,5
50	–2,3	100	0,5	150	0,9	200	–0,6

Kapitel 6: Vermittlung

1 Vom Entstehen einer Ausstellung: Rudern wie die Römer: Vom Nachbau bis zum Einsatz der F.A.N.

Boris Dreyer, FAU – Doris Mischka, FAU

1.1 Einleitung

Während des Baus der F.A.N. 2017 und 2018 und der Testphase waren immer wissenschaftliche Aspekte mit solchen der Wissensvermittlung eng verknüpft – eine Aufgabe, die auch Museen und Ausstellungen verfolgen. Auch die Aktivitäten rund um das Erlanger Römerboot dürfen das Interesse einer breiten Öffentlichkeit im Rahmen einer Ausstellung erwarten.

Von Anfang an nahmen am Bau und Test der F.A.N. alle Gruppen – Fachleute, Mitglieder der Institute, Studierende, Schüler, Kinder und Freiwillige – am wissenschaftlichen Projekt und als Vermittler des wissenschaftlich-praktischen Erkenntnisprozesses teil. Alle Beteiligten erforschten die Geschichte um das Boot auf verschiedenen Ebenen und profitierten vom Wissen und den Fähigkeiten der anderen zugleich.

Dies galt, wenn Vorschulkinder die Hanfseile zur Abdichtung der Planken drehten, wenn Klassen aus der Mittelschule die Planken hobelten, Schüler*innen von P-Seminaren Holznägel durch die Matrize trieben, Studierende die Bemalung vornahmen, freiwillige Helfer*innen der Region – ob Ingenieur*in, Pfleger*in, Ärzte, Turbinenbauer*innen, wer auch immer – die Planken bogen. Ebenfalls wurden gegenseitig Erkenntnisse gewonnen, wenn der Bootsbauer die Arbeit verteilte, die 3D-Drucke im Seminar für Kunststofftechnik angefertigt, die Holzmodelle im Strömungskanal der Universität getestet wurden, Archäologen die Planken und Duchten des Originals dendrochronologisch datierten und die digitalen Graphiker das originale Wrack und die Replik scannten, um die erzeugten Dateien wieder den Ingenieuren der Strömungsmechanik für die Simulationstests zuzuführen – alle arbeiteten für ein Ziel: den Bau und den Test des Römerbootes. Auch die Mitglieder der Rechtsabteilung und des Marketings der Universität halfen dabei, den Bauplatz zur Verfügung zu stellen, die vielen kleinen – gottseidank glimpflichen – Unfälle auszubügeln, die Jungfernfahrt und die Reise zum Schwarzen Meer zu organisieren.

1.2 Zielsetzung

Dieses Gemeinschaftsgefühl und die Integration für das gemeinsame wissenschaftliche Projekt, das alle Gruppen zugleich am Forschungsprozess beteiligte und am Erkenntnisprojekt teilhaben ließ, gilt es nun auch, in einer Ausstellung deutlich zu vermitteln – auf der Basis der Erkenntnisse der wissenschaftlichen Museumspädagogik.[1]

Diese ist als Wanderausstellung unter dem Titel: „Rudern wie die Römer: Vom Nachbau bis zum Einsatz der F.A.N." konzipiert.

1.3 Konzept

In der Ausstellung sind viele interaktive Elemente vorgesehen, die Besucher jeden Alters sollen Bauphase und Tests praxisnah nachvollziehen können.[2] Dabei steht das Boot selbst im Zentrum. Da dieses jeweils im Sommerhalbjahr *auf Fahrt* ist, ergibt sich daraus, dass die Ausstellungen in der vorliegenden konzipierten Art immer nur im Winterhalbjahr angesetzt werden

---

1 Commandeur / Kunz-Ott / Schad (2016); Czech / Kirmeier / Sgoff (2014); Ströyer-Bender (2009). – s. insbesondere zur Museumspädagogik: Tobias Nettke, Was ist Museumspädagogik? Bildung und Vermittlung in Museen. In: Commandeur / Kunz-Ott / Schad (2016), S. 314.

2 Matthias Hamann, Lebenslanges Lernen in Museen. In: Commandeur / Kunz-Ott / Schad (2016), S. 234–239. Gabriele Kindler, Organisierte Gruppen erwachsener Besucher/innen in Museen. In: Commandeur / Kunz-Ott / Schad (2016), S. 245–248. Doris Moyrer, Kinder in Museen – von Anfang an. In: Commandeur / Kunz-Ott / Schad (2016), S. 249–254. Vgl. die verschiedenen Alterklassen auch bei: Mila Ruempler-Wenk / Karin Schad, Jüngere Kinder, Kindergärten und Museen. In: Commandeur / Kunz-Ott / Schad (2016), S. 255–261; Bettina Schumann-Jung, Museumspädagogik für Kindergärten. In: Czech / Kirmeier / Sgoff (2014), S. 94–104; Peter Kolb, Museum und Schule, in: Czech / Kirmeier / Sgoff (2014), S. 110–123; Ludwig Ziesche, Grundlegende Überlegungen zur Museumsdidaktik für die Sekundarstufe I. In: Czech / Kirmeier / Sgoff (2014), S. 133–139; Joachim Stoller, Schule und Museum in der Sekundarstufe II. In: Czech / Kirmeier / Sgoff (2014), S. 140–144; Carola Rupprecht, Schule und Museum. In: Commandeur / Kunz-Ott / Schad (2016), S. 267–273; Karin Winter, Jugendliche in Museen. In: Commandeur / Kunz-Ott – Schad (2016), S. 274–277; Esther Gajek, Senior/innen in Museen. In: Commandeur / Kunz-Ott / Schad (2016), S. 278–284. Interessant sind die Möglichkeiten, die gerade durch die besondere Ausrichtung dieser Ausstellung für Behinderte bietet: Folker Metzger, Inklusion im Museum. In: Commandeur / Kunz-Ott / Schad (2016), S. 285–289; Ilona Bacher-Göttfried / Susanne Bichler / Sabine Hojer, Inklusion als Ziel museumspädagogischer Arbeit. In: Czech / Kirmeier / Sgoff (2014), S. 174–181. Gerade aber der praxisnahe, integrative Aspekt dieses Projektes kann auch Personenkreise anziehen, die sonst nicht ins Museum gehen würden: Susanne Keuchel, NichtbesucherInnen der Museen in Forschung und Praxis. In: Commandeur / Kunz-Ott / Schad (2016), S. 300–304.

können, zwischen November und April.[3] Der Effekt der Praxisnähe wird dadurch erhöht, dass die Reparaturarbeiten, die im Winter anfallen, während der Ausstellung durchgeführt werden. Neben der Absicherung muss dafür immer ein Bereich des Bootes für die Besucher zugänglich sein. Dadurch wird nicht nur immer etwas Neues geboten, die Ausstellung verändert auch ihren Charakter, da interessierte Besucher – in einem gewissen Rahmen – in Interaktion mit den Bootsarbeitern kommen und quasi hautnah die nötigen Arbeiten miterleben können. Damit werden sie ebenfalls in den Wissensprozess um die Eigenschaften des Bootes einbezogen. Die Reparaturmannschaft fungiert als nicht-digitaler „Ausstellungsguide", der mit den Besuchern seine Erlebnisse und Erfahrungen teilt und damit intensiviert, ähnlich, wie bei sogenannten „veteran-docents" auf amerikanischen Flugzeugträger-Museumsschiffen. Gestützt wird dieser zentrale Bereich der Ausstellung durch ein Gerüst mit dem Kiel und den Mallen, das in Originalgröße den Bauplatz wiederentstehen lässt.

Der Grundgedanke der Ausstellung ist folgender: Der Besucher wird chronologisch in den Bauprozess eingeführt. Nach einer historischen Einordnung, einer Bekanntmachung mit dem Fundort, mit dem Original in Oberstimm bzw. im Museum von Manching wird die Bauphase in den einzelnen Phasen dem Besucher vorgeführt. Dieser hat dabei nicht nur durch ein reiches Bildmaterial die Möglichkeit des Eintauchens in den Bau, sondern durch praktischen Nachvollzug an Aktionstischen die Einsicht in die einzelnen Bauaktionen. Multimedial werden hier wie bei jeder weiteren Station Filme beigestellt.

Nach der Darstellung des Baus wird historisch der Einsatzkontext beleuchtet. Kinder wie Erwachsene werden in begleitenden Aktionen durch Quiz, Aktionsheft und auch Bastelaktionen[4] erneut in die Gemeinschaftserfahrung der Baucrew einbezogen und zugleich in die historische Situation der römischen Bauleute und der römischen Ruderer versetzt.[5]

Dies leitet zugleich in die nächste Station über, in die Testphase, die mit den Jubiläumsaktionen im Jahre 2018 eingesetzt hat, aber auch durch Tests an den 1:10 Modellen in den Strömungskanälen in der Universität vorbereitet wurde. Es kulminieren die Präsentationen dieser Tests in der Reise zum Schwarzen Meer. Die Darstellung wird begleitet durch Filme über die Fahrt und die Tests, die u. a. mit Hilfe von Unmaned Areal Vehicles („Drohnen") angefertigt wurden. Auch die getesteten 1:20 Modelle und 3D-Drucke können präsentiert werden. Aktionstische ergänzen auch hier den Eindruck und aktivieren den Besucher zu einer Beteiligung an der integrativen Erfahrung.

---

3 Adaptierte Formen der Ausstellungen mit gleichwohl vielen praxisorientierten Erfahrungsorten sind dann im Sommerhalbjahr anzusetzen.

4 S. Anhang.

5 Vgl. für weitere Ideen: Jutta Ströyer-Bender (2009).

Als Überblick präsentieren wir hier die vorläufige Regietabelle, auch Drehbuch genannt, die den jeweiligen konkreten Ausstellungsgegebenheiten und Räumlichkeiten angepasst werden müssen.

Ideale Etappen bis zur Realisierung einer solchen Ausstellung und bereits gewählte Umsetzungen wären folgende:

1. Aufgrund des universitären Projekthintergrunds steht keine Wissenschaftler*in mit einer vollen Stelle nur zur Realisierung dieser Ausstellung zur Verfügung. Erfahrungsgemäß ist es sehr unwahrscheinlich, dass eine solche Stelle erfolgreich eingeworben werden kann. Der Projektleiter erledigt diese Aufgabe im Rahmen seiner üblichen Diensttätigkeiten.

2. Gesucht werden daher vor allem Designer*innen, die die Ausstellungsbanner und die einzelnen Stationen bei selbständiger Arbeitsweise ansprechend gestalten, ebenso wie das Werbematerial. Idealerweise hat der/die Ausstellungsmacher*in eine archäologische Vorbildung.

3. Einen ersten und weitere geeignete Ausstellungsorte sind zu finden. In Frage kommen Plätze mit einem Anleger oder der Möglichkeit, das Boot wie im Trockendock abgesichert aufstellen zu können. Eine erste Gelegenheit, diese Ausstellung „als Vorzeigeprojekt der Universität" in adaptierter Form mithilfe der Marketingabteilung der Universität und durch die Betreuung mit aktiven Studierenden und freiwilligen Helfern zu realisieren, bot die Consumenta 2021.

1.4 Das Drehbuch

Zur Vorbereitung von Ausstellung werden u. a. sogenannte Drehbücher zusammengestellt. Dies sind Zusammenstellungen, üblicherweise in Tabellenform, die die festgelegten Details zusammenfassen und den Ausstellungsmachern als Orientierung dienen. Anbei bilden wir ein solches Drehbuch für die geplante Ausstellung zum Römerboot ab.

Drehbuch Grobkonzept				
Wanderausstellung		Wanderausstellung (d. h. keine Originalfunde)		
Größe in qm und /oder Anzahl Poster/Stationen		Ca. 12 Poster; 7 Vermittlungsstationen (Medienstationen ohne Aufsicht; viell. Auch MS mit Aufsicht oder Kindertisch bzw. Hands on Stationen etc.); Ausstellungsrallye für Kinder		
Banner in Segelform (möglichst groß)		Gestaltungmithilfe durch Marketingabteilung der FAU		
Ziele der Ausstellung Die Ausstellung hat zum Ziel, die Besucher auf die „Spur“ der Erbauer und Tester des Bootes zu bringen, sie die einzelnen Schritte des Nachbaus und der Tests nachvollziehen, sie das Team auf den Fahrten begleiten zu lassen. Dabei soll gerade die Erkenntnis vermittelt werden, wie hochmodern und gleichzeitig für die römischen Zeitgenossen selbstverständlich diese Bauweise war. Es soll sich weiter die Einsicht in den Technikvorsprung gegenüber den Bewohnern Germaniens einstellen. Wie anders kann man erklären, dass die Römer so lange in der Lage waren, ihre Grenzen wirkungsvoll zu verteidigen? Weiter sollen die Abenteuer der Mannschaft nachvollziehbar werden, die Besucher sollen Teil davon werden können. Diesem Ziel sind die „Sektionen“ der Ausstellung untergeordnet, die sich an eine breite Öffentlichkeit richtet. Zu denken ist hierbei insbesondere an Schulklassen aller Altersstufen und an Familien. Zunächst wäre an Ausstellungen in der Großregion Nürnberg bzw. in Franken zu denken. Bevorzugte Ausstellungszeit: Winterhalbjahr. Dadurch können Reparaturen am Boot als Unterhaltungsprogramm dienen (es ist allerdings dann die Nähe zur Werft wegen des Personals und des Werkzeuges Voraussetzung).				
Begleitprogramm:		Aktionstisch 0: Schüler-, Kinder- oder Familien- Spiel/Quiz		
		Aktionstisch I: Nut- und Federbauteile, Holznägel, Eisennägel		
		Aktionstisch II: Hanfseil zum Abdichten		
		Aktionstisch III: Bootsbild zum Ausmalen		
		Aktionstisch IV: Bemalung: Farbpigmente, Harz, Wachs und Holz einschl. Anleitung zum Bemalen		

		Aktionstisch V: Zusatzarbeiten: Scorpio (ggf. kontrollierter Schuss auf Zielscheibe), Lenzpumpe aus Holz (Wasser von einem Eimer in einen anderen pumpen)		
		Aktionstisch VI: Seminar mit Bau des 1:20 Modells (Aufpreis)		
		Aktionstisch VII: römische Rüstung mit Rucksack (40 kg): Erkenntnis, Beförderungsvorteile bei Transport mit Schiff		
		Aktionstisch VIII: römisches Handwerk: Arbeiten mit römischen Sägen, Hämmern, Hobeln; Schmieden mit Esse und Hammer		
Begleitmaterial:		1. Schülerbegleitheft / Quiz		
		2. Ausstellungskatalog/WBG Buch		
		3. Aufbaudokumentation		
		4. Werbematerial: Handzettel, Plakat, Flyer für interessierte Institutionen		
		5. Verkauf Modell 1:20 zum Nachbau; vorhandene Modelle (1:10; 1:20; 1:100) gebaut, gedruckt		
		6. Videos mit Interview und Filmbegleitmaterial über Bau und Fahrten		
		7. (Vitrine/Regal mit) Modellen 1:10; 1:20; 1:100		
Titel der Ausstellung: Rudern wie die Römer: Vom Nachbau bis zum Einsatz der F.A.N.				

Bootsreplik 1:1 in überdachtem / oben freiem Hof (absperrbar) mit Zugangstreppe / Leiter im Zentrum, darum herum andere Ausstellungseinheiten gruppiert. Zusatzleistung (abhängig vom zur Verfügung stehenden Platz): 1) Reparaturen im Winter (u. a. muss dann durch Arbeitszaun abgetrennt werden) als Aktionsprogramm (wenn Ausstellung nahe an Metropolregion Nürnberg stattfindet). Baugeräte müssen zum Ausstellungsort transportiert werden. 2) Mallenaufbau als „Gräten“ zur Illustration der Bautätigkeit (abhängig von Platz, bis zu 16 m bei vollständigem Aufbau). 3) Dampfkiste zur Illustration der Plankenbiegung.

Ausstellungseinheit 0.0 (Titel) Rollup	Inhalt 0.1	Zentrale Abbildung/Rollup als Blickfang 0.2	Weitere Abbildungen 0.3	Zugehörige Vermittlung/Medieneinheit 0.4
	Haupttexte max. 1200 Zeichen mit Leerzeichen, nur Deutsch		(max. 3–4)	

1. Einführung/ Überblick (Rollup)	1.1 WAS WOLLEN DIE RÖMER MIT BOOTEN NÖRDLICH DER ALPEN? Als die Römer Germanien um Christi Geburt zu erobern beabsichtigten, gab es noch keine befestigten Straßen. Auch als der Limes im 2. Jahrhundert n. Chr. stand, wurden Truppen, Waren, Nachrichten vornehmlich nur auf einem Weg in die wilden Gebiete des Nordens bzw. Ostens transportiert: über Wasser, per Schiff. Die natürlichen Wasserstraßen - kleine und große - ersetzten den Römern die modernen Autobahnen. Doch wie genau waren römische Schiffe - oder besser: Boote - beschaffen? Woraus waren sie gemacht? Wie viele waren jenseits der Grenzen unterwegs? Mit welcher Technik wurden sie bewegt? Welche Geschwindigkeiten konnten sie erreichen und welche Strecken zurücklegen? Wer waren die Ruderer? Antworten auf diese Fragen sind zum Teil überliefert - doch wie fühlte sich das in der Realität an? Hierzu baute die Friedrich-Alexander-Universität Erlangen-Nürnberg (FAU) mit Studierenden und Freiwilligen der Metropolregion das römische Patrouillenboot nach. Als Vorbild dienten die im römischen Kastell Oberstimm bei Manching gefundenen Bootswracks, die dort im „kelten römer museum" ausgestellt sind. Das Projekt brachte hierfür verschiedene Disziplinen der Universität zusammen.	1.2  	1.31 Bilder von römischen Soldaten	1.41 Aktionstisch III: Bootsbild zum Ausmalen 1.42 Aktionstisch VI: römische Rüstung mit Rucksack 40 kg.

<table>
<tr>
<td>2. Anlass/Hintergrund des Nachbaus und Nachbau selbst</td>
<td>2.1 EIN GROẞPROJEKT DER FAU: DIE FRIDERICIANA ALEXANDRINA NAVIS

Zu ihrem 275. Jubiläum veranlasste die Friedrich-Alexander-Universität Erlangen-Nürnberg (FAU) ein einzigartiges Projekt: Unter der Leitung von Prof. Dr. Boris Dreyer von der Professur für Alte Geschichte entstand mit der Fridericiana Alexandrina Navis (F.A.N.) ein 1:1-Nachbau des Schiffswracks 2 von Oberstimm. Viele weitere Institute der FAU sowie Studierende aller Fakultäten und Fächer brachten sich in das Projekt ein. Auch viele Freiwillige aus der Region Erlangen-Nürnberg halfen beim Bau der F.A.N.

Auswärtige Institute wie das Museum für Antike Schifffahrt in Mainz und das „kelten römer museum manching“ unterstützen das Projekt ebenso wie zahlreiche Fachleute, darunter Dr. Ronald Bockius, Dr. Tim Weski, Dr. Christoph Schäfer. Viele Sponsoren – insbesondere die Sparkasse Erlangen-Höchstadt-Herzogenaurach, Heitec und Der Beck – sowie universitätsnahe Fonds und Stiftungen haben den Bootsbau mit Geld- und Sachspenden ermöglicht.

Die Planungen und Vorbereitungen zum Bau der F.A.N. begannen im Sommer 2016. Nachdem eine behelfsmäßige Werft in einem 20x10 m großen Zelt errichtet worden war und ein mobiles Spezialsägewerk die gefällten Bäume zurechtgesägt hatte, startete der offizielle Bau auf dem Sportgelände der FAU in Erlangen im April 2017. Nach einem Jahr Bauzeit unter der Anleitung der Bootsbauer Matthias Helterhoff und Falk Andraschko erfolgte im März 2018 die Wasserung des Nachbaus. Nach ihrer Taufe am 12. Mai 2018 trat die F.A.N. dann zu ihrer Jungfernfahrt zwischen Erlangen und Nürnberg auf dem Main-Donau-Kanal an.</td>
<td>2.2

</td>
<td>2.31 Foto Kiellegung mit Mallenbau

2.32 Foto Plankenanbau/Planken biegen

2.33 Foto Boot gemalt im Zelt</td>
<td>2.4.1 Aktionstisch I: Nut- und Federbauteile Holznägel, Eisennägel

2.4.2 Im Zentrum der Ausstellung steht das Patrouillen-boot selbst (15,7 m lang; 2,7 m breit; ca. 1,7 m hoch), das gezeigt werden und für die Besucher frei zugänglich sein soll.

(wenn an dem Schiff über den Winter gebaut wird, dann muss der Baubereich für Reparaturen eingezäunt sein)

2.4.3 Mallenaufbau als „Gräten“ zur Illustration der Bautätigkeit (abhängig von Platz, bis zu 16 m bei vollständigem Aufbau)

2.4.4 Dampfkiste zur Illustration der Plankenbiegung</td>
</tr>
</table>

3. Kontextualisierung (Wrack Oberstimm)	3.1 DIE RÖMISCHEN SCHIFFE VON OBERSTIMM 1986 untersuchten Archäologen das westliche Umfeld des Römerkastells von Oberstimm (Markt Manching). Dabei stießen sie auf die Überreste einer hölzernen Uferbefestigung und Anlegestelle. In der Römerzeit verlief dort die Brautlach, ein Nebenfluss der Donau, den damals noch größere Schiffe befahren konnten. Überraschend entdeckten die Archäologen auch zwei römische Schiffswracks in erstaunlich gutem Erhaltungszustand. 1994 konnte das Bayerische Landesamt für Denkmalpflege und die Römisch-Germanische Kommission die noch vorhandenen Hölzer bergen. Anschließend erfolgte im Römisch-Germanischen Zentralmuseum Mainz die Konservierung. Seit 2006 sind die einzigartigen Wracks im „kelten römer museum manching" zu besichtigen. Intensive archäologische und naturwissenschaftliche Untersuchungen konnten viele Fragen zu den Oberstimmer Schiffswracks klären: Sie bestehen aus einem tragenden Skelett aus Eiche und einer Beplankung aus Kiefer. Die Kiefernhölzer hatten die antiken Bootsbauer unter Wasserdampf gebogen und – ähnlich wie heute noch bei Holzdielen üblich – in Nut-Feder-Technik miteinander verbunden. Die Schiffe ließen sich sowohl rudern als auch segeln. Sie dienten dem römischen Militär für Patrouillenfahrten, Gefechte und den Geleitschutz von Frachtschiffen. Die Altersanalysen der Hölzer ergaben, dass die Schiffe um 100 n. Chr. entstanden. Schon um 118 n. Chr. hat man sie wieder ausgemustert und wohl absichtlich versenkt.	3.2  	3.3.1 Karte römisches Reich bzw. Lage von Oberstimm mit Bezug zum Flußsystem und zum aktuellen Limes. 3.3.2 Wracks von Oberstimm im Manchinger Museum.	3.4.1 Aktionstisch 0: Spielquiz-Aktion (unter Aufsicht/Moderation) Sowie: Schülerhefte unter Anleitung oder in Eigenregie

<table>
<tr>
<td>3a. Kastell Oberstimm (fakultativ)</td>
<td>3a.1 RÖMISCHE GRENZSICHERUNG AN DER DONAU: DAS KASTELL VON OBERSTIMM

Das nördliche Alpenvorland kam im Jahr 15 v. Chr. unter römische Herrschaft. Die Donaugrenze kontrollierte man zunächst nur durch wenige, meist kleine Lager. Kaiser Claudius (41–54 n. Chr.) veranlasste dann aber einen systematischen Ausbau der Grenzlinie: Er zog im Hinterland stationierte Truppen zur Donau vor und ließ entlang des Flusses zahlreiche neue Kastelle errichten, so auch in Oberstimm (Markt Manching).

Das Kastell von Oberstimm kontrollierte den Verkehr entlang der wichtigen Donau-Südstraße, auf der Donau und über den Fluss hinweg nach Norden. Zudem übernahm es Versorgungsaufgaben für andere Militärlager. Hierfür stand der Garnison ein Schiffsanleger an einem Nebenfluss der Donau zur Verfügung.

Das Lager nahm eine Fläche von 132 x 108 m ein und war von Gräben sowie einer Holz-Erde-Mauer umgeben. Die Innenbauten folgten einer streng rechtwinkeligen Ausrichtung. Es lassen sich zwei Hauptperioden unterscheiden: Die 1. Periode begann in den 40er Jahren des 1. Jahrhunderts n. Chr., die 2. Periode setzte um 80 n. Chr. ein. Mit dem Ausbau der Grenzanlagen nördlich der Donau verlor das Kastell an Bedeutung. Um 120 n. Chr. zog das Militär aus Oberstimm ab.

Die Namen der in Oberstimm stationierten Verbände sind nicht überliefert. Die zahlreichen Ställe sowie Funde von Pferdeskeletten und -geschirren lassen aber vermuten, dass das Kastell von einer teilberittenen Einheit mit etwa 500 Mann besetzt war.</td>
<td>3a.2
</td>
<td>3a.3 Karte römisches Reich bzw. Lage Oberstimm mit Bezug zum Flußsystem und zum aktuellen Limes.</td>
<td>3a.4.1 Aktionstisch III: Bootsbild zum Ausmalen

3a.4.2 Aktionstisch VI: römische Rüstung mit Rucksack 40 kg</td>
</tr>
</table>

4. Antike Fertigungs-techniken; Qualität, Aktualität; technisches Können	4.1 Nach antikem Verfahren: DER NACHBAU EINES RÖMISCHEN BOOTES ENTSTEHT Für die F.A.N. verwendeten die Schiffsbauer 18 Kiefern und zwei Eichenstämme, jeweils 18 m lang. Hinzu kamen noch ein 8 m langer Eichenstamm von einem Meter Durchmesser sowie etwa 70 Krummhölzer aus Eiche. Für die Teile, die beim Originalfund nicht mehr erhalten und zu ergänzen waren, wie Mast oder Rah, verwendeten die Erbauer Fichte. Das Boot wurde mit den Planken auf Stoß, also mit glattem Rumpf gebaut. Der Bau erfolgte nach einem im Mittelmeerraum etablierten Verfahren mit unter heißem Wasserdampf gebogenen Planken, die mit Nuten und Federn verbunden sind. Die Planken brachten die Schiffsbauer auf ein Gerüst aus Schablonen auf, den sogenannten Mallen. Die geben dem Rumpf die Form vor. Erst später ersetzte man die Mallen durch ein tragendes Skelett aus Spanten. Wie der Bootsbau erfolgte auch die Bemalung der F.A.N. nach antiken Vorlagen und Verfahren. Dabei kam das sogenannte enkaustische Verfahren zum Einsatz, bei dem man die Farbe unter Wärme aus Harz, Wachs und Farbpigmenten mischt und sie dann auf das Holz aufträgt. Mit der Besatzung von 18 Ruderern und einem Steuermann hat die F.A.N. einen Tiefgang von maximal 50 cm. Die Steuerruder am Heck reichen 1,18 m unter die Wasserlinie. Die Riemen (Ruder) lassen sich nach antikem Vorbild an die so genannten Dollpflöcke in Bugrichtung anbinden. Aufgrund der vorhandenen Vorrichtung eines Mastschuhs rekonstruierten die Erbauer einen Mast, um Rah- und Sprietbesegelung zu erproben.	4.2  	4.3 Bildmaterial Bilder zu einzelnen Hauptbauabschnitten: 1. Beschaffung Holz 2. Transport Holz 3. Zusägen/Zuhobeln/Biegen der Planken, Spanten etc.	4.4.1 Aktionstisch II: Hanfseil zum Abdichten 4.4.2 Aktionstisch IV: Bemalung: Farbpigmente Harz, Wachs und Holz; Anleitung zum Bemalen, Holznägel schlagen. 4.4.3 Videoinstallation mit Interview über Bau und Fahrten 4.4.4 Fakultativ (falls möglich und gewollt): Ausstellungs-stück aus Manching und vom Main (ggf. Vitrinen dafür) 4.4.5 Aktionstisch VII: Handwerkaktionen

5. Bauphasen	5.1 DAS WAREN DIE EINZELNEN BAUPHASEN Die einzelnen Baustufen (April 2017-Frühjahr 2018) erstreckten sich über die Herstellung der Mallen, der Planken, der Spanten und der Takellage. Zuletzt erfolgte die Bemalung nach den aus der Antike erhaltenen Verfahren der enkaustischen Malerei. Bis Mai 2017 erfolgte die Kielstapelung und die Aufstellung der Mallen. 700 Holznägel waren zu hobeln. Bis September wurden sechs Planken, einschließlich des Bargholzes unter Wasserdampf gebogen und angepasst, sowie mit Nuten untereinander verbunden. Bis Dezember 2017 wurden die Mallen durch Spanten ersetzt und der Schergang einschließlich der Einlassungen für die Dollen aufgesetzt. In dieser Zeit wurde auch der konkave Bug gefertigt und der Heckaufbau fertig gestellt. Im neuen Jahr folgte dann der Fußboden, die Planken wurden kalfatert und die Duchten (Sitze) eingebaut. Bis März 2018 waren auch die Ruderanlage, die Steuer (für Niedrigwasser und für Normalwasserstand) sowie die Riemen (in zwei Längen) fertig. Es folgten Mast, Rah, Spriet. Im März und April 2018 erfolgte die Malerei im enkaustischen Verfahren. Die Takelage, das laufende und stehende Gut, wurde währenddessen gefertigt, das Boot gewassert und am 23.3.2018 fertig übergeben.	5.2  	5.3 weiteres Bildmaterial - Lenzpumpe - Scorpio	5.4.1 Aktionstisch I: Nut- und FederbauteileHolznägel, Eisennägel 5.4.2 Aktionstisch II: Hanfseil zum Abdichten 5.4.3 Aktionstisch IV: Bemalung: Farbpigmente, Harz, Wachs und Holz, Anleitung zum Bemalen, Holznägel schlagen. 5.4.4 Aktionstisch VII: Römisches Handwerk Zusätzlich: Scorpio Lenzpumpe Anker

	Zusätzliche Aktivitäten bestanden in der Fertigung einer historischen (zeitgenössischen) Lenzpumpe sowie eines standardmäßigen Feld-Katapults (Scorpio). –Spriet: Baum, der das Segel vom Mast aus wegspannt –Bargholz: im Vergleich zu den Planken dickere Längsversteifung und Seitenschutz –Enkaustische Malerei: heißer Auftrag von Naturfarbe mit Wachs –Dollen: Stifte auf dem Schergang zur Befestigung der Riemen mit Stropp –Mallen: Schablonen, an denen die Schiffsplanken angebracht werden –Schergang: oberste verdickte Planken –Ducht: Rudersitz –Kalfatern: Vorgang zur Verdichtung zwischen den Planken mit Werg –Nut- und Feder-Bauweise: Verbindung zwischen Planken durch auf beiden Seiten eingelassene Laschen –Stropp: Tauring			

<table>
<tr>
<td>6. Historischer Hinter-grund</td>
<td>6.1 DAS RÖMERBOOT IM OFFENSIVEN UND DEFENSIVEN EINSATZ

Das Vorbild der F.A.N. war als Bootstyp überall im römischen Reich seit der Zeitenwende und bis in die Spätantike im Einsatz.

Caesar analysierte die Vor- und Nachteile mediterraner Bauweise gegenüber der so genannten einheimisch-keltischen Bauweise, als seine Schiffe gegen die Boote der Kelten der Kanalküste zu kämpfen hatte (Bell. Gall. 3,13). Germanicus setzte bei den Rückeroberungsversuchen zwischen 12 und 16 n. Chr. auf den Binnengewässern zu Tausenden die Schiffe auch dieses Typs ein, um schnell Truppen in den Rücken der sich in die unwegsamen Wälder zurückziehenden Germanen zu verlegen.

Mit der linearen Dislokation der Truppen entlang des Rheins und der Donau auch nach dem Ausbau des etwa 550 km langen Limes bis ins 2. Jahrhundert n. Chr. fuhren diese Schiffe, scafae genannt, Patrouille zwischen den Kastellen und Landeplätzen auf dem linksrheinischen Gebiet und am südlichen Donauufer hin- und her, etwa 30 km pro Tag, um den Grenzverkehr zu kontrollieren, unerlaubte Grenzübertritte zu verhindern oder an die Kastelle zu melden. Weiter begleiteten die Boote dieser Größe Nachschubtransporte auf den Nebenflüssen des Rheins und der Donau und auf diesen Flüssen selbst bis hin zu den Kastellen. Sie beteiligten sich auch an der Vorfeldkontrolle nördlich der Donau und östliche des Rheins auf Flüssen wie Lippe, Main und Altmühl, um in einem Glacisbereich vor der römischen Grenze die politischen Bemühungen zu unterstützen, die auf eine Verhinderung feindlicher Koalitionen gegen das römische Reich präventiv abzielten.</td>
<td>6.2

</td>
<td>6.3

Rekonstruktions-foto (Bsp. aus: Römer am Main)</td>
<td>6.4.1 Aktionstisch 0: Spielquiz-Aktion (unter Aufsicht/Moderation),

sowie: Schülerhefte unter Anleitung oder in Eigen-regie</td>
</tr>
</table>

	So lässt sich der Nachbau in die einzelnen Phasen der römischen Politik entlang der Nordgrenzen, mit einem Schwerpunkt der Grenzverteidigung entlang der „nassen Grenzen“ Donau und Rhein, einordnen.			
7. Lebensrealität zur See/ Testfahrten	7.1 Ein archäologisches Experiment: DIE F.A.N. IM PRAXISTEST. Zu Beginn des Projekts erstellte das FAU-Team mehrere Modelle im 3D-Druckverfahren. Das Schwimm-, Ruder- und Segelverhalten der F.A.N. erprobte man sowohl an 1:10 Holzmodellen als auch am 1:1 Nachbau. Erste Tests an den Holzmodellen, die unterschiedliche Bugformen und Heckruderlängen aufweisen, erfolgte im Wasser- und Windkanal am Institut für Strömungsmechanik der FAU. Weitere Simulationen und Erprobungen im Windkanal schließen sich dort noch an. An der F.A.N. selbst testete man zunächst Riemen unterschiedlicher Länge, die in verschiedenen Varianten an die Dollpflöcke angebracht sind. Es folgten Tests mit unterschiedlicher Besegelung – also Rah- und Sprietsegeln – unter realen Bedingungen. Die Schnelligkeitstests am Main-Donau-Kanal führten die Astrophysiker aus Trier und Hamburg aus, die Belastungstests der Rudercrews Sportwissenschaftler der FAU. Bei den Langzeittests ging die F.A.N. auf große Fahrt die Donau hinab bis zum Schwarze Meer. Dabei machte das Römerboot an vielen Stationen entlang der Donau halt und nahm an verschiedenen Aktionen vor Ort teil.	7.21  	7.3 Moderne Ruderer bei der Arbeit; Messwerttabelle (Geschwindigkeit etc.)	7.41 Videomaterial Werbefilm für Bootsanmietung (Trailer 1 Minute in Schleife) 7.42 Schülerhefte; Quiz 7.43 Fakultativ (falls möglich und gewollt): Videosequenzen mit Erfahrungen bei den Tests; Videosequenzen mit Schlachtgeschehen und Schlachtgeräusch:

	7.1a Ein archäologisches Experiment: FAHREIGENSCHAFTEN DER F.A.N. Im Mai erfolgte nach der Wasserung am 23.3.2018 der Stapellauf, die Taufe und die Jungfernfahrt auf dem Rhein-Main-Donaukanal entlang der Universitätsstätten in Erlangen, Fürth und Nürnberg. Nach Fertigstellung im Frühjahr 2018 stand dem Boot ein großes Programm bevor: Mit moderner Messtechnik wurde das Boot auf Schnelligkeit geprüft, auch mit Langzeittests auf der Donau. Ab dem Frühjahr 2018 erfolgten Testfahrten, die mit modernen (und extra für den Nachbau entwickelten) Messapparaturen dokumentiert wurden. a) In Zusammenarbeit mit Astrophysikern aus Hamburg und mithilfe der Unterstützung von Fachleuten aus Trier, die auch schon die Lusoria in Regensburg, die Victoria aus Hamburg und die Lusoria Rhenana geprüft haben, haben wir unsere F.A.N. im Kanal beim Erlanger Hafen getestet. Dabei kam die historische Ruderaufhängung, die archäologisch verifizierbar ist, zur Anwendung. b) Auf der Donau wurde die F.A.N. mehrfach Langzeittests unterzogen. c) In Regensburg wurden Lusoria und F.A.N. getestet, unter Ruder und Segel. d) Bei Manching war die Bundeswehr an Bord und prüfte den Zusammenhang zwischen Ruderfrequenz und Schnelligkeit. e) Auf dem Dechsendorfer Weiher analysierten FAU-Sportmediziner und FAU-Strömungswissenschaftler Ruder- und Segelverhalten.	7.22 –Wasserung –Stapellauf –Wasserkanaltests 7.23 (Aktionsbilder und Diagramme) –Ergebnisse der Rudertests auf dem Kanal –Ergebnisse der Segeltests unter Rah und Spriet. –Ergebnisse der Lanzeittests auf der Donau –Vergleich mit der Lusoria Regina –Tests bei Manching mit der Bundeswehr –Segeltests (Polardiagramm) auf Altmühlsee und Dechsendorfer Weiher		Damit sollen Leistungsfähigkeit und Lebens-wirk-lichkeit der antiken See- und Flussschifffahrt nachvollziehbar gemacht werden. Durch die Erfahrungsberichte heutiger Teilnehmer werden die Herausforderungen moderner wie antiker Schiffsfahrt deutlich. Eine Videoinstallation kann darüber hinaus Sequenzen antiker Seeschlachtszenen (Vorschlag: Ben Hur der 1950er) einspielen, die die Dokumentarberichte durch moderne (Hollywood-) Vorstellungen über antike Seeschlachten „ergänzen“. Gerade durch das Spannungsverhältnis von „friedlicher“ Nutzung und

	Die flexible, historische Ruder-Aufhängung der F.A.N., die zwar weniger Stabilität verleiht, dafür an die verschiedenen Größen der Ruderer anpassbar ist, hat zu respektablen Ruderschnelligkeiten geführt, die nicht ganz an die Werte der Victoria mit ihrer spezifischen Ruderaufhängung heranreichten. Die Langzeittests ergaben eine Leistungsfähigkeit für die Patrouillen mit 45 km in 8 Stunden und mit einer Durchschnittsgeschwindigkeit von etwa 3 Knoten (strömungsbereinigt). Im Vergleich mit der Lusoria (Regina) ergaben sich Vorteile in der Schnelligkeit (auf kurzen Strecken) und in der Wendigkeit. Auf dem Altmühlsee, im Rhein-Main-Donau-Kanal und auf dem Dechsendorfer Weiher wurden Vor- und Nachteile der unterschiedlichen, in der Antike bekannten Besegelungen mit Spriet und Rah unter den Windbedingungen im Binnenland ebenso getestet wie unter den spezifischen Windbedingungen im Donaudelta bei Tulcea, Rumänien, am Schwarzen Meer.	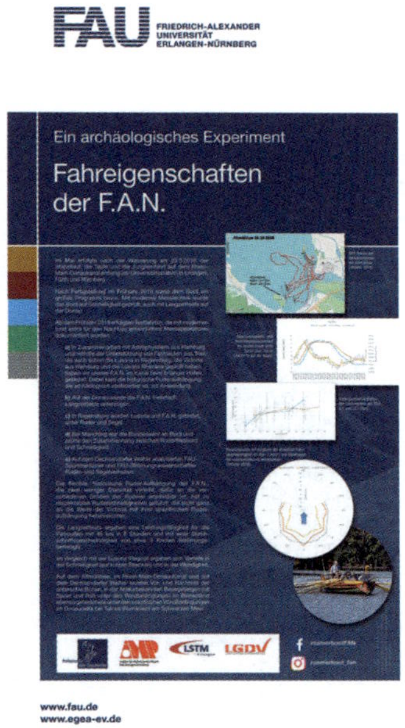		„martialer“ Rekonstruktion der Filmindustrie kann auch ein Korrektiv entstehen.

8. Die Donau runter	8.1 AUF GROßER FAHRT: BIS ZUM SCHWARZEN MEER Am 18.07.2018 ging es auf „große Fahrt“: Nach der Fahrt auf dem Rhein-Main-Donau-Kanal, fuhr die F.A.N. Mannschaft zunächst von Ingolstadt nach Eining, wo der rätische Limes (nach einer Strecke von etwa 550 km) auf die Donau traf und von wo an die Donau die Grenze des römischen Reiches bildete. Die Etappen mussten vorab gut geplant sein, manche Strecken wurden auf Land mit dem Boot auf dem Trailer absolviert. Aber auch für solche Strecken waren die jeweiligen Bedingungen der Länder für Zugfahrzeuge mit Anhängern von einer Gesamtlänge von 22 m zu beachten. Mit den Stationen mussten Verträge für die Aktionen dort geschlossen werden, die lokalen Organisatoren hatten Rudermannschaften zu organisieren. Während der Etappen in Österreich und auch in Rumänien wurden Tests durchgeführt. Die Etappen waren zwischen 15 und 40 km lang, abhängig von den zu erreichenden Stationen. An den Ankunftsorten wurde die Mannschaft von einer großen Zuschauermenge empfangen. Dann wurden Gäste willkommen geheißen und Gastrunden gedreht. Am Schwarzen Meer, bei Tulcea, war die F.A.N. Teil einer großen Militär- und Flottenparade, für die eine Menschenmenge von 6000 Zuschauern am Quai neugierig zusammenlief. Doch auch auf dem Rücktransport auf den Straßen Rumäniens, Ungarns und Österreichs hatte die Crew viele Abenteuer zu überstehen, bis am 20.08. das Boot und seine Crew wieder glücklich am Altmühlsee ankamen und eine verdiente Ruhepause erhielten.	8.21  	8.3 Touristenbilder; Straßentransport („Unfall“ in Rumänien/ Schwierigkeiten)	8.4 Videosequenz mit Verladung des Bootes in Österreich und in Rumänien (Drohnen-film)

9. Öffentlichkeitsarbeit	9.1a EINE METROPOLREGION BAUT EIN RÖMERBOOT: Vom ersten Tag des Baus an waren die Organisatoren darauf bedacht, die Öffentlichkeit teilhaben zu lassen: Jugendliche aller Altersstufen waren beim Bau dabei und haben ihren Beitrag geleistet. Beim „Boys‘ Day“ wurden Holznägel geschlagen, bei der „Vorzeitkiste“ drehten Vorschulkinder Hanfseile, die zwischen den Planken als Dichtungsmaterial dienten. Ein praxisorientiertes Seminar der gymnasialen Oberstufe erstellte ein Kinderprogramm für die Lange Nacht der Wissenschaften; Lateinklassen halfen beim Plankenbiegen und -anbringen; eine Klasse der Mittelschule hobelte die Planken und stemmte Nuten aus. Seminare der Alten Geschichte und der Archäologie hobelten Riemen und erstellten über ihre Arbeit Protokolle. Freiwillige, Pfleger, Lehrer, Ingenieure, Ärzte aus der Metropolregion schufteten in zwei Schichten jeden Werktag zwischen 8 und 18 Uhr unter der Anleitung eines Bootsbauers: eine Region baute an dem wissenschaftlichen Projekt mit.	9.2 	9.3 Zuschauer-massen bei Stapellauf auf dem Kanal. Zuschauer-massen in Tulcea, Rumänien	9.41 Videosequenzen: Bau mit verschiede-nen Gruppen 9.42 Videosequenzen: Fahrten mit Gruppen

10. Die Macher	10.1DIE MACHER UND BETREIBER Wer hat das alles gemacht? Portrait: Der Bootsbaumeister Steckbrief: Matthias Helterhoff aus Usedom hat bereits andere Römerboote (in Regensburg, Hamburg, Trier) nachgebaut und kann gleichsam als Fachmann im Nachbau gelten. Portrait: Peter Clement und Peter Schedel Zwei der eifrigsten Mitstreiter, die mit ihren handwerklichen Fähigkeiten und ihrer Umsicht während Bau und Betrieb das Projekt am Leben gehalten haben. Portrait: Der Projektleiter Dreyer Universitätsprofessor für Alte Geschichte, Boris Dreyer, hat das Projekt geleitet und hat das Bindeglied gebildet zwischen wissenschaftlicher Forschung und Wissenschaftsvermittlung. Portrait: Studierende (Bsp.) Beim Bau und beim Betrieb des Bootes waren mehrere Studierendenseminare aktiv beteiligt, die die Erfahrung, „Geschichte zum Anfassen“, „Geschichte mal anders“, machen wollten. Portrait: Präsident der FAU Der Präsident Prof. Dr. Joachim Hornegger gab Ende 2016 den Startschuss für das Projekt, das auf das Jubiläum hin den originalgetreuen Nachbau und Test des Bootes F.A.N. vorsah – ein wissenschaftlicher und publikumswirksamer Erfolg, das „Vorzeigeprojekt“ der Universität im Jubiläumsjahr und danach.	10.2 	10.3 Portrait von der Kiellegung	10.4 Videoinstallation mit Zeitraffer vom Bau

	Beteiligt sind verschiedene Institute mehrerer Fakultäten der Universität Erlangen-Nürnberg: Neben den Disziplinen der Altertumswissenschaften (u. a. Alte Geschichte, Ur- und Frühgeschichte), gehören dazu besonders: die graphische Datenverarbeitung, Strömungsmechanik, Fertigungstechnologie und medizinische Physik. Somit stellt das Boot auch ein Geschenk der beteiligten Erlanger Institute an Ihre Alma Mater zu ihrem Jubiläum im Jahre 2018 dar. Betreiber: Verein „Erlebnis Geschichte und experimentelle Archäologie“: www.egea-ev.de			

1.5 Fazit

Da die Texte für die Rollups sowie die Demonstrationsbeispiele, römisches Handwerkzeug, Schülerhefte, Quiz und Werbematerial bereits existieren, reduzieren sich die notwendigen Maßnahmen im Großen und Ganzen „nur“ auf die Betreuung der (Wander-) Ausstellung selbst. Adaptionen sind sicherlich notwendig, jedoch ist der finanzielle Aufwand unseres Erachtens überschaubar.

Literatur

Commandeur, B. / H. Kunz-Ott / K. Schad, Handbuch Museumspädagogik, Kulturelle Bildung in Museen, München 2016.

Czech, A. / J. Kirmeier / B. Sgolf, Museumspädagogik. Ein Handbuch. Grundlagen und Hilfen für die Praxis, München 2014.

Ströyer-Bender, J., Museumskoffer, Material und Ideenkisten, Marburg 2009.

Abbildungsverzeichnis

Abb. 1, 2, 5–12: Marketingabteilung FAU

Abb. 3, 4 Kelten Römer Museum Manching

Annex: Weiteres Material finden Sie unter www.wbg-wissenverbindet.de

Kapitel 7: Ein neues Projekt – Römerboote auf EU-Ebene

1 Die spätantike Danuvina alacris (navis) im Projekt Living Danube Limes

Anna Kaiser, DUK – Raffaela Woller, DUK – Boris Dreyer, FAU – Marko Jelusic, Tübingen/ DUK

Im Juli 2020 startete das internationale Forschungsprojekt Valorising cultural heritage and fostering sustainable tourism by LIVING the common heritage on the DANUBE LIMES as basis for a Cultural Route, kurz Living Danube Limes, als 3rd-Call-Projekt im Rahmen des Danube Transnational Programme (DTP).[1] Das Partnerkonsortium, bestehend aus 19 regulären Projektpartnern sowie 27 Assoziierten Strategischen Partnern aus zehn verschiedenen Ländern, setzt sich zusammen aus Universitäten und Forschungsinstituten, Museen, Tourismusclustern und Tourismusgesellschaften, Denkmalbehörden, Vereinen wie auch Behörden und Verwaltungseinheiten verschiedener Ebenen. Integraler Bestandteil des Projekts ist die Rekonstruktion einer spätantiken Lusoria des Typs „Mainz", die neben einer Reihe wissenschaftlicher Erkenntnisse zusammen mit Living-History-Initiativen im Rahmen einer Fahrt von Deutschland ans Schwarze Meer auch der greifbaren Vernetzung des Donauraumes dient.

1.1 Donau und Donaulimes – Grenze oder Verbindungslinie?

Eine zentrale Rolle im Projekt nehmen Donau und Donaulimes ein. Die Donau erstreckt sich als zweitlängster Fluss Europas über eine Länge von etwa 2850 km, entspringt im Schwarzwald in Deutschland und mündet an der Grenze zwischen Rumänien und der Ukraine ins Schwarze Meer. Dabei durchfließt bzw. tangiert sie zehn Länder und für beträchtliche Streckenabschnitte bildet sie dabei die Grenze zwischen zwei benachbarten Staaten, so zwischen der Slowakei und Ungarn, Kroatien und Serbien wie auch Rumänien und der Ukraine. Bereits in römischer Zeit fungierte die Donau nahezu auf ihrer gesamten Länge als Grenze zwischen dem Imperium Romanum im Süden und dem Barbaricum im Norden. Als natürliche Flussgrenze bestand der Donau-

1 DTP3-1-359-2.2; der Beitrag entstand im Rahmen des genannten Projekts. Alle Jahreszahlen verstehen sich als n. Chr., sofern nicht anders angegeben.

limes in dieser Form etwa 400 Jahre im Weströmischen Reich und bis ins 5. bzw. 6. Jahrhundert im Oströmischen Reich. Entlang seiner Südseite reihten sich die römischen Provinzen Raetien, Noricum, Pannonien und Moesien, für etwa 170 Jahre bestand die römische Provinz Dakien am Nordufer der Donau (Abb. 1). Doch ist der römische Donaulimes über die längsten Zeiträume seines Bestehens nicht als harte sondern mehr „feuchte" Grenze zu verstehen, da er vielmehr als eine Art durchlässige Membran gedeutet werden kann, entlang derer in Friedenszeiten ein reger Austausch und Handel zwischen den ProvinzbewohnerInnen und den benachbarten germanischen Stämmen nördlich der Donau stattfand.[2] Dies bezeugen zahllose Funde römischer Exporte ins Barbaricum, die primär durch den Handel mit verbündeten Stämmen, welche an der Grenze zum Römischen Reich siedelten und für Rom eine Pufferzone gegen feindlich gesinnte germanische Stämme darstellten, in barbarisches Territorium nördlich der Donau gelangten.[3]

Abb. 1: Der Donaulimes mit einer Kartierung der Legionsstandorte und der noch bis 271/75 zum Römischen Reich gehörenden nördlichen Provinz Dacia.

[2] Im Lateinischen wurde klar zwischen den auf dem Land befindlichen Grenzwällen und -wegen (lat. *limes*) und an Flüssen und Ufern verlaufenden Grenzbefestigungen (lat. *ripa*) unterschieden. So findet sich in der spätantiken *Notitia Dignitatum* der Vermerke *„milites limitanei et riparinenses"* was frei übersetzt so viel wie „Truppen der Land- und der Flussgrenze" bedeutet (Vgl. Seeck (1876), Not-Dig. Occ. XXV, 20 und Or. XLII). Zum einfacheren Verständnis für fachfremde Personen wurde für Living Danube Limes der Begriff Donaulimes gewählt, obwohl eigentlich von *ripensis danubius* zu sprechen wäre. Siehe weiter Olshausen et al. (1999), S. 192–231 mit einer allgemeinen Zusammenfassung der Thematik und für die Grenzen des Römischen Reiches generell.

[3] Zusammengetragen im *Corpus der römischen Funde im europäischen Barbaricum*; siehe weiter die wichtigen Studien von Kunow (1980/83), Erdrich (2001), Moosbauer (2003), Müller-Scheeßel / Voß (2016).

Im starken Gegensatz dazu stehen künstlich gezogene Grenzen, wie etwa der Obergermanisch-Rätische Limes.[4] Zwar kümmerte sich bereits Kaiser Trajan (98–117) um eine Grenzsicherung in Form durchgängiger Befestigungen und Wachtürme, doch wurden diese bis in die Zeit der Herrschaft des Kaisers Antoninus Pius (138–161) in der Mitte des 2. Jahrhundert immer weiter an den sogenannten „Vorderen Limes" verschoben, welcher heute den eigentlichen und bekannten Teil des Obergermanisch-Rätischen Limes mit seiner ehemaligen Palisadenkonstruktion darstellt.[5] Es liegt in der Natur solcher vom Menschen geschaffenen Grenzverläufe, dass diese im Vergleich zu jenen, die natürlichen Barrieren wie Flüssen und Gebirgen folgen, schwieriger und kostenintensiver zu sichern waren und somit ein gänzlich anderes Erscheinungsbild boten.[6] Diese künstlichen Grenzen wurden tendenziell linear gezogen, unter anderem um von jedem Standpunkt einen weiten Abschnitt im Blick und Sichtkontakt zu den nächstgelegenen Wachttürmen bzw. Kastellen zu haben. Während entlang des Obergermanisch-Rätischen Limes alle 10 Kilometer ein Kastell errichtet wurde, liegen die Anlagen der Auxiliartruppen am Donaulimes oftmals bis zu 30 Kilometer voneinander entfernt und verfügen aufgrund des unregelmäßigen Flussverlaufes auch nicht über direkten Sichtkontakt zueinander. Allerdings muss davon ausgegangen werden, dass zahlreiche Wachttürme, viele davon möglicherweise in Holzbauweise errichtet (insbesondere jene der frühen Kaiserzeit), aufgrund der Flusserosion nicht mehr erhalten bzw. noch unbekannt sind. Die römische Limesstraße, welche die einzelnen Militäranlagen miteinander über den Landweg verband, wurde im Falle einer Flussgrenze oftmals nicht direkt entlang des Ufers geführt, sondern verlief bedingt durch das Terrain über einen besser geeigneten Weg im Hinterland. Anders als bei linear angelegten Strukturen ist ihr Verlauf schwerer nachzuvollziehen, insbesondere, wenn der Verlauf heute durch Waldgebiete oder intensiv landwirtschaftlich genutzte Areale führt.[7]

Die archäologische Untersuchung baulicher Strukturen entlang einer Flussgrenze gestaltet sich oftmals und aus verschiedenen Gründen problematisch. Da sich Flussbetten im Laufe der Zeit massiv verändern können und viele Stätten in den letzten 2000 Jahren von Überschwemmungen und Erdrutschen betroffen waren, ist es häufig der Fall, dass Limesanlagen heute einen sehr schlechten Erhaltungszustand aufweisen. So ist etwa ein Großteil der Praetentura des Legionslagers von Carnuntum bereits in die Donau abgebrochen. Darüber hinaus werden Flüsse seit dem 19. Jahrhundert zunehmend reguliert und Kraftwerke errich-

[4] Vgl. für einen aktuellen Überblick die Einführung von Schallmayer (2007) mit weiterer Literatur.

[5] Zur Datierung der Vorverlegung des Obergermanisch-Rätischen Limes vgl. Kortüm (1998); Sommer (2012); Czysz / Herzig (2008).

[6] Jilek (2009), S. 42–45.

[7] Jilek (2009), S. 47 erläutert die Herausforderungen für die heutige Limeserkundung entlang der Donau.

tet, was ebenfalls den materiellen Hinterlassenschaften Schaden zufügen kann. Ein weiteres Phänomen, das den Erhaltungszustand und die Beforschbarkeit von Limesanlagen entlang der Donau bestimmt, ist die Tatsache, dass viele der römischen Standorte heute weitgehend mit modernen Siedlungen überbaut sind. Ein Großteil der römischen Legionslager des Donaulimes liegt heute sogar unter modernen Großstädten, so etwa Castra Regina/Regensburg, Vindobona/Wien, Aquincum/Budapest, Singidunum/Belgrad, Durostorum/Silistra, und kann oftmals nur im Rahmen von Not- und Rettungsgrabungen bei Stadtumbauten weiter beforscht werden.

1.2 Das Projekt Living Danube Limes

Das Danube Transnational Programme (DTP) ist eines von mehreren Förderprogrammen der European Territorial Cooperation (ETC) Gemeinschaftsinitiative, kurz Interreg, und wird in erster Linie aus dem Europäischen Fonds für Regionale Entwicklung (EFRE) der EU finanziert.[8] Neben dem Regionalfonds EFRE werden die Interreg-Programme darüber hinaus durch zwei weitere Finanzierungsinstrumente der EU gefördert. Zum einen werden potentielle EU-Beitrittskandidaten durch das Instrument für Heranführungshilfe IPA 2014–2020, kurz IPA II, begünstigt und zum anderen, im Rahmen eines festgelegten Aktionsplans, Nachbarländer der EU durch das Europäische Nachbarschaftsinstrument ENI. Interreg DTP umfasst die Staaten mit direktem Zugang zur Donau vom Schwarzwald im Westen bis zum Schwarzen Meer im Osten (Deutschland, Österreich, Slowakei, Ungarn, Kroatien, Serbien, Bulgarien, Rumänien, Moldawien, Ukraine) sowie jene Länder im erweiterten Einzugsgebiet des Flusses (Tschechien, Slowenien, Bosnien und Herzegowina, Montenegro).[9] Ziel des Förderprogramm ist es, den heterogenen Donauraum durch transnationale Zusammenarbeit in verschiedenen Bereichen zu stärken wie auch gemeinsame Herausforderungen und Bedürfnisse zu identifizieren und zu bewältigen. Dabei liegt der Fokus auf vier sogenannten Prioritätsachsen: Innovation, Umwelt und Kultur, Verkehr und Energie sowie Governance. Das Projekt Living Danube Limes reiht sich in die Achse Umwelt und Kultur ein und verfolgt in diesem thematischen Cluster das spezifische Ziel einer nachhaltigen Nutzung von Kulturerbe und Kulturressourcen.

Das Interreg DTP Förderprogramm folgt der EU-Donauraumstrategie (EUSDR), die im Juni 2011 vom Europäischen Rat als zweite makroregionale Strategie (nach der Ostsee-Strategie

---

8 Grundlegende Informationen zu EFRE unter <https://ec.europa.eu/regional_policy/de/funding/erdf/> (letzter Zugriff 25.08.2020).

9 Website des Förderprogramms: <www.interreg-danube.eu > (letzter Zugriff 25.08.2020).

2009) beschlossen wurde. Im dafür festgelegten Aktionsplan wurden vier Säulen sowie diesen nachgeordnet zwölf Schwerpunktbereiche definiert (Abb. 2), im Rahmen derer die EUSDR Verbesserungen für die Makroregion Donauraum bewirken soll.[10] Die vier Säulen betreffen die Anbindung des Donauraums, den Umweltschutz im Donauraum, den Aufbau von Wohlstand im Donauraum und die Stärkung des Donauraums. Living Danube Limes trägt zu drei darin festgelegten Schwerpunktbereichen (Priority Areas, PA) bei, wobei dem Prioritätenfeld Kultur und Tourismus (PA3) eine zentrale Rolle zukommt. Die transnationale Präsentation des römischen Donaulimes im Rahmen der Projektaktivitäten soll dazu beitragen, die gemeinsame kulturelle Identität der Donauregion zu stärken und dabei noch unerkannte bzw. unerschlossene kulturelle und soziale Potentiale zu identifizieren und zu nutzen. Des Weiteren sollen neue Kulturrouten entwickelt bzw. bereits bestehende Kulturrouten gefördert, der grüne und nachhaltige Tourismus vorangetrieben und die Erhaltung des Kulturerbes durch die Gründung und Stärkung von Museumsclustern und -netzwerken sichergestellt werden. All diese Bemühungen sollen zur Etablierung der Marke Donau beitragen. Ein weiterer Schwerpunktbereich der EUSDR, der durch die Bestrebungen von Living Danube Limes bedient wird, ist das Management von Umweltrisiken (PA5). Es wird eine transnationale Strategie für den Schutz des Kulturerbes entlang der Donau entwickelt, in welcher Vorsorgemaßnahmen zur Stärkung der Resilienz gegenüber Extremwetterereignissen bedingt durch den Klimawandel sowie in besonderem Maße gegenüber Hochwasserkatastrophen definiert werden, sodass diese in weiterer Folge auf lokaler Ebene für die Pilotstandorte der einzelnen Partnerländer zur Anwendung gebracht werden können. Außerdem wird durch Forschung generell, den Auf- bzw. Ausbau von Museumsnetzwerken und Living History-Initiativen in den einzelnen Partnerländern sowie durch die Stärkung des Donautourismus und die Aufbereitung von bereits bewährten Good Practice-Ansätzen in der Vermittlung und Dissemination des römischen Donaulimes als gemeinsames kulturelles Erbe auch das Prioritätenfeld Investition in Menschen und Qualifikationen (PA9) der EUSDR berücksichtigt.

Living Danube Limes kann darüber hinaus auf verschiedene Vorgängerprojekte wie auch diverse Initiativen im Zusammenhang mit der UNESCO-Nominierung des Donaulimes als Welterbe aufbauen. So verfolgte etwa das Projekt *Danube Limes Brand* das Ziel, den Schutz des kulturellen Erbes des Donaulimes aller Donauländer in einem adäquaten Rahmen und annehmbaren Maß zu etablieren sowie die gemeinsame Identität und die Bedeutung des verbindenden Kulturerbes zu bewerben, um damit in weiterer Folge den UNESCO-Nominierungsprozess voranzutreiben.[11] In besonderem Maße wurde die Welterbe Nominierung durch das

[10] Die jüngste überarbeitete Fassung des Aktionsplans sowie dessen Vorgängerversion, deren Terminologien noch an vielerlei Stelle in Verwendung sind: SEC(2010) 1489; SWD(2020) 59 final.

[11] Website des Projekts: <www.danubelimesbrand.org> (letzter Zugriff 25.8.2020).

FRE-Projekt (Frontiers of the Roman Empire Projekt) unterstützt. In diesem Projekt wurden die Limesabschnitte der einzelnen Länder detailliert aufgearbeitet und archäologische und historische Daten zu den einzelnen Sites zusammengetragen, welche eine wertvolle Basis für die Bestrebungen von Living Danube Limes liefern.[12]

Abb. 2: Die vier Säulen und zwölf Schwerpunktbereiche der EUSDR

Trotz moderner Staatsgrenzen, die über gewisse Strecken sogar entlang der Donau verlaufen, trotz unterschiedlicher Sprachen und Lebensweisen sind die Donauländer eng durch ihr gemeinsames Kulturerbe verbunden und können auf eine gemeinsame Geschichte zurückblicken. Die Donau selbst ist dabei nicht als Trennungs- oder Grenzlinie zu verstehen, sondern vielmehr als verbindendes Element, das alle Donauländer teilen und gemeinsam nutzen. Sowohl in kulturhistorischer wie auch in infrastruktureller und wirtschaftlicher Hinsicht stellt der Fluss eine über 2800 km lange, durchlässige Membran dar, entlang derer die angrenzenden Gebiete seit jeher miteinander verbunden sind und über die man sich austauscht. Ziel des Projekts ist es aufzuzeigen, dass durch ein gemeinsames Auftreten und Agieren der

[12] Broschüren zu den einzelnen Limesabschnitten unter <https://www.univie.ac.at/limes/html/brochure.php> (letzter Zugriff 25.8.2020). Ein weiterer Erfolg war mit der Anerkennung des Abschnittes von Regensburg bis Bratislava als Welterbe zu verzeichnen, im Juli 2021.

Donauländer als eine zusammenhängende Region mit einem gemeinsamen kulturellen Erbe, einer verbindenden Geschichte und daraus hervorgegangenen und bis heute bestehenden Herausforderungen, die Donauländer zusammen stärker hervorgehen, Aufgaben und Problemen gemeinsam leichter begegnen und die wirtschaftliche und politische Zukunft der Donauregion nachhaltiger gestalten können. Ein zentrales Projektergebnis ist die *Living Danube Limes App* für Mobilgeräte, welche nach Projektabschluss in verschiedenen Sprachen zur Verfügung stehen wird. Den NutzerInnen wird darin historische und archäologische Information über den römischen Donaulimes zum jüngsten Forschungsstand gut aufbereitet und in einer anwenderfreundlichen Art und Weise vermittelt; auch werden aktuelle Informationen zu Veranstaltungen, Museen, öffentlichen Verkehrsmitteln oder Unterkünften in der Region zur Verfügung gestellt. Ein außergewöhnlich greifbares, Länder verbindendes Projektergebnis, das den transnationalen, verbindenden Charakter des Projekts besonders gut unterstreicht, ist die authentische, weitestgehend mit antiken Methoden und Werkzeugen nachgebaute, spätantike Danuvina alacris (navis). Dieses soll nicht nur sinnbildlich als mobiles Flussvehikel alle Donauländer verknüpfen, sondern wird auch im Zuge einer abschließenden Vernetzungsfahrt in der finalen Projektphase vom Donauoberlauf im Westen bis zum Schwarzen Meer im Osten flussabwärts fahren und in allen Ländern Halt machen, um die Projektergebnisse im Rahmen von begleitenden Living History-Veranstaltungen einer breiten Öffentlichkeit zu präsentieren und begreifbar zu machen. Darüber hinaus können durch die archäotechnischen Ansätze im Rahmen des Bootsbaus sowie durch die damit verbundenen Begleiterkundungen wertvolle wissenschaftliche Untersuchungen durchgeführt werden, anhand derer unter anderem Fragen zur Ausstattung und Gestaltung von spätantiken Schiffen, der Schiffbarkeit von Donaunebenflüssen und antiken Schiffsbautechniken auf den Grund gegangen werden kann.[13]

1.3 Die Rekonstruktion der spätantiken *Danuvina alacris (navis)*

Integraler Bestandteil des Projekts ist die Rekonstruktion einer spätantiken Lusoria, deren technische Daten und wissenschaftliches Potenzial an dieser Stelle kurz umrissen werden sollen.

---

13 Im Rahmen des Projektes ist auch vorgesehen Forschungsarbeiten am Lehrstuhl für Alte Geschichte an der Friedrich-Alexander-Universität Erlangen-Nürnberg unter der Betreuung von Prof. Boris Dreyer zu erarbeiten, welche sich mit der Adaption mediterraner Schiffsbautechniken im nördlichen Europa sowie mit der Bemalung von antiken Schiffen befassen.

Die spätantike Lusoria des Typs „Mainz" wird unter Anleitung eines Bootsbauers und wissenschaftlichen Vorgaben sowie Begleitung rekonstruiert. Dabei soll auch interessierten Freiwilligen die Möglichkeit geboten werden, sich in den Bauprozess einzubringen und römische Handwerkskunst selbst zu erleben. Dabei werden neue, im Folgenden dargestellte Leitlinien maßgeblich sein, wie sie schon bei der F.A.N., die einer völlig anderen (mediterranen) Bootsbautradition entstammt, wichtig waren und die für die Vergleichbarkeit der beiden Schiffe in den wissenschaftlichen Tests nach dem Bau sorgen sollen.[14] Die Lusoria wird nach den in Mainz gefundenen Wracks 1 und 5 rekonstruiert.[15] Eine Herausforderung dabei liegt darin, dass die beiden Mainzer Wracks zwar eine ähnliche Zeitstellung im 4. Jahrhundert aufweisen, aber nicht Überreste desselben Bootes sind.[16] Wenn schon dies ein methodisches, wenn auch zu bewältigendes Problem darstellt, so wird die Tatsache, dass mittschiffs der Rumpf in nicht genau bestimmbarer Länge verloren ist, kontrovers diskutiert. Aber auch hier wird methodisch gesehen mit einiger Sicherheit ergänzt werden dürfen.[17] Für die Rekonstruktion werden ein eigener Linienriss und ein Bootsbauplan, der der wahrscheinlichsten Annahme für den Plankenverlauf in der mittleren Sektion folgt, erstellt. Die Vergleichbarkeit der Untersuchungskriterien beider Schiffe leiten auch die Konfektion der Riemen.[18] Außerdem wird hier einem römischen Prinzip der Reproduzierbarkeit in den Verbrauchsmaterialien entsprochen, um die Funktion der Maschinerie als Ganzes zu garantieren. Riemen waren bei den Originalen sowohl in Oberstimm (Grundlage für die Rekonstruktion der F.A.N.) als auch in Mainz nicht erhalten. Die Erkenntnisse werden nach zeitgleichen Bildwerken oder Funden, etwa aus der Hadrianssäule[19] oder den Funden in Valkenburg bzw. am Nydam Moor geschlossen.[20] Wenn auch das im Rahmen von Living Danube Limes gebaute Schiff ungleich schwerer im Wasser liegt (mit schätzungsweise 5 t Leergewicht gegenüber 2,2 t der F.A.N.), so kann bei einem optimierten „Chassis" (davon ist in beiden Fällen, obwohl Massenprodukte, auszugehen) auch für eine Lusoria nach einem langsameren Start eine schnellere Endgeschwindigkeit prognostiziert werden. Tests mit der F.A.N. haben einen Vorteil für die kürzeren Riemen (4,1 m) ergeben, weil diese leichter handhabbar waren.[21] Auch hat der genannte Vergleichstest mit der Lusoria aus Regensburg (bei der das Längen-Breiten-Verhältnis nach Höckmann rekonstruiert wurde) die Überlegenheit der F.A.N. im Sprint erwiesen. Auch war die F.A.N.

14 Dreyer (2018a).

15 Bockius (2006).

16 Bockius (2006); Bockius (2013b).

17 Bockius (2013b).

18 Dreyer (2018a).

19 Z. B. Pogorzelski (2012).

20 Bockius (2013a). S.a. Kapitel 2,1: Weski.

21 Kapitel 5,1: Thünnesen – Gatternig – Günther –Wawrzyn – Dreyer

schneller in der Wende und hatte einen kleineren Wendekreis. Die Frage, wie aber auf längere Strecken der Vergleich in der Schnelligkeit ausfällt, ist damit noch nicht beantwortet. Weiter ist unmittelbar einsichtig, dass der Vergleich zwischen der nach neueren wissenschaftlichen Erkenntnissen rekonstruierten DUC und der F.A.N. in mediterraner Bautradition ganz anders ausfallen kann. Hinzu kommt der Faktor Länge. Bei der F.A.N. haben die Tests erwiesen, dass die Endgeschwindigkeit mit längeren Riemen (4,7 m) schneller erreicht wurde, aber auch die Ruderer schneller ermüdeten. Dies soll in Vergleichstests mit der Lusoria mit beiden Riemenlängen gegengeprüft werden. Es wird also zu evaluieren sein, welche Riemenlänge zu welchem der unterschiedlich konstruierten und schweren Boote am besten passt. Dazu werden die StrömungswissenschafterInnen in numerischen Tests Alternativriemen testen. Hier wird der römische Befund bewusst verlassen und angenommen, dass auch in der Antike – von vorhandenen Ausgangsformen ausgehend – die beste Länge, der ideale Riemenwinkel sowie das effektivste Ruderblatt nach ausgiebigen Tests in der Praxis gewählt wurde. Schon bei der F.A.N. sind verschiedene Segel getestet worden. Mit welchen Segeln Binnenboote ausgestattet waren, ist nicht belegt. Allein ein Mastschuh ist sowohl für das Oberstimmer Boot als auch für die Mainzer Lusoria nachweisbar, und zwar in beiden Fällen an einer merkwürdigen Stelle. Einen Mastschuh als Basis für einen Mast, an dem ein Segel hängt, würde man in der Mitte des Bootes erwarten. In beiden Patrouillenbooten liegt der Mastschuh im vorderen Drittel. In der Forschung wird daher die Funktion des Mastes diskutiert.[22] So ist erörtert worden, ob überhaupt hier ein Segel hing oder nicht vielmehr der Mast zum Treideln diente oder nur für einen Ausguck oder ein Signalfeuer angebracht worden ist. Wenn die beiden letzten Lösungsansätze unwahrscheinlich sind, so ist das Treideln gerade bergauf, wenn auch eher für Versorgungsschiffe, durchaus belegt.[23] Als Alternative zu dieser mittel- und personalintensiven Beförderungsart ist allerdings auch ein Segel zu erwägen. Die Frage, welcher Segeltyp für die Navigation auf antiken Flüssen, besonders hier an der Nordgrenze des Römischen Reiches angesichts antiker Fließgeschwindigkeit und Flussbreite und -tiefe als ideal empfunden wurde, ist nicht so leicht zu beantworten. Bekannt waren Rah-, Spriet- und Lateinersegel, wenn auch nicht für alle Zeiten gleich dicht belegt.[24] Gleichwohl wäre es ein voreiliger Schluss, wenn man angesichts der antiken Überlieferung von der Häufigkeit der Belege auf die Wahrscheinlichkeit der Nutzung schließt. Das Rahsegel etwa, das insbesondere für die Fahrt auf Hoher See gut belegt ist, ist im Binnenseebereich mit schnell wechselnden Winden wenig günstig, besonders bei

---

22 Bosworth (2013), Whitewright (2011).

23 Lippe: Bremer (2001); Jaschke (2009), S. 196–209. Es wurde am Uferrand (an der Donau etwa) viel Aufwand betrieben, um das Treideln auch in starker Strömung auch an felsigem Ufergrund zu garantieren. So haben sich etliche Treidelpfade erhalten. Entlang der Lippe wurden eigens Straßen für diesen Zweck angelegt.

24 Whitewright (2011); Frielinghaus – Schmidts – Tsamakda (2017), S. 225.

Booten dieser Art, in denen der Mast im vorderen Drittel eingebaut wurde. Diese Boote haben keinen modernen Kiel, der für die Fahrt mit geringem Lateralplan dem Kurs Stabilität verliehen hätte. Wie durch die Tests mit der F.A.N. erwiesen, ist gerade bei Kursen hart am Wind die Spriet der Rah überlegen, deren Stärken eher bei den achterlichen Raumkursen liegen. Dieser Befund ist nun bei der schwereren DUC zu überprüfen, denn die Spriet verlagert auch hier den Schwerpunkt für den Wind weiter nach hinten ins Boot. Das Lateinersegel, das für die Zeit am wenigsten belegt, aber keinesfalls unvorstellbar ist, würde sowohl weiter hinten als auch weiter oben den Wind abgreifen können. Dieses Segel ist noch für keines der Boote getestet worden. Weiter muss der Test mit antikem Segelstoff (Leinen, Wolle, Leder) ausgeweitet werden, für die DUC und die F.A.N. So könnte die Entscheidung zwischen den Forschungspositionen von Bockius und Whitewright gefällt werden.[25] Das geht nur, wenn man für beide Bootstypen vergleichbare Fälle einander gegenübergestellt. Begleitet werden diese Versuche durch skalierte Modelle sowie numerisch und virtuell. Ziel ist es, durch die Versuche die idealen Segel-Konstellationen und -Größen für beide Boote zu konfektionieren. Auch in römischer Zeit wird man diese idealen Abstimmungen – wenn auch auf der Basis langjähriger praktischer Erfahrungen – eruiert haben. Dies gilt ebenso für Steuerruder; Stabilität im Kurs besonders hart am Wind würden Steuerruder garantieren, die tiefer ins Wasser reichen. Sie liegen zwar im Heck, soweit die Reliefs und Gemälde der Zeit Auskunft geben, aber sie könnten dadurch die fehlenden Schwerter ersetzen.[26] Die Bildwerke geben keine Maße und an den Originalen, die Ausgangspunkt unserer Rekonstruktionen sind, sind sie nicht erhalten. Jedoch können durch eine für beide Schiffe analoge Konstruktion von Steuerrudern von 50 cm bzw. 1,20 m Höhe belastbare Vergleiche angestrebt und damit Aussagen über die Manövrierfähigkeit beider Bootstypen getroffen werden. Bei der F.A.N. erhöht das tiefere Ruder eindeutig die Manövrierfähigkeit.[27] Dieser Vorteil wird allerdings mit dem entscheidenden Nachteil erkauft, dass sich dadurch die Einsetzbarkeit in den Flüssen (gerade Germaniens) erheblich reduziert – von Donau und Rhein abgesehen.[28] Flüsse wie die Lippe und die Altmühl, aber auch teilweise der Main, könnten längst nicht mehr so gut befahren werden. Zu berücksichtigen ist auch, dass Verlauf, Fließgeschwindigkeit und mithin auch Breite und Tiefe von Rhein und Donau sich in den letzten 2000 Jahren erheblich verändert haben. Es muss aber dieser für die F.A.N. feststellbare Befund noch bei der DUC verifiziert werden, die wenngleich schwerer, so doch als Flachboot kaum tiefer liegen dürfte. Wenn dieser Vergleich nur erfolgversprechend ist, wenn auch

---

25 Whitewright (2011) vertritt, dass die Position des Mastes im vorderen Drittel geradezu als Vorteil anzusehen ist.

26 Pekáry (1999).

27 Kapitel 5,2: Kemmler – Gatternig – Dreyer.

28 Eckoldt (1980), S. 11–18.

hier die rekonstruierten Steuer bei beiden Booten vergleichbar sind, so sind darüber hinaus die numerischen Rechenoperationen dazu geeignet, die ideale Konfektion zu errechnen und damit langwierige und teure Neukonstruktionen einzusparen, was in der Antike nicht möglich war.

Schon bei der F.A.N. wurde zum ersten Mal versucht, die antike, enkaustische Bemalung anzuwenden, die Plinius dem Älteren im Wesentlichen, jedoch keineswegs für den praktischen Einsatz befriedigend, wie sich zeigen sollte, geschildert hat: Dort heißt es, dass die Bemalung bei Kriegsschiffen und auch bei Handelsschiffen zur Anwendung gekommen und wasser-, wind- und wärmebeständig gewesen sei. Jan Hochbruck unterstützt in diesem Bereich auf der Basis langjähriger Experimente und Erfahrung mit antiker Bemalung.[29] Doch sind einige Fragen, insbesondere hinsichtlich der Wärmebeständigkeit ungeklärt geblieben. Darüber hinaus hat es Diskussionen bezüglich der Wirkungsabsicht gegeben, die von antiken Autoren unterschiedlich, ja scheinbar widersprüchlich wiedergegeben wurde (ausführlich oben).[30] In der Farb- und Motivwahl wurden Wandbemalungen und Mosaiken als Vorlage herangezogen. Dabei muss uns bewusst sein, dass hier der Auftrag an den Künstler zur Gestaltung des Privatbereichs ausschlaggebend war. An der Klärung der angedeuteten Probleme arbeiten nun verschiedene Institute aus Erlangen, Bamberg und Stuttgart,[31] um dann – auf der Basis gemeinsamer Untersuchungen und Veröffentlichungen – im Jahre 2022 der DUC eine beständige Bemalung zu verleihen.

Der Bau der DUC soll möglichst nahe an römischen Handwerksmethoden und mit römischem Handwerkszeug erfolgen. Hierbei haben im Wesentlichen zwei Ausnahmen zu gelten. Zum einen hat die Arbeitssicherheit Vorrang. Dafür ist es notwendig, die Bootkonstruktion modern zu fixieren und, dass die ArbeiterInnen Sicherheitsschuhe tragen. Diese Prinzipien gelten auch für andere historische Bauprojekte. Des Weiteren ist zu beachten, dass der Bau im Rahmen der im Projekt vorgegebenen Zeit und mit den vorhandenen Ressourcen bewältigt werden muss. Um ein Beispiel zu geben: Wenn 18 Eichen geschlagen und zu Planken verarbeitet werden, wird modernes Gerät zur Anwendung kommen; bei traditioneller Spaltung von Eiche müsste nicht nur mehr Personal zum Einsatz kommen, die Ausbeute an Planken wäre darüber hinaus pro Stamm ungleich ungünstiger. Das wäre finanziell nicht darstellbar. Rekonstruktion und Arbeitstechnik orientieren sich allerdings an den antiken Handwerksbedingungen.[32] Sofort mit Projektbeginn wurde ein umfangreiches Spektrum antiker, römischer

---

29 Kapitel 3,1: Hochbruck.

30 Plinius d. J. nat. hist. 35,19–20; 35,31; 35,41; Philostratos, Imagines 1,19, Vegetius 4,37,1–5; 4,44,7; 4,46,9

31 Kapitel 3,2: Speck / Schäfer; Kapitel 3,3: Schmädecker – Krekel; Kapitel 3,4: Carbon.

32 Vgl. H. Groschwitz (2010).

Handwerksmittel rekonstruiert und nachgebaut. Angestrebt wird ein römischer Werkstoffhof mit genügend Material für die römischen Handwerker, einschließlich Esse und Ofen. Auch ein Großteil der 5000 Eisennägel für das Boot werden handgeschmiedet. Nach dem Bau soll das Boot in einer Vernetzungsfahrt ab Juli 2022 für das letzte halbe Jahr der Projektlaufzeit die Donauländer verbinden. In gemeinsamen Aktionen soll symbolisch das gemeinsame Erzeugnis, die DUC, die Pilotstätten in den Projektpartnerländern anfahren. Nach Projektende wird die DUC die Projektpartner für jeweils ein Jahr besuchen und ihnen zur Verfügung stehen. Damit wird auch für die nächsten acht Jahre garantiert, dass die geknüpften Bande weiter gepflegt werden. Diesen Anspruch erhebt auch der Name des Schiffs, Danuvina alacris, der sowohl an den antiken Einsatzort – die Donau – als auch an die fruchtbringende Kooperation im Living Danube Limes Partnerkonsortium erinnern soll (lat. *alacris* = dt. beflügelt, lebhaft, erregt).

Über die Funktionen im Projekt mit seinen wissenschaftlichen Erkenntnissen hinaus, wenn auch in enger Verbindung damit, wird das Boot aber auch im Rahmen weiterer Forschungsinitiativen stehen. Dafür ist der dauerhafte Standort bei Schlungenhof am Altmühlsee geradezu ideal. Dieser in den 1980er Jahren künstlich angelegte See ist zwar nicht antik, bietet aber ein Testterrain der zwei römischen Boote, der F.A.N. aus der frühen und mittleren Kaiserzeit, und der spätantiken Lusoria DUC. Darüber hinaus war Gunzenhausen der nördlichste Punkt des rätischen Limes, der bis ins 3. Jahrhundert existierte. Für die Anlage des Numeruskastells, das mit dem belegbaren Lagervicus weitgehend unter dem modernen Gunzenhausen liegt, war die strategisch wichtige Süd-Nord Verbindung von großer Bedeutung, die sicher auch für die Ortswahl des späteren Klosters ausschlaggebend war. Dort erlauben die Ruder- und Segeltests sowie die Bemalungsanalysen die Aussicht auf die Beantwortung der übergeordneten Frage, wieso der einfachere Bautyp der Lusoria gegenüber dem Oberstimmer Typ den „Sieg" davontrug, obwohl die nautischen Fähigkeiten und die Ansprüche an den Bootsbauer im zweiten Fall ungleich höher waren. Wenn man nicht allein die Erklärung der Verfügbarkeit von Bootsbauern, die in dieser Tradition arbeiteten, oder des Aufwandes anführen will, muss man die Nutzungsbedingungen und zur Verfügung stehenden nautischen und ästhetischen Mittel im Vergleich einbeziehen. So ist auch Caesars Urteil über die Vor- und Nachteile der eigenen römischen Bootsbauweise gegenüber jener der einheimisch-keltischen Traditionen vor dem Hintergrund der geopolitischen, geographischen und klimatischen Bedingungen durchaus differenziert ausgefallen (Bell. Gall. 3,13). Für die Rekonstruktion sind dieselben Bewertungskriterien durch empirischen Nachvollzug in beschriebener Weise für die Kaiserzeit wie auch für die Spätantike anzuwenden.

Diesem Ziel gilt auch ein neuer Forschungsansatz, der aus der Lokalität des Bauortes resultiert. Das Kastell Gunzenhausen lag an der Altmühl, deren Name in mittelalterlichen Quellen belegt ist. Die Versorgung des Numeruskastells mit etwa 100 Mann Besatzung wird, wenn möglich, nicht über die vorhandenen Straßen im Hinterland erfolgt sein, sondern über Flusswege (s. zur Lippe oben). Die Altmühl war bis zum Karlsgraben zu befahren und diente erwiesenermaßen bis dorthin als Versorgungsfluss, nach Eckholdt sogar bis Gunzenhausen. Schon zur Napoleonischen Zeit haben Franzosen die Nutzbarkeit des Flusses für Transporte bis zu acht Tonnen ausgewiesen. Alte Berichte sind erhalten, die auch die Schiffbarkeit jenseits des Karlsgrabens, die verbleibenden 15 km bis Gunzenhausen, nahelegen.[33] Untersuchungen der Bayerischen Denkmalpflege zeigen für einzelne Orte oberhalb des Karlsgrabens, wieviel Wasser die Altmühl führte und welchen Verlauf sie hatte.[34] Es ist nunmehr das Ziel, systematisch diese letzten Kilometer im Sinne der Schiffbarkeit und der Funktion des Flusses bei der Versorgung zu testen und damit die wichtige Frage der logistischen Anbindung und damit die Bedeutung des Kastells von Gunzenhausen an der nördlichsten Stelle des rätischen Limes zu klären. Konkret verifizieren lässt sich die Schiffbarkeit allerdings nur kleinräumig durch aufwändige geoarchäologische Untersuchungen zur Tal- und Flussentwicklung.

1.4 Living History im Living Danube Limes Projekt

Ein wichtiger Aspekt des gesamten Projekts, der sich auch im vollständigen Namen als *„living the common heritage on the Danube Limes“* widerspiegelt, ist Living History. Eine besonders enge Verbindung der Living History Aspekte des Projekts besteht dabei zur Rekonstruktion der spätantiken Lusoria.[35] Der Ausdruck „Living History“, im Deutschen inhaltlich gleichbedeutend mit „inszenierter Darstellung historischer Ereignisse und Lebenswelten“[36] ist zum einen ein Paradoxon, ist Geschichte per se doch bereits vergangen, zum anderen in Wahrnehmung und Verwendung eng verknüpft mit und im Übergang fließend zu Reenactment.[37] Reenactment bezeichnet die Rekonstruktion eines bestimmten historisch überlieferten Szenarios, in dem die Reenactors, die Ausführenden, die Nachstellenden, auch gerne bestimmte mit dieser Situation verbundene historische Persönlichkeiten aufgreifen. Living History hingegen

---

33 https://archive.org/details/gazettenationale1801lpanc/page/624>[8. Januar 2018]. Kirchner – Zielhofer – Werther (2018), S. 3–20.

34 Hilgart – Nadler (2005). Zu Verlauf der Altmühl maßgeblich Hilgart (1995). Im Vergleich mit den Dimensionen des Karlsgrabens und einem aller Wahrscheinlichkeit nach schiffbaren künstlichen Schwarzachlauf bei Großhöbing (vgl. Liebert (2015)) ist davon auszugehen, dass die Wasserführung und Fahrrinnendimension bei Gunzenhausen tatsächlich noch ausgereicht haben müsste – und in der Antike ähnlich gewesen sein dürfte wie heute.

35 Wichtig ist dabei festzuhalten, dass die Rekonstruktion des Schiffes auf wissenschaftlicher Basis erfolgt und von Living History-Aktivitäten zur Vermittlung begleitet wird.

36 Groschwitz (2010), S. 141.

37 Diese Unterscheidung ist rein europäisch, in den USA sind Living History und Reenactment gleichbedeutend (Schöbel (2012), S. 72).

versucht, auch losgelöst von einem bestimmten historischen Ereignis, „Lebensweise, Kultur und Alltag einer vergangenen Epoche durch möglichst authentische Rekonstruktionen von Gegenständen, Gebäuden und Kleidung“ und deren praktischem Gebrauch erfahrbar zu machen.[38]

Abb. 3: Lebensmittel und Geschirr im Lager der Ermine Street Guard

Darstellungen historischer Ereignisse sind bereits seit der Antike bekannt;[39] Living History und Reenactment in ihrer heutigen Form gehen allerdings auf das 19. Jahrhundert und frühe 20. Jahrhundert zurück, auf Darstellungen in skandinavischen Freilichtmuseen und nach-

38 Über den praktischen Gebrauch der rekonstruierten Gegenstände ergibt sich eine direkte Verbindung von qualitativ hochwertiger Living History mit der Realienkunde und der Experimentalarchäologie, vgl. Brenker (2014), S. 180; Schöbel (2020); Mölders (2008), S. 158; Brand – Schwarz (2005), S. 152; Junkelmann (2002), S. 76; weiters zum Stichwort „living history“ Dean (2020).

39 Vgl. Hadden (1999), S. 1–2: „Reenacting is as old as human society, religion, and drama. Most plays are, in a sense, simply reenactments of past lives and events.“ Aspekte von Living History und Reenactment finden sich zu jeder Zeit in jeder Gesellschaft, im religiösen wie säkularen Bereich. Der Fokus dieses Beitrags liegt wie im Projekt Living Danube Limes auf der Darstellung und Vermittlung römischer Geschichte. Für Living History und Reenactment als Querschnittsmaterie vgl. Cook (2020); Agnew – Lamb – Tomann (2020), S. 2; 6; Daugbjerg (2020), S. 25.

empfundene Schlachten aus dem Amerikanischen Bürgerkrieg in den USA.[40] Im deutschsprachigen Raum ist der Ansatz, mittels Nachbauten und Rekonstruktionen an wissenschaftliche Erkenntnisse zu gelangen, bereits früh von Historikern und Archäologen aufgegriffen worden. Erwähnt seien an dieser Stelle der Nachbau des Taunuskastells Saalburg zwischen 1885–1907 und die von Erwin Schramm (1856–1935) dort durchgeführten Experimente mit nachgebauten antiken Katapulten.[41] Der Militärhistoriker Hans Delbrück (1848–1929) etwa ließ seine Studenten mit Stangen exerzieren um den antiken Formationskampf zu veranschaulichen und vorstellbar zumachen.[42] Im anglophonen Bereich sind Living History und Reenactment oftmals regulärer Teil des Museumsbetriebs. Im deutschsprachigen Raum geriet jedoch die Vermittlung historischer Inhalte durch Kostümierung und bauliche Rekonstruktionen nach der Instrumentalisierung der Vergangenheit im Dritten Reich ins Hintertreffen,[43] während sich in den 1970er Jahren in Großbritannien Reenactment als „Freizeitbeschäftigung für Geschichtsbegeisterte“ etablierte.[44] Ausgehend vom Großbritannien der 1970er Jahre und von dem Fokus auf Roman Military Equipment Studies entwickelte sich die römische Living History- und Reenactment-Szene. Im Jahr 1972 wurde mit der Ermine Street Guard die älteste römische Reenactment-Gruppe gegründet;[45] ihre Mitglieder repräsentieren die Zeit um Mitte bis zweite Hälfte des 1. Jahrhunderts.

Die Alpenüberquerung des Militärhistorikers Marcus Junkelmann vor dem Hintergrund der augusteischen Eroberungsfeldzüge des Jahres 15 v. Chr. und des damit im Jahr 1985 in Verbindung stehenden Augsburger Stadtjubiläums forcierte schließlich die selbe Entwicklung im deutschsprachigen Raum.[46] Die zeitliche Bandbreite von Living History und Reenactment

---

40 Die Darstellung von Schlachten und Gefechten gilt heute als ikonische Form von Reenactment (Daugbjerg (2020), S. 25). Generell scheint der Darstellung militärischer Inhalte quer über alle Epochen hinweg von besonderem Interesse zu sein (Burandt (2020), S. 206).

41 Vgl. zur Saalburg den Überblick bei Schallmayer (1997) und zu den Geschützrekonstruktionen Schramm (1910/1918).

42 Vgl. Delbrück (1920), S. 440–441; Junkelmann (2015), S. 14.

43 Vgl die Zusammenstellung bei Sénécheau – Samida (2015). Dazu weiter Banghard (2015) und (2016), S. 25–30 mit einer forschungsgeschichtlichen Betrachtung des Freilichtmuseums Oerling-hausen und rechter Umtriebe in Teilen der heutigen Living History-Szene.

44 Burandt (2020), S. 204–205, Zitat auf S. 205; vgl. das allgemein gehaltene Einführungswerk zu theoretischen Überlegungen zum Reenactment mit dem Schwerpunkt auf der Darstellung des Amerikanischen Bürgerkrieges von Hadden (1999).

45 Ermine Street Guard, http://www.erminestreetguard.co.uk/ 2018 (letzter Zugriff am 26.8.2020); Haines – Sumner (2000), S. 119–120; Junkelmann (2002), S. 80–83.

46 Siehe die Aufarbeitung dieser Alpenüberquerung bei Junkelmann (2015), welche bis heute auf ein solch großes Interesse stößt, dass diese bereits in der 15. Aufl. erscheint.

reicht heute auch im kontinentaleuropäischen Raum vom Paläolithikum bis in die Nachkriegszeit und umfasst alle sozialen Schichten bei DarstellerInnen und Dargestellten.[47]

Abb. 4: Soldat der Ermine Street Guard mit Marschgepäck

Im gleichen Maß, wie die dargestellte Zeitepoche divergiert, divergieren auch die Qualitätsstandards, die im Bereich Living History und Reenactment zu finden sind. Eines der wichtigsten Schlagworte dabei ist Authentizität, die als solche ebenso innerhalb der „Szene“ stark diskutiert wird.[48] Das Ziel sowohl von Living History als auch Reenactment ist die angestrebte Erlebbarmachung der Vergangenheit und bestimmter vergangener Ereignisse, um die zeitliche Lücke zur Gegenwart nahtlos zu schließen.[49] Dies kann auf unterschiedliche Art und Weise erfolgen; während etwa die Vermittlung historischer Handwerkstechniken im Museum in moderner Kleidung durchgeführt werden kann und dadurch nichts an Qualität einbüßt, sind bei hochqualitativer Living History sämtliche modernen Gegenstände verpönt. Living History ist

---

47 Brand – Schwarz (2005), S. 153–155; Burandt (2020), S. 204–205; Dean (2020), S. 120; Schöbel (2020), S. 69.

48 Agnew – Tomann (2020), S. 23; Brædder (2020), S. 77; Gapps (2020), S. 183–186.

49 Mölders (2008), S. 158.

und bleibt allerdings immer die im Idealfall hochqualitative und wissenschaftlich informierte und basierte Interpretation von Befunden, Fundobjekten und Schriftquellen. Sie zeigt auf, wie etwas gewesen sein könnte, doch ist die vergangene Wirklichkeit nie zu erreichen. Wie nahe man dieser vergangenen Wirklichkeit kommen kann, liegt zum einen an den finanziellen Möglichkeiten, der Belesenheit der DarstellerInnen, den handwerklichen Fähigkeiten selbiger und der für den Markt produzierenden HandwerkerInnen, aber ganz besonders auch an der Überlieferungs- und Forschungsgeschichte zur jeweiligen Epoche.[50] Zudem muss noch einmal hervorgehoben werden, dass es sich beim Großteil der Angehörigen der Living History- und der Reenactment-Szene bei ihrer Tätigkeit um eine Freizeitbeschäftigung handelt, welche sämtliche positive als auch negative Eigenschaften einer solchen in sich vereinen kann.

Unter anderem ist die Vielzahl an DarstellerInnen in ihrer Herangehensweise und der weiteren Beschäftigung mit der von ihnen selbst gewählten Darstellung oder Zeitspanne äußerst heterogen. Die jeweilige Herangehensweise unterliegt nur selten im Rahmen bestimmter (Museums-) Veranstaltungen einer kritischen Überprüfung oder gar Qualitätssicherung, wenn man dies so nennen möchte. Einen wichtigen und teilweise sogar regulierenden Faktor stellt dabei die Szene selbst dar, in welcher teilweise sehr detailliert und basierend auf neuesten Forschungserkenntnissen eigene Entwürfe und Arbeiten im Hinblick auf ihre Authentizität diskutiert werden. Für eine Art Standard sorgen dabei größere Gruppierungen, wie die bereits erwähnte Ermine Street Guard, welche manchmal jedoch aufgrund ihres Alters und Renommees gar nicht mehr im Hinblick auf ihre Rekonstruktionen hinterfragt, sondern nur noch kopiert werden. Eine ähnliche Brisanz hat die Überschwemmung des Marktes mit in Indien in großem Stil produzierten Repliken antiker Waffen und Rüstungen, welche dem heutigen Betrachter auf manchen Veranstaltungen eine für die Antike untypische, nahezu standardisierte und heutigen technischen und materiellen Möglichkeiten entsprechend uniforme Ausrüstung präsentiert, die in der Antike so nie gegeben war. Am Ende führt zudem der bereits erwähnte finanzielle und zeitliche Rahmen der jeweiligen DarstellerInnen immer zu einem Kompromiss, unabhängig davon, wie dieser am Ende zu bewerten ist. Die Möglichkeit der selbst gewählten Darstellung, gebunden an das eigene Interesse in Form eines „second life“ führt darüber hinaus zu einer Ungleichgewichtung historischer Bevölkerungsgruppen. In fast jeder Living History- als auch Reenactment-Gruppe ist heute die Darstellung des ehemals viel größeren und umfangreicheren Zivillebens im Vergleich zur Wiedergabe militärischer Gegebenheiten unterrepräsentiert.[51] Dies liegt zum einen am großen, besonders auch öffentlichen Interesse am militärischen Alltagsleben. Aber auch in den archäologischen Fundplätzen sind doch militärische Anlagen mit Nachbauten besonders gut erschlossen. Das darf jedoch nicht über

[50] Brenker (2014), S. 182; Griffiths (2000), S. 137; Junkelmann (2002), S.87.

[51] Burandt (2020), S. 206.

das bestehende Ungleichgewicht bei der Wiedergabe von ehemaligen Lebenswelten hinwegtäuschen, die wiederum auch bestimmten Geschlechterrollen nicht die Möglichkeit geben, aus dem Schatten der Geschichte zu treten. Es ist somit am Ende egal, wie authentisch verwendete Materialien, Handwerkstechniken und Rekonstruktionen sind, die DarstellerInnen bleiben Individuen, die im 20. und/oder 21. Jahrhundert sozialisiert wurden. Die meisten von ihnen machen für wenige Stunden in ihrer Freizeit das, was etwa ein römischer Legionär mitunter Jahrzehnte tagtäglich absolvieren musste; alleine aus der Diskrepanz von Hobby zu Berufssoldat erschließt sich ein Unterschied in der Authentizität. Dies zeigt unter anderem auch der zum Teil schonende Umgang mit den nachgebauten Ausrüstungsgegenständen und Gebäuden, bedingt durch ihren heutigen Materialwert, die unzähligen in die Herstellung investierten Arbeitsstunden und teilweise auch versicherungstechnische Gründe. Besonders drastisch zeigt sich diese Diskrepanz bei nachgestellten Kampfszenen; kämpft jemand, der nicht darauf aus ist, sein Gegenüber zu töten, so wie jemand, der sein eigenes Leben tatsächlich verteidigen musste? Das über Jahre innerhalb der Römischen Armee durchgeführte Training zur sportlichen Konditionierung als auch zum sicheren Waffengebrauch erscheint zwar (ehemaligen) Angehörigen heutiger Armeen vertraut, doch kann auch der moderne Erfahrungsschatz immer nur ein vager Richtwert sein.[52] Dementsprechend ist selbst die heutige Erfahrung mancher SoldatInnen in jüngeren Auseinandersetzungen nur unzureichend, zudem vollkommen von ehemaligen, römischen Realitäten entrückt und nicht mit dem persönlichen Erlebnis einer antiken Kampfhandlung unter Verwendung von Wurf-, Hieb- und Stichwaffen in einer dichten Formation vergleichbar.[53] Insbesondere die Darstellung von direkten Kampfhandlungen bleibt somit in der Living History- und der Reenactment-Szene ein neuralgischer Punkt; sie wird immer ein Spagat zwischen Schaukampf und einer für den außenstehenden Betrachter merkwürdigen Szenerie bleiben, bei dem versucht wird, ein Erlebnis, das in der Vergangenheit

[52] Groschwitz (2010), S. 149–155; Brenker (2014), S. 180–182; Agnew – Lamb – Tomann (2020), S. 6. Zudem ist das Verständnis von Authentizität in der Living History-Szene und den Fachwissenschaften nicht zwingend dasselbe. Ein originales Objekt im Museum muss für Living History- und Reenactment-DarstellerInnen nicht unbedingt authentisch sein, da es zur Zeit des Gebrauches, etwa vor 1800 Jahren z. T. gänzlich anders aussah (Gapps (2020), S. 186). Zu ethischen Fragen der Darstellung (etwa Leiden und Tod) oder auch der Darstellung von Männerfiguren durch Frauen siehe Mölders (2008), S. 161 und Gapps (2020), S. 185.

[53] Neuere Untersuchungen widmen sich beispielsweise dem Rekonstruktionsversuch des möglichen „combat stress syndroms“, welchem bereits die Soldaten der Antike ausgesetzt gewesen sein dürften. Siehe die Überlegungen zu den Phalangen Alexanders bei Retief – Cilliers (2005), S. 29–43. Für die Römische Armee Melchior (2011), S. 209–223; Lommel (2013), S. 155–184 und für das heutige Krankheitsbild Edwin (2015), S. 145–209.

die unbedingte Überwindung und den Tod des Gegners zur Folge hatte, im Rahmen moderner Museumsfeste begreifbar zu machen.[54]

Abb. 5: Zeltlager der Ermine Street Guard mit griffbereiter Ausrüstung

Vor dem Hintergrund der auch innerhalb der Living History- und Reenactment-Szene viel diskutierten Authentizität erscheint es ausgesprochen wichtig, von Beginn an Ziel und Zweck von Living History und Reenactment in einem Projekt zu definieren.[55] In Living Danube Limes dient Living History in erster Linie als Tool, um die Ergebnisse des Projektes sowie den römischen Donau-Limes als geschichtsträchtigen Raum vor allem der breiten Bevölkerung zugänglich und begreifbar zu machen. Die 115 Millionen Einwohner des Donauraumes sind die wichtigste Zielgruppe der im Rahmen von Interreg DTP geförderten Projekte, die als strategisches Ziel die Vernetzung des gesamten Donauraumes haben.[56] Die Anziehungskraft von in diesem

---

[54] Vgl. die Kritik und die Grundfragen zum Verständnis als auch zur Wiedergabe antiker Kampfhandlungen bei Junkelmann (2015), S. 337–345.

[55] Vgl. dazu etwa Junkelmann (2002), S. 77 der ausführt, dass „pseudo-historische Maskerade" auch ihre Berechtigung hat, solange sie nicht mit falschen Ansprüchen versehen wird.

[56] Danube Transnational Programme 2020, http://www.interreg-danube.eu/about-dtp/programme-presentation (letzter Zugriff am 26.8.2020); Danube Strategy Point 2020, https://danube-region.eu/

Fall speziell römischen Living History- und Reenactment-Aktivitäten ist hinlänglich bekannt.[57] Viel zu oft werden bei derartigen Veranstaltungen aber nur gängige Klischees und Stereotypen bedient und die gebotenen Informationen sind nicht wissenschaftlich fundiert.[58] So heterogen die Living History- und Reenactment-Gruppen und die ihnen angehörigen Einzelpersonen hinsichtlich ihrer Herangehensweise und Ausrüstung sind, so heterogen ist auch das dem Zuseher kolportierte Geschichtsbild. Wie es um dieses im Einzelfall bestellt ist, lässt sich nur im Rahmen längerer Gespräche feststellen, da es kaum Möglichkeiten einer Qualitätssicherung gibt. Hohe Qualitäts- und Authentizitätsansprüche mögen kein Muss-Kriterium für Living History-Gruppen und FreundInnen sein, die es sich zum Ziel gesetzt haben in ihrer Freizeit wie Menschen aus der Steinzeit oder RömerInnen zu leben. Doch ist im Zusammenhang mit Vermittlung von Geschichte darauf zu achten, dass Darstellungen, Material, Rekonstruktionen und Kenntnisstand der einzelnen DarstellerInnen dem aktuellen wissenschaftlichen Standard entsprechen; das, was durch Living History den BesucherInnen vermittelt wird, bleibt als erlebte, gesehene Geschichte, ähnlich wie bewegte Bilder eines Historienfilms, in den Köpfen viel präsenter als etwa der Begleittext einer Vitrine;[59] pädagogisch geübte DarstellerInnen mit einem eloquenten Auftreten, die historisch falsche Inhalte verbreiten, sind weit gefährlicher als exzellente WissenschafterInnen, die ihre Ergebnisse nicht vermitteln können.[60] Aus diesem Grund werden für die Living History-Aktivitäten in Living Danube Limes Qualitätskriterien erarbeitet, in denen unter anderem die zeitliche Kohärenz der Darstellung und der verwendeten Rekonstruktionen festgehalten und die Qualität des verwendeten Materials auseinandergesetzt wird: keine billigen und in Masse produzierten Imitate aus dem Internet, die oftmals nicht einmal annähernd den wissenschaftlichen Standards genügen, keine chemisch gefärbte Baumwolle, sondern mit Naturfarben gefärbte Woll- und Leinenstoffe, die bevorzugt auch mit römischen Techniken hergestellt worden sind.[61]

(abgerufen am 26.8.2020).

57 Burandt (2020), S. 206.

58 Burandt (2020), S. 207–208.

59 Vgl. zur Rezeption und Faszination des sog. „Sandalenfilms" Junkelmann (2004).

60 Brenker (2014), S. 183. Vgl. weiters Brand-Schwarz (2005), S. 156.

61 Fischer (2012), S. 107. Griffiths (2000), S. 136 schlägt Richtlinien für qualitativ hochwertige römische Living History- und Reenactment-Darstellungen vor, ebenso Burandt (2020), S. 211–212, der ein Gütesiegel anregt und betont, dass MuseumspädagogInnen und Veranstaltungsbüros, die oftmals nicht vom Fach, aber für die Veranstaltungen verantwortlich sind, fachliche Hilfestellung geleistet werden sollte, um gute Qualität der Darstellung zu erkennen. Als Beispiel für Kriterien eines Gütesiegels nennt er etwa die „zeitliche Einheitlichkeit der Darstellung" und die „Verwendung authentischer und historischer Materialien".

Abb. 6: Spätantike Damen in Aquileia

Damit schließt sich der Kreis zu den oben angesprochenen finanziellen und handwerklichen Möglichkeiten der DarstellerInnen. Auf die Unterschiede in der Kaufkraft der westeuropäischen und osteuropäischen ProjektpartnerInnen wird im Projekt ebenso Rücksicht genommen wie auf den Umstand, dass viele Living History-DarstellerInnen ihre Freizeit und ihre privaten Mittel investieren. Gleichzeitig soll mit einer direkten Verbindung zur Wissenschaft der Transfer wissenschaftlicher Ergebnisse in die Living History-Szene befördert werden, um die Vermittlung eines falschen historischen Eindrucks durch Aktivitäten im Projekt zu verhindern.[62] Dass in Living Danube Limes zwar ein spätantikes Donauschiff rekonstruiert wird, aber die gesamte römische Zeit am Donaulimes, demnach vom Ende des 1. Jahrhunderts v. Chr. bis zur Völkerwanderung und dem Ende der offiziellen römischen Präsenz an der Donau im 6. Jahr-

62 Vgl. dazu Brand – Schwarz (2005), S. 152; 156; Burandt (2020), S. 206–210; Cook (2020), S. 188–190; Griffiths (2000), S. 137.

hundert, erfasst und mittels mobilen Applikationen und Virtual Reality-Rekonstruktionen zugänglich gemacht werden soll, stellt Living History und Reenactment im Projekt selbst vor eine besondere Herausforderung, gilt es doch die römische Kaiserzeit nicht auszuschließen, aber auch auf keinen Fall mit der Spätantike zu verschmelzen. Im Zusammenspiel mit der kaiserzeitlichen F.A.N. lässt sich allerdings auch dieser Herausforderung begegnen.

Besonders in der römischen Living History und Reenactment-Szene gibt es einen großen Prozentsatz an Living History und Reenactment-DarstellerInnen, die sich intensiv mit dem aktuellen Forschungsstand auseinandersetzen. Dennoch gibt es auch hier Fälle, in denen der Kontakt zwischen „Reenactment-Römern" und der Fachwissenschaft abgerissen bzw. nie aufgekommen ist.[63] Eines der erklärten Ziele von Living Danube Limes, besonders im Zusammenhang mit der Rekonstruktion der spätantiken Lusoria, ist es, die Verbindung der Fachwissenschaften und der römischen bzw. der im Aufbau befindlichen spätantiken Living History-Szene auf Augenhöhe zu fördern, Synergien zu schaffen, Kontakte herzustellen, einen Beitrag zu Qualitätsstandards römischer Living History zu leisten und Berührungsängste zu beseitigen.[64]

Literatur

Agnew, V. – J. Lamb – J. Tomann, Introduction: What is Reenactment Studies? In: V. Agnew – J. Lamb – J. Tomann (Hg.), The Routledge Handbook of Reenactment Studies. Key Terms in the Field, London 2020, S. 1–10.

Agnew, V. – J. Tomann, Authenticity. In: V. Agnew – J. Lamb – J. Tomann (Hg.), The Routledge Handbook of Reenactment Studies. Key Terms in the Field, London, 2020, S. 20–24.

Banghard, K., Nationalsozialistische Jugendarbeit im Germanengehöft Oerlinghausen. In: E. Beck – A. Timm (Hg.) Mythos Germanien. Das nationalsozialistische Germanenbild in Schulunterricht und Alltag der NS-Zeit. Begleitband zur gleichnamigen Ausstellung vom 24. Januar bis 8. März 2015. Schriftenreihe des Westfälischen Schulmuseums Dortmund 8, Dortmund 2015, S. 96–103.

Banghard, K., Nazis im Wolfspelz. Germanen und der Rechte Rand, Hamburg 2016.

Bockius, R., Die römerzeitlichen Schiffsfunde von Oberstimm (Bayern), Mainz 2002.

Bockius, R., Die spätrömischen Schiffswracks aus Mainz, Mainz 2006.

Bockius, R. (Hg.), Between the Seas. Transfer and Exchange in Nautical Technology, Mainz 2009.

Bockius, R., Zur kultur- und technikgeschichtlichen Stellung der Schiffsfunde aus dem Nydam-Moor (mit einem Beitrag von Rainer Grabert), in: Andreas Rau (Hg.), Nydam Mose 4. Die Schiffe. Beiträge zu Form, Technik und Historie, Århus 2013, S. 215–299. (=2013a)

---

[63] Griffiths (2000), S. 136; Fischer (2012), S. 107.

[64] Vgl. dazu Fischer (2012), S. 107; Burandt (2020), S. 206; Groschwitz (2010), S. 149; Haines – Sumner (2000), S. 124–125; Brenker (2014), S. 179.

Bockius, R., Ruder-„Sport“ im Altertum. Facetten von Wettkampf, Spiel und Spektakel, Mainz 2013. (=2013b)

Brædder, A., Expertise and Amateurism. In: V. Agnew – J. Lamb – J. Tomann (Hg.), The Routledge Handbook of Reenactment Studies. Key Terms in the Field, London 2020, S. 74–78.

Brand-Schwarz, U., Nur Klamauk oder sinnvolle Vermittlung? Living History in der Museumspädagogik, Museumsmitteilungen Rheinland-Pfalz 2005, S. 151–158.

Bremer, E., Die Nutzung des Wasserweges zur Versorgung der römischen Militärlager an der Lippe, Münster 2001.

Brenker, F., Living History und Wissenschaft. Einige Überlegungen zur jeweiligen Methode, deren Grenzen und Möglichkeiten der gegenseitigen Ergänzung, Experimentelle Archäologie in Europa 13 – Bilanz 2014, 2014, S. 177–186.

Burandt, B. A. N., Zwischen Archäologie und Sandalenfilm – Chancen und Problematiken „kostümierter“ Wissensvermittlung am Welterbe Limes. In: S. Matesic (Hg.), Interdisziplinäre Forschungen zum Limes. Beiträge zum Welterbe Limes 10, WBG Theiss 2020, S. 202–212.

Cook, A., Practices of Reenactment. In: V. Agnew – J. Lamb – J. Tomann (Hg.), The Routledge Handbook of Reenactment Studies. Key Terms in the Field, London 2020, S. 187–190.

Czysz, W. – F. Herzig, Neue Dendrodaten von der Limespalisade in Raetien. In: Neue Forschungen am Limes. 4. Fachkolloquium der Deutschen Limeskommission 27./28. Februar 2007 in Osterburken. Beiträge zum Welterbe Limes 3, Stuttgart 2008, S. 183–195.

Daugbjerg, M., Battle. In: V. Agnew – J. Lamb – J. Tomann (Hg.), The Routledge Handbook of Reenactment Studies. Key Terms in the Field, London 2020, S. 25–29.

Dean, D., Living History, in: V. Agnew – J. Lamb – J. Tomann (Hg.), The Routledge Handbook of Reenactment Studies. Key Terms in the Field, London 2020, S. 120–124.

Delbrück, H. Das Altertum. Geschichte der Kriegskunst, B. 1, Berlin [3]1920.

Dreyer, B., Die Fridericiana Alexandrina Navis (F.A.N.) – Nachbau sowie wissenschaftliche Erprobung und Einordnung der Replik von Oberstimm II – Stand des Baus, Skyllis 17, 2018, S. 87–96. (=2018a)

Dreyer, B., Nachbau und Wissenschaft – die Fridericiana Alexandrina Navis (F.A.N.), Limes 12, 2018, (Heft 1–2), S. 30–37. (=2018b)

Dreyer, B., Oberstimm: römisches Schnellboot kehrt zurück, Archäologie in Deutschland, Heft 4, 2018, S. 64–65. (= 2018c)

Dreyer, B., Rebuilding the past, improving knowledge: The Fridericiana Alexandrina Navis (F.A.N.), Ancient Warfare XII 4, 2018, S. 51–56. (= 2018d)

Eckoldt, M., Schiffahrt auf kleinen Flüssen Mitteleuropas in Römerzeit und Mittelalter, Schriften des deutschen Schiffahrtsmuseums 14, Hamburg/München 1980.

Eger, Chr. (Hg.), Warenwege – Warenflüsse. Handel, Logistik und Transport am römischen Niederrhein, Xanten 2018.

T. C. Edwin, Combat Stress and Its Effects. Combat's Bloodless Casualties. In: N.M. Camp (Hg.) U.S. army psychiatry in the Vietnam war. New challenges in extended counterinsurgency warfare, Fort Sam Houston, Texas 2015, S. 145–209.

Erdrich, M., Rom und die Barbaren. Das Verhältnis zwischen dem Imperium Romanum und den germanischen Stämmen vor seiner Nordwestgrenze von der späten römischen Republik bis zum Gallischen Sonderreich. Römisch-germanische Forschungen 58, Mainz am Rhein 2001.

EC (2010) 1489:

Europäische Kommission, ARBEITSDOKUMENT DER KOMMISSIONS-DIENSTSTELLEN. AKTIONSPLAN. Begleitdokument zur MITTEILUNG DER KOMMISSION AN DAS EUROPÄISCHE PARLAMENT, DEN RAT, DEN EUROPÄISCHEN WIRTSCHAFTS- UND SOZIALAUSSCHUSS UND DEN AUSSCHUSS DER REGIONEN Strategie der Europäischen Union für den Donauraum, Brüssel 2010.

European Commission, COMMISSION STAFF WORKING DOCUMENT. ACTION PLAN replacing Staff Working Document SEC (2010) 1489 final accompanying the COMMUNICATION FROM THE COMMISSION TO THE EUROPEAN PARLIAMENT, THE COUNCIL, THE EUROPEAN ECONOMIC AND SOCIAL COMMITTEE AND THE COMMITTEE OF THE REGIONS European Union Strategy for Danube Region, Brussels 2020.

Fischer, T., Die Armee der Caesaren. Archäologie und Geschichte, Regensburg 2012.

Frielinghaus, H. – T. Schmidts – V. Tsamakda (Hg.), Darstellungen, Modelle Bestandteile – von der Bronzezeit bis zum Ende des Byzantinischen Reiches, Mainz 2017.

Gapps, S., Practices of Authenticity. In: V. Agnew – J. Lamb – J. Tomann (Hg.), The Routledge Handbook of Reenactment Studies. Key Terms in the Field, London 2020, S. 183–186.

Groschwitz, H., Authentizität, Unterhaltung, Sicherheit. Zum Umgang mit Geschichte in Living History und Reenactment, in: Bayerisches Jahrbuch für Volkskunde 2010, S. 141–155.

Griffiths, W. B., Re-enactment as research: towards a set of guidelines for re-enactors and academics, Journal of Roman Military Equipment Studies 11, 2000, S. 135–139.

Groschwitz, H., Authentizität, Unterhaltung, Sicherheit. Zum Umgang mit Geschichte in Living History und Reenactment, Bayerisches Jahrbuch für Volkskunde, 2010, S. 141–155.

Hadden, R. L., Reliving the Civil War. A Reenactor's Handbook, Mechanicsburg 1999.

Haines, T. – G. Sumner with archery contributions by J. Naylor, Recreating the world of the Roman soldier: the work of the Ermine Street Guard, Journal of Roman Military Equipment Studies 11, 2000, S. 119–127.

Hilgart, M., Die geomorphologische Entwicklung des Altmühl- und Donautales im Raum Dietfurt-Kelheim-Regensburg im jüngeren Quartär. Forschungen zur deutschen Landeskunde 242, Trier 1995.

Hilgart, M – M. Nadler, Talauen als Archiv. Geoarchäologische Untersuchungen bei der Altmühl-Renaturierung im Raum Gundelsheim/Trommetsheim; Stadt Treuchtlingen und Gemeinde Alesheim, Landkreis Weißenburg-Gunzenhausen, Mittelfranken. Das Arch. Jahr in Bayern 2004, 2005, S. 120–122.

Jaschke, K., Tonnenweise Getreide. Die Versorgung der römischen Legionslager an der Lippe. In: 2000 Jahre Varusschlacht, Band: Imperium (hg. v. LWL-Landesmuseum in Haltern am See), Stuttgart 2009, S. 196–209.

Jilek, S., The Danube Limes. A Roman River Frontier. Der Donaulimes. Eine römische Flussgrenze, Frontiers of the Roman Empire, Warschau 2009.

Junkelmann, M., Hollywoods Traum von Rom „Gladiator" und die Tradition des Monumentalfilms. Kulturgeschichte der antiken Welt 94, Mainz am Rhein 2004.

Junkelmann, M., Die Legionen des Augustus, München [15]2015.

Junkelmann, M, Das Phänomen der zeitgenössischen „Römergruppen". In: I. Jensen – A. Wieczorek (Hg.), Dino, Zeus und Asterix. Zeitzeuge Archäologie in Werbung, Kunst und Alltag heute. Beier & Beran 2002, S. 73–90.

Kirchner, A. – C. Zielhofer – L. Werther u. a., A multidisciplinary approach in wetland geoarchaeology. Survey of the missing southern canal connection of the Fossa Carolina (SW Germany). Quaternary International 2017, 473, 2018, S. 3–20.

Liebert, T., Frühmittelalterliche Wassermühlen und Wasserbauwerke im Schwarzachtal bei Großhöbing. Materialhefte zur bayerischen Archäologie 101, Kallmünz 2015.

Kortüm, K., Zur Datierung der römischen Militäranlagen im obergermanisch-raetischen Limesgebiet. Saalburg-Jahrbuch 49, 1998, S. 5–65.

Kunow, J. Negotiator et vectura Händler und Transport im freien Germanien. Kleine Schriften aus dem Vorgeschichtlichen Seminar Marburg 6, Marburg 1980.

Kunow, J., Der römische Import in der Germania libera bis zu den Markomannenkriegen Studien zu Bronze- und Glasgefäßen. Göttinger Schriften zur Vor- und Frühgeschichte 21, Neumünster 1983.

van Lommel, K., The recognition of Roman soldiers' mental impairment. Acta Classica 56, 2013, S. 155–184.

Melchior, A., Caesar in Vietnam. Did Roman Soldiers Suffer from Post-Traumatic Stress Disorder? Greece & Rome 58/2, 2011, S. 209–223.

Mölders, D., Archäologie als Edutainment. Können Reenactment und Living History historische Lebenswelten erklären? In: L. Benková – V. Guichard (Hg.), Gestion et présentation des oppida. Un panorama européen. Management and presentation of oppida. A European overview. Actes de la table ronde de Beroun (CZ), 26 septembre 2007, Bibracte 2008, S. 155–164.

Moosbauer, G. M., Römisch-Germanische Beziehungen im Barbaricum nördlich von Noricum während der römischen Kaiserzeit. In: G. Winkler (Hg.), Worauf wir stehen. Archäologie in Oberösterreich. Ausstellungskatalog Oberösterreichisches Landesmuseum Linz, Linz 2003, S. 355–360.

Müller-Scheeßel, N. – H.-U. Voß (Hg.), Archäologie zwischen Römern und Barbaren: zur Datierung und Verbreitung römischer Metallarbeiten des 2. und 3. Jahrhunderts n. Chr. im Reich und im Barbaricum – ausgewählte Beispiele (Gefäße, Fibeln, Bestandteile militärischer Ausrüstung, Kleingerät, Münzen). Internationales Kolloquium, Frankfurt am Main, 19.–22. März 2009, Bonn 2016.

Pekáry, I., Repertorium der hellenistischen und römischen Schiffsdarstellungen, Münster 1999.

Pogorzelski, R., Die Trajanssäule in Rom. Dokumentation eines Krieges in Farbe, Mainz 2012.

Olshausen et al. 1999: DNP 7 (1999), S. 192–231 s. v. Limes [Absch. I–VIII] (E. Olshausen et al.).

Retief, F. P. – L. Cilliers, The army of Alexander the Great and combat stress syndrome (326 BC). Acta Theologica Supplementum 7, 2005, S. 29–43.

Schallmayer, E., Hundert Jahre Saalburg. Vom römischen Grenzposten zum europäischen Museum, Mainz am Rhein 1997.

Schallmayer, E., Der Limes. Geschichte einer Grenze. Beck'sche Reihe 2318, [2]München 2007.

Schöbel, G., Experimental Archaeology. In: V. Agnew – J. Lamb – J. Tomann (Hg.), The Routledge Handbook of Reenactment Studies. Key Terms in the Field, London 2020, S. 67–73.

Schramm, E., Griechisch-römische Geschütze Bemerkungen zu der Rekonstruktion, Metz 1910.

Schramm, E., Die antiken Geschütze der Saalburg Bemerkungen zu ihrer Rekonstruktion, Neubearb. Berlin 1918.

Seeck, O., Notitia dignitatum, Berolini 1876.

Sénécheau, M. – S. Samida, Living History als Gegenstand historischen Lernens Begriffe – Problemfelder – Materialien. Geschichte und Public History, Stuttgart 2015.

Sommer, C. S., Zur Datierung des Raetischen Limes. In: Der Limes vom Niederrhein bis an die Donau. 6. Kolloquium der Deutschen Limeskommission. Beiträge zum Welterbe Limes 6, Stuttgart 2012, S. 137–147.

SWD (2020) 59 final

European Commission, COMMISSION STAFF WORKING DOCUMENT. ACTION PLAN replacing Staff Working Document SEC (2010) 1489 final accompanying the COMMUNICATION FROM THE COMMISSION TO THE EUROPEAN PARLIAMENT, THE COUNCIL, THE EUROPEAN ECONOMIC AND SOCIAL COMMITTEE AND THE COMMITTEE OF THE REGIONS European Union Strategy for Danube Region, Brussels 2020.

Whitewright, J., The potential performance of Ancient Mediterranean Sailing, International Journal of Nautical Archaeology 40, 2011, S. 2–17.

Abbildungsverzeichnis

Abb. 1: Aus: Jilek (2009), S. 40 Abb. 57

Abb. 2: <www.danube-region.eu> (letzter Zugriff 25.08.2020)

Abb. 3–5: Foto Ermine Street Guard 2018

Abb. 6: Foto Martina Camerata, 2019

Autorenverzeichnis

Vigdis Bettschnitt

Professur für Alte Geschichte

Department Geschichte

Universität Erlangen-Nürnberg

Kochstraße 4

91054 Erlangen

Roland Bockius

Hauptkonservator

Nautische Archäologie

Leitung KB Prähistorische Archäologie

Römisch-Germanisches Zentralmuseum

Leibniz-Zentrum für Archäologie

Ernst-Ludwig-Platz 2/Neutorstraße 1–2

55116 Mainz

Benedikt Buchmüller

M.A. ing Architektur

Staatlich geprüfter Bautechniker

Meistertitel im Zimmererhandwerk

Gostenhofer Hauptstraße 57

90443 Nürnberg

Claus Christian Carbon

Lehrstuhl für Allgemeine Psychologie und Methodenlehre

Universität Bamberg

Markusplatz 3

96047 Bamberg

Eva-Maria Christ

Institut für Ur- und Frühgeschichte

FAU Erlangen-Nürnberg

Kochstr. 4/18

91054 Erlangen

Peter Clement

Anemonenweg 6

90768 Fürth

Boris Dreyer

Professur für Alte Geschichte

Department Geschichte

Universität Erlangen-Nürnberg

Kochstraße 4

91054 Erlangen

Prof. Dr.-Ing. Dietmar Drummer

Lehrstuhl für Kunststofftechnik

Universität Erlangen-Nürnberg

Am Weichselgarten 9

91058 Erlangen

Bernhard Gatternig

HOCHSCHULE WEIHENSTEPHAN-TRIESDORF | University of Applied Sciences

Fakultät Umweltingenieurwesen

Verfahrenstechnik und Kreislaufwirtschaft

Markgrafenstr. 16

91746 Weidenbach |

Constantin Gläser

Professur für Alte Geschichte

Department Geschichte

Universität Erlangen-Nürnberg

Kochstraße 4

91054 Erlangen

Hans Moritz Günther

Massachusetts Institute of Technology

Kavli Institute for Astrophysics and Space Research

77 Massachusetts Avenue

NE83-569

Cambridge, MA 02139

Alexander Hauenstein

Professur für Alte Geschichte

Department Geschichte

Universität Erlangen-Nürnberg

Kochstraße 4

91054 Erlangen

Franz Herzig

Bayerisches Landesamt für Denkmalpflege

Hofgraben 4,

80539 München

Jan Hochbruck

Bülowstraße 30

50733 Köln

Claus-Michael Hüssen

Feldkirchener Str. 100

85055 Ingolstadt

claus.huessen@t-online.de

Marko Jelusic M.A.

Gartenstraße 53/1

72074 Tübingen

Andreas Jobst

Department Maschinenbau, Lehrstuhl für Fertigungstechnologie

Universität Erlangen-Nürnberg

Egerlandstr. 13

91058 Erlangen

Ass. Prof. Mag. Dr. Anna Maria Kaiser

Donau-Universität Krems

Zentrum für Kulturgüterschutz

Dr.-Karl-Dorrek-Straße 30

3500 Krems

Österreich

Prof. Dr. Wolfgang Kemmler

Lehrstuhl für Medizinische Physik und Mikrogewebetechnik

Henkestraße 91

91052 Erlangen

Christoph Kiener

Department Maschinenbau, Lehrstuhl für Fertigungstechnologie

Universität Erlangen-Nürnberg

Egerlandstr. 13

91058 Erlangen

Helmut Klemm

Eichendorffschule Mittelschule

Bierlachweg 11

91058 Erlangen-Bruck

Prof. Dr. Christoph Krekel

Kunstakademie Stuttgart

Birkenwaldstraße 200

70191 Stuttgart

Alexander Land

ORCID ID: https://orcid.org/0000-0002-8579-9880

Dendrochronologie/-klimatologie

Universität Hohenheim

Garbenstraße 30

70599 Stuttgart

Dietmar Lehne

Jahnstr. 29

91099 Poxdorf

Susanne Meißner

Fridericianum Gymnasium

Sebaldusstraße 37

91058 Erlangen

Marion Merklein

Department Maschinenbau, Lehrstuhl für Fertigungstechnologie

Universität Erlangen-Nürnberg

Egerlandstr. 13

91058 Erlangen

Doris Mischka

Institut für Ur- und Frühgeschichte

FAU Erlangen-Nürnberg

Kochstr. 4/18

91054 Erlangen

Mathias Orgeldinger

Journalist und Biologe Nürnberg

90480 Nürnberg

Bernd Preiß

Amselhainstr. 68

14612 Falkensee

Henry Rönitz

Oberleutnant

Wehrtechnische Dienststelle für Luftfahrzeuge

und Luftfahrtgerät der Bundeswehr (WTD 61)

Flugplatz

85077 Manching

M.Sc. Darius Rückert

Lehrstuhl für Informatik 9 (Graphische Datenverarbeitung)

Cauerstraße 11

91058 Erlangen

Margit Schedel

Kapellenplatz 9

90537 Feucht

Christoph Schindler

Professur für Alte Geschichte

Department Geschichte

Universität Erlangen-Nürnberg

Kochstraße 4

91054 Erlangen

Maike Schmädecker

Staatliche Akademie der Bildenden Künste Stuttgart

Am Weißenhof 1

70191 Stuttgart

Stefan R. Schnetz
Höhenweg 12
91094 Langensendelbach

Dr. Marcus Speck
Lehrstuhl für Organische Chemie II FAU
Nikolaus-Fiebiger-Str. 10
91058 Erlangen

Prof. Dr.-Ing. Marc Stamminger
Lehrstuhl für Informatik I (Graphische Datenverarbeitung)
Cauerstraße 11
91058 Erlangen

Julian Thünnesen
Lehrstuhl für Strömungsmechanik, FAU
Cauerstraße 4
91058 Erlangen

Maximilian Ulm
Ehrenbürg Gymnasium Forchheim
Ruhalmstraße 5
91301 Forchheim

Alexander C. Wawrzyn
Technische Universität Hamburg
Am Schwarzenberg-Campus 3 (E)
Rechenzentrum
21073 Hamburg

Timm Weski
Bayerisches Landesamt für Denkmalpflege München
Hofgraben 4
80539 München

Raffaela Woller
Universität Krems
Zentrum für Kulturgüterschutz
Dr.-Karl-Dorrek-Straße 30
3500 Krems
Österreich

Andreas Wörz
Lehrstuhl für Kunststofftechnik
Universität Erlangen-Nürnberg
Am Weichselgarten 9
91058 Erlangen